中国工程科技论坛

海洋强国建设重点工程发展战略

Haiyang Qiangguo Jianshe Zhongdian
Gongcheng Fazhan Zhanlüe

高等教育出版社·北京

内容提要

本书是在 2015 年 10 月 13—14 日，由中国工程院主办，无锡市政府支持，中国工程院农业学部和中国船舶重工集团公司第七〇二研究所、中国水产科学研究院黄海水产研究所共同承办的"中国工程院第 216 场中国工程科技论坛——海洋强国建设重点工程发展战略"会议上交流发表的论文报告基础上，经过筛选编辑而成。

全书共分综述和六个专题。专题领域一：海洋观测与信息技术；专题领域二：绿色船舶与深海装备技术；专题领域三：海上致密油气田开发技术；专题领域四：极地海洋生物资源开发；专题领域五：我国重要河口与三角洲生态环境保护；专题领域六：21 世纪海上丝绸之路。

本书是中国工程院中国工程科技论坛系列丛书之一。可供海洋工程装备与科技相关的高等院校、科研院所以及从事海洋工程与科技工作的科技人员、行政管理工作者、海洋工程装备产业工作者等参考使用。

图书在版编目（ＣＩＰ）数据

海洋强国建设重点工程发展战略 ／ 中国工程院编著
. － 北京 ：高等教育出版社，2016.9
（中国工程科技论坛）
ISBN 978-7-04-045744-5

Ⅰ．①海… Ⅱ．①中… Ⅲ．①海洋工程-发展战略-研究-中国 Ⅳ．①P75

中国版本图书馆 CIP 数据核字（2016）第 140588 号

总 策 划　樊代明

策划编辑	王国祥 黄慧靖	责任编辑	沈晓晶
封面设计	顾 斌	责任印制	韩 刚

出版发行	高等教育出版社	咨询电话	400-810-0598
社　址	北京市西城区德外大街 4 号	网　址	http://www.hep.edu.cn
邮政编码	100120		http://www.hep.com.cn
印　刷	北京汇林印务有限公司	网上订购	http://www.landraco.com
开　本	787mm×1092mm　1/16		http://www.landraco.com.cn
印　张	37.5	版　次	2016 年 9 月第 1 版
字　数	737 千字	印　次	2016 年 9 月第 1 次印刷
购书热线	010-58581118	定　价	60.00 元

编辑委员会

目　录

专题领域五：我国重要河口与三角洲生态环境保护

专题领域六：21世纪海上丝绸之路

第一部分

综　述

综　述

2015 年 10 月 13—14 日,由中国工程院主办,无锡市政府支持,中国工程院农业学部和中国船舶重工集团公司第七〇二研究所、中国水产科学研究院黄海水产研究所共同承办的"中国工程院第 216 场中国工程科技论坛——海洋强国建设重点工程发展战略"在江苏省无锡市顺利召开并取得圆满成功。其主要特点为:

一、论坛层次高,中国工程院和无锡市政府高度重视

本次论坛汇聚了全国 17 位中国工程院和中国科学院院士及各涉海领域的专家、学者共 240 余名。可以说,本次论坛是我国海洋工程科技领域的一次盛会。

论坛由中国工程院原常务副院长潘云鹤院士主持;中国工程院副院长刘旭院士和无锡市人民政府曹佳中副市长先后致辞。

中国工程院副院长刘旭在致辞中首先代表中国工程院对本次大会的顺利召开表示热烈的祝贺,向参加论坛的各位嘉宾表示诚挚的欢迎,向论坛支持单位、无锡市人民政府以及为论坛成功举办做了大量精心细致筹备工作的中国船舶重工集团公司第七〇二研究所和中国水产科学研究院黄海水产研究所等单位表示衷心的感谢。

刘旭副院长在致辞中指出:进入 21 世纪,党和国家领导人高度重视海洋的发展及其对中国可持续发展的战略意义。习近平总书记提出海洋在国民经济发展格局和对外开放中的作用更加重要,在维护国家主权、安全、发展利益中的地位更加突出,在国家生态文明建设中的角色更加显著。在国际政治、经济、军事、科技精神的战略地位也明显提升。尤其是党的十八大提出了提高海洋资源开发能力、发展海洋经济、保护海洋生态环境、坚决维护国家海洋权益、建设海洋强国的国家战略,我国的海洋工程与科技发展受到广泛和高度关注。

最后,刘旭指出:本次论坛选在无锡召开,主要考虑到滨海临江的江苏省,具有得天独厚的自然资源和工程科技资源优势,是建设海洋强国当仁不让的领头羊,同时无锡又在海洋装备工程科技领域具有一定的优势。本次论坛还将设立海洋观测与信息技术、绿色船舶与深海装备技术、极地海洋生物资源开发、我国重要河口与三角洲生态环境保护、21 世纪海上丝绸之路等分会场进行专题研究

讨论。论坛的成功召开将对凝练我国海洋工程科技发展重点方向,促进我国海洋工程科技事业发展具有重要意义。希望各位代表在听取大会报告基础上踊跃参与讨论,知无不言,言无不尽,积极为发展国家海洋战略建言献策。

无锡市人民政府曹佳中副市长在致辞中谈道:在美丽的太湖之滨举办"海洋强国建设重点工程发展战略论坛",是对无锡市发展海洋工程的高度重视,更是对推进海洋强国建设的一次促进。值此,谨代表无锡市人民政府对出席论坛的各位领导、各位嘉宾表示热烈的欢迎!对各级领导和专家长期以来对无锡经济社会发展的关心和支持表示衷心的感谢!

曹佳中副市长指出:当前海洋已经成为世界各国争相开发的焦点,《中国制造2025》的发布,大众创业万众创新的氛围为海洋工程科技发展带来新的机遇,必将进一步促进海洋工程的科技创新研发,促进研究成果向产业化发展。2015年9月无锡市委市政府出台了关于以智能化、绿色化、服务化、高端化为引领,全力打造无锡现代产业发展新高地的意见,在大力发展先进制造业中,把高端船舶和海洋工程装备产业提到新的高度。明确要求重点发展高技术的船舶、深海作业工程船和半潜式海洋工程平台,扩张海洋工程总承包业务。同时我们还与中国船舶重工集团共建海洋技术产业园;动员地方企业对接国家海洋强国建设。

曹佳中副市长最后指出:下一阶段,无锡市将重点抓住海洋装备产业发展的新机遇,在战略定位、政策扶持、人才引进和关键技术等方面创造良好条件,提高优质服务,争取实现新的突破,不断提升海洋工程装备产业的整体竞争力。并非常愿意进一步扩大与中国工程院和各科研院所、各大专院校的积极合作。加强海洋工程的研究与教育,营造优质的发展环境。共同推动无锡乃至全国海洋经济的快速健康发展。

二、精心组织,日程安排紧凑、报告内容丰富

本次会议历时两天半,时间虽短,但因为事前做了充分的准备,除安排主会场报告外,还安排了6个分会场进行专题研讨。期间还组织与会代表实地参观、考察了中国船舶重工集团公司第七〇二研究所。

在主论坛上,唐启升院士作了题为"海洋工程项目二期研究进展"的报告。首先向与会代表简要介绍了海洋工程项目一期的研究成果。并指出:2014年3月,中国工程院在"中国海洋工程与科技发展战略研究"(简称"海洋一期项目")结题的基础上,又批准了"促进海洋强国建设重点工程发展战略研究"(简称"海洋二期项目")重大咨询研究项目。

该重大咨询项目共分海洋观测与信息系统发展战略研究;绿色船舶和深海空间站工程与技术发展战略研究;海洋能源工程发展战略研究;极地海洋生物资

源现代化开发工程发展战略研究;我国重要河口与三角洲环境与生态保护工程发展战略研究;21世纪海上丝绸之路发展战略研究等6个课题和1个南极磷虾渔业船舶与装备现代化发展战略研究专题。项目组长仍由中国工程院原常务副院长潘云鹤院士担任,常务副组长为唐启升院士。副组长由金翔龙、吴有生、周守为、孟伟、管华诗院士担任。

目前,该项项目研究已经取得了一些重要成果;6个课题均按计划完成了《课题研究报告》。在实施过程中,各课题紧紧围绕"建设海洋强国"战略目标,开展海洋工程建设与科技发展研究,并立足2020年,面向2030年,预期2050年。全面总结、分析了我国重点海洋工程与科技发展现状、面临的问题和国际发展趋势,在综合调研、专题研究和反复研讨的基础上,提出了我国重点海洋工程与科技发展的战略思路、战略任务、发展重点、重大工程、保障措施以及政策建议等。

期间,项目组还先后在福建厦门、辽宁大连等地组织召开了"中国海洋工程与科技发展研讨暨福建省海洋发展战略咨询会""中国海洋工程与科技发展研讨暨辽宁省海洋发展战略咨询会"等重大活动。积极参与并组织了本次中国工程院第216场中国工程科技论坛——海洋强国建设重点工程发展战略研究,并设6个分会场进行研讨。此外,在项目实施过程中还向国务院及有关部委提交了多份《院士建议》等。

同济大学汪品先院士作了"国际背景下我国深海科学的走向"的报告。指出:第二次世界大战后发展起来的深海科学,到了世纪之交才在经济、政治上激起世界规模的国际之争。随着海洋经济的重心下移,海上之争也从海面拓展到深海海底,而深海的开发要求清一色的高科技。于是海洋高科技成为海上较量的主要战场,科学和技术联手发展成为深海探索的最大特色。

我国近年来才开始重视深海科技,正好遇上国际深海科学发展路上的一个关口。四五十年前,是深海探索的"英雄时期",深海钻探证实了大洋扩张、大陆漂移,深潜海底发现了海底热液和化能生物圈。几十年来的探索,证明地球上最长的山脉、最多的火山和最大的生态系统都在深海海底,原来海底是"漏"的,从海底释放的地球内热,形成了海洋能流和物流的上、下双向运动。

深海科学的探测技术,重点在于"深潜""深钻"和海底观测的"深网"。在深海重大发现的鼓舞下,新世纪之初,国际科技界掀起了深海探索的新高潮,日本建造了比美国大几倍的大洋钻探船,号称要"打穿地壳";美国和加拿大启动"海王星计划",建造巨大规模的深海观测网。但是,近十年来的进展并没有实现世纪初的预期目标。随着成本上涨和经济不振,出现了财务上的困难;在更深的水底向更深的地壳推进,又出现了技术上的挑战,国际深海探索的进程已经放慢。

然而深海能源和资源的开发是人类社会发展的必需,"三深技术"又是深海探索的必由之路,当时认识不足的是发展中的困难。进入地壳深处和在海底作长期观测,都是海洋科学改朝换代、改变人类和海洋关系的壮举。因此,海洋科学正在经历"脱胎换骨"的关键时期。

在这样的国际背景下,中国的深海科学向何处去? 有两种选择:一种是"知难而退",先挑容易的做,深海前沿的难题等西方理出头绪之后再说,但是这条轻松的道路不利于建设海洋强国,结果将是差距加大、甘居人后;另一种是乘国际脚步放缓之机,迎头赶上,利用西方国家因经济困难而搁置的先进技术,为我所用,走"捷径"开展我国的深海科学研究。最近南海已经实施和将要实施的多个大洋钻探航次和科学深潜航次,都是在美国科研经费短缺前提下才出现的机遇。

更重要的当然是建设自己的科技实力。我国"深网""深潜"的工程建设,都已经列入国家计划;"深钻"方面制定了三步走的计划,其中,最终目标是要建造中国的大洋钻探船。"三深"是探索深海所必需,而大洋钻探船又是深海科技的"航母"。将近半个世纪的大洋钻探,都是以国际合作形式进行;而新一代的大洋钻探船,将成为十年以后国际深海科学合作的核心。拥有新钻探船的中国,必将加入国际深海科学的中心位置。

与其他领域不同,深海科学只有和技术进步紧密结合,只有依靠跨单位、跨部门合作,才能成功发展。我国深海科技起步甚晚,想要实现海洋强国之梦,必须抓住一切可能的有利机会,借助国际合作的力量加快我国的建设。如何看准机遇,利用当前国际深海科技的形势为我所用,值得我们深思。

中国船舶科学研究中心吴有生院士作了"深海装备技术的发展方向"的主旨报告。指出:争夺世界海洋权益及深海资源是 21 世纪世界海洋强国与临海国家的一个重要战略行动。我国在新世纪必须以新的海洋经济观和海洋国防观,看待开发海洋、发展海洋经济和建设海洋强国的重要性和紧迫性;认识到在陆、海、空、天四大空间中,海洋是远未充分开发的资源宝库、世界军事与经济竞争的重要领域、维护国土安全和国家权益的主战场。党的十八大提出了"提高海洋资源开发能力,坚决维护国家海洋权益,建设海洋强国"的战略目标。习近平总书记指出:"要进一步关心海洋、认识海洋、经略海洋,推动我国海洋强国建设不断取得新成就。……建设海洋强国必须大力发展海洋高新技术。坚持有所为有所不为,重点在深水、绿色、安全的海洋高技术领域取得突破。……"实现这一战略目标离不开船舶与海洋工程装备。

目前,我国在海洋方向上经济、政治面临严峻的挑战。我国维护海洋安全和海洋权益的形势严峻,主权有永久丢失的危险:台湾问题未解决,出海口遭军事探测线围堵,岛礁遭受周边国家侵占,海域安保执法能力不足;周边国家大肆侵占我国南海岛礁;海洋资源遭到肆意掠夺;海上划界被挤压,管辖海域被蚕食,域外大国对我海域侵权和介入不断加剧,海上安全面临威胁。

党的十八大首次把"建设海洋强国"上升为国家战略。世界海洋面积 90% 的水深超过 1000 m,认识和开发深海是实施海洋强国战略的重要举措。不同于陆、空、天,人类对深海的认识及开发尚处于初级阶段。我国在深海研究开发中虽起步晚,但进展快、后劲大,与西方国家处于同一阶段。完全有可能抢占先机,抢占深海开发的制高点。

对我国的深海战略目标应有如下思考:聚焦于 1000 m 以深的海洋科学研究、深海资源开发与海洋安全三大方向,抢占深海技术的制高点,到 2030 年以前:在深海部分科学问题以及南海重大科学问题研究领域成为世界"领跑者";在深海油气、矿产与生物资源开发领域,努力追赶世界先进水平,成为"并行者";在海洋安全与维权领域,采用非对称战略,以深制浅,具备综合制海的能力。从而,全面建设成海洋科学与经济强国。

科学探测、资源开发和海洋安全三大方向的工作,包括:深海物理、化学、生物、地质环境的探测(面的参数感知与测绘、线的网络、点取样与深钻);周期性原位研究、试验站点长期性研究;深海开发与工程目标的施工作业。因此,为实现该深海战略目标,必须加快提升"深海资源与环境探测"与"深海开发与工程作业"两大能力;所面临的最大障碍是缺乏支撑两大能力、到达深海,实施长时间、大范围探测及大容量、高负荷作业的技术及装备。克服该障碍的一个最重要的突破口是解决深海运载装备及配套的探测和作业装备。这同样是世界上最激烈的竞争领域。因此,船舶与海洋工程领域 21 世纪的一项重要任务,就是跨越发展深海运载装备及配套装备技术,形成两大能力,支撑深海战略目标的实现。

吴有生院士最后指出:航空航天领域的发展经验,充分证明了运载装备载人技术与无人技术融合发展的必要性与重要性;人类认识与开发深海的任务决定了"人员进入深海"是深海研究与开发不可缺少的形式之一;认清深海开发大战略,发展船舶与海工新兴产业;注重深海生物与矿产资源研究和开发;实施深海领域的国家重大科技项目。

三、准备充分,各分会场研究报告有深度、有广度

此次论坛基于中国工程院"海洋工程与科技发展战略研究项目(Ⅱ期)",聚焦于海洋强国建设重点工程发展战略,并下设了海洋观测与信息技术、绿色船舶和深海装备技术、海洋能源技术、极地海洋生物资源开发、我国重要河口与三角洲生态环境保护工程、21 世纪海上丝绸之路建设等 6 个分论坛。

各课题负责人进行了精心的筹划组织,会议共进行报告 70 多个。邀请的报

告人来自解放军、工信部、农业部渔业局、国家海洋局、浙江大学、哈尔滨工程大学、上海交通大学、中国海洋大学、中国水产科学研究院、中船重工集团、中国海洋石油总公司等不同部门。涉及专题领域广，报告层次高，与课题研究、地方政府海洋发展战略紧密结合，对开阔课题思路、提升研究水平具有重要的意义，对地方海洋经济发展战略具有重要参考价值，是我国海洋工程科技发展研究领域的一次高水平盛会。与会专家就我国海洋工程与科技领域的发展现状、发展思路、发展重点、重大工程、关键科技、保障措施等进行了全面和深入的研讨，对项目研究具有重要意义。

1. "海洋观测与信息技术"分会场

该分会场的主题是"海洋观测与信息技术发展战略研讨"。由课题组长金翔龙院士任主持。该分会场邀请了国家相关主管部门、研究机构的领导、学者等40多人参加了会议。从国家层面的规划→战略→科学→技术→服务5个方面7个报告展开探讨。报告的论文涉及：我国海洋调查与数字海洋建设深海发展；国际海底形势与我国对策之思考，南海形势与维权战略思考；我国海洋水下观测网发展战略思考；我国大陆架划界进程与科学技术问题；水下移动立体观测技术发展趋势；数据背景下的海洋数据信息与工程知识服务等，几乎涵盖海洋观测与信息全领域。

期间，该分会场还对"海洋工程与科技发展战略研究项目（Ⅱ期）"的课题研究报告进行了交流、研讨。

2. "绿色船舶与深海装备技术"分会场

该分会场由课题组长吴有生院士主持。中国船舶重工集团公司第七一四研究所作为"绿色船舶与深海装备技术发展战略研究"课题的依托方参与组织并承办了"绿色船舶与深海装备技术"分会场。期间，吴有生院士、曾恒一院士、丁荣军院士、福建省原省委书记陈明义等共50余位院士、领导及专家参会。分会场重点就我国绿色船舶与深海装备技术发展面临的机遇与挑战、需求及重点工作等问题展开了热烈研讨。

在深海装备技术方面，邀请了国家海洋局第二研究所、国家海洋局第三研究所、中海油研究总院、上海交通大学、SMD公司、中国船舶重工集团公司第七〇二研究所等单位的专家就海洋科考、海洋资源开发以及对装备和技术的需求等内容进行了专题发言。

在绿色船舶技术方面，邀请了中国船级社朱凯副总裁（由李志远处长代讲）、中国船舶重工集团公司第七一一研究所范建新副总工程师、武汉船用机械有限责任公司汤敏副总经理（由胡发国副总设计师代讲）、中国船舶工业集团公司第七〇八研究所杨葆和设计大师（由尚保国高级工程师代讲）和中国船舶重工集团公司第七一四研究所李彦庆所长分别就国际海事法规发展趋势、船舶动力节能减排技术、船舶配套业发展情况、船舶节能设计和绿色船舶技术发展战略等内容进行了专题发言。

通过专家交流和研讨,进一步对深海装备的发展需求、方向及紧迫性达成共识,更加明确了深海装备技术的发展路径;对绿色船舶的内涵、影响因素、未来发展趋势,以及产业链协调发展等方面统一了认识。

3."海洋能源开发"分会场

该分会场已于2015年10月10日在上海举行,会议由周守为院士主持。该分会场由中国工程院、中国海洋石油总公司主办,上海石油管理局承办。会议主题:海上致密气田勘探开发关键技术研讨。参加人员:中国工程院专家,中国石油总公司、中国石化总公司、中国海洋石油总公司等三大公司以及相关研究院所专家,国外专业公司专家等150人左右参加了会议。有近20位专家、教授在大会上进行了交流发言。

4."极地海洋生物资源开发"分会场

唐启升院士参加了"极地海洋生物资源开发"分论坛。分论坛通过8个报告重点交流和研讨了南极磷虾资源利用现状、极地基因资源利用情况及南极磷虾船舶相关研究等,为今后相关工作的开展和交流提供了一个良好的平台。据统计,来自全国海洋渔业行政管理、科研、高校及企业的代表40余人参加了此次分论坛。

论坛就南极磷虾资源的开发、极地海洋生物基因资源利用及南极磷虾船的建造等共3个议题进行了10个报告的汇报及研讨。各位学者和企业代表对各自的工作进展、取得的研究成果进行了梳理总结,并针对极地海洋生物资源开发利用中存在的问题和下一步工作措施展开了广泛的交流和探讨。

论坛强调,在接下来的工作中,应重点关注制约南极磷虾产品上市的砷、氟等食品安全问题,借鉴国际相关标准,结合南极磷虾产品的生产情况,补充相应的科学研究数据,制定相应的食品安全控制管理措施,保障南极磷虾产品市场的准入。同时,改进船上磷虾加工的生产工艺及设备,保障磷虾原料、高附加值产品基料的品质稳定性,重视磷虾油提取后虾粉的综合利用,拓展磷虾生物、医药制品的研发。在科研生产进展过程中,形成好的建议可提交至工程院和相关部门,以引起相关领导和部门的重视,获得国家更多的支持。

期间,还召开了课题工作会议,重点研讨和布置了课题研究报告的撰写、修改事宜。

5."我国重要河口与三角洲生态环境保护"分会场

会议由华东师范大学丁平兴教授、中国海洋大学杨作升教授、中国科学院海洋研究所孙松所长和中国海洋大学高会旺教授主持，厦门大学焦念志院士、环境保护部污染防治司李义调研员、国家海洋局第一海洋研究所王宗灵副所长、国家海洋局第三海洋研究所余兴光所长、环境保护部华南环境研究所姜国强处长、珠江水利科学研究院王琳副院长、黄河水利科学研究院江恩慧副院长、天津大学魏皓教授、中国环境科学研究院郑丙辉副院长和雷坤研究员以及上海市环境科学研究院、广西海洋环境监测中心站等单位的参会代表等共 37 人参加了会议。

该分论坛以交流河口三角洲和近海生态环境环境保护的基础理论、关键科学问题、管理实践、工程措施等为目的，探讨了河口生态环境管理与治理技术、典型生态系统保护与修复以及重要河口生态环境保护（长江口、黄河口、珠江口）等问题。厦门大学焦念志院士介绍了海洋碳汇与二氧化碳的全球变化，深入探讨了海洋储碳过程与机制、河口生态系统的源汇悖论等问题，并详细阐述了陆海统筹可持续发展战略措施。各单位专家代表对各自的工作进展、取得的研究成果进行了汇报总结，并针对河口三角洲生态环境保护中存在的问题和下一步工作计划展开了广泛的交流和探讨。重点强调应重点关注河口三角洲和近海生态环境现状及其变化趋势问题，并有针对性地提出解决该问题的对策与保护建议，加强陆海统筹，防止环境恶化；加大保护力度，改善生态质量；加快技术研究，恢复生态功能；还需要建立流域、河口及近海管理和可持续发展协调机制，并加强治理河口三角洲理念宣传，建立公众参与平台，号召更多的人加入河口三角洲生态环境保护的行列等。

6. "21 世纪海上丝绸之路"分会场

该分会场由课题组长管华诗院士主持。来自全国各地的 20 余位专家围绕 21 世纪海上丝绸之路建设过程中的总体战略、空间布局、经贸合作、北极航线等方面内容进行了讨论。期间，有 5 位专家作了专题报告。

国家海洋局海洋发展战略研究所的刘岩研究员在题为"关于共建 21 世纪海上丝绸之路的若干思考"的报告中，对 21 世纪海上丝绸之路建设推进情况进行回顾，并针对若干重要问题提出了新的构想；中国海洋大学倪国江副教授在题为"21 世纪海上丝绸之路蓝色经济带建设研究"的报告中，对 21 世纪海上丝绸之路经贸合作的现状、目标、布局、机制等问题进行了论述；国家海洋技术中心的夏登文研究员在题为"21 世纪海上丝绸之路海洋环境观测体系建设思考"的报告中，以东南亚地区海洋环境监测体系建设构想为例，讨论了依托 21 世纪海上丝绸之路战略开展科技合作的构想；中国海洋大学刘惠荣教授在题为"北极航线的价值和意义：'一带一路'战略下的解读"的报告中，专门分析了北极航线对于"一带一路"战略的重大价值，并对开发利用北极航线的经济、法律、技术等方面问题进行了探讨；中国海洋大学李大海副研究员在题为"21 世纪海上丝绸之路建设布局研究"的报告中,对 21 世纪海上丝绸之路空间布局问题进行了专门讨论。

总之,该论坛的成功举办,对进一步研究探讨我国海洋强国建设的重点方向与战略任务,促进我国海洋工程科技与海洋工程装备等相关产业领域的发展等,具有极为重要的现实意义和深远的历史意义。

第二部分

领导致辞

中国工程院刘旭副院长致辞

尊敬的曹市长、潘院长，尊敬的各位院士、各位领导、各位嘉宾：

大家上午好！

在第 216 场中国工程科技论坛——海洋强国建设重点工程发展战略论坛召开之际，受中国工程院周济院长委托，我谨代表中国工程院对本次大会的顺利召开表示热烈的祝贺，向参加论坛的各位嘉宾表示诚挚的欢迎，向论坛支持单位、无锡市人民政府以及为论坛成功举办做了大量精心细致筹备工作的中国船舶重工集团公司第七〇二研究所和中国水产科学研究院黄海水产研究所等单位表示衷心的感谢。

大家知道，海洋是宝贵的国土资源，孕育着丰富的生物资源、油气资源、矿产资源、动力资源、化学资源和旅游资源等，是人类生存与发展的战略空间和物质基础。海洋也是人类生存环境的重要支撑系统，影响地球环境的变化，海洋生产系统的供给功能、调节功能、支持功能和文化功能具有不可估量的重要价值。进入 21 世纪，党和国家领导人高度重视海洋的发展及其对中国可持续发展的战略意义。习近平总书记提出海洋在国民经济发展格局和对外开放中的作用更加重要，在维护国家主权、安全、发展利益中的地位更加突出，在国家生态文明建设中的角色更加显著。在国际政治、经济、军事、科技精神的战略地位也明显提升。尤其是党的十八大提出了提高海洋资源开发能力、发展海洋经济、保护海洋生态环境、坚决维护国家海洋权益、建设海洋强国的国家战略，我国的海洋工程与科技发展受到广泛和高度关注。

2011 年 7 月，中国工程院在反复酝酿和准备的基础上，按照时任国务院副总理温家宝的要求，启动了"中国海洋工程与科技发展战略研究"重大咨询项目，45 位院士、300 余位跨学科多部门的一线专家教授、企业工程科技人员和政府管理者，经过两年多的紧张工作，如期完成项目和课题各项研究任务，取得了多项具有重要影响的重大成果。这些成果获得了国务院和相关部委的高度重视并被采纳和实施。基于此，2014 年 3 月，中国工程院又批复了海洋二期项目"促进海洋强国建设重点工程发展战略研究"。它将在一期项目的基础上，聚焦和深化研究，目前该项目已取得了一些重要成果。其间，先后在福建厦门、辽宁大连等地组织了多场研讨会，并结合项目研究工作为当地的海洋经济发展建言献策。

本次论坛选在无锡召开，主要是考虑到滨海临江的江苏省，拥有得天独厚的自然资源和海洋工程科技资源优势,是建设海洋强国当仁不让的领头羊,同时无锡市又在海洋装备工程科技领域具有一定的优势。本次论坛还将设立海洋观测与信息技术、绿色船舶与深海装备技术、极地海洋生物资源开发、我国重要河口与三角洲生态环境保护、21世纪海上丝绸之路等分会场进行专题研究讨论。本次论坛包括17个院士在内参加代表达240余人。可以说,本次论坛是我国海洋工程科技领域的一次盛会。论坛的成功召开将对凝练我国海洋工程科技发展重点方向,促进我国海洋工程科技事业发展具有重要意义。希望各位代表在听取大会报告的基础上踊跃参与研讨,知无不言,言无不尽,积极为发展国家海洋战略建言献策。

最后,请允许我再一次向各位院士、各位领导、各位专家的到来表示热烈的欢迎,向对本次论坛的成功召开给予大力支持的承办单位及科技同仁表示衷心感谢! 最后,预祝本次论坛取得圆满成功,谢谢各位!

无锡市人民政府曹佳中副市长致辞

尊敬的潘院长、刘院长，各位院士、各位领导、各位嘉宾：

今天在美丽的太湖之滨，中国工程院"海洋强国建设重点工程发展战略论坛"胜利举办，这是对无锡发展海洋工程的高度重视，更是对推进海洋强国的一次促进。在此，我谨代表无锡市人民政府对出席论坛的各位领导、各位嘉宾表示热烈的欢迎，对各级领导和专家长期以来对无锡市经济社会发展的关心和支持表示衷心的感谢。

当前，海洋已经成为世界各国争相开发的焦点。《中国制造2025》的发布、大众创业万众创新的氛围为海洋工程科技发展带来新的机遇，必将进一步促进海洋工程的科技创新研发，促进研究成果向产业化发展。今年9月，无锡市委、市政府出台了《关于以智能化绿色化服务化高端化为引领 全力打造无锡现代产业发展新高地的意见》，在大力发展先进制造业中，把高端船舶和海工装备产业提到新的高度。明确要求重点发展高技术的船舶、深海作业工程船和半潜式海洋工程平台，扩张海洋工程总承包业务。

目前我市已经涌现了以中国船舶重工集团公司第七〇二研究所、第七〇三研究所为代表的顶尖海洋装备研发机构，以扬子江船厂、城西船厂等企业为龙头的海工装备制造企业。在无锡，高技术民企也高度关注海洋事业的发展，江苏永瀚特种合金技术公司生产的高技术叶片受到了海军、中央军委等领导的高度重视。同时我们还与中关村集团共建蓝鲸军民融合创新园，与中船重工集团共建海洋探索技术产业园。动员地方企业对接国家海洋强国建设。

下一阶段我市将重点抓住海洋装备产业发展的新机遇，在战略定位、政策扶持、人才引进和关键技术等方面创造良好条件，提高优质服务，争取实现新的突破，不断提升海洋工程装备产业的整体竞争力。这次论坛在无锡举办，对无锡提升海洋工程装备产业层次、打造具有国际竞争力的现代海洋工程装备产业集聚区将具有非常重要的积极作用。我们希望无锡的区位优势、资源优势和产业发展优势，能与更多的技术创新成果相结合。紧紧围绕技术、经济、人才的发展，以提高海洋工程科技研发能力为目标，开展重大技术研究，推进成果转化和产品孵化，提升产业的竞争力和持续发展能力，推动无锡海洋经济的快速发展。

我们非常愿意进一步扩大与中国工程院和各科研院所、各大专院校的积极合作。加强海洋工程的研究与教育，营造优质的发展环境。共同推动无锡乃至全国海洋经济的快速健康发展。

最后，预祝本次论坛取得圆满成功，祝愿各位领导、各位院士、各位来宾身体健康、工作顺利、万事如意，谢谢大家！

第三部分

主旨报告及报告人简介

海洋工程项目二期研究进展

唐启升

中国水产科学研究院黄海水产研究所,山东青岛

摘要:2014 年 3 月,中国工程院在"中国海洋工程与科技发展战略研究"(简称"海洋一期项目")结题的基础上,又批准了"促进海洋强国建设重点工程发展战略研究"(简称"海洋二期项目")重大咨询研究项目。

该重大咨询项目共分全球海洋观测与信息系统发展战略研究;绿色船舶和深海空间站工程与技术发展战略研究;海洋能源工程发展战略研究;极地海洋生物资源现代化开发工程发展战略研究;我国重要河口与三角洲环境与生态保护工程发展战略研究;21 世纪海上丝绸之路发展战略研究等 6 个课题和 1 个南极磷虾渔业船舶与装备现代化发展战略研究专题。项目组长由中国工程院原常务副院长潘云鹤院士担任,常务副组长为唐启升院士。副组长由金翔龙、吴有生、周守为、孟伟、管华诗院士担任。

目前,该项项目研究已经取得一些重要成果,6 个课题均按计划完成了《课题研究报告》。各课题围绕"建设海洋强国"战略目标,开展海洋工程建设与科技发展研究。立足 2020,面向 2030,预期 2050,全面总结、分析了我国重点海洋工程与科技发展现状、面临的问题和国际发展趋势,在综合调研、专题研究和反复研讨的基础上,提出了我国重点海洋工程与科技发展的战略思路、发展重点、发展路线图、重大工程、保障措施以及政策建议等。期间,"项目"组还先后在福建厦门、辽宁大连等地组织召开了"中国海洋工程与科技发展研讨暨福建省海洋发展战略咨询会""中国海洋工程与科技发展研讨暨辽宁省海洋发展战略咨询会"等重大活动,积极参与并组织了本次中国工程院第 216 场中国工程科技论坛——海洋强国建设重点工程发展战略研究,并设 6 个分会场进行研讨。此外,在项目实施过程中还向国务院及有关部委提交了多份《院士建议》等。

唐启升 1943 年 12 月出生。研究员,中国工程院院士。现任中国科学技术协会副主席、中国工程院主席团成员、农业部科学技术委员会副主任、中国农学会副会长、山东省科学技术协会主席,另任联合国海委会(IOC)大海洋生态系咨询委员会委员。长期从事海洋生物资源开发与可持续利用研究,在海洋生态系统、渔业生物学、资源增殖与管理、远洋渔业、养殖生态等方面有许多创新性研究,是中国海洋生态系统研究的开拓者。推动大海洋生态系概念在全球的发展,参与全球海洋生态系统动力学科学计划和实施计划的制定,组织中国 GLOBEC 研究发展,并主持两项“973”计划项目,为中国渔业科学与海洋科学多学科交叉和生态系统水平的海洋生物资源管理的基础研究进入世界先进行列做出突出贡献。积极参与国家科技与产业发展战略研究,提出海洋生物资源包括群体资源、遗传资源、产物资源三个部分的新概念,提出“切实保护水生生物资源,有效遏制水域生态荒漠化”,为我国第一个生物资源养护行动计划——《中国水生生物资源养护行动纲要》奠定了基础,提出“碳汇渔业”的理念,推动渔业,特别是水产养殖业向绿色、低碳的新兴产业方向发展。主持完成国家级重大科研项目 10 余项,3 项成果获国家科学技术进步奖二等奖、1 项获三等奖,6 项成果获省部级科技奖励。发表论文(专著)290 余篇(册)。

国际背景下我国深海科学的走向

汪品先

同济大学,上海

第二次世界大战后发展起来的深海科学,到了世纪之交才在经济、政治上激起世界规模的国际之争。随着海洋经济的重心下移,海上之争也从海面拓展到深海海底,而深海的开发要求清一色的高科技。于是海洋高科技成为海上较量的主要战场,科学和技术联手发展成为深海探索的最大特色。

我国近年来开始重视深海科技,正好遇上国际深海科学发展路上的一个关口。四五十年前是深海探索的"英雄时期":深海钻探证实了大洋扩张、大陆漂移,深潜海底发现了海底热液和化能生物圈。几十年来的探索,证明地球上最长的山脉、最多的火山和最大的生态系统都在深海海底,原来海底是"漏"的,从海底释放的地球内热,形成了海洋能流和物流的上、下双向运动。

深海科学的探测技术,重点在于"深潜""深钻"和海底观测的"深网"。在深海重大发现的鼓舞下,新世纪之初国际科技界掀起了深海探索的新高潮:日本建造了比美国大几倍的大洋钻探船,号称要"打穿地壳";美国和加拿大启动"海王星计划",建造巨大规模的深海观测网。但是,近十年来的进展并没有实现世纪初的预期目标。随着成本上涨和经济不振,出现了财务上的困难;在更深的水底向更深的地壳推进,又出现了技术上的挑战,国际深海探索的进程已经放慢。然而深海能源和资源的开发是人类社会发展的必需,"三深技术"又是深海探索的必由之路,当时认识不足的是发展中的困难。进入地壳深处和在海底作长期观测,都是海洋科学改朝换代、改变人类和海洋关系的壮举。因此,海洋科学正在经历"脱胎换骨"的关键时期。

在这样的国际背景下,中国的深海科学向何处去? 有两种选择:一种是"知难而退",先挑容易的做,深海前沿的难题等西方理出头绪之后再说,但是这条轻松的道路不利于建设海洋强国,结果将是差距加大、甘居人后;另一种是乘国际脚步放缓之机,迎头赶上。利用西方国家因经济困难搁置的先进技术,为我所用,走"捷径"开展我国的深海科学研究。最近南海已经实施和将要实施的多个大洋钻探航次和科学深潜航次,都是在美国科研经费短缺前提下才出现的机遇。

更重要的当然是建设自己的科技实力。我国"深网""深潜"的工程建设,都已经列入国家计划；"深钻"方面制定了三步走的计划，其中最终目标是要建造中国的大洋钻探船。"三深"是探索深海所必需，而大洋钻探船又是深海科技的"航母"。将近半个世纪的大洋钻探，都是以国际合作形式进行；而新一代的大洋钻探船，将成为十年以后国际深海科学合作的核心。拥有新钻探船的中国，必将加入国际深海科学的中心位置。

与其他领域不同，深海科学只有与技术进步紧密结合，只有依靠跨单位、跨部门合作，才能成功发展。我国深海科技起步甚晚，想要实现海洋强国之梦，必须抓住一切可能的有利机会，借助国际合作的力量加快我国的建设。如何看准机遇，利用当前国际深海科技的形势为我所用，值得我们深思。

汪品先 1936年11月生，江苏苏州人。海洋地质学家，同济大学教授。1960年莫斯科大学地质系毕业，1981—1982年获洪堡奖学金在德国基尔大学进行科研，1991年当选中国科学院院士。主要从事古海洋学和微体古生物学研究，致力于推进我国的深海科技。1999年在南海主持实施了中国海首次大洋钻探，随即担任深海"973"项目的首席科学家。曾任国际海洋科学委员会（SCOR）副主席、中国海洋研究科学委员会主席、中国科学院地学部副主任等职，获国家自然科学奖、欧洲地学联盟的米兰克维奇奖，以及伦敦地质学会名誉会员等荣誉。第六、七届全国人大代表，第八、九、十届全国政协委员。现主持国家自然科学基金"南海深海过程演变"重大研究计划和上海海洋科技中心的筹备工作。

深海装备技术的发展方向

吴有生，司马灿

中国船舶科学研究中心，江苏无锡

摘要：争夺世界海洋权益及深海资源是 21 世纪世界海洋强国与临海国家的一个重要战略行动。我国在新世纪必须以新的海洋经济观和海洋国防观，看待开发海洋、发展海洋经济和建设海洋强国的重要性和紧迫性，认识到：在陆、海、空、天四大空间中，海洋是远未充分开发的资源宝库，世界军事与经济竞争的重要领域，维护国土安全和国家权益的主战场。

我国的深海战略目标应聚焦于 1000 m 以深的海洋科学研究、深海资源开发与海洋安全三大方向，抢占深海技术的制高点，到 2030 年以前：在深海部分科学问题以及南海重大科学问题研究领域成为世界"领跑者"；在深海油气、矿产与生物资源开发领域，努力追赶世界先进水平，成为"并行者"；在海洋安全与维权领域，采用非对称战略，以深制浅，具备综合制海的能力，从而全面建设成海洋科学与经济强国。为实现该深海战略目标，必须加快提升"深海资源与环境探测"与"深海开发与工程作业"两大能力；所面临的最大障碍是缺乏支撑两大能力、到达深海，实施长时间、大范围探测及大容量、高负荷作业的技术及装备。克服该障碍的一个最重要的突破口是解决深海运载装备及配套的探测和作业装备。因此，船舶与海洋工程领域 21 世纪的一项重要任务，就是跨越发展深海运载装备及配套装备技术，形成两大能力，支撑深海战略目标的实现。

目前，我国深海油气开发装备产业已有了较大程度的进步，初步具备部分深水海洋工程装备的设计建造能力，但研发设计能力落后，高端装备设计建造能力不足，与欧洲、美国、韩国等先进国家和地区有不小的差距；海工配套设备技术已有一定基础，深海生产系统、深海油气开发配套设备仍是最薄弱的领域，关键部件仍然有不少依赖进口。我国深海探测及工程作业装备领域实现了重大突破，已自主设计建造了多型深海探测及工程作业装备，一批深海通用技术产品与装备已打破国外垄断，部分深海探测作业装备研制已取得突破，但国产深海探测、安装与维修作业潜器尚未占领实用市场，部分关键元器件与材料还依赖进口；与潜器配套的水下作业工具、装具的研制不配套，国产化程度低，潜器作业可靠性尚待提高。我国经过近 20 年的技术攻关，攻克了超大潜深钛合金耐压结构和密封设计7000 m潜深技术,极端环境下多冗余度深海逃生安全保障技术,涉及狭小舱内人-机-环的协调、舱外设施的抗耐压/绝缘/腐蚀及高耐压与低密度浮力材料的应用等问题的容积重量比控制技术,密度与温度变化的海水介质中、复杂海底地质回波条件下远距离高速水声通信技术,复杂海底环境下勘察作业、运动操纵控制技术,自携式有限能源的制约及运动和潜浮节能技术等六大技术难点,突破了超大潜深关重件设计制造技术,成功研制了"蛟龙号"载人潜水器,并在东太平洋锰结核矿区勘查、西北太平洋富钴结壳矿区开采选址、南海地质成因调查、南海冷泉生物群落科学研究、西南印度洋龙旂热液硫化物合同区勘查等多航次的考察中取得了显著的应用实效。

未来一段时间内,我国深海装备技术与产业的发展应重点关注深海开发资源前沿技术和深海运载装备技术。在深海开发资源前沿技术方面,应积极推动深海油气勘探钻井平台与工程船自主设计技术、深海油气水下生产系统关键设备技术、海洋平台绿色配套设备的设计研制与产业化、海底钻探能源供应(电站)系统、深海矿产资源开发技术与产业化、深海生物资源研究开发技术与产业化等。在深海运载装备技术发展方面,在"蛟龙"号取得的成绩基础上,加强现有载人与无人潜器的实用化配套建设,以尽快拓展7000 m以浅深海研究与开发的广度与实效;以对海洋经济发展及海洋安全防卫最为关键的3000 m以浅大范围、长航程、高功率深海作业为目标跨越发展"深海空间站"技术,进一步建立深海工程作业能力;适时进一步开发占世界海域面积不足1%的7000 m以深海域的载人潜器技术,使我国深海探测与研究覆盖全海域。

我国应认清深海开发大战略,结合绿色船舶配套技术的研究与开发,结合船舶产业结构调整与转型升级,发展船舶与海工新兴产业,扶持深海装备中站载探测试验设施、缆控潜器作业系统、载荷存储转运系统、自治潜器检测系统、特种作业装置、水下作业工具、穿梭运载器、深海探测网络节点等八大类探测与作业系统的研发机构,加快产业化,推动"高新技术小企业群体"的形成和壮大。注重深海生物与矿产资源研究与开发,通过研发投入和开发补贴使其具备引导市场资金介入的公平条件,引导有条件的企业转向深海矿产资源开发装备的设计、制造与营运。同时,设立深海矿产资源开发技术研发专项,加大深海采矿技术与装备的研发力度与规模。实施《深海空间站》重大科技项目,具备能进入深海,"下得去,待得住,能作业"的能力,全面带动新一代深海装备产业的创新驱动发展,在世界海洋开发进程中取得主动权,占领科技前沿、发展海洋经济、增强国家实力。

吴有生　1942 年出生,原籍浙江嵊县。船舶力学专家,中国工程院院士。1964 年中国科学技术大学近代力学系毕业,1967 年清华大学工程力学系研究生毕业,1981—1984 年在英国伦敦大学学院与布鲁纳尔大学进修获博士学位。1998 年至今任中国船舶科学研究中心名誉所长。1994 年当选为首批中国工程院院士。长期投身于船舶水动力学与结构力学交叉领域及船舶与海洋结构设计技术的研究。

　　曾为第九届全国人大代表(1998—2003 年)、第十一届全国政协委员(2008—2013 年)、国务院第四届学位委员会委员(1999—2003 年)、多届国务院学位委员会船舶与海洋工程学科评议组成员、第七届江苏省人大代表(1988—1993 年)。

　　曾任国际船舶与海洋结构大会(International Ship and Offshore Structures Congress, ISSC)秘书长(1988—1991 年)、常委会委员(1994—2003 年);国际船模拖曳水池大会(International Towing Tank Conference, ITTC)顾问委员会委员和执行委员会委员(代表东亚地区中、韩)(2002—2005 年);国际船舶实用设计大会(International Symposium on Practical Design of Ships, RADS)常委会委员(1995—2004 年)、主席(1998—2001 年)。现任国际水动力学学术会议(International Conference on Hydrodynamics, ICHD)执行委员会主席(2007 年至今)。

　　曾任中国力学学会理事(1986—1998 年),第六、七届副理事长(1998—2006 年),第八届常务理事(2006—2010 年),第九届特邀理事(2011—2015 年);中国振动工程学会理事(1991—1999 年),第四、五届副理事长(1999—2007 年);中国造船工程学会常务理事(1994 年至今)、力学学术委员会主任委员(第五、六届,2000—2006 年)、力学学术委员会名誉主任委员(2006—2009 年)。

　　现任总装备部科技委员会兼职委员、国防科工局科技委员会委员与船舶分委员会副主任、中国船级社技术咨询与评议委员会主席、中国船舶重工集团军工专家咨询委员会副主任,上海交通大学、武汉理工大学、哈尔滨工程大学等高校的兼职教授,无锡市发展决策咨询顾问。

　　先后在国内外发表学术论文 220 余篇,编著书 4 部。培养博士、硕士研究生40 余名,指导的博士生于 2004 年获全国百篇优秀博士论文。

　　曾两次被评为江苏省先进工作者或优秀党员,四次被评为无锡市先进工作者或优秀党员,1986 年被评为国家有突出贡献的中青年专家及中国船舶工业总公司劳动模范,1991 年获国务院颁发的政府特殊津贴,1994 年获光华科技基金奖一等奖,1997 年被评为国家优秀留学回国人员,2008 年被评为中国船舶重工集团公司优秀共产党员。

第四部分

分会场报告及报告人简介

专题领域一：

海洋观测与信息技术

混响环境中声场重构的实验研究

王潇[1],陈志敏[2],宋玉来[3],金江明[4],卢奂采[1]*

1. 浙江工业大学机械工程学院特种装备制造
与先进加工技术教育部/浙江省重点实验室,浙江杭州;
2. 海军工程大学,湖北武汉; 3. 嘉兴学院机电工程学院,浙江嘉兴;
4. 浙江省信号处理重点实验室,浙江杭州

一、引言

混响水槽是很多实际物理环境的一个简化模型,所以对其中的非自由声场的研究将具有非常重要的意义。现有的一些关于自由声场重构的研究,是基于近场声全息方法(Near field Acoustic Holography, NAH),NAH 是通过靠近结构表面的传声器阵列,采集声源结构发出的包含倏逝波(Evanescent Wave)声信号,根据声场逆运算算法,重构出不受声波波长限制的高精度三维声学图像[1,2]。

由于在非自由声场的中,无法用 NAH 方法准确地重构出声压的分布,需要通过声波分离的方法来分离出目标声源辐射的声场。Pachner 和 Weinreich 等使用两个不同半径的同心球形传声器阵列进行声场分离,但都必须使用规则的共形球面传声器阵列[3,4];于飞等[5]基于空间傅里叶变换,使用双层平面阵列分离出目标声源单独作用的声场分布。上面都是基于声压的 NAH 建立的方法,毕传兴和 Fernandez-Grande 等首先基于粒子振速的 NAH,使用双层粒子速度测量面,后来又使用了单层声压-粒子速度测量面[6,7]。同样,这些方法都使用了双声学量作为声场分离方法的输入量。宋玉来等[8]提出一种基于单全息面声压测量的声波分离方法,只使用一个共形的声压测量面,通过声场逆运算的方法计算出来波和去波的系数,有效分离出目标声源辐射的声场,达到重构自由声场的目的。

本文针对混响水槽中的非自由声场环境,使用单层传声器阵列测量声压分布,运用单全息面声压测量的声波分离方法,进行实验数据的分析和处理,最终重构出混响水槽中的目标声源辐射的声场的分布。

二、混响水槽中非自由声场的测量实验

(一)测量系统

混响水槽的六面均为粗糙壁面,它的主要材质是 PVC 材料,尺寸为 1.2 m× 0.5 m×0.5 m(长×宽×高)。声源系统采用中心频率可达 10 kHz 的换能器,单层 水听器阵列是自行设计的方形阵列,测点数为 5×5,相邻测点间距为 6 cm,其中 水听器尺寸为 25 mm×32 mm(直径×高度),水听器的灵敏度为 -199 dB,工作频 率为 50~10 000 Hz。数据采集系统是丹麦 B&K 公司的型号为 PULSE Lan-XI 的 数据采集系统。具体的测量系统组成如图 1 所示。

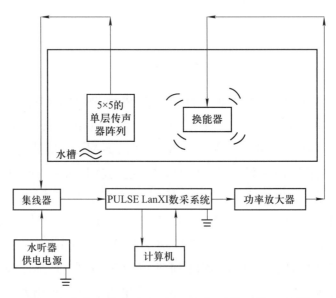

图 1　混响水槽中声场声压分布测量系统示意图

(二)实验布置

将单层传声器阵列置于换能器和混响水槽的近槽壁之间,具体尺寸为与换 能器的固定距离 $d_2 = 5$ cm,距近槽壁的距离 $d_1 = 30$ cm(图 2)。

消声水池中吸声尖劈的性能指标是信号频率>5 kHz 时,吸声系数>0.9;消 声水池的材料是有机玻璃,尺寸为 1.5 m×1.2 m×1.2 m(长×宽×高)。水听器阵 列与换能器的固定距离 $d_2 = 5$ cm,阵列位于水池的长边的中间位置,距两边池壁 的距离 $d_1 = d_3 = 75$ cm(图 3)。

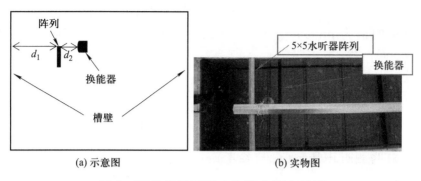

(a) 示意图   (b) 实物图

图 2   顶盖打开后混响水槽内部布置图

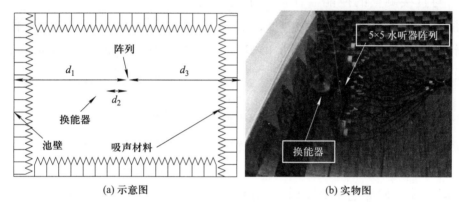

(a) 示意图   (b) 实物图

图 3   全消声水池中水听器阵列与换能器的布置图

三、测量结果分析与处理

根据单全息面声压测量的声波分离方法,混响声场中由换能器辐射的声场响应可由如下公式计算:

$$P' = TP \tag{1}$$

其中,P 为一个 25×1 的列向量,由水听器阵列直接测量的声压值组成,该声压是由时域声压值转化到频域的复声压值;P' 为进行声波分离计算后的 25×1 的列向量,为重构的水听器阵列面上仅由换能器辐射的复声压分布;T 为 25×25 的传递矩阵,T 的定义详见参考文献[8]。

复声压计算过程如下:实验中使用的水听器阵列共 25 个测点,由 $p_i(t)$($i = 1,2,\cdots,25$)表示。同时设置参考信号为 $p_{\mathrm{ref}}(t)$,从目标声源处获取。水听器测点处复声压的幅值,由该测点时域信号 $p_i(t)$ 的自功率谱密度函数获得,相位由该测点时域信号与参考信号 $p_{\mathrm{ref}}(t)$ 的互谱获得。每个水听器测点处复声压由下式表示:

$$P_i(\omega) = p_i(\omega) + j\theta_i(\omega) \tag{2}$$

复声压的幅值为 $p_i(\omega) = \sqrt{S_{p_ip_i}(\omega)}$,其中, $S_{p_ip_i}(\omega)$ 为测点声压 $p_i(t)$ 处的自谱。

复声压的相位为

$$\theta_i(\omega) = \arg\left[\frac{S_{p_ip_{ref}}(\omega)}{S_{p_{ref}p_{ref}}(\omega)}\right] \tag{3}$$

其中, $S_{p_ip_{ref}}(\omega)$ 为测点声压 $p_i(t)$ 与参考声压 $p_{ref}(t)$ 的互谱; $S_{p_{ref}p_{ref}}(\omega)$ 为参考声压 $p_{ref}(t)$ 的自谱。

本文中考查两个误差,第一个误差为:直接测量的换能器在混响水槽内的声场分布,与直接测量的换能器在消声水池内的声场分布的比较误差;第二个误差为:直接测量的换能器在混响水槽内的声场分布,经声波分离方法计算后,在混响水槽内的声场分布,与直接测量的换能器在消声水池内的声场分布的比较误差。误差的定义由二范数表示,即

$$\Delta = \frac{\|P_{meas} - P\|_2}{\|P_{meas}\|_2} \times 100\% \tag{4}$$

式中, P_{meas} 为消声水池内测得的换能器辐射的声场声压分布; P 为混响水槽内直接测量的声场声压分布,或经过声波分离计算后的声场声压分布。

根据上述实验布置和理论分析方法,在混响水槽内测量频率为 5000 Hz 和 7000 Hz 两个工况的实验数据,并使用声波分离方法对实验数据进行分析和处理,得到图 4 和图 5 的实验结果。

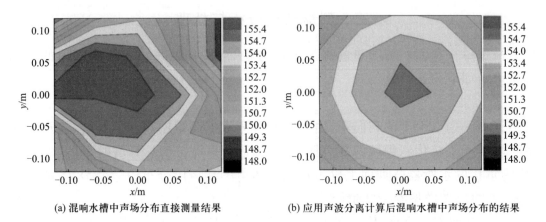

(a) 混响水槽中声场分布直接测量结果　　　　(b) 应用声波分离计算后混响水槽中声场分布的结果

图 4　混响水槽中声源频率为 5000 Hz 时的实验结果

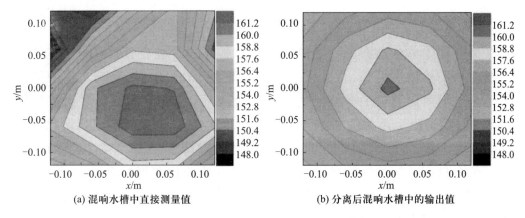

(a) 混响水槽中直接测量值　　　　　(b) 分离后混响水槽中的输出值

图 5　混响水槽中声源频率为 7000 Hz 时的实验结果

（一）声源频率为 5000 Hz

此工况下,混响水槽中直接测量的声压云图如图 4(a)所示,分离后的声压云图如图 4(b)所示。

混响水槽中直接测量的声场分布与在消声水池中直接测量的声场分布的误差为 34.3%,分离后混响水槽中的声场分布与在消声水池中直接测量的声场分布的误差为 15.0%,说明声波分离后声场重构的精度得到显著提高;同时观察声压分布云图发现,直接测量的声压云图受混响环境噪声的干扰严重,而声波分离后的声压云图减少了混响环境噪声的影响,能较准确地反映出目标声源单独作用的声场分布。此处,二维声场分布图中的灰度代表声压 P。

（二）声源频率为 7000 Hz

此工况下,混响水槽中直接测量的声压云图如图 5(a)所示,分离后的声压云图如图 5(b)所示。

混响水槽中直接测量的声场分布与在消声水池中直接测量的声场分布的误差为 34.4%,分离后混响水槽中的声场分布与在消声水池中直接测量的声场分布的误差为 12.3%,表明声波分离后声场重构的精度得到明显提高;经观察声压分布云图发现,声波分离后的声压云图受混响环境噪声的影响较小。同时,比较图 4(b)和图 5(b)发现,7000 Hz 时声波分离后声压云图的精度比 5000 Hz 时声波分离后声压云图的精度要高,这是由于在 7000 Hz 时,声波的波长较短,能被水听器阵列采集到一个完整的波长信息,故声场重构的精度较高。

四、结论

本文验证了单全息面声压测量的声波分离方法适用于水下混响环境的非自由声场。从实验结果可知,当目标声源的频率为 5000 Hz 时,混响水槽中的声场通过单全息面声压测量的声波分离方法的处理后,声场重构的精度误差降低了 19.3%;同样,当目标声源的频率为 7000 Hz 时,经过单全息面声压测量的声波分离方法的处理后,混响水槽中声场重构的精度误差降低了 22.1%;以上两个工况说明了单全息面声压测量的声波分离方法能有效地抑制混响环境噪声的影响。最后,本文通过在混响水槽中的实验研究验证了此测量分析方法的可行性,将进一步为下面的研究工作打下基础。

参考文献

[1] Williams E G, Maynard J D, Skudrzyk E. Sound reconstruction using a microphone array [J]. J Acoust Soc Am, 1980, 68(1): 340-344.

[2] Williams E G, Maynard J D. Holographic imaging without wavelength resolution limit[J]. Phys Rev Letts, 1980,45: 554-557.

[3] Pachner J. Investigation of scalar wave fields by means of instantaneous directivity patterns [J]. J Acoust Soc Am, 1956, 28 (1): 90-92.

[4] Weinreich G, Arnold E B. Method for measuring acoustic radiation fields [J]. J Acoust Soc Am, 1980, 68 (2): 404-411.

[5] 于飞,陈剑,陈心昭. 双全息面分离声场技术及其在声全息中的应用[J]. 声学学报, 2003, 28 (5): 385-389.

[6] 毕传兴,张永斌,徐亮,等. 基于双面质点振速测量的声场分离技术 [J]. 声学学报, 2010,35(6): 653-658.

[7] Fernandez-Grande E, Jacobsen F. Sound field separation with a double layer velocity transducer array [J]. J Acoust Soc Am, 2011, 130(1): 5-8.

[8] 宋玉来,卢奂采,金江明.单层传声器阵列信号空间重采样的声波分离方法[J]. 物理学报, 2014, 63(19) :187-196.

我国海洋水下观测网发展战略思考

罗续业

国家海洋技术中心，天津

一、引言

海洋是一个濒海国家发展的重要生命线，步入 21 世纪，海洋在我国社会主义事业发展的地位和作用日益突出。党的十八大报告中明确提出"提高海洋资源开发能力，发展海洋经济，保护海洋生态环境，坚决维护国家海洋权益，建设海洋强国。"中共中央总书记习近平在新一届中央政治局第八次集体学习时，指出："海洋在国家经济发展格局和对外开放中的作用更加重要，在维护国家主权、安全、发展利益中的地位更加突出，在国家生态文明建设中的角色更加显著，在国际政治、经济、军事、科技竞争中的战略地位也明显上升。"

海洋观测是认识海洋的基础学科，是海洋强国建设的基础支撑。海洋经济已成为我国经济发展新的增长点，国务院先后批复设立了多个沿海经济开发区域，新常态下的海洋经济发展新形势对海洋基础环境要素观测及产品服务能力提出了新的需求；海洋资源开发、海上交通运输、海洋渔业、海洋海岛旅游、海洋工程建设等新的生产形式的增加，也使得海上突发事件日益增加，气候变化更加加剧了海平面上升、极端天气气候事件等灾害，沿海地区遭受洪涝、风暴潮、海岸侵蚀和咸潮入侵等海岸带灾害加重，登陆台风强度和破坏度增强，这些对海洋观测提出了迫切需求；同时，21 世纪海上丝绸之路建设的重要战略部署对我国海洋环境安全保障能力建设提出了新要求，对我国海洋观测体系建设提出了新需求[1]。

二、我国海洋水下观测网的战略地位分析

（一）提高海洋水下防御能力、保障国家安全

目前及今后一定时期内，我国安全的战略威胁主要来自海上。美国实施"重返亚太"战略，持续加强在日本、韩国、菲律宾甚至印度洋中部的兵力部署，在我出第一岛链的海峡通道部署了水下声学监视系统，2012 年以来，我国渔民在三

亚近岸海域打捞到水下无人航行器,此类种种活动已对我国水下防御能力提出了严重的挑战。

（二）维护海洋权益、加强海洋综合管控能力

近年来,我国与周边海洋国家在岛屿主权争端、海上划界、海洋资源等海洋权益问题的矛盾和纠纷日益显现和激化。在东海,由于钓鱼岛地理位置的重要战略意义,中日围绕钓鱼岛的主权、大陆架和专属经济区划界以及油气和渔业资源的开采等发生的争端不断;在南海,越南、菲律宾、马来西亚、印度尼西亚和文莱等国注重在政治上、法律上寻找依据的同时,大力加强海上军事力量建设,加紧对其所非法占有的岛礁积极建设和发展旅游,造成非军事化利用的既成事实,增加争端解决的难度。

（三）保护海洋生态环境、构建和谐海洋文明

随着海洋经济的不断发展,我国近岸海域承受着越来越巨大的环境压力,在全球气候变化及人类活动的共同影响下,重要海洋功能区受损严重,海洋生物濒临绝迹、海洋渔业资源枯竭,赤潮频发,油污染事故不断,对我国近岸海洋生态环境的保护能力提出更大的挑战。我国海洋主管部门在不断完善海洋环保法规的基础上,不断加大海洋生态保护工作的力度,但是,近海环境不断恶化的趋势至今仍无法得到有效遏制。

（四）保障海洋经济发展、预防预警海洋灾害

我国沿海地区聚集了全国 60% 以上的经济总量和 40% 以上的人口,海洋经济在国民经济中的比重已接近 10%,成为我国新的经济增长点,沿海地区的渔业、石油、海洋可再生能源开发以及海上交通运输等活动日益增长,这对海洋环境保障提出了更高的要求。同时,我国也是海洋灾害频发的国家,其中,风暴潮、赤潮、海浪、海啸、海冰等是发生频率较高、破坏性较大的海洋灾害,对我国沿海地区的经济发展和人民生命财产安全构成了巨大威胁。自 2005 年到 2012 年,海洋灾害造成的直接经济损失达 1295.58 亿元人民币,死亡(含失踪)人数达 1551 人,仅 2005 年一年的海洋经济损失就达 332.4 亿元,占同期海洋经济总产值的 2%,占全国各类自然灾害总损失的 16%。此外,我国是位于环太平洋和地中海-喜马拉雅两大地震带之间的多地震国家,台湾地区和东南沿海地区则是主要分布区域之一。

（五）促进海洋科学研究、推动海洋技术发展

海洋科学是一门以观测为基础的战略科学,海洋科技实力是衡量一个国家科技水平的重要标志之一。随着海洋科学的不断发展,特别是 20 世纪 80 年代末开始的全球变化研究,海洋环境长期连续观测的必要性日益显现。美国、欧洲国家、加拿大、日本等海洋强国开始了海底长期观测站网的建设,为海洋在全球气候中的作用、深海生态系统、海洋系统的过程与机制以及近海海洋学等科学研究提供长序列观测数据,同时也为海底天然气水合物、海底地震活动的实时监测提供了强有力的技术支持。而我国在这方面刚刚起步,与国际海底长期观测技术水平相比落后了至少 10 年,亟须开展海底观测网络基础设施建设,缩短国际差距。

三、国外海洋水下观测网的发展现状

（一）国外海洋发达国家有关政策

美国在"十二五"期间先后发布了三个重要政策:2010 年美国总统奥巴马签署总统令,批准了美国白宫环境质量委员会跨部门海洋政策特别工作组提交的《海洋、海岸和大湖区国家管理政策》,从国家层面成立了国家海洋理事会,对国家安全、能源与气候变化、经济政策等重大问题进行协调;2011 年美国国家研究委员会海洋基础设施战略研究组发布了《2030 年海洋研究和社会需求关键基础设施》,从国家基础设施角度对未来 20 年海洋科学知识的承受能力进行了分析,提出船舶、卫星遥感、现场观测阵列和海岸实验基地是海洋科研基础设施的核心;2013 年美国国家科技委员会发布的《一个国家的海洋科学:海洋优先研究计划修订版》,面向国家政策需求,从海洋科学与社会问题的结合角度提出了美国海洋研究的优先研究领域,如海洋酸化、北极地区变化等自然科学研究,以及海洋生态系统与气候变化等社会问题研究[2]。

2007 年日本《海洋基本法》正式生效。根据这一基本法,政府制定《海洋基本计划》,每 5 年修订一次。2013 年 4 月,日本内阁正式通过了新修订的《海洋基本计划》(2013—2017 年)决议,制定了未来 5 年的新举措,如到 2018 年,完善可燃冰商业化开采技术;2023—2028 年逐步扶持私营企业参与海底热液矿床商业化项目;对锰结核与富钴结壳的资源量与生产技术开展调查研究。此外,稀土是日本在海洋矿产开发方面的主攻目标之一。2013 年 1 月,日本海洋研究开发机构和东京大学的联合研究团体利用"海岭"号深海调查船,从日本最东端的南鸟岛周边的海底泥中发现高浓度稀土。分析显示,在南鸟岛以南约 200 km 的海

底之下 3 m 左右的浅层泥沙中,存在浓度最高达 0.66% 的稀土,这是目前发现的全球浓度最高的有工业利用价值的稀土[2]。

2009 年澳大利亚政府海洋政策科学顾问小组发布首个战略性的国家海洋研究和革新框架——《一个海洋国家》,该报告具体阐述了国家、产业部门以及公众对海洋研究、开发和创新的需求,建议从国家层面协调海洋科学研究,重点关注以下几个方面的海洋研究与创新问题:探索、发现以及可持续性;观测、认知和预测;海洋产业发展;广泛参与及成果转化。2013 年 3 月,该小组又发布了《海洋国家 2025:支撑澳大利亚蓝色经济的海洋科学》报告,从战略角度列出了同时与澳大利亚密切相关的 6 大全球性挑战:海洋主权和海上安全、能源安全、粮食安全、生物多样化和生态保护、气候变化、资源分配等[2]。

(二) 国外海洋发达国家重点研发项目

1. 美国海洋监视信息系统(OSIS)

20 世纪 70 年代是美海军情报系统由战略目的转向战术性利用的标志性时间[3]。OSIS 建成于 70 年代初期,通过收集各种情报数据对其进行处理以得到海上目标的图像。其中,固定式海洋水声监视系统 SOSUS 是 OSIS 的水下信息源。

20 世纪 60 年代,美国在其本土东西两侧的大西洋和太平洋建立起多个由深水水听器阵组成的 SOSUS 水声监视系统,电缆总长度有 30 000 mi(1 mi = 1.609 344 km)。在太平洋海域和大西洋海域分别建起了三条警戒线,其中,太平洋海域中的一条即为由俄罗斯的堪察加半岛起,经日本群岛,向南延伸到菲律宾和马六甲海峡。该系统在监视水下潜艇活动方面曾发挥了重要作用。到 80 年代后期,美军在三大洋和海上交通要冲部署了 36 个水听器基阵,总监控面积达到北半球海域的四分之三。在此基础上,20 世纪末美国将其升级为综合水下监视系统(IUSS),由固定分布式系统(FDS)、监视引导系统(SDS)、高级可部署系统(ADS)和水面拖曳阵传感器系统(SURTASS)组成,用于探测活动于深海和近海的安静型、常规型潜艇和核潜艇。

2. 美国持久性近岸水下监测网络(PLUSNet)

21 世纪,美国海军研究局启动了 PLUSNet 项目,由固定在海底的灵敏水听器、电磁传感器以及移动的传感器平台,如水下滑翔机和 AUV 等组成,固定观测设备与移动观测平台之间能够双向通信,组成半自主控制的海底观测系统[4]。该系统旨在利用移动平台自适应的处理和加强对浅水区,尤其是西太平洋地区的低噪声柴电潜艇进行侦察、分类、定位和跟踪。2006 年,PLUSNet 在蒙特利湾进行了大规模试验,通过携带不同传感器的潜航器,监测温度、盐度、水流、化学要素等海洋环境,实现对水下目标的探测、跟踪、分类和定位,该网络计划在2015年具备作战能力。

3. 东北太平洋时间序列海底网络试验(NEPTUNE)

NEPTUNE 是美国于 1999 年首先作为其国家海底观测计划地球海洋动力学的一个重要组成部分而提出实施的项目,目标是在 20 万平方公里的胡安·德富卡板块上建设海底网络平台,开展板块构造过程与地震动力学、海底流体通量和天然气水合物动力学、区域性海洋/气候动力学及对海洋生物的影响、深海生态系统动力学、海洋工程技术五个前沿科学主题研究。这是国外典型的军民共用的基础设施之一。美国最终以海洋观测计划(OOI)实施,加拿大以 NEPTUNE Canada 项目实施。OOI 中的海底网络平台铺设主干光缆达 900 km,布放 7 个主节点,现已完成海底观测阵列所有建设工作,计划于 2015 年 10 月份通过互联网提供数据。NEPTUNE Canada 海底网络平台铺设主干光缆达 800 km,布放 5 个主节点,现已业务运行将近 6 年。两者共同对横跨胡安·德富卡板块从近岸到3000 m 水深的深水大洋进行观测,在海底事件实时侦测和新发现方面发挥了重要作用[5]。

4. 欧洲多学科海底观测(EMSO)

2008 年由欧洲 12 国共同执行的 EMSO 计划开始实施,EMSO 接受了原欧洲海底观测网 ESONET 的规划内容,将从北极、亚北极、北大西洋、大西洋亚热带到地中海和黑海建设 12 个深海观测站,共同联网构成欧洲海底观测网络综合系统,专注于海洋环境变化过程研究,主要采取独立的声学海底观测站和电缆式观测站两种方式。

5. 密集型海底地震海啸监测网络系统(DONET)

日本作为一个地震多发国家,早在 20 世纪末,分别在近岸和太平洋远洋建立了缆式海底长期观测站,水深至 3000 m,主要用于地震科学观测。2006 年,开始在日本南海海槽周边海域建设 DONET,海底骨干网络光缆长达 750 km,观测站达 49 个,可准确地探测地震和海啸活动。该系统可靠性分为三个等级:高可靠性的海缆骨干网、可更换的科学节点、可扩展的测量仪器[6]。

(三) 国外海洋发达国家新型技术装备

海底网络设备方面,水下恒压供电接驳设备和恒流供电接驳设备是目前国际海底网络设备的主流产品,均已实现 3000 m 级水深、10 kW 供电的海底接驳能力,该项技术为美国、日本和加拿大所掌握。其中,恒压供电接驳设备产品较成熟,应用范围较广,如美国 OOI 的海底观测阵列、加拿大 NEPTUNE 和 VENUS 海底观测网等;恒流供电接驳设备主要是应用于退役的海底通信光缆,如日本的

DONET 观测网和美国的 ALOHA 海底观测站等。

水下移动观测平台方面，自持式剖面探测漂流浮标（Argo）、水下滑翔器（Glider）、自治式水下航行器（AUV）是目前水下移动组网观测比较成熟的几类技术。AUV 已形成了从微型到大型的系列化产品，以美国 Bluefin 系列和 REMUS 系列、挪威 Hugin 系列、英国 AutoSub 系列、冰岛 Gavia 系列为代表，占据了主要的 AUV 市场。而且，这些 AUV 都配备专门的布放回收系统，缩短了 AUV 在航次之间的准备时间。美国拥有目前世界上最为成熟的 Glider 技术，在海上溢油追踪和飓风引起的海水运动观测中，多台水下滑翔器快速观测大范围海域的应用也开展了多次。值得一提的是美国斯克里普斯海洋学研究所研发的最新一代"ZRay"完成，升阻比提升到 30∶1，携带了 29 通道水听器阵列。

四、我国海洋水下观测面临的形势分析

国际上，海、陆、空联合组网观测已经成为海洋立体观测的最佳有效手段，并将持续稳定发展下去。水下观测则呈现出长期持续和机动灵活两种不同的发展方向，海底网作为继调查船和卫星之后的第三个海洋观测平台，预计未来 20 年全球海底观测网络将基本成型[7]。在国家安防方面，特别是近期，面对我国海上军事力量不断壮大走向深水大洋的发展趋势，美日联合利用以日本冲绳为据点铺设的两条数百公里的水下监听系统 SOSUS，开展针对我国潜艇水下活动的监听。

我国近些年通过多种科技计划的实施，在水下观测技术装备方面取得了一定成绩，但与海洋发达国家相比仍存在较大差距，与海洋强国目标实现仍有较大距离，主要表现在：

（1）基础研究薄弱、重点工程技术落后

我国在水下观测网络化建设方面刚刚起步，水下观测传感器和平台技术的相关基础研究薄弱，海底长期高压供电、水下湿插播、水下移动通信组网等基础研究未取得实质性突破，水下长期观测设备与大数据处理技术研究滞后，造成我国海底科学观测网工程技术整体落后。

（2）中试环节缺少标准、产业化进程缓慢

我国发展较成熟的海洋观测技术装备在进入科学研究应用或国家业务化观测应用之前，缺少中试环节，缺乏观测技术装备测试检定的海上公共平台，造成观测设备的稳定性与可靠性较低，制约了观测技术走向业务化和产业化的进程。

（3）海洋强国顶层设计缺乏、海洋科技力量分散

海洋强国战略提出两年多来尚未形成海洋强国建设的规划性纲领文件，各系统海洋科技力量投入逐年增多，但比较分散，导致各不同技术力量系统以海洋

强国之名成立各种机构,以获得不同渠道的资本投入,但仍没有形成任何一股强有力的科研力量,没有形成科学与技术有力结合的科研队伍。

五、我国海洋水下观测网的发展建议

新形势下,以海洋强国为主线建设我国海洋水下观测业务体系,力争通过20 年左右的发展,海洋水下观测能力总体水平达到国际先进。

开展我国海洋水下观测网顶层设计,形成以海底网为主体、移动网为扩展的水下观测网络,实现自下而上,与遥感观测平台自上而下遥相呼应,从而实现整个立体观测。

同时,布局全球,形成由近海向远洋、由近岸向极地、由浅水向深水的拓展趋势,建设以试验网、业务网构成的具有我国特色的海底观测网,支撑军民共用技术发展。

加快我国海底观测网军民融合专项实施,以专项带技术、带产业,形成一批具有国际影响力的高层次人才和队伍。

参考文献

[1] 国家海洋局 . 全国海洋观测网规划(2014-2020)[R]. 2014.

[2] 罗续业.海洋技术进展[M].北京:海洋出版社,2015.

[3] 尤晓航.国外海军典型 C4I 及武器系统[M].北京:国防工业出版社,2008.

[4] http://www.mbari.org/MB2006/UPS/mb2006-ups-links.htm.

[5] 李彦,Kate Moran,Benoît Pirenne. 加拿大"海王星"海底观测网络系统[J].海洋技术, 2013,32(4):72-75.

[6] 上海海洋科技研究中心,海洋地质国家重点实验室.海底观测——科学与技术的结合 [M].上海:同济大学出版社,2011.

[7] 金翔龙.中国海洋工程与科技发展战略研究:海洋探测与装备卷[M].北京:海洋出版社,2014.

罗续业 二级研究员，国家海洋技术中心主任，中国海洋学会海洋监测技术分会理事长，中国海洋工程咨询协会海洋可再生能源分会会长。1999年享受国务院颁发的政府特殊津贴。曾担任国家"十五""863"计划海洋监测技术主题专家组成员。曾主持国家计划委员会专项"海洋环境监测系统——台站与志愿船观测系统"项目建设，国家"九五""863"计划海洋领域重点项目"海洋环境立体监测技术与集成"，国家发展和改革委员会项目"海洋环境动力设备监测实验室建设"，海洋公益性行业科研专项"海上试验场建设技术研究和原型设计""海洋水下长期在线生态环境定量监测技术研究与应用示范"，海洋可再生能源专项项目"波浪能、潮流能海上试验与测试场建设论证及工程设计"等十余项。出版《海洋技术进展》《海洋可再生能源开发利用战略研究报告》等专著。

船载水样自动采集系统

李超[1]，司惠民[1]，关一[1]，于灏[2]

1. 国家海洋技术中心，天津；
2. 国家海洋局北海海洋技术保障中心，山东青岛

一、引言

海洋蕴藏着丰富的资源，海洋开发带来了巨大的经济效益，但同时也带来了日益严重的环境问题，特别是近岸海洋环境面临着越来越大的压力。随着国家对海洋的重视，建立了众多的海洋环境监测系统。海洋水质监测有两种方法：一是通过现场传感器测定；二是取样后在实验室内使用相应仪器设备进行分析。由于技术方面原因，很多参数还不能通过现场传感器测定，实验室分析依然是环境监测的重要手段。

本文研究的船载水样自动采集系统，利用水泵并配合管路将水吸到船上，通过分配管路给营养盐分析仪等船载检测仪器提供水样进行现场测量。该系统采集的最大剖面深度为 60 m，利用绞车将采水管放置到设定深度（水管末端装有压力传感器，实时采集深度信号），由控制系统控制水泵自动完成一层或多层水样的采集。与传统人工采水的方式相比，大大减轻了实验人员的劳动强度，缩短了采样时间。

二、系统介绍

船载水样自动采集系统是利用采水泵及其他辅助装置将水样吸到船上，存放在水样罐内供船载监测仪器使用，原理框图如图 1 所示。

船载水样自动采集系统包括硬件和软件两大部分，硬件主要包括采水泵及采水缆、布放回收装置（绞车）、储水罐及分配管路、电控系统，软件主要包括计算机端上位机软件和电控系统端的下位机软件，图 2 为系统实物图。

实验人员在主控平台（上位计算机）设定好采样层数及采样深度后，通过RS232 串口将指令下达给下位机可编程逻辑控制器（PLC），PLC 控制绞车自动放缆，将安装在吸水管路末端的采样头下放到设定深度（设定先采集最底层）；

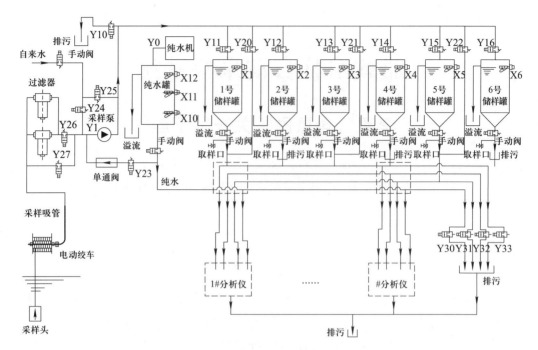

图 1　系统原理框图

图 2　系统实物图

到达设定深度后采水泵自动开启,水样在采水泵的作用下经过过滤器进入水样罐;水样罐注满后,采水泵自动停止,绞车自动开始收缆,将采样头收到设定的第二层的深度;到达设定深度后,绞车停止,水泵开启,将水样注入第二个水样罐内;水样罐注满后,水泵停止绞车启动,重复以上过程,直到采完设定的所有层水样;水样通过分配管路供给监测仪器,分析完毕后,PLC控制电磁阀自动打开,将水样罐内多余的水样排掉。

三、关键技术研究

（一）多功能复合采水缆研制

采水缆缠绕在绞车的滚筒上,总长 80 m,集成了采水管(图 3)、信号缆和凯夫拉承重绳,三者的外面包裹聚氨酯材料。多功能复合采水缆兼具采水、信号传输和承重的作用。采水管一端连接在绞车上,另一端连接采样头,用于吸取水样;信号缆传输压力传感器输出的 4～20 mA 电流信号,经 PLC 换算输出深度信号,以此判断水样采集的深度,压力传感器的使用可提高水样采集的深度误差,由于信号弱、距离长,需要信号缆具有很低的阻抗;凯夫拉承重绳用于悬挂配重的铅鱼,破断力为 500 kg,保证能够承担铅鱼和自身的重量;聚氨酯外套起到保护作用,能够适应-20～40 ℃的温度,保持特性不变。

图 3　采水管

多功能复合采水缆的研制成功解决了以下三个关键问题:① 复合采水缆为一体化结构,实现了下放和回收时绞车自动排缆;② 经过对采水管、信号缆和承重绳的受力分析,确定三者合适的位置结构,提高抗弯曲、拉伸性能,解决了实验过程中信号缆受力拉断的问题;③ 提高了温度适应能力,能够适应全国大部分海域的环境温度,低温不变硬、皱裂,高温不变形。

（二）下位机控制软件

下位机控制系统以 PLC 为核心,搭配模数转换模块和通信模块完成对各执行元件的控制,控制系统原理框图如图 4 所示。

控制系统共有全自动、半自动和手动三种控制模式,全自动控制模式为主要控制模式,半自动控制模式和手动控制模式增加系统的灵活性。三种控制模式

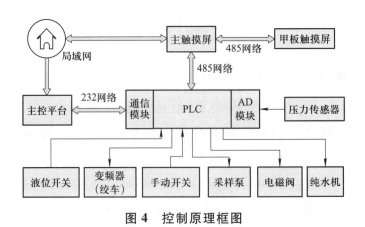

图 4　控制原理框图

均设有运行状态监视、故障报警、历史记录查询等多种功能。同时,采用功能强大、简单易用的大屏幕彩色触摸屏作为人机交互界面,提供采样深度设定、时间设定以及动态显示当前系统状态及采样深度等功能。

PLC 的控制软件采用最常用的梯形图形式编写,先编写各功能模块子程序,然后将不同模块的程序整合成完整的程序,软件程序工作流程如图 5 所示。根据系统的功能要求,共有 9 个功能模块,分别为系统初始化、深度读取及判断、全自动/半自动控制、手动控制、纯水控制、管路清洗、通信、急停、时钟调整等。

(三) 上位机控制软件

上位机软件以船载计算机网络为核心,具有设备监控、数据采集传输、通信及现场信息服务的功能。建设基于 Internet/Intranet 技术标准的船载计算机网络以及 B/S 体系结构的数据库管理系统,利用网络化、模块化的系统集成技术,完成对船载海水样品自动采集系统和其他船载监测仪器的控制,同时能够采集船载 GPS、水文气象等设备的参数并进行显示,实现对船载设备工作状态的实时监控,数据收集、提取、分析、处理与存储,同时将监测数据实时传回地面支持系统进行信息产品制作和发布。

水样采集自动化控制业务流程图如图 6 所示。

主界面表现层主要实现被监控设备的运行状态,水文气象信息等连续观测设备的数据内容,通过曲线、表盘、数据表格、矢量地图、Led 灯转换等形式实现数据信息的动态形象方面的展示。通过文本数据输入控件、按钮控件、列表控件、下拉列表控件等基本控件形式实现控制信息的输入、运行状态的控制等功能,如图 7 所示。

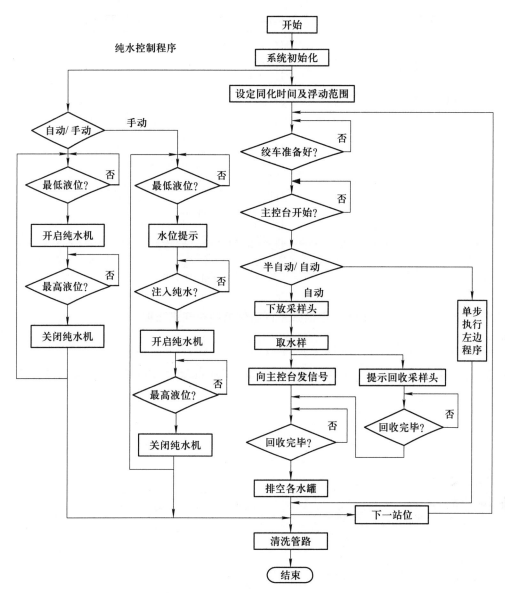

图 5　软件程序流程图

四、海上试验

　　船载海水样品自动采集系统在船上安装完毕后,在我国渤海和东海做了大量的海上试验,系统稳定性得到了充分验证。渤海试验分别在春季和冬季各进行两个航次,每季的两个航次均连续试验,历时 40 多天。根据"海试大纲"的要求,共计设置 86 个站位、404 个点位(不同站位采样的层数不同)。东海海试选在嵊泗附近海域,共设置 17 个站位、51 个点位。图 8 为海试站位图。

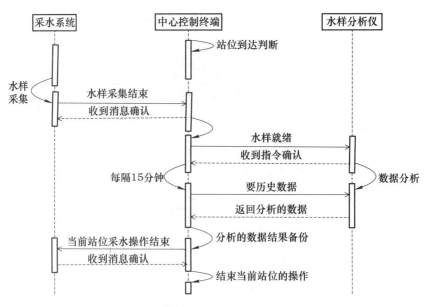

图 6 水样采集自动化控制业务流程图

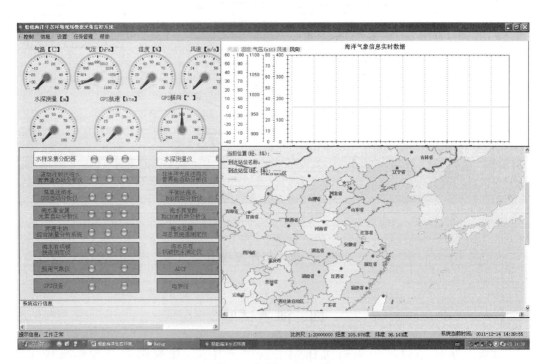

图 7 主界面显示图

海试期间,船载海水样品自动采集系统工作稳定、运行可靠,系统采用压力传感器定位采样深度,精度能够控制在 0.1 m。为了验证本采样系统是否对水

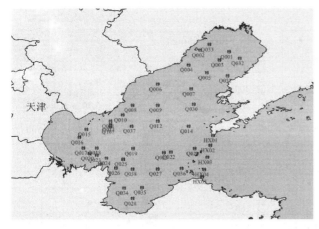

图 8　海试站位图

样造成二次污染,采用传统人工采水的方法同步采水,然后将两种方法采集的水样带回实验室进行分析。由于海上试验受到天气的制约,在天气好的时候通常24 h 连续采样,这样就导致人工采水的实验人员的体力严重透支,而自动采样系统不需过多的人为干预,能大大减轻实验人员的数量和体力。

五、数据分析

在实验室中,对系统采样和人工采样两种方式采集的样品进行对比测定,应用 Origin 和 SPSS 软件对营养盐分析仪测定的结果进行统计分析,对比两种方式获得的结果是否存在相关性及显著性差异,统计分析结果如表 1 所示,相关性分布图如图 9 所示。

表 1　统计分析结果

营养盐	单因子方差分析				相关性分析
	F	P	显著性水平 0.01	显著性水平 0.05	相关系数
亚硝酸盐	15.282	3.492×10^{-4}	Y	Y	0.86*
硝酸盐	7.199	0.011	N	Y	0.81*
铵盐	10.215	2.720×10^{-3}	Y	Y	0.84*
磷酸盐	6.648	0.014	N	Y	0.85*
硅酸盐	0.266	0.609	N	N	0.79*

注:Y 表示有显著性差异;N 表示没有显著性差异。

* 表示显著性水平<0.01。

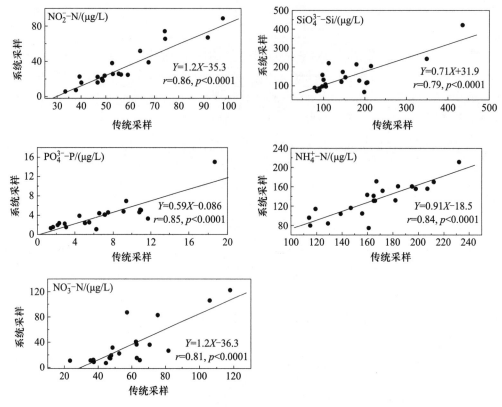

图 9　营养盐相关性分布图

从图 9 中数据的分布情况可以看出，两种采样方式获得的营养盐数据具有较高的相关性，但硝酸盐、亚硝酸盐和铵盐存在系统空白误差，这也是造成表 1 中有显著性差异的主要原因。经分析发现，对于硝酸盐、亚硝酸盐和铵盐，经过空白校正后两种采样方式得到的结果是一致的。由于水样本底中硅酸盐含量较高，系统空白误差可忽略不计，所以硅酸盐不需要任何修正。磷酸盐的系统空白误差很低，但方差分析存在显著性差异，可经过斜率校正获得较为准确的结果。根据现行的《海洋监测规范》，船载海水样品自动采集系统能够满足营养盐分析仪对水样的要求。

六、结论

该系统经过"十五"和"十一五"两期"863"项目的支持，在中国渤海和东海做了大量的海上试验，方案的可行性以及系统的稳定性得到了验证，已经成为一项技术成熟的水样采集手段，目前已成功安装在向阳红 08 船、海监 47 船和向阳红 28 船三条船上，大大提升了我国近海海洋生态环境现场监测业务化运行能力,另外,该系统也可以做到小型化,推广应用到众多沿海或陆地岸基实验室内,完成海水样品的采集、分配,为监测仪器设备提供水样。

参考文献

丁莉君,李宏燕.2009.上位机与 PLC 通信的设计及应用[J].机床与液压,37(9):231-232.

司惠民,王项南,李超,等.2011.船用海水自动采样系统的软件设计[J].海洋技术,30(1):15-19.

向晓汉,王保银,等.2014.三菱 FX 系列 PLC 完全精通教程[M].北京:化学工业出版社.

于灏,司惠民,李超,等.2012.船载水样自动采集与分配系统所采水样的适用性研究[J].海洋技术,31(2):6-9.

张小玲,陈钟敏,张颂明.2004.探索和发展海洋环境污染监测新技术[J].福建农业科技,4:45-46.

朱光文.1997.海洋监测技术的国内外现状及发展趋势[J].气象水文海洋仪器,2:1-14.

李超　国家海洋技术中心工程师。研究领域主要为海洋环境监测,多年来一直从事海洋公益性行业科研专项及国家高技术研究发展计划("863"计划)有关海洋环境监测方面的项目研究,如"海洋水下长期在线生态环境定量监测技术研究与应用示范""船载海洋生态环境监测技术系统"及"重大海洋赤潮灾害实时监测与预警系统"等项目。

我国海洋水下观测技术发展研究

王祎,高艳波,李彦

国家海洋技术中心,天津

一、引言

我国是海洋大国,拥有 1.8 万多公里海岸线和 300 万平方公里的管辖海域,随着海上经济活动的日益频繁和世界各国对海洋资源竞争的日益加剧,我国在海洋维权和海洋管控等方面面临着巨大挑战。近年来,美国、日本、菲律宾、越南等国不断派出舰船在我管辖海域布放各类水下观测设备,实施大面积综合调查和监视,开展油气资勘探,搜集我近海水文资料和军事情报,严重侵犯我国海洋权益;日本、美国联合在第一岛链部署水下监听阵列,中日钓鱼岛、中菲黄岩岛之争日趋激烈,海洋维权斗争越来越复杂、形势越来越严峻。目前,我国主要采用定期巡航方式维权,时空分辨率不高、隐蔽性差、无法全天候实时监视,而在水下长期观测领域的建设则刚刚起步,大部区域处于监视空白。基于当前形势,为落实"建设海洋强国"战略目标,急需发展海洋水下观测技术,强化海洋管控能力,保障国家安全。

国家高度重视海洋观测,经国务院同意,国家海洋局于 2014 年 12 月印发了《全国海洋观测网规划(2014—2020)》(简称"规划")。实现对海洋环境立体观测是"规划"的重要目标,水下观测高新技术是海洋观测从海面拓展到深海和海底的重要手段,开展海洋水下定点和移动观测等技术发展研究,对落实"规划"实施,增强我国的海洋管控能力具有重要战略意义。

二、国外发展现状和趋势

(一) 水下定点观测技术

水下定点观测技术在国际上的发展呈现出智能化、模块化、多参数综合观测的特点,锚系剖面浮标、潜标、海床基和海底观测网等技术已趋成熟,能源补充方式多样化,深远海水下观测数据传输的实时性不断增强。

近年来,新型剖面浮标在国外开始投入应用,主要实现方式包括水上绞车和波浪驱动等,水下测量深度为 100~500 m。在潜标方面,自动剖面测量、与移动观测平台或海底观测网结合是未来主要发展趋势,由加拿大、美国、德国、英国等国合作研制的 SeaCycler 是水下绞车式潜标发展的代表,可在 10 m 波浪下工作,日本和俄罗斯的新型潜标产品也具有很大技术优势。

海床基方面,国际上很多海洋仪器公司和科研机构都推出了平台产品,已逐步向产业化的方向发展。例如,MIS 公司的 MTRBM 和 Oceanscience 公司的 SeaSpider,其平台结构相对简单,尺寸、重量都较小,操作灵活,易于布放回收;德国最新研发的 Molab 海床基系统为模块化构造,各模块分散在海底,通过水声进行通信。海床基技术的主要发展方向是解决空间观测范围的局限性,以及在海底观测系统中用作观测节点。

世界海底观测已从零星单点、单一要素的专业性观测向多目标、多手段、长时间序列大型区域性观测方向发展,观测的规模更大、密度更高、海域更深。在水声方面,美军启动的海底水声监测网“持久性近岸水下监测网络”(PLUSNet)在 2015 年已具备实用能力,可对西太平洋地区的低噪声柴电潜艇进行侦察、分类、定位和跟踪;在海底地震海啸监测方面,日本的 DONET 已基本完成两个阶段的建设,形成 450 km 长的海底主干网和 7 个节点;在海底生态监测方面,美国夏威夷欧胡岛的海缆观测网(ACO)运行三年后在 2014 年部署了数十种新型传感器,挪威的 LoVe 水下观测站也于 2014 年建设完成,用于监测深海珊瑚。区域性海底观测网在不断扩建和完善,加拿大对 NEPTUNE 和 VENUS 的运维和科研不断投入经费,延伸网络节点并对水下传感器系统进行了扩建;美国 OOI 的区域尺度节点也于 2015 年年初试运行并逐渐全面投入使用。

(二) 水下移动观测技术

水下移动观测技术在世界范围内高速发展,应用于水下安全和权益维护的设备主要为自治式水下航行器(AUV)和水下滑翔器(Glider)。国际上 AUV 技术的发展较为成熟,据 2011 年统计,当时国际上的 AUV 有 100 多种类型,大部分已形成从微型到大型的系列化产品,其中美国、挪威、英国和冰岛的产品占据了主要国际市场。近年来,美国、英国、澳大利亚、芬兰等发达国家已将 AUV 装备海军,各国在对传统 AUV 续航、速度、隐蔽性等性能进行技术升级的基础上,新型 AUV 不断涌现,如美国利用先进材料研制的鱼形和水母形 AUV 更加灵活自由,水母 AUV 不但能够让 AUV 模仿水母外形,还能为 AUV 提供额外动力;大型潜水员输送 AUV 等多用型和悬停型 AUV 也是未来发展的主要方向。

美国最早开始 Glider 研发,拥有目前世界上最为成熟的 Glider 技术。此外,法国 ACSA 公司的 SeaExplorer Glider 也已实现产品化。英国、日本、新西兰等国家也纷纷开展了 Glider 技术研发。2009—2013 年,Glider 在世界范围内用户的认可度迅猛增长,仅 2009 年和 2011 年,美国海军就采购了多达 150 台 Glider。Glider 也已应用于海上溢油追踪和飓风引起的海水运动观测中。Glider 未来主要的发展方向有大型化、集群化应用、声学水下滑翔器、混合驱动水下滑翔器和多参数水下滑翔器等。

三、我国发展现状

　　我国水下定点观测技术近年来得到快速方面,大幅缩小了与发达国家的差距,部分实现了业务化运行,已经研制成功了基于马达驱动式、浮力控制式和波浪控制式的剖面观测系统,并进行了海试;研制了浅海和深海海洋水文潜标系统,分别应用于获取 400 m 以浅和 4000 m 以浅海域数据,实现了潜标数据的实时传输,实现了海床基观测系统的业务化运行。在三亚海域建设完成了海底观测示范系统,在摘箬山岛海域成功运行了具有自主研发节点和接驳盒设备的 Z2ERO 系统,在海南陵水铺设了实验性质的光纤水听器阵。我国已经基本掌握了海洋水下定点观测的部分核心关键技术,平台结构设计、传感器集成、数据采集与控制、数据实时传输等方面基本达到国外同类产品技术水平。

　　在水下移动观测技术方面,我国的研发单位主要集中在高校、中国科学院系统、中船重工集团下属研究所、国家海洋局相关研究所。“十二五”期间,我国的“潜龙一号”AUV 可在水下 6000 m 处以 2 节航速续航 24 h,2013 年该 AUV 在东太平洋最大下潜深度至 5080 m。同期,天津大学、华中科技大学、中国科学院沈阳自动化研究所和中国海洋大学等单位牵头开展了温差能驱动型、喷水推进型、电能驱动型、声学深海 Glider 的研制,潜深已达 1000 m,连续航行已达上百公里,其中,沈阳自动化研究所的 Sea-Wing 和天津大学的“海燕”Glider 可续航一个月以上,标志着我国在 Glider 技术方面已具备产业化的基础。

　　然而,我国新型水下观测技术在研发方面,以及常规水下观测技术在标准化、可靠性、产品化程度等方面与发达国家还存在着一定差距。造成上述差距的原因主要有:① 我国水下观测装备在研发时以跟踪仿制为主,原始创新能力不足,缺乏创新基础设施和平台;② 我国水下用高端装备材料、结构部件等水下通用技术跟不上,影响整个系统的性能和可靠程度;③ 我国水下观测装备精细化制造水平在综合管理和工艺流程等方面基础薄弱,装备整体生产能力相对落后,技术成果转化和规模产业化进程较慢。

四、发展对策建议

（一）制定水下观测技术发展战略规划

发展水下观测技术不仅是维护海洋权益和强化海洋管控能力的需要，也是防御海洋灾害、保障国家安全、开发海洋资源和海洋科学研究等方面的迫切需求。我国海洋水下观测技术装备的发展应着眼国外，在国际发展的趋势下紧密围绕我国的业务需求，确立水下观测技术在我国业务化海洋观测系统中的战略地位，配套《全国海洋观测网规划（2014—2020）》并结合《中国制造2025》等制定国家层面的水下观测技术专项发展战略规划，发展海洋基础学科，突破核心技术，提升海洋观测技术的自主创新能力，努力缩小同国外水下观测技术和产品的差距，减少对国外产品的依赖。

（二）突破发展核心通用技术

发展水下高端装备材料、结构部件等通用技术是推动工程样机产业化的重要途径。应以自主创新为驱动，整合现有资源，加强多学科、多技术的交叉合作和交流，大力开展适用于水下观测技术相关仪器和装备的材料、能源、通信、导航和保障等相关支撑技术及配套制造工艺的发展。重点发展水下观测装备所需基础材料和基础部件，包括耐高压、高可靠、长寿命、湿插拔光/电缆水密接插件，深海耐高压、轻质陶瓷材料，抗生物污损和防腐涂料、材料、结构；发展水下维系光缆技术，发展水下能源供给和能源管理技术与装备，包括可再生能源、常规能源、长效高能量密度电池；发展水下高效数据通信和Web有线/无线网络技术；发展水下移动观测平台导航定位技术；发展长期定点布放的深海剖面观测浮标和海床基观测仪器舱。

（三）建立以企业为主体的技术创新体系

我国目前技术成果转化和产业化的实体仍主要是企业，应建立以企业为主体的水下观测技术"产学研用"创新体系。巩固和加强国内水下观测相关大专院校、设计院所与装备制造企业的合作，逐步形成由大型骨干企业、科研机构、高校、专业技术服务公司等组成的水下观测仪器装备产业联盟，并以高端制造骨干企业为主体。

水下观测技术在一定程度上属于公益技术，在鼓励多元投资的基础上，应采取加强政策引导、以奖代补等方式，激励企业增加研发投入，加大复合型高级人才队伍建设力度。对于水下观测相关的创新类技术，支持引导地方政府和企业建设专业创新型孵化器,探索基于互联网+的新型孵化方式,大力发展水下观测相关技术的研发服务和科技成果转化等海洋高技术服务业。围绕水下观测电子系统、专用传感器、特种材料等软硬件关键核心技术的研发和系统集成,针对每类水下观测装备,建设具有世界水平的工程化平台、公共技术服务平台和产业集聚区。

(四) 建设水下观测装备标准化体系

装备产品的标准化体系包括性能标准和应用标准以及为达到上述标准而配套的系列生产制造标准、测试标准等,水下观测装备标准化体系建设不仅能直接提高水下观测装备运行的可靠性、稳定性和可维性,而且有助于提高装备产品规模化制造的精细水平,反向促进工艺流程优化,也是产业化的先决条件。首先,应建立水下观测系列应用标准,对水下观测仪器装备分类,确定水下观测仪器装备业务化应用的技术要求和规范,应包括观测项目、观测性能要求、各类接口方式、数据传输方式、可靠性稳定性指标、环境适应性、运维周期和质量保证等方面;其次,应建立水下观测系列测试评估标准,建立适用于海洋的水下观测仪器设备通用规范、产业化定型机构和海洋观测仪器海上试验场,配置必要的先进比测设备,对装备的基本性能、稳定性、可靠性等进行标准化海试;最后,应建立水下观测装备系列生产制造标准,为适应实际应用标准和测试标准,对各类装备的原件制造工艺、集成分装、总装等各环节制定生产规范和检验指标。

参考文献

国家海洋局.2014.全国海洋观测网规划(2014—2020)[R].

罗续业. 2015.海洋技术进展2014[M]. 北京:海洋出版社.

Antoine Y Martin. 2013. Unmanned maritime vehicles :Technology evolution and implications[J]. Marine Technology Society of Journal, 47(5):72-83.

D'Asaro E A, Black P G, Centurioni L R, et al. 2013. Impact of typhoons on the ocean in the Pacific:ITOP[J]. Bulletin of the American Meteorological Society, doi:10.1175/BAMS-D-12-00104.1.

http://news.163.com/15/0909/23/B33UTL1I00014AED.html. 2015-09-09.

Roy E Hansen. 2013. Synthetic aperture sonar technology review[J]. Marine Technology Society of Journal, 47(5):117-127.

Stephen L Wood, Cheryl E Mierzwa. 2013. State of technology in autonomous underwater gliders [J]. Marine Technology Society of Journal,47(5):84-96.

王祎　1985 年出生,工学博士,毕业于哈尔滨工业大学,国家海洋技术中心助理研究员。主要从事环境系统数值模拟和海洋技术战略研究,主持或参加"海洋观测业务化体系建设战略研究""海洋水下观测高技术战略研究""'十三五'海洋预报减灾规划编制""国家海洋局海洋科技创新总体规划""天津市临港经济区海洋工程装备制造产业发展规划"等项目,发表论文 10 余篇。

面向海洋观测长续航力移动自主观测平台发展现状与展望

陈质二[1,2],俞建成[1],张艾群[1]

1. 中国科学院沈阳自动化研究所,辽宁沈阳;
2. 中国科学院大学,北京

一、引言

海洋与人类生产、生活息息相关,全世界海洋面积占了地球总面积的71%,海洋蕴含着丰富的动物、植物、矿产、石油、天然气等资源,能够提供人类日常生活所需要的一切。随着工业化进程的飞速发展和人口的不断增大,人类对资源的需求也呈现一种爆炸式增长。众多的自然灾害如台风、海啸、地震等都发源于海洋。除此之外,海洋也是人类军事活动的重要战场。未来,随着人类物质生活水平的不断提高,人类还将探险、旅游的脚步延伸到茫茫大海。因此,人类探索、认识、利用海洋的脚步从未停止。

海洋观测技术是探索海洋、认识海洋、利用海洋的基础。海洋观测技术作为海洋科学技术的重要组成部分,在维护海洋权益、开发海洋资源、预警海洋灾害、保护海洋环境、加强国防建设、谋求新的发展空间等方面起着十分重要的作用,同时也是展示一个国家综合国力的重要标志之一。发展海洋事业,应优先发展海洋观测技术。

由于过去海洋观测技术有限,因此海洋长期成为未被人类开发高技术的领域之一。近几年随着海洋观测平台技术推陈出新,人类逐渐熟知海洋,而海洋资源也正成为世界各国重要战略目标。为争夺海洋资源开发制高点,美国、日本、印度等国家更是把海洋研究列为长远发展计划。《海洋观测预报管理条例》的公布标志着我国的海洋观测事业进入了法制化轨道,是我国海洋观测事业发展史上的一个里程碑,充分体现了当前我国对海洋事业的高度重视。

当今海洋观测技术主要包括天基、海基和水下三种。天基海洋观测是将航空和航天遥感技术应用于海洋观测的技术手段,这种观测技术一般只针对海洋表面物理特征进行观测。海基海洋观测是一种基于海洋测量船、浮标以及潜标的观测技术,由于这类观测平台没有空间上的自由度,因而观测效率不高。人们普遍认为比较有前景的观测技术是水下海洋观测技术,该技术引入了移动观测平台,提高了海洋观测范围和效率。随着科技进步,移动观测平台越来越趋向智能化、小型化及低成本化,海洋移动自主观测平台具有这类特征。尤其是近五年,人们对这种平台的续航力有了更高的要求。续航力就是生命力,因此长续航力海洋移动自主观测平台成为当前研究的热点。按照驱动方式的不同,该种平台主要包括长续航力自主水下机器人(Autonomous Underwater Vehicle,AUV)、水下滑翔机(Glider),还有一种是将螺旋桨驱动和浮力驱动结合起来的混合驱动水下机器人(Hybrid Driven Underwater Vehicle)。波浪滑翔机(Wave Glider)是近几年自主水下机器人家族又一新成员,是海洋新能源利用的成功代表,并已广泛用于海洋观测,目前也是世界各国的研究热点。以下内容将详细介绍当前这几种海洋观测平台的发展情况并对其关键技术作了分析,以及对未来发展作了展望。

二、发展历史

(一) 长续航力自主水下机器人

能源、推进方法、低阻外形设计等技术均是影响机器人续航能力的重要技术,本节以下内容就当前世界各国和我国研制的长续航力自主水下机器人的现状进行简要介绍。

1. 太阳能 AUV

太阳能 AUV(SAUV)是一种利用光伏技术将太阳能转换为机器人可利用能源的具有长续航能力的自主水下机器人。1997 年美国海军研究局(ONR)研制了世界上第一代太阳能自主水下机器人原理样机(SAUV Ⅰ)。并在随后的两年由美国自主系统研究所对 SAUV Ⅰ做了大量实验工作。研究了海浪、温度、生物吸附对太阳能电池板输出特性和光电转换效率的影响。并采用重心调节机构取代传统水平舵来实现机器人垂直面的姿态控制。进入 21 世纪,太阳能 AUV 开始逐步从研究走向应用。2003 年,由美国海军研究局(ONR)、美国自主水下系统研究所(AUSI)、FSI 公司、TSI 公司和美国海军水下作战中心联合开发了第二代太阳能自主水下机器人(SAUV Ⅱ)用于海洋远程监控和侦察任务,如图 1 所示。SAUV Ⅱ被用于长期监控、监视、定位,与岸基和水下仪器进行实时双向通信。机器人可预设下潜至 500 m 水深,可按指定路线航行,也可在合适的条件下上浮至水面利用太阳能充电。主要特征包括:续航时间长,可以数周或数月在海洋连续作业,夜间执行特定任务,白天充电。航行速度可达 3 节(注:1 节 = 1.852 km/h)。太阳能电源一次充电后能提供电能 1500 W·h。能维持定深、变曲线滑翔航行。为终端用户载荷传感器提供足够的空间、能源、界面及软件接口。传感器测量的参数包括水深、高度、速度、姿态角以及各种动力参数。机器人的主体耐压舱直径为 0.192 m、长度为 1.1 m,壳体材料为玻璃纤维。水平翼上方装有两个 BP585 太阳能面板,均为 85 W 高效单晶光伏模块。翼的两侧装有两个高效矢量推进器。由该推进器与电机组合的驱动装置峰值效率可达 64%。机器人采用无线电(或铱星)双向通信技术、GPS 和惯导相结合的导航定位技术。如今,SAUV Ⅱ 可提供大范围、远距离、长时间的海洋环境调查与监测,为当今全天候、长航时、高时空密度海洋观测提供了一种有力的工具。

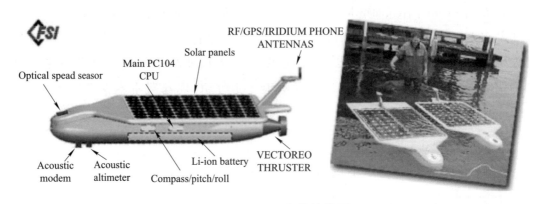

图 1　SAUV Ⅱ 主体结构图

2. Autosub LR

Autosub Long Range AUV(Autosub LR)是 Autosub 系列 AUV 中最新的一项研究成果,由英国南安普顿国家海洋中心(NOC)研制,该 AUV 分别由两个锻造铝球(前面一个搭载电池,后一个搭载控制器等电子设备)作为密封舱,推进器单独密封,并通过磁耦合器连接螺旋桨,如图 2 所示。载体重量为 650 kg,最大下潜深度为 6000 m,续航时间为 6 个月,航行距离达 6000 km,巡航速度为 0.4 m/s。系统中采用了先进的低功耗处理器和传感器设备,使航行器的负载功耗非常低。这种航行器在无支持母船情况下可以为海洋学家提供海洋和海底观测数据,并且可以周期性浮出水面通过铱星通信将观测数据发送给地面人员。

该航行器具有断电休眠并且周期性唤醒的能力,这种能力能为一些感兴趣的科学任务提供机会,如对局部海域的精细观测。2011 年 1 月在大西洋进行了第一次海试,结果验证了该 AUV 具有较好的运动性能,定深精度为厘米级,艏向和俯仰角度控制精度均为 0.5°。

3. REMUS 600

基于 REMUS 600 的长航程 AUV 由 WHOI 研制,在 REMUS 600 的基础上改进了载体水动布局设计以及提高了能源利用率和管理模式,使 REMUS 600 的续

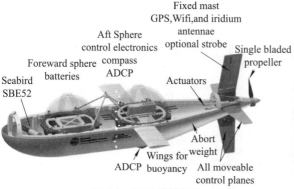

(a) Autosub LR 内部布局

(b) Autosub LR 水池试验

(c) Autosub LR 海上试验

图 2　Autosub LR

航能力达到了 10 天。该航行器可实现从岸基布放和回收，不需要母船支持系统，如图 3 所示。

图 3　基于 REMUS 600 的长续航力 AUV

4. Tethys

Tethys 是一种长续航力 AUV（图 4），由 MBARI 研制，可以在 0.5 m/s 和 1 m/s两种速度模式下航行，续航时间为一个月，最大航行距离可达 3000 km，潜器重量为 120 kg，最大下潜深度为 300 m。主要是用来进行化学和生物测量，除了传统的海洋特征观测，由于具有超强的续航力，该潜器还可观测浮游植物的生长繁殖过程,试验证明了 Tethys 无论是在原位测量还是在水下采样,都是一个非常先进的水下生物观测平台,2009 年进行了第一次海试。

图 4　Tethys 海试中

5. Long-endurance AUV

2013 年由 Virginia Center for Autonomous System (VaCAS) 提出,巡航时间 4 节速度 35 h,但是布放时间可达 1 年,最大潜深为 500 m。该 AUV 的最大特点是在其椭球形艏部加装了一个真空吸附的锚定系统,当 AUV 进入指定作业海域之后,AUV 就会与锚定系统分离,并通过缆绳相连固定于海底指定位置进行观测作业,回收时抛弃锚定系统,AUV 通过螺旋桨驱动返回回收地点,如图 5 所示。

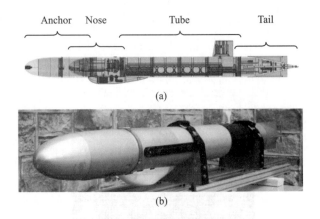

图 5　VaCAS 研制的长续航力 AUV

6. URASHIMA AUV

该 AUV 在 2004 年由 Japan Agency for Marine-Earth Science and Technology (JAMSTEC)成功研制,采用不依赖空气的燃料电池作为能源,航行距离可达 300 km(图 6)。但是该 AUV 的最大缺点是体积大,长 10 m、重 10 t,导致其难以建造、释放和回收,而且燃料需要的氢气极易发生爆炸。2005 年,该 AUV 以创世界纪录 317 km AUV 航行距离完成海试。

图 6　URASHIMA AUV

7. ISE Explorer AUV

在加拿大国防部的支持下,ISE 公司研制的长续航力自主水下机器人 ISE Explorer AUV 于 2010 年,完成了长达 10 天的冰下连续观测任务,在不回收的情况下,航行距离累计超过了 1000 km,AUV 充电和数据传输都在冰下完成。

(a)　　　　　　　　　　　　　　(b)

图 7　ISE Explorer AUV 海上试验

8. Long-Range Coastal AUV

该款 AUV 目前只提出概念设计。类似于混合驱动水下滑翔机,续航时间为 8 周,巡航速度为 1 m/s,长 3 m,翼展 2.8 m,高 0.95 m,遇恶劣天气可抛锚。

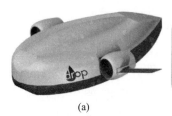　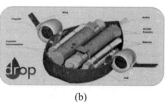

(a)　　　　　　　　　　　　　　(b)

图 8　长续航力海岸 AUV

(二) 水下滑翔机

水下滑翔机作为一种新型的海洋环境水下观测平台,在国内外都受到了极大的关注,开展了大量的研究工作,并已经取得了一些研究成果。1989 年美国人 Stommel 提出了采用一种能够在水下作滑翔运动的浮标进行海洋环境调查的设想,这就是水下滑翔机的最初概念。1995 年以来,在美国海军研究局(ONR)的资助下,美国先后研制出 Slocum、Seaglider 和 Spray 等多种以电池为能源的小型水下滑翔机,如图 9 所示。这些水下滑翔机的重量都在 50 kg 左右,长 2 m 左右。2002 年开始,美国华盛顿大学还开展了潜深为 6000 m 的深海水下滑翔机研究工作,预计航行范围可达 8500 km,续航时间达到 380 天,目前该水下滑翔机已经完成了部分海上试验。2003 年美国海军开始支持大型翼型水下滑翔机的研究工作,图 10 为美国研制成功的全翼型水下滑翔机。翼型水下滑翔机的翼展为 20 ft(约 6.1 m),重量约为 1500 kg,最高时速可以达到 3 节,正常航行速度为 1~3 节,是当前世界上最大、航速最快的水下滑翔机。

(a) Spray   (b) Seaglider   (c) Slocum

图 9 美国研制的水下滑翔机

(a) Flying wing   (b) X-Ray

图 10 美国研制的全翼型水下滑翔机

日本也是世界上较早开始水下滑翔机研究的国家,1993 年就研制出了单滑翔周期的水下滑翔机 ALBAC[图 11(a)],该水下滑翔机通过抛掉压载的方式提供下潜和上浮的滑翔驱动力,一次下水只能完成一个滑翔周期。2008 年,日本研究了碟形水下滑翔机 BOOMERANG[图 11(b)]和水平翼可旋转的水下滑翔机 ALEX[图 11(c)]。碟形水下滑翔机直径为 1.9 m,高度为 0.55 m,空气中重 270 kg。

2006 年,美国华盛顿大学应用物理实验室开始研究开发了一种更大潜深的水下滑翔器 Deepglider,其设计目标为潜深 6000 m,如图 12 (a)所示。至 2007

(a) ALBAC　　　　(b) BOOMERANG　　　　(c) ALEX

图 11　日本研制的水下滑翔机

年 3 月,Deepglider 只做了样机开发,其工作深度已经可达 2700 m,实验室 4000 m 工作深度测试已经成功。

(a) Deepglider　　　　　　(b) UnderDOG

图 12　深水滑翔机

　　新西兰的 Otago 大学电子研究实验室正在开发和研究一种水下滑翔器 UnderDOG。UnderDOG 的设计工作深度为水下 5000 m,使用 ARM-7 处理器,用以测量海洋温度、盐度和含氧量,图 12(b)为 UnderDOG 的设计示意图。此外,法国、加拿大、韩国也都开展了与水下滑翔机相关的研究工作。

　　我国水下滑翔机相关研究工作起步较晚,2003 年中国科学院沈阳自动化研究所开展了与水下滑翔机相关的基础研究工作,2005 年 10 月,成功研制出了中国第一台水下滑翔机原理样机 Sea-Wing,并顺利进行了湖上试验。从 2007 年开始在国家“863”计划的支持下,中国科学院沈阳自动化研究所与中国科学院海洋研究所共同开展了水下滑翔机工程样机的研制工作,2008 年研制成功我国自主知识产权的水下滑翔机工程样机,其身长 2 m,直径为 0.22 m,翼展 1.2 m,重约 65 kg,最大下潜深度为 1200 m,如图 13 所示。2009 年组织完成了 3 次水下滑翔机海上试验,取得了大量有价值的试验数据,积累了丰富的水下滑翔机海上作业经验。2012 年 7 月,在南海东沙群岛附近海域又成功进行了海试,进一步验证了水下滑翔机系统的稳定性和可靠性,积累了宝贵的水下滑翔机在复杂海流环境下的作业经验,为滑翔机的推广和应用打下了一定的基础。2014 年完成了水下滑翔机长航程试验,续航时间达到 1 个月,航程达 1000 km,这是我国自主研制的水下滑翔机首次达到这一纪录。2015 年开始交付用户，成为海洋科学家进行海洋观测的一种重要手段。

(a)Sea-Wing 水下滑翔机海试中　　(b) Sea-Wing 水下滑翔机实验性应用交付

图 13　中国科学院沈阳自动化研究所研制的水下滑翔机工程样机 Sea-Wing

大量的试验结果表明，Sea-Wing 水下滑翔机的运动机理、驱动原理和载体设计优化等关键技术已经得到解决。我国自主研制的水下滑翔机工程样机技术指标接近国际同类产品水平，基本满足实际应用要求，目前我国已经具备研制实用水下滑翔机装备的能力。

此外，天津大学、西北工业大学、浙江大学、沈阳工业大学、上海交通大学、中船重工集团 702 研究所、中船重工集团 710 研究所、华中科技大学等单位也开展了一些与水下滑翔机相关的研究工作。

（三）波浪滑翔机

美国的 Roger Hine 于 2005 年开始进行波浪滑翔机（Wave-Glider）原理样机的研究工作，由于该航行器利用波浪能转化为前进的动能，因此续航力极强。目前 Wave-Glider 是 Liquid Robotics Inc 公司的主要产品，已经面向客户的不同应用，通过搭载不同传感器而出售，如图 14 所示。并且该公司为了验证波浪滑翔机的性能，进行了大量的海试实验，如环绕美国西海岸的海试实验，从美国西部的旧金山到夏威夷的海试实验以及横穿太平洋的实验等，都取得了非常满意的结果，获得了大量的实验数据。

图 14　Liquid 公司研制的波浪滑翔机

国内中国科学院沈阳自动化研究所也正在从事波浪滑翔机的研究工作[21]，并研制出了多套波浪滑翔机原理样机，多次成功进行了湖试和海试工作（图15），目前关于波浪滑翔机的可控性、可操纵性以及运动建模、轨迹规划等工作正在进行中。

图 15　中国科学院沈阳自动化研究所研制的波浪滑翔机

（四）混合驱动水下机器人

混合驱动水下机器人（Hybrid Driven Underwater Vehicle）是一种同时具有AUV 和水下滑翔机特点的新型航行器，既可以水平航行，又可以沿锯齿形轨迹滑翔航行，既具有 AUV 的高机动性，又具有水下滑翔机优越的续航力。多重航行模式决定了其具有较强的海洋环境适应能力。图 16 为目前国外研制的部分混合驱动水下机器人。

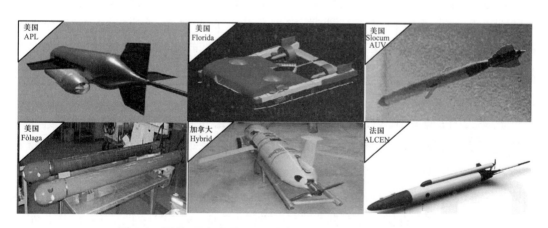

图 16　国外研究人员研制的部分混合驱动水下机器人

2005 年美国华盛顿大学 APL 实验室提出了螺旋桨与浮力混合驱动的水下机器人设想，该航行器由浮力驱动水下滑翔机与独立螺旋桨推进装置两部分组成的，其中螺旋桨推进装置可以与水下滑翔机分离开，这样就完全转变成浮力驱动水下滑翔机。

2007 年美国佛罗里达理工学院提出了一种混合驱动水下机器人构想。该航行器在水平和垂直方向上分别安装了两个螺旋桨推进器,目前设计采用抛压载和浮力材方式为滑翔运动提供驱动浮力,可实现 10 个滑翔周期。预期设计主要技术参数为:重量为 293 kg,尺寸为(L)1.93 m×(W)1.59 m×(H)0.58 m,水平推进速度为 2 节。

Webb 研究所的学者在 Slocum 滑翔机艉部安置了一个较大的高效率螺旋桨推进器,这样就构成了混合驱动的水下机器人 Slocum AUV,该航行器的螺旋桨驱动工作时间占总时间的 10%。

美国伍兹霍尔研究所研制出了一种用于近海岸的基于喷水推进器驱动、低造价、小重量的水下自航行器 Fòlaga,该航行器可以在变浮力装置作用下进行下潜上浮,利用喷水推进器实现前进和转向。

2010 年加拿大纽芬兰纪念大学工程与应用科学学院的 Claus 等学者研制出了一种基于可折叠螺旋桨驱动的混合驱动水下机器人,该航行器采用可折叠螺旋桨驱动装置和浮力驱动装置混合驱动,其中附加的螺旋桨驱动模块能提高潜器的水平航行性能以及增大航行速度,在航速 0.3 m/s 时螺旋桨推进装置能耗为 0.6 W,航速 0.67 m/s 时能耗为 4.25 W。

2012 年法国 ALCEN 研制出了 Sea Explorer,该航行器具有螺旋桨驱动和浮力驱动混合驱动、混合导航、无升降翼、续航力达数月、携带可充电电池等特点,主要用于环境调查、水质监测、搜救等方面。该航行器是首次采用声学浮筒进行追踪和监控的水下滑翔机,不需要频繁地浮出水面与地面通信,通过声学设备即可完成通信任务。此外通过改变载体艉部机构,即可快速方便地更换负载。配备的浮力和螺旋桨混合驱动装置,可根据作业需求实时调整和选择工作模式,尤其是在浅水中能发挥优势。

此外,2011 年美国 VCT 公司在美国海军研究办公室(ONR)的资助下开发了一种低成本、可抛弃的滑翔机"xGlider",这种航行器采用模块化设计,可通过简单改进升级为 AUV,在 AUV 模式下航速能达到 2 节以上。它的最大特点是价格低廉,不超过 5 万美元,相对于传统滑翔机在结构上去掉了水平翼,采用尾鳍装置取代传统滑翔机的横滚、俯仰调节机构,因此成本大大降低。由于没有水平翼,该航行器可从飞机或者潜艇进行释放。根据客户的需求其续航力能做到 2~10 个月不等,最大潜深为 1000 m。应用主要面向军方,用于水雷战(MIW)和反潜战(ASW)。由于这种航行器续航时间足够长、成本很低,因此执行完任务后可以不回收而选择被抛弃。如图 17 所示。

2010 年以来,国内的中国科学院沈阳自动化研究所和天津大学也分别开展了混合驱动水下机器人研究工作。

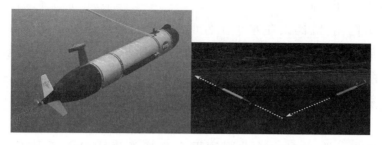

图 17　美国 VCT 公司研发的"xGlider"

三、长续航力海洋自主移动观测平台未来展望

经过多年的发展,世界各国在面向海洋观测技术领域已经成功开发了小型AUV、水下滑翔机、混合驱动水下机器人、波浪滑翔机以及其他水下移动观测平台。就单体开发技术而言,参与研究的科研单位越来越多,相关理论与技术也越来越成熟和先进。未来面向海洋观测的长续航力海洋自主移动观测平台发展趋势为:

(1)网络化:随着水下机器人应用的增多,将会出现多个同种或不同种单体之间组网的协同作业,共同完成复杂的任务。如地面的网络系统一样,自主水下机器人网络化可以显著提高包括海洋采样、成像、监视和通信在内众多面向海洋观测应用方面的能力,这将对数字海洋、智慧海洋工程建设起到重要作用。

(2)智能化:在控制和信息处理系统中,采用图像识别、人工智能技术、大容量的知识库系统,以及提高信息处理能力和精密导航定位的随感能力等。待这些技术得到解决后,自主水下机器人将成为名副其实的海洋智能机器人。

(3)多栖化:两栖(水面、水下)、三栖(水面、水下、空中)自主水下机器人将出现,融合天基、海基和水下等观测技术优点的新一代自主水下机器人将得到快速发展。

(4)长航程化:随着要求调查范围和作业时间的扩大,要求 AUV 能够进行长航程作业,如 MBARI 研制的 Tethys AUV 能实现 4000 km 长距离连续数月巡航,可以胜任不同海洋观测任务。

(5)低成本化:由于面向海洋观测的自主水下机器人技术的成熟和不断的推广,以及在石油和天然气等海洋工程方面的需求,自主水下机器人将会进入商业应用的阶段,为赢得市场,要求自主水下机器人必须走低成本道路。

(6)标准化和模块化:自主水下机器人的标准化有助于加快机器人的开发周期,促进机器人的产品化,同时标准化将确保机器人与其他系统的互通性。标准化会促进机器人的模块化,可以共享核心功能组件,减少软硬件在不同机器人

之间移植的成本和时间。

（7）低功耗化：机器人在水下工作时，搭载的各种探测设备和作业设备所需要的能源大部分都由自身所携带的电源供应，所以能耗决定了机器人的航行范围和工作时间，而机器人体积有限，限制了所能携带的电池。除此之外，机器人的工作环境复杂，更换电池极为不便，因此降低功耗对机器人具有十分重要的意义。

（8）长续航力海洋自主移动观测平台未来发展中的关键技术：由于长续航力海洋自主移动观测平台自身携带的能源有限，当机器人能量消耗完后，需要上浮到海面更换电源，然后再次下潜继续任务。由于海洋环境十分复杂，更换电源十分不便，因此发展长续航力海洋自主移动观测平台具有十分重要的意义。目前长续航力海洋自主移动观测平台主要面临以下几个关键技术：

① 电池性能改进；

② 能源管理与分配方式改善；

③ 推进器效率提高；

④ 低阻外形设计；

⑤ 导航系统性能提升；

⑥ 系统集成方法改进。

四、结论

长续航力海洋自主移动观测平台对海洋观测技术具有重要的意义。随着人类探索海洋、认识海洋、利用海洋的活动进程不断推进，这种平台技术在该活动中将扮演着重要的角色。本文对长续航力海洋移动自主观测平台的现状进行了调研，分析了该种平台的发展趋势及面临的问题，相信随着关键技术的不断攻破，具有长续航力的海洋移动自主观测平台将在海洋开发中起到更加重要的作用。

参考文献

邓小青. 2012. 太阳能自主水下航行器[J]. 水雷战与舰船防护,(1):26.

封锡盛, 李一平, 徐红丽. 2011. 下一代海洋机器人写在人类创造下潜深度世界记录10912米50周年之际[J]. 机器人,33(1):113-118.

李颖红, 王凡, 任小波. 2010. 海洋观测能力建设的现状,趋势与对策思考[J]. 地球科学进展,25(7):715-722.

刘赐贵. 2012. 学习贯彻《海洋观测预报管理条例》推动海洋观测预报事业再上新台阶[J]. 海洋开发与管理,29(6):19-21.

田宝强, 俞建成, 张艾群, 等. 2014. 波浪驱动无人水面机器人运动效率分析[J]. 机器人,36

（1）：43-48.

王超，黄胜，解学参. 2008. 基于 CFD 方法的螺旋桨水动力性能预报［J］. 海军工程大学学报，20（8）：107-112.

杨雅兆，邱意明，等. 2012. 自主式水下无人载具技术研析［C］// 第 34 界海洋工程研讨论文集. 台湾成功大学.

尹路，李延斌，马金钢. 2013. 海洋观测技术现状综述［J］. 舰船电子工程，33（11）：4-7.

朱光文. 1991. 我国海洋观测技术的现状，差距及其发展［J］. 海洋技术，3（10）：1-22.

Caffaz A, Caiti A, Casalino G, et al. 2010. The hybrid glider/AUV folaga［J］. IEEE Robotics & Automation Magazine, 17（1）: 31-44.

Chen Z E, Yu J C, Zhang A Q, et al. 2013. Folding propeller-design and analysis for a hybrid driven underwater glider［C］// OCEANS 2013 MTS/IEEE-San Diego.

Claus B, Bachmayer R, Williams C D. 2010. Development of an auxiliary propulsion module for an autonomous underwater glider［J］. Proceedings of the Institution of Mechanical Engineers, Part M: Journal of Engineering for the Maritime Environment, 224（4）: 255-266.

Claus B, Bachmayer R, Williams C D. 2010. Experimental flight stability tests for the horizontal flight mode of a hybrid glider［R］. AUV, IEEE/OES, 1-6.

Furlong M E, Paxton D, Stevenson P. 2012. Autosub long range: A long range deep diving AUV for ocean monitoring［C］// IEEE/OES. Southampton.

Hine R, Willcox S, Hine G, et al. 2009. The wave glider: A wave-powered autonomous marine vehicle［C］//OCEANS 2009, MTS/IEEE Biloxi-Marine Technology for Our Future: Global and Local Challenges. IEEE, 1-6.

http://engineer.john-whittington.co.uk/2013/03/long-range-coastal-autonomous-underwater-vehicle-auv/.

http://noc.ac.uk/research-at-sea/nmfss/nmep/autosubs.

http://www.ise.bc.ca/auv.html.

http://www.mbari.org/auv/LRAUV.htm.

http://www. vctinc. com/php/index. php? option = com _ content&view = article&id = 69: xglidertm&catid = 37: xglider.

https://bts.fer.hr/_download/repository/Stilwell_Dan%5B1%5D.pdf.

Jalbert J C, Iraqui-Pastor P, Miles S, et al. 1997. Solar AUV technology evaluation program ［C］//Proceedings 10th International Symposium on Unmanned Untethered Submersible Technology. Autonomous Undersea Systems Institute, Durham, NH.

Manley J, Willcox S. 2010. The wave glider: A persistent platform for ocean science［C］// OCEANS 2010 IEEE-Sydney. IEEE, 1-5.

Naomi E L, Joshua G G. 2001. Model-based feedback control of autonomous underwater glider ［J］. IEEE Journal of Oceanic Engineering, 26（4）:633-645.

Underwater deep ocean glider. 2007-11. http://www.physics.otago.ac.nz/px/research/electronics/current-research-projects/underwater-deep-ocean-glider.

Wu Jianguo, Zhang Minge, Sun Xiujun. 2011. Hydrodynamic characteristics of the main parts of a
　　hybrid-driven underwater glider PETREL[R]. Autonomous Underwater Vehicles, 39-64.

Yamamoto I, Aoki T, Tsukioka S, et al. 2004. Fuel cell system of AUV "Urashima"[C]//O-
　　ceans '04 MTS/IEEETechno-Ocean '04 (IEEE Cat. No.04CH37600)(Vol.3, pp.1732-
　　1737).Ieee.doi:10.1109/OCEANS.2004.1406386.

基于卫星测高数据的海洋中尺度涡流动态特征检测

赵文涛[1,2],俞建成[1],张艾群[1],李岩[1]

1. 中国科学院沈阳自动化研究所,辽宁沈阳
2. 中国科学院大学,北京

一、引言

正如参考文献中所描述的,海洋热量和物质输送过程对全球气候有深远的影响。中尺度涡对于海洋物质输送的作用几乎可以和风生流、热生流相媲美。中尺度涡流区域在海洋活动中的重要影响,使科学家对其产生了浓厚兴趣。随着集成电路技术的发展,利用 AUV 等自主平台进行长时间海洋特征观测已经成为可能。虽然已经有相关研究人员对中尺度涡进行采样调查。但是,到目前为止还没有很好方法可以对中尺度涡实现自主跟踪观测,不能够准确采集敏感区域的特征数据,反应涡流区域内部特征。

掌握中尺度涡流区域移动路径、面积变化、形状变化等特征可以为研究者提供必要的信息,从而为 AUV 采样策略的制定提供依据,最终提高对中尺度涡进行跟踪观测的准确性,使采集的数据更加有效反应涡流区域的内部特征。鉴于卫星数据可以有效反应涡流区域的宏观动态特征,利用卫星数据自主识别中尺度涡动态特征,识别中尺度涡流区域的移动路径、面积变化、形状变化等动态特征的方法能够有效减轻研究者的工作强度,提高效率。

Penven 等提出了一种涡流自动检测方法。但是他们将涡流区域简化为一个圆形区域对待,这样的方式忽略了涡流形状的信息。同时在他们的算法中使用了汉宁滤波器,这就使初生期的涡流很难被发现,因为这个时候的涡流区域还很小,特征表现还不是很明显。在他们的算法中没有考虑涡流的移动速度对动态特征识别的影响,所以当多个涡流距离很近的时候,很容易发生进化关系检测的错误。虽然 Chaigneau 等将 Penven 等的算法进行了改进,将 EKE(Eddy Kinetic Energy)加入到进化关系判别的标准中,但是其没有针对算法的确定进行改进。

基于 Isern-Fortanet 等的算法,Chelton 等提出了一种涡流自主检测算法。但

是他们只针对这种方法进行了简单的说明,没有给出具体的算法和表达式。同时其算法中也缺少对于中尺度涡进行关系判别说明。在 MGET 工具箱中,涡流之间的进化关系主要是依靠两组海面测高数据中涡流区域的重复情况进行判别的。这种方法没有考虑涡流形状的变化等信息。如果两个涡流距离很近,也会引起进化关系判别的错误。

对于涡流区域的判别,有很多方法可以做到。Beron-Vera 等提出一种客观的（即坐标系独立的）方法可以用于进行涡流边界的识别。Isern-Fortanet 等提出一种根据高度信息进行涡流中心区域检测方法。OW（Okubo-Weiss）参数可以用来进行 SLA 数据中涡流区域检测,Isern-Fortanet 等给出了 OW 参数计算的过程,以及过程中所需的速度场的计算公式。SLA 数据中满足 OW 涡流主导区域判别标准的点称为 OW 点,不满足的则称为非 OW 点。

涡流中心的运动速度、涡流区域的形状变化、面积变化这三个因素,将作为涡流进化关系判别的方法中的主要参数。文中最后给出了基于 SLA 数据的中尺度涡动态特征识别的仿真结果。接下来的第三部分中,对涡流区域检测进行简单的说明。第四部分中,对涡流进化关系识别进行了具体说明。第五部分中,对仿真结果进行了展示。第六、七部分中,对文中工作和未来的研究方向进行了总结和展望。

二、涡流区域检测

（一）OW 参数

Isern-Fortanet 等给出了如下所示的 OW 参数计算公式:2D 流场的计算公式如式（1）所示,OW 参数的计算公式如式（1.2）所示。

$$u = -\frac{g}{f}\frac{\partial h'}{\partial y}, v = \frac{g}{f}\frac{\partial h'}{\partial x}$$
$$W = s_n^2 + s_s^2 - \omega^2 \tag{1}$$

$$s_n = \frac{\partial u}{\partial x} - \frac{\partial v}{\partial y}, s_s = \frac{\partial v}{\partial x} + \frac{\partial u}{\partial y}, \omega = \frac{\partial v}{\partial x} - \frac{\partial u}{\partial y} \tag{2}$$

式（1）中,g 为重力加速度;f 为科里奥利参数;h' 为海面高度异常值;得到的结果中 u,v 分别为纬度方向和经度方向的速度。公式（1.2）中,W 代表 OW 参数,根据其值的不同,可以将流场分为:涡流主导区域（$W < -W_0$）,变形主导区域（$W > W_0$）和背景场（$|W| \leqslant W_0$）。其中 $W_0 = 0.2\sigma_W$,σ_W 为所有点 OW 参数值的标准差。为了简便,可将 W_0 设定为常数:$W_0 = -2 \times 10^{-12} \text{ s}^{-2}$。这种分区方法已经被很多研究者应用过,证明了其可靠性。以上提到的三个区域中,自动动态特征检测方法主要针对的是涡流主导区域。

（二）OW 点聚类

在得到 OW 点以后,需要对搜索区域内的 OW 点进行聚类分析,根据这些点之间的连接性质可以对其进行聚类。搜索区域的确定方法是比较自由的,具体方法将在下一节中进行介绍。点和点之间的连接性考虑的是 4 连通性质,即只有一个点的上下左右四个方位出现同样性质的点才认为两个点是连通的。在聚类之前有一些预处理操作需要进行,首先注意到一点:在涡流区域内有一些点不满足 OW 判据,从而被判定为非 OW 点,而这样的点如果完全被 OW 点包围,可以认为其是一些噪声点,这里需要将这些点同样标记为 OW 点;同时两个 OW 点集合之间有可能存在模糊连接,例如,两个 OW 点集合之间只有一个点使其相互连接,这时可以将这个点标记为非 OW 点从而消除这种模糊连接。

假定在消除噪声点和模糊连接以后,期望搜索的区域内存在 n 个 OW 点。通过对其连接性的分析,可以将其聚类为 k 个集合。如图 1 中左图所示,用"1"表示的点即为 OW 点,非 OW 点使用"0"表示;右图为聚类以后的示意图,其中,"1""2""3"表示聚类后的集合编号,具有同样编号的点被认为是属于同一个点集合,即属于同一个涡流区域。

图 1　OW 点聚类示意图

（三）中尺度涡边界曲线提取

在 OW 点聚类之后,异常点必须被去除才能得到光滑的边界曲线。使用 SVM(Support Vector Machine)方法可以有效去除异常点,并且提取光滑的边界曲线。由于涡流区域形状多变性,在 SVM 计算中选用 GRBF(Gaussian Radial Basis Function)核函数,如式(3)所示。在公式中, $\gamma = 1/(2\sigma^2)$ 是一个可以自由设定的参数,这里设定为 $\sigma = 1$ 。

$$\kappa(x_i, x_j) = \exp(-\gamma \|x_i - x_j\|^2), \gamma > 0 \qquad (3)$$

通过 SVM 方法,可以得到边界曲线。有了曲线上各个点的坐标,可以计算对应涡流区域的中心位置及其他信息。涡流区域的中心定义为区域的重心,当然,读者也可以定义其他形式的涡流区域中心。

三、涡流演化关系识别

在得到新的 SLA 数据之前,可以利用 Kalman 滤波器预测感兴趣的涡流中心的运动情况。Kalman 滤波中的状态向量是 2 维位置向量和 2 维速度向量的复合向量,其状态转移方程和观测方程如式(4)所示,其中变量如式(5)所示。Kalman 递推公式如式(6)所示。为了保持符号的一致性,接下来的段落中上角标或者下角标中将使用字母 t 表示 SLA 数据对应的时刻,使用 i 表示在同一时刻 SLA 数据中聚类得到的不同涡流区域的编号。

$$X_{t+1} = AX_t + BU_t + W_t$$
$$Y_t = CX_t + V_t \tag{4}$$
$$X_t = (m_t^T, v_t^T)^T$$
$$m_t = (m_t^x, m_t^y)^T, v_t = (v_t^x, v_t^y)^T$$
$$Q = E(W_t^T W_t), R = E(V_t^T V_t) \tag{5}$$
$$K_t = P_{t \mid t-1} C^T (CP_{t \mid t-1} C^T + R)^{-1}$$
$$X_{t \mid t} = X_{t \mid t-1} + K(Y_t - CX_{t \mid t-1})$$
$$P_{t \mid t} = (I - K_t C) P_{t \mid t-1}$$
$$X_{t+1 \mid t} = AX_{t \mid t} + BU_t$$
$$P_{t+1 \mid t} = AP_{t \mid t} A^T + Q \tag{6}$$

通过使用 Kalman 滤波器,可以得到状态预测向量 $X_{t+1 \mid t}$,依照式(5)中的关系可以很容易地提取出涡流中心区域的位置预测向量 $m_{t+1 \mid t}$。将预测中心位置周围一定半径内的圆形区域作为待搜索区域,从而在此区域内搜索经过一段时间演化以后的研究者感兴趣的涡流区域。圆形区域半径大小是一个可以自由设定的数值,例如,可以根据预测中心位置方差大小设定这个值的大小。值得说明的是:如果半径设置的很小,有可能不能在搜索区域内得到有效的 OW 点,这时搜索区域需要在一定程度上变大,例如,可以根据涡流中心的运动速率的大小进行半径的增大,也可以根据中心预测位置的标准差进行。通常,在搜索区域半径设定的合适的情况下,通过使用聚类和 SVM 方法,在搜索区域内可以得到多个 OW 点的集合及其对应的区域中心和边界曲线。如果,在搜索区域内找到 k 个涡流区域,使用 $m_{t+1,i}, i = 1, 2, \cdots, k$ 表示每个区域的中心。得到中心以后,使用 $\varepsilon_d^i = e^{\mid m_{t+1} \mid_t - m_{t+1,i} \mid}$ 计算每个区域中心对应的消费参数。

除了区域中心位置距离以外,涡流区域的面积变化和形状变化也作为演化判别的重要参数。得到区域边界曲线以后,将每个涡流区域与上一时刻确定的感兴趣的涡流区域的中心进行重合。假设 $v(s) = (x(s), y(s)), s \in [0,1]$ 表示边界曲线。在不引起歧义的情况下,以下的段落将使用 v 表示 $v(s)$。即可以使用 $v_t, v_{t+1,i}$ 表示 t 时刻确定的感兴趣的涡流区域的边界和在 $t+1$ 时刻的 SLA 数据中发现的第 i 个涡流区域。通过平移操作,可以将两个区域的中心移动到同一个位置,将两个中心都平移到坐标原点的方式可以很容易地达到这样的目的。平移 v_t 后,得到的新的边界曲线表达式为:$v(s)_t' = (x(s) - m_t^x, y(s) - m_t^y), s \in [0,1]$;平移 $v_{t+1,i}$ 后,得到的新的边界曲线表达式为:$v(s)_{t+1,i}' = (x(s) - m_{t+1,i}^x, y(s) - m_{t+1,i}^y), s \in [0,1]$。计算面积消费参数,即计算平移后的两个区域的不重合的面积的大小,如图 2 中所示的标有 P 的部分。具体的计算方式有很多种,只是简单地数学运算,这里不进行详细介绍。使用 $\Re$ 表示以上求取不重合面积的过程,则由面积项决定的消费参数可以由公式 $\varepsilon_a^i = \Re(v_t, v_{t+1,i})$ 表示。

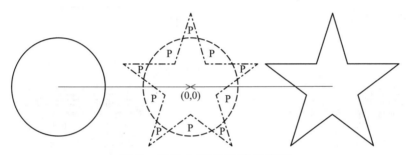

图 2　不重合面积计算示意图

边界曲线的长度和扭曲程度,这两个参数可以用来量化曲线的形状特征。这两个参数在 SNAKE(也称 active contour)方法中已经有成功的应用,但是,对这两个参数的应用方法需要在 SNAKE 方法的基础上进行改进。因为,长度和扭曲程度是两个不同的特征,将这两个参数分别进行比较,可以更加全面的反应曲线形状的差别。由这两个参数决定的消费参数可以由以下公式计算得到。

$$\varepsilon_s^i = \omega_1(s) \left| \int_0^1 |v_{s,t+1,i}|^2 \mathrm{d}s - \int_0^1 |v_{s,t}|^2 \mathrm{d}s \right| +$$
$$\omega_2(s) \left| \int_0^1 |v_{ss,t+1,i}|^2 \mathrm{d}s - \int_0^1 |v_{ss,t}|^2 \mathrm{d}s \right|$$

最终,将涡流区域中心移动项、涡流面积项、涡流边界曲线形状项的作用进行综合可以得到公式(7)所示的演化关系判别公式。式中,ε_d^i 代表涡流中心移动项的影响;ε_a^i 代表涡流面积变化项的影响;ε_s^i 代表涡流边界曲线形状变化项的影响。ω_A、ω_D、ω_S、$\omega_1(s)$、$\omega_2(s)$ 是对应项的系数,从而调整各项在综合演化判别公式中的作用大小。注意,演化判别标准为一个综合性的判别标准,物理单位对其没有直接影响,所以演化判别公式中的各项都不进行单位运算,直接将相应数值带入公式中计算。

$$\varepsilon_i = \omega_D \varepsilon_d^i + \omega_A \varepsilon_a^i + \omega_S \varepsilon_s^i \tag{7}$$

通过计算演化判别公式(7),将搜索区域内综合消费参数最小的涡流区域确定为本次 SLA 数据中的感兴趣涡流区,即认为上一时刻确定的感兴趣的涡流区域在本次 SLA 数据采集时演化为此涡流区域,其过程如式(8)所示。

$$I_{t+1} = \underset{i}{\arg\min}(\varepsilon_i), i = 1, 2, \ldots, k$$

$$v_{t+1} = v_{t+1, I_{t+1}} \tag{8}$$

四、仿真结果

仿真过程中,通过对中国南海区域 20140502 至 20150531 的数据进行分析,选取一个感兴趣的涡流区域。感兴趣的涡流选择完毕后,使用公式(7)所示的判据进行演化关系的判别。通过观察仿真结果,可以很明显地看出,算法可以有效地辨识涡流的动态演化过程。仿真结果如图 3 所示,其中海洋中的蓝色点代表的是 OW 点。

参数设置: $\omega_A = \omega_S = \omega_1(s) = \omega_2(s) = 1, \omega_D = 10$。 $GRBF$ 核函数中 σ 参数设定

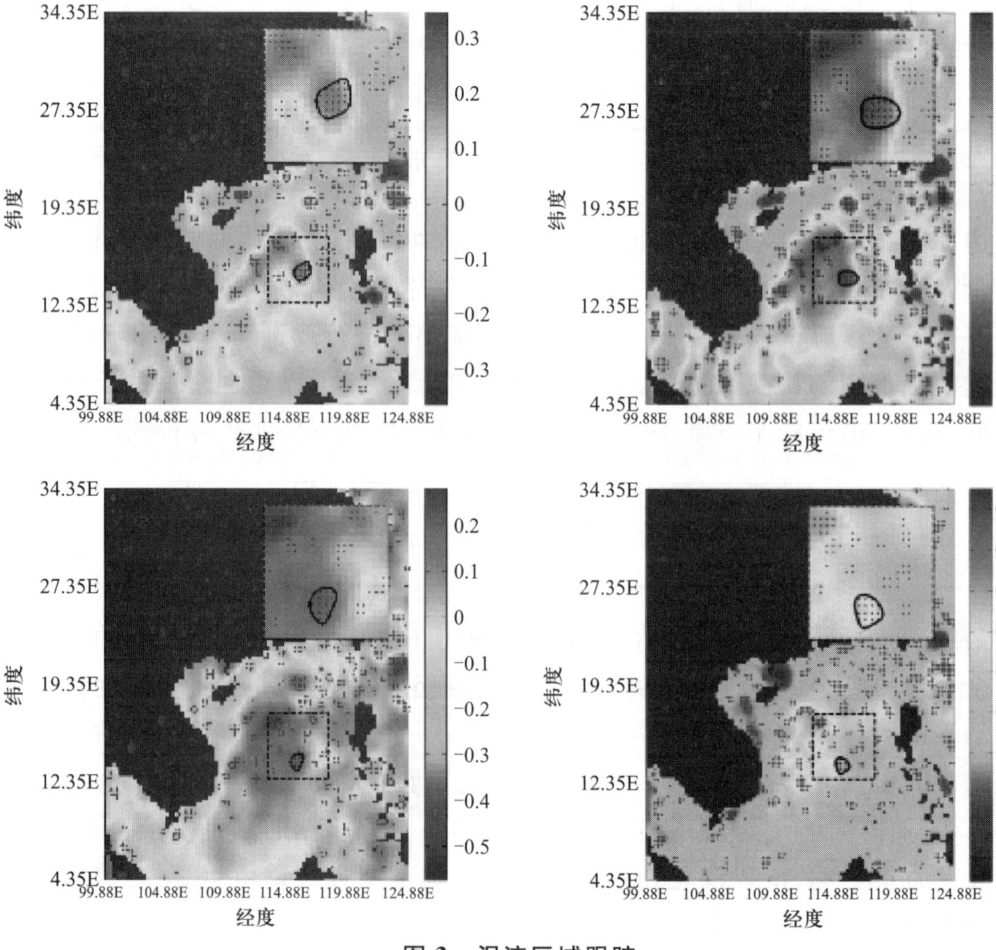

图 3　涡流区域跟踪

为 1。状态转移公式中的输入项 U 设定为 0。鉴于协方差矩阵的初始值 $P_{1|0}$ 对滤波过程的影响不大，所以将其设定为单位矩阵。式（4）和式（5）中的其他项可以依照式（9）所示进行设置，仿真结果如图 3、图 4、图 6 所示。

$$A = \begin{bmatrix} 1 & 0 & 1 & 0 \\ 0 & 1 & 0 & 1 \\ 0 & 0 & 1 & 0 \\ 0 & 0 & 0 & 1 \end{bmatrix}$$

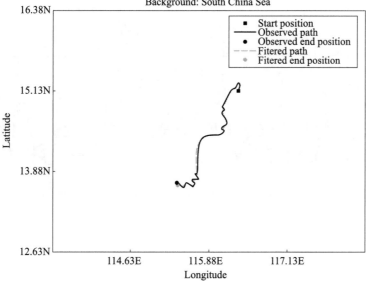

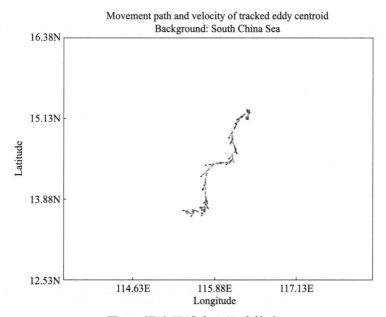

图 4　涡流区域中心运动轨迹

$$B = C = Q = R = I_{4 \times 4} \tag{9}$$

选定的涡流区域的中心运动轨迹如图 4 中的上图所示,在下图中,黑色箭头的终点为中心预测项的位置。涡流区域中心运动的速度幅值大小如图 5 所示。

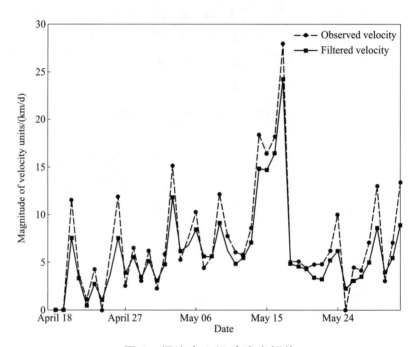

图 5　涡流中心运动速度幅值

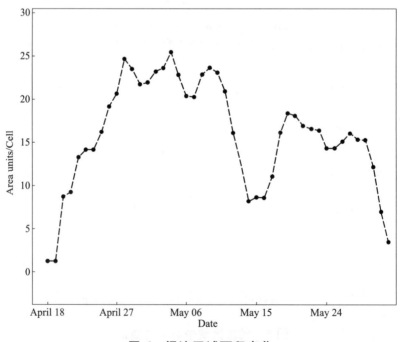

图 6　涡流区域面积变化

涡流区域的面积变化情况如图 6 所示。面积单位为涡流所占网格的个数，网格的尺寸为分别为 1/4°×1/4°（以当地经纬度为基准）。

五、结论

文中提出的算法本身可以提取涡流区域的光滑边界，并且最终根据演化判别公式的计算结果得到涡流区域的演化关系。通过仿真知道，相关判据和算法能够自动地识别涡流的演化关系，实现涡流动态信息的识别。值得说明的是，由于 WA（Wind-Angle Method）涡流区域判别标准和基于等高线的涡流区域判别标准能够直接给出涡流区域的边界曲线，算法和演化判别公式可以直接进行应用而不用进行聚类和边界曲线提取的过程。

六、未来工作

对于涡流区域的分离和融合过程，需要进行深入的研究才能进行自动识别。同时文中的算法和判别标准可以进行改进，从而进行多涡流区域的跟踪。未来的工作中，还将考虑 AUVs 的控制算法，从而实现涡流区域实时跟踪自主采样算法。

参考文献

Beron-vera F J, Olascoaga M J, Goni G J. 2008. Oceanic mesoscale eddies as revealed by Lagrangian coherent structures [J]. Geophysical Research Letters, 35(12): n/a-n/a.

Chaigneau A, Gizolme A, Grados C. 2008. Mesoscale eddies off Peru in altimeter records: Identification algorithms and eddy spatio-temporal patterns [J]. Progress in Oceanography, 2008, 79(2-4): 106-119.

Chelton D B, Schlax M G, Samelson R M, et al. 2007. Global observations of large oceanic eddies [J]. Geophysical Research Letters, 34(15): 87-101.

Chelton D B, Schlax M G, Samelson R M. 2011. Global observations of nonlinear mesoscale eddies [J]. Progress in Oceanography, 91(2): 167-216.

Hsu C W, Chang C C, Lin C J. 2003. A practical guide to support vector classification [R]. Taipei.

Isern-Fontanet J, Font J, Garcia-Ladona E, et al. 2004. Spatial structure of anticyclonic eddies in the Algerian basin (Mediterranean Sea) analyzed using the Okubo-Weiss parameter [J]. Deep-Sea Res Pt Ii, 51(25-26): 3009-3028.

Isern-Fontanet J, Garc A-Ladona E, Font J. 2006. Vortices of the Mediterranean Sea: An altimetric perspective [J]. Journal of Physical Oceanography, 36(1): 87-103.

Isern-Fontanet J, Garcia-Ladona E, Font J. 2003. Identification of marine eddies from altimetric maps [J]. J Atmos Ocean Tech, 20(5)：772-728.

Jeong J, Hussain F. 2006. On the identification of a vortex [J]. Journal of Fluid Mechanics, 285 (1)：69.

Kass M, Witkin A, Terzopoulos D. 1988. Snakes：Active contour models [J]. International Journal of Computer Vision, 1(4)：321-331.

Martin J P, Lee C M, Eriksen C C, et al. 2009. Glider observations of kinematics in a Gulf of Alaska eddy [J]. J Geophys Res-Oceans, 114：C12021.

Pasquero C, Provenzale A, Babiano A. 2001. Parameterization of dispersion in two-dimensional turbulence [J]. J Fluid Mech, 439：279-303.

Penven P, Echevin V, Pasapera J, et al. 2005. Average circulation, seasonal cycle, and mesoscale dynamics of the Peru Current System：A modeling approach [J]. Journal of Geophysical Research Atmospheres, 110(C10)：901-902.

Roberts J J, Best B D, Dunn D C, et al. 2010. Marine geospatial ecology tools：An integrated framework for ecological geoprocessing with ArcGIS, Python, R, MATLAB, and C++ [J]. Environmental Modelling & Software, 25(10)：1197-1207.

Souza J M A C, De Boyer Mont Gut C, Le Traon P Y. 2011. Comparison between three implementations of automatic identification algorithms for the quantification and characterization of mesoscale eddies in the South Atlantic Ocean [J]. Ocean Science, 7(3)：317-334.

Terzopoulos D, Szeliski R. 1993. Active vision [M]. Cambridge：MIT Press, 3-20.

Zhang Z, Wang W, Qiu B. 2014. Oceanic mass transport by mesoscale eddies [J]. Science, 345 (6194)：322-324.

超短基线定位系统的校准及精度
评估方法海上应用研究

周红伟，张国埕，蔡巍，张恺

国家海洋局第二海洋研究所海底科学实验室大洋基地，浙江杭州

一、引言

随着海洋科学考察以及资源勘探的发展，水下调查设备的应用越来越广泛且重要。在水下调查作业中，需要为水下设备进行定位，提供其地理坐标。其中声学定位是重要且有效的定位方法，主要包含长基线、短基线以及超短基线定位技术。长基线系统构成组件多，布放较为复杂，定位精度高；短基线与超短基线基阵尺寸小，安装较方便，在水下设备定位中具有广泛的应用。超短基线水声定位系统确定水下目标位置是通过测量信号的到达方位和距离来定位的，而测向任务是通过测量信号到达接收基阵阵元之间的相位差来实现的，它是超短基线定位系统的关键。目前，法国 Ixsea、挪威 Simrad、英国 Sonardyne 等公司都推出了中深水的商用超短基线水下声学定位系统产品，但对于其数据的处理与应用则很少提及。国内只有少数机构在进行水声定位技术的研究，到目前为止，尚无成熟的产品，大部分设备从国外引进。国内的科研机构对超短基线定位技术进行了深入研究，目前已经研发成功可应用于深水作业的超短基线定位系统。超短基线系统在水下作业过程中，由于背景噪声以及水下目标的运动，会出现无法跟踪目标，出现短暂定位失效问题，造成定位数据不连续，不能完整反映水下目标运动轨迹。本文便是以我国科考船装备的超短基线为例，在介绍超短基线水下声学定位技术的基础上，依据水下目标相对位置在空间和时间上的分布来识别定位跳点，并采用合理的数据结构与算法，实现对跳点的剔除，对数据缺失点进行插值，得到可信的连续水下声学定位数据，基于该技术开发了相应的数据处理软件，并在中国大洋第 30 航次的海上作业中得到了良好的应用。

二、超短基线水下声学定位技术

超短基线系统体积小、操作方便，是水下定位的重要方式，在海洋工程中有广泛应用。超短基线由船载部分与水下应答器构成，船载部分包括电子控制单元和换能器基阵，电子控制单元作为整个系统的控制系统，负责系统的运行，换能器基阵由一个发射换能器基元和四个接收换能器基元构成，发射基元发射声信号，接收换能器基元接收来自水下应答器的声信号；当水下应答器在接收到发射基元信号后，会发射应答信号，基阵的四个接收基元接收应答信号。通过不同接收换能器基元接收信号的时间差和相位差，获得水下应答器的具体位置。

超短基线基阵系统通常由一个位于中间的发射换能器、两组两两相距约 50 cm 的水听器组成，通过测量水下应答器的声信号到达水听器的时间差、相位差和目标到接收阵之间的斜距进行定位，其定位原理示意图如图 1 所示。

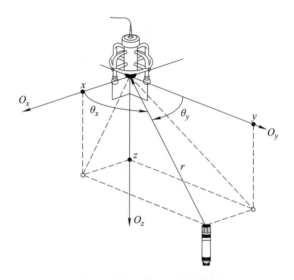

图 1　超短基线定位原理

超短基线系统通过测量水下应答器到船底换能器阵的声波传播时间来计算目标的斜距 r，通过测量从目标到达基阵各水听器的声波相位差来计算目标的俯仰角和方位角，从而确定目标相对基阵的相对位置。

本文首先对安装在"大洋一号"船上的超短基线定位系统进行校准，对采集的各种原始数据的异常值进行剔除、插值、平滑等处理，对其定位精度进行评估，最终将位置信息和深度信息融合，转换到大地坐标下，生成目标体高精度的三维定位数据。

三、超短基线定位系统的校准和精度评估

（一）超短基线定位系统的校准和精度评估方法

超短基线定位系统在船上安装好以后,由于安装在船底超短基线换能器基阵的三维坐标系与船体的三维坐标系不一致,有所偏差,因此需要通过对基阵的校准来求出基阵坐标系相对于船体坐标系在 X、Y、Z 三个方向上的偏差角,确保超短基线定位的可靠性,提高其定位精度。

习惯上认为基阵的 X 轴相对船体的偏差角为 heading offset（艏向偏差角）、基阵的 Y 轴相对船体的偏差角为 pitch offset（纵摇偏差角）、基阵的 Z 轴相对船体的偏差角为 roll offset（横摇偏差角）。

超短基线基阵进行标定前,先在试验海域采用 CTD 声速剖面测量,给超短基线定位系统提供声速剖面数据;超短基线基阵进行标定时,先在海底较为平坦、水深约 1500 m 的区域投放超短基线声学应答器作为校准应答器,保证罗经信号中 heading 的精度在 0.1°、pitch 和 roll 的精度在 0.01°以内。然后通过升降杆将超短基线基阵放至船底 1.2 m,在系统调试正常后,工作母船在应答器的上方以 2~3 节的速度按照"8"字形的轨迹运动两个周期,每个"8"字的圆圈直径在 1000 m,每次计算前保证该周期的有效数据点数在 80% 以上。通过校准以后获得的校准矩阵来更新基阵的偏差,基阵经过校准后,超短基线的定位精度必须达到斜距的 0.3% 以内,否则校准失败。

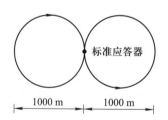

图 2　基阵校准时的母船运动轨迹示意图

（二）超短基线定位系统的校准和精度评估数据分析

2015 年 7 月,我们在南海进行超短基线基阵的校准及精度评估试验,在良好的海况下,取得的两组"8"字数据,列为 A、B 两组,应答器的定位数据分布情况如图 3 所示,从图中可以看出,数据点较为集中,主要分布在 20 m×20 m 的矩形范围内,数据情况分析如表 1 所示,两组数据的有效数据占比都在 80% 以上,数据质量良好。

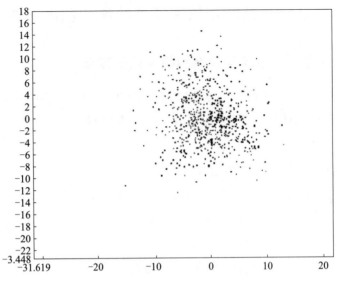

图 3　应答器的定位数据分布图

表 1　基阵的校准数据情况分析表

数据组号	A	B
数据组数	389	447
有效数据数	332	371
有效数据比例/%	85.34	83

经计算得出基阵在三个方向上的角度偏差如表 2 所示。

表 2　基阵的三个方向上角度偏差列表

角度偏差	heading	roll	pitch
数值/(°)	−0.02	0	+0.09

表 3　基阵的三个方向上的定位标准差

标准差	σ_x	σ_y	σ_z
数值/m	4.01	4.01	1.49

经计算得出基阵在不同开角时的定位精度如表 4 所示。

表 4　基阵在不同开角时的定位精度

角度/(°)	30	60	120
精度/%	0.2	0.27	0.61

综合以上的计算数据分析,发现该超短基线基阵经过校准之后,其在基阵在60°开角内的定位精度能保持在斜距的0.3%之内,满足海上设备的应用需求。

(三) 超短基线定位系统的数据处理软件在海上的应用

为方便可靠队员在海上进行超短基线数据的快速处理,我们开发了一款超短基线数据后处理软件,能快速将跳点数据经行剔除,对剔除后的数据经行平滑滤波,图 4 是目标体定位的原始数据,图 5 是经该软件处理后的数据。

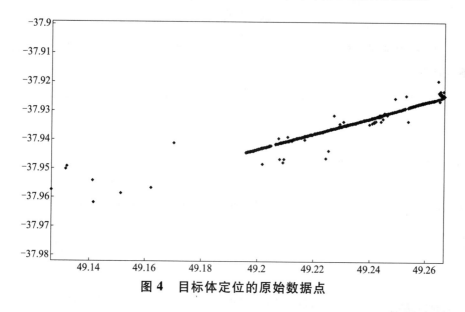

图 4　目标体定位的原始数据点

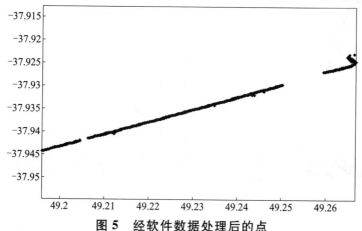

图 5　经软件数据处理后的点

从图4、图5的对比中可以看出,经过软件处理后的数据,跳点明显减少,数据曲线也光滑许多,提高了超短基线定位数据的处理效率。

四、总结与展望

超短基线定位系统能方便快速地对水下目标进行定位,经超短基线基阵的海上校准试验,验证了该基阵的测量精度能满足海上设备的水下定位要求,超短基线的数据后处理软件也能实现数据的快速处理。由于受海况、船舶噪声、GPS信号、罗经信号等的影响,导致两次校准的数据量差值较大,另可能因基阵安装位置的原因导致 pitch offset(纵摇偏差角)也较大,需要后期在基阵维护上注意。数据后处理软件也只能进行简单的处理,未能做进一步的差值处理、误差分析、精度评估等,有待进一步的改进。

参考文献

高国青,叶湘滨,乔纯捷,等. 2010. 水下声定位系统原理与误差分析[J].四川兵工学报,31(6):95-97.

刘文勇,江林,等. 2011. 超短基线水下定位校准方法的探讨与分析[J].测绘通报,(1):82-93.

汪志明,王春和. 2010. 超短基线系统水下定位误差分析[J].测绘信息与工程,35(6):30-31.

Ixsea Oceano Sas. 2003. Posidonia 6000 user manual[P/CD]. http://www.ixsea-oceano.com.

Philip Diphs D R C. 2003. An evalnation of USBL and SBL acoustic system and the optimisation of methods of calibration-part 2[J]. The Hydrographic Journal, 109:10-20.

周红伟 1987 年生,浙江建德人,2013 年毕业于杭州电子科技大学,机械电子工程硕士。2013 年进入国家海洋局第二海洋研究所海底科学实验室大洋基地工作,研究方向为探测技术及系统集成,主要负责超短基线、MAPR、化学传感器的海上应用与技术保障,参加中国大洋 30 航次、34 航次的科考任务,参与大洋 30 航次、34 航次航次报告的撰写工作,参加我国4500 米级深海资源自主勘查系统的海上应用保障工作。

专题领域二：

绿色船舶与深海装备技术

绿色船舶技术发展战略研究

张信学

中国船舶重工集团公司第七一四研究所,北京

一、绿色船舶内涵

近年来,船舶所带来的能耗问题和环境污染问题越来越成为人们关注的焦点,同时国际海事组织针对船舶节能减排的新公约、新规范也不断出台,促使船舶工业界及其上下游产业不得不考虑如何更好地实现船舶绿色化发展。

绿色化的核心内容在于保护人类赖以生存的环境,促进经济可持续发展。而绿色船舶是指在船舶的全生命周期内(设计、建造、营运、拆解),采用先进技术,在满足功能和使用性能要求的基础上,实现节省资源和能源消耗,并减小或消除造成的环境污染。

绿色船舶应当具备三个基本要素:环境协调性、技术先进性和经济合理性。其中环境协调性是绿色船舶最重要的特性,只有在满足技术先进性和经济合理性的基础上,确保船舶完全满足环境协调性,才能成为真正意义上的绿色船舶。

二、绿色船舶技术发展热点

(一)船型优化

船型优化包括优化船舶主尺度、优化船体线型、优化船首和船尾形状等,通过这些措施降低船体阻力,提升水动力性能,从而达到提高能效的目的。

以大宇造船建造的一艘 30 万载重吨 VLCC 为例,通过优化主尺度参数和船体线型,分别节省了 3% 和 2% 的油耗。船首和船尾形状优化方面,过去设计者更多的是关注船尾形状的优化,但现在越来越关注对船首的优化,海事界已开发出多种优秀的船首。例如,挪威乌斯坦公司开发的 X 船首,可有效减少船体振动、噪声、砰击和纵摇,提高燃油效率,改善航行安全性;日本 IHIMU 开发的鲸背球首,可大大降低肥大型船舶的兴波阻力。

重新设计螺旋桨也是船型优化的一个方面。根据具体船型,选择适合的螺

旋桨配置,如大宇造船建造的一艘 1.2 万箱集装箱船,分别采用单桨和双桨的配置,尽管后者比前者阻力增加了 4%,但能效提高了 13%,总体而言,可节省 9% 的能耗。另外,采用新型螺旋桨,如叶尖倾斜螺旋桨、反转螺旋桨等,也可提升推进效率。

(二) 降低空船重量

通常降低空船重量的方法有两种:一是优化主船体结构,通过减少肋骨和纵骨间距,在厚度不同处,分别使用不同厚度的钢板等做法可优化主船体结构,降低空船重量;二是使用轻质复合材料,轻质复合材料在航空工业上已得到广泛应用,在船舶上目前多用于军船的次级结构以及游艇、渔船等小型商船。复合材料由多层金属薄板叠加或多层聚合体碾压复合而成,其中金属板可以是铝或钢板,聚合体核心由碳或玻璃纤维进行加强,具备抗冲击、耐用、容易加工、重量轻、耐疲劳、耐腐蚀等优点。

(三) 清洁能源

清洁能源包括液化天然气(LNG)、太阳能、风能、波浪能、潮汐能和燃料电池等。目前普遍认为 LNG 是现阶段满足经济性和环保性的最有希望、最成熟的替代燃料,因此可以看到在许多的概念船型中,均以柴油和 LNG 或纯 LNG 作为主燃料,再辅以太阳能、风能、燃料风池以及岸电等技术。

1. LNG 燃料

与传统重燃油相比,使用 LNG 可基本消除颗粒物的排放,减少 90%~95% 的 SO_x 排放以及 20%~25% 的 CO_2 排放。NO_x 排放的减少程度根据发动机类型的不同会有所差异,如果使用稀薄燃烧的 4 冲程气体燃料发动机,可减少 90% 的 NO_x 排放,这类发动机适用于旅游船、小型货船和工程船舶,但对于大型商船适用的低速二冲程发动机,NO_x 排放的减少量相对较少。

尽管海事界已开发出多型 LNG 燃料概念船舶,但目前实船应用最多的还是波罗的海沿岸,2000 年首艘 LNG 燃料船在挪威境内营运,2003 年荷东船东订购的首艘 LNG 燃料油船在德国船厂完工。目前 LNG 燃料应用最多的领域是渡船和海工支援船。不过由于技术较成熟以及排放和价格上的优势,LNG 是发展潜力最大的清洁能源,未来有望在多种船型上使用,特别是那些需要在排放控制区长时间航行的船舶。

2. 风能、太阳能

风能、太阳能等可再生能源的应用也得到了海事界相当大的关注,一些相关的概念船舶被提出,其中部分已进行了实船试验,虽然可再生能源环保性极佳,但以目前的技术尚无法作为大型商船的主要能源供船舶推进使用,绝大部分仅能作为一种补充,提供船上部分生活用电。德国建造的太阳能游艇"Turanor"号是世界上最大的完全由太阳能提供动力的船舶,该船利用太阳能发电来给蓄电池充电,船长 31 m,船宽 15 m,可供 6 人乘坐。

3. 燃料电池

燃料电池将化学能直接转化为电能,理论效率可达 80%,天然气、生物气、甲醇、乙醇、柴油或氢均可作为燃料电池的燃料。使用燃料电池不仅可以减少油耗、降低排放,与使用传统发动机相比,还可以降低船舶噪声和振动,减少维护成本。在 DNV 的 FellowSHIP 项目中(2005 年),330 kW 的燃料电池成功地安装在"Viking Lady"号近海供应船上并使用了超过 7000 h,是首个安装在商船上使用的燃料电池,证实了燃料电池可以在船舶上稳定、高效地应用,电力效率约为44.5%,且无 NO_x、SO_x 和颗粒物排放。如果可以实现废热回收,电力效率可进一步达到 55%。虽然 330 kW 这个量级还不足以为船舶推进服务,燃料电池离成为现实的可替代能源还有一定差距,但在不久的将来,随着技术的发展,燃料电池在混合电力船舶中提供部分的推进动力还是很有希望的。

4. 岸电

通常,船舶靠港时关闭主机,运行辅机。全球船队中每年约有 5% 的燃油消耗在船舶靠港期间,港口是人口密集区,船舶靠港期间的排放严重地影响了当地的环境和居民的健康。如果靠港期间可以直接使用岸上电力,那么船上的所有发动机均可关闭,SO_x、NO_x、CO_2 和颗粒物的排放均会大幅减少。目前这项技术已有实船应用。推广岸电技术主要的障碍在于大型港口一般拥有充足的电网容量可以满足要求,但小型港口缺乏必要的基础设施。

(四)混合电力系统

为了充分地利用各种清洁能源,混合电力系统是未来船舶的发展趋势之一,混合电力系统可以包括柴电装置、燃料电池、电池组件、太阳能板或风力利用装置以及超导电动机。采用混合电力系统能综合利用多种能源,提升船舶的总体能效,特别适合那些动力需求波动大的船舶。

(五)减排设备

1. 废气循环系统

废气循环系统(EGR)可将部分发动机废气重新送回发动机气缸中参与燃烧,减少燃烧室空气的氧含量,从而降低燃烧温度,达到 NO_x 减排目的。MAN 公司开发的 EGR 系统应用范围十分广泛,以 HFO、精馏燃油或天然气为燃料的主机均可使用。试验证明，采用该技术可达到将于 2016 年生效的 IMO 第三层级 NO_x 排放控制要求。

2. 洗涤器

洗涤器安装在船上排气管中，与主机、辅机和锅炉连接，可有效减少颗粒物和 SO_x 的排放，即使使用含硫量达 3.5% 的重油也能将排放中硫的含量控制在 0.1% 的限值之内，可满足排放控制区内对低硫排放的要求。

3. 选择性催化还原系统

选择性催化还原系统（SCR）安装在主机涡轮增压器涡轮前方，是一种主机排气后处理装置，优化燃烧效率的同时还可减少 85% ~ 95% 的 NO_x 排放。SCR 是目前减少船舶 NO_x 排放最有效的方法。

4. 废热回收系统

废热回收系统的工作原理是将发动机排放废气中的热量和压力收集起来，用于驱动涡轮机产生机械能，从而驱动发电机运转。如果没有废热回收系统，船舶消耗燃料所产生的能量中，有 25% 将被浪费。这种节能装置目前在实船上应用较多，马士基公司的"3E"级集装箱船上就配有先进的废热回收系统。

5. 空气润滑系统

空气润滑系统的原理是使用鼓风机向船底输送空气泡，以降低船底摩擦阻力，船底安装空气润滑系统可减少 7% 的燃油消耗，减少 10% 的 CO_2 排放量。2010 年 4 月，三菱重工和日本邮船共同开发的空气润滑系统首次安装在 14 538 总吨的"邪马台"号重载运输船上进行测试，海试结果表明最多可以降低 12% 的能耗。

（六）营运优化

船舶能效控制是船舶绿色营运技术的一个重要发展方向。船舶能效优化系统是基于风险分析、数据采集、云计算、大数据分析、远距离数据传输等信息处理技术的综合船舶监控系统，也是船舶安全管理系统（SMS）的一个组成部分，目前大量应用于各型远洋商船。

提升船舶能效是各国船东减少燃料消耗、控制运输成本的有效途径，而对主机、发电机组、辅助锅炉进行实时数据监控，保证船载设备正常运行，客观上可以把温室气体 CO_2 的排放量稳定在 EEDI 规定的基线内，同时大量减少 NO_x、SO_x 等有害气体排放；另外，通过"岸—船"一体化集成信息系统，对船只航线、航速、洋流、天气条件、航行水域海况等运营参数实施不间断监控，修正船只航线、减少航行阻力，降低主机负荷，有效削减船只排放的污染气体。

三、我国绿色船舶技术发展现状及存在的问题

经过多年发展,我国在船舶全寿命周期内的绿色技术都取得了长足的进步,特别是在绿色船型建造、配套设备的绿色化、特殊减排技术、无公害拆船和船舶材料循环利用等方面成果显著。但发展过程中仍存在一些问题,主要体现在以下几方面。

(一)技术研发缺乏统一的战略规划

日韩、欧美等造船强国对于绿色船舶技术的研发都有国家层面或行业层面的统筹规划,确立了研发时间进度安排,而对于技术投入实际应用后也标定了明确的减排指标,同时在扶持政策、研发资金方面都有一定支持,特别是日本,尽管造船工业不断衰落,但其对技术的研发一刻也不曾放松。而且日本、韩国、欧洲都是制定国际造船新标准的积极推动者,不排除这些国家带有保持技术优势的动机。目前国外造船强国关于船舶绿色环保技术已有广泛的研究,并基于其研究成果制定新的标准规范。由于我国在技术研发方面缺乏统筹安排,经常出现资源浪费、重复建设、内耗严重的情况,严重地制约了我国绿色船舶技术的发展。

(二)船舶设计理念没有根本性突破

分析日韩等先进国家推出的未来环保概念船设计,其关于船舶的外形、结构性能、推进方式、动力匹配等方面都是对现有船舶的巨大突破,未来船舶必然超出传统的范畴。目前我国对于绿色船舶技术研发,一方面是基于自身发展的需要,另一方面也是迫于国际新规范公约的压力,设计思路基本难以脱离现有框架。而在现有船舶技术基础上进行优化设计,尽可能满足国际规范要求,是一条捷径,但也是无奈之举。没有开拓性的研究,缺乏突破性的思维,中国船舶工业技术跟随者的地位依然难以摆脱。

(三)船用配套技术基础性研究薄弱

船用节能技术可以通过对配套设备的技术革新来实现,如材料优化、提高推进系统效率、减少压载水等方式,这些技术在保持船体强度、航行速度、船舶载货灵活性的同时,形成节能高效的整体化设计,满足针对绿色船舶设计提出的新问题。当前,国际上船舶节能减排的配套技术纷纷涌现,如气体减阻、组合推进、复合材料等正在成为世界船用节能技术的主流趋势,而我国对船用节能减排的关键配套技术尚未展开全面的研究,特别是基础性设备数据有待积累,同时缺乏研发高效节能、减振降噪、洁净减排、新材料等领域的科研实力,导致研究规模小、

创新能力薄弱、技术无法实际应用。

（四）业界主动应对国际新规范的能力不强

近年来，随着国际上新规则、新规范的不断出台，我国船舶工业也加强了应对力度，如在共同规范、涂层性能新标准实施过程中，通过联合行业力量，针对重点难点组织技术攻关，取得了很好的效果。但是总体来说，由于在相关基础领域的研发上缺乏积累，数据积累不完善，我国船舶工业面对国际新规则、新规范的变化基本还处在被动接受的地位，在国际规则、规范的制定过程中缺少话语权，主动参与国际海事界事务的意识不强，与我国世界造船大国地位极不匹配。

（五）综合工业水平影响船舶绿色技术发展

船舶绿色技术不仅仅是船舶工业的关注热点，而且反映了我国综合工业水平，其中船舶能效设计指数（EEDI）就是一个典型的例子。强制性实施的船舶能效设计指数推高了船舶行业的技术门槛，为了满足 EEDI 要求，不仅需要造船界进行相应的技术研发，而且要求航运界、冶金、机械制造、材料、化工、计算机和卫星通信行业的各种技术融合。但是我国针对船舶能效设计指数各行业间没有形成合力，导致技术开发进度和整体水平相对落后。

四、我国绿色船舶技术发展战略

（一）发展思路

以满足我国经济和社会发展重大需求和国际市场对船舶绿色环保要求为总体目标，结合新一轮科技革命孕育兴起的发展契机，立足当前，着眼未来，加快绿色船舶技术创新，着力突破绿色船舶设计、建造、营运、拆解以及配套设备关键技术，提升国际市场竞争力，推动我国船舶工业转型升级，助力造船强国和海洋强国战略目标实现。

（二）发展目标

至 2025 年，绿色船舶整体技术水平世界先进，其中绿色船舶设计、建造、营运技术达到国际先进水平，绿色拆船技术达到国际领先水平。绿色船舶自主创新能力显著增强，总装及配套企业基本建立绿色化、智能化的制造模式，初步实现基于信息化的研发、设计、制造、管理、服务的一体化并行协同；形成若干具有国际领先水平的品牌船型、标准船型及系列船型，技术引领能力大幅提升；突破配套设备绿色化、智能化关键技术，重点产品质量和技术水平跻身世界先进水平行列。

（三）绿色船舶设计技术

（1）设计全过程数字化,数字化设计工具研发的重点由过去服务于详细设计和生产设计阶段,逐步向概念设计和初步设计阶段转移,实现产品从市场需求开始直至产品报废的全生命周期各个环节的数字化。

（2）全面应用基于人机工程的虚拟设计,帮助设计人员在详细设计阶段,测试和验证各种设备是否便于操作和维修,各种工作空间是否满足要求,在建造前就可最大限度地避免可能出现的布置、操作空间以及维修空间等问题,减少返工。

（3）深化并行协同设计技术,加强面向制造的设计技术 DFP（design for production）的应用,优化与制造相关的设计流程,在设计过程中就考虑制造因素,加强系统集成和业务过程协同,打通设计所和船厂之间的数据传递,消除信息孤岛,逐步实现设计制造一体化,降低研制成本和缩短周期。

（4）构建综合集成设计平台,全面考虑 CAD、CAE、CAM 以及维修等信息系统的需求,在基于共同产品数据模型的基础上,实现产品全寿命期不同阶段的信息系统集成。

（四）绿色船舶建造技术

（1）采用先进制造工艺与装备,包括绿色加工技术（无冷却液干式切削、数控等离子水下切割工艺及装备、激光切割工艺及装备、分段无余量制造技术等）、绿色焊接技术（节能焊接电源、高效焊接工艺及装备、高效环保焊接材料等）、绿色涂装技术（绿色涂装工艺、环保节能涂装设备等）等。

（2）建立船舶绿色管理技术系统,包括精益生产技术（通过消除造船过程中的无效时间,来达到减少资源浪费、缩短造船周期、降低造船成本的目的）、成本管理技术（提高钢材利用率、控制分段储备量、提高场地利用率等）、采用清洁燃气（以性能更好、安全无毒的新型燃气逐步替代传统的乙炔等）、改造管理体制（中间产品专业化协作、扁平化管理等）、实施绿色采购、强化安全生产管理等技术内容。

（3）大力发展智能制造技术,以智能制造装备为基础,通过加快物联网、大数据、云计算等技术在船舶领域的深化应用,针对切割、焊接、部件制作、分段建造、物流等生产制造环节以及相应管理环节,发展智能制造技术,降低运营成本、提高生产效率、提升产品质量、降低资源能源消耗。

（五）绿色船舶营运技术

（1）船型优化节能减排技术,包括低阻船体主尺度与线型设计技术、船体上层建筑空气阻力优化技术、船体航行纵倾优化技术、降低空船重量结构优化设计技术、少/无压载水船舶开发、船底空气润滑减阻技术等。

（2）动力系统节能减排技术，包括低油耗发动机技术、双燃料发动机技术、气体发动机技术、风能/太阳能助推技术、燃料电池应用技术、核能推进技术、氮氧化物/硫氧化物减排技术、高效螺旋桨优化设计技术、螺旋桨/舵一体化设计技术、螺旋桨/船艉优化匹配设计技术等。

（3）配套设备节能减排技术，包括新型高效节能发电机组、低功耗/安静型叶片泵与容积泵、高效低噪风机/空调与冷冻系统、余热余能回收利用装置、新型节能与清洁舱室设备、高效无污染压载水处理系统、新型高性能降阻涂料、船用垃圾与废水清洁处理等系统和设备研制技术。

（4）减振降噪与舒适性技术，包括设备隔振技术、高性能船用声学材料、建造声学工艺与舾装管理、声振主动控制技术、舱室舒适性设计技术、结构声学设计技术、螺旋桨噪声控制技术等。

（5）船舶智能航行技术，包括天气预警技术、航线优化技术、主机监控优化技术、电力管理技术、远程维护技术、船舶岸电技术等。

（六）绿色船舶拆解技术

始终将安全生产、环境保护和工人健康放在头等重要的位置，大力发展"完全坞内拆解法""干、浮式绿色拆解法"等先进拆解技术，废水、废油等有害物质无害化处理技术等，在拆解工艺、综合利用、废物无害化处理等诸多方面不断加大投入，依靠科技进步，不断提高资源利用率和环境友好率。

张信学　研究员，副所长。1993 年 7 月毕业于哈尔滨船舶工程学院无线电技术专业。从事舰船情报研究 20 余年，在国防科技工业战略研究、国防科技工业能力建设、船舶工业科技发展预先研究、深海空间站技术跟踪、周边国家科技重大进展监测预警、舰船技术情报研究等领域取得了丰硕的研究成果。主持承担或参与完成了总装备部、国防科工委、海军、中国工程院以及集团公司等下达的百余项科研任务，为国防科技工业制定发展战略提供重要支撑，并对

行业发展的有关重大问题提出建议,部分已进入决策。先后多次获得"中国人民解放军科学技术进步奖"一等奖,"国防科学技术奖"二等奖、三等奖,"集团公司科学技术奖"二等奖、三等奖等奖项;先后多次荣获"中国船舶重工集团公司有突出贡献中青年专家""中国船舶重工集团公司优秀青年科技工作者""国防科技信息事业 50 周年优秀工作者"等荣誉称号。

国际海事法规发展特点、趋势及影响

朱恺,李志远

中国船级社,北京

2008 年全球金融危机爆发,欧债危机接踵而至,中国经济进入新常态,世界航运业和造船业需求逐渐放缓,竞争愈趋激烈;与此同时,国际海事新规则密集出台和生效,力度空前,特别是,国际海事组织(IMO)通过的 MAPPOL 公约附则 Ⅵ 修正案将船舶能效减排要求列入强制性要求,以国际立法方式推动船舶领域的绿色技术变革,新一轮全球航运与造船业竞争格局和产业格局的大调整正在孕育之中。

其中,以 IMO 为代表的海事界规则制定者扮演的角色愈来愈显眼,其不断推出的国际海事法规,即新公约、新规则、新标准愈来愈成为世界航运、造船界活动的中心指挥棒。

在其 2014—2019 年六年战略中,IMO 对国际海事界总结出以下 10 个趋势和挑战:

(1) 全球化;

(2) 对海上安全问题更为关切;

(3) 对海上保安问题的更高关注;

(4) 对海盗和武装抢劫船舶的关注;

(5) 更高的环境意识;

(6) 提高航运效率;

(7) 将重点转移到对人的关注;

(8) 海上人命安全;

(9) 能力建设对确保统一实施 IMO 公约的重要性;

(10) 技术是改变海运业的主要动力。

针对以上趋势和挑战,IMO 制定的组织战略方向包括:

(1) 提升 IMO 的地位和作用;

(2) 制定和维护安全、保安、高效和环境友好航运的综合框架;

(3) 提升航运的形象、品质文化和环境意识。

IMO 如何实现上述战略方向? 一句话,就是通过其杀手锏——强制性要求的制定和监督实施。IMO 常年开展并不断更新着 70 多项高层行动计划和一百七八十项甚至多达 200 项的工作项目,该组织的大会、理事会及下属五个委员会和七个分委会,一刻不停地推动着这些行动和项目,为实现该组织的宗旨"Safer, securer, more efficient shipping on cleaner oceans"——"更安全、更保安、更高效率的航运,更清洁的海洋"而奋斗。

国际海事法规是标准制定的高端形式,IMO 主导的国际海事法规目前的特点和趋势如何? 经过对近五年已经出台和未来两至三年即将出台的新海事法规的分析,不难发现以下特点。

1. 多、快、严、扩

近年来船舶能效设计指数(EEDI)、目标型结构标准(GBS)、噪声规则、极地规则、国际气体燃料动力船规则、IMO 文件实施规则、被认可组织规则等密集出台,《压载水公约》《香港公约》生效在即,这些要求既多又严,常常利用 IMO 议事规则和投票机制较快推出,且有日益适用范围往外扩展的趋势,如从航运界扩展到造船界,从航运主体扩展到主管机关和船级社,对世界航运业和造船业的生存环境、竞争态势和生产运营模式产生重大影响。

2. 安全是国际立法的基础,海上人命安全始终是最高优先度

在纷繁复杂的法规出台的同时,IMO 始终坚持视安全是一切立法的基础,海上人命安全也始终是该组织工作的最高优先内容。特别是近几年重大海难事故仍然频发,如 MSC NAPOLI, COSTA CONCORDIA, MOL COMFORT,岁月号等,都在不断地提醒着 IMO 和整个海事界人命关天,安全问题远未得到彻底解决。

3. 环保、绿色能效是现阶段的难点和重点

EEDI、《压载水公约》《香港公约》、污染物排放(NO_x, SO_x)等重量级新要求的生效实施和包括温室气体排放监控、报告和验证(MRV)以及黑炭排放等正在制定的新要求,已经成为航运业、造船业、配套业及整个海事圈的工作重点和实施难点。可以说,哪个国家、哪个机构在这方面具备技术能力、技术储备,它就能占据竞争优势。

4. 西方总体主导

那么,在 IMO 平台上,谁是主导者? 不管我们高兴不高兴,喜欢不喜欢,以前一直到目前为止,以欧洲国家、美国、日本为代表的西方国家,仍然是规则制定的总体主导者。由于对国际海事立法的高投入、高收益的特性,西方不惜投入重金,通过跨国联合、互相支持的策略,不断将其优势产业和技术标准推出作为 IMO 要求,从而为其产业取得垄断支配地位获得最佳推手而且不必承担"商业垄断""贸易壁垒"的风险。在此方面,西方尤其善于利用 IMO 简单多数通过的决策机制,注重"团结就是力量"和实施群狼战术,在核心议题上,经常一呼百应,

西方国家之间常常不问合理不合理、成熟不成熟,给予彼此无条件的支持。

5. 中国等新兴国家和业界组织联合推动立法达成安全、环保与效率的平衡和重视可实施性

尽管目前而言甚至在未来三至五年,西方占据主导地位的态势不会根本改变,但以中国为代表的新兴国家参与 IMO 工作的力度正在得到显著加强,并注重联合策略,和国际船东组织(国际航运公会、BIMCO、国际独立油轮船东协会、国际干散货船东协会等)、国际船级社协会等业界组织一起推动 IMO 立法达成安全、环保与效率的平衡和重视可实施性,而非被西方国家一言堂导致要求过高、过严、过快。

6. 我国在对国际立法的有效参与、发挥影响上取得长足进步

我们欣喜地看到,其中,中国取得的进步更加显眼和有目共睹。经过不断加大投入、不懈努力,包括国家工作机制的优化、人才培养、业界宣传与发动、更有效的组织和策划等措施,中国目前在 IMO 所有国家中的提案数量进入世界前五,参会积极活跃,影响力逐步进入第一集团,在部分领域逐步取得主导权。

7. 单边主义仍然盛行

在 IMO 占据国际海事舞台核心位置的同时,我们还应该注意到,由于中国等新兴国家和国际组织力量的制衡,欧盟、美国等经常不满意 IMO 要求的严格程度和推出速度,因此为其核心利益并迫于国内民众政治压力,仍然冒天下之大不韪,不断出台单边要求,如欧盟 MRV 法规,欧盟船舶回收再利用法规,欧盟、USCG 低硫法令和美国 USCG 压载水法规等。这些单边要求,给国际航运和造船界带来了麻烦和更高的成本。

8. 源于安全、环保,但日益成为市场竞争手段

国际海事法规的出发点和终极目的是安全环保,但其另一个身份是市场竞争手段,而且这个身份越来越明显和不忌讳。西方国家极为重视 IMO 工作,是因为这是他们巩固和发挥技术优势,迟滞新兴国家向产业链上游攀升的工具。反过来说,这是中国产业界应该重点关注、发力的领域,利用每一个重要的新公约、新规则的制定和实施,中国投入足够及时,就可能争取其成为成功产业转型升级的机遇。

未来国际海事法规制定的走向和影响如何? 经过分析,可以简单总结如下:

(1)更加严格地限制船舶污染和高油价将迫使船东采用新技术和替代能源;未来船舶将更加大型化和高技术化,对立法带来挑战。

(2)更注重(船舶事故等)数据收集和统计,推动安全立法从经验型、描述型向科学/风险/目标型转变。我国也需要及时开展相关基础数据和方法论的研究工作,以在此立法模式转变中占据较为领先的地位。从这两年的工作看,中国船

级社和有关单位合作,已经在综合安全评估(FSA)、安全水平法(SLA)等领域,获得了较大的主动性,并在 IMO 取得了一系列实质性成果(如修改 FSA 导则,明确风险控制方案 RCO 的地位,CCS 起草的 SLA 指南草案成为 IMO 工作的基础文件等)。

(3)立法对新技术、新设计更具包容性(目标型、等效替代),这将鼓励创新。即谁更聪明,谁将获得竞争优势。

(4)未来立法将更注重人的因素(人的能动性和高追求),重点解决好人员在新要求下的负担、人员培训、压力/疲劳、人机界面等问题。

(5)业界联合互动对国际立法的影响将得到增强,立法过程将更注重达成安全、环保、效率的平衡,重视可实施性。由中国船级社和 INTERCARGO 共同倡导一直举办至今的国际造船、航运、船检三方会谈就是业界联合互动的典型例子。

(6)业界围绕"公约制定"和"公约实施技术服务"的竞争日趋白热化,无论是造船界、航运界还是船级社,其原先的商业模式和竞争模式已经和正在发生着深刻的变化。对公约的实施能力成为重要竞争手段。这一点无论对一个国家,还是一个行业,亦或是一个组织机构单位,均是如此。谁手里有技术,谁就能更快、更好地占领市场。这一点对中国造船、航运业来说,具有特别意义。直白地说,如果你重视公约的制定和实施,并提前准备,那么你不但可以从容应对新要求的实施,更可以利用新要求的生效,快速获得竞争优势和市场。

基于以上国际海事法规的发展特点、趋势及影响的分析,中国造船、航运业作为正在艰难地探索转型升级发展的行业,必须更加重视国际海事法规对产业的影响和机遇,进一步加大技术积累和技术投入,加大对国际海事法规制定和实施的投入,走出一条从被动应对到主动利用的新路,为产业转型升级开辟出一片新天地,这条新路和新天地的曙光事实上已经到来。

在这方面,中国船级社作为中国政府的唯一授权组织,积极配合交通运输部,近年来加大力量投入国际海事组织事务,提交提案的数量长期保持在中国数量的一半以上,为我国在国际海事立法和实施方面提供了较强的技术支持,发挥了应有的作用。在后续的三个附件中,简述了我社在积极实施 EEDI、LNG 燃料和智能船舶三个方面的工作,请予关注。

附件 1　绿色船舶规范体系与应用

一、引言

近年来 IMO 和 IACS 等国际性组织不断地推进标准的提高和升级,主要集中在《目标型新船建造标准》（GBS）、船舶温室气体减排、船舶压载水公约、《船舶循环再利用公约》、海事劳工公约等，这些新标准的出台和生效，对船舶行业产生了一系列重大而深远的影响，需要业界关注和积极应对。我国近年也在大力推进绿色航运发展，国务院在 2014 年 9 月份印发了《关于促进海运业健康发展的若干意见》，部署促进海运业健康发展，加快推进海运强国建设。这是我国第一次从国家层面发布海运发展战略，提出"到 2020 年，基本建成安全、便捷、高效、经济、绿色和具有国际竞争力的现代化海运体系"的目标。

绿色船舶的发展是国际和国内航运及造船发展的大趋势，目前国内外技术研发机构正在致力于新材料、新技术、新方法、新设备、新工艺、新能源在船舶上的应用研究，以推动绿色船舶发展。中国船级社在绿色技术应用方面进行了一系列卓有成效的探索，积累了丰富的经验，可以为推动绿色造船、绿色航运提供有效的技术支持和解决方案。

二、绿色船舶规范体系的建立

为适应国际和国内绿色航运的发展趋势，作为中国航运造船业的重要技术支撑力量，中国船级社（CCS）自"十一五"启动"绿色船舶计划"（G-VCBP）以来，其向绿色船舶领域挺进的步伐便不断加快。当今社会，公众赋予了绿色广泛的含义：环保、可持续发展、无公害等。对于船舶，我们认为可从安全、高效、环保等方面进行概括，即绿色船舶是指采用相对先进技术（绿色技术）在其生命周期内能经济地满足其预定功能和性能，同时实现提高能源使用效率、减少或消除环境污染，并对操作和使用人员具有良好保护的船舶（图 1）。

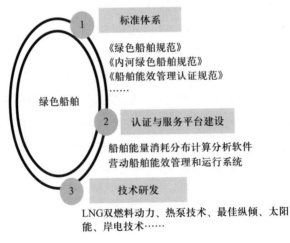

图 1 绿色船舶

　　CCS 基于对绿色船舶的深刻认识开展了深入研究,相继推出了全球首部《绿色船舶规范》《船舶能效设计指数(EEDI)验证指南》《船舶能效管理认证规范》《内河绿色船舶规范》《内河船舶能效设计指数(EEDI)评估指南》等技术文件,研究开发了"营运船舶能效管理和运行系统"和"船舶能量消耗分布计算分析软件"等应用软件,并开展了大量高能效技术的研发和推广试用,建立了完整的绿色船舶规范及应用体系。通过这些工作,不仅向海事界充分展示了 CCS 在绿色船舶方面的技术能力,更重要的是为中国航运造船业的可持续发展增添了强劲的"绿色动力"。

　　《绿色船舶规范》是 CCS 在对近年来国际船舶技术标准发展、船舶绿色特性和绿色技术追踪研究的基础上编制而成的,首次采用基于目标型标准(GBS)的编制方法,整个规范围绕绿色船舶的目标、功能要求以及功能要求的实现等层面展开(图 2)。

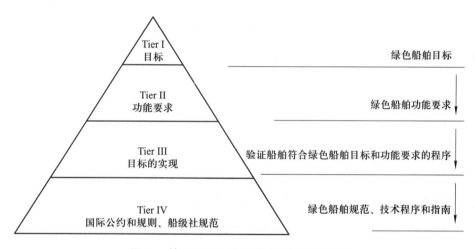

图 2　基于 GBS 的绿色船舶规范体系

三、绿色船舶规范框架

　　绿色船舶规范主要由规范主体和相关指南构成。规范主体确定了绿色海船规范的目的、应用范围,提出了绿色船舶的目标、功能要求和绿色船舶附加标志,制定了绿色船舶分级要求及评定流程(包括能效技术要求、环境保护技术要求、工作环境技术要求)。绿色船舶规范相关指南主要包括技术要求验证指南和共性绿色技术指南。为船舶设计单位、船厂或船东进行船舶 EEDI 评估提供通用性的方法和指导,并为绿色技术在船上的应用提供验证方法和指导。

　　《绿色船舶规范》适用于所有申请绿色附加标志的船舶,贯穿于新船的设计与制造、营运和拆解的全过程。《绿色船舶规范》是现有规范体系的一个组成部分,是对 CCS《钢质海船入级规范》和《国内航行海船入级规则》的补充要求。安全目标是绿色船舶应达到的基本目标,绿色船舶必须满足 CCS 入级规范和主管机关的法定相关要求。以自愿应用为基础,授予绿色船舶附加标志。因此,不强制要求入级船舶满足绿色船舶规范的额外要求。

自 2012 年 CCS 发布《绿色船舶规范》以来,获得业界的普遍认可,并有越来越多的国内航行船舶拟申请绿色船舶附加标志。基于业界的需求,CCS 对《绿色船舶规范》进行了全面修订,于今年 7 月正式颁布实施了《绿色船舶规范》2015 版。《绿色船舶规范》2015 增加了国内航行海船相应的技术要求,并涵盖了目前国际公约的最新要求以及工业界的最新研究成果(图 3)。

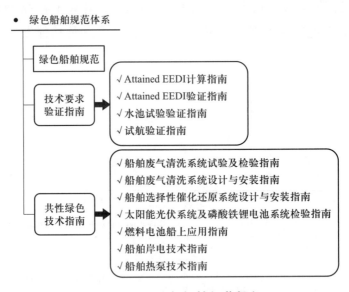

图 3　CCS 绿色船舶规范框架

CCS 绿色船舶附加标志是对 CCS 入级船舶满足环保、能效和工作环境相关要求的一种特别标识,通过环境保护、能效和工作环境三个方面来体现绿色要素(表 1)。绿色船舶附加标志分为 3 个级别:Green Ship I/II/III。同时,针对船舶能效要求给出了专门的能效附加标志:EEDI(I/II/II+/III)和 SEEMP(I/II/III),以突出船舶在能效方面的优势。除了表征船舶的综合绿色性能,绿色船舶规范还设置了专门的绿色技术附加标志,以鼓励绿色技术的应用,如 LNG 燃料、低硫燃油、高压岸电、太阳能等技术。经评估,CCS 可授予专门的绿色技术附加标志LNG Fuel、LSFO LSFO、AMPS、SPV。对于每一绿色技术均制定了相应的附加技术要求,以确保相关绿色技术的合理安全应用。

表 1　绿色船舶规范衡量要素

绿色要素	子要素
环境保护	防止油类污染
	防止生活污水污染
	防止垃圾污染
	NO_x 排放控制
	SO_x 排放控制
	防污底系统
	压载水控制
	冷藏系统控制
	拆船控制
能效	船舶设计能效指数(EEDI)
	船舶能效管理计划(SEEMP)
工作环境	自动化
	振动与噪声

　　《绿色船舶规范》考虑了船舶从设计到拆解整个生命过程,采用定性和定量标准相结合,完整地界定了绿色船舶的概念和范畴,提出的绿色分级标准,既与国际标准接轨,又考虑了目前船舶工业的发展水平,为绿色船舶的发展指明了方向。目前新版《绿色船舶规范》已与国家新能源船舶车船税减免政策对接,绿色附加标志的申请将使船东享受到更多的国家税费优惠政策。

四、提高船舶能效的相关技术应用

(一)高能效技术的研发和应用

　　船舶设计能效是绿色船舶考量的一个重要指标,也是目前国际公约中对船舶设计能效的考核标准。既安全,又环保,同时综合能效又高的船型,才是一个优秀的、有生命力的船型,在这个船型的开发设计过程中,可基于经验、试验和CFD 的船舶减阻增效技术的评估,对船舶空船重量进行控制,同时辅以动力系统的优化、推进系统的优化、电力系统的优化、新能源的应用技术、系统间的优化配置技术等(图 4)。

　　CCS 确定了 8 大类节能技术和 22 个具体研究方向,并且在一些技术上取得

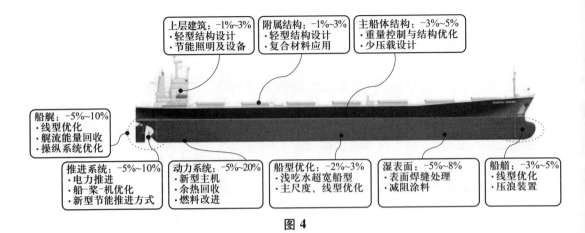

图4

了初步的研究成果。8 大类节能技术包括船舶减阻技术、船舶轻量化设计技术、高效动力系统、高效推进系统、电力系统优化、新能源应用、高效系统/系统以及新概念船型(表 2 至表 4)。

表 2　设计优化技术和措施

	绿色技术		减排效果
1	船舶大型化		近年来建造船舶回归分析表明船舶增大 10% 将提高 4%~5% 的运输效率
2	船体线型优化	整体线型优化	取决于船型,高 Froude 数船舶如渡船、小型集装箱船,可达到 10%
		艉水线延长——"鸭尾式"	7%(Wartsila 2008); 0.1%~2%(IMarEST 2010)
		艉鳍尾缘形状优化	2%(Wartsila 2008)
3	轴系优化布置		2%(Wartsila 2008)
4	球状船艏		10%,对于目前球状船艏的船舶(IMar EST 2010)
5	螺旋桨/船体相互作用优化		4%(Wartsila 2008)
6	船舶结构轻量化	高强度钢	——
		碳纤维或复合材料	Kockums 公司声称其研制的 CarboCAT 双体船(采用碳纤维复合材料制成船体和上层建筑)可达到 20%
		铝	——

续表

	绿色技术		减排效果
7	气膜减阻		油船:15%;集装箱船:7.5%;汽车运输船:8.5% 渡船:3.5%(Wartsila 2008)
8	降低设计航速	新船(选择更小的动机)	大于降低营动航速的减排效果
		新船(大机小用)	3.5%(ITF 2009)
9	LNG 燃料		20%
10	上层建筑空气动力学		FORCE 科技公司预计其进行的散货船上层建筑优化研究项目可减少 3%~4%的燃油消耗

表 3　推进系统优化技术和措施

	绿色技术	减排效果
1	推进效率监测和基于状态的维护	Propulsion Dynamics 公司提供的 CASPER 软件:3% ~5%Royston 公司提供的 Enginei 发动机和燃油监测系统:沿海油船 4.8%(压载),3.5%(负载)
2	螺旋桨和舵的匹配	2%~6%(IMO 2009)
3	优化的螺旋桨桨叶剖面	2%(Wartsila 2009)
4	螺旋桨导流喷管	5%(Wartsila 2009)
5	螺旋桨叶尖小翼	0.5%~3%(IMO 2009)
6	螺旋桨前涡流系统	Becker/Mewis Duct:5%~6% DSME/Pre-swirl Stator:4%~5% Schneekluth/Wake Equalizing Duct:5% Ship Propulsion Solutions/Simplified Compensative Nozzle:5%~6%
7	螺旋桨上加装桨毂帽鳍	1%~3%(IMarEST 2010)

表4　机械设备优化技术和措施

	绿色技术	减排效果	
1	主机优化(共轨技术)	1%,取决于船舶动行工况	
2	柴电混合推进	20%	
3	功率管理优化	减少功率损失	STADT/STASCHO 变频器:10%(比较其他柴电推进系统);45%(比较传统推进系统)
			Wartsila/Low Loss Concept:2%
		变速发电机:3%(Wartsila 2008)	
		泵和风扇的速度控制:1%(IMO 2009)	
4	混合的辅助电源	2%(Wartsila 2008),若应用可再生能源,减排效果更大	
5	废热回收(WHR)	10%(Wartsila 2008)	
6	减少船上功率需求	货物加热优化	Blue Water Trade Winds:节省25%的货物加热所需燃油
		LED灯的应用	Siemens/Osram:减少12%的船上功率消耗
		通风系统优化	Witt&Sohn/Efficient HVAC:每年节省500 t燃油消耗
7	太阳能	太阳能风翼:45%;燃油-太阳能-电力混合推进:8%~17%	
8	CO_2 清洗系统	Ecospec 提供的 $CSNO_x$ 系统经 ABS 进行第一阶段船上部分负荷测试显示可降低70%以上的 CO_2、98%的 SO_x、65%的 NO_x	

　　通过分析多种目前可应用于船舶的绿色技术(表5),从积极应对的角度,船东、船厂及设计单位可根据 Required EEDI 要求的四个阶段,推荐选择可采用技术方案。Phase 0:目前对三大船型影响不大,可通过主机选择、采用高能效机器和设备、降低设计航速(视船型及航线)措施,较容易达到。Phase 1:安装废热回收系统、加装尾流导管等推进装置节能附件、降阻涂层、优化上层建筑,减阻空气阻力等,预计可降10%~15%;目前技术上可行,但会增加成本;采用 LNG 燃料发

动机;可达 10%以上,再辅以上述其他方法。但 LNG 燃料的加装设施充足性、便利性等需要统筹考虑。Phase 2:无压载水或少压载水设计;燃料电池等的应用。Phase 3:由于创新型节能技术如风能、太阳能的广泛应用等。但目前 EEDI 计算、验证方法还需要进一步优化,从应用角度还存在不确定性。

表5　较有应用前景的绿色技术与成本效益预估

技术类别	绿色技术	单个技术减少 CO_2 排放预估	应用时间	成本回收周期
减少空气阻力	优化上层建筑	3%	2019 年	较长
	无压载水	3%	2020 年	较长
减少阻力技术	减阻涂层	5%	2012 年	短
	气膜减阻	10%	2020 年	短
提高螺旋效率	对转螺旋桨	8%	2013 年	较短
优化船艉状提高推进效率	Stern duct	4%	2013 年	较短
	Pre-swirl fin	4%	2013 年	较短
	Post-swirl system	4%	2013 年	较短
	废热回收利用	10%	2012 年	较短
	LNG 发动机	20%	2015 年	长
可再生能源	风帆助航	20%	2020 年	较长

(二) 在绿色船型服务开展的工作

1. 新造船

CCS 为推广绿色船型,协助研发或升级 9 型散货船的高能效船型,分别为 20.6 万吨、18 万吨、9.5 万吨、8.2 万吨、7.6 万吨、6.4 万吨、5.1 万吨、4.9 万吨、3.88 万吨散货船,通过计算分析,这些散货船的 EEDI 值低于现阶段标准 10% ~ 27.4%。

在大型油船方面,目前在建 VLCC 的 EEDI 水平刚刚满足现阶段标准。为满足下一阶段更严格的标准,CCS 正致力于双燃料在油船上的应用推广和业界协同开展创新型船艉的开发、风帆技术的实船应用等工作。

在集装箱船方面,完成对 10000TEU、13500TEU、19000TEU 等大型集装箱船的计算分析及建议,目前这几种类型船的 EEDI 值低于现阶段标准 30%以上。

2. 营运船方面

CCS 运用高能效技术研究成果,开展并制定 VLCC、5100TEU、17.6 万吨散货船等三大船型营运船舶的阻力优化方案及 VLCC 的主辅机优化配置方案;完成了 5668TEU 集装箱船的船艉阻力优化改装设计的审批。将节能改造技术在 17.6 万吨散货船上进行了应用。应用在 17.6 万吨散货船上的节能改造装置——消涡鳍方案完了成水池试验,试验结果较好。18 万吨散货船设计了消涡鳍,并在 4 艘实船上进行了安装,试验显示节能效果超过 2.5%,这一结果在实船测量中得到了进一步的验证。

(三) 船舶能效管理

除了技术节能,管理节能也是提高船舶能效非常重要的环节。CCS 采用 IMO 海上环境保护委员会(MEPC)推荐使用的船舶营运能效指标(EEOI)和交通运输部营运船舶能效指标(单位运输周转量能耗、单位运输周转量 CO_2 排放)对船舶营运进行能效统计分析,具有统一的数据、指标和统计分析体系,是一个集能效数据采集、用户端系统软件、数据库中心及开放性的应用平台于一体的完整的船舶营运能效监测和评估系统。可为航运公司提供一个营运能效管理工具和航运能效分析比较的平台,同时也满足中国船级社"船舶能效管理认证规范"对于船舶营运能效监测和统计分析的要求。

该系统已在国内众多大型国有、民营航运企业得到广泛应用,并取得了良好的经济效益和社会效益。据统计,自实施系统化能效管理以来,某大型油轮公司共节油 6.3 万吨/年,两家大型集装箱航运公司分别节油 15 万吨/年和 20.2 万吨/年。2012 年,该"营运船舶能效管理和运行系统技术开发与应用"项目获得了中国航海学会科学技术奖二等奖。

(四) 船舶能耗分布与评估研究

为总结三大主力船型(油船、散货船和集装箱船)的能量消耗分布规律和节能潜力,CCS 开展了"船舶能耗分布与评估研究",制定了《船舶能量消耗分布与节能指南》,"船舶能量消耗分布计算分析软件"的应用工作正式开展。创新性地提出一套科学和完整的船舶能量消耗分布计算方法。为了便于指南使用者独立开展船舶能量消耗分布计算,CCS 开发了"船舶能量消耗分布计算分析软件"。该软件能够进行船舶能量消耗分布计算、能量消耗分布结果分析、能量利用效率计算、能量利用效率水平评估、绿色技术节能潜力估算、主力船型能耗计算统计等,先后被数家公司用于共计 76 艘油轮和散货船的能耗分析评估,为客户在后续进行能效改进提供有价值的参考。

（五）最佳纵倾

CCS 在于船舶最佳纵倾操作技术，开发出船舶最佳纵倾优化软件。该软件是基于其底层覆盖的 99.5%吃水工况和航速数据库进行的自适应纵倾优化。数据库包含船舶吃水、阻力和主机功率等信息，相应的数据则通过计算流体力学数值仿真（CFD）和船模水池试验相结合生成。软件可以给出任意工况下，船舶纵倾-吃水-航速-功率关系。在任意航速下，主机功率、纵倾、吃水构成空间连续的曲面，通过相应的优化算法可寻求任意吃水下的最佳纵倾点。

最佳纵倾软件在 1100TEU、4250TEU、4700TEU 集装箱船，18 万吨散货船上进行了应用，海试和实际使用情况表明，在不同船型上均表现出明显的节能效果，节约船舶油耗 3%~5%，为船舶企业每年节省数百万元燃油费用。

五、结语

绿色船舶规范明确界定了绿色船舶的范畴，提出的绿色分级标准，既与国际标准接轨，又考虑了目前世界船舶工业的发展水平，为绿色船舶的发展提供了助力。绿色船舶规范与产业节能减排政策的有机结合将大大促进造船业、相关制造业和航运业产业结构优化升级，促进航运企业对新建船舶和现有船舶采取具有成本效益的技术和管理措施，提高运输船队营运的绿色度，在安全的前提下实现船舶的低消耗、低排放、低污染、工作环境舒适的目标。

附件 2　CCS LNG 规范体系与应用

航运业的空气污染物（NO_x、SO_x）排放已经占据了较高的比重，全球已勘划了一些排放控制区（ECAs），我国的 ECA 也正在制定之中。根据交通运输部编制的《珠三角、长三角、环渤海（京津冀）水域船舶排放控制区实施方案（草稿）》，我国的 ECA 包括珠三角、长三角和环渤海三个区域。为了应对越来越严格的排放要求，使用 LNG 作为替代燃料是目前最为现实可行的方案，由此，带动了整个水上 LNG 应用产业链的形成。CCS 在水上 LNG 供应链上积极作为，与政府机构、能源企业、航运企业、造船企业以及研发机构合作搭建了"产、学、研、用、检"研发平台，针对各种新技术开展了基础性和应用性的研发工作，一些成果已经得到成功应用，将为清洁航运的发展助力。

一、技术研发

自 2010 年，CCS 开始开展 LNG 水上应用全产业链研发工作，涵盖：LNG 燃料动力船、LNG 加注基础设施、小型 LNG 运输船。CCS 采用"基于风险"的研发理念,开展了深入的理论研究和试验研究,如开展了 LNG 蒸发特性试验、LNG 船用承接池试验、LNG 船用冷箱试验等大尺度模型试验研究以及 LNG 蒸发气扩散、LNG 火灾等的 CFD 仿真研究。这些研究工作是我们制定技术标准、开展市场服务、辅助政府决策的基础。我们还参与了工业和信息化部、交通运输部立项的多项国家项目。

二、规范标准

在规范制定方面,我们早在 2008 年就发布了《气体燃料动力船检验指南》;2013 年,发布了《天然气燃料动力船舶规范》;2014 年,发布了《液化天然气燃料水上加注趸船入级与建造规范》,这是全球首部浮式 LNG 加注站规范;2015 年,CCS 还将发布《液化天然气燃料加注船规范》;在海工方面,CCS 还在研发 FLNG、LNG-FSRU 的技术标准。CCS 将形成覆盖 LNG 水上全产业链的技术标准体系。此外,CCS 还在参加由国家强制性标准《船舶 LNG 岸基式加注站设计规范》的编制工作。

三、实船检验与技术服务

CCS 提供入级服务的中海油两艘双燃料 6500 马力港作拖轮和两艘纯 LNG 燃料 6500 马力港作拖轮代表了 LNG 燃料动力船技术的国际先进水平。正在为 10 余艘 LNG 加注趸船和 1 艘 LNG 加注船(新奥能源)提供技术服务。正在为多艘 3 万立方米以下的支线 LNG 运输船提供入级和技术服务。

基于《天然气燃料动力系统船舶预布置指南》,CCS 制定了大型船(VLCC、VLOC、万箱集装箱船)使用 LNG 燃料的预布置方案,包括技术方案和经济可行性分析。

四、风险评估

LNG 是一种低温、可燃的双料危险品,对于 LNG 的安全应用,风险控制是首要面对的问题。CCS 基于计算流体力学(CFD)方法开发了定量风险评估产品,以辅助船舶优化设计、实施风险管理、制定保障人员和财产安全的预案,并协助客户在成本投入和安全度之间做出权衡。

五、展望

船舶燃料经历了从煤炭到燃油,从固态燃料到液态燃料,可以预见,气体燃料将是未来的趋势。LNG 是从化石能源走向生物能源的桥梁。

附件3　智能船舶关键技术的研究与应用

随着物联网、云计算、大数据、普适计算等技术的不断应用,为船舶工业领域智能化的发展提供契机。结合业界对安全性、环保性和经济性等方面的迫切需求,智能船舶已成为未来行业发展的大势所趋。基于我国力争建设"海洋强国"的大背景下,推动智能船舶的发展就显得尤为重要和必要。

一、船体结构全生命周期管理

基于3D仿真技术构建船体结构模型,服务于船舶设计、建造、营运等全生命周期的健康管理,其系统如图1所示,中国船级社已经推出了多个船体结构全生命周期管理的附加标志,如表1所示。

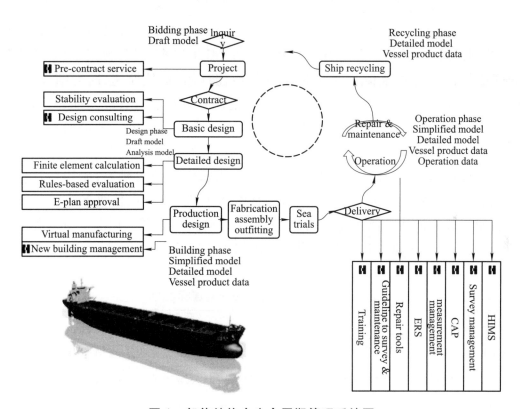

图1　船体结构全生命周期管理系统图

表 1 船体结构全生命周期管理的附加标志[1]

附加标志	说明	应满足的技术要求
HLM	船体结构全生命周期管理	
HIMS	船体检查保养计划	《船体检查保养计划指南》
TS-N	船体结构厚度监控与强度评估	《船体结构厚度监控与强度评估指南》
Train(X)	船员培训系统	CCS 船员培训系统
CM	船舶构造监控	《船舶构造监控指南》
ERS	应急响应服务	

二、航行决策支持

船舶航行决策是智能船舶的重要内容之一,通过对船舶设备运行参数、船舶航行数据的采集,并与岸基系统进行数据同步,基于层次分析、数据挖掘、数值仿真、智能优化等关键技术,开展船舶配载与最佳纵倾、最佳航速、航行绩效、运营效率、运营效益等研究,实现船舶设备监控、能源管理和能效管理功能,从而构建面向船舶航运周期的综合船舶能效与航运智能决策方案。其主要的研究内容包括:船舶能效数据采集与传输、船舶能效在线智能管理系统研发、欧盟船舶温室气体排放监测方法研究、船舶最佳航速研究、船舶航行绩效研究、船舶运营效率研究、船舶运营效益研究、船舶能效数据库系统研发、船舶最佳纵倾决策系统开发、船舶配载与最佳纵倾综合应用研究、油轮货物操作仿真优化系统研发和能耗分布研究。航行决策支持相关的附加标志如表 2 所示。

表 2 航行决策支持相关的附加标志[1]

附加标志	说明	应满足的技术要求
OTA	船舶最佳纵倾优化决策	《船舶最佳纵倾优化决策应用指南》
EOM	船舶能效实时在线综合监控	《钢质海船入级规范》第 1 篇第 6 章第 7 节
COS	油轮货物操作仿真优化	《油轮货物操作仿真优化应用指南》

三、设备状态监测与健康管理

基于船舶设备传感监测技术,进行设备实时状态监控,通过工业数据分析、系统仿真等技术方法,构建船舶设备诊断决策知识库,快速识别故障源,并依据设备参数的挖掘与智能信息匹配,进行设备视情维修辅助决策,实现设备状况的健康评估诊断、综合状态分析、远程诊断支持等,并为维护工作提供智能决策。

四、结论与展望

综上所述,在现有的船舶自动监测系统的基础上,建立以船体结构全生命周期管理、航行决策和设备状态监测与健康管理为基础,以集成智能为核心的具有故障自动发现、辅助诊断、趋势预报功能的信息集成系统,使目前相互独立的系统整合为一个集中管理和监测、智能决策的综合管理平台,对于提高船舶的安全性、可靠性和经济性具有重要的理论意义。随着智能船舶的发展,最终将会实现船舶的自主思考、自我修复和自主航行。

参考文献

中国船级社.《钢质海船入级规范》及其修改通报.

朱恺 中国船级社副总裁兼总工,工程学士学位,高级工程师。自1984年加入中国船级社(CCS)至今,分别从事现场新造船、营运船检验和各种公正性检验,其中,1993-1994年曾在荷兰船厂担任新造船项目经理和1995—2000年期间从事分社现场船舶检验管理工作。自2001年起,代表CCS分别参加国际船级社协会(IACS)检验与发证、检验通道、船舶建造标准和IACS新造船检验等工作组,组织并参与CCS多项重大科研项目研发,重大技术问题的处理,检验指南及验船师须知的编写工作。2008年12月,受交通运输部委派,出任中国船级社副社长兼总工程师,同时被指定为IACS综合政策委员会(GPG)CCS代表。2010年9～10月参加哈佛大学商学院开办的旨在提高企业领导全面提升能力,培养全球化竞争视野、品质和提供解决方案的高层管理培训班(AMP)。

船舶配套业发展研究

汤敏,邱晓峰,胡发国,陈琛

武汉船用机械有限责任公司,湖北武汉

一、引言

船舶配套具有量大、面广和高技术、高附加值的产业特点,也是我国船舶工业综合竞争力的重要体现。船舶配套主要包括以甲板机械和舱室机械为代表的机电配套产品和系统,以柴油机、定距或可调螺距螺旋桨、轴系、传动装置等为代表的船舶动力系统,以通信导航为代表的电气自动化系统等主要领域,随着"十一五""十二五"的行业快速发展,我国船舶配套主要领域的关键技术和设备都有较大的突破,如船用中高速机的研发生产能力逐步增强,自主品牌海洋平台起重机已批量生产,转叶式舵机、大型低压拖缆机、锚绞机等一批新产品拥有自主知识产权等[1],但产业还处于价值链底端和低价格的竞争格局,相对于最新的技术规范和新型、高端总体装备需要,核心技术和产业能力还有很大差距,产品的质量和竞争力不足,高端的配套几乎被国外知名品牌垄断,不能有效支撑船舶行业的发展。

二、国外船舶配套业现状及技术发展趋势

(一) 国外船舶配套业发展现状

1. 欧洲

欧洲船用设备研发历史悠久,已形成了实力强大的船舶配套业体系,占据了全球船舶配套的主要市场,国际知名品牌如 Rolls-Royce、瓦锡兰、MAN、麦基嘉、Decca、Voith 等,这些企业之所以能在业内形成长期的统治力,离不开其强大的研发能力支撑。他们重视科研,大力进行新产品和新技术的研发,并对现有产品不断进行改进优化,从而提高设备性能,以适应市场新需求。因此,欧洲船舶配套业在高技术、高附加值的船舶配套设备研制中,始终保持产品的先进性、可靠性和稳定性,走在技术的最前沿。另外,欧洲船舶配套企业不仅产品质量过硬,也同样注重产品的营销策略,通过打造国际化的售后服务网络来提升企业在世

界范围内提供维修和及时升级服务的能力,加强自己的品牌效应,提高市场份额。

2. 日本

日本船舶配套企业作为后起之秀,一直持续跟进欧洲领先技术,通过大规模引进西方专利技术,极大缩短了产品研发周期。在消化吸收引进技术的同时,重点放在消化、吸收和创新上,通过技术改造和自主创,日本船舶配套产业已跻身世界领先地位。日本船舶配套品种齐全、系列完整,形成了较为完整的船舶配套产业链。再加上日本政府有针对性的实施产业保护措施,将船舶配套企业逐步整合,按专业分工形成集中生产优势,通过协调规避企业间的不良竞争,增强其国际市场的竞争力,使船舶配套设备国产化率得以大幅度提高,其配套设备国产化率高达95%以上,并且大量向国外出口。

3. 韩国

韩国船舶配套产业起步较晚,主要以从欧洲和日本引进技术或设立投资企业等方式来发展船舶配套产业,随着韩国造船业的壮大,其配套产业的自主研发和创新能力也得到了迅速提升。另一方面,韩国政府为了扶植本国造船行业的发展,对本国的船配行业采取了相应的保护政策,利用税收、融资、法律等管理手段促进船舶配套产业发展,积极推进船用配套设备国产化,目前韩国造船设备国产化率85%以上。韩国船舶配套产品主要以满足本国需求为主,除部分高精度的导航设备、自动化设备需要进口以外,基本上实现了自给自足,并部分出口。

(二)技术发展趋势

近年来,受全球航运市场低迷、油价持续下跌的影响,船厂承接新船订单大幅下降,海洋工程装备市场明显萎缩。在国际船舶市场需求总量持续下行、需求结构不断升级的形势下,全球船舶配套业危机加重。国际海事组织(IMO)颁布了多项重大要求,各大船级社、国际标准化组织(ISO)和国际电工委员会(IEC)针对入级规范、国际标准也开展了相应的制定和修订工作,对航运安全和海洋环保提出了更高要求。为此,世界各国船舶配套企业为抓住机遇,纷纷大力进行产品和技术研发,加强技术创新,部分欧美日韩企业还提前进行了节能环保设备研发,对原有的设备及技术进行创新升级,争抢高技术、高附加值船舶配套装备市场,如节能型动力系统、可靠型PTI/PTO混合推进系统、自动化深水锚泊定位系统、多功能综合减摇装置等,并推动船舶配套业向节能环保、经济高效、智能集成、安全舒适等方向发展[2]。

三、我国船舶配套业发展现状

虽然,近年来我国船舶配套产业取得了长足的进步,但仍然存在自主研发能力较弱、产业竞争力不强、产业结构不合理等问题,成为影响我国造船整体能力水平的瓶颈[3]。

(一) 自主研发能力较弱,缺乏核心技术

柴油机作为船舶的心脏,其价值含量高,是船舶最为重要的配套设备。但由于我国研发起步较晚,目前主要以生产国外品牌为主,并大量进口国外产品。在低速机方面,自主品牌仍处于空白,我国不但自主研发能力不强,而且在与主机品牌商的联合研发方面也处于劣势,这导致我国企业在承接新机型等方面没有优势;中高速机虽然已研发了自主品牌产品,但产品体系不够完善,市场竞争力不强。

在船舶辅机领域,目前主要研发力量集中在欧美地区,其掌握大量尖端产品的核心技术,并形成技术壁垒。而我国企业进行辅机领域研发的时间较晚,进行自主设计的企业较少,核心技术与元器件缺失,产业链和技术体系不够完善,导致自主研发能力不足。此外,部分实现了本土化产品,大多还是引进国外技术和品牌,核心技术对外依存度较高,核心部件研发能力的不足导致我国船舶辅机自主化发展受制于人。

以通信导航为代表的电气自动化核心产品基本依赖进口和仿制,只有极少数国产化设备中实现了国产化应用,在代表未来的 E 航海、智能船和无人船等领域进展落后。

(二) 产品竞争力差

近年来,我国企业在柴油机制造领域获得了一定市场份额,但整个产业的综合竞争力还不强,主要体现在产品质量、生产效率、售后服务能力、经营管理能力等与国外先进企业还有一定差距,这就导致我国企业的总体市场份额较低,日韩企业占据了较大的中国市场份额。

我国配套企业也自主开发出了部分辅机配套产品,如舵机、油水分离器、海水淡化装置等产品,但受制于品牌影响力,售后服务网路,产品质量等因素,难以装上远洋船舶,导致企业即使花费大量投资形成产品,也难以进行产业化生产。此外,我国船舶辅机制造企业生产效率低下,随着人工、原材料等成本不断上升,产品生产成本不断增加,使得依靠低价进行国际竞争的策略越显被动,产品竞争力难以提升。

国产电气及自动化设备无论在尺寸重量、接口标准化程度、还是在设备性能方面都与国外同类产品存在明显差距,自主品牌市场份额较低,如同功率等级的推进电机,国内研制的产品体积比国外大,导致设备竞争力显著下降。此外,国

内企业缺乏整体打包供应能力,难以利用总包优势带动国内配套企业的发展。

(三) 产业集中度低和结构不合理

企业规模小、数量多,产业集成度不高,规模效应不明显是我国船用柴油机行业存在的问题。以低速机为例,目前,中国共有 11 家船用低速机制造企业,产能不过 1300 万马力,但反观韩国,仅 3 家低速机企业,但产能却达到了 3000 马力。而且,我国企业中产能最大的中船集团占国内的产能仅在 33% 左右,低于韩国和日本第一企业 50% 的占比。此外,中船重工占 17%,其他低速机制造企业的比例均不超过 5%。

在船舶辅机领域,我国支柱企业不多,产业聚集度不高。目前国内最大企业为武汉船机,但其船舶配套产业的年产值为十几亿左右,大部分企业年产值为几亿元或者更低,产业聚集度非常低。此外,部分地区产业结构趋同,重复建设现象严重,导致低端产品产能严重过剩。如甲板机械中的锚绞机,由于技术含量不高,大量民营企业在近几年时间纷纷上马新的产能,导致低端产能严重过剩,企业间价格战现象严重,使得企业经营困难。

(四) 高端装备经验、人力和技术方面储备不足

丰富的经验、人力和技术方面足够的储备一直是船舶配套产业领域最为重要的因素,而中国船舶配套企业尽管拥有巨大的成本优势,但相关建造经验、人才和技术的缺失十分明显。现阶段我国船舶与海洋工程装备配套业不仅未能为船海工程高端装备迅速发展提供强大的支撑,反而成为我国海洋工程配套产业整体水平提高的瓶颈[4]。

四、我国船舶配套业发展展望

(一) 总体思路

按照《中国制造 2025》对海洋工程与高技术船舶在 2025 年实现船舶工业制造强国的要求,围绕高技术船舶和海洋工程装备技术规范和行业发展需要,以实现自主设计建造、打造自主品牌为目标,通过智能制造技术和绿色环保技术应用,实现船舶配套核心领域技术升级和产业能力的提升,完善产品服务体系,提升产业竞争力;开展极地、深远海、绿色环保等高端新型装备的关键设备自主研发和突破,实现船舶和海洋工程高端新型装备自主配套;大力开展海洋装备的前沿技术研发,形成一批引领全球配套领域发展的核心技术与产品,建立数字化的运营保障技术体系,促进船舶配套企业由制造型企业向服务型企业转变。

（二）实施路径

开展配套产业的整体规划，突出重点和关键，围绕自主设计、自主配套、自主建造和自主服务需要，以突破关键技术、核心产品的国产化和系统集成为主线，整合产业链优势资源，提升产品的研发能力、配套能力和技术体系的智能化水平，促进产业的协同发展；通过数字化、智能化技术，提升产品的质量和效率水平，打造高服役性能的船舶与海洋工程配套产品，夯实行业做强的产业基础；实施国际化战略，打造国际一流的创新团队、研发平台和服务体系，有效引导和推动核心企业由制造业向服务业转变。

（三）发展展望

紧跟《中国制造2025》战略，围绕自主设计、自主配套、自主建造和自主服务需要，聚焦产业发展关键技术瓶颈和战略定位，通过先进的智能制造技术，大幅提升产业能力等，加快推进我国船舶配套自主化进程，具体发展建议如下。

1. 加强技术创新，驱动产业转型升级

在充分消化引进技术基础上，开展高性能核心基础配套件自主研发；聚焦国际公约/规则，加快现有配套设备升级换代；从未来船舶技术发展和国际海事新规范要求出发，未雨绸缪，加大对节能环保、经济高效、智能集成的高端船舶配套设备的研发和技术创新，形成关键设备自主研发能力，并掌握重点配套设备集成化、智能化、模块化设计制造核心技术。

2. 关键技术与产品的标准化技术体系

对标国际一流技术，充分利用数字化和智能制造技术，开展船舶配套产品的标准化技术研究，完善产品的三大规范技术体系，形成产业自主设计和持续提升的技术基础，支撑配套产业的做大做强。

3. 关键技术与产品的创新能力建设

围绕船舶配套设备研发和产业化发展，搭建关键技术与产品的研发平台，整合行业的优势技术资源和产业链资源，打造技术一流的研发团队和技术领军人才，开发一批引领全球配套领域发展的核心技术与产品，打造具有国际竞争力的自主品牌产品；建立若干核心装备和系统的实验验证平台，建立产品零件、部件、子系统和系统的试验标准规范体系，夯实船舶和海洋工程核心技术与产品的自主配套能力，保障配套产品的高可靠性要求。

4. 核心配套领域的智能制造体系建设

开展船舶配套产品的智能制造应用技术研究，建立高效、高质量的集成设计、制造和配套体系，打造高服役性能的高技术船舶和海洋工程装备配套产品；

围绕产品寿命周期的安全可靠运行保障和远程监控管理的需要,开发和建立船舶核心配套领域的数字化运营保障体系,形成全球化的自主服务能力,支撑企业由制造型企业向服务性企业转变。

5. 核心配套系统的工程总包体系建设

围绕高技术船舶和海洋工程装备配套的甲板机械、舱室机械、动力系统等核心领域,建立工程总包体系(EPCI-Engineering(design)、Procurement、Construction and Installation),以专业化为基础,整合和带动产业优势资源,为用户创造工程价值,推进传统的甲板机械等核心配套领域的质量及绿色环保技术应用。

参考文献

[1] 黄平涛,刘啸波.我国船舶配套产业发展概述——2010 年中国广州国际船舶配套业产业发展论坛论文集[C].2010.
[2] 焦侬,李佳佳,张海燕.世界船舶配套业技术发展特点及国际公约、规范、标准新要求——第十六届中国科协年会——分 8 绿色造船与安全航运论坛论文集[C].2004.
[3] 刘圣勇.中外船舶配套产业发展现状分析[J].商业经济,2012(12):74-75.
[4] 富贵根,桂文彬,印爱红,等.加快船舶配套产品发展——2010 年中国广州国际船舶配套产业发展论坛论文集[C].2010.

汤敏 武汉船用机械有限责任公司副总经理兼技术中心主任,研究员级高工。我国船舶与海工配套领域知名专家,湖北省政府特聘专家,科技部国际科技合作计划评价专家。长期从事技术及产品研发工作。近年来,带领公司技术人员实施了 20 多项国家科研项目。期间取得了国家发明专利 335 件,国家、行业及国际标准 29 项,省部级以上科技成果奖 100 多项,国家重点新产品 6 项。在该同志带领下,公司开发出了一系列关键设备和系统,形成了特种甲板机械系统、海事起重机、平台升降系统、推进与动力定位系统、液货装卸系统等 5 大类优势产品,其中大多数产品打破国外垄断,填补国内空白,并由点及面逐步实现从单台设备制造到系统集成与平台总包、从近海平台装备到深海平台装备的重要转变。

船舶动力节能减排技术综述

范建新

中国船舶重工集团公司第七——研究所,上海

一、引言

船舶动力包括船舶主动力和辅助动力。通常情况下,一艘船舶除配置主动力外,还需要配备至少一台用于发电的原动力,出于安全性和提高运行经济性考虑,绝大多数商船和特种船舶配置 2 台及以上用于发电的原动力,目前最多已配置 4 台用于发电的原动力。船舶运行期间一次能源绝大多数是由船舶动力消耗的,因此整条船的节能减排很大程度上依赖于船舶动力和配套设备的技术水平。

世界船舶动力的发源地在欧洲,从 100 年前首先研究开发首台柴油机起,很快应用于船舶动力,并在各次世界大战和全球海洋运输中发挥了重要作用。在本轮节能减排浪潮中,欧洲各国特别是以德国为首的欧洲发达国家充分利用领先于世界的材料工业、化学工业、计算机技术,不断推出领先于世界的船舶动力低排放型和节能型产品和技术,几乎覆盖了所有船型需要的动力设备和系统。

目前节约能源和减少排放是推动当今船舶动力发展的最主要的驱动力。世界各国纷纷加大技术研发力度,例如,欧共体制定了"船用柴油机高效超低排放燃烧技术研究发展计划(一、二、三期)"(HERCULES 计划),日本船舶技术研究协会制定了"国际航运温室气体减排总体战略",确定了短期和中长期(2009—2050 年)科研战略。船用柴油机发展的总趋势是通过技术创新,大幅度降低船用柴油机气态和颗粒排放,同时提高柴油机的效率和可靠性,降低柴油机全寿命运行成本。

二、排放和节能法规趋势分析

为了减少有害物排放,提高能源利用效率,国际海事组织(IMO)、区域组织和部分发达国家近几年纷纷制定了针对船舶动力所有主要排放物的强制执行法规,以及随时间逐步严厉的强制执行法规。这将驱使船舶动力技术和产品向着节约能源和减少排放方向发展。

（一）已生效的法规

IMO 规定,在 2017 年前船舶动力排放 PM 需要满足小于 $0.14\ g/(kW \cdot h)$,在 2016 年前 NO_x 排放需要满足 Tier Ⅱ,在 2020 年前 SO_x 排放需要满足小于 3.5%,CO_2 排放需要满足当年的 EEDI 值。其中欧盟和部分发达国家对 SO_x 排放规定了特别要求,即所谓的 SECA 区要求,规定排放值小于 1.0%。

（二）将要生效的法规

IMO 规定,在 2017 年后船舶动力排放 PM 需要满足小于 $0.04\ g/(kW \cdot h)$,在 2020 年后 SO_x 排放需要满足小于 0.5%,CO_2 排放需要满足每年减少约 10% ~ 20% 的 EEDI 值。其中 NECA 区 2016 年后 NO_x 排放需要满足 Tier Ⅲ,SECA 区 2015 年后的 SO_x 排放值小于 0.1%。

（三）法规趋势分析

总体而言,船舶动力排放和节能法规将越来越严,发达国家及主要发动机技术和产品提供公司、各级学术组织、研究机构利用各种机会积极推进新法规的制定和实施。大多数发展中国家希望减缓推进速度,特别是在目前全球经济不景气的大环境下,这已经引起国际海事组织的高度重视,将于明年重新评估 Tier Ⅲ 的开始时间,有可能推迟 5 年执行 Tier Ⅲ。其实早在去年欧盟已将原定于 2012 年执行的新汽车排放标准推迟了 3 年执行。

三、主要技术措施特点分析

几十年来,以船舶柴油机为代表的船舶动力已经形成了诸多节能减排传统技术,有些已经在实船中得到了很好的验证,包括总体设计中运用节能和减排技术、机内机外技术措施、使用替代燃料以及采用系统级技术,其中总体设计技术是为了配合船舶设计的需要,从减少船舶运行中的能耗和排放而实施的技术方法,现对这些技术特点作简要分析和对比。

（一）低转速长冲程设计技术

降低主机转速可以提高船舶推进螺旋桨的效率,实现船舶运行时的节能减排。船舶动力在设计中不断降低主动力的转速,以适应船舶总体设计和运行的需要,为了保证发动机输出功率不减少,而采用长冲程、超长冲程以及减少运动件重量的船舶柴油动力总体设计方案已经成为较为普遍的技术途径,实际运行效果已经证明能减少能耗和各种有害物排放。

(二) 降低 MCR 点油耗技术

船舶能效设计指数(EEDI)是以 MCR 点的油耗作为重要的能耗和 CO_2 排放计算依据。通过采用提高 MCR 点燃油喷射压力、增压空气压力、燃油和空气的混合效率以及高效燃烧技术,能进一步减低柴油动力的燃油消耗,实现节能减排的目标。这项技术的应用依赖于柴油动力相关燃油喷射系统、增压系统、缸内过程等核心零部件的设计和制造技术在现有基础上的进一步发展。

(三) 部分负荷优化技术

由于船舶发动机在实际运行中时常处于部分负荷和低负荷状态,优化这种状态下的燃油喷射规律和增压压力之间的配合,是船舶动力节能减排的重要技术途径之一。采用高压共轨、米勒循环、可调气阀正时、相继增压、可调涡轮面积等以及这些技术的组合应用能改善部分负荷和低负荷运行状态,提高船舶实际运行效能,实现节能减排的目标。

(四) 废气再循环技术(EGR)

能大幅度降低 NO_x 和 PM 排放,但达到 TierⅢ尚有距离,需配合使用高增压、可调进气正时等才能满足法规要求。由于废气参与缸内燃烧,会使柴油机运行油耗增加,同时废气在进气过程中进入气缸,增加了缸内运动件的摩擦磨损,并对润滑油产生不利影响,减低了柴油机的可靠性和使用寿命。这项技术对可靠性和使用寿命的影响还需要从技术和实际使用上进行验证和评估。

(五) 废气催化还原技术(SCR)

能大幅度降低 NO_x 排放,并达到 TierⅢ法规要求,但整个装置体积大,需要船舶动力机舱有足够的安装空间,运行中需要携带并加入含有氨气的化学原料,需要增加防氨气泄漏装置,氨气消耗还增加了运行成本,现有法规难以监测该装置在航行途中的实际使用状况。

(六) 气体燃料技术

能大幅度减少 NO_x、SO_x 和 PM 排放,能达到 TierⅢ及将要生效的更严厉的 SO_x 和 PM 法规。气体燃料特别是 LNG 属于公认的低排放节能型燃料,它的可获得性和经济性也是其他替代燃料无法比拟的。但目前船舶 LNG 燃料补充等基础措施不完善,运行中还需要增加安全保护等措施,突加特性还不能适应部分船型的使用要求。

（七）尾气颗粒净化器和 SO$_x$ 洗涤技术

技术成熟,能有效减少 PM 、SO$_x$ 及其吸附的有害物质,能达到将要生效的更严厉的 SO$_x$ 和 PM 法规。但整个装置体积大,需要船舶动力机舱有一定的安装空间,同时还会增加排气阻力,减少柴油机有效功率输出,增加一部分燃油消耗,现有法规难以监测该装置在航行途中的实际使用状况。

（八）增压空气/缸内喷水和乳化油技术

技术成熟,通过降低循环温度和充分燃烧,能减少 NO$_x$ 和 PM 排放,但达到法规要求尚有距离,会减少柴油机有效功率输出,稳定性也不足,最大不足在于,喷入缸内的水和乳化介质难以全部随排气排出,残留部分对燃烧室组件产生腐蚀等副作用,严重影响可靠性和零部件寿命,尚需进一步开展研究,进一步减少副作用。

（九）能量综合利用系统

属于系统级技术,已经有相当的成熟度,部分大型船舶已经开始采用,节能减排效果明显,最高可以提高燃料效率 10% 以上,降低 CO$_2$ 排放 10% 左右。这项系统级技术整个装置体积大,需要船舶动力机舱有足够的安装空间,在船舶动力系统设计阶段实施更容易,主要适用于采用低速机和大功率中速机的中大型船舶。

（十）混合/电力推进系统

技术基本成熟,在民用船舶动力中以柴电联合为主,有发展柴电燃联合的趋势,可以提高动力运行总效率,降低燃油消耗,减少各种有害物质的排放,但满足各种排放法规还需要其他技术措施的配合,大规模应用需解决初投资高、体积重量大的问题,目前主要用于特种船舶,如豪华邮轮、工程作业船等。

四、新概念技术发展展望

伴随着不断严厉的排放和节能法规陆续生效并实施,国内外研究部门、相关高校和发动机公司探索采用革命性和颠覆性技术来实现节能减排总要求的基础研究工作一直在进行着。其中如果部分新概念技术的突破,有助于船舶动力的基本技术水平大幅度提高,为节能减排各种技术措施的应用创造更有利的条件。

（一）数字化增压技术

废气涡轮增压所能提供的增压压力和流量受制于柴油机排气中的能量，目前还不能实现完全意义上的随发动机工作需要提供精确控制的压力和流量。而数字化增压技术可以实现增压压力和流量与燃油喷射量和喷射压力的最佳组合，使燃油和空气配比适应全部工况的需求。

（二）进气预处理技术

传统概念上的柴油机节能减排技术主要集中在发动机内部和尾气后处理，而进气空气中已经含有经缸内燃烧将形成的有害化学元素，如氮气，通过进气前处理，可以净化掉空气中的不利元素，在提高燃烧效率的同时，减少有害物生成和排放。这项技术的突破不仅可以大幅度地实现发动机的节能减排，还将有助于柴油动力的强化指标的提升。

（三）太阳能和风能应用技术

太阳能和风能在船舶中的应用也将是适应节能减排的重要手段。根据船舶受阳和迎风面积大的特点，各种陆地上的太阳能利用技术、风帆技术将可移植到中大型船舶中，减少含碳燃料的使用。国外已对大型商船采用风帆和太阳能板的相关技术开展预先研究，并已在概念船上示范应用。需要指出的是，这将占用船舶大量的作业场所和甲板面积，即使充分利用可用场所和甲板面积，能最大节省燃料约5%，难以从根本上解决船舶的节能减排问题。

（四）燃料电池技术

技术成熟，国内外在特种船舶上有广泛应用。从技术上看，可以直接在各种民用船舶动力中应用，但主要是受燃料大规模工业化制备、获取、储存、供应的成本和安全性影响，如氢燃料等，另外设备初投资和运行成本高企，在目前的技术状态下难以大规模推广应用。一旦燃料技术和制备成本有重大突破，将实现船舶动力零排放的目标。

（五）核能利用技术

核能在船舶动力中应用已经没有重大的技术障碍，目前主要受制于核辐射、核安全等非船舶动力本身的技术和政策问题。从全球石化能源日益减少和节能减排的角度来看，核能属于船舶未来最有前途和希望的能源之一。因此，开展核能在船舶动力中应用的相关基础研究、预先研究和早期研究应该成为重要的技术内容。

五、结语

　　针对船舶动力节能减排的总体法规要求将越来越严,但受目前世界经济不景气的影响,推进速度有所缓和。船舶柴油动力机内和后处理技术仍是节能和减排的主流技术措施。探索新概念柴油动力技术,实现全新的技术突破正在兴起。随着基础设施的不断完善和气体燃料在船舶运行中的安全性不断提高,以LNG 为代表的低排放燃料的发展正在加速。船舶动力补充应用太阳能、风能等再生能源也进入了概念和示范应用阶段。但其他新能源还未形成可以取代船舶动力现有燃料的技术格局。

范建新　研究员,硕士生导师。在发动机(船用)涡轮增压器、涡轮增压系统及发动机排放研究领域具有较高的学术水平。20 世纪 80 年代末在德国 SKL柴油机研究所参与完成了排放控制技术的信息收集工作,参与完成“增压器设计计算程序系统”课题;主持完成“高 Pe 柴油机涡轮增压系统研究”和“高 Pe潜艇柴油机涡轮增压系统研究”,参与完成“船用大功率柴油机排放技术发展分析”;指导并参与完成新一代船用中速柴油机的产品开发,技术水平处于国内领先,产品已广泛应用;主持完成多型号引进涡轮增压器关键零部件的国产化开发并已产生可观的社会和经济效益;主持完成“船用中速柴油机发电机组国产化研制”,技术水平达到国外先进并已应用于国内外大型船舶。在专业刊物和学术会议上发表论文十余篇,第五届上海市内燃机学会常务理事。现任上海船用柴油机研究所(七一一所)副总工程师、上海市造船学会副秘书长、中国造船学会轮机委员会柴油机分会主任、中国机械标准化委员会船舶柴油机分会主任、工业和信息化部 EEDI 专家组成员。

船舶低阻水动力构型的革新方法
及其工程应用验证

赵峰，李胜忠

中国船舶科学研究中心，无锡

一、引言

"绿色船舶"概念把传统意义上的"使用功能和性能要求"与新世纪"节约资源与保护环境的新技术要求"紧密地结合起来，赋予船舶总体设计技术以新的高技术内涵，正引领着船舶技术的一场革命。绿色船舶技术的科学内涵覆盖了水动力学、结构力学、声学等多个方面，本文主要聚焦于船舶水动力学领域，介绍以船舶航行性能提升和构型创新为目标驱动的绿色节能船型设计新技术及其在工程中的一些应用与验证。

船舶水动力学是一门"研究水面与水下流场中运载器的运动，及与运动相关的流场"的科学与技术。其最终的落脚点是服务于船舶设计，即通过对船舶水动力学涉及的相关科学技术问题的深入研究，使得船舶能够以最低的能源消耗满足其使用功能和性能要求。传统的船型设计是根据母型船型线、模型系列试验资料，按照某种规则由人工经验认识对型线加以修改得到目标船型；之后，一方面，制作模型依次进行各项水动力模型试验；另一方面，采用 CFD 技术（近年来正得到越来越多的应用）对目标船型的水动力性能进行辅助分析；最后，利用模型试验及 CFD 预报结果进行综合水动力性能评估[1]。这种设计模式（图1），强烈依赖于设计师经验和母型船资料，严重制约了船舶构型创新设计能力的提高；并且模型试验资源消耗多、周期长，而最终获得的设计方案也只是满足设计技术指标的可行方案而非最优设计方案；这使得船舶航行性能很难有大幅提升。然而，"绿色"目标对船舶水动力设计提出了前所未有的高要求：比传统的设计更减阻增效，在波浪中更平稳安全，对结构的水动力载荷更小。很明显，传统设计模式已很难满足当前绿色船舶设计的要求，亟须研发能够大幅提升船舶性能、增强船舶构型创新能力的新方法、新技术。

随着 CFD 技术、CAD 技术以及最优化技术的发展，出现了一种崭新的船型设计方法/模式,国际上也称之为 SBD(Simulation Based Design)技术[2]。该方法将 CFD 数值评估技术与最优化理论及船体几何重构方法集成起来,形成一种源于严谨数理控制、面向综合指标空间的崭新的船型设计模式,它通过利用 CFD 技术对设定的优化目标(船舶一项或多项水动力性能)进行数值评估,同时利用最优化技术和几何重构技术对船舶构型设计空间进行探索寻优,最终获得给定约束条件下的水动力性能最优的船型(图 2)。

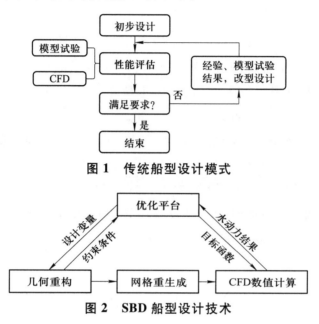

图 1　传统船型设计模式

图 2　SBD 船型设计技术

　　船舶 SBD 技术突破了传统 CFD 优化技术所指的多方案选优/优选,将 CFD 技术系统地融入优化过程,实现对目标函数的直接寻优。经过十多年的发展,该技术的重要性及其展现的优越性已引起越来越多的国家和科研单位的关注,并纷纷投入研究力量开展技术攻关。

　　意大利 INSEAN 水池[3,4]在基于 SBD 技术的船舶水动力性能优化设计方面开展了大量的研究工作,对船体几何重构方法、多目标全局优化算法、近似策略、综合集成技术(并行计算)等关键问题进行了较为系统的研究。已初步建立了 SBD 船型优化设计框架,并正在开展面向工程设计的船型优化设计应用研究。

　　由欧盟 14 个研究机构参与 FANTASTIC 项目[5],以改进船型设计模式为目标,开展了 SBD 技术研究,对船体参数化重构方法、CFD 分析工具以及不同的优化算法进行了探索研究,并将不同的工具集成为一个软件系统,用于船舶方案设计阶段的船型优化设计。

　　欧盟 2004—2008 年实施的数值水池项目(VIRTUE)[6,7],在增强和完善现有虚拟水池试验评估能力的同时,十分注重 CFD 技术在船型优化设计中的应用,专门设置了 VIP(VIRTUE Integrated Platform)模块。至项目完成时,已能实现对已有各种不同 CFD 工具的综合集成,并提供了一套完整(开放式)的船舶水动力综合优化设计系统(该系统目前还只是传统模式下的多方案自动化选优评估)。

美国第 27~29 届 ONR 会议[8]已经将船舶水动力构型优化设计技术作为一个重要的专题方向。

此外,第 26、27 届 ITTC 大会[9]也已将 SBD 技术作为阻力委员会的工作方向之一。

国外在以减阻为目标的基于 SBD 的船型优化设计方面开展了大量的研究工作,并且已在船体几何重构、最优化技术、CFD 技术应用、简约策略、综合集成等诸多关键技术上取得了较大进展,初步形成了基于 SBD 技术的船型优化设计模式,并已开始将其应用于船舶工程设计中。

国内近几年在该领域的研究也取得了很大的进步。在以船舶快速性能(静水阻力和流场)为优化目标的船型设计研究方面,我们已经开展了大量的基础性前沿工作,建立了以静水阻力、流场为主要优化目标的船型设计方法,并在典型的低速肥大型船舶、中高速船舶线型设计中得以应用,取得显著的减阻效果[10]。本文首先简要介绍船舶低阻水动力构型方法涉及的关键技术,之后给出了其在不同类型的船型设计中的应用与试验验证。

二、船舶低阻水动力构型设计方法

SBD 船型设计方法是以船舶一项或多项水动力性能最优作为设计目标,在给定的约束条件和构型设计空间内,通过 CFD 数值评估技术和现代最优化技术实现船舶水动力构型的优化求解(逆问题求解),最终获得给定条件下的水动力性能最优的船型。它主要涉及船舶水动力学、最优化理论、船舶计算流体力学、软件工程等多个学科。包括以下几个关键技术:最优化技术、复杂船体几何描述与自动重构技术、船舶水动力性能评估技术、综合集成技术等(图 3)。

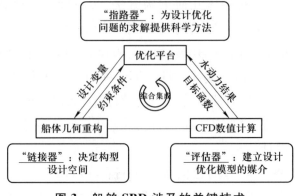

图 3　船舶 SBD 涉及的关键技术

（一）最优化技术

最优化技术是区别于经验设计、体现知识化船型设计的重要特征,是求解船型优化设计问题的科学方法和必要手段。采用何种优化算法使其能够在优化问题的设计空间内准确、快速地搜索到全局最优解,是船型优化设计研究的重点之一。

（二）复杂船体几何描述与自动重构技术

船体几何重构技术是联系优化算法与船舶性能评估工具之间的桥梁和纽带,同时也是船型优化设计过程中的关键环节。在船舶优化设计过程中,必须首先对船体几何进行参数化表达,利用尽可能少的参数实现船体几何的重构,并且要建立船体表达参数与优化过程中设计变量之间的联系。设计变量将依据优化算法做相应的调整,而设计变量的调整将体现在船体几何外形的变化上,如何利用尽可能少的设计变量来实现尽可能大的船体构型设计空间(尽可能多的不同船体几何),是船体几何重构技术追求的重要目标,当然也是形状优化设计中的一个难点。

（三）船舶 CFD 技术

船舶水动力性能预报评估技术是建立船型优化问题数学模型的基础,是连接船体几何外形和优化平台的纽带。CFD 评估器作为一把"标尺",辨识/丈量由几何重构获得的不同设计方案的优劣。在优化设计过程中,优化算法将依据性能预报结果来调整下一步的搜索方向,因此,性能预报结果的可靠性是保证优化算法在设计空间中的搜索方向正确与否的关键,也直接关系到优化设计的成败。

（四）综合集成技术

船型优化设计的整个过程是在没有人工干预的情况下自动进行的(图 4),

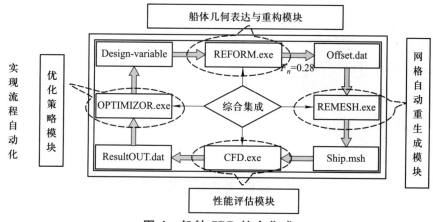

图 4　船舶 SBD 综合集成

如何将船型优化设计涉及的众多关键技术模块集成起来,实现优化流程的自动化,是船舶 SBD 技术形成设计能力和手段、满足工程设计需求必须要解决的问题。

三、工程应用实例

船舶 SBD 技术为绿色低阻船型研发和船舶构型创新设计提供先进的研究方法和强有力的技术支撑。目前该船型设计模式的核心思想和基本理论已经初步建立,特别是以船舶在静水中设计航速下阻力性能最优为目标驱动的船型设计方法及其涉及的关键技术我们已经取得突破,并开始应用于工程设计,下面分别简要介绍该设计方法在中高速船舶、低速肥大型船舶等线型设计中的应用实例。

(一) 中高速船舶线型设计

对于中高速船来说,因航速较高,兴波阻力在阻力成分中所占的比例较大,而且兴波阻力对于船型的变化相当敏感,适当修改船体型线,就有可能使兴波阻力显著降低,带来总阻力的明显减小,因此,中高速船舶成为船舶 SBD 技术应用的主要对象。文中给出对标模 DTMB5415 舰船的局部构型设计[10]。开展 DT-MB5415 舰船在多个航速(多设计点)下的多目标优化设计,以期获得在较大航速范围内,阻力均有较大收益的最优设计方案,设计区域如图 5 至图 7 所示。设计问题的定义见表 1。

图 5　标模 DTMB5415 外形图

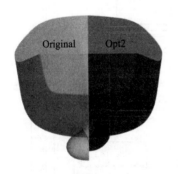
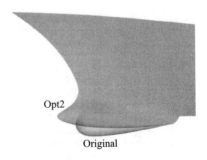

图 6　外形图比较

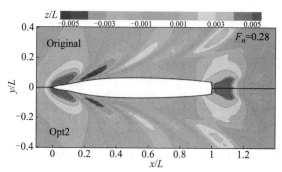

图7　最优方案和原方案自由面兴波波幅云图

表1　DTMB5415 球艏构型优化设计问题的定义

类型	说明	备注
目标函数	$\begin{cases} F_1 = R_{t1}/R_{t1\mathrm{org}} \\ F_2 = R_{t2}/R_{t2\mathrm{org}} \\ F_3 = R_{t3}/R_{t3\mathrm{org}} \end{cases}$	式中, $R_{t1\mathrm{org}}$、$R_{t2\mathrm{org}}$、$R_{t3\mathrm{org}}$ 分别为目标船在 $F_n =$ 0.17、0.28、0.37 时的总阻力, R_{t1}、R_{t2}、R_{t3} 分别为可行设计方案三个速度下的总阻力
几何重构/设计变量	采用 FFD 自由变形方法（选择 5 个设计变量）	5 个设计变量控制球艏的自动变形与重构
约束条件	$\lvert \Delta'/\Delta - 1 \rvert < 0.5\% \lvert S'/S - 1 \rvert < 1\%$	考虑排水量和湿表面积的变化
优化算法	MOPSO 算法	多目标粒子群优化算法
性能评估方法	RANS 方法	湍流模型 SST-kw; 自由面采用 VOF 方法

　　优化设计结果:最优方案 Opt1 与原方案在傅氏数 $F_n = 0.15 \sim 0.37$ 范围内的阻力数值计算结果比较,从表 2 中可知:三个设计点的总阻力收益分别为:4.50%、5.87% 和 4.54%。$F_n = 0.25$ 时,总阻力减小了 6.73%;在整个傅氏数范围内,剩余阻力的收益十分显著,特别是在 $F_n = 0.21 \sim 0.28$ 时,剩余阻力减小了 20% 左右。

表2　模型阻力成分比较

F_n	R_r/N			R_t/N		
	Original	Opt2	比较/%	Original	Opt2	比较/%
0.15	2.644	2.242	−15.19	11.856	11.365	−4.14
0.17	3.697	3.105	−16.00	15.337	14.647	−4.50
0.21	6.230	4.868	−21.87	23.400	21.924	−6.31

续表

F_n	R_r/N			R_t/N		
	Original	Opt2	比较/%	Original	Opt2	比较/%
0.25	10.401	8.240	−20.82	33.951	31.666	−6.73
0.28	14.176	11.726	−17.29	44.019	41.434	−5.87
0.33	24.834	21.408	−13.79	65.336	61.736	−5.51
0.37	40.735	36.829	−9.59	90.863	86.741	−4.54

(二) 低速肥大型船舶线型设计

对于低速肥大型船来说,一般都有较长的平行中体,在主尺度、排水量、浮心位置等船型参数基本不变的强约束条件下,湿表面积不会发生太大变化,因此总阻力的主要成分——摩擦阻力不可能有大的变化,而兴波阻力所占的比例又很小,剩下的黏压阻力是唯一可能通过船体线型的变化进而从中获得减阻收益的一项阻力成分。黏压阻力是由整个船体表面压力分布的积分获得,而压力分布与船体线型变化的规律极其复杂,使得应用基于经验的传统船型设计方法实现黏压阻力的优化十分困难。而这也正是新方法的潜力所在。下面介绍船舶 SBD 技术在 44600DWT 散货船线型设计中的应用[10]。

该型散货船主要参数:$L = 186.5$ m;$B = 30.2$ m;$T = 10.5$ m;$C_b = 0.835$。由于散货船方型系数较大,艉部收缩快,且压力分布变化剧烈,艉部线型对桨伴流场的影响很大,因此,在对该散货船进行设计优化时,分别以船模在 $F_n = 0.1443$ (设计航速)时的总阻力最小和桨盘面流场的品质最优作为优化目标,桨盘面流场的品质以其轴向无因次速度的不均匀度进行考核。具体的设计问题定义如表 3 所示。

表 3　44600DWT 散货船线型优化设计问题的定义

类型	说明	备注
目标函数	$\begin{cases} F_1 = R_t/R_{torg} \\ F_2 = W_f/W_{forg} \end{cases}$	F_1 设计航速($F_n = 0.1443$)时的总阻力;F_2 桨盘面流场的品质;$W_f = \sum\limits_{i}^{N} \sqrt{\dfrac{1}{M}\sum\limits_{j}^{M}(V_{xij} - \bar{V}_{xi})^2}$,表征轴向无因次速度的不均匀度
几何重构/设计变量	采用 FFD 自由变形方法（选择 12 个设计变量）	见图 9

类型	说明	备注
约束条件	$\lvert \Delta'/\Delta-1 \rvert < 1\%$ $\lvert S'/S-1 \rvert < 1\%$	考虑排水量和湿表面积的变化
优化算法	MOPSO 算法	多目标粒子群优化算法
性能评估方法	RANS 方法	湍流模型 SST-kw；自由面采用 VOF 方法

设计结果（图 8 至图 12）如下：多目标最优解集（Pareto 解集）中的最优方案 Opt1 的模型总阻力较原方案减小 5%（其中剩余阻力减小了 19.1%），不均匀度指标减小了 4.4%，表明桨盘面的流场品质有所改善，从图 11 中可以看出优化方案的桨盘面"钩状"特征消失。图 12 给出了 Opt1 与目标船的船体表面压力分布云图，从中可以看出，Opt1 的船体艉部低压区面积较目标船明显减小。

图 8　+4600DWT 散货船外形图

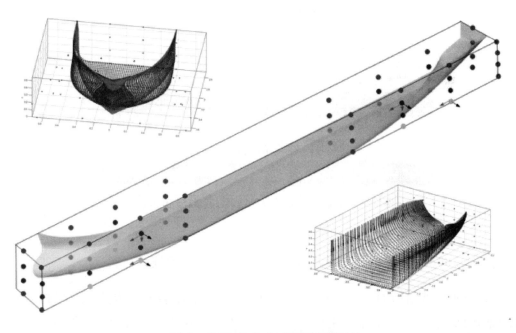

图 9　FFD 几何自动重构示意图

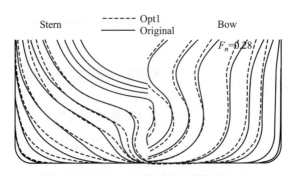

图 10　最优方案和原方案线型比较

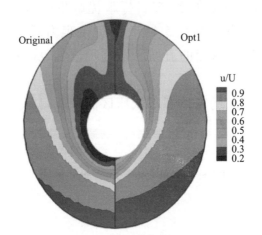

图 11　最优方案和原方案伴流场比较

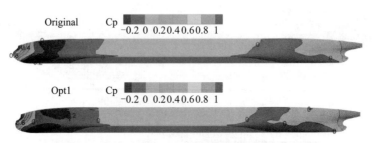

图 12　最优方案和原方案表面压力分布云图

（三）3000T 船舶线型整体优化设计与模型试验验证

以 3000T 船舶为对象,总阻力作为目标函数,采用粒子群优化算法(PSO)对船舶整体线型进行了自动优化设计[11-15]。该船主尺度参数:$L = 88.79$ m;$B = 14$ m;$T = 4.9$ m;Cb = 0.52。整个设计过程如图 13 所示。

设计结果表明:在满足工程约束条件下,最优方案总阻力收益十分显著:设计航速模型总阻力减小了 6.0%,剩余阻力系数减小了 13.9%(表 4)。从图 14

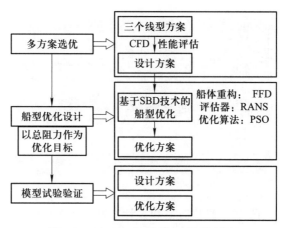

图 13　3000T 船舶线型设计过程

可以看出优化方案的船艏线型向内收缩(变得尖瘦),靠近舭部的线型在舭部附近向外扩张(变得丰满),船艉部线型略向内收,水线面面积均略有减小。从图15 可以看出优化方案的自由面兴波波幅较设计方案明显减小。

表 4　优化方案和设计方案阻力结果比较

数值计算结果比较(模型缩比 1:16)					数值计算结果比较(模型缩比 1:16)				
F_n	V_m/(m/s)	$C_{tm}/10^{-3}$			F_n	V_m/(m/s)	$C_{tm}/10^{-3}$		
		Design	Optimized	比较			Design	Optimized	比较
0.244	1.800	4.423	4.132	−6.6%	0.244	1.925	4.351	4.070	−6.5%
0.261	1.929	4.487	4.197	−6.5%	0.261	2.062	4.441	4.138	−6.8%
0.279	2.058	4.629	4.394	−5.1%	0.279	2.200	4.589	4.341	−5.4%
0.296	2.186	4.822	4.648	−3.6%	0.296	2.337	4.786	4.607	−3.7%
0.314	2.315	4.990	4.774	−4.3%	0.314	2.475	4.962	4.734	−4.6%

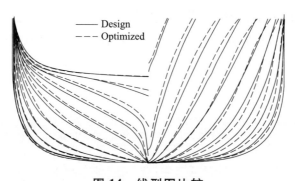

图 14　线型图比较

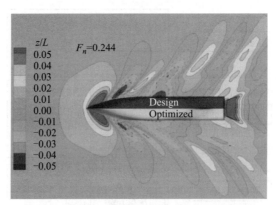

图 15 最优方案和设计方案波形图比较

获得最优方案后,分别开展了设计方案与最优方案阻力模型试验(图 16),试验结果表明最优方案在设计航速时模型总阻力减小了 6.3%,剩余阻力系数减小了 14.5%;整个航速范围内,总阻力均有大幅度减小,且与数值优化设计结果基本吻合,充分验证了基于 SBD 船型设计方法的可靠性和优越性。

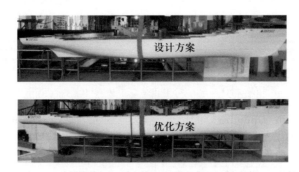

图 16 优化方案和设计方案试验模型(缩比 1:14)

(四)其他船舶线型设计中的应用

船舶 SBD 技术在以阻力最优为目标驱动的不同类型船型设计中开展了许多应用,并取得了显著的减阻效果,其实质是"科学化"全船的水动力分布。具体的工程设计问题及阻力收益见表5。图17 给出了优化方案与原方案的自由面兴波云图比较。

表5　SBD 技术在其他船舶设计中的应用

工程项目	设计优化区域	航速/kn	目标	实船阻力收益/%
300T 渔业调查船	全船	12.5	总阻力	21.5
59 m 客船	全船(双尾)	12.0	总阻力	7.4
探索1号支持母船	船体艏部	12.5	总阻力	8.9
77 m 多功能远洋渔船	全船	14.0	总阻力 & 伴流场	8.6
某水面舰船	全船	30.0	总阻力	5.8

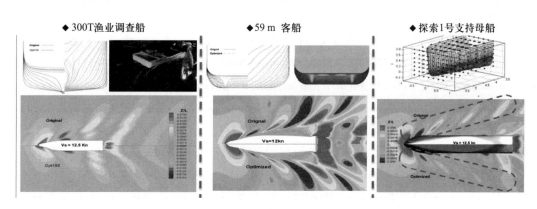

图17　优化方案与原方案的自由面兴波云图比较

五、后续工作及建议

CFD 技术与最优化理论融合形成的船舶 SBD 技术为绿色节能船型设计和构型创新打开了新局面,是绿色船舶技术的重要体现,代表着当前船型设计技术发展的方向。目前,在以船舶快速性能(静水阻力和流场)为目标驱动的船型设计研究方面,我们开展了大量的基础性前沿工作,突破了船体几何自动变形与重构、高精度 CFD 应用、全局最优化算法等众多瓶颈技术,建立了以静水阻力、流场为主要优化目标的低阻节能船型设计方法,并在低速肥大型船舶、中高速船舶线型设计中得以应用和验证,取得了十分显著的减阻节能效果。可以说船舶 SBD 设计模式在船型设计方面已经展现出了巨大的优势,也希望能够得到进一步的推广和更多应用,为绿色低阻船型研发提供的技术支撑。

船舶构型设计是一门复杂的综合性技术,涉及的技术子领域多、技术积淀历史长、创新的约束条件强,是船舶总体设计中的基础性前提和核心环节。以目标驱动设计的船舶水动力构型设计新方法涉及最优化理论、CAD 技术、CFD 技术、流体力学等诸多学科领域。该设计方法/模式还需进一步拓展、深化和完善。后续将从"横向拓展应用研究"和"纵向深入理论研究"两个方面开展进一步研究,比如:开展计及复杂波浪环境下的船型设计技术研究、船舶附体(舵、襟翼舵、舭龙骨、节能装置)形状优化设计研究、基于 SBD 的船舶快速性能设计(考虑推进性能),深入开展稳健性优化设计、多学科优化设计等理论研究。最终使得"SBD 船型设计模式"应用能力进一步增强,应用范围更加广泛,为大幅提高我国船舶设计的质量和创新设计能力,提供强有力的设计方法和研究手段。

参考文献

[1] 赵峰,李胜忠,杨磊,等. 基于 CFD 的船型优化设计研究进展综述[J]. 船舶力学, 2010, 14(7):812-821.

[2] Campana E F, Peri D, Tahara Y, et al. Numerical optimization methods for ship hydrodynamic design[C]// SNAME Annual Meeting,2009.

[3] Campana E F, Peri D, Pinto A, et al. Shape optimization in ship hydrodynamics using computational fluid dynamics. Computer [J]. Methods in Applied Mechanics and Engineering, 2006, 196:634-651.

[4] Campana E F, Liuzzi G, Lucidi S, et al. New global optimization methods for ship design problems[J]. Optimization Engineering, 2009, 10:533-555.

[5] Maisonneuve J J, Harries S, Marzi J, et al. Toward optimal design of ship hull shapes [C]//8th International Marine Design Conference, IMDC03, Athens, 2003.

[6] Http://www.virtual_basin.org[EB/OL].

[7] 李胜忠,李斌,赵峰,等. VIRTUE 计划研究进展综述[J]. 船舶力学, 2009, 13(4): 662-675.

[8] Hyunyul Kim, Chi Yang, Heejung Kim, et al. A combined local and global hull form modification approach for hydrodynamic optimization[C]// 28th Symposium on Naval Hydrodynamics. Pasadena, California, 2010:12-17.

[9] Final Report and Recommendations to the 26th ITTC[C]//26th International Towing Tank Conference. Rio de Janeiro, Brazil, 28 August-3 September, 2011.

[10] 李胜忠. 基于 SBD 技术的船舶水动力构型优化设计研究[D]. 中国船舶科学研究中心博士学位论文, 2012.

[11] 李胜忠,蒋昌师,倪其军,等. 基于 FFD 重构方法的船型优化设计及其模型试验验证 [C]//第二十六届全国水动力学研讨会暨第十二届全国水动力学学术会议, 2014.

[12] Li Shengzhong, Zhao Feng, Ni Qijun. Bow and stern shape integrated optimization for a full ship by SBD technique[J]. Journal of Ship Research,2014,58(2).

[13] Li Shengzhong, Zhao Feng. An innovative hullform design technique for low carbon ship-

ping[J]. Journal of Shipping and Ocean Engineering, 2012, 2: 28-35.

[14]　李胜忠, 倪其军, 赵峰, 等. 大方形系数低速船艉部线型多目标优化设计[J]. 中国造船, 2013, 54(3).

[15]　李胜忠, 赵峰. 基于 Bezier Patch 几何重构技术的船舶球艏构型优化设计研究[C]//第二十三届全国水动力学研讨会暨第十届全国水动力学学术会议, 2011.

赵峰　1987 年毕业于华中工学院船舶与海洋工程专业, 1990 年、1998 年先后获得中国舰船研究院船舶与海洋工程流体力学专业硕士和博士学位。曾担任七〇二所水动力研究室主任, 水动力学国防科技重点实验室管理办主任。2004 年作为国家公派访问学者在澳大利亚合作研究一年。2005 年起担任 702 所专职副总工程师、科技委秘书长; 2009 年起兼任水动力学国防科技重点实验室副主任。现受聘研究员、博士生导师、国家能源海洋工程装备研发中心理事会副秘书长, 是国家自然科学基金评审专家组、国家国防科工局技术基础专家组、中船重工集团公司预研/技术基础科研专家组等学术组织的成员, 国际船模试验水池大会(ITTC)精细流动测试专家委员会、中国力学学会流体力学委员会水动力学专业组、江苏省力学学会流体力学专业委员会等学术组织的成员,《水动力学研究与进展》《船舶力学》《实验力学》等学术刊物编委, 是"我国海洋渔船装备发展战略研究"课题组组长。

多年来一直从事船舶水动力性能、计算船舶流体力学及试验技术的研究工作, 先后担任"八五"~"十二五"国防预研、基础科研、技术基础、民船攻关、高技术船舶科研专项等一批科研项目的主办, 发表科技论文 80 余篇, 指导培养博士、硕士研究生 10 余名, 获省部级科技进步奖 6 项, 是国内计算船舶流体力学的学科带头人之一。

完善高技术船舶项目技术评估体系问题初步思考

张福民

中国船舶及海洋工程设计研究院,上海

一、问题的提出

国家高技术船舶项目,是指以增强高技术船型及其船舶装备自主创新能力和促进高技术船舶产业发展为主要任务,经国家主管部门批准列入国家高技术发展计划,并给予财政支持的高技术船舶研发、建设或产业发展项目,也是我国提升综合国力、保障国家安全、建设海洋强国的国家战略性技术项目。

20 世纪 60 年代海洋综合调查船被列入国家大科学工程;90 年代先进制造技术列入国家"火炬"高技术产业化计划;"十一五"期间海洋科学综合考察船列入国家大科学装置;2011 年,国家发展和改革委员会、科技部、工信部等发布《当前优先发展的高技术产业化重点领域指南》,在十大高技术产业的 137 项重点领域中,明确将"高技术船舶"领域与"海洋工程装备"领域纳入"先进制造"产业化发展的 21 项重点领域之内[1]。2015 年国务院《中国制造 2025》行动纲领,再次将"海洋工程装备及高技术船舶"合并纳入创新和产业化专项、重大工程。要求"提升自主设计水平和系统集成能力,突破共性关键技术与工程化、产业化瓶颈"。

"十一五"以来,中国成为世界最主要的造船大国。"十二五"期间,在引进、消化、吸收和再创新的原则主导下,我国完成了一批主流船型、高技术船型项目的研发,迅速填补了国家诸多高技术船舶及海洋工程装备空白。

但到目前为止,我国高技术船舶产业的整体技术创新能力依然不强;产业化进程较慢。主要表现为船用关键配套设备(或部件)国产化比例不高,主要关键设备大都依靠进口。即便是国内已经自主研发出来的相关船用关键技术设备,也因为一些不确定的因素,长期被隔离在市场之外。形成我国高技术船舶的某些关键技术存在战略性薄弱环节。改变这种状况的任务紧迫而艰巨。

二、原因初探

毫无疑问,我国高技术船舶关键技术存在薄弱环节的原因是多方面的。有基础薄弱的因素,也有战略投入的阶段性考虑因素;但对高技术船舶的技术复杂因素和对关键技术评估体系及其影响程度等管理因素,却较少为业界所重视。

(一)高技术船舶的技术特点

所谓高技术船舶,是指集中利用当代各领域先进的工程技术和前沿科学成果,采用先进的船舶设计、建造工艺,建造而成的各类先进船舶的总称。典型船型包括各类海洋科学调查船、海洋工程作业船、大洋钻探船、深海采矿船、新能源船、化学品船、超大型集装箱船、豪华邮轮……;广义的定义范围也可包括各类海洋深潜器、深海开发装置和未来船型,其内涵的衍生还与海洋技术等领域的发展息息相关。高技术船舶被广泛应用于海洋科研、海洋运输、海洋开发、军民结合等国家战略性需求。具有高智能、高投资、高风险、高附加值、高市场垄断性和适应未来绿色船舶趋势等综合特点。

与国家定义、支持的其他高技术产业化重点领域(如同属"先进制造产业"的"工业自动化""网络化制造""高效节能内燃机""机器人""核技术应用"等领域)相比,高技术船舶领域的高技术具有明显的技术集成特征。船舶的关键技术或者核心技术,是分属于非常广泛的产业化领域。国家定义的某些专门领域,从船舶的角度来看,则是属于高技术船舶的配套领域、交叉领域或者涵盖领域。其涉及范围往往包括数十项甚至上百项船用关键设备。

例如,船用的通信导航设备系统,可属于信息产业的近十个高技术产业化重点领域;船载科学探测设备可属于海洋产业的海洋监测技术与装备领域,又可属于先进制造产业的新型传感器领域;电力控制系统可属于信息产业的集成电路领域,又可属于先进制造产业的工业自动化领域;船用核动力装置可属于核技术应用领域,又关联于核工程用特种材料领域;而新能源技术、排放控制技术,则属于新型绿色船舶领域,不一而足。

其中任何一个设备系统的技术先进或落后、成熟或缺失,都能够在船舶领域显现出来,也都能够影响高技术船舶项目的整体水平。有资料表明[2],美国航天项目的453个风险案例中,技术风险占总风险的比例为86.8%,远高于管理、人力和环境风险的比例。我国高技术船舶项目目前虽然没有统计数据,但控制技术风险,始终是设计和建造的最重要的考虑环节。重点体现在对关键设备选型或配套的控制。技术成熟度没有得到确认的技术设备,一般无法获得认可与使用。这样一来,在已有国外成熟产品进入中国市场的前提下,国内未经技术成熟度权威评估的自主创新的关键技术产品，在进入产业化应用方面就处于劣势地位。

由于涉及领域之广、复杂程度之高，高技术船舶也是国家整体战略技术能力的缩影。高技术船舶的龙头，可以主动辐射和引导相关领域的有选择、有层面、跨领域地自主创新。关键要解决如何为自主创新的关键技术产品开启产业化应用之门的问题。因此必须先从技术管理角度入手，解决技术瓶颈。

（二）国家对高技术项目的支持

国家对高技术项目的支持，按项目目标可分为高技术研发项目、高技术工程建设项目和高技术产业发展项目[1]。高技术船舶被列入产业发展重点领域。

对具体高技术船舶项目的操作方式而言，一般是在约定的时间内，完成项目整体的研发与创新突破。自主创新，引进、消化、吸收、再创新和技术集成都是可以接受的方式。而从项目承担单位和设计、建造方而言，从可靠性角度考虑，一般愿选择技术成熟度和市场占有率高的国外产品。客观上，短期内专门深入到某件船舶关键技术产品做研发的数量不多，通常以技术集成为主；受市场、时间、经费、审批环节等限制，往往也较少采用跨领域合作的方式。

因此，只有对具体高技术船舶项目关键技术的性能做持续跟踪，做好关键技术预研，并且将预研成果与高技术船舶项目有机地结合，使得产品性能达到预定的功能要求，才能在关键技术创新成果的产业化应用方面有所突破。

（三）有设备研发能力的企业面临的问题

如前所述，船舶的关键技术或者核心技术，分布在非常广泛的产业化领域。因此，有研发能力的企业往往面临信息不对称，和技术创新成果的产业化渠道不畅通等问题。具体表现为：

（1）对技术需求信息不了解或者信息滞后，缺乏产品研发必需的提前量。

（2）企业对新产品的研发投入，一般从市场需求因素考虑。市场需求量少的关键技术产品，即便是有重要的战略技术意义，在无国家资金支持情况下，一般都不会去做，从而形成长期空白。用于各类海洋调查船探测用的船载深水多波束，就是一个典型例子，全世界只有三家技术过关的厂商。

（3）某些已经自主研发出的船用关键技术产品成果，则面临两种情况：

产品的各项主要性能指标已达到国外同类产品水平，但缺乏国内权威认证和技术上的认同，因此鲜为人知，被用户以似是而非的理由拒之门外。

产品的某些性能指标与国外同类产品有差距，但差距多大不清楚、不确定，因此也无法投入正式使用和改进。

（4）市场规律及其作用：如果产品无法进入市场，则缺乏用户反馈，产品无法改进,关键技术市场就将长期被国外垄断。

致使我国在某些船舶关键技术产品的自主创新方面,形成跨领域的、纵横交错的技术管理瓶颈。类似情况在文献[3]中也有清晰的描述。因此,需要有目标地疏通渠道,找到解决办法,才能逐步形成良性局面。

(四) 对高技术船舶进行技术评估的意义和重要性

综上所述,推动高技术船舶自主创新及其产业化进程的、不可忽略的方面:

(1) 涉及对高技术船舶的众多关键技术的细节、权重和属性做出准确的区分和评价,明确自主创新的主攻方向、层次与阶段划分。

(2) 涉及对自主创新形成的船舶共性关键技术或核心关键技术的成熟度进行权威性的评估,即能否有定量化的数据,说明产品已通过各项验证,能够满足船舶使用技术性能要求,从而为其工程化或产业化应用建立公平的通道。

(3) 能否从高技术船舶领域对关键技术需求的顶层出发、持续跟踪,建立数据库,引领与其他相关领域的技术合作项目,从而突破瓶颈制约,大范围促进自主创新和产业化进程。

这三方面的需要表明:对于高技术船舶项目建立完善的技术评估体系;对其应用的各类跨领域的共性关键技术和核心关键技术作出科学、客观、深入、规范、权威的技术成熟度评估;并形成长效技术评估机制,是推动我国高技术船舶自主创新成果的工程化和产业化应用,并规避技术风险的重要环节。同时,应明确技术成熟度等级模型及其评估细则,使得自主创新关键技术能够与最好的对手比较;并有一个结构化的、可持续改进的技术路线图。

类似的情况,如美国、欧盟、日本等发达国家,自 20 世纪 90 年代以来,对高新技术项目逐步建立了相应的技术评估体系,并逐渐推广到包括船舶在内的各个领域。具体方法是:首先建立成熟度评估等级模型,针对不同的关键技术,提出详细的评估准则。例如,对软件开发项目,建立软件过程能力成熟度模型(SEI-CMM);对作战飞机项目采办涉及的关键技术(如航空电子、推进器、飞行系统等)建立 9 个级别(TRL 1～TRL 9)的技术成熟度评估模型(TRA);对于项目制造成熟度评估(MRA),美国国防先进技术研究计划局(DARPA)划为 8 个级别(MRL1～MRL8)[1],而美国国防部(DOD)则将之划为 10 个级别(MRL1～MRL10)[2];至于组织项目管理,国外也建立了几十种成熟度评估模型[4]。

近年来,中国的一些高技术(如航天、航空、军工、材料等)领域开始重视对技术成熟度的研究,并逐步建立起组织项目管理成熟度、技术成熟度和制造成熟度等评估体系[4]。有效规避了自主创新的技术风险,对项目建设起到了积极的推进作用。高技术船舶领域应该同步跟进。

三、对高技术船舶项目的技术评估现状

（一）项目评估与评估咨询机构

1. 项目前期和中期评估

经过多年沿革，我国对于高技术船舶项目的评估，已经建立了较为科学、稳定的第三方项目前期和中期评估体系。

前期评估涉及两个阶段：对项目建议书评审，对可行性研究报告评审。评估内容涉及：项目必要性、功能需求、技术方案、国家政策、经费、资质、业绩……经评审形成评审意见并初步确定投资的数额，作为中期评审的依据。

中期评估主要针对船舶项目初步设计进行评审。评审内容涉及：初步设计方案、选用设备与系统、经费与技术方案的对应关系，包括批准进口设备的费用等。经评审正式确定投资数额、固化对应的船舶技术状态并形成结论性评审意见，作为设计、建造和验收的依据。

项目前期和中期评估皆由投资方（国家发展和改革委员会或其他部委）委托有评审资质的第三方机构，组织专家对项目承担单位提交的评审文件作出评审。

2. 项目后评估

我国目前对于高技术船舶项目的后评估（即项目投产使用一段时间之后的评估），尚未形成科学、系统、明确、规范化的评估方法和细则。评估的内容，一般侧重传统的质量、进度、经费使用及投资回报等方面。对技术方面的评估，主要侧重于总体性能指标是否达到任务书要求。至于具体的关键技术设备的性能如何，是国外产品还是国内产品，一般是项目承担单位比较关注，并没有第三方技术专家专门过问。而且并非每个高技术船舶项目都需要做项目后评估。

因此对于高技术船舶项目的实际评估环节上，并未对关键技术自主创新的产业化问题有特别的区分；使得国家在战略技术顶层，无法对高技术船舶关键技术自主创新建立持续地关注和扶持。

3. 第三方评估咨询机构

据笔者观察，我国目前有国家资质的 46 家投资咨询评估机构，大都源自能源、交通、通信、建筑等行业，尚未有一家具备确切的船舶行业背景。客观上无法对高技术船舶项目涉及的关键技术评估及其影响，形成深入、持续和习惯性地关注；更难以改进对高技术船舶项目的评估方法与细则。这种状况有待改变。

（二）项目伴生的研究课题与报奖

项目伴生的研究课题与报奖，可理解为对项目评估的特殊方式。

1. 项目研究课题

对项目伴生的研究课题的经费，可能会来自同一主管部门，或其他主管部门。研究课题一般会对项目的关键技术、应达到的专利数量、论文数量和水平、人才培养等方面提出要求。但对于专利的属性，是否是共性关键技术或核心关键技术并没有明确要求。而在没有广泛、跨领域合作前提下，关键技术的属性，也往往会集中在少数几个专业领域，而无法涵盖广阔的船舶对各个主要技术领域的创新需求。因此，自主创新成果的成熟度如何，是否能够真正实现产业化？申报专利的实用性如何？与课题的结论之间，可能存在一定的差距。一般需要一个实用检验、改进和完善的过程。

2. 项目报奖

项目建成后的报奖环节，也对项目的关键技术水平，应达到的专利数量，提出一定要求。但报奖一般侧重于（也应该侧重于）项目是否在总体上填补了国家空白，性能指标、专利数量、经济效益、社会效应及政治影响如何？一般不会对具体的关键技术作出深入评估。

上述环节对于关键技术创新成果，都缺乏针对性较强的产业化指向要求。

（三）关于技术成熟度评估

1. 国外高技术船舶项目技术成熟度评估案例

所谓技术成熟度是衡量技术对项目目标满足程度的度量。技术成熟度评估是指为确定技术成熟度，对与技术有关的概念、技术状态、经演示验证的技术能力等进行的评价和估量方法[5]。评估的对象可以大到整个装备系统，也可以针对某个具体关键设备。

就高新技术船舶项目开发而言，规避不必要的技术风险最有效的方法，就是各系统关键技术应该相对成熟。因此对项目进行技术成熟度评估显得尤为重要。2014 年，欧盟咨询公司 ECORYS 在对全球海底采矿装备项目研究的技术分析报告[6]中，采用了对海底采矿全装备系统进行技术成熟度分级（Technological Readiness Level，TRL）的评估方法。内容涉及海底采矿产业链从定位、取样、钻井、海底采矿、海底预处理、垂直运输、水面作业到海上物流，总共 8 个海上作业环节的 36 项海洋重点装备，包括：海洋调查船、声呐、AUV、ROV、钻机、海底取样器、采矿车、矿产运输船等。

该评估方法采用的技术成熟度分级（TRL）的定义如表 1 所示。

表1　技术成熟度分级的定义

成熟度等级	定义
TRL 1	已掌握基本原理
TRL 2	形成技术概念
TRL 3	概念的实验证明
TRL 4	经实验室技术验证
TRL 5	相应环境下的技术验证
TRL 6	相应环境下的技术演示
TRL 7	作业环境下的系统原型示范
TRL 8	系统完成和资质认可
TRL 9	实际系统已在作业环境下验证

评估结果,诸如定位、取样、钻井用的装备约14项,技术成熟度级别一般都达到了 TRL 9,仅有2项分获 TRL 6和 TRL 7;而海底采矿、海底预处理、垂直运输用装备约16项,技术的成熟度级别,大都只达到 TRL2～TRL3,说明离工程化应用的目标还有很大的差距。当把36项海洋重点装备所获得的 TRL 评估值列成一张大表时,就可以清晰地看出海底采矿全装备系统中,哪些已经成熟,哪些还需要大力改进、投入重点研发,哪些处于中间状态……方法简洁而清晰。

2. 国内技术成熟评估应用处在个别产业领域

有迹象表明,我国在个别产业领域,已形成对技术成熟度评估的系统方法。但在民用高技术船舶领域,目前我国还没有对自主创新的关键技术的成熟度建立权威性的、规范的技术成熟度评估方法。评估的方法还比较简单和带有一定的随机性;往往自主创新的船舶设备或装备研发课题经专家评审验收通过,就可以结题。而实际产品是否能够较好地实现装船产业化应用,还涉及后续经费投入、元器件选型、系统配套、实船环境验证、技术改进等许多问题。

一般而言,关键技术是设备的基础,设备是系统的基础,系统是船舶项目的基础。目前在高技术船舶项目的设备选型阶段,一般无法轻易地评判出国产设备性能的稳定性、指标的先进性和使用技术风险程度。这样就给项目责任单位或设计技术单位选择自主创新研发的技术产品带来很大困难,形成了对国产船用关键设备(甚至通用设备)选型的使用瓶颈。

而目前国外发达国家无论是项目管理评估、还是技术成熟度评估,都已逐渐成熟。我国高技术船舶方面,需要尽快完善和建立相关的评估体系。

四、完善高技术船舶项目技术评估体系的初步建议

从我国的实际情况出发,建议从四个方面完善对高技术船舶项目及其关键技术的成熟度评估体系。

（1）完善国家级第三方评估权威机构,并设立国家高技术船舶关键技术档案数据库。负责组织对高技术船舶的项目管理评估和关键技术成熟度评估;并为国家对高技术船舶(和海洋工程装备等)的战略性投资提供决策参考。

（2）从传统型的项目后评估转为对高技术船舶的现代项目管理评估,以衔接、检验项目的前期和中期评估。

（3）建立关键技术成熟度评估(TRA)体系,为高技术船舶项目自主创新技术成果的工程化、产业化应用"保驾护航"和"发放通行证"。

（4）以后还可在适当时机,建立制造成熟度评估(Manufacture Readiness Assessment,MRA)体系,与技术成熟度评估体系相呼应。

试做简要阐述如下。

（一）完善第三方评估权威机构

1. 意义

高技术船舶项目指向的关键技术,属于国家战略层面。因此,一个国家级的、较为专业的第三方评估权威机构,给出科学、客观、深入、规范、跨学科、权威性的评估报告,可以为投资方、项目承接单位、设计方和建造方所接受和认可。其次,对战略性技术的评估,与国家战略性技术政策相关联,一般不局限于技术本身,也不仅仅是简单的市场效益分析;而是涉及对技术、经济、社会、军事、资源、生态等全方位、多学科、长远后果的考量;系统、专业、真实、连续的评估数据积累,可直接为国家跨领域技术研发的顶层决策提供参考。

由高技术船舶产业化领域辐射、应用到的自主创新关键技术元素,可以涉及国家重点发展的数十个甚至上百个产业化领域。因此对国家战略技术发展导向影响重大。长远来看,有利于细化国家对高技术项目经费支持的方式与权重。

对高技术船舶项目及其关键技术成熟度的评估模式,也可用于海洋工程装备、海洋矿产开发和海洋科学设备等类似项目。

2. 五项主要工作

建立国家级长效管理机制,第三方评估权威机构可包含五项主要工作:

（1）制定评估准则;完善评估方法。

（2）选择专家。形成跨广泛学科的、流动的专家团队,根据不同的评估内容和专业领域选择评估专家。

（3）组织有关专家,完成对高技术船舶项目评估和项目涉及的关键技术要素的成熟度评估;提交可追溯的评估结果。

（4）识别关键技术。在项目评估委托方提交的项目备选关键技术清单中,组织专家识别关键技术;形成科学合理的、不断更新中的关键技术分类。

（5）建立高技术船舶项目及其关键技术的、长期的专业性数据库;为国家对未来高技术项目产业化领域的发展规划,提供顶层决策参考资料。

3. 评估机制

高技术船舶项目评估机制,可以用图1的框图来表示。

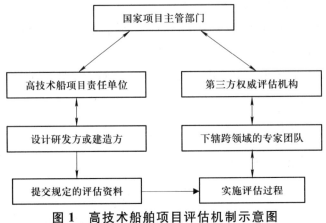

图1　高技术船舶项目评估机制示意图

（二）形成两级互动的技术评估体系

将目前传统意义上的项目后评估,完善为现代意义上的高技术船舶项目管理评估。项目管理评估作为对前期、中期评估的延续,将侧重对高技术船舶项目完成后的整体评估和对各项项目指标的检验,并注重对所采用关键技术的梳理、科学分类与应用反馈。

技术成熟度评估(TRA),则直接指向项目涉及的各种关键技术元素(Critical Technology Element,CTE),可包括关键系统、装备、设备或软件……

在技术层面上,前一项评估注重对项目技术实施后的检验与反馈,为支持关键技术持续改进提供依据。后一项评估则可以伴随项目研发计划,提前、独立或同步实施,应辐射到高技术船舶所应用关键技术的各个产品技术领域。

1. 高技术船舶项目管理评估要点初探

1) 高技术船舶项目管理评估初步模型

借鉴21世纪初国内外建立的两项项目管理评估模型,即"国际卓越项目管理模型"(国际项目管理协会,IPMA,2001)提出的9项评估标准(项目目标、领导力、人员、资源、过程、客户结果、人员结果、其他利益相关方结果、主要成就和项目结果);以及"中国卓越项目管理模型"(中国项目管理研究委员会,PMRC,2006)提出的 13 项评估标准(除上述 9 项外,另增加 4 项:资源节约与环境友好、项目管理创新、资源与环境结果、项目管理创新结果);可引申出对高技术船舶项目管理评估标准的初步系统图。共初步提出 12 项评估标准(图 2)。可设计出对应的评估分值。限于篇幅,不再详细展开。

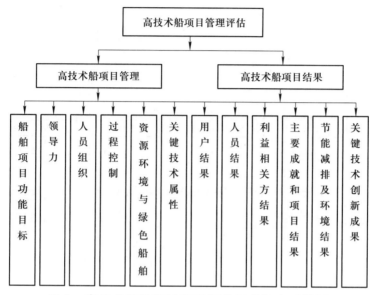

图 2 高技术船舶项目管理评估标准初步系统图

2) 对其中 4 项评估标准的解释

对"资源环境与绿色船舶"的解释:国际对环境保护与绿色船舶已提出明确而具体的要求,是未来船舶技术的发展方向,应成为管理考评的重要方面。

对"节能减排及环境结果"的解释:评估采用的环保技术措施是否达到预期的效果,并可提出改进建议。

对"关键技术属性"的解释:梳理与关注船舶所采用的各类关键技术元素(包括产业共性技术、关键技术、发展中的技术、未来技术等),做出明确的技术系统归类与重要性、风险度的描述,并特别指明是否属于自主创新的产业化成果。形成各类高技术船舶关键技术系统树。

对"关键技术创新成果"的解释:分析与检验关键技术在高技术船舶中所起的关键作用,特别鼓励在技术成熟度评估基础上,实施自主创新成果的工程化、产业化应用。

上述 4 项评估标准,是特别针对自主创新和新技术研发成果转化而设立。而整个高技术船舶项目管理评估初步模型,是对已有高技术船舶前期评估和中期评估体系的延续与检验。建议以此替代传统的项目后评估方法。

2. 高技术船舶关键技术成熟度评估要点初探

1）高技术船舶关键技术元素（CTE）的识别

针对高技术船舶项目的系统，分解其产品及其 CTE 的构成，可以得到每一个待评估的 CTE（需经专家确认）。按照其技术逻辑关系，可以建立"船舶关键技术系统树"。如图 3 所示为一条调查船的船舶关键技术系统树示意图。对其中分系统（如轮机系统）的每项 CTE 应可做出技术成熟度评估（TRA）。

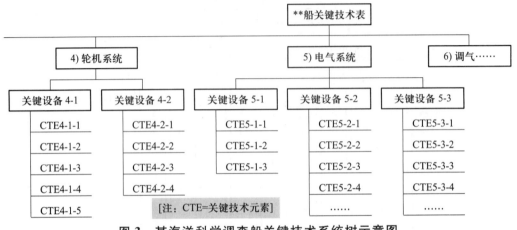

图 3 某海洋科学调查船关键技术系统树示意图

2）高技术船舶关键技术成熟度评估

有关高技术船舶、技术成熟度评估（Technology Readiness Assessment，TRA）的定义和关键技术成熟度等级（Technology Readiness Level，TRL）的内容，在前面"国外高技术船舶项目技术成熟度评估案例"等章节已经提及，国内外、相同产业业领域大致一致，此处不再重复。仅在对具体关键技术元素（Critical Technology Element，CTE）的水平等级的说明内容，会各有表述不同。

将每项 CTE 的 TRL 汇总，对全船关键技术等级的整体情况可以一目了然（表 2）。以便于找出薄弱环节，和为下一轮的技术创新找到目标。

表 2 CTE 的 TRL 汇总

序号	CTE 编号	设备名称	成熟度等级	简要说明
……	……	……	……	……
12	CTE4-1-1	推进电机	TRL 9	进口, 型号, 性能……
13	CTE4-1-2	全回转推进器	TRL 7	国产, 型号, 性能……
14	CTE4-1-3	液位遥测系统	TRL 9	进口, 型号, 性能……
……	……	……	……	……
n	CTE-n-…	深水多波束	TRL 8	进口, 型号, 性能……

3）关键技术成熟度等级与高技术船舶项目进展阶段的对应关系

美国国防部 2009 年发布了防务采办的技术成熟度等级、制造成熟度等级与防务采办阶段的对应关系图[2]（图 4）。可看出为减少项目风险，而开始注重对单项关键装备的方案预研和开发。

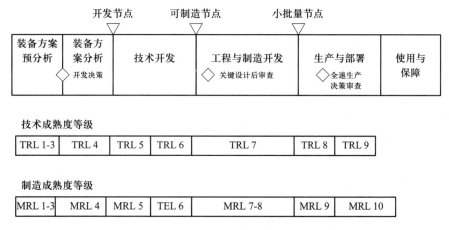

图 4　美国国防装备研发阶段与技术、制造成熟度的对应关系

我国高技术船舶关键技术成熟度等级与项目实施阶段的对应关系还有待探索。目前的情况是，对项目前期的单项装备方案的关注度不够。致使项目进入开发阶段时，可靠的高端国产工程化关键设备的数量较少。今后总的原则，应该在规范的评估体系下，促进单项关键技术的先期或同期研发；这样，在高技术船舶项目研发时，可以获得更多的我国自主创新的关键技术产品。

五、小结与展望

完善高技术船舶项目技术评估体系的目的，是为增强我国高技术船舶的关键技术实力；为技术创新及其产业化应用建立健康、通畅的渠道。有利于细化国家对高技术船舶项目投资的针对性和效益回报。

在国家第三方权威机构主持下的对高技术船舶项目管理评估和对关键技术成熟度评估的两极评估方法相辅相成。前者侧重于对项目前期和中期评估的延续和整体检验；后者侧重于在项目实施中，我国自主研发的战略技术的增长量。对于不同技术元素的成熟度评估应建立针对性的方法和内容，并应逐步完善修正，找到适合于支持我国产业领域战略技术快速发展的具体管理方法。

做实关键技术、促进跨领域合作、形成权威评估体系、国家持续支持将加速我国高技术船舶创新及其产业化进程，并形成良性循环。

在技术管理领域有众多专家，笔者只是根据近年来参加高技术船舶项目设计和学习的体会，就一些现象做浅尝辄止的初步思考。旨在抛砖引玉，引起大家对高技术船舶项目管理评估和技术成熟度评估等问题的关注；希望评估能够为我国自主创新成果的产业化应用起到积极作用。感谢中国工程科技论坛组织方给予的机会！不当之处，敬请指正。

参考文献

［1］ 住房和城乡建设部标准定额研究所. 高技术项目评估［M］. 北京：中国计划出版社，2012.

［2］ 中国航空工业发展研究中心. 技术成熟度与航空科研管理［C］. 2012.

［3］ 罗绪业. 发展海洋观测技术推进海洋仪器设备标准化. 中国海洋工程与科技发展战略［M］. 中国工程院. 北京：高等教育出版社，2013，76：21-31.

［4］ 马旭晨. 现代项目管理评估［M］. 北京：机械工业出版社，2008.

［5］ 安茂春等. 国外技术成熟度评价方法及其应用［J］. 评价与管理，2008，6(2).

［6］ Ecorys Nederland B V. Study to investigate state of knowledge of deep sea mining［C］. Brussels/Rotterdam，15 October，2014.

张福民 1982 年毕业于武汉水运工程学院船舶设计与制造专业。中国船舶工业集团第 708 研究所民船部研究员，全国海洋船标技委大型游艇分技委委员。先后担任"雪龙号"极地科考破冰船、"海洋石油 720"(12 缆物探船)、厦门大学科考船、6 缆物探船、载人深潜器支持母船等十多艘船舶的总设计师；近年来主要从事公务船、科学调查船和海工船型的设计与前期研发；中国第 21 次南极考察队员。发表《"新世纪 1 号"设计之船舶建筑学思考》《青海湖三星级旅游船项目策划》《近期海洋综合调查船总体设计若干问题分析》等论文 10数篇；参编专著 1 部；参加工信部课题研究 2 项、发展和改革委员会重大专项课题 1 项和中国工程院课题 1 项。所设计的数艘船舶曾分别荣获省、部级科技一等奖 3 项、科技二等奖 3 项。

船舶节能设计的发展与挑战

尚保国

中国船舶及海洋工程设计研究院,上海

一、引言

近年来,国际海事组织(IMO)和美国、欧盟等对国际航行船舶的节能环保方面,提出了包括压载水处理、EEDI、SO_x 以及 NO_x 排放控制、MRV 等新的更高的要求。与此同时,船舶营运市场的低迷以及营运成本的高涨,也促使船东在新造船中更加关注船舶的能耗指标。几乎所有的船东在新造船计划中都提出了比现有船型大幅节能减排的要求。毫无疑问,未来只有更安全、节能、环保的绿色船舶才能赢得市场的认可。因此,各国造船界都在为设计、建造绿色船舶而加大技术开发的力度。

经过近几年残酷的市场竞争,船舶节能设计经历了快速的发展,市场上的新船型无一不带着超级节能的标签。然而,船东一方面乐于接受节能船舶极具诱惑的能耗指标,另一方面也在质疑这些船舶的真实节能效果。是真实的技术进步,还是过度的市场营销?本文试图通过一些理性的技术分析,还原节能船舶的真实面目,也为未来的船舶节能设计发展寻找方向。

二、船舶节能设计的案例分析

在 EEDI 规范生效及燃油价格不断上涨的背景下,现有船舶的总体设计思路较以往将有所变化,对船舶的整体性能的平衡提出了更高的要求。主机日油耗是船东在订造新船时最为关注的指标之一(图 1)。

主机日油耗的计算公式如下:

主机日油耗 = 主机功率×主机单位油耗×24÷1 000 000

进一步对影响主机日油耗的参数进行分解如下:

由以上分解可以得出,影响主机日油耗的主要因素有:

◆ 设计吃水航速;

◆ 设计吃水载重量;

◆ 空船重量;

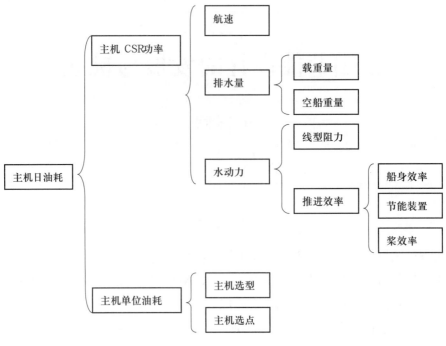

图 1   主机日油耗

◆ 线型优化;

◆ 节能装置;

◆ 螺旋桨效率;

◆ 主机单位油耗。

下面以某型最新设计的节能船舶为例,对各因素的节能贡献进行量化分析,来进一步揭示船舶节能途径,如表 1 所示。

表 1   各因素的节能贡献

	日油耗/(t/d)	因素 1 设计吃水服务航速/节	因素 2 设计吃水载重量/t	因素 3 空船重量/t	因素 4 线型阻力PE/kW	因素 5 节能装置	因素 6 CSR 转速(桨效率)	因素 7 主机单位油耗/[g/(kW·h)]
旧船型	104.6	16.1	289 000	47 500	16 632	无	73.4	165
新船型	79.9	15.8	282 000	45 500	15 857	有	63.5	158.5
降低比例/%	23.6	5.5	1.4	0.4	2.9	5.5	4.0	3.9
	23.6	6.9		0.4		8.4		8.0

	日油耗/(t/d)	因素1 设计吃水服务航速/节	因素2 设计吃水载重量/t	因素3 空船重量/t	因素4 线型阻力PE/kW	因素5 节能装置	因素6 CSR转速（桨效率）	因素7 主机单位油耗/[g/(kW·h)]
百分比/%	100	29		2		35		34
归纳分类		船东设计要求变化		结构优化	船型水动力优化		主机选型优化	

三、船舶节能设计的方法归纳

通过节能途径的分析发现,现有成熟的船舶节能技术主要包括水动力优化、机器设备优化两大类,同时创新节能技术也是未来的重要发展方向。以下将依此对船舶节能设计的方法进行归纳。

（一）水动力优化

水动力节能设计是最传统的节能方法。其投入成本低、节能效果好、技术可靠。船舶水动力节能设计主要体现在两个方面,降低船舶阻力及提高船舶推进效率。

1. 降低船舶航行阻力

降低船舶在航行中的阻力是节能优化设计的基础。船舶航行中的阻力主要来自水阻力及风阻力。主要方法有:

（1）通过线型优化,降低船舶在静水及波浪中的阻力;

（2）通过纵倾优化来保证船舶在最佳节能姿态下航行;

（3）通过低阻油漆减少水线下摩擦阻力;

（4）通过上层建筑风阻优化,降低船舶的风阻力。

2. 提高船舶推进效率

提高船舶推进效率主要通过螺旋桨优化及水动力节能装置应用。

目前螺旋桨设计已非常成熟,继续提高螺旋桨效率主要通过大直径螺旋桨匹配低速主机来实现。大直径螺旋桨需要有充足压载水量保证,以确保压载状态螺旋桨的充分浸没与合理纵倾,同时过大的直径将距离尾部船体更近,对振动及噪声带来不利影响。

水动力节能装置也是提高船舶推进效率的重要途径。节能效果因船因桨而异,因此,针对不同线型、不同螺旋桨设计,应采用不同的节能装置设计。较差的线型及螺旋桨设计,节能装置更易取得较好的效果,反之亦然。不同的节能装置产生效果的原理不同,应注意合理的搭配,比如舵球和毂帽鳍均是消除桨后的毂涡,则不宜同时使用,桨前如采用预旋导管,则桨后的旋转能量损失减少,用于回收该能量的舵附推力鳍则效果减弱。此外,由于节能装置的船模实验存在尺度效应,实船效果与试验效果相比往往会有所折减。节能装置的选择还应充分注意航行使用的安全性。

(二) 机器设备优化

机器设备优化可以分为降低主机单位油耗方法和辅助系统优化两部分。

1. 降低主机单位油耗

主机单位油耗的降低可以直接反映在油耗指标上。主要有以下几种方法。

1) 高效机型的选择

近年来主机厂商纷纷推出了超长冲程低转速的高效主机(G 型机,X 型机)。与其他短冲程发动机相比,有更高的效率,单位油耗更低。

2) 主机最大功率点的选择

主机最大功率点(SMCR)的选择,影响到主机特定燃油消耗值(SFOC)及主机转速(影响螺旋桨直径)。选点尽量靠近平均有效压力最低的可选范围左下角,这样既减小了主机单位油耗,又降低转速提高了螺旋桨的推进效率,其总的油耗降低效果更为明显。

3) 主机常用功率点和负荷模式的选择

主机厂商开发出各种不同的主机负荷模式配合船东的营运方式。不同模式对应不同的单位油耗优化区间。主要包括高负荷(85%～100%)、部分负荷(50%～85%)或低负荷(25%～70%)三种方案。主机常用功率点的选择,需结合主机负荷模式的选择,以获取最低的单位油耗。目前部分负荷模式成为大多数船东的一种选择。

2. 辅助系统优化

主机的能耗占全船能耗的绝大部分,但辅助系统的优化同样具有节能潜力,不能忽视。辅助系统的优化主要包括:

1) 废热回收系统

废热回收系统曾经是大功率主机节能的理想选择。然而,随着新设计船型在采用高效的超长冲程主机并大幅降功率使用的情况下,原本富裕的废气量大幅减少,不但废热回收系统无法应用,甚至无法满足废气锅炉的需求,而通过燃油锅炉补充,增加了油耗。因此,废热回收系统已渐渐淡出人们的视野。新的设计趋势是将发电机的废气也回收给废气锅炉使用,以补充主机废气量的不足。

2）船舶能耗管理系统

通过对功率、油耗、外部环境等数据的实时收集,动态仿真系统不断计算设备效率,并把这些效率与理想设计点作对比,提示现实工况航行下,船舶运行效率的好坏。其既可以监测船舶的能耗情况,又可以辅助船队科学决策,使船舶保持在最佳航行状态。

3）变频技术

辅机及辅助系统通常按照100%的机器负荷和环境温度进行设计,而在不同环境不同工况下运行的节能潜力可以通过变频技术挖掘,如海水冷却系统变频泵、机舱变频风机等。

4）燃油加热转换系统

该系统用来代替传统的加热盘管给燃油储存舱全部加热的方式,利用沉淀柜和日用柜的热油来局部加热燃油储存舱的燃油,使其达到适宜驳运的温度,供主辅机使用,减少了蒸汽锅炉的油耗。

（三）创新节能技术

除了传统节能技术外,创新节能技术是进一步提高船舶能效的重要途径。虽然现阶段许多的节能技术还处在探索和试验阶段,但在节能减排的大背景下,未来必将得到更广泛的关注。

1. LNG 燃料

随着燃油成本的日益上涨以及排放要求的提高,新型燃料的应用研究也日益迫切,LNG 作为新型替代燃料也受到越来越多的关注。LNG 燃料最主要的优点是对环境的影响较小,排放量最小,除了可以减少约20%的 CO_2 排放量外,还可以减少90%的氮氧化物排放量,100%的硫化物和颗粒物排放。目前影响 LNG 燃料船舶快速发展的最大因素是基础设施的缺乏,LNG 燃料船与基础设施的发展应该是互相制约,循序渐进的过程,因此大规模应用还需假以时日。

2. 气膜减阻

这种新技术是通过鼓风机向船底喷出空气,在船底形成一层薄薄的微小气泡空气膜,可使船底与水的接触取代为与空气的接触,从而使船舶摩擦阻力减少。对于摩擦阻力为主的油船和散货船,平行中体较长,使用该技术会取得较好效果。

3. 清洁能源

采用太阳能、风能、燃料电池、核能等取代目前广泛应用的石油、天然气等化石燃料,可以进一步降低排放。已有少数公司进行了探索性尝试,但由于现阶段的技术、配套等限制,替代能源技术短时间内还无法实现普及。随着技术瓶颈的突破,相信未来清洁能源推进的船舶会有更大的发展。

四、船舶节能设计的指标评价

如何科学地评价船舶的能耗水平,也是船东和设计者必须面对的问题。船东从营运的角度更关心主机日油耗,而 EEDI 则是规范的强制要求。此外,海军系数也是设计者用来评价船舶水动力性能的重要指标。

具体公式如下:

主机日油耗(t/d):

$$DFOC = P \times SFOC \times 24 \div 1\,000\,000$$

能效设计指数(EEDI,克二氧化碳/吨海里):

$$EEDI = P \times SFOC \div (DWT \times V)$$

海军系数(无因次):

$$C = \Delta^{2/3} \times V^3 / P$$

式中,P 为主机功率;SFOC 为主机单位油耗;DWT 为载重量;V 为航速;Δ 为排水量。

主机日油耗体现了能耗的绝对值,但功率、航速与载重量是相互影响和制约的。主机日油耗无法体现航速和载重量的不同,采用此指标时应明确评价前提,即装多少货,跑多快。

能效设计指数体现的是运输效率,即运输每吨货物航行一海里的二氧化碳排放量,它的问题是功率、载重量与航速采用线性比值,忽略了航速与功率存在三次方关系,因此航速越低的船能效设计指数越低,其并不能真实反映能效设计的优劣。

海军系数是传统的能效评价指标,采用无因次方法,反映了航速、载重量和功率之间的真实关系,特别适合相同船型之间水动力快速性能的横向对比,但缺点是没有考虑主机油耗影响。

因此,以上三个常用能耗指标都存在一定的片面性,不能单独以某个指标的先进性来评判船舶节能设计的好坏,而应该全面考虑。

五、船舶节能设计面临的挑战

未来可以预见的是日益严格的规范排放要求和更加激烈的市场竞争,船舶节能设计只能不断向前发展。然而,传统节能技术存在极限,新的节能技术尚未成熟,船舶节能设计面临着巨大的挑战。

（一）能效规范的日益严格

船舶能效设计指数要求随着时间节点不断提高。然而,船东并不希望通过航速的不断下降来满足 EEDI 的要求,甚至影响恶劣海况下的操纵性安全,因此推动 IMO 推出了最小功率的要求。在第 68 届环保会上,IMO 再一次提高了最小功率线,这与 EEDI 日益严格的要求是相抵触的。

通过采用现有成熟的节能技术,现阶段的船舶设计能够满足 EEDI 第一阶段的要求,集装箱船由于设计航速的下降,甚至可以满足第三阶段要求。而到 2020 年的第二阶段时,部分船型就会遇到困难。特别是超大型的油船和散货船。在成熟节能技术应用已达到极限,而创新技术尚不能满足工程应用的情况下,继续降低航速和主机功率似乎是唯一的办法,但这种方法也会越来越受到规范的限制和船东抵制。

此外,关于 EEDI 试航验证的航速修正规则也更加严格,为了避免试航的偏差影响顺利交船,设计时会考虑 EEDI 的安全裕度,而不只是理论计算上的刚好满足。这无疑对设计提出了更高的要求。

（二）环保要求对节能的影响

环保与节能都是绿色船舶的核心概念,然后两者并非同向。几乎所有通过安装设备来满足的环保要求,都会增加船舶的能耗。例如,为满足压载水公约,安装压载水处理装置会导致用电量的增加,部分船型会为此而增加发电机的容量;为满足 NO_x Tier Ⅲ 排放标准,无论采用选择性催化还原系统(SCR)或废气再循环系统(EGR),都会增加用电量和油耗;为满足 SO_x 排放要求,安装洗涤塔同样会增加船舶能耗。

船东从自身利益的考虑,对环保与节能的态度是截然相反的。所有的节能技术都是受到船东欢迎的,因为会降低运营成本。然而环保要求除非强制实施,船东很少主动迎合,而是纷纷采取规避措施。如何实现低能耗下的高环保要求,是未来绿色船舶的一个研究方向。

（三）总体性能的综合平衡

船舶设计是一门平衡的艺术。传统的船舶设计是给材料作文,在满足船东各项要求的情况下,设计者可以充分平衡各项指标,形成最合适的方案。然而,现在的船舶设计更像是命题作文,在市场对节能船舶过度营销的背景下,单单比较油耗的高低,已经成为评价设计好坏的唯一标准,这是完全错误的设计理念。这些设计也许会得到部分投机船东的欢迎,先进的油耗指标往往会在租赁市场受到欢迎,但真正运营船舶的船东却更关注船舶综合性能的平衡。

失去平衡的设计会带来一系列问题。例如,为了降低方形系数,无限制地采用高强度钢来降低空船重量,影响了船舶安全;螺旋桨直径过大,引起压载状态较差,同时对振动噪声带来负面影响;尾部线型过于瘦削,导致机舱布置过于紧凑,影响日后的使用和维护,等等。

在节能设计中需要综合考虑的内容包括:

(1) 方形系数与空船重量的平衡;

(2) 不同吃水工况的快速性平衡;

(3) 不同航速区间的快速性平衡;

(4) 静水与波浪中的快速性平衡;

(5) 螺旋桨径与压载水量的平衡;

(6) 螺旋桨径与振动噪音的平衡;

(7) 螺旋桨的效率与空泡的平衡

(8) 线型优化与节能装置的平衡;

(9) 线型优化与主机布置的平衡;

(10) EEDI与最小主机功率的平衡;

(11) 主机油耗与废气锅炉的平衡。

(四) 市场竞争对技术的干扰

市场的残酷竞争一方面促进了节能技术的快速发展,另一方面也带来了大量负面影响。在节能船舶的营销大潮下,油耗指标的压力迫使大多数设计者越来越激进,无论船厂与设计方,都无法独善其身,只能随波逐流。技术工作的独立的思考与判断变得越来越困难,这自然会导致整个技术链的失真。例如,用来验证船舶节能效果的船模试验,在外界的不断干扰下,不同水池之间的预报结果差异越来越大,但设计者往往更喜欢选择相信好的结果。由于船舶设计建造的长周期性,真正的指标得到验证要滞后很多,技术失真案例的出现不可避免。

六、结论

本文从船舶设计者的角度,客观地分析了船舶节能设计目前的发展与面临的挑战。未来船舶节能设计的要求只会越来越高,需要技术工作者不断地努力与创新。但最重要的是,无论市场如何变化,设计者要始终保持科学严谨的态度,设计经得起实践检验的绿色节能船舶。

尚保国　1981 年出生,硕士,高级工程师,2003 年参加工作,现任职于中国船舶工业集团公司第 708 研究所民船部,从事船舶总体设计工作。曾担任 3500 方绞吸挖泥船、5000 方耙吸挖泥船、300 方耙吸挖泥船、5 万吨半潜船、30.8 万吨 VLCC、32 万吨 VLCC 等项目专业主任设计师;担任 22 000 吨成品油船、41500 吨成品油船、55 000 吨原油船、75 000 吨原油船、114 000 吨成品油船、115 000 吨成品油船、30.5 万吨 VLCC、31.8 万吨 VLCC 等项目总设计师;担任工信部"32 万吨级 VLCC 换代开发"课题总体负责人,工信部"船舶能耗分布及能效评价研究"课题 708 所总体负责人;担任中船集团运营船舶节能改装研究油船组组长;曾获中国船舶工业集团公司科技进步奖一等奖 1 项、三等奖 1 项。具有丰富的油船设计开发经验。

变频技术在船舶领域的应用

曹林

中国船舶重工集团公司经济研究中心,北京

一、引言

随着国民经济的快速增长,我国航运业和造船业取得了令人瞩目的成就,但同时也付出了巨大的资源和环境代价,如何能够合理利用能源、降低能耗已成为船舶行业最为关心的问题之一。

2011年7月,国际海事组织(IMO)通过了国际防止船舶污染海洋公约(MARPOL)附则Ⅵ"防止船舶污染大气的规定"的修正案,在此修正案中新增加了船舶能效设计要求,从2013年1月1日起,能效设计指数(EEDI)对新造船正式生效。这些船舶领域强制性的国际减排规则,对各国航运和造船行业产生深远影响。面对越来越严苛的减排规则和高昂的燃油费用,人们开始寻找更加行之有效的节能减排技术,而变频技术作为一种高效节能技术在造纸、金属、采矿、水泥、电力、化工等行业及生活领域取得了良好的效果,随着船舶对节能减排要求的不断提高,变频技术在船舶领域也有了越来越多的应用。

二、变频技术在船舶领域的应用

(一)电力推进系统

目前,船舶主要驱动方式是柴油机通过轴系带动螺旋桨,这种驱动方式有两个显著特点。首先,柴油机燃油消耗率随其额定转速先降低再升高,而只有运行在80%~90%的额定转速时,燃油消耗率才会达到最低值,这样为了得到更好的燃油经济性,柴油机就需要工作在一定的转速范围内;其次,作为负载的螺旋桨在外界工况的变动下,柴油机负荷不断变化,导致其不能一直运行在最佳工作区,尤其当柴油机在低转速、低负荷工况下运行时,燃油消耗率变高,经济性严重下降。

将采用变频驱动的电力推进技术引入到船舶推进系统中,上述问题会大大改善,对同一功率的船舶而言,可以保证柴油机始终在最佳工作区内,不仅燃油喷射和燃烧状况良好,还有效减少了排放。此外,通过使用变频器不仅可以有效提高电网功率因数,减少功率损失,还能实现驱动电机的软起动,降低起动时对电网的冲击。

近年来,各个国家对船舶变频驱动技术的研究如火如荼,ABB、SIEMENS 等公司都已陆续开发出成套产品。以 ABB 公司的 ACS 系列变频器为例,其不仅具有标准化的通信接口、灵活的编程功能,还具有多种应用宏,使用方便,性能稳定,并且其内部集成了多种高性能变频控制技术,如 U/f 恒定控制技术、矢量控制(VC)技术、直接转矩控制(DTC)技术等,这样可以根据用户的不同需求选择不同的控制模式。据了解,2015 年 1 月中旬,ABB 公司获得丽星邮轮公司两艘邮轮的推进系统订单,该推进系统采用基于交流变频技术的电力推进系统,相比传统柴油机推进系统,其燃油消耗能够减少 20% ~ 25%,据初步估算,这样一周可节省的燃油约为 65 t,减少的 CO_2 排放量约为 200 t,减少的 NO_x 排放量约为 3.8 吨。

相比之下,我国在变频技术的研究及应用起步较晚,而且实现变频技术的关键元器件如功率半导体、驱动电路、电解电容等都要依赖进口。目前,中船重工第七一二研究所已具备电压等级为 3300 V、容量为 5 MV · A 变频器的研制能力,还正在开发更高电压等级、更大容量的产品。

(二)冷却水系统

为了保证船舶能在全球航行,冷却水系统中各个设备往往根据最大冷却需求及冗余等因素设计,然而在船舶实际运行过程中,不同工况对冷却水的需求量是不同的。由于传统的冷却水系统采用固定数量泵组,冷却水泵的运行台数和实际的电力消耗一直是在额定工况下,不能根据实船主机负荷变化和海水温度变化来调节所需的冷却水量,这势必会造成能源的浪费。鉴于此,基于变频技术的船舶冷却水系统应运而生。

通过使用变频技术,主海水泵电机可根据系统在不同工况下的热负荷来改变转速,而泵的转速与功率呈三次方关系,理论上每减少 10% 的转速将会节约 27% 能源成本,节能效果显而易见。以一艘韩国韩进海运公司的 4300TEU 集装箱船为例(表 1),在一年的营运周期内,运行在变频模式下的主海水泵比运行在工频模式下的主海水泵节省 38 400 美元燃油成本,而这只是十分保守的估算。首先,在实际航行过程中,冷却水系统的海水进口平均温度要比假设中的 24℃ 要低;其次,低温淡水泵没有采用变频技术;最后,船舶处于在港工况时,轻油的燃油费用更高。综合以上分析,变频技术在船舶冷却水系统中的节能潜力巨大。

表1 主海水泵能耗对标

类别	设计工况(70kW ∗ 2)	实际工况(70kW ∗ 1)	变频模式
主机负荷	100%MCR	75%MCR	75%MCR
频率模式	工频	工频	变频
航行时间/(天/航次)	70	70	70
功率消耗/(kW/h)	140	70	—
功率消耗/(kW/天)	3380	1680	—
功率消耗/(kW/航次)	235 200	117 600	47 927
燃油消耗/(t/航次)	43.2	21.6	8.8
营运成本/($/航次)	25 920	12 960	5280
营运成本/($/年)	129 600	64 800	26 400
节省成本/($/年)	—	—	38 400

据悉,ABB公司已为中远船务造船厂在建的一艘30 000载重吨的多用途船提供了船舶冷却水系统变频技术的解决方案,其中的主海水泵通过变频技术来实现。目前,变频技术在冷却水系统上的应用还处于初步阶段,国外一些集装箱船,散货船和少数油船已有应用;但在我国仅有少数工程船,多用途船在冷却水系统中采用变频技术。

(三)空调、风机

变频空调和变频风机在陆地上的应用已屡见不鲜,但由于投资成本偏高、安装复杂等原因,变频技术在船舶空调和风机上的应用却寥寥无几。随着电力电子技术的不断发展和节能减排要求的提高,变频技术在船舶空调和风机的应用正逐渐增多。

在传统的船舶空调设计中,空调制冷与制热机组的容量是按照房间最大冷热负荷需求来确定,并且留有一定余量。这样无论用户负荷如何变化,各电机始终都在工频状态下的额定转速运行,虽然可以满足用户最大冷热负荷,但并不具备随用户负荷的变化而动态调节系统功率的能力,这样对于较小的用户负荷会造成很大的能源浪费。使用变频技术后,电机的输出功率随冷热负荷的变化而变化,可以在满足使用要求的前提下达到最大程度的节能要求。

此外,在船舶风机系统使用变频技术同样可以产生意想不到的节能效果,以意大利的 Costa Serena 号邮轮来说,ABB 公司使用 ACS 550 变频器对其船上的所有风机进行节能改造并设计了风机变频解决方案,据初步估算,在 Costa Serena 号上,一年节省的燃油约是 1270 t,减少的 CO_2 排放量约为 4000 t,减少的 NO_x 排放量约为 72 t,同时由于减少了风机的操作次数和操作时间,延长了设备维修周期。

(四) 舵机系统

船舶在安全航行过程中,需要具有良好操纵性能的舵机来保持或改变航向,并且在船舶靠泊期间能迅速到达目的地。目前,在舵机的液压系统中,绝大多数液压泵是由异步电机拖动,电机在工频下按额定转速运行,执行元件所需的流量只能靠改变变量泵的排量来实现,这样就造成了在小流量时电机与泵仍需高速运转,不但使机件容易磨损,效率较低,而且系统的故障率也较高。

将变频技术引入到舵机的液压系统中,通过改变异步电机电源频率来调节电机转速,进而满足执行元件的速度要求。与传统的节流调速相比,采用变频调速的舵机液压系统回路效率相对较高,节能率在 20% 以上;如果应用回馈型变频器,制动负载时能量回馈电网,节能率在 40% 以上,这样不仅加强了舵机的机动性、减少了对电网的冲击,还实现了对变量泵的流量、转向实时调节,此外,通过取消换向阀、流量阀、压力阀,使得液压换向简单、可靠、平缓、冲击小、可靠性高、环境适应性强。

据了解,罗罗公司为中海油服公司设计的 UT788CD 型深水三用工作船"海洋石油 681"采用了变频舵机系统,电动液压舵机型号为 SV650-3。在整个方案中,每组舵机配有两个由变频电机驱动的双向变量泵,其中变频电机的额定功率为 26 kW,额定电压/频率为 3×690 V/60 Hz。

(五) 吊机、绞车

起货机和绞车都是船舶上重要的甲板机械,按驱动方式来分,主要有液压式和电动式。液压吊机工作平稳,并且具有较好的制动能力,但其效率较低,加工精度要求很高,制造安装比较复杂,维护成本较高;电动吊机操作简单,维护成本低,省去了液压阀件,大大简化了液压管路,减少了液压油的泄漏源,但工作在传统定频下的电动吊车一般只能采用变极三档调速控制,调速范围十分局限。

变频驱动技术不仅能实现对转速无级调速,还可以发挥电动吊机更好的工作特性(表 2),并且在较大的转速范围内,为电机提供较为均匀的转矩。此外,变频器还具有力矩验证、转矩记忆、转矩监视、抱闸控制等专用功能,在甲板机械领域显示出广阔的应用前景。

表 2 变频驱动与液压驱动

类别	比较项目	液压驱动	变频驱动
动力	设备	油泵+油箱	变频器
	效率	低	高
执行	设备	液压马达	电动机
	工作形式	旋转（往复）	旋转
	工作形式	活动件+固态	固态
	设备	阀组+电器	电子电器
	尺寸	大	小
	调速性能	略差	优
	总效率	低	高
系统	能量传输	管路	电缆
	自动化程度	低	高
	大功率组态	难	易
	噪声	大	小
	维修	难	易

目前，节能环保是未来船舶发展的必然趋势，各大船舶公司也越来越关注降低环境风险、节省能源等航运理念。作为一种重要且极具潜力节能手段，变频技术已经在一些海洋工程船、破冰船、挖泥船、豪华邮轮、近海供应船、轮渡等船型中有一定程度应用，但这只是在一些中小型船舶和特殊功能船舶上的应用，并未实现在散货船、集装箱船和油轮等常规船型中的大范围应用。随着节能减排要求的日益严格以及船舶自动化水平的不断提高，相信未来变频技术在船舶领域的应用将愈加广泛。

三、变频技术在我国船用领域推广面临的问题

（一）初次投资成本较高，影响船东采购

变频技术虽然在陆地上有了比较广泛的运用，但在船上还仅仅是开始，一个重要原因就是初次投资成本较高，一套完整的包含检测系统、控制系统、执行系统、监控系统的冷却水系统变频解决方案就得花费 100 多万元，而一套完整的基

于变频技术的电力推进系统更得几千万。以一艘 30 000 载重吨的多用途船冷却水系统为例(表3),该系统所用的海水泵功率为 62 kW,数量为 3 台,采用变频技术后需要设备增多,初始投资也相应变高,这让部分用户对变频技术望而却步。

表 3 30 000 载重吨多用途船冷却水系统设备对比

设备清单	传统模式设备数量	变频模式设备数量	投资支出
海水泵及电机	3 台	3 台	变频多
变频器	0	3 个	变频多
组合启动屏	0	3 组	变频多
传感器	0	6 个	变频多
监视单元	0	3 组	变频多

(二)用户认知度较低

变频技术在船舶领域的应用与船东对变频技术的认知度密不可分。对一些国外船东来说,他们对变频技术及产品了解较为深入,会针对变频技术作较为深入的投资回报分析,表4为国外船东对某散货船冷却水系统使用变频技术的投资分析,结果表明采用变频技术 16 个月便可以收回投资成本。

表 4 某散货船冷却水系统变频技术投资收益

年份	当年	第二年	第三年
投资支出/万元	65	—	—
其他支出/万元	—	1	1.5
节能收入/万元	—	57	55
净收入/万元	-65	56	53.5

对于国内大多数船东,一方面,往往只考虑到初始投入及后期维护费用较高,而对变频技术的综合效果并没有深入了解;另一方面,国内船东在新技术使用上较为保守,不愿尝试尚未大范围应用的设备。例如,依照船东的惯性思维,某个系统采用变频技术后,就需要新安装一系列产品,这样就会占用一定的营运空间,而这是船东不愿看到的。

(三)国内产业发展滞后一定程度上制约了变频技术的推广

当前变频产品正向着模块化、集成化、大容量化发展,国外已陆续开发出功率从 5 MW 至 32 MW 的变频设备,同时通过相关产品的集成供货,可形成一套完整解决方案提供给用户。目前,国外品牌产品基本垄断了船用变频器市场。相比而言,国内变频技术和产品还有一定差距,比如英威腾、希望森兰等国内企业目前只能实现变频器的 V/F 控制和矢量控制,而且仅仅可以实现单一变频器产品的开发和服务,并不能针对某个船舶设备提供完整的解决方案。此外,国内变频器行业集中度不高,研发投入少,在制造工艺和产品性能上还有待提高。

(四)我国部分船型电气及自动化程度较低

除了节能降耗,变频技术的另一大优点就是提高了设备的自动化水平。目前,受开发能力、市场需求等因素影响,我国部分船型电气及自动化程度较低,这也在一定程度上制约了变频技术的推广。以海洋工程船为例,据克拉克松统计,截至 2015 年 6 月,全球海洋工程船使用基于变频驱动的电力推进船舶占 38%,欧美海洋工程船应用电力推进的比例超过 50%,而我国海洋工程船应用电力推进的比例不超过 30%。究其原因,一方面,我国在高端海洋工程船型的开发和配套能力方面与欧美等国还有一定差距,比如电力推进、动力定位、大型专用甲板机械等关键系统;另一方面,我国目前在海洋油气资源勘探方面主要集中在近海,对大型高性能海洋工程船的需求有限,而欧美等国已从近海走向深远海,对高端船型的需求较为强烈。

(五)已有船舶存在安装改造费用,影响船舶营运周期

对于现有船舶而言,如果要采用变频技术,势必涉及安装改造,并会产生一笔不菲的改装费用。另外,安装改造还要结合变频技术在部分系统的适用性、复杂程度,这样难免会影响船舶的营运周期。因此,船舶的安装改造费用及对营运周期的影响也是阻碍变频技术推广的因素之一。

四、措施建议

(一)加大宣传推广力度,开展示范性项目

首先,政府、行业组织及有关企业加大宣传推广度,让更多船东了解到变频技术在船舶领域的应用情况;其次,有关企业和单位要有针对性开展变频技术投资收益分析,加深船东对变频技术节能减排效果的理解,用数据分析打消船东的

顾虑,例如,对某条船的空调采用变频技术前后的节能对比分析或针对舵机采用变频技术的前后对比分析;最后,由政府或行业组织牵头,号召一些大型国企在船舶的某些系统做示范性应用,并向其他船东分享具体的收益回报。

(二)采取后端补贴等鼓励措施

出台具体鼓励政策,采用后端补贴的方式,对不同船舶分层次、分阶段推进安装改造,加快船舶变频化的步伐,最大程度的调动船东节能改造积极性。具体措施可以借鉴我国其他行业为拉动内需而采取的"以旧换新"等办法,通过政策上的补贴和鼓励完成对船舶的变频化改造。

(三)培育自主品牌,打破国外垄断

企业层面,要加强产品研发,重视与科研机构、高校的科研合作,提升产品技术水平和集成化程度,对于已具备装船能力的产品要积极推进产业化;政府层面,加大对国内优势企业的政策扶持力度,鼓励自主品牌发展,采取有效措施鼓励或强制国内船东采购自主品牌产品,通过政策纽带将研制企业、船厂和船东联系在一起,形成利益共同体,构建完整的产学研用体系。

曹林　中国船舶重工集团公司经济研究中心,高级分析师。长期从事船舶配套行业研究,多次参与工业和信息化部、国家发展和改革委员会、中国工程院、中国船舶工业行业协会等部委有关课题研究。

加强深海探测，参与国际海底命名，拓展海洋权益

陈明义

国际海底占地球表面的 71%。海底的地理形状复杂多样，有海山、海丘、海脊、海槽、海沟等结构，对这些海底地理实体进行命名有利于各类海洋图谱和海洋文件的编制和对海洋的科学探测、开发与管理。国际海底命名委员会成立于 1903 年，其职责是审核各国提交的海底地名并推广使用。这个组织于 1993 年改名为国际海底命名分委员会（缩写为 SCUFN）。它是隶属于政府间海洋学委员会——国际水道测量组织全球海洋通用制图指导委员会之下的"海底命名分委员会"。现任分委员会主席是德国籍的汉斯·申科，副主席是美国籍的丽莎·泰勒。分委员会的中国委员是国家海洋信息中心的名誉主任林绍花。新出版的国际海底命名词典已包含了 3617 个地名，这些地名得到世界各国的认可与使用。近年来分委会每年都会召开会议，审议通过由各国提交的几十个新的海底命名案。

海底地理实体命名权通常属于主权所有者或发现者。近年来，相关海域的地理实体命名也成为海域主权争端的内容之一。国际海底命名虽然不会对地形的权益归属产生国际法的效力，但可以形成命名国与命名地形有联系的事实，可强化命名国在该海域特别是争议海域的实际存在。海底地理实体的命名，其基础性工作是由提案国对该海域地形进行精确的测量，然后按国家的有关法律、规章形成相关文件，再按国际组织的相关技术要求编制完成提案，提交给 SCUFN 的会议进行审议，经批准后才正式赋予该海域地理实体一个标准的名称，供世界各国使用。因此，这种海底命名，既体现了国家对海底科学调查的实力，也体现了国家的文化传播力和服务国际社会的国家软实力。可以说，积极参与国际海底命名工作也是拓展国家海洋权益的一种新形式。

世界上传统的海洋大国对海权的意识很强。美国、日本、英国、法国、德国、俄罗斯、澳大利亚等国家，都成立了专门的海底命名机构，负责海底命名。美国于 1963 年就成立了海底地理实体咨询委员会，负责编撰海底地名词典，建立地

名数据库，服务于国际、海洋和地球学科的发展。美国的地名数据库（GNDB）中已收集了 4800 多条海底地理实体的名称。其中有 178 条地理实体位于黄海、东海和南海。日本于 2001 年成立海底地理实体命名委员会，其海底地名管理数据库已收录了 2000 多个条目，并放在互联网上供公共查询和使用。日本积极参与 SCUFN 年会，不断提交命名案。近年来还与其 200 海里外大陆架划界相配合，积极向 SCUFN 提交南鸟岛、冲之岛礁等海域的海底地名提案，为其划界提供佐证，并有多个提案获得通过。

国际海底命名还会涉及海域划界的一些政治敏感问题，我们必须予以关注，以切实维护和拓展我国的海洋权益和影响。例如，在 2013 年东京召开的 SCUFN 第 26 次会议上，日本提交的"多良间海丘"和"南多良间海丘"两个提案都位于东海冲绳海槽以东，但在台湾 200 海里范围内。我方委员曾提出这两个提案位于未划界的两国主张重叠海域内，具有政治敏感性，建议分委会不予审议。而分委会的主席和日、美委员都根据命名规则中关于 12 海里以外的地名，均可由他国进行命名，并按中间线方法，日方提案处中间线日方一侧不具有政治敏感性，仍通过了这两个提案。又如，韩国的"全罗道沙脊特征区"提案位于黄海中韩重叠海域靠近韩方一侧，我方在会上表明了该提案的政治敏感性立场，而会议主席仍据中间线方法予以审议通过。2014 年，马来西亚派观察员参加年会，并在会上提交了四个命名提案。这四个提案仍处于南海争议海域，我方参会代表发言指出，根据分委会的议事规则不应予以审议，但仍不能引起会议主席、副主席的重视，他们以该提案均在各方领海之外，不属于政治敏感仍予审议。后因技术性问题，要求马来西亚方面做进一步完善、修改提案后在明年会上再审议。近年来我国周边国家的命名提案数量逐步增加，并呈现向有争议海域推进的趋势，应引起我们的关注并加以研究。还值得提到的是日本早在 20 世纪 80 年代，就公布了钓鱼岛周边海域多个海底地理实体地名，图谋在钓鱼岛主权问题上抢占先机，可惜当时此问题没有受到我们的关注和重视。

我国在海底区域的命名工作处于起步阶段。自 2010 年开始，在国家海洋局的统一部署下，中国大洋协会开始系统、科学地开展海底命名工作，编制了《大洋海底地理实体命名体系方案》和《大洋海底地理实体命名暂行规定》。大洋协会组织我国的科考船"大洋一号""向阳红九号""向阳红十六号""海洋四号""海洋六号"和海军"竺可桢号"持续在太平洋、大西洋和印度洋开展海底矿产资源勘查，并发现了大量海山、海丘等地理实体。在国家海洋局组织实施的"西北太平洋海洋环境调查"等项目过程中，也发现了一些未命名的海底地形。目前我国已在海底调查发现 200 多座海山，预计今后每年还会新发现数座海山，其中相当多的海山尚未被其他国家命名。这几年，我国已陆续按有关程序向国际海底命名分委员会提交了多批海底命名提案，并共有43项获得审议批准。具体的是：① 经 SCUFN 在 2011 年审议通过的有西太平洋海域的"白驹平顶山""徐福平顶山""彤弓海山群""瀛洲海山""蓬莱海山""方丈平顶山"及太平洋的"鸟巢海丘"等 7 项。图 1 是鸟巢海丘，鸟巢海丘位于东太平洋海隆，由"大洋一号"科考船于北京奥运会期间所发现，顶部有一火山口形似奥运主场馆"鸟巢"，故取此名。② 经 SCUFN 在 2012 年 10 月审议通过的有东太平洋的"维翰海山"，东北太平洋的"魏源源海山"，西北太平洋的"潜鱼平顶山""织女平顶山""牛郎平顶山""日昇平顶山""日谭海丘""月谭海丘"，西南印度洋的"乔岳海山"，南大西洋的"宵征海山""凯风海山""采蘩海山"等 12 项。③ 经 SCUFN 在 2013 年 9 月审议通过的"长庚海山""启明海山""甘雨海山""朱应海山""维雨平顶山""大成平顶山""谷陵海山群""柔木海山群""平作海山"和"客怪海山"等 10 项。其中 8 项位于太平洋，两项位于印度洋。④ 经 SCUFN2014 年 6 月审议通过的有："楚茨海山""芳伯海山""嘉卉海丘""景福海丘""天祜海丘""蓑笠平顶山""牸羊海山""年丰平顶山""牧来平顶山""维骐平顶山""维骆平顶山""思文海脊""方舟海山""海东青海山"等 14 项。我们要感谢为这项工作做出贡献的中国大洋协会和"大洋一号"等 6 艘海洋考察船及有关调查科考人员。也要感谢参加 SCUFN 会议的中国代表们在会上维护国家海权和拓展我国海洋权益所做的富有成效的工作，向你们表示敬意！

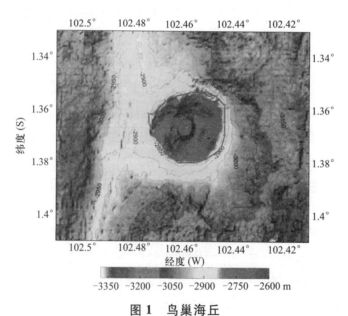

图 1　鸟巢海丘

参与国际海底命名既是当前紧迫而重要的任务，又是一项长远性的工作。

我们要从维护和拓展国家海洋权益的高度,进一步重视这项工作,并组织力量加强这项工作。这里提几点建议。第一,我们在制定建设海洋强国的战略规划的时候,要把这项工作列入重要的内容予以统筹规划。第二,我们要进一步加强国家对这项工作的领导,进一步充实和加强中国大洋委员会和相关机构的力量。第三,仅仅测量地形还不够,有些海区,更要探测其地质结构,采集样本,故要在"十二五"和"十三五"规划中加快建设一批深海装备与大洋考察船以加强我国对全球海底实体精确测量与探测的能力。第四,当前,维护 300 万平方公里海疆海权的任务很紧迫,要加快对我国管辖海域及特殊敏感海域的地名命名工作,抢占先机,并对涉我海洋权益的外国地名提案进行反制,以切实维护我国的海洋权益;对于被他国非法侵占的南海岛礁周边的海底,更有必要利用我国深海装备的优势,加快探测,进行地名命名工作。第五,要有计划地开展在公海大洋的海底测量工作,以拓展我国在公海大洋的合法权益。第六,要组织力量,建立公海大洋和我管辖海域的海底地名管理数据库,以提供各方面使用。第七,按 SCUFN 关于海底地名命名坚持先到先得的原则,以及对国际刊物上发表使用过的地名与提交提案具有同等效力的做法,我们要组织专家抓紧开展海底地形命名的研究,特别是对周边海域的海底地形进行命名,并撰写论文在国际刊物上发表。第八,积极参与国际海底命名分委员会的相关工作,主动加强与相关部门的联系,以加大我在该组织的参与程度和发言权,并每年向该分委会提交若干条命名提案。第九,加大我国对这项工作的财政和技术投入,并加强这方面的国际合作,不断提高我国参与这项工作的水平。第十,加强参与这项工作的人才培养工作,在有关涉海院校设立相关专业或课程,培养这方面的人才。

参考文献

白燕. 2012. 全球海底地名现状与我国对策思考[J]. 科技创新导报, 31: 253, 255.

国家海洋局. 2013. 海洋专报[J]. 134.

国家海洋局. 2013. 海洋专报[J]. 104.

国家海洋局. 2014. 海洋专报[J]. 61.

李四海, 李艳雯, 邢喆, 等. 2013. 海底地理实体命名关键技术研究[J]. 海洋测绘, 3(6): 42-43.

朱本铎, 张金鹏. 2012. 国际海底区域地理实体命名的意义[C]. 第二届深海研究与地球系统科学学术研讨会论文集.

陈明义 1940 年生，福建省福州市人。1962 年毕业于上海交通大学造船系。1966 年上海交通大学船舶流体力学专业研究生毕业。1966—1985 年期间任上海交通大学教师，厦门水产学院（现集美大学）讲师、副教授、副院长，福建省科委主任。1982—1983 年在挪威理工大学海洋技术研究中心任访问学者。1985—2005 年期间任福建省副省长、省委副书记兼组织部长、省长、省委书记、省政协主席。1995—2005 年任上海交通大学管理学院兼职教授、博导。著有《海洋战略研究》等论著。国家海洋事业发展高级咨询委员会委员、中国战略文化促进会高级顾问、中国海洋装备工程科技发展战略研究院学术委员会副主任。政协第十一届全国委员会常务委员、港澳台侨委员会副主任。中共第十二至十四届中央候补委员，第十五届中央委员。

基于深海重载 HUV 平台的水下无人遥控作业

葛彤

上海交通大学,上海

一、引言

水下无人遥控作业是深水作业的基本方式。对于大型深水作业工程,通常需要多艘水面母船、搭载多种水下无人遥控作业装备,形成无人作业装备体系协同作业(图 1)。作业受到海况的严重影响,难度大、窗口有限、成本高。

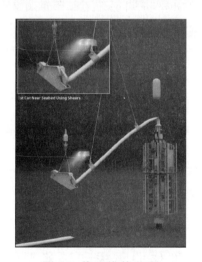

图 1　井口维修工程

深海重载 HUV 是大型的水下平台系统。和水面母船平台相比,深海重载 HUV 不受水面风浪影响,更稳定且接近作业海底,更利于缆控的水下无人遥控作业装备搭载和布放。由深海重载 HUV 搭载和管理多种水下无人遥控作业装备,可以形成综合的水下作业体系,完成复杂的深水作业任务,减少水面母船数量、延长作业窗口,并具有更强的海况适应性和持续作业能力。

本文探讨深海重载 HUV 平台用于水下作业的特点,以及基于深空站平台的作业系统设计考虑。

二、深海重载 HUV 的特点

深海重载 HUV 用于支持水下无人遥控作业,具有以下优势。

1. 设备水下布放,不受水面条件制约

水面条件对深水装备布放的制约在于水面升沉引起大的动载以及设备出水和水下过程中引起的额外载荷。一般地,深水布放系统和装备结构必须考虑水面和水下两种工况,并分配至少 1.5 倍以上的安全系数,并需要考虑配套升沉补偿系统。

对于基于重载 HUV 平台的水下装备,不需要考虑水面升沉引起大的动载以及设备出水和水下过程中引起的额外载荷,因此其整个布放系统和装备结构都可以设计得更为轻和小,这是基于深海重载 HUV 的水下无人遥控作业重要的优势。

2. 更易形成多缆布放和多装备协同作业

大量深水作业将发生在 3000 m 以浅,深海重载 HUV 如果具备 1000 m 的潜深,则其距离海底作业点的距离将明显缩小,布放距离更短。此外,由于不受水面升沉和波浪力的影响,重载 HUV 将具备更精良的定位能力。因此,深海重载 HUV 平台具备提供多缆布放能力,以及多装备协同作业能力,可能由一个重载 HUV 平台实现需要有多艘水面母船共同作业的能力。这是基于深海重载 HUV 的水下无人遥控作业另一个重要的优势。

另外,深海重载 HUV 平台和水面母船平台相比也有一些明显的限制,主要体现在:

(1)重载 HUV 的搭载空间和能力有限,为了支持多装备作业,对装备本身及其布放系统的配置都提出挑战;

(2)大型设备难于在干式环境中存放,这也为其维修带来困难。

三、典型作业需求和装备系统分析

为了说明深海重载 HUV 平台的水下遥控作业的特点,考虑以下典型作业需求。

1. ROV 水下探测和取样

ROV 水下探测和取样只需利用通用的作业型 ROV 携带相关的探测取样工具即可实现,并不能很好地发挥深海重载 HUV 的优势。

在这种情况下,ROV 系统仍然具有其自身的特点:同样功率下,ROV 结构会更为轻巧。由于不受水面因素制约,对 ROV 的脐带缆的破断强度要求明显低于基于母船的 ROV 系统,可以考虑采用轻质凯夫拉缆脐带,大深度布放时加装中继重块。

2. 海底重载作业

海底重载作业的两个典型例子是海底深钻和光电缆埋设。

大型深钻系统（图 2）水中重量通常接近 10 t，但功率则通常不会大于 50 kW，因此其对吊放缆破断强度的要求远大于 ROV 脐带，但对动力传输的要求则远小于 ROV 脐带。

图 2　大型深钻和海底电缆埋设机

典型的海底电缆埋设机（图 2）功率则可能在 500 hp 以上，水中重量与土质密切相关，可能接近 0 浮力，也可能达到 1 t 以上。因此，与大型深钻系统相比，海底电缆埋设机的脐带缆通常要求传输更大的功率，对破断强度的要求也可能较大。

因此，海底重载施工装备对脐带缆的要求可能是多变的，在传输功率和破断强度上都可能较大超越 ROV 脐带缆的要求。

另一个重要的特点是，海底重载施工装备一般系统体积庞大，难于进入干式环境。这对其维修带来很大的困难。

3. 海底复杂精细作业

海底复杂精细作业一般需要通过 ROV 和无人遥控作业工具（ROT，Remotely Operated Tool）组成的装备体系协同作业。前者是水下作业的平台和操作者，后者是水下作业的专用工具装备。海底复杂精细作业的典型代表是深水管线维抢修作业和海底难船燃油回收作业。

图 3 是深水管线维抢修中快速打卡作业的示意图。专用维修工具携带维修卡具吊放至海管上方，在作业型 ROV 的辅助下实现对管和抱管。显然，这种作业需要双缆布放、维修工具和 ROV 协同作业。对于更复杂的深水管线维抢修则可能需要多 ROV 和多种工具协同作业。

图 4 是海底难船燃油回收作业示意图。此项作业需要使用船壳表面清洁工具、外层船板开孔和基盘安装工具、内层船壳开孔装置以及作业型 ROV、观察型 ROV 等多种装置，是多 ROV 和多种工具协同作业的典型代表。

图3　快速打卡维抢修作业

图4　海底难船燃油回收作业

海底复杂精细作业中通常不需要很大的吊重能力和动力传输能力，但对多缆布放能力提出很高要求。

四、基于深海重载 HUV 平台的作业系统设计

基于水面母船的传统作业装备系统具有局限性，通常系统的独立性高、互换性差，对维修环境要求高。为了充分发挥基于深海重载 HUV 平台的多装备协同优势，使其能在一次航行中实现较综合的作业能力，需要仔细设计作业系统的配置和结构。

（1）作业 ROV 系统是必需的，这类 ROV 通常功率在 150~200 hp 之间，其脐带缆的破断强度要求较低，可以采用轻质凯夫拉脐带。

（2）重载海底施工装备要求苛刻。可以考虑将施工装备本身进行模块化设计，分解为专用的重型作业模块和中央动力和控制模块（图5）。重载 HUV 配套轻质起重缆，重型作业模块直接通过起重缆布放。重型作业模块尽可能简洁，湿式搭载，具有长的 MTBF。中央动力和控制模块是一个最小功能的重载的 ROV，干事搭载便于维修，具有强大的动力供给能力和完备的信息传输与控制能力，配

具有强动力传输能力的轻质凯夫拉脐带。作业时重型作业模块可由中央动力和控制模块或标准作业 ROV 控制与驱动。

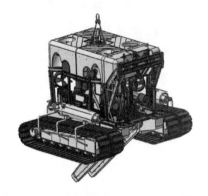 

图 5　模块化重载施工装置

（3）重载 HUV 上还应具有多个轻型布放点,用于小型工具和观察型 ROV 布放。

五、结语

和水面母船平台相比,深海重载 HUV 不受水面风浪影响,更稳定且接近作业海底,更利于缆控的水下无人遥控作业装备搭载和布放。由深海重载 HUV 搭载和管理多种水下无人遥控作业装备,可以形成综合的水下作业体系,完成复杂的深水作业任务,减少水面母船数量、延长作业窗口。另外,受搭载能力和作业方式限制,传统的水下装备设计方法不能照搬至深海重载 HUV 平台,需要对装备体系结构进行优化配置,才能更好地发挥深海重载 HUV 的潜力。

葛彤　上海交通大学教授,上海交通大学水下工程研究所所长,深水工程与技术方向负责人,长期从事深水技术研究。3500 m 深海 ROV“海龙”项目的主要技术负责人之一,主持“海龙”ROV 监控系统研发、实用性改造和海上应用。“海龙”于 2009 年实现我国大洋调查首次精细取样,是我国深海调查的里程碑事件,“海龙”获得 2011 年中国高校十大科技进展、2012 年国家科技进步奖二等奖。2007 年起主持

工信部重大项目"万米级无人遥控潜水器关键技术"，研制出"龙皇"号 ROV 通过湖上航行试验和系统耐压功能试验。系统设计潜深 11 000 m，达到海洋极限深度，取得多项极限海深关键技术突破。主持十余种大型深水作业装备技术研究，其中的典型装备如"深水定向穿越系统""大管径管线埋设系统"均是国际领先的深水作业技术装备，取得了巨大经济效益。提出重于海水的潜水器、水下分散自重构系统等潜水器新概念，开辟了新的潜水器研究领域。

深水水下油气田自动开采技术

李清平

中海油研究总院,北京

一、引言

水下多相流油气自动开采技术是相对于水面开采技术(如井口平台、浮式生产设施)的一种海上油气田开发技术。它通过水下井口、部分或全部放置在海底的水下生产设施以及海底管线和电缆、将油井生产的油气混合物输送至较远的处理平台或岸上油气处理厂进行海上油气田的开采。这一技术具有以下特点:

(1)可以避免就地建造昂贵的海上采油平台和卫星井井口平台,从而节省大量建设投资,为经济、高效地开发边际油田、卫星油田,特别是深水油田提供了可能;

(2)水下生产系统适用的水深范围从数百米到千余米,而且经过优化组合的设计方案可以适合各种海况的海域,生产连续性好、安全可靠性高;

(3)采用水下多相流油气自动开采与远距离混输技术,可以避免采用油气分离设备,通过降低井口背压,提高油田的采收率,使距中心平台或油轮较远的卫星油田得到经济开发;

(4)水下生产系统的大部分设备具有可回收、重复利用性,因此在降低油田开发成本的同时,还有利于海洋环境的保护和海上交通航行的安全。

正是由于水下生产系统的以上特点,因而得到越来越广泛的应用。

二、国外水下生产技术发展现状与动态

(一) 发展概述

从1947年第一个水下井口在美国艾利湖安装开始,随着各种新技术的应用,水下生产系统经历了由浅海→中深水域(100~500 m)→深水(500~1500 m)→超深水(1500~3000 m)、由有潜水作业→无潜水作业的不断发展和完善的过程,特别是70年代以后,一些关键技术和设备,如海底丛式井口、干式、湿式采油

树、多井管汇、海底计量装置等在水下油田的成功应用,为这一技术在更深、更复杂海域的应用提供了可能,目前水下作业机器人(ROV)的作业海域已经超过4000 m。从北海、墨西哥湾、西非及北大西洋纽芬兰海域的 Asgard、Terra Norva、Marlim 等水深 400 m 到 2943 m、开采周期较长的大型油气田,到 LF22-1、Cannemara(Offshore Ireland)等井数少、开采周期较短的小型油田,水下生产系统已广泛地应用于世界各大海域。

这一方面缘于海上油气田开发深度的不断增加,另一方面也充分证明:高技术在水下生产系统中的应用,是有效地降低水下油田的开发成本的关键。正是基于这一点,早在 80 年代初,许多国家就采取以科研机构、石油公司、设备公司三方合作的方式,投入大量的人力、物力,开始进行一系列与水下油田开发相关的新技术的研究,如著名的海神计划、海王星计划,以及巴西的 PROCAP 研究计划,这些项目包括深水勘探开发、深水钻完井、深水工程等在内的系统工程技术研究。

目前全世界已经发现 33 个超过亿吨级的大型油气田,墨西哥湾、巴西、西非正在成为世界深水勘探的主要区域,与此同时深水技术研究已经取得了显著成果,深水平台的设计建造技术逐步完善、水下生产新技术不断涌现,一大批深水油气田建成投产,深水开发的记录被快速刷新,到 2014 年,运行在世界各大海域的水下井口 6400 多套,已经投产的油气田最大水深为 2943 m,钻探水深记录为3095 m,见图 1、图 2。

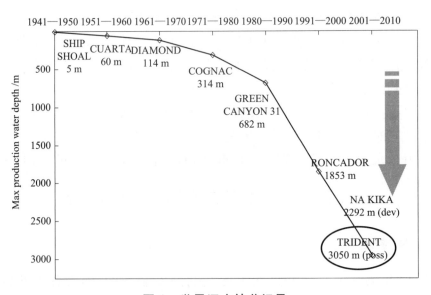

图 1　世界深水钻井记录

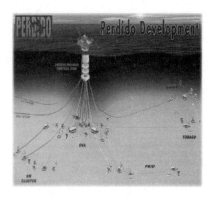

图 2　世界上开发水深最大的油气田

　　远距离油气多相混输技术在水下生产技术中的应用是该项技术发展的主要方向。其中海神计划最具代表性,它投资 2000 万英镑,研究内容涉及油气多相混输泵及辅助系统的开发研制、多相计量装置的开发研制、多相管流的动态模拟技术的研究、水下动力供应问题以及深水遥测遥控技术等七个方面。迄今为止,海神计划的主要成果油气多相混输泵已进入工业化应用,陆上应用已较为成熟,世界各地有几十台泵在运行,水下多相增压也已进入现场实验阶段,其他方面的研究也取得了较大的进展。其项目研究进度见表 1。

表 1　油气多相混输泵

		油气多相混输泵的泵型及使用地点		
引进	使用地点	大庆油田采油二厂	大庆油田实验站	胜利油田	渤西 QK17-3 平台
	泵型	双螺杆式油气混输泵	双螺杆式油气混输泵	双螺杆式油气混输泵	双螺杆式油气混输泵
	厂家	Bornemann(德国)	Bornemann(德国)	Bornemann(德国)	Letritz(德国)
	型号	MW7T3K-50	MPC208-67	MW73ZK-57	LH HK-256-60-MPP(3 台)
	输送介质	油、水、天然气	油、水、天然气	油、水、天然气	原油、天然气

油气多相混输泵的泵型及使用地点			
	泵型	双螺杆式多相泵	单螺杆式多相泵	螺旋轴流式多相泵
开发研制	研究单位	船舶工业总公司上海 711 研究所 * 天津工业泵厂 * 天津科技投入公司 * 西安交大压缩中心	天津科技投入公司 * 兰州奈茨工业公司 *	清华大学水力系 石油大学流体机械工程中心

注:711 所开发研制的双螺杆泵已在胜利油田、中原油田、青海油田开始现场应用;其他带 * 的产品也已经过现场试验。

在深水技术的开发方面,巴西是不惜重金的,开发的目标已经到达了2000 m 水深的油田, Campos Basin 海域的 Albacora、Marlim 油田均是水下生产系统应用的典范,其中 Marlim SUL 油田是迄今为止世界上最深的海上油田,水深达 1750 m,全部采用水平井进行开发。初步勘探表明:目前巴西有 64%左右的油藏储存在中深水域,其中 37%在 400~1000 m 之间,27%在 2000 m 水深以上的海域,1995 年巴西 24%的产量来自 400 m 水深的油田,预计到 2003 年将达到 63%,这与巴西在深水技术方面的一系列投入是密切相关的。

(二)研究动态

水下生产系统是一个技术密集、综合性很强的海洋工程高技术领域,而且其研究内容几乎涉及与水下技术相关的各个领域,如水下井口及设备、海底管线、水下作业及监控等。下面以当前研究的重点——水下远距离多相混输为主,简要叙述国外在多相混输泵、多相计量、水下遥控遥测及水下技术其他方面的主要研究动态。

1. 多相输送与多相计量

(1)油气多相混输泵研制:关键在于优化泵内转子结构、使水下多相泵的运行寿命达 2~3 年;

(2)水下动力源:开发信号电源(弱电源)技术、大功率燃气发电技术、柴油机发电技术;

(3)多相计量技术:研制安全性好、结构紧凑的多相计量仪和应用软测量技术的多相计量仪；

（4）水下多相流油气管输：难点在于管输多相流动态仿真模拟软件的开发和单管输送的停输再启动技术。

2. 水下遥测遥控和信号传递方面

（1）水下遥控方面：发展全电气控制系统技术，以适应水下长距离操作控制，避免使用复杂的水下液压机械设施；

（2）在信号转换、传输方面：研究新型、无线、水声技术、数字信号的传输技术；

3. 水下生产技术的其他方面

（1）水下井口及管汇：开发紧凑型井口、水下电潜泵和采油树及多通阀连接技术；

（2）水下作业：发展无人遥控探潜器、检测水下设施运行状态和水下石油工程作业技术；

（3）水下工程设施的设计和工程安装技术方面：研究整体配置、地基参数探测和施工，安装体系模块化、整装化、标准化；

（4）水下材料：耐腐蚀、耐磨蚀、耐汽蚀、耐高温高压、绝缘性好的材料的开发研制，以延长水下转动部件、易损件的使用寿命，最大限度地减少水下更换作业和停产损失。

由上可知，国外对水下生产技术中一系列新技术的开发研究是十分重视的，这些研究成果对水下生产技术的迅速发展和广泛应用是十分重要的，也是值得我们学习和借鉴的。

三、国内水下生产技术发展状况

（一）水下生产技术的实际应用

我国海洋石油总公司自成立之初，就十分重视及时掌握国外海洋石油开发的各项新技术的应用成果，随着海洋石油开发的目标由渤海等浅水海域转向东海、特别是南海的中深水域，水下生产技术应用的重要性日益显示出来。从1987年开始跟踪国外水下生产技术方面的应用成果至今，我国海洋石油工业在水下生产技术方面已实现从无到有的质的飞跃（表2），目前有关的研究工作正在深入进行中。

表2　我国水下生产系统发展状况

1987-1994 年	1995-1996 年	1997 年	1998-2008 年	2008 年至今
通过与外国公司合作的方式进行南海东部水下油田的开发				实现独立设计、并进行国产化探索
	LH11-1 油田投产（应用水下电潜泵）	LF22-1 油田投产（应用海底增压泵）	HZ32-5 油田投产（气举方式）	
国内外水下生产系统应用研究与初步开发方案的提出（包括水下生产设施、管汇、多相泵输、多相计量、遥控遥测等方面）				

（二）多相输送与计量

由于陆上油田对多相混输与多相计量的需求,我国石油工作者很早就开始关注油气多相混输技术,早在60年代大庆油田、胜利油田就曾对三螺杆、单螺杆式混输泵进行过开发研制,但都因技术难度大或这样那样的原因,未能继续深入研究。进入90年代以来,我国各大石油公司本着引进与开发研制相结合的原则,一方面引进国外较成熟的设备在陆上油田或海上平台进行应用研究,另一方面与科研院所联合进行多相泵、多相计量装置等方面的研究工作。表2、表3给出我国目前在该领域的研究进展。

表3　多相计量装置的开发研制

研究单位	基本原理
江汉油田设计院	三相分离计量仪
石油大学	过堰法和相关测量技术测总流量,用电导、电容测含水和含气的多相计量仪
北京航天大学	振动式多相质量计量仪
西安交通大学	TFM-500 型多相计量仪,已试用于大港油田计量站上作单井不分离计量
兰州海默公司	用密度计和相关法测量总流量和截面含气率的多相计量仪已试用于新疆塔里木油田的单井不分离计量和 SZ36-1 平台等

除此之外,我国各院校和研究单位在多相管流输送的仿真模拟方面、水下作业和控制技术与设备方面也取得部分实际应用成果,目前我国海洋工程单位、中国科学院、高等院校已有多种潜水器、水下机器人、机械手、水下电视监测器等,

有的已用于海洋石油水下作业。

尽管如此,我国在水下生产计划与多相混输方面还处于起步阶段,与国外先进水平还存在很大差距。在水下生产技术方面,我国还处于合作开发使用阶段,离真正独立掌握应用这一技术还有很大差距;在多相混输方面,国外已有陆上应用的工业化产品,水下应用也进入试验阶段,而我国虽取得一些初步的研究成果,但与国外成熟的产品之间存在很大差距,水下研究方面还是一片空白。

四、水下生产技术在我国海洋石油开发中的实际应用

自 1995 年海洋石油总公司与阿莫科东方石油公司(Amoco Orient Petroleum Company)采用水下生产技术联合开发流花 11-1 水下油田(LH11-1)以来,我国南海东部已经相继开发了陆丰 22-1(LF22-1)、惠州 32-5 水下油田(HZ32-5),从 2010 年起,相继自主开发了崖城 13-4、流花 19-5、番禺 35-1/35-2,同时 2014 年,我国第一个深水气田荔湾 3-1 气田建成投产。水下生产系统的使用适应了我国南海油藏储层较深、气候条件复杂(夏季的强热带风暴、频繁的台风、强劲的冬季季风)以及南中国海特有的内波流构成的复杂的海况条件,为这些油田的成功开发提供了保证。由于这些油气田特性不同,井数及分布等各不相同,所以开采方式和总体开发方案也各不相同,表 4 给出四个油田的开发模式。下面对这早期油田的水下生产技术方案和特点作一简单介绍。

表 4　我国目前水下生产系统的应用情况及基本形式

项目	LH11-1	LF22-2	HZ32-5	LH4-1
水深	310 m	333 m	115 m	280 m
油田特点	南海最大深水油田	深水边际油田	卫星油田	卫星油田
基本开发方案	水下井口+FPS(锚泊)+FPSO(自带单点)+海底管线	水下井口+FPSO(自带单点)+柔性立管	卫星井水下气举井口+海底管线、控制管缆+处理平台(HZ26-1)	卫星井水下井口(ESP)+海底管线、控制管缆+FPSO
控制系统	液压控制	复合电液压控制	复合电液压控制	复合电液压控制
合作外方	AOPC	Statoil	CACT	CNOOC

(一) LH11-1 油田水下生产技术

LH11-1 油田位于香港东南大约 200 km 的南中国海,是迄今为止中国南海

最大的油田,也是我国第一个采用水下生产系统的油田,水深 310 m,整个油田共有 26 口生产井,于 1996 年 3 月投产,建设费用约 622 亿美元。

在流花油田的开发中,贯穿项目开发始终的主导思想是利用高新技术降低油田的开采成本,为此,曾考虑过多种技术方案,最终采用被称为"组块搭接式控制体系"的水下井口生产系统与电潜泵人工举升相结合的总体开发方案,如图 3 所示。总体开发方案包括一个永久地系泊在那里的浮式生产系统(FPS),在 FPS 正下方 310 m 水深处是水下井口,FPS 上以原油做燃料的发电系统分别向井下的电潜泵提供动力,并具有移位功能,便于完成钻井、修井作业。各井井液由海底电潜泵增压后汇集到总管汇,经两条海底管线直接输送到浮式生产储油装置(FPSO)上,FPSO 采用永久性单点系泊。

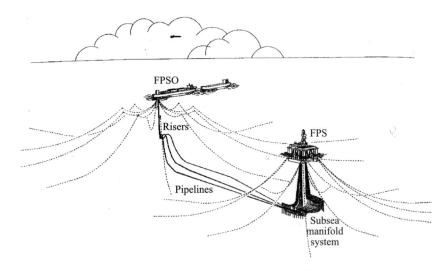

图 3   流花油田总体开发方案

LH11-1 油田的成功开发,主要得益于一些高新技术的使用,主要有:

(1)首次全部使用水平井进行油田开发;

(2)首次将电潜泵与水下井口生产系统结合进行油田开发;

(3)首次使用 ROV 作为水下作业维修的工具;

(4)在南中国海首次在 FPS、FPSO 系泊设计中采用永久性系泊系统;

(5)将湿式电接头技术用于水下生产系统;

(6)采用集中的水下生产系统、应用卧式采油树、跨接管测量制作回收技术(MIR);

(7)采用液压控制系统实现水下生产系统控制。

（二）LF22-1 油田——深水边际油田成功开发的典范

LF22-1 油田位于香港东南 265 km 的南中国海,水深 333 m,由挪威国家石油有限公司(Statoil Orient Inc.)和中国海洋石油南海东部公司(COONEC)联合开发,是目前亚洲最深的海上油田。在 LF22-1 油田的开发过程中,长期租用一艘小巧的半沉式 STP 浮筒与多功能旋转接头相结合的单点系泊系统的 FPSO,配以全自动控制水下井口生产系统以及世界石油界首次在采油树上使用泥线增压泵相结合开发油田的新构思,挽救了这个水深 333 m、几经易手的小边际油田,仅用不到 1.5 亿美元的前期投入、一年半时间就投产了。

LF22-1 油田水下系统按 6 口井设计,目前共有 5 口生产井,全部为水平井。海底井口布置成相对紧凑的扇形,各口井的原油从采油树汇集到位于正中的主管汇,然后经海底生产管线送至 FPSO(图 4、图 5);控制系统采用复合电、液压控制相结合的方式实现;FPSO 采用可解脱式单点系泊系统,具有动力定位功能,立管、电缆、电/液压控制管缆悬挂在单点浮筒上,整套海底管线采用柔性管线如图 5 所示。在 LF22-1 油田的开发系统中,与众不同之处在于无生产平台(FPS),所以不具备修井能力,但可以起下增压泵,全部水下作业由 ROV 进行。在 LF22-1 油田的开发中,使用了一系列的创新技术(图 5),包括:

（1）装配多功能标准工艺模块的油轮——FPSO;

（2）灵巧的新型单点系泊系统——STP BUOY;

（3）多功能旋转接头与 STP-RC 组块的结合;

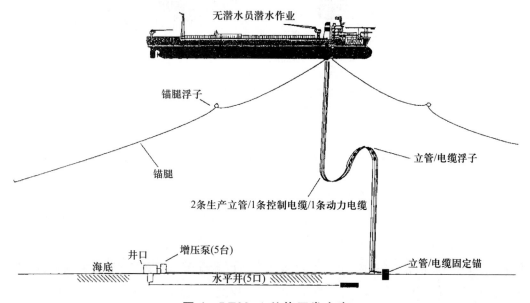

图 4　LF22-1 总体开发方案

（4）折叠式组合钻井底盘——HOST；

（5）海底管线纵向垂直重力接头——TDF；

（6）深水吸力锚；

（7）双定位水下卧式采油树；

（8）泥线增压电泵；

（9）全水平井开发,超过 2000 m 的水平段沿断层拐弯钻进；

（10）电液转换控制水下生产系统。

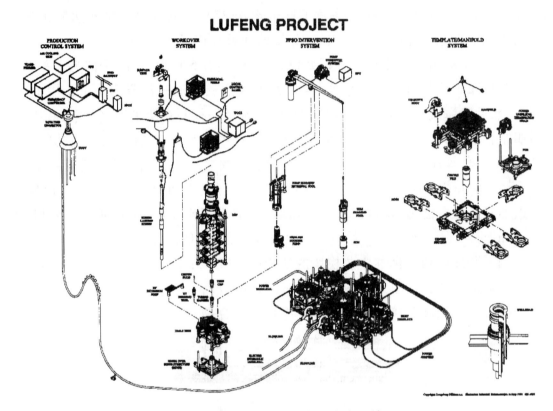

图 5　LF22-1 系泊和水下生产系统

（三）HZ32-5 油田——水下生产技术在卫星井开发中的应用

HZ32-5 油田位于 HZ26-1 生产平台东南约 4 km,是一个只有三口分散卫星井的小油田,水深约 115 m,在这个油田的开发中采用:卫星井水下气举井口+海底管线、控制管缆+HZ26-1 生产平台的水下生产系统,见图 6。其基本生产流程是:各井的生产液、气举气混合后经海底管线输送到 HZ26-1 生产平台处理,分离出的气经净化后做气举气循环使用。HZ32-5 油田采用复合电液压控制系统,由混合导向阀/带生产翼阀的直接液压控制。

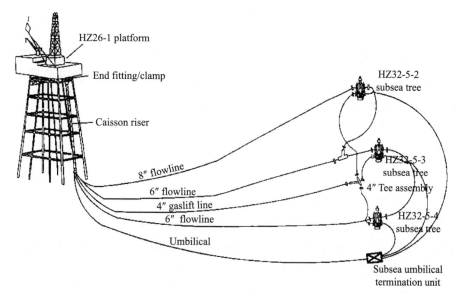

图 6　HZ32-5 油田总体开发方案

　　HZ32-5 油田的水下生产系统的特点在于采用了水下管缆终端控制模块、水下气举气量调控阀、水下单井防护栏、井口装置、电液压复合控制模块等。

　　位于南中国的 LH11-1、LF22-1、HZ32-5 海上油田的成功开发,充分说明了水下生产技术在我国海上油气田开发中的重要性,也再一次证明了新技术的使用是降低投资费用、提高油田采收率的有效途径,这三个油田的成功开发,为后继油田的开发和我们深入了解、掌握、应用和进一步研究开发这一领域潜在的高新技术提供了实际经验。

　　表 5 给出深水气田的开发模式。

表 5　我国目前水下生产系统的应用情况及基本形式

项目	PY35-1/35-2	Lh19-5	Ych13-4	Lw3-1
水深	330 m	280 m	84 m	1480 m
油田特点	南海深水气田	南海深水气田	南海水气田	南海深水气田
基本开发方案	水下井口+海底管道+回接平台	水下井口+海底管道+回接平台	水下井口+海底管道+回接平台	水下井口+海底管道+回接平台
控制系统	复合电液压控制	复合电液压控制	复合电液压控制	复合电液压控制
合作外方	CNOOC	CNOOC	CNOOC	CNOOC

五、思考

从世界海洋石油的发展来看,水下生产技术是当代海洋石油工程技术方面的前沿性技术之一,因为它是顺应海洋石油向中、深海发展的趋势,有着广阔的应用前景,能够带来显著的经济效益;从我国的实际情况来看,一方面,我国有300多万平方公里的蓝色国土,约有360多亿吨的石油资源储量,而且大部分在中深海域;另一方面,随着我国海洋石油工业从浅海向中深海域发展,以及水下生产系统在 LH11-1、LF22-1、HZ32-5 油田、Lw3-1 等深水气田的成功应用,这一技术在中深海域油田开发中的技术优势、可观的经济效益已得到证实。所以,水下生产技术在国内外海上石油开发中具有十分广阔的应用前景。

随着海洋石油向深海的发展,水深达 500~3000 m、油气远距离混输距离在200 km 以上的水下多相流油气自动开采技术已经成为今后这一技术的主要研究方向,这正是当前海神计划的主要研究目标;而我国在水下生产系统与多相混输技术的研究和应用方面还处于起步阶段,与国外存在相当大的差距,就目前应用的水下生产系统而言,存在输送距离较短(79 km)、水深较浅(1480 m)的特点。所以针对我国的实际情况,跟踪海神计划的最新研究进展,兼顾引进与创新,集国内外相关技术之优势,联合攻关,研究开发适合我国油田特色的"水下多相流油气自动开采技术",缩短与国外先进技术之间的差距,达到或超过国外同类技术水平,使这项高技术尽快服务于我国海洋石油开发工程是当务之急。

针对我国南有台风、北有海冰的恶劣环境,以及我国海上油田高凝固点、高黏度、油气比变化大的特征,以水下多相流油气混相开采与多相增压技术是研究重点之一,关键技术如下。

1. 水下多相流混输泵技术研究

海神计划等的研究成果表明:转子的设计和加工、油气多相密封系统、远距离水下高压电力变频技术、辅机配套技术、多相泵机组的整装化和橇装化设计等是该项研究的关键所在。

2. 水下多相计量技术研究

关键技术包括:多相流体动力学特性研究、多相混合流量测量技术研究、流型识别和流态转变界线确定研究、气液比测量技术研究、整流技术的研究等。

3. 水下多相流遥控和监测技术研究

关键技术包括:全电气控制系统技术、水下监测技术、水下故障自动诊断、修复遥控技术研究、控制动力源技术研究等。

4. 其他相关技术研究

"水下多相流油气自动开采技术"是一项生产系统工程技术。上述 3 项高技术研究只是解决方向性技术,但要形成完整的、具有工业应用价值的水下生产系统,真正用于边际油田或深海油气田开发,必须进行相关配套技术系统的研究,包括:

（1）水下井口、基板、水下采油树、管汇应用技术研究;

（2）海底管道的铺设技术研究;

（3）高凝、高黏油气水下远距离输送水力学与加热保温技术、停产再启动技术研究;

（4）水下作业、修井、维修、回收、更换技术研究;

（5）水下工程结构、整装化、模块化设计、安装固定技术研究;

（6）海底水文环境、工程地质、附着生物与腐蚀环境等及其对水下工程结构的影响;

（7）水下结构安全监测、检测;污染及其防治等技术的应用研究。

5. 深水空间站作业技术

（1）深海空间站水下作业技术;

（2）深海空间站海底设施故障诊断技术;

（3）深海空间站电力供应和控制技术。

综合上述,"水下多相流油气自动开采技术"的研究涉及多个学科领域,是一项高难度、跨学科的海洋工程高技术领域,其中需要应用现代科学的多相流理论、流体动力学、图像理论、成像技术、声成像技术、模糊理论、逻辑模拟理论、计算机智能处理技术、工程材料力学、工程结构力学等多个学科,其研究内容和高技术含量都是十分丰富的,进行研究开发是非常有科学价值的。

事实已经证明,高新技术的应用给海洋石油的今天带来了勃勃生机,事实也终将证明,高新技术的开发应用将带给海洋石油更加辉煌的明天。

参考文献

HZ32-5 总体开发方案,ODP 报告[R].

LF22-1 总体开发方案,ODP 报告[R].

LH11-1 总体开发方案,ODP 报告[R].

Beltrao R L C.Cost reduction in deep water production systems[R].OTC7898.

Caetano E F.Subsea innovative boosting technologies on deep water scenarios—impacts and demands[R]. OTC7902.

李清平　博士,现为国家能源深水油气工程研发中心首席工程师,主要从事水下生产技术、流动安全保障与水合物研究,先后主持国家级科研项目6项、省部级科研项目15项目,大型生产项目12项。现为中国海洋石油总公司工程专家,中国工程热物理学会多相流分会学术委员,可再生能源学会水合物分会副主任理事,全国钻采标准化委员会海洋钻采工作委员,国土资源部、中国科学院水合物重点实验室学术委员,科技部、发改委、工信部海洋领域评议专家,广东省、天津市科技评审专家,第四届、第五届中国青年科技工作者协会会员,国资委科协委员,新世纪百千万人才工程国家级人选,国务院特殊津贴专家,中国经济女性十大创新人物和巾帼标兵。作为主要发明人获得专利20项,起草国家标准5部,发表第一作者论文31篇,被SCI、CPCI、EI等收录80篇。获省部级科技进步奖特等奖1项、一等奖2项、二等奖5项、三等奖7项。

俄罗斯核动力深海工作站发展综述

郁荣,杨立华,朱忠,张爱锋

中国船舶科学研究中心,江苏无锡

一、概述

俄罗斯潜艇装备谱系中有一类特种潜艇,因其设计、建造和使用条件与传统的水面舰艇及潜艇都有较大的差别,被俄罗斯海军官方命名为"一级核动力深海工作站"(Атомная Глубоководная Станция)。

核动力深海工作站拥有独特的技术性能和神秘的使命,官方对其公开报道较少。自 2012 年 10 月 29 日俄罗斯《消息报》发表了《小马驹的冰间航行——俄罗斯利用深海工作站拓展了北极区域》的公开报道后,俄罗斯新闻媒体才陆续有了一些关于深海工作站研制、建造和服役状态的报道。本文对这些公开报道的信息进行搜集、整理,并综合俄罗斯公开出版物、俄罗斯军事论坛等方面有关核动力深海工作站的信息,回顾了俄罗斯深海核动力工作站的发展历程,进而梳理出发展深海工作站所必须掌握的关键技术,希望对我国深海装备的发展起到一定的借鉴作用。

二、俄罗斯深海核动力工作站发展概览

(一)为掌握深海制海能力而发展的军用深海工作站

第二次世界大战结束之后,前苏联为了在与北约的海洋对抗中取得优势,就必须从军事上依托海底、建设防线、控制海洋。20 世纪 60 年代初,世界上加快了以军事为目的的深海开发的步伐,多数发达国家出台了开发海洋的国家计划,开发大陆架和深海的科研与设计、试验工作也大范围铺开,紧迫的国际形势也促使前苏联发展深海探测与作业能力。这两方面的需求,直接推动了前苏联深海装备研制的步伐,迫使其建立并完善深海装备体系。核动力深海工作站便是前苏联深海装备体系的典型代表与重要组成部分。

20 世纪 70~90 年代,俄罗斯持续发展了两型六艘一级核动力深海工作站。俄罗斯人认为他们的核动力工作站世界上是独一无二的,他们自信地认为这六

艘深海工作站的研制和投入使用，使俄罗斯在直至新世纪之初都牢牢掌握对世界大洋洋底的控制权。表1中给出了这六艘核动力深海工作站的主要信息。

表1   俄罗斯公布的核动力工作站主要信息统计表

俄罗斯型号	北约编号	俄罗斯编号	俄罗斯名称	服役时间
1910型	Uniform	AS-13	抹香鲸	1986.12.31
		AS-15		1991.12.30
		AS-33		1994.12.16
1851型	X-ray	AS-23	涅尔玛（或称作三文鱼）	1986.12.30
		AS-21	大比目鱼	1991.12.28
		AS-35		1995.10.12

1910型深海工作站主尺度为69 m×7 m×5.2 m（总长×型宽×吃水），排水量为1390 t/2000 t（水面/水下）；采用双壳体结构型式，结构材料为钛合金，工作潜深700 m（极限潜深1000 m）；动力装置为1座压水堆和2台汽轮发电机组，航速为10 kn/30 kn（水面/水下），单轴单桨（导管桨）主推进装置，另有6个辅助推进装置，并在站体底部布置有伸缩式坐底支架；人员编制36人。见图1、图2。

图1   1910型深海工作站

1910型工作站不搭载武备，配备的主要探测与作业装备包括：回声探测声呐、侧扫声呐、磁探仪、作业型机械手、潜水员增压室、干湿转换舱及海水取样和分析装置等特种作业装置。

1851型核动力深海工作站（图3）包括18510型和18511型两个亚型号，其

图 2　1910 型深海工作站工作状态示意

主要技术指标相近。该型深海工作站主尺度为 40 m×5.3 m×5 m(总长×型宽×吃水),排水量为 550 t/1000 t(水面/水下);主动力为核动力,水下最高航速为 20 kn;采用双壳体结构型式,结构材料为钛合金,工作潜深 1000 m;人员编制为 14 人;不搭载武备,在耐压结构的前端设置了一个尺度较大的干湿转换舱,可用于深海环境下物品在舱内/舷外的干湿转换,以及人员进出载人舱的干湿转换。

(a) 外型简图

(b) 停靠码头的工作站 (AS-23)

图 3　1851 型深海工作站

（二）新时期军民共用的深海工作站

进入新世纪后,国际关注的焦点转向海洋时,美、俄等传统海洋强国把深海工作站研制与应用的战略重心由深海军事对抗逐渐地转向了深海能源资源、国土权益、科研环保等领域,力图保持海洋科学、经济、军事竞争的战略优势,任务使命由军事为先转变为军民并重。进入新世纪后,俄罗斯针对拓展海洋权益与开发北冰洋油气资源的需要,加快研制通用型与专用型深海工作站。2003 年,俄罗斯新型(10831 型)核动力深海工作站服役并投入使用,其主要信息列于表 2。

表 2　俄罗斯新型核动力深海工作站主要信息

俄罗斯型号	北约编号	俄罗斯编号	俄罗斯名称	服役时间
10831 型	Norsub-5 级	AS-12	绰号"小马驹"	2003 年

　　10831型深海核动力工作站主尺度为79 m×7 m×5.1 m(总长×型宽×吃水),排水量为1600 t/2100 t(水面/水下);主动力为核动力,单轴单桨推进,主推进器为导管桨(图4),水下最高航速为30 kn;耐压壳体采用钛合金建造,由数个球壳串联组成,所有球壳相互之间有通道相连,见图5;壳体材料为高强度钛合金,工作潜深为3000 m(有资料认为其潜深达6000 m)。该型工作站因耐压结构型式酷似俄罗斯动画片"小马驹"中的主角,因而获得了"小马驹"的昵称。

图4　10831型工作站的主推进器

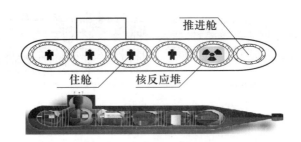

图5　10831型工作站结构型式示意图

　　与前两型深海工作站相比,该型深海工作站耐压壳内设有人员休息舱、工作间和厨房,配备了水和空气再生系统,居住性大为改善。该型工作站不配备武备,配备了作业型机械手、岩石清理设备、电视抓斗和水压管等水下作业工具,使得工作站具备较强的水下作业能力。

　　据《消息报》报道,10831型深海工作站参与了2012年9月底进行的"北极-2012"研究考察。在长达20昼夜的水下考察作业中,"小马驹"在北冰洋门捷列夫大陆架上开展了大量的水下作业,在2500~3000 m深度获得了大量地质资料,通过深海钻探获取了三块长度分别为60 cm、30 cm和20 cm的岩心样本,以及重达500 kg的深海矿石和泥土样本。这些科考结果直接、有效地支撑了俄罗斯对莱蒙诺索夫和门捷列夫山脊等北极海底地区领土主权所有权的主张。

　　2006年,俄罗斯提出研发北冰洋油气开采六类专用型深海核动力工作站的设想,由核动力水下钻井平台、核动力水下运输平台、多功能探测平台、核动力水下天然气转运平台、核动力水下供能平台和核动力水下作业平台等六类平台组成深海油气资源开采装备体系,用于北冰洋深海海底的油气资源探测与开发,这六类平台的正常排水量在 6000~23 000 t 之间,图 6 是其效果图。

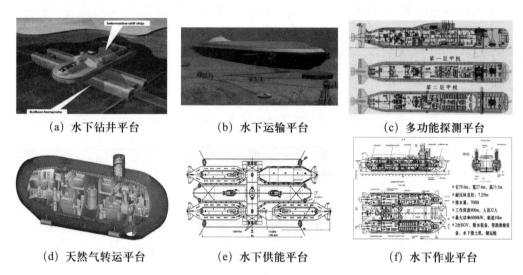

(a) 水下钻井平台　　　　(b) 水下运输平台　　　　(c) 多功能探测平台

(d) 天然气转运平台　　　(e) 水下供能平台　　　　(f) 水下作业平台

图 6　用于北冰洋油气开采的六类深海作业平台

三、深海核动力工作站技术内涵与特点

核动力深海工作站是俄罗斯深海装备体系的重要组成部分。深海工作站是一种以增大有效容积、有效载荷、水下作业时间与作业能力为主要目标的自航式载人作业平台。深海工作站具有较大的潜深,可自主远距离航行或驻留海底,具有很高的运动操纵性能,可在海底进行持续时间长达数月的深海探测与作业。

深海工作站能量储备充足,可有效地保障作业装具和探测设备的供电;作业不受气象和季节条件的约束,可开展长时间的观察与作业;科学家和研究人员能够亲临现场,在深海开展原位研究工作,通过肉眼直接观察,或通过仪表观测、操控设备获取全方位信息。核动力深海工作站的设计、建造和长期的应用实践,为俄罗斯深海科学的发展提供了良好的基础条件。

与传统的深海载人潜水器、潜艇及水面作业船舶相比,深海工作站的作业能力有显著提升,主要有如下三大技术特点。

(1)不以下潜深度为技术先进性的主要指标。与传统的深海载人潜水器相比,深海工作站不限于在深海某一点或小区域进行短周期的观察、探测与取样作业,而是以增大有效容积、有效载荷与水下作业时间为主要目标,进行长周期、大范围的探测和大负荷的水下作业。

(2) 不以作战为主要目的。与以水下作战为主要任务使命的潜艇相比,深海工作站的潜深更大,且不携带作战武器,而是携带功能广泛的作业潜器与工具,进行深海工程作业为主要功能。

(3) 潜于深海。深海工作站与传统水面海洋平台、布放探测仪器进行海洋科考的船舶相比,可不受海面恶劣风浪环境的影响,在零浮力的特殊环境下进行长周期高效率的水下作业;深海工作站潜于深海,还可有效地规避敌对势力的天基、空基和水面侦查手段对其活动动向的侦测及袭扰,大大地提高深海探测作业的隐蔽性。

四、深海工作站关键技术

深海工作站涉及船舶、能源、动力机械、材料、水声、电子信息等多领域的科学和多门类的技术。为此,俄罗斯在国防部深海研究总局组织领导下,集中组织孔雀石设计局、海军上将造船厂以及其他优势协作单位等的力量进行攻关,胜利完成了这项无论从科学技术角度还是组织管理方面都堪称最复杂的任务。

深海工作站的研制是俄罗斯船舶工业发展的巨大成就。在深海工作站研制过程中,俄罗斯工业部门不仅攻克了深海工作站的关键技术、建立了深海工作站技术体系,而且建设完善的深海探测与作业装备体系,同时还带动了俄罗斯相关技术领域的跨越发展。回顾俄罗斯深海工作站的发展历程,从深海探测与作业的需求出发,对深海工作站的技术特点进行初步分析研究。在深海工作站研制过程中,需考虑大型结构的超大潜深技术、水动力性能综合优化技术、大容量高密度能源与动力技术、超高压环境下的进出舱技术、作业装置技术和深海应急逃逸技术等关键技术。

(一) 大型结构的超大潜深技术

结构的耐压与密封是深海工作站"的首要条件。深海工作站以类似潜艇的大型结构,达到类似载人潜器的潜深,其技术挑战为后两类装备所未有。俄罗斯核动力深海工作站的耐压结构均用钛合金建造,需重点解决钛合金材料的特性与应用、结构设计计算与安全性评估方法、结构模型试验技术、结构型式与结构优化技术、通海密封等关键技术问题。

(二) 水动力性能综合优化技术

深海工作站不以作战为主要任务使命,其线型与水动力布局与潜艇有较大不同,更加强调水下精确定位能力。以 1910 型深海工作站为例,在站体舷侧布置有 6 个可收放的辅助推进装置分为艏艉两组,每组三个中,两个在舷侧,一个在上层建筑内的上部;此外,还在站体底部布置有两对伸缩式坐底支架,见图7。站体远距离机动航行时,辅助推进装置和坐底支架收起,以减小航行阻力;悬停或坐底作业时,将辅助推进装置和坐底装置放出,以获得较高的水下定位能力。

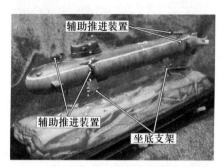 

(a) 1910 型深海工作站模型　　　　　　(b) 1910 深海工作站的辅助推进装置

图 7　1910 型深海工作站的辅助推进装置与坐底装置

因此,深海工作站研制中需解决水下悬浮作业过程水动力问题、坐离海底过程水动力问题、站体水下动力定位等关键技术问题,并解决由此派生的收放式舷外一体化推进器、伸缩式坐底支架等关重设备的设计、制造及适装性等技术问题。

(三) 大容量高密度能源与动力技术

深海工作站的水下长周期与大功率作业功能,对能源的大容量需求高于传统的潜艇与载人潜水器,其体积与重量的限制又要求其供能系统具有高密度的特点。俄罗斯发展的三型七艘核动力深海工作站均采用核动力技术,需重点解决核动力装置小型化、自动化、智能化、高能量密度、高功率密度及高可靠性等关键技术问题。

此外,对以深海工作站为中心的水下作业体系而言,还需解决能量综合管理技术、电力的水下有线/无线传输技术、水下湿式变压技术、高压高功率湿插头技术等关键技术问题。

(四) 超高压环境下的进出舱技术

如图 8 所示,1851 型深海工作站和多功能探测平台[图 6(c)]均采用了用于作业潜器与工具、采集的样品及回收的物品、搭载与布放的设备与装置以及人员出舱的干湿转换舱,可满足人员、工具、样品等在干式常压舱与舱外高压环境之间相互转换。因此,超高压环境下的进出舱技术、密封技术、干湿转换技术及其可靠性技术成为深海工作站需解决的特有技术。

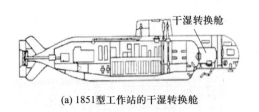 

(a) 1851型工作站的干湿转换舱　　　　(b) 多功能探测平台的干湿转换舱

图 8　干湿转换舱

（五）水下作业关键技术

深海作业能力是深海工作站的核心功能之一,需重点解决如下关键技术问题:① 水下作业工具体系,根据水下作业任务需求,论证水下作业工具体系,并研制作业型机械手、缆控潜器、智能潜器、水下吊车、水下作业工具包等相应的水下作业工具;② 水下搭载对接技术,包括作业工具适装性技术、水下搭载对接装置技术、水下对接导引技术等;③ 零恢复力环境中水下悬浮作业技术,深海工作站悬浮作业时处于零恢复力状态,需解决由此带来的复杂耦合运动与稳定性等力学、控制及安全性问题;④ 缆接多体运动响应与控制技术,深海工作站释放作业潜器、水下吊车等完成作业任务,需解决缆接多提的复杂耦合运动预报、动响应控制、安全性等关键问题。

（六）深海应急逃逸技术

深海工作站潜于深海,一旦发生紧急情况,深海工作站必须保证人员安全。多功能探测平台[图 6(c)]考虑两种手段:① 自救,在指挥台围壳后部设置应急逃逸舱,应急状态可保证全站人员的安全逃逸;② 他救,在站体耐压结构的前部与后部均设置穿梭运载器对接平台,平时通过穿梭运载器在水面、水下进行人员轮换和物资转运,应急情况下进行人员逃逸。需解决逃逸舱的连接与适配性、应急解脱、上浮控制、生命保障、穿梭运载器技术、大深度对接技术等关键技术问题(图 9)。

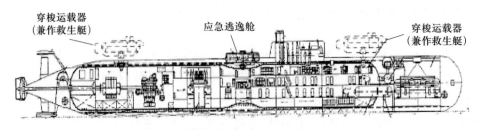

图 9　多功能探测平台的应急逃逸技术

五、结语

为对抗以美国为首的北约集团的海上军事封锁,并在深海科学研究和深海资源开发方面占领先机,前苏联从 20 世纪 60 年代起,集中组织全国的技术力量通力合作,逐步建立和完善了深海技术体系,建立了以一级核动力深海工作站为代表的深海作业装备体系。在深海探测和作业方面取得了令人称赞的卓越成就,同时也带动了俄罗斯相关技术领域的跨越发展。

当今世界,和平与发展已成为各国人民的主流价值取向。深海作为地球最广阔、最重要的组成部分和空间,将是人类今后若干年的重要研究对象。"夫国虽大,好战必亡",在新的历史时期,我国欲发展深海探测与深海作业技术,不能走苏联穷兵黩武的老路,而是应当将和平开发利用海洋作为指导思想,走军民融合的创新之路、科学发展之路,不仅要形成装备,而且形成作业技术体系,推动海洋技术的全面发展进步,带动相关产业发展,形成良好的经济效益和社会效应,逐步在国际"深海科学研究、开发利用海洋、提升深海综合防卫能力方面"取得领先地位。

郁荣 (1986—)工学硕士。2008 年毕业于华中科技大学,获工学学士学位;2011 年毕业于中国船舶科学研究中心,获工学硕士学位。主要从事海洋结构物的总体性能研究、总布置设计及总体设计工作。发表学术论文多篇,获省部级奖励一项。

专题领域三：

海上致密油气田开发技术

海上低渗透油藏启动压力梯度实验研究

郑洁[1]，代玲[1]，薛永超[2]

1. 中国海洋石油有限公司深圳分公司，广东广州；
2. 中国石油大学石油工程教育部重点实验室，北京

一、引言

随着中国海上油田立体挖潜勘探思路的深入，中深层低渗油田的储量比例越来越大，而海上油田开发受经济和海上工程设备的制约，其低渗油田的开发比陆地油田更加困难[1]，因此技术上必须更先进，评价必须更准确。关于低渗透油藏，国外及国内学者都作了大量的研究工作[2-13]，但不同的沉积背景和成藏条件下形成的低渗储层会有区别，因此针对本区域的低渗储层开展了实验研究，为低渗油田储层筛选提供依据，在此基础上来指导低渗油藏的开发。

二、实验方法及流程

低渗透油藏中，由于孔道细微，存在明显的启动压力梯度，即只有在生产压力梯度大于临界值时，渗流才能发生，这个临界值被称为最小启动压力梯度[14]。液体在储层孔隙表面具有一定的吸附层厚度，当储层孔隙半径较大时，吸附层厚度对渗流的影响不大，而当储层吼道半径较小时，吸附层对渗流的影响增大，使得渗流规律不再符合经典达西规律[15]。液体在低渗油藏中的流动存在初始的压力梯度，即启动压力梯度。本次实验采用了"细管平衡法"测定岩石的启动压力梯度。

本研究实验所使用的样品取自南海珠江口盆地 3 个油田，共进行 17 组实验，所用岩心气测渗透率介于 $0.82\times10^{-3}\sim223.73\times10^{-3}\ \mu m^2$ 之间。实验仪器自行组装，实验流程如图 1 所示。实验所使用的地层水是依据目标油田地层水分析化验资料配制；使用的模拟油为油田脱气原油与煤油按 1：2.5 配制得到，油的黏度为 $3.61\ mPa\cdot s$，实验过程中温度恒定为 20℃。

实验步骤包括：① 将岩芯抽真空饱和地层水 10 h，然后取出岩芯将其放入岩芯夹持器中再用地层水驱替，恒定流量 0.1 mL/min 至少驱替 24 h，使岩芯完

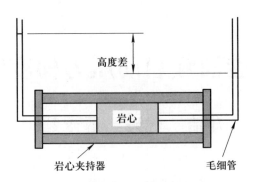

图 1 毛细管平衡法原理图

全饱和地层水;② 饱和水后的岩芯用模拟油驱替,设定驱替流量为 0.1 mL/min,驱替倍数 20~30PV,直至不再有水驱出,建立岩石束缚水饱和度;③ 按细管平衡法原理,在岩芯夹持器两侧的细管中加入配好的模拟油,排除装置内的空气,将整套装置静置于 20℃ 恒温环境下,观察细管中液面变化,记录两个液面的高度差;④ 当所记录的高度差于 3 天内不再发生变化时,认为岩芯两端的压差即为岩芯的启动压力值;⑤ 根据启动压力和岩芯长度,便可计算出岩芯的启动压力梯度。

三、实验结果

(一) 实验结果分析

通过细管平衡法得到实验数据如表 1 所示,从实验数据可以看出,随着岩芯渗透率的增大,启动压力梯度呈下降趋势。根据实验数据绘制启动压力梯度与渗透率的关系,如图 2 所示。从图 2 中可以很明显看出启动压力梯度与渗透率呈负相关关系,并且当渗透率小于 $20 \times 10^{-3} \mu m^2$,随着渗透率的减小启动压力急剧增加,当渗透率大于 $20 \times 10^{-3} \mu m^2$,启动压力梯度的变化幅度相应减小,曲线变化平缓。同时也回归出启动压力梯度与渗透率的关系式;并且发现,当采用乘幂函数拟合时,启动压力梯度与渗透率的相关系数最高,达 0.9426,而当采用多项式、指数式等方法拟合时相关系数都不是很高。由此,便建立了目标区块启动压力梯度与渗透率关系的数学模型:

$$G = 6.4224 \times 10^{-4} K^{-0.9501}$$

表 1　测试岩芯基本参数及测试结果统计表

岩芯编号	取芯井号	取样深度/m	气测渗透率/(×10⁻³μm²)	岩芯长度/cm	油柱高差/cm	启动压力梯度/(MPa/m)
13A	A-7-2	3772.25	0.82	5.312	56.55	0.083 46
5A	A-7-2	3773.25	4.15	6.244	12.43	0.015 61
24	B-2-2	2173.11	4.62	5.626	11.07	0.015 43
25B	B-2-2	2174.37	4.83	4.128	9.02	0.017 14
5	C-1-3	2668.04	5.04	5.128	9.57	0.014 63
1A	A-7-2	3767.50	10.72	5.412	5.34	0.007 74
23	B-2-2	2172.60	11.61	5.838	5.56	0.007 47
2	C-1-2	2513.65	16.84	5.942	4.42	0.005 83
7	C-1-3	2668.59	19.25	5.824	3.28	0.004 41
13B	D-1-2	2033.28	24.09	3.414	1.64	0.003 77
9	C-1-3	2672.10	28.12	6.550	2.85	0.003 42
16	D-1-2	2036.25	29.64	5.388	1.97	0.002 87
12B	D-1-2	2033.02	31.98	3.106	1.05	0.002 65
9A	E-2-1	3688.65	35.21	4.910	1.94	0.003 10
14A	C-1-10	3214.75	41.44	5.720	1.28	0.001 75
22	C-1-10	3179.50	73.73	4.328	–	无
25	C-1-10	3213.50	223.29	4.160	–	无

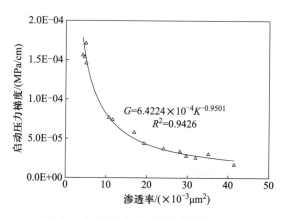

$$G = 6.4224 \times 10^{-4} K^{-0.9501}$$
$$R^2 = 0.9426$$

图 2　启动压力与渗透率的关系图

(二) 启动压力下限标准确定

应用目标油藏实际参数(表 2)和启动压力梯度与渗透率关系,利用单相流体稳定渗流的产能计算公式,分别计算考虑启动压力梯度和不考虑启动压力梯度对产能影响的变化规律(表 3 和图 3),确定目标油藏可以忽略启动压力梯度的渗透率下限标准。

表 2　计算使用的基本参数

地层压力 /MPa	流压/MPa	厚度/m	黏度 /(mPa·s)	体积系数	供给半径 /m	井眼半径 /m
30	10	15	6.5	1.06	500	0.1

$$\begin{cases} Q = 0.0864 \dfrac{2\pi K_0 h}{\mu B} \cdot \dfrac{(P_e - P_w) - G(r_e - r_w)}{\ln \dfrac{r_e}{r_w}} \\ P = P_e - \dfrac{(P_e - P_w) - G(r_e - r_w)}{\ln \dfrac{r_e}{r_w}} \ln \dfrac{r_e}{r} - G(r_e - r) \end{cases}$$

式中,K 为渗透率,$10^{-3}\mu m^2$;P 为压力,MPa;h 为厚度,m;μ 为黏度,mPa·s;r_e 为供给半径,m;r_w 为井眼半径,m。

表 3　启动压力对产能影响统计表

渗透率 /(×10⁻³μm²)	考虑启动压力产量 /(m³/d)	不考虑启动压力产量 /(m³/d)	产能降幅 /%
80	216.17	222.02	2.50
50	133.34	138.76	3.90
40	105.65	111.01	4.83
38	100.12	105.46	5.07
30	77.976	83.26	6.34
20	50.33	55.50	9.32
10	22.75	27.75	18.01

续表

渗透率 /($\times 10^{-3}\mu m^2$)	考虑启动压力产量 /(m^3/d)	不考虑启动压力产量 /(m^3/d)	产能降幅 /%
8	17.26	22.20	22.26
5	9.05	13.87	34.80
4	6.33	11.10	43.01
3	3.62	8.32	56.54
2	0.94	5.55	83.09

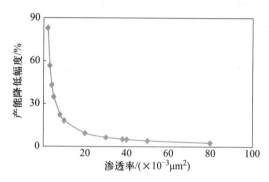

图3　产能变化图

由表3和图3可以看出,当渗透率大于 $38\times10^{-3}\mu m^2$ 时,启动压力对产能影响不大,最大产能降幅为 5.07% ;而当渗透率小于 $38\times10^{-3}\mu m^2$,随渗透率减小,产能降幅急剧增大。分析渗透率为 $5\times10^{-3}\mu m^2$ 的情况,不考虑启动压力时的产能为 160.60 m^3/d ,而考虑启动压力时的产能仅为 104.72 m^3/d ,产能降幅达 34.80% 。

利用单相流体稳定渗流的压力计算公式,分别计算考虑启动压力和不考虑启动压力的地层压力的分布情况。从图4可以看出,是否考虑启动压力对地层

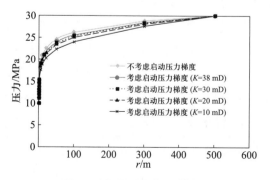

图4　地层压力分布情况

中压力的分布具有一定的影响。当渗透率大于 $38\times10^{-3}\ \mu m^2$ 时启动压力的影响很小,而当渗透率小于 $10\times10^{-3}\ \mu m^2$ 时启动压力的影响便非常明显。

综合以上分析,可以确定当渗透率大于 $38\times10^{-3}\ \mu m^2$ 时,可以忽略油藏启动压力的影响。由此,便找到了目标区块的启动压力下限标准。

四、启动压力梯度对油田开发的影响

通过针对目标油藏的渗流特征实验,得出在渗透率小于 $20\times10^{-3}\ \mu m^2$ 时,启动压力随着渗透率的减小启动压力急剧增加,是一个拐点,因此目标油藏在渗透率小于 $20\times10^{-3}\ \mu m^2$ 时,启动压力梯度影响不能忽略。通过单相流体稳定渗流的产能计算公式,计算出启动压力梯度对产能的影响,当渗透率大于 $38\times10^{-3}\ \mu m^2$ 时,启动压力对产能影响不大,最大产能降幅为 5.07%;而当渗透率小于 $38\times10^{-3}\ \mu m^2$,随渗透率减小,产能降幅急剧增大;而当渗透率在 $5\times10^{-3}\sim10\times10^{-3}\ \mu m^2$ 时,产能降幅超过 20%,甚至达到了 34.8%,因此,在产能对经济方案高敏感的影响下,产能的降幅是开发方案能否经济动用的关键因素,通过上述实验研究,得出启动压力梯对影响下,海上开采低渗储层的下限为 $38\times10^{-3}\ \mu m^2$,指导了后续一系列低渗油藏开发选择标准。

根据以上认识,对目标靶区 F 油田开发方案进行 $0\sim1\times10^{-3}\ \mu m^2$、$1\times10^{-3}\sim10\times10^{-3}\ \mu m^2$、$10\times10^{-3}\sim38\times10^{-3}\ \mu m^2$ 三个级别渗透率下相应井型适应性评价。将油田参数代入相应井型产能公式,得到三个渗透率级别不同井型在 $h=10$ m、$h=20$ m、$h=40$ m 的产能图版。以定向井初始产能 100 bbl/d,水平井 160 bbl/d 为初始产能下限,以此确定井型适应性,绘制不同井型的 k、h 组合图版(图 5)。

由此总结不同渗透率级别井型适应性:当 $0<k<1\times10^{-3}\ \mu m^2$ 时,考虑启动压力梯度和应力敏感,在一定的 k、h 组合仅压裂定向井和压裂水平井满足相应的初始产能条件。当 $1\times10^{-3}<k<10\times10^{-3}\ \mu m^2$ 时,考虑启动压力梯度和应力敏感,在一定的 k、h 组合关系下定向井、压裂定向井、水平井、压裂水平井和多分支井满足相应的初始产能条件。当 $10\times10^{-3}<k<38\times10^{-3}\ \mu m^2$ 时,仅考虑启动压力梯度,在一定的 k、h 组合关系下定向井、压裂定向井、水平井、压裂水平井和多分支井满足相应的初始产能条件。以定向井初始产能 100 bbl/d、水平井 160 bbl/d 为产能下限,按照 10 年单井经济下限累产递减预测,结合产能计算结果(表 4),仅有 P10-1、P10-3、P10-4、P43、P55、P56A-1、P56A-2、P56A-3、P68 和 P70 油藏可以采用压裂定向井和压裂水平井开发,通过开展实验研究,科学合理地界定了储层下限及井型适用性。

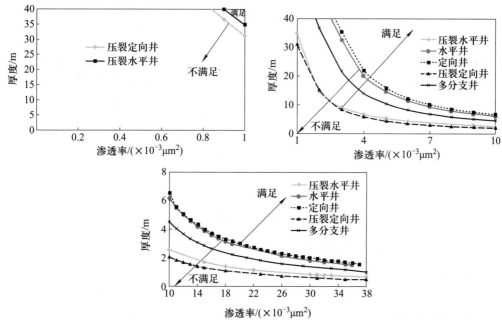

图5　$0{\sim}1{\times}10^{-3}\ \mu m^2$、$1{\times}10^{-3}{\sim}10{\times}10^{-3}\ \mu m^2$、$10{\times}10^{-3}{\sim}38{\times}10^{-3}\ \mu m^2$ 时不同井型初始产能 k、h 图

表4　F油田各油藏不同井型实际产能

油藏	油层平均厚度/m	油层平均渗透率/($\times 10^{-3}\ \mu m^2$)	不同井型初始产能/(bbl/d)				
			定向井	压裂定向井	水平井	压裂水平井	多分支井
P10−1	35.7	1	41	115	58	215	84
P10−2	12.26	1.3	16	52	25	92	36
P10−3	19.12	1.87	32	116	52	195	78
P10−4	42.42	2.49	97	390	166	604	250
P41	0	1.15	0	0	0	0	0
P43	20.12	1.7	31	112	51	191	76
P55	40.22	1.07	48	137	68	252	99
P56A−1	23.71	1.27	31	96	46	172	68
P56A−2	24.51	2.25	49	193	84	309	126
P56A−3	19.28	1.54	28	97	45	168	67
P56B	19.63	1.37	27	86	41	152	60
P68	20.65	4.87	130	463	227	636	319
P70	42.51	1.39	59	194	91	340	135
P80−1	24.91	0.53	0	28	0	44	2
P80−2	7.25	0.2	0	2	0	3	0
P80−3	8.24	0.72	1	15	2	23	7

五、结论与认识

通过对南海几个目标低渗油藏的启动压力梯度实验研究，建立了目标区块启动压力梯度与渗透率关系的数学模型：，结合低渗油藏的产能降幅，确定了当渗透率大于 $38\times10^{-3}\mu m^2$ 时，可以忽略油藏启动压力梯度的影响，根据这一结论结合产能预测公式对 3 个区间的渗透率开展了目标储层井型适用性研究，将低渗油田储层的开发落实到具体油藏，使海上低渗油田目标储层的开发变得有的放矢。

参考文献

[1] 张金庆,杨凯雷,梁斌. 我国海上低渗油田分类标准研究[J]. 中国海上油气,2012,24(6):25-27.

[2] 薛永超,程林松. 不同级别渗透率岩心应力敏感实验对比研究[J]. 石油钻采工艺,2011,33(3):39-41.

[3] 汪伟英,喻高明,柯文丽,等. 稠油非线性渗流测定方法研究[J]. 石油实验地质,2013,35(4):464-467

[4] 时宇,杨正明,杨雯昱. 低渗储层非线性相渗规律研究[J]. 西南石油大学学报(自然科学版),2011,33(1):78-82.

[5] 甘燕芬,刘殿福. 低渗透储层的研究现状[J]. 西部探矿工程,2009,12:50-53.

[6] 熊伟,雷群,刘先贵,等. 低渗透油藏拟启动压力梯度[J]. 石油勘探与开发,2009,36(2):232-236.

[7] 张代燕,王子强,王殿生,等. 低渗透油藏最小启动压力梯度实验研究[J]. 新疆地质,2011,29(1):106-109.

[8] 杨立. 低渗透油气田渗流规律研究[J]. 西部探矿工程,2011,10:81-84.

[9] 吕伟峰,秦积舜,吴康云,等. 低渗岩石孔渗及相对渗透率测试方法综述[J]. 特种油气藏,2011,18(3):1-5.

[10] 王晓冬,郝明强,韩永新. 启动压力梯度的含义与应用[J]. 石油学报,2013,34(1):189-191.

[11] 薛成国,杨正明,刘学伟,等. 特低渗透储层产量递减规律物理模拟实验[J]. 中国海上油气,2011,23(2):97-99.

[12] 郝斐,程林松,李春兰,等. 特低渗透油藏启动压力梯度研究[J]. 西南石油学院学报,2006,28(6):29-32.

[13] 侯秀林,邓宏文,谷丽冰. 一个新的描述低渗透油藏油水两相渗流启动压力梯度的公式[J]. 石油天然气学报,2009,31(5):342-344.

[14] 汪全林,唐海,吕栋梁,等. 低渗透油藏启动压力梯度实验研究[J]. 油气地质与采收率,2011,18(1):97-100.

[15]　李爱芬,刘敏,张化强,等. 低渗透油藏油水两相启动压力梯度变化规律研究[J]. 西安石油大学学报,2010, 25(6):47-50.

郑洁　1981 年出生于新疆克拉玛依,2004 年毕业于中国石油大学(华东),获工科学士学位。2009 年毕业于中国石油大学(华东),获地质学理学硕士学位。现任职于中海石油(中国)有限公司深圳分公司,从事海洋油气田前期方案研究、区域油藏生产动态规律分析、油气产量中长期预警及开发规划等研究工作,承担了总公司三低课题子课题"低渗油藏整体开发油藏可行性方案研究""南海东部油田十三五规划专题研究"等课题的相关研究工作,多次参加学术会议交流,对海相油田开发规律有一定的研究。

耐高温清洁压裂液体系的研究与应用

张俊斌,王跃曾,魏裕森,王杏尊,金　勇

中海石油(中国) 有限公司深圳分公司,广东深圳

一、引言

水力压裂是通过高压将含有支撑剂的非牛顿流体注入地层,在地层造成裂缝,并扩展延伸裂缝,再破胶返排形成具有导流能力的支撑裂缝。水力压裂技术是低孔低渗油气藏增产的一项重要措施,而压裂液的性能好坏将直接影响水力压裂施工的成败与否。

使用压裂液的目的主要在于两个方面:一是提供足够的黏度,使用水力尖劈作用形成裂缝使之延伸,并在裂缝沿程输送及填充压裂支撑剂;二是压裂完成后,压裂液迅速化学分解破胶到低黏度,保证大部分压裂液返排到地面以净化裂缝,保护油气藏。

二、压裂液的性能要求

压裂液最重要的性能要求如下:

(1) 滤失量要小,这是造长缝、宽缝的重要性能;

(2) 黏度合适,它直接影响到压裂液的携砂能力和造缝的有效水马力;

(3) 低残渣,即要尽量降低压裂液中水不溶物含量和返排前的破胶能力。

另外,压裂液还需要具备良好的润滑性、稳定性、配伍性和便于配制等性能要求。

三、压裂液的类型及研究现状

目前,国内外使用的压裂液主要有水基压裂液、油基压裂液和清洁压裂液,其中水基压裂液的使用占 70%左右。

水基压裂液具备黏度高、悬砂能力强、滤失低、摩阻低等优点,其主要缺点是大分子物质滞留堵塞渗流通道以及破胶后残渣残留在裂缝中对储层的伤害。

通讯作者:王跃曾,男,1991 年毕业于长江大学(原江汉石油学院),高级工程师,现主要从事海洋钻完井技术工作。

油基压裂液的优点是与地层岩石及流体的配伍性好,基本不会造成水堵、乳堵和黏土膨胀与迁移而产生的地层渗透率降低;但是由于该技术受到增稠剂的结构、油基液的性质及施工条件等因素制约,使油基压裂液的研究受到了一定程度的限制。在压裂作业中所占比重较低。

清洁压裂液是由特定的表面活性剂与盐水按一定比例复配而形成的胶束溶液。它的主要优点是对地层伤害小,不需加入破胶剂就能自动破胶,其破胶后残渣很少,同时它在很低的黏度下就具有很好的携砂效果。是目前研究的主要方向。

目前,国内外对于清洁压裂液在油田应用上遇到的主要技术问题是抗温性和在高速剪切条件下蠕虫状结构的快速恢复能力。

四、耐高温清洁压裂液体系的构建

(一) 成胶增黏机理和耐温机理

成胶增黏机理:在 10 倍 CMC(临界胶束浓度)以上,表面活性剂的胶束体在反离子的作用下,压缩胶束体的双电层,使胶束聚集体发生形变,经历"球状-棒状、柱状-层状"的转变,进而实现增稠的作用。

耐温机理:表面活性剂在形成耐高温黏弹体的过程中大致要经过以下三个阶段:第一临界胶束浓度 CMC1:即形成胶束体的浓度;第二临界胶束浓度 CMC2:形成胶束聚集体的临界浓度;第三临界胶束浓度 CMC3:形成层状胶束体-胶团的临界浓度。

只有当第一胶束浓度较低且三者相差不大时,才易形成耐高温黏弹体;并且 CMC1 值越小越有利于耐温性的提高,变化幅度越小,越有利于耐温性的提高;同时还认为反离子的存在,影响第二、第三胶束浓度的形成,且反离子与表面活性剂结合力的强弱影响三者的梯度,结合力越强,三者之间的梯度越小,越易形成耐温黏弹体。

依据表面活性剂耐高温机理及成胶增黏机理,并结合实验室近五年的研究成果,在室内合成了耐高温主剂 VES-140,筛选出了反离子辅助增稠剂磺基水杨酸钠,并由此形成了一套耐温达 140℃、储层渗透率恢复值大于 80%、适用于低孔低渗油气田的高温清洁压裂液体系。

(二) VES-140 主剂的合成

通过耐温机理和实验,最终将主剂定为阳离子季铵盐类表面活性剂,疏水链长度在 C18-C24;反离子选用磺基水杨酸钠;室内合成了四种类型的季铵盐型表面活性剂(表 1),并对它们的耐温性进行了对比。

表 1　四类表面活性剂耐温性能对比

表面活性剂	反离子	表面活性剂用量/%	反离子用量/%	最高耐温/℃
$minC_{20}H_{41}Br$	磺基水杨酸钠	4	2	95
$BminC_{20}H_{41}Br$	磺基水杨酸钠	4	2	120
$PyrC_{20}H_{41}Br$	磺基水杨酸钠	4	2	100
溴化丁基油酸酰胺	磺基水杨酸钠	4	3	80

实验结果表明,碳链为 C20 的溴代烷基甲基咪唑季铵盐的抗温性能最强,达到 120℃。

研究表明,碳链越长,表面活性剂耐温越强。因此,选用溴代二十二烷与 N-甲基咪唑来合成主剂 BminC22H45Br,合成反应式如图 1 所示。

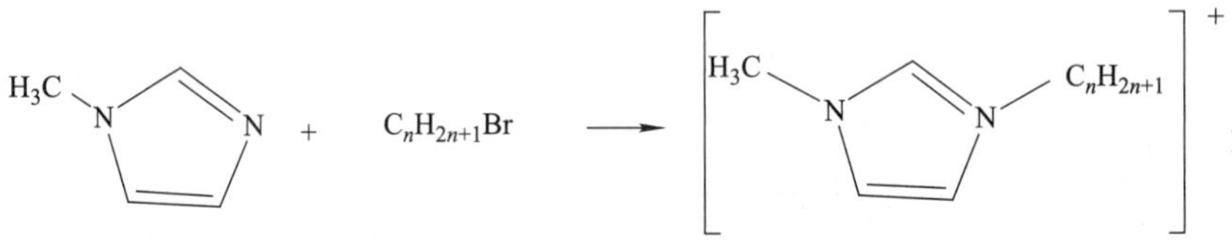

图 1　主剂 BminC22H45Br 的合成($n=22$)

(三)反离子的筛选

根据增稠机理和实验,我们选取了五种反离子进行了筛选,实验结果如表 2 所示。

表 2　反离子种类筛选

表面活性剂	反离子	表面活性剂用量/%	反离子用量/%	增稠情况	复配之后黏度/(mPa·s)
$BminC_{16}H_{33}Br$	苯甲酸钠	4	1	增稠	≤40
$BminC_{16}H_{33}Br$	邻苯二甲酸氢钾	4	1	增稠	≤40
$BminC_{16}H_{33}Br$	水杨酸钠	4	1	增稠	≤60
$BminC_{16}H_{33}Br$	间羧基苯磺酸钠	4	1	增稠	≤60
$BminC_{16}H_{33}Br$	磺基水杨酸钠	4	1	增稠	≤65

从表2中可看出,五种反离子均能复配增稠,而以水杨酸钠、间羧基苯磺酸钠和磺基水杨酸钠为反离子体系初始黏度较大。下一步确定反离子加量(表3)。

表 3　反离子加量优化

表面活性剂	反离子	表面活性剂 用量/%	反离子 用量/%	增稠情况	复配后 黏度/(mPa·s)
$minC_{16}H_{33}Br$	磺基水杨酸钠	4	1	增稠	58
$minC_{16}H_{33}Br$	磺基水杨酸钠	4	2	增稠	62
$minC_{16}H_{33}Br$	磺基水杨酸钠	4	3	增稠	63
$minC_{16}H_{33}Br$	磺基水杨酸钠	4	4	沉淀	--
$minC_{16}H_{33}Br$	磺基水杨酸钠	4	5	沉淀	--
$minC_{16}H_{33}Br$	水杨酸钠	4	1	增稠	26
$minC_{16}H_{33}Br$	水杨酸钠	4	2	增稠	33
$minC_{16}H_{33}Br$	水杨酸钠	4	3	增稠	39
$minC_{16}H_{33}Br$	水杨酸钠	4	4	增稠	45
$minC_{16}H_{33}Br$	间羧基苯磺酸钠	4	1	增稠	41
$minC_{16}H_{33}Br$	间羧基苯磺酸钠	4	2	增稠	47
$minC_{16}H_{33}Br$	间羧基苯磺酸钠	4	3	增稠	53
$minC_{16}H_{33}Br$	间羧基苯磺酸钠	4	4	沉淀	55

实验表明,水杨酸钠和间羧基苯磺酸钠两种反离子在相同加量情况下,其复配体系黏度均比磺基水杨酸钠反离子体系小。当反离子磺基水杨酸钠加量超过3%时,已经过量,导致表面活性剂沉淀,而从2%到3%体系黏度几乎不变,因此,反离子选用磺基水杨酸钠,用量为2%。

(四) 主剂及反离子用量的确定(表4)

最后确定主剂6% + 反离子1.5%的体系耐温性能满足140℃的要求。

表4　主剂及反离子用量的筛选

表面活性剂	反离子	表面活性剂用量/%	反离子用量/%	最高耐温温度/℃
BminC22H45Br	磺基水杨酸钠	4	2	122
BminC22H45Br	磺基水杨酸钠	5	2	127
BminC22H45Br	磺基水杨酸钠	5.5	1.5	133
BminC22H45Br	磺基水杨酸钠	6	1.5	140

(五)耐高温清洁压裂液配方

通过室内试验,最终确定的耐高温清洁压裂液体系的基液配方为:0.2%ED-TA二钠+6%表面活性剂+1.5%磺基水杨酸钠。

五、耐高温清洁压裂液性能评价

(一)温度稳定性能、流变性评价

配制高温清洁压裂液:基液:0.2%EDTA二钠+6%表面活性剂+1.5%磺基水杨酸钠。

试验仪器:HAAKE RS6000流变仪。

试验条件:170 s^{-1}剪切速率下连续剪切120 min,温度为140℃。

试验结果如图2所示。

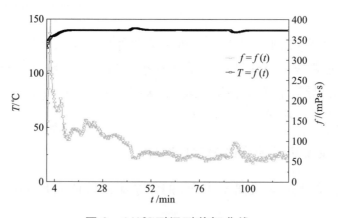

图2　140℃耐温耐剪切曲线

实验结果表明:压裂液配方在相应的温度和2 h剪切条件下最后黏度保持

在 50 mPa·s 以上,适合现场的压裂施工要求。

(二) 滤失性评价

室内对该压裂液体系的滤失性能进行了评价,结果如表 5 所示。

表 5   高温清洁压裂液滤失性测试结果

序号	$C_3/(\times 10^{-3}\mathrm{m}/\sqrt{\min})$	$v_c/(\times 10^{-4}\mathrm{m/min})$	$Q_{sp}/(\mathrm{m}^3/\mathrm{m}^2)$
1	0.789	1.32	0.116
2	0.806	1.34	0.074
3	0.794	1.32	0.110
平均值	0.796	1.33	0.10

由表 5 可以看出,高温清洁压裂液的滤失系数为 $0.796\times10^{-3}\mathrm{m}/\sqrt{\min}$、初滤式量为 $0.10~\mathrm{m}^3/\mathrm{m}^2$、滤失速率为 $1.33\times10^{-4}\mathrm{m/min}$,满足 SY/T 5107—2005 水基压裂液通用技术指标。

(三) 携砂性评价

测定步骤:室温下(25℃),将 5 g 直径为 0.45~0.8 mm 的砂粒放入该压裂液中,砂粒的沉降速率为 8.03 mm/min,可以视为基本不发生沉降(图 3)。

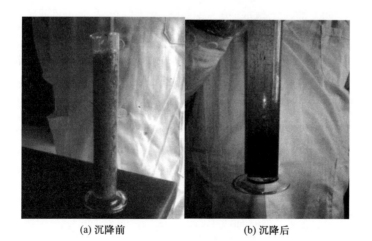

(a) 沉降前   (b) 沉降后

图 3   压裂液携砂实验

实验测得在 95℃时,5 g 直径为 0.45~0.8 mm 的砂粒在高温压裂液中的沉降速率为 35.4 mm/min,与同温度下硼交联的 0.5% 的羟丙基胍胶的悬砂性能

(32.6 mm/min)大致相当,故该压裂液可满足常规压裂施工的悬砂需求。

(四) 破胶性能评价

破胶剂:原油,水。

破胶条件:140℃恒温。

由表6可知,清洁压裂液与原油混合可破胶,其破胶液黏度小于5 mPa·s。从表7中可以看出,清洁压裂液遇水也能破胶,在4倍体积水的稀释下(1:1、1:2、1:3三种比例的由于破胶后黏度偏大,因此未测定表面张力及界面张力),破胶液黏度仅为1.33 mPa·s,表面张力为17.79 mN/m,界面张力仅为0.38 mN/m,残渣为0。无残渣,大大减小了对储层的伤害,从而能达到有效提高裂缝导流能力。

表6 高温清洁压裂液与原油恒温破胶实验

压裂液:原油	破胶时间/h	破胶液表面张力/(mN/m)	破胶液界面张力/(mN/m)	破胶液黏度/(mPa·s)
10:1	2.5	18.22	0.42	4
10:2	2	19.65	0.54	4.2
10:3	1.5	20.31	0.67	4.4

表7 高温清洁压裂液与水破胶实验

破胶前黏度/(mPa·s)	压裂液:水	破胶液表面张力/(mN/m)	破胶液界面张力/(mN/m)	破胶液黏度/(mPa·s)	残渣含量/(mg/L)
113	1:1	–	–	66.4	–
113	1:2	–	–	27.3	–
113	1:3	–	–	12.6	–
113	1:4	17.79	0.37	1.33	0

(a) 破胶前　　　　　　　　　　(b) 破胶前

图 4　体系破胶后状态

（五）配伍性评价（表 8）

表 8　压裂液破胶液与地层模拟水的配伍性试验结果

地层水名称	压裂液破胶液与地层水体积比	温度/℃	时间/h	现象
地层模拟水	2∶1	95	24	无沉淀、不分层，溶液清澈、透明
	1∶2	95	24	无沉淀、不分层，溶液清澈、透明
	1∶1	95	24	无沉淀、不分层，溶液清澈、透明

注:地层模拟水矿化度为 3700,破胶液表观黏度为 $1.88\ mm^2/s$,表面张力为 $24.64\ mN/m$,破胶液界面张力为 $1.62\ mN/m$。

（六）压裂液对岩石的伤害评价

室内首先用氮气作为驱替介质测定了高温清洁压裂液对岩石的伤害程度。实验结果如表 9 所示。

实验结果表明:该高温清洁压裂液的平均岩心伤害率为 14.67%,符合 SY/T 6376—2008《压裂液通用技术条件》要求。

室内用同样的方法,用煤油驱替,比较了清洁压裂液与常规瓜胶压裂液对岩石的伤害程度,实验结果如表 10 所示。

表9　压裂液伤害实验结果

岩心编号	状态	入口压力 ΔP /($\times 10^{-1}$MPa)	流量 Q /(mL/s)	渗透率 K /($\times 10^{-3}\mu m^2$)	伤害率 /%
1#	伤害前	0.510	0.110 072	0.0877	13.11
		0.703	0.189 753		
		0.854	0.256 41		
		0.97	0.328 947		
	伤害后	0.51	2	0.0762	
		0.7	2		
		0.88	2		
		1.11	2		
2#	伤害前	0.394	0.043 029	0.0320	16.22
		0.532	0.065 232		
		0.750	0.111 732		
		0.910	0.150 150		
	伤害后	0.494	2	0.0261	
		0.7	2		
		0.9	2		
		1.1	2		

表10　压裂液伤害实验结果(煤油黏度为 2.745 mPa·s,15℃)

压裂液	岩心编号		出口压力/MPa	入口压力/MPa	驱替速度/(mL/min)	岩心长度/cm	岩心截面积/cm²	渗透率/md	伤害率/%
清洁压裂液	1 HZ25 -7-1	伤害前	0.1	5.3	0.25	5.164	5.104	0.222 538	14.75
		伤害后	0.1	6.2	0.25			0.189 704	
	2 HZ25 -7-2	伤害前	0.1	3.1	0.1	6.560	5.104	0.196 003	16.67
		伤害后	0.1	3.7	0.1			0.163 336	

续表

压裂液	岩心编号		出口压力/MPa	入口压力/MPa	驱替速度/(mL/min)	岩心长度/cm	岩心截面积/cm²	渗透率/md	伤害率/%
常规瓜较压裂液	2 HZ25 -7-2	伤害前	0.1	5.5	0.25			0.233 333	
						6.081	5.104		44.20
		伤害后	0.1	7.1	0.25			0.130 20	

　　实验结果表明,用煤油驱替测高温清洁压裂液的平均岩心伤害率为 15.71%,与气测结果相近;与常规瓜胶压裂液(44.20%)相比,高温清洁压裂液对岩心伤害小得多。

(七)导流能力评价

　　通过测定高温清洁压裂液对支撑裂缝导流能力的伤害率来定量评价其对支撑裂缝导流能力的伤害情况(表11)。

表 11　导流能力伤害数据

闭合压力/MPa	盐水导流能力/(μm²·cm)	清洁压裂液导流能力/(μm²·cm)	导流能力伤害率/%	导流能力保持率/%
5	163.1	141.5	13.23	86.77
20	109.6	96.4	12.04	87.96
40	67.3	60.8	9.66	90.34

　　实验结果表明,高温清洁压裂液在不同闭合压力下的导流能力保持率能达到85%以上,对支撑裂缝的导流能力伤害较小。

六、现场应用

　　该高温清洁压裂液体系在青海油田七4-3井得到了成功的应用。该井压裂施工井段3816.00~3926.70 m,压裂温度为120.94℃(表12、表13)。

表 12 七 4-3 井基本数据

井别	人工井底	联入	四补距	油层中深	完钻井深	压裂井段	管柱下深	封隔器卡点
油井	4117.71 m	4.35 m	未提供	3971.35 m	4130 m	3816.00-3926.70 m 厚 16.40 m/4 层	Φ73 mm * 1004.33 m	3811.14 m

表 13 施工数据

工序	时间	油压/MPa	套压/MPa	排量/(m³/min)	液量/m³	砂量/m³/平均砂比/%
排空	10：49					
试压	11：09	90.00				
第一层						
预处理液	11：11～11：16	34.20～26.40		1.00	6.00	
前置液	11：16～11：30	78.00～46.30		2.50	35.00	2.00/10.57
携砂液	11：30～11：51	50.20～56.40		2.50	53.40	11.00/20.59
顶替液	11：51～11：53	56.40～20.70		2.50	3.70	
第二层						
预处理液	12：24～12：30	14.90～41.80		1.00	6.00	
前置液	12：30-12：43	77.20～54.60		3.00	37.50	2.00/10.58
携砂液	12：43～13：04	54.60～52.30		3.00	64.40	12.00/18.57
顶替液	13：04～13：05	58.00～24.70		3.00	3.70	
第三层						
预处理液	13：13～13：21	16.60～46.70		1.00	6.00	
前置液	13：21～13：33	57.40～36.60		3.00	36.50	2.00/10.57
携砂液	13：33～13：53	36.20～40.70		3.00	62.50	15.00/24.00
顶替液	13：53～13：55	42.00～16.10		3.00	3.40	
第四层						

续表

工序	时间	油压/MPa	套压/MPa	排量/(m³/min)	液量/m³	砂量/m³/平均砂比/%
预处理液	14：03~14：09	16.30~50.30		1.00	5.00	
前置液	14：09~14：23	66.70~44.80		3.00	41.00	2.00/10.45
携砂液	14：23~14：43	44.10~38.30		3.00	59.60	12.00/20.16
顶替液	14：43~14：44	38.80~16.14		3.00	3.20	
结束						

此次施工第一层施工破裂压力为 78.00 MPa,第二层施工破裂压力为 77.20 MPa,第三层破裂压力为 57.40 MPa,第四层破裂压力为 66.70 MPa,最高施工压力为 78.00 MPa,最大排量为 3.00 m³/min,该井施工总液量为 426.90 m³,共加砂 58.00 m³,平均砂比为 20.86%,净液量为 368.90 m³。施工成功率为 100%。施工效果图见图 5。

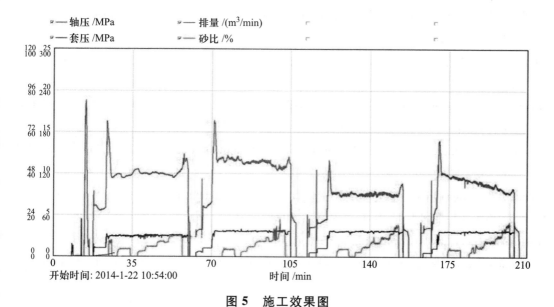

图 5　施工效果图

七、结论

（1）耐高温清洁压裂液体系抗温能力能达到 140℃,抗温能力强,适用于深部地层储层改造;

（2）耐高温清洁压裂液体系与地层流体配伍性好,能自动破胶,破胶后几乎

无残渣,保护储层效果好,适用于致密低孔低渗储层压裂改造;

（3）耐高温清洁压裂液体系具有低黏度特性、剪切稀释和自组装性能、黏弹性三种流变特征,携砂性能好;

（4）耐高温清洁压裂液体系配方简单,易于配制,现场应用效果好,成本低廉,应用前景广阔。

参考文献

陈馥,李钦.2006.压裂液伤害性研究[J].天然气工业,(1):109-111.

陈凯,蒲万芬.2006.新型清洁压裂液的室内合成及性能应用[J].中国石油大学报,30(4):107-110.

贾振福,郭拥军.2005.清洁压裂液的研究与应用[J].精细石油化工进展,6(5):4-7.

江波,张灯,李东平,等.2003.耐温 VES 压裂液 SCF 的性能[J].油田化学,20(2):332-334.

娄燕敏.2013.低伤害高温压裂液的研制与应用[D].大庆:东北石油大学.

卢拥军,方波,房鼎业.2004.粘弹性表面活性剂压裂液 VES-70 工艺性能研究[J].油田化学,2004,21(2):120-123.

熊湘华.2003.低压低渗透油气田的低伤害压裂液研究[D].成都:西南石油学院.

苑光宇,侯吉瑞.2012.清洁压裂液的研究与应用现状及未来发展趋势[J].日用化学工业,42(4):288-292.

张朝举,何兴贵,关兴华.2009.国内低中温清洁压裂液研究进展及应用展望[J].钻采工艺,2009,32(3):93-96.

BJ Services Company. (2001-08-16) [2012-02-13]. ElastraFrac product information[EB/OL]. http://www.bjservices.com/website/ps.nsf.

Centurion S, Rengifo M, et al. 2006. Successful application of a novel fracturing fluid in the Chicontepec Basin, Mexico:SPE 103879[R].

Chase B, Chmilowski W, Marcinew R, et al. 1997. Clear fracturing fluids for increased well productivity[J].Oil field Review,9(3):20-23.

Cristian Fontana. 2007. Successful application of a high temperature viscoelastic surfactant (VES) fracturing fluids under extreme condition in patagonian wells, San Jorge Basin. SPE 107277[R].

Daniel PV. 2003-01-21. Well treatment fluids and methods for use thereof:US,6509301[P].

Lungwit Z B. 2001. Viscoelastic surfactant fluids stable at high brine concentrations[P].US 6762154.

Manilal S Dahanayake,Jiang Yang,Joseph H Y Niu, et al. 2002-11-19. Viscoelastic surfactant fluids and related methods of use:US, 6482866[P].

Marple B D,Heitmann N. 2000. Seawater in polymer-free fluids optimizes offshore fracturing[J].World Oil,(11):23-27.

Mathew Samuel, Dan Polson, et al. 2000. Viscoelastic surfactant fracturing fluids：Applications in low permeability reservoirs：SPE 60322［R］.

Robert T W. 2000－03－14. Viscoelastic surfactant fracturing fluids and a method for fracturing subterranean formation：US,6035936［P］.

Samuel M M, Card R J, et al. 1999. Po lymer free fluid for fracturing applications：SPE 59478［R］.

张俊斌 1991—1995 中国石油大学（北京）石油工程专业；2008.3—2010 长江大石油与天然气工程硕士。1995 年加入中国海洋石油总公司南海东部公司，历任井下作业工程师、井下作业主管、钻完井项目经理、井下作业经理、南海东部石油管理局专家和部门副经理，现为高级工程师、完井总监、资深井下作业总监。研究成果：水平井钻开液及完井破胶技术；疏松砂岩底水油藏成功开发的技术创新；流花 4 -1 油田滚动评价中的技术创新；疏松砂岩底水油藏成功开发的技术创新；番禺 30-1 气田大位移井项目优化改进的成功实践；深水钻井表层导管施工关键技术研究与应用；深水钻井关键技术研究与应用；半潜式平台稠油、高凝油测试技术的重大突破；深水稠油测试关键技术的研究和实践。

低渗气藏高温高压水驱气相渗实验研究

杨志兴[1],郭平[2],任业明[2],蔡华[1],陈自立[1],杜美霞[1]

1. 中海石油中国有限公司上海分公司,上海;
2. 西南石油大学,四川成都

一、引言

众所周知,水驱气相对渗透率曲线是气田开发方案编制、开采动态预测及气藏模拟中的一项重要参数[1-3]。所做研究的海上气藏属海上厚层低渗砂岩气藏,储层埋深为 3100~4750 m,主力层厚度在 100~200 m 之间,具有低孔、低渗,多产层,纵横向上储层非均质性强等特点。

目前气水相渗测试常规做法是依据标准 SY/T5345-2007"岩石中两相流体相对渗透率测定方法"[4]在实验室条件下应用压缩空气或氮气和地层水(注入水)或标准盐水采用稳态法或非稳态法测得,未考虑地层高温高压、上覆岩层压力及水中溶解气的影响,这与实际地层条件下的渗流条件存在较大的差异。另外,以往对相渗曲线形态的研究大多限于定性描述而定量分析比较少见[5-8]。

本文在针对气水相渗的测试方法、特征等方面进行了大量充分调研[9-12],经过不断修改和调整,建立了地层高温高压环境下水驱气相渗实验测试方法。由于气藏属海上厚层、多产层砂岩气藏,因此选择实际气藏三个主力层位共 8 块岩心分别在常温常压和高温高压下进行水驱气相渗测试,并将测试结果进行对比,分析原因。确定此类储层样品的水驱气相渗曲线和开发过程中的相渗曲线的特征,为有效开发此类气藏提供技术支撑。

二、实验

(一)实验原理及流程

依据行业标准 SY/T5345—2007,采用非稳态方法测试岩心的地面常规水驱气相渗。非稳态法测定气水相渗仍是以 Buckley-Leverett 一维两相渗流理论和气体状态方程为依据,忽略毛管压力和重力作用,用非稳定恒压法进行岩样气水相渗实验[3]。

高温高压条件下气水相渗测试采用自主研制的高压高温岩心驱替装置（200 MPa、200 ℃）（图1）。地层条件下水仍是液态水，故仍参照行业标准采用恒压非稳态法进行气水相渗测试，但是需要考虑温度压力变化引起的地层水体积变化、气体体积变化，并且地层水中的溶解气量不可忽略。

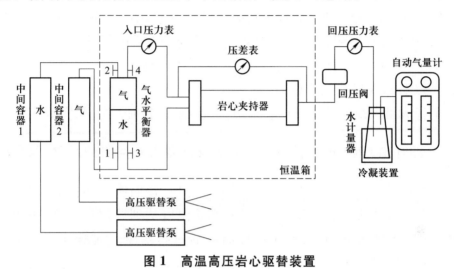

图1　高温高压岩心驱替装置

（二）实验样品选择

实验用的岩心为取自于该气藏不同产层的直径为 25 mm 的岩心，共 8 块。先后进行常温常压和高温高压水驱气相渗测试，其基本物性见表1。为使两组实验更具对比性，两组实验用气均为商品氮气，地层水均为 NaHCO$_3$ 型，总矿化度为 14 450.36 mg/L。

表1　实验用8块岩样物性对比分析表

岩心编号	孔隙度/%	绝对渗透率/mD	层位温度/℃	层位压力/MPa
382	8.08	3.77	151	37.1
183-1	16.96	146.5	151	37.1
460	11.48	8.37	151	37.1
591	13.51	11.63	151	37.1
16-2	9.24	0.242	163	45.5
1448	5.63	0.313	163	45.5
1467	7.34	0.15	174	54.1
1469	7.63	0.0942	174	54.1

（三）实验流程设计与数据处理方法

1. 常温常压水驱气相渗测试

将岩心清洗后烘干 24 h,然后抽真空、完全饱和地层水,采用气驱水方式建立束缚水饱和度,然后进行水驱气实验流程,每块岩心的驱替过程中记录时间、岩心两端压力、出口端气量、水量等数据。常规气水相渗数据按照行业标准 SY/T 5345—2007"岩石中两相流体相对渗透率测定方法"进行处理,以列表中岩心气测绝对渗透率作为计算水-气相对渗透率的基础值。

2. 高温高压水驱气相渗测试

在进行水驱气之前要确定每块岩心的驱替压差,本实验根据 $\Delta p = \dfrac{\sigma_{gw}}{58.8\sqrt{K/\varphi}}$ 的理论基础,再由岩心的渗透率及已做岩心实验的经验,综合因素确定岩心的驱替压差。实验前将岩心洗净烘干之后,按照图 1 连接好流程,用地层水建立实验压力到该岩心层位压力,同时实验温度达到该层位温度,采用气驱水方式建立岩心束缚水饱和度,稳定一段时间后进行水驱气实验流程。实验中用自研回压调节器保持出口端为地层压力,入口段用驱替泵保持之前确定的驱替压力恒压驱替,在水气分离处用足量的冰水进行冷去,记录各个时刻的岩心两端压力 p_1、p_2,并计算压差 Δp,间隔时间 Δt_i,累积产水量 W_i 及累积产气量 G_i。水驱气至残余气状态,测量残余气饱和度下水相相对渗透率,结束实验。

在地层的高温高压条件下,天然气在地层水中的溶解量会大大增加,水和天然气的体积随着温度压力也会有很大的变化。因此各个时刻地面累积产水量 W_i 及累积产气量 G_i 与地层条件下值差异较大,需进行校正,将地面条件下记录的值转化到地层条件下:

$$W'_i = W_i B_w$$

$$G'_i = (G_i - W_i GWR_w) B_g$$

计算各时刻的岩心出口端水相饱和度 S_{w2} 和气相饱和度 S_g:

$$S_{w2} = (\bar{G} - \Delta S)/V_p$$

$$S_g = 1 - S_{w2}$$

然后计算各时刻的水相相对渗透率 K_{rw} 和气相相对渗透率 K_{rg}:

$$K_{rw} = \frac{4\Delta W_i \mu_w L}{\Delta t_i \pi d^2 \Delta p K}$$

$$K_{rg} = \frac{\mu_g}{\mu_g} R'_f K_{rw}$$

三、实验结果与分析

实验用 8 块岩心按渗透率从大到小分别作常温常压和高温高压水驱气相渗对比曲线,见图 2。为了使变化趋势看起来更加明朗,图中横坐标为含水饱和

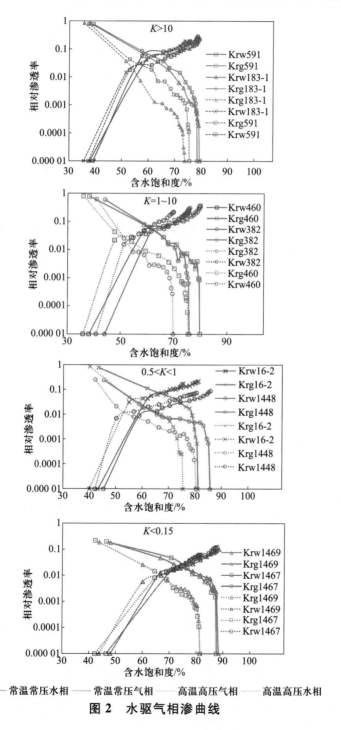

图 2　水驱气相渗曲线

度,纵坐标为相对渗透率的对数坐标。同时对实验数据进行处理,亦可得到等渗点、水驱气效率、两相驱范围等实验结果,可见表2、图3。

表2 水驱气相对渗透率曲线特征值比较表

岩心编号	测试条件	孔隙度/%	绝对渗透率/mD	束缚水饱和度/%	束缚水下气相渗透率/mD	等渗点/%	水驱气效率/%	两相驱范围/%
382	常温常压	8.08	3.77	44.17	2.29	62.144	56.87	31.75
	高温高压			40.92	2.37	51.866	49.07	28.99
183-1	常温常压	16.96	146.5	37.78	123.22	59.9314	66.84	41.59
	高温高压			35.52	124.07	52.3967	59.51	38.37
460	常温常压	11.48	8.37	38.24	6.57	60.2	67.39	41.62
	高温高压			36.01	6.79	48.2975	61.84	39.57
591	常温常压	13.51	11.63	39.11	8.81	58.697	64.77	39.44
	高温高压			37.42	9.03	53.9095	60.95	38.14
16-2	常温常压	9.24	0.242	43.32	0.186	66.057	66.62	37.76
	高温高压			40.05	0.201	55.4967	59.10	35.43

岩心编号	测试条件	孔隙度/%	绝对渗透率/mD	束缚水饱和度/%	束缚水下气相渗透率/mD	等渗点/%	水驱气效率/%	两相驱范围/%
1448	常温常压	5.63	0.313	45.46	0.0745	60.962	73.89	40.3
	高温高压			42.12	0.0776	50.6777	66.14	38.28
1467	常温常压	7.34	0.15	46.53	0.0294	75.258	76.83	41.08
	高温高压			42.32	0.0332	65.0909	67.86	39.15
1469	常温常压	7.63	0.0942	48.05	0.0168	75.34	77.63	40.33
	高温高压			43.75	0.0175	63.7092	66.76	37.55

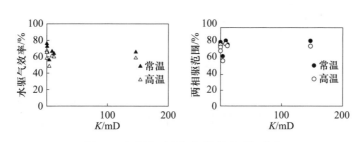

图 3　水驱气相渗曲线特征值对比

根据以上相渗曲线和特征值可以看出：

（1）对于实验所用基质砂岩岩心来讲，水为强润湿相，气体为非润湿相，故曲线呈吸允形。高温高压与常温常压水驱气相渗曲线形态大致一样，只是曲线特征点的数值不同，这是由岩石本身孔隙结构特征所决定的。起初随着含水饱和度的增加，水相相对渗透率缓慢抬升，气相相对渗透率下降迅速，当水饱和度进一步增加，水相相对渗透率抬升越来越快，气相相对渗透率下降幅度较小。由图 2 可以看出，相对高渗的岩心，束缚水饱和度小，水驱效率高。

（2）由表 2 和图 3 可以看出,开展 8 块基质岩心水驱气相渗实验后,并在实验岩心渗透率分布范围广的基础上,可以得出高温高压水驱气相渗曲线较常温常压具有以下特点:① 表 2 中 8 块岩心都在高温高压环境中束缚水饱和度变得更低,且各岩心之间差异较小;② 气相相对渗透率下降更快,曲线向左下偏移;③ 残余气下水相相对渗透率略高;④ 残余气饱和度更大,高渗岩心残余气更高、水驱效率更低,并且各岩心之间相互差异较大;⑤ 由图 3 可以看出地层条件下,水驱气相渗的等渗点、水驱气效率和两相驱范围都有明显下降。

通过 8 组对比实验可以看出,基质岩心在不同实验条件下的水驱气相渗具有较多差异。高温高压下界面张力降低,气驱水黏度比更小,气驱水束缚水更小,但反过来水驱气时,黏度比对驱气不利,因此水驱气时残余气更高。在地层条件下高渗岩心水驱效率更低,残余气更高,这是储层非均质性造成的。

四、结论

由实验结果对比可以看出:高温高压下测试的基质岩心水驱气相渗曲线,由于受多种因素影响,较之于常温常压,曲线向左偏移,残余气饱和度更高,气水两相共渗区更小,等渗点变低,水驱气效率降低。

本文主要运用室内物理模拟方法,利用实际储层不同层位多块基质岩心,分别开展和研究了常温常压和高温高压条件下的水驱气相渗,建立了高温高压条件下水驱气过程的气水相渗测试流程及方法。与常规气水相渗测试相比,本实验综合考虑了温度、压力以及天然气溶解于地层水的情况,测试结果更能真实地反应实际地层条件下的气水两相渗流规律。

符号注释:

G_i, W_i——大气压条件下的累积产气、水量, cm^3 ; G_i', W_i'——校正后的累积气、水量, cm^3 ;

GWR_w——饱和天然气的地层水中溶解的天然气气量, m^3/m^3 ; ΔS——气体总量, cm^3 ;

$\overline{G}$——气体总量平均值, cm^3 ; S_{w2}——岩心出口端水相饱和度,小数; S_g——气相饱和度,小数; ΔW_i——校正累积水增量, cm^3 ; R_i'——校正后水气比,无因次量; Δt_i——时间增量,s;

Δp——进出口压差,MPa; μ_g, μ_w——气、水相黏度, $mPa \cdot s$;

参考文献

[1] 高树生,叶礼友,熊伟,等. 大型低渗致密含水气藏渗流机理及开发对策[J]. 石油天然气学报,2013,07:93-99+3+2.

［2］　Gao Shusheng, Ye Liyou, Xiong Wei, et al. Nuclear magnetic resonance measurements of original water saturation and mobile water saturation in low permeability sandstone gas ［J］. Chinese Physics Letters,2010,27（12）:128902-1-128902-2.

［3］　江义容, 戴志坚. 低渗透率岩心气液相渗透率及其敏感参数的影响［J］. 石油勘探与开发, 1997, 24(6): 61-64.

［4］　中国石油天然气总公司. SY/T 5345-2007 中华人民共和国石油和天然气行业标准"岩石中两相流体相对渗透率测定方法"［S］. 北京: 石油工业出版社, 2008.

［5］　Bardon C, Longeron D G. Influence of very low interfacial tensions on relative permeability ［J］. Society of Petroleum Engineers Journal,1980,20(5): 391-401.

［6］　Gawish A, Al-Homadhi E. Relative permeability curves for high pressure, high temperature reservoir conditions［J］. Oil and Gas Business, 2008,2: 1-19.

［7］　贺玉龙, 杨立中. 温度和有效应力对砂岩渗透率的影响机理研究［J］. 岩石力学与工程学报, 2005, 24(14): 2420-2427.

［8］　郭肖, 杜志敏, 姜贻伟, 等. 温度和压力对气水相对渗透率的影响［J］. 天然气工业, 2014(6):60-64.

［9］　Henderson G D, Danesh A, Tehrani D H, et al. The effect of velocity and interfacial tension on relative permeability of gas condensate fluids in the wellbore region［J］. Journal of Petroleum Science and Engineering, 1997, 17(3): 265-273.

［10］　Indraratna B, Ranjith P G. Laboratory measurement of two-phase flow parameters in rock joints based on high pressure triaxial testing［J］. Journal of Geotechnical and Geoenvironmental Engineering, 2001,127(6): 530-542.

［11］　周克明, 李宁, 张清秀, 等. 气水两相渗流及封闭气的形成机理实验研究［J］. 天然气工业,2002,S1:122-125+1.

［12］　易敏, 郭平, 孙良田. 非稳态法水驱气相对渗透率曲线实验［J］. 天然气工业, 2007, 27(10): 92-94.

立体井网在巨厚气藏中的应用探讨

黄全华[1],[2] 陆云[1],郭平[1],杨志兴[2]

1. 西南石油大学,四川成都; 2. 中海油上海分公司,上海

一、引言

对于油气藏的开发,优化井网部署以提高对油气藏的控制程度一直是人们研究的重点。在常规气藏的开发中,使用传统规则直井井网就可以很好地控制气藏的可采储量,达到高效开发的目的。随着水平井开采技术的提高,人们也越来越重视低渗透非常规气田的开发[1-2]。在鄂尔多斯盆地气藏的开发中,由于其地质复杂程度高,非均质性强,使得开发的难度变大。尽管大规模运用水平井技术开发基本实现了低渗透气藏的高效开发,但由于水平井一般适用含气厚度相对较大的气层,对于含气厚度小于 5 m 的气层一般不采用水平井开发,综合上述原因,单一水平井井网不利于该类气藏储量的高效动用[3]。现场开发经验表明,实现对小厚度气层的控制,对气井的长期稳产具有重要意义。特别是含气层系多的巨厚气藏,由于其含气气层多且厚度差异大,因此寻找合适的井网提高对小厚度气层的控制程度就显得更加重要了。笔者经过查阅文献[4],发现立体开发井网能有效开发低渗透断块油藏,其在低渗透油藏中的运用取得了很好的效果[5]。针对巨厚气藏的储层特征和非均质性,笔者认为可以将立体开发井网运用到巨厚气藏的开发中,在实现对主力气层控制的情况下,增大对巨厚气藏中小厚度气层的控制,以使气井能长期高效的稳产。

二、立体井网的提出和应用

(一) 立体井网的提出

立体井网最早由关富佳[6]在 2010 年提出,它的提出是针对复杂小断块油藏的开发。由于复杂小断块油藏具有断层多而且密集的特点,形成的含油单元分

作者简介:黄全华,男,博士,副教授,现主要从事油气藏工程、渗流与试井解释等研究与教学,四川省成都市新都区西南石油大学石油与天然气工程学院。

散而且小,且这类油藏一般具有多套含油层系,纵向上的油砂体分布不均匀,使得传统的直井规则井网不再适用。因此在现代油藏描述的基础上,提出了同时用水平井、直井和定向井联合布井的理论,已达到用最少的井最大限度控制气藏的储量。立体开发井网是以断块平面几何形态,断块规模为基础,同时考虑了储层非均质性和各向异性。

(二)立体井网在复杂断块油藏中的应用

王瑞平等[7]以永安油田永 3 断块为例,永 3 断块[8]位于永安油田的南部,该油田属于中高渗透、稀油低饱和复杂断块油藏,其主要地质特征表现为:断层多、断块小且含油小层的厚度、渗透率差异大,层间非均质性较强。为了大幅度提高复杂断块油藏特高含水期水驱采收率,提出了立体开发的技术思路、优化设计方法,分层分块开发设计模式转变为从平面、层间到层内的立体优化设计,最大限度地提高水驱控制程度和动用程度。针对太古界古潜山油藏,这类油气藏的特点是高角度裂缝发育、油层厚度大连通性好,对于该类油藏的开发,范乐宾、王显荣、丁祖鹏等[9-12]认为常规直井井网的裂缝钻遇率低,导致油井产能很差,地层裂缝闭合或者油井过快水淹,从而导致开发效果很差。为了实现对这类气藏的高效开发,他们均提出了采用立体开发井网的布井方式,水平井钻遇的裂缝多,增大了与油层的接触面积,从而增加单井的产量,实现了少井高产,高效开发油藏,并且在实际的生产过程中取得了良好的效果。

三、巨厚气藏立体开发井网优化设计

(一)气藏的基本概况

以某个多层系的厚层砂层气田为例,其主力气藏平面分布主要受背斜和早期断层控制,纵向上含气层位多,K1-K6 等 7 个砂层组均有气藏分布。此次研究的砂层组为 K 组 K1~K5 砂层组,重点研究 K3a、K3b、K4b、K5a 四个主力气层。主力层(K3a、K3b、K4b 和 K5a)为辫状河三角洲前缘水下分流河道沉积,水下分流河道和水下分流间湾较发育,沙坝、前缘砂坝席状砂发育很少。

(二)开发层系划分

该气藏属于中低渗巨厚气藏,可以依据储层厚度、岩性、储层类型、储层物性等参数合理划分开发层系。该气田的砂层对比图和储层特征分别见表1。

表 1　气田储层特征表

气层组	砂体毛厚度/m	砂体净厚度/m	储层岩性	储集类型	储层物性		渗透率分类
					孔隙度/%	渗透率/mD	
K3a	32~54.3		细砂岩	孔隙型	8.5	0.34	特低渗
K3b	122~140	109~127	中、细砂岩,砂砾岩	孔隙型	9.6	7.14	中渗
K4b	147~155	111.4~135.8	中、细砂岩,砂砾岩	孔隙型	6.7	0.21	特低渗
K5a	108~167	99.7~149.4	中、细砂岩,砂砾岩	孔隙型	6.9	0.22	特低渗

从表中可以看出:① 从砂体发育程度来看,K3a、K3b、K4b、K5a 四个主力砂层在该气田全区稳定分布,主力砂体均由多套砂体叠置而成,其中 K3a 层砂体厚度相对较小,砂体毛厚 30~60 m;其余三个主力层(K3b、K4b、K5a)的砂体毛厚均超过了 100 m,储层砂体厚度大。此外,每个砂层组之间有厚度 20~140 m 的泥岩隔层,具有良好的封隔作用。② 从储层岩性来看,K3a 以细砂岩为主,其余三个主力层(K3b、K4b、K5a)以中—细砂岩、砂砾岩为主。③ 从储层物性角度看,K3b 层属于中低孔—中低渗储层,其余三个主力层(K3a、K4b、K5a)属于特低孔—特低渗储层。

根据"岩性、物性相近"的层系划分原则,可将该气田 K 组上段的四个主力层(K3a、K3b、K4b 和 K5a)划分为三套层系。首先,根据"岩性相近"的层系划分原则划分为两套层系:K3a(细砂岩)单独一套层系,K3b、K4b 和 K5a(均为中—细砂岩和砂砾岩)组合为一套层系;然后根据"物性相近"的层系划分原则,再将 K3b、K4b 和 K5a 划分为两套层系,即 K3b(中渗)单独一套层系,K4b 和 K5a(特低渗)组合为一套层系。

(三)井型及井网的确定

该气藏为中低渗巨厚气藏,气藏的含气层数量较多,且各含气气层的储层物性差异很大。其中主力产层有 4 个(K3a、K3b、K4b 和 K5a),4 个含气层的厚度都较大,其余非主力产层的厚度较小,且在气藏中呈离散型分布,这使得气藏的开发难度增大。如果只采用单一的直井井网,由于气层的渗透率很低,K3a、K4b

和 K5a 更是属于特低渗透层,为了提高气藏的采收率就只能增大直井的布井密度,与少井高产的开发原则不符;若只采用水平井网开发,对于小厚度含气气层的控制程度就降低,使得整个气藏的控制程度也降低。综合分析气藏的储层特征和非均质性,以及各井型的适用范围和优缺点,笔者认为可以对该气藏采用立体井网开发。对于渗透率低的气层采用水平开发,以增大井筒与含气地层的接触面积,从而提高气井的产能;对于渗透率较高的气层采用定向井,提高了气井的钻遇率,增大了气井对气藏的控制程度。运用定向井和水平井相结合的立体开发井网,达到了少井高产、高效开发巨厚气藏的效果。

1. 井型的确定

根据已经划分的开发层系和立体开发原则[13],对于储层物性较差含气层系采用水平井开发,储层物性好的含气层系采用大斜度井开发,尽量提高钻遇率以增大对气藏的控制程度,并射开所有钻遇的气层。根据该气藏 4 个主力产层的储层特征,选择不同的井型,其中,K3a 部署水平井;K3b 以定向井为主,边部考虑水平井部署;K4b 和 K5a 考虑水平井或定向井部署;在实际开发过程中,可根据单井测井资料和解释成果,当直井段(造斜段)钻遇其他小层,可采取射孔打开生产。

2. 井网形式的选择

气藏开发的井网形式大体有均匀井网、环状井网、线状井网和不均匀井网,以及气藏中心(顶部)地区布井(图 1)。井网形式的选择主要取决于构造形态、储层分布及其非均质性、边底水分布状况。该气田具有非均质性强、单井产能与储量丰度差异大等特点,宜采用非均匀井网开发。

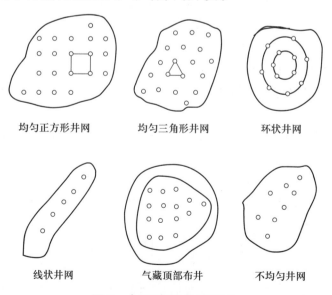

均匀正方形井网　　均匀三角形井网　　环状井网

线状井网　　气藏顶部布井　　不均匀井网

图 1　气田常见井网形式

四、结语

对于复杂断块低渗透油藏,立体开发井网能有效地克服传统直井井网控制程度不足的缺点,并提高了低渗透油藏的采收率,达到了高效开发油藏的目的。在含多层系巨厚气藏的开发过程中,立体开发井网也能弥补单一直井或者水平井网不能高效动用储量的缺点,充分利用小厚度气层的能量,以使气井达到高效稳产,提高气藏的采收率。

参考文献

[1] 徐国盛,张阳.川东复合气藏成藏机理及立体开发方式研究[J].成都理工大学学报:自然科学版,2003,30(1):69-75.

[2] 吴月先,钟水清,潘用平,等.四川盆地天然气"立体勘探"新进展[J].岩性油气藏,2009,21(1).

[3] 余淑明,刘艳侠,武力超,等.低渗透气藏水平井开发技术难点及攻关建议[J].天然气工业,2013.

[4] 关富佳,李伟.立体井网开发效果影响因素分析[J].科学技术与工程,2014(2):75-77.

[5] 许宁.油藏立体开发现状及研究进展[J].断块油气田,2014,21(3):322-325.

[6] 关富佳,刘德华,颜明.复杂小断块油藏立体井网开发模式研究[J].断块油气田,2010(2):213-215.

[7] 王端平,杨勇,许坚,等.复杂断块油藏立体开发技术[J].油气地质与采收率,2012(5):54-57.

[8] 崔敏.断块油藏立体开发技术政策界限研究[J].内蒙古石油化工,2013,39(16):84-87.

[9] 范乐宾,王勇,张铜耀,等.底水块状油藏立体水平井井网优化及特征研究[J].石油钻采工艺,2012,34(B09):41-43.

[10] 王显荣.巨厚潜山油藏立体开发井网研究与应用[J].内蒙古石油化工,2013(20):154-156.

[11] 丁祖鹏,田冀,屈亚光,等.巨厚潜山油藏水平井立体井网开发方式优化[J].油气井测试,2013(5):35-37.

[12] 任芳祥.油藏立体开发探讨[J].石油勘探与开发,2012,39(3):320-325.

[13] 符晓,邓少云.川西新场气田中,浅层气藏特征及立体勘探开发的技术思路[J].天然气工业,1997,17(3):14-19.

陆丰区块深部地层钻完井液及储层保护研究

张伟国,张新平,林海春,王跃曾,魏裕森,汪红霖

中海石油(中国) 有限公司深圳分公司,广东深圳

一、引言

陆丰 13-1 油田作业水深约 145 m,已进入开发后期,目前油田调整挖潜的潜力区主要集中在油藏深层 α 层及 E 组,深部地层属典型低渗油藏,地温梯度约 3.94℃ /100 m,压力梯度为 0.994 MPa/100 m,属于正常的温度压力系统,地层最高温度为 133℃。水平井一般采用裸眼或筛管完井,对钻井完井液的储层保护提出了更高的要求:一方面要尽量避免钻井完井液伤害储层;另一方面如果产生伤害,需要配套的完井液能够有效地解除钻井完井液的储层伤害。

目前海上常用的钻井完井液体系为 PRD 钻井完井液体系,该体系在近年来的应用过程中取得了较好的应用效果,但也存在一些问题:① 必须破胶完井才能满足储层保护的要求,破胶剂属氧化剂,具有一定的危险性,需破胶完井,工艺复杂,作业烦琐,成本较高;② PRD 的高的黏度、剪切力以及胶液中大分子聚合物的分子链的过度相互缠绕,甚至形成的局部交联,使得一旦钻屑清除不力和钻井液的抑制性能受到弱化,就将影响钻井液的有效固控,使振动筛效率产生不利的影响,甚至产生跑浆;③ PRD 体系的低剪切速率黏度较高,一般控制在 40 000 mPa·s以上,低剪切速率黏度是一把“双刃剑”,在储层保护方面,一方面能够减少胶液侵入地层防止伤害,另一方面一旦胶液进入地层,如果破胶液无法顶替到位,将无法再返排出来并伤害地层;④ 在低渗储层的应用案例不多。本文研究的可液化非破胶钻井完井液体系,省去破胶工艺,即节约成本又减少作业风险,并且在低渗储层应用效果较好[1-5]。

二、陆丰 13-1 油田深层钻井完井液难点及对策

(1)该油田深层油藏属典型的低渗储层,地层黏土矿物含量高,钻井液等入

通讯作者:王跃曾,男,1991 年毕业于长江大学(原江汉石油学院),高级工程师,现主要从事海洋钻完井技术工作。
联系地址:广东省深圳市蛇口太子路 22 号金融中心 1205 室。

井流体极易污染近井地带,又由于低渗储层孔喉直径小,一旦近井壁地带被污染后,地层流体很难流动到井眼内,易造成伤害,对钻井液的储层保护效果提出了较大的考验[6]。

(2)海上油田常常采用水平井裸眼完井的方式进行开发,这对钻井完井液的储层保护效果提出了更大的挑战,一旦钻井液污染储层,将无法采用其他工艺措施进行解除污染,因此,钻井完井液体系必须具有良好的保护储层效果[1]。

(3)为减少储层污染,在水平井裸眼完井的钻井完井液设计上,常常采用无黏土相钻井完井液体系,该类型的体系由于没有黏土,只采用生物聚合物及淀粉类材料,体系必须具有一定的抗温性能,在选材料时即要考虑储层保护,又要考虑抗温性能。

(4)由于井深较深,达到 3200 m,钻井液密度设计为 $1.07 \sim 1.15$ g/cm^3,采用 KCl 进行加重,且属于水平井钻进,钻屑容易沉积在井眼底部,一旦沉积,再冲刷起来将非常困难。因此要求钻井完井液具有良好的携砂与清洁井眼的能力,要求钻井完井液具有较高的动塑比以及合理的低剪切速率黏度。

三、可液化非破胶钻完井液设计理念

目前常用的 PRD 无固相钻井完井液体系配方为:海水+0.2%NaOH+0.2%Na$_2$CO$_3$+0.5%VIS 流型调节剂+2%FLOCAT 改性淀粉+(3%~5%)KCl(或采用其加重)。其两个主要处理剂为 VIS 流型调节剂和 FLOCAT 改性淀粉,此两种处理剂属于难以直接返排的处理剂,所以该体系均采用破胶完井方式来达到保护储层的目的,这种方式虽然在一定程度上解除了钻井完井液对伤害的储层,但是破胶剂的安全性、破胶效率、二次污染以及与完井液的配伍性等,使破胶完井方式的应用受到一定的限制,且现场破胶效果的评估、破胶过程的施工等待,对施工效果和作业时间产生影响[2-4]。基于以上内容,对无固相钻井完井液体系进行了全新的设计,主要有以下几个方面。

(1)材料可液化。选用全部可液化的处理剂,即钻井完井液体系在完钻以后,采用完井液可以完全液化,且无任何残留,形成了在井筒内及近井壁地带全部以"清洁盐水"的形式存在,完全保护储层。其主要机理为,隐形酸所释放的 H$^+$ 能够与所选择的全部处理剂发生化学反应,使无机材料转化为盐(如 Ca^{2+});使有机高分子材料在酸性环境下降解为小分子,在液体中更容易运动,从而在返排过程中能够从井壁喉道中更易运动到井筒内,保护储层。

(2)强封堵性能。根据孔隙直径进行粒径匹配,选取了两种酸溶性暂堵剂进行合理级配封堵,降低钻井完井液中聚合物胶液侵入地层的概率,并降低钻井完井液液相侵入地层的深度,有效地保护储层[5]。

（3）免破胶工艺。根据设想,简化已有无固相钻井完井液体系的施工工艺,以材料可液化功能为前提,减少现有的破胶工艺,减少二次污染的风险,最大限度地保护储层,并简化现场施工、节约作业工期。

（4）简化完井液。简化完井工艺的同时,简化完井液体系,减少不必要的处理剂的加入,一方面降低作业成本,另一方面减少污染储层的风险,保护储层[7]。

四、可液化非破胶钻完井液体系研究

基于以上设计理念,开发设计了一套可液化的无黏土相钻井完井液体系,其基本配方为:海水 + 0.2% NaOH + 0.25% Na_2CO_3 + 0.5% Dual Seal 储层保护剂 + 0.5% VIS-B 流型调节剂 + 2.5% STARFLO 淀粉 + 5% JQWY 酸溶性暂堵剂 + 2% JLX-B 聚合醇 + 5% KCl(需要时采用氯化钾加重到密度为 1.07 g/cm^3)。对其综合性能进行了评价。

（一）抗温性能

可液化非破胶钻完井液体系抗温性能如表 1 所示。由此可知,该体系抗温达 130℃。

表 1 可液化非破胶体钻井液抗温性能评价

老化温度 /℃	状态	AV /(mPa·s)	PV /(mPa·s)	YP/Pa	Φ_6/Φ_3	FL_{API}/mL	LSRV /(mPa·s)
	滚前	25.5	13	12.5	9/7		
90	滚后	23	12	11	8/7	4.2	18 096
100	滚后	23.5	13	10.5	8/7	4.3	20 396
110	滚后	23	12	11	8/6	4.8	20 096
120	滚后	22	11	11	8/6	4.8	17 696
130	滚后	19	9	10	6/5	5.2	8038

（二）不同密度下的性能

室内首先评价了不同可溶盐对非破胶钻开液体系加重后的性能的影响,如表 2 所示,可液化非破胶钻完井液体系不同加重剂对体系性能的影响不大。随后评价了采用 KCl 加重后不用密度下的性能如表 3 所示,随着密度的增大,体系的黏切和塑性黏度均有所增加,体系总体性能变化不大,说明该体系能在各种地层压力下进行施工。

表2 不同加重剂对体系性能的影响

不同加重剂	状态	AV /(mPa·s)	PV /(mPa·s)	YP/Pa	Φ_6/Φ_3	FL$_{API}$/mL	LSRV /(mPa·s)
KCl	滚前	23.5	11	12.5	13/12		
	滚后	23	12	11	8/7	4.4	20 296
NaCl	滚前	25	11	14	14/13		
	滚后	24	14	10	8/7	4.8	21 595
HCOONa	滚前	25.5	12	13.5	14/13		
	滚后	33	17	16	9/8	4.2	31 193

表3 非破胶体系不同密度下的性能(采用KCl)

密度 /(g/cm³)	状态	AV /(mPa·s)	PV /(mPa·s)	YP/Pa	Φ_6/Φ_3	FL$_{API}$/mL
未加重	滚前	25.5	13	12.5	13/12	
	滚后	24	12	12	8/7	6.4
1.10	滚前	24.5	12	12.5	12/11	
	滚后	23	12	11	8/7	6.5
1.15	滚前	24	12	12	11/10	
	滚后	24	13	11	8/7	6.4

(三)抗污染性能

实验室采用该油田的现场钻屑进行侵污实验,钻屑过孔径为100目的筛,实验结果见表4。可以看出,该体系抗污染能力较强,即使侵入质量分数为15%的钻屑,其性能依然较好。

表4　非破胶体系抗钻屑侵污性能

钻屑/%	状态	AV /(mPa·s)	PV /(mPa·s)	YP/Pa	Φ_6/Φ_3	FL_{API}/mL	LSRV /(mPa·s)
0	滚前	21.5	12	9.5	7/5		
	滚后	22.5	13	9.5	7/6	4.4	22 397
5	滚前	23.5	13	10.5	7/5		
	滚后	24	13	11	7/6	4.0	19 998
10	滚前	27.5	15	12.5	8/6		
	滚后	26	14	12	7/5	4.4	17 997
15	滚前	30.5	17	13.5	8/7		
	滚后	23.5	14	9.5	5/4	4.2	17 598

（四）抑制性及润滑性

室内通过滚动回收率和防膨率进行了抑制性评价。通过实验非破胶体系的滚动回收率与防膨率达到了90%以上,说明体系具有较高的抗泥页岩等岩石水化分散的能力,且加入聚胺UHIB能够提高其抑制性能,能够满足现场施工的要求。

在配方设计中选用的高分子聚合物和淀粉均具有极佳的润滑性能,再辅以聚合醇的浊点效应来达到降低摩阻系数的功能,采用Baroid公司的EP极压润滑仪测定润滑性,计算摩阻系数为0.11,表明体系具有较好的润滑性能。

（五）强封堵性能

该钻井液在设计过程中引入了储层保护剂DualSeal和JQWY超细碳酸钙进行封堵,一方面能够提高地层承压能力,降低滤失量,一方面能够阻止"胶液"侵入地层,防止储层伤害,保护储层。实验室在岩心和PPT实验仪器上进行了封堵实验。不同体系在5D砂盘上漏失后的情况见图1。实验结果显示,PRD无固

(a) PRD 通过后的砂盘　　(b) UltraFLO 通过后的砂盘

图1　不同体系在5D砂盘上漏失后的情况

相体系在 5D 砂盘上全部漏失,并且无泥饼形成;而可液化非破胶钻完井液体系仅初始漏失 17.5 mL,最终压力升至 10.5 MPa 保持 10 min 后,漏失量仅为 2.5 mL,并且具有薄而韧的泥饼,说明该体系具有较好的封堵效果。

(六)可液化性能

根据设计理念,主要采用双效完井液(过滤海水+2.0%HCS 黏土稳定剂+1.0%HTA-LF 螯合剂+2.0%JCI 缓蚀剂+0.5%SATRO 防水锁剂。可用 KCl 调节密度至 1.05~1.15 g/cm^3。对钻井完井液体系进行液化评价。

评价方法:将上述钻井完井液泥饼分别用双效完井液冲刷和浸泡,观察泥饼的冲刷和浸泡溶解情况,并测定溶解后的完井液浊度,结果见图 2 和图 3。在冲刷 10 min 后,双效完井液冲刷的泥饼已经全部脱落了,说明双效完井液对泥饼具有较好的冲刷能力,能够有效地清除非破胶钻开液体系的泥饼,从而实现井壁的裸露与恢复,恢复油流通道。同时浸泡 2 h 后,双效完井液能够将非破胶钻开液体系的泥饼全部溶蚀了,滤纸上无泥饼残留,且浸泡过泥饼的双效完井液残液依然保持清澈透明,这就说明双效完井液能够将非破胶的泥饼的残渣全部清除掉。因此,即使非破胶钻开液体系的胶液或聚合物等侵入到地层孔隙中,在完井过程中,双效完井液的侵入也能够将污染地层的胶液或聚合物等降解清除掉,从而恢复油流通道,达到保护油气层的效果。

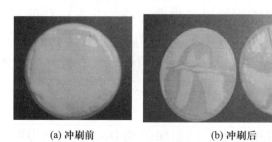

(a) 冲刷前　　　　　　　(b) 冲刷后

图 2　双效完井液对非破胶体系的泥饼冲刷能力

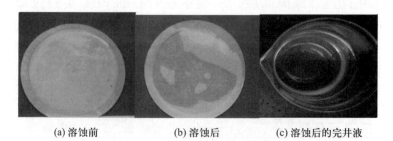

(a) 溶蚀前　　　　(b) 溶蚀后　　　　(c) 溶蚀后的完井液

图 3　双效完井液对非破胶钻开液体系的泥饼液化

（七）储层保护性能

实验室评价了该钻井完井液体系的储层保护效果,结果见表5。由此可知,非破胶体系 钻井完井液体系具有较好的储层保护效果,即使在直接返排的情况下,其渗透率恢复值也能够达到 89%,在经过简易隐形酸完井液完井后,渗透率恢复值提高到了 96%,这说明简易隐形酸能够进一步解除伤害,保护储层。

表 5　非破胶体系的储层保护效果

岩心号	污染液	完井方式	空气渗透率 /($10^{-3}\mu m^2$)	K_O /($10^{-3}\mu m^2$)	P_{max} /MPa	P_d /MPa	K_d/K_O /%
15#	非破胶	直接返排	45.58	25.90	0.345	0.097	89.12
19#	非破胶	直接返排	30.98	14.85	0.464	0.152	90.91
27#	非破胶	双效完井液完井	32.74	15.84	0.415	0.115	95.22
10#	非破胶	双效完井液完井	47.43	24.32	0.271	0.110	96.74

注:P_{max}为突破压力,即驱替恢复值过程中达到的最大压力;P_d为稳定压力,即驱替恢复值过程中稳定后的压力。

五、现场应用

UltraFLO 可液化钻井完井液体系在陆丰某油田进行了 3 口井的作业,在作业过程中未出现任何井下复杂,钻井作业顺利,其中 2 口井采用简易隐形酸进行了完井作业,在泵入简易隐形酸完井液后,循环 1 周后井下立即开始漏失,漏速为 4 m^3/h,说明该体系具有极强的液化解堵功能,并且返出的完井液浊度较小。另外一口井由于受台风影响,钻完进尺后,进行了避台处理,钻井完井液体系在井下静置了 7 d 以后,采取直接返排的方式进行完井试采。试采返排以后,采用 UltraFLO 可液化钻井完井液体系作业的 3 口井均表现出了良好的储层保护效果,3 口井配产 600～800 bbls,试采产量达 1 700～1 800 bbls,试采后产量超预期产量。并且与前期常规作业的 PRD 无固相钻井完井液相比,平均节省作业时间 9 h,减少了作业程序与作业周期,降低了井控风险与作业成本,取得了较好的应用效果。

六、结论与认识

（1）可液化非破胶钻完井液体系具有较好的抗温、抗污染性能，较好的抑制性及润滑性能，能够满足水平井钻井的需要。

（2）可液化非破胶钻完井液体系具有较好的可液化性能，配合双效完井液能够将泥饼全部液化，并且液化后的完井液浊度较小，液化后达到了"清洁盐水"钻井完井液保护储层的效果。

（3）可液化非破胶钻完井液体系具有较好的储层保护效果，岩心驱替结果表明，在采用双效完井液完井后，其渗透率恢复值可以达到96%。

（4）现场应用表明，UltraFLO可液化钻井完井液体系能够在保证安全钻井的前提下，简化施工工艺，节省作业周期，并且应用的3口井产量均超预期，具有较好的储层保护效果。

参考文献

［1］ 高长虹．国外20世界90年代海洋钻井液新技术［J］.中国海上油气,2000,12(4)：63-67.

［2］ 黎金明,杨斌,金祥哲．低渗透气田水平井钻井（完井）液技术［J］.钻采工艺,2010,33(zl)：15-21.

［3］ 闫振来,牛洪波,唐志军,等．低孔低渗气田长水平段水平井钻井技术［J］.特种油气藏,2010,17(2)：105-115.

［4］ 吴诗平,鄢捷年．国外保护油气层钻井液技术新进展［J］.中国海上油气,2003,17(4)：280-292.

［5］ 赵峰,唐洪明,张俊斌,等．LF13-1油田PRD钻完井液体系储层保护效果优化研究［J］.特种油气藏,2010,17(6)：88-90.

［6］ 徐同台,赵敏,熊友明．保护油气层技术［M］.北京石油工业出版社,2008.

［7］ 刘科,邱正松．超低渗透钻井液关键处理剂的研制及应用［J］.中国海上油气,2009,21(4)：260-263.

［8］ 李志勇,鄢捷年,王晓琳．海上钻井多功能水基钻井液研究［J］.中国海上油气,2005,17(5)：337-341.

张伟国　36岁,高级工程师,中海石油(中国)有限公司深圳分公司深水工程技术中心技术支持室经理,从事海洋石油钻完井工艺技术研究和应用工作,在大位移井、深水钻井、钻井提速、储层保护等方面均有较深入的认识和研究,研究成果应用于实际生产,取得较大的经济效益,并发表学术论文10余篇,承担多项公司重点科研项目的研究工作,多次荣获分公司或行业科技进步奖。

致密气产能预测模型的建立及配产研究

杨凯雷,杜希瑶,房茂军,李昊

中海油研究总院,北京

一、气田概况

L 区块位于鄂尔多斯盆地东缘晋西绕折带,其主要含气井段为上古生界石炭系太原组和二叠系上、下石盒子组。气层组沉积相自下而上由海陆过渡相(石炭系、二叠系早期)过渡到内陆河湖相(下石盒子组、上石盒子组和石千峰组)。储层岩性主要为岩屑砂岩和岩屑石英砂岩为主。储集类型有粒间余孔、溶蚀孔、晶间孔和微裂缝。主要储集类型为粒间余孔和溶蚀孔。储层物性很差,据统计,各气层组有效储层平均孔隙度为 7.41% ~ 9.50%,岩心分析平均渗透率为 0.484 ~ 1.375 mD。DST 测试解释气层有效渗透率为 0.0073 ~ 0.086 mD,表皮系数为 1.02 ~ 57.18。各气藏均属于干气气藏,属于正常压力系统,平均压力梯度为 0.94 MPa/100 m,为无边底水的定容气藏。共有压裂和不压裂测试井 20 口,测试最高产量为 119 520 m³/d,最低产量为 200 m³/d。

二、致密气井产能预测模型的建立

(一)预测理论

根据文献,陈元千在气井的二项式产能方程进行推导的过程中,引入了比产能的概念,得到了预测气井绝对无阻流量的新方法,本文利用此方法在 L 气田进行了实际应用,得到了较好的预测效果,证明了该方法在预测致密气井产能上是一个比较好的方法。

气井二项式产能方程:

$$q_{\mathrm{g}} = \frac{0.2714 K h T_{\mathrm{sc}} (p_{\mathrm{R}}^2 - p_{\mathrm{wf}}^2)}{\bar{\mu}_{\mathrm{g}} \bar{Z} T p_{\mathrm{sc}} \left(\ln \dfrac{0.472 r_{\mathrm{e}}}{r_{\mathrm{w}}} + S_{\mathrm{t}} \right)} \tag{1}$$

式中,S_{t} 为气井表皮系数;q_{g} 为气井在地面标准条件下的产量,$10^4 \mathrm{m}^3/\mathrm{d}$;$K$ 为气

层有效渗透率,mD;p_{wf}为井底流动压力,MPa。

当 $p_{wf}=0.101$ MPa 时,$q_g=q_{AOF}$,并考虑 $p_R^2-0.101^2\approx p_R^2$,则由式(1)得

$$q_{AOF}=CKhp_R^2 \tag{2}$$

其中:

$$C=\frac{0.2714T_{sc}}{\bar{\mu}_g\bar{Z}Tp_{sc}\left(\ln\dfrac{0.472r_e}{r_w}+S_t\right)} \tag{3}$$

式中,C 为气井的产量系数。

定义单位厚度和单位地层压力平方的绝对无阻流量为气井的比产能,并表示为

$$\eta_{AOF}=\frac{q_{AOF}}{hp_R^2} \tag{4}$$

式中,q_{AOF} 为气井的绝对无阻流量,10^4 m^3/d;η_{AOF} 为气井的比产能,10^4 m^3/(MPa$^2\cdot$d$\cdot$m)。

将式(4)代入式(2),得到比产能与地层有效渗透率的关系式为

$$\eta_{AOF}=CK \tag{5}$$

从式(2)可看出,气井的无阻流量与气层厚度、气层原始地层压力和有效渗透有关,引入的比产能与地层有效渗透率成正比。根据少量气井测试资料的分析,利用一点法或二项式法,确定测试井的无阻流量,利用试井分析,确定原始地层压力和有效渗透率,回归确定比产能与有效渗透的关系系数,进而构建比产能与有效渗透率的关系模型,利用该模型就可以预测未测试层的气层的单井无阻流量,在根据经验配产系数,就可以实现单井的合理配产。

(二)预测模型建立的步骤

1. 求取测试井单井无阻流量

对压裂测井和不压裂测试井的测试资料进行分析,利用一点法和二项式产能分析法,分别计算测试层的无阻流量,如表 1 所示。

2. 确定测试层测井孔隙度与试井渗透的关系

由于试井渗透率只能由测试井才能获得,必须与测井解释成果建立关系,才对新井的产能具有预测性。文本做了很多尝试,最终选定测井孔隙度与试井渗透率具有比较好的相关性。根据 15 口测试井主力层位的 34 个试井有效渗透率数据,与测井孔隙度建立了指数关系模型(图 1)。L 区块新井投产初期,可根据此关系,获得有效渗透率,进而确定层位的无阻流量。

$$K_{试井} = 0.0001e^{0.8355\phi} \quad\quad\quad (6)$$

表1 L区块致密气井产能测试及无阻流量计算表

井名	层位		气层厚度/m	静压/MPa	流压/MPa	产量/(m³/d)	试井有效渗透率/mD	无阻流量 Q_{AOF}/(10⁴m³/d)	
								二项式	一点法
1	8#	单层测试（压裂）	2.2	17.19	4.22	26 730	0.1672	2.85	
4	5+6#	合层测试（未压裂）	14.2	15.12	2.36	57 120	1.4964	6.18	
	8#	单层测试（未压裂）	10.0	16.15	5.09	119 520	25.4700	13.27	
5	3+4#	合层测试（压裂）	10.5	14.59	4.57	37 312	0.8624	5.15	
	3#	单层测试（压裂）	6.1	13.80	2.00	17 880	0.0413	1.83	
	4#	单层测试（压裂）	4.4	13.74	1.59	11 880	0.0202	1.21	
6	0#	单层测试（压裂）	9.3	12.54	1.82	8880	0.0204	0.91	
	2#	单层测试（压裂）	4.9	13.28	9.98	20 880	0.0306	4.80	
	7#	单层测试（压裂）	5.0	15.29	2.58	8280	0.0211	0.85	
8	4+5#	合层测试（压裂）	15.0	15.39	5.11	61 198	0.2353	7.58	
	5#	单层测试（未压裂）	6.1	15.49	3.22	6682	0.4545		0.70

续表

井名		层位	气层厚度/m	静压/MPa	流压/MPa	产量/(m³/d)	试井有效渗透率/mD	无阻流量 Q_{AOF}/(10^4m³/d)	
								二项式	一点法
9	1#	单层测试（未压裂）	8.4	12.44	6.50	129 120	18.3111	15.86	
	2#	单层测试（未压裂）	3.5	13.75	10.71	65 880	19.2502	16.67	
19	4#	单层测试（压裂）	6.0	14.78	2.47	43 000	0.2300		6.21
20	7#	单层测试（压裂）	15.7	14.39	1.74	8382	0.0071	0.97	
27	2#	单层测试（压裂）	10.4	11.94	2.89	48 751	0.4760		5.06
101	8#	单层测试（压裂）	10.9	15.93	5.73	1670	0.0306	0.73	

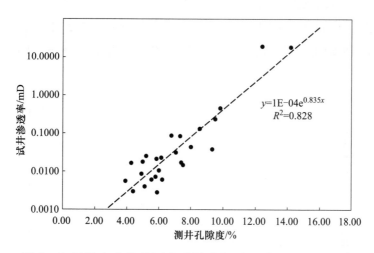

图1　L区块主力层位测井孔隙度与试井渗透率关系曲线

3. 确定地层压力系数

由测试层的深度与相应地层压力关联,得到地层压力系数。根据 L 气田 15

口井共计 16 测试层位的 34 个数据,绘制了气层中部深度与地层压力的关系,经线性回归得到相关系数较高的压力梯度模型(图 2),可知 L 区块的地层压力系数平均为 0.94。

$$p_R = 0.9457D \tag{7}$$

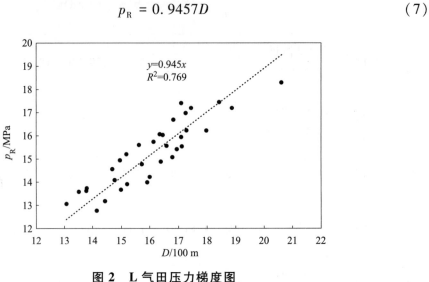

图 2　L 气田压力梯度图

4. 建立比产能与试井有效渗透率关系模型

根据计算分别确定压裂井和未压裂井的气井无阻流量、气层厚度和地层压力,就可以分别确定压裂井和未压裂井的比产能。建立比产能与试井有效渗透的关系,回归确定其参数。

将 L 区块气井的压裂和不压裂层段的比产能和有效渗透率数据分别绘于双对数坐标图中,回归 η_{AOF} 与 K 的关系(图 3、图 4),得到相关系数大于 0.85 的相关公式:

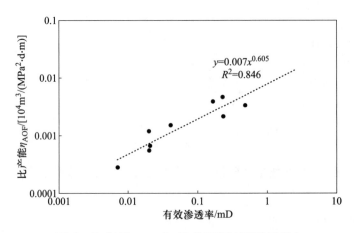

图 3　L 气田 η_{AOF} 与 K 关系图(压裂层段)

$$\eta_{\text{AOF-f}} = 0.0078K^{0.605} \tag{8}$$

$$\eta_{\text{AOF}} = 0.0013K^{0.6459} \tag{9}$$

并由（4）式，得到 L 气田的绝对无阻流量预测公式：

$$q_{\text{AOF-f}} = 0.0078hp_{\text{R}}^2K^{0.605} \tag{10}$$

$$q_{\text{AOF}} = 0.0013hp_{\text{R}}^2K^{0.6459} \tag{11}$$

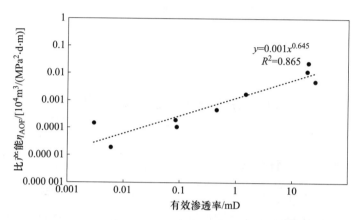

图 4 L 气田 η_{AOF} 与 K 关系图（不压裂层段）

（三）压裂增产倍数的确定

根据压前压后两个模型计算的气井的无阻流量，即可确定气井的压裂增产倍数，$M = q_{\text{AOF-f}}/q_{\text{AOF}}$，从图 5 和图 6 中可以看出，增产倍数随有效渗透率的增高而降低。渗透率越差，增产倍数越大，在致密气渗透率范围内，增产倍数都在 5.5 以上，所以都适合压裂开发。

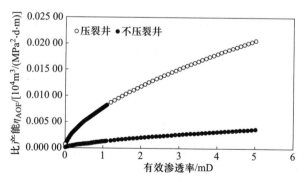

图 5 L 区块压裂井与不压裂井的比产能对比图

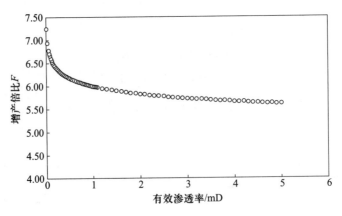

图6 增产倍比与有效渗透率关系图

(四) 预测模型敏感性分析

1. 气层厚度敏感性分析

如图 7 所示,气层厚度与气层无阻流量呈线性关系,随厚度增加,气井无阻流量呈线性增加,这为我们利用单位厚度无阻流量预测单井无阻流量创造了条件。

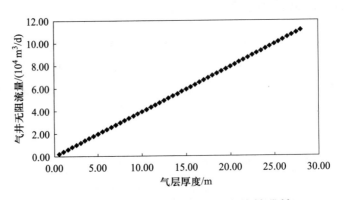

图7 气井无阻流量与气层厚度的敏感性

2. 孔隙度敏感性分析

给定储层深度和孔隙度,可以利用预测模型计算出 L 区块压裂气井单位厚度下的米无阻流量(q_{AOF}/h)。

如图 8 所示,孔隙度与气层米无阻流量呈幂函数关系,随孔隙度增加,气层米无阻流量增加呈三段式:当孔隙度小于 10%,米无阻流量随孔隙度呈现相对缓慢的线性增加;当孔隙度大于 12%,米无阻流量随孔隙度呈现幂函数的快速增长;孔隙度介于 10%~12% 之间的转折期,呈非线性增长,增长幅度适中。

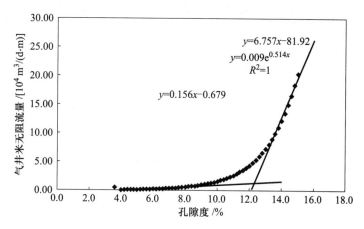

图 8　气井米无阻流量与孔隙度的敏感性(地层压力为 18 MPa)

3. 地层压力敏感性分析

如图 9 所示,地层压力与气层米无阻流量呈指数函数关系,随埋深增加,气井米无阻流量呈指数增加,且随埋深增加,米无阻流量的增长幅度增加。

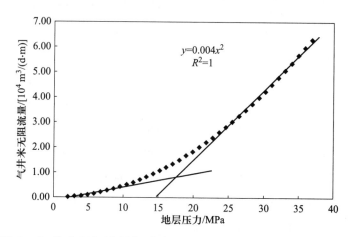

图 9　气井米无阻流量与地层压力的敏感性(孔隙度为 10%)

三、L 区块单井无阻流量速查表的研制

根据上述回归模型,计算了不同埋深、不同孔隙度下的米无阻流量数据表(表 2 和表 3)。只要已知气层埋深和孔隙度,就可以利用该表快速查出对应的米无阻流量,然后乘以该气层厚度,就可以预测该气层压前和压后的无阻流量,达到评价该气层品质的目的,同时为单井配产打好基础。

表 2 L 区块单井无阻流量速查表(压裂井)

压裂测试层段	气层中部深度 H/m	压力系数 F	气层中部压力 P_R/MPa	气层厚度 h/m	孔隙度 Φ/%	有效渗透率	比产能 η_{AOF} /[10^4m^3/ (MPa^2·m)]	无阻流量 q_{AOF} /(10^4m^3/d)	米无阻流量 $q_{AOF/m}$ /[10^4m^3/(d·m)]	配产系数 f	配产产量 /(10^4m^3/d)
1310~1320	1315	0.94	12.361	10	4	0.003	0.000 22	0.34	0.03	0.25	0.086
1410~1420	1415	0.94	13.301	10	4	0.003	0.000 22	0.40	0.04	0.25	0.099
1510~1520	1515	0.94	14.241	10	4	0.003	0.000 22	0.45	0.05	0.25	0.114
1610~1620	1615	0.94	14.241	10	4	0.003	0.000 22	0.52	0.05	0.25	0.129
1710~1720	1715	0.94	16.121	10	4	0.003	0.000 22	0.58	0.06	0.25	0.146
1810~1820	1815	0.94	17.061	10	4	0.003	0.000 22	0.65	0.07	0.25	0.163
1910~1920	1915	0.94	18.001	10	4	0.003	0.000 22	0.73	0.07	0.25	0.181
2010~2020	2015	0.94	18.941	10	4	0.003	0.000 22	0.80	0.08	0.25	0.201
1310~1320	1315	0.94	12.361	10	5	0.007	0.000 37	0.57	0.06	0.25	0.142
1410~1420	1415	0.94	13.301	10	5	0.007	0.000 37	0.66	0.07	0.25	0.164
1510~1520	1515	0.94	14.241	10	5	0.007	0.000 37	0.75	0.08	0.25	0.188
1610~1620	1615	0.94	15.181	10	5	0.007	0.000 37	0.86	0.09	0.25	0.214
1710~1720	1715	0.94	16.121	10	5	0.007	0.000 37	0.96	0.10	0.25	0.241
1810~1820	1815	0.94	17.061	10	5	0.007	0.000 37	1.08	0.11	0.25	0.270
1910~1920	1915	0.94	18.001	10	5	0.007	0.000 37	1.20	0.12	0.25	0.301
2010~2020	2015	0.94	18.941	10	5	0.007	0.000 37	1.33	0.13	0.25	0.333
1310~1320	1315	0.94	12.361	10	6	0.015	0.000 62	0.94	0.09	0.25	0.235
1410~1420	1415	0.94	13.301	10	6	0.015	0.000 62	1.09	0.11	0.25	0.272
1510~1520	1515	0.94	14.241	10	6	0.015	0.000 62	1.25	0.12	0.25	0.312
1610~1620	1615	0.94	15.181	10	6	0.015	0.000 62	1.42	0.14	0.25	0.355
1710~1720	1715	0.94	16.121	10	6	0.015	0.000 62	1.60	0.16	0.25	0.400
1810~1820	1815	0.94	17.061	10	6	0.015	0.000 62	1.79	0.18	0.25	0.448
1910~1920	1915	0.94	18.001	10	6	0.015	0.000 62	1.99	0.20	0.25	0.499
2010~2020	2015	0.94	18.941	10	6	0.015	0.000 62	2.21	0.22	0.25	0.552
1310~1320	1315	0.94	12.361	10	7	0.035	0.001 02	1.56	0.16	0.25	0.390
1410~1420	1415	0.94	13.301	10	7	0.035	0.001 02	1.81	0.18	0.25	0.451
1510~1520	1515	0.94	14.241	10	7	0.035	0.001 02	2.07	0.21	0.25	0.517

续表

压裂测试层段	气层中部深度 H/m	压力系数 F	气层中部压力 P_R/MPa	气层厚度 h/m	孔隙度 Φ/%	有效渗透率	比产能 η_{AOF} /[$10^4 m^3$/(MPa^2·m)]	无阻流量 q_{AOF} /($10^4 m^3$/d)	米无阻流量 $q_{AOF/m}$/ [$10^4 m^3$/(d·m)]	配产系数 f	配产产量 /($10^4 m^3$/d)
1610~1620	1615	0.94	15.181	10	7	0.035	0.001 02	2.35	0.24	0.25	0.588
1710~1720	1715	0.94	16.121	10	7	0.035	0.001 02	2.65	0.27	0.25	0.663
1810~1820	1815	0.94	17.061	10	7	0.035	0.001 02	2.97	0.30	0.25	0.743
1910~1920	1915	0.94	18.001	10	7	0.035	0.001 02	3.31	0.33	0.25	0.827
2010~2020	2015	0.94	18.941	10	7	0.035	0.001 02	3.66	0.37	0.25	0.915
1310~1320	1315	0.94	12.361	10	8	0.080	0.001 69	2.58	0.26	0.25	0.646
1410~1420	1415	0.94	13.301	10	8	0.080	0.001 69	2.99	0.30	0.25	0.748
1510~1520	1515	0.94	14.241	10	8	0.080	0.001 69	3.43	0.34	0.25	0.858
1610~1620	1615	0.94	15.181	10	8	0.080	0.001 69	3.90	0.39	0.25	0.975
1710~1720	1715	0.94	16.121	10	8	0.080	0.001 69	4.40	0.44	0.25	1.099
1810~1820	1815	0.94	17.061	10	8	0.080	0.001 69	4.92	0.49	0.25	1.231
1910~1920	1915	0.94	18.001	10	8	0.080	0.001 69	5.48	0.55	0.25	1.370
2010~2020	2015	0.94	18.941	10	8	0.080	0.001 69	6.07	0.61	0.25	1.517

表3 L区块单井无阻流量速查表（不压裂井）

压裂测试层段	气层中部深度 H/m	压力系数 F	气层中部压力 P_R/MPa	气层厚度 h/m	孔隙度 Φ/%	有效渗透率	比产能 η_{AOF} /[$10^4 m^3$/(MPa^2·m)]	无阻流量 q_{AOF} /($10^4 m^3$/d)	米无阻流量 $q_{AOF/m}$/ [$10^4 m^3$/(d·m)]	配产系数 f	配产产量 /($10^4 m^3$/d)
1310~1320	1315	0.94	12.361	10	4	0.003	0.000 03	0.04	0.00	0.25	0.011
1410~1420	1415	0.94	13.301	10	4	0.003	0.000 03	0.05	0.01	0.25	0.013
1510~1520	1515	0.94	14.241	10	4	0.003	0.000 03	0.06	0.01	0.25	0.015
1610~1620	1615	0.94	15.181	10	4	0.003	0.000 03	0.07	0.01	0.25	0.017
1710~1720	1715	0.94	16.121	10	4	0.003	0.000 03	0.08	0.01	0.25	0.019
1810~1820	1815	0.94	17.061	10	4	0.003	0.000 03	0.09	0.01	0.25	0.021
1910~1920	1915	0.94	18.001	10	4	0.003	0.000 03	0.10	0.01	0.25	0.024

压裂测试层段	气层中部深度 H/m	压力系数 F	气层中部压力 P_R/MPa	气层厚度 h/m	孔隙度 Φ/%	有效渗透率	比产能 η_{AOF} /[10^4m^3/(MPa^2·m)]	无阻流量 q_{AOF} /(10^4m^3/d)	米无阻流量 $q_{AOF/m}$ /[10^4m^3/(d·m)]	配产系数 f	配产产量 /(10^4m^3/d)
2010~2020	2015	0.94	18.941	10	4	0.003	0.000 03	0.11	0.01	0.25	0.026
1310~1320	1315	0.94	12.361	10	5	0.007	0.000 05	0.08	0.01	0.25	0.019
1410~1420	1415	0.94	13.301	10	5	0.007	0.000 05	0.09	0.01	0.25	0.022
1510~1520	1515	0.94	14.241	10	5	0.007	0.000 05	0.10	0.01	0.25	0.026
1610~1620	1615	0.94	15.181	10	5	0.007	0.000 05	0.12	0.01	0.25	0.029
1710~1720	1715	0.94	16.121	10	5	0.007	0.000 05	0.13	0.01	0.25	0.033
1810~1820	1815	0.94	17.061	10	5	0.007	0.000 05	0.15	0.01	0.25	0.037
1910~1920	1915	0.94	18.001	10	5	0.007	0.000 05	0.16	0.02	0.25	0.041
2010~2020	2015	0.94	18.941	10	5	0.007	0.000 05	0.18	0.02	0.25	0.045
1310~1320	1315	0.94	12.361	10	6	0.015	0.000 09	0.13	0.01	0.25	0.033
1410~1420	1415	0.94	13.301	10	6	0.015	0.000 09	0.15	0.02	0.25	0.038
1510~1520	1515	0.94	14.241	10	6	0.015	0.000 09	0.18	0.02	0.25	0.044
1610~1620	1615	0.94	15.181	10	6	0.015	0.000 09	0.20	0.02	0.25	0.050
1710~1720	1715	0.94	16.121	10	6	0.015	0.000 09	0.22	0.02	0.25	0.056
1810~1820	1815	0.94	17.061	10	6	0.015	0.000 09	0.25	0.03	0.25	0.063
1910~1920	1915	0.94	18.001	10	6	0.015	0.000 09	0.28	0.03	0.25	0.070
2010~2020	2015	0.94	18.941	10	6	0.015	0.000 09	0.31	0.03	0.25	0.077
1310~1320	1315	0.94	12.361	10	7	0.035	0.000 19	0.23	0.02	0.25	0.057
1410~1420	1415	0.94	13.301	10	7	0.035	0.000 19	0.26	0.03	0.25	0.066
1510~1520	1515	0.94	14.241	10	7	0.035	0.000 19	0.30	0.03	0.25	0.075
1610~1620	1615	0.94	15.181	10	7	0.035	0.000 19	0.34	0.03	0.25	0.085
1710~1720	1715	0.94	16.121	10	7	0.035	0.000 19	0.39	0.04	0.25	0.096
1810~1820	1815	0.94	17.061	10	7	0.035	0.000 19	0.43	0.04	0.25	0.108
1910~1920	1915	0.94	18.001	10	7	0.035	0.000 19	0.48	0.05	0.25	0.120
2010~2020	2015	0.94	18.941	10	7	0.035	0.000 19	0.53	0.05	0.25	0.133

四、致密气井合理配产方案

为保证开发效益,气井必须具备一定的稳产期,气井产量过大会造成地层能量损失和储层伤害,降低最终采收率;过小则不能达产,延长投资回收期,开发效益降低。因次,合理制定工作制度和配产方案,是低渗气田开发前期的主要工作,也是后期合理、高效开发气田的基础。

(一)合理工作制度确定

气井合理工作制度实际上是合理产量和合理生产压差的确定。根据不同地质条件和开发决策要求,采取不同的工作制度。本文利用生产动态曲线分析方法确定合理工作制度。

根据式(3),回归出的系数 C 为平均压力的函数,确定不同流压下的平均气体黏度和平均压缩因子,带入方程,即可得到气井的 IPR 曲线(天然产能),如图10 和图 11 所示。

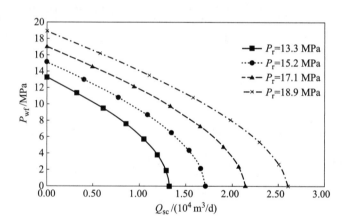

图 10　L 区块不同地层压力 IPR 曲线

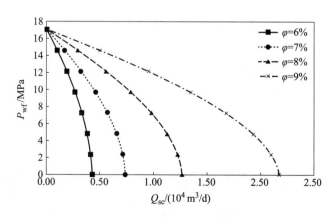

图 11　L 区块不同孔隙度 IPR 曲线

根据大牛地气田的经验，平均合理生产压差需控制在 4.6~7.5 MPa，相当于原始地层压力的 20%~29%。一般气田在生产时的合理生产压差为原始地层压力的 10%~15%，低渗气藏必须依靠放大生产压差，获得较高的单井产量。

（二）致密气井配产方案

L 区块开发前期，利用数值模拟和地质类比法，进行试验区开发井和探井的配产。地质类比法，考虑 L 区块和大牛地及苏里格气田具有相似的地质特征，通过和该两个区块的产能进行类比以确定 L 区块的合理产能；采用数值模拟技术对不同类型气井进行模拟分析，并根据储量动用程度指导配产。

利用本文的新方法，在建立了 L 区块压裂和不压裂直井的无阻流量预测模型的基础上，确定直井的绝对无阻流量，根据气井稳产的要求，取绝对无阻流量的 1/4~1/5 作为直井的合理产量。

五、结论与建议

（1）利用 L 气田的生产测试数据，根据陈元千预测无阻流量的新方法，回归了本区块的气井产能预测模型和压力梯度、孔渗关系两个基础模型，研制了 L 区块致密气产能速查表，解决了投产新井产能预测和配产方案制定的难题。

（2）利用产能预测模型绘制气井的 IPR 曲线，可定量获得气井的合理生产压差。

（3）利用预测模型确定直井的绝对无阻流量，便可根据气井稳产的要求，取绝对无阻流量的 1/4~1/5 作为直井的合理配产。

参考文献

蔡磊,贾爱林,唐俊伟,等. 2007. 苏里格气田气井合理配产方法研究[J]. 油气井测试,16(4).

陈元千. 1998. 预测气井绝对无阻流量的一个新方法[J]. 油气井测试,7(1).

陈召佑,王志章,刘忠群,等. 2013. 鄂尔多斯盆地大牛地气田致密砂岩气藏开发模式[M]. 北京:石油工业出版社.

崔书章,秦学成,沈阿平. 2008. 利用 IPR 流入曲线确定气井合理工作制度的探讨[J]. 油气井测试,17(3).

杨亚涛,王宏,张晓燕,等. 2009. 苏里格东部气田气井合理配产技术[J]. 石油化工应用,28(7).

钟家峻,唐海,吕栋梁,等. 2013. 苏里格气田水平井一点法产能公式研究[J]. 岩性油气藏,25(2).

杨凯雷　1965 年 3 月出生,甘肃环县人。目前担任中海油研究总院新能源研究中心油藏首席工程师。1988 年毕业于石油大学石油地质勘探专业,1996 年在西南石油学院获得油气田开发硕士学位。1988—2005 年先后在玉门油田和吐哈油田研究院从事油气田开发地质和油藏工程研究工作 18 年,主要研究方向为低渗透油气田地质评价和开发技术、注气混相驱开发技术、凝析气藏开发技术。2005 年至今在中海油研究总院主要从事海上常规油气田和稠油油田开发技术和开发方案研究。近四年主要从事致密气、煤层气和页岩气非常规气田开发技术研究。先后获得省部级科技进步奖二等奖三项、三等奖一项,厅局级科技进步奖一等奖八项。发表科技论文 14 篇。

海上压裂返排液预处理工艺分析研究

来远，高鹏，周晓红

中海油研究总院，北京

一、引言

随着海上致密油气藏勘探与开发技术的进步和目前海上常规油气资源的逐渐枯竭，海上致密气开发逐步进入各公司的视野。目前，陆上致密油气、页岩油气的开发已经成为新能源开发的热点，尤其在美国，其页岩油气、致密气的开发甚至改变了其传统的能源供应结构，对社会的发展产生了深远的影响。目前，国内陆上也已开展了致密气、页岩油气的试验性开发，部分试验区块已经进入生产阶段，但是由于致密气开发固有的需要频繁压裂的特点，其在生产阶段已经暴露出水资源消耗量较大，压裂后产生返排污水水量大、处理困难等诸多问题。

为争取解决上述问题，部分设计院、院校和研究所研究并实践了多种压裂返排液处理工艺流程，有些也已取得了一定的效果，如李浩[1]通过对压裂返排液进行酸化后，研究利用铁碳微电极电解，配合芬顿及过硫酸铵对胜利高清区块樊18-9井压裂返排污水进行处理，COD_{Cr}总去除率可达到75%，吨水药剂成本为21.2元；朱凌岳等[2]研究了直接采用两级氧化法对大庆油田采油厂压裂返排液进行处理，等到了较好的效果；钟显等[3]利用经混凝预处理后的压裂返排液，研究采用好氧生化法对返排液进行深度处理。但以上成套工艺往往难以在投资成本、运营成本、出水稳定度及占地上取得平衡，遑论应用于海上压裂返排液的处理与开发，但是其工艺设计思路也是可以值得海上压裂返排液预处理借鉴的。

而海上油田污水处理工艺除了需满足与陆地油田类似工艺相同的要求外，还需要满足吨水处理设施占地、就位重量不得过大，同时尽量避免采用有爆炸及有害危险的气体、液体等要求，这使得大规模在海上开展致密油气开发难度进一步增大，提高了开发成本。但是，海上，尤其是远海开发相较于陆上，也存在着污水排放指标相对宽松的特点，这意味着在部分特定的开发条件下，返排液的深度处理要求与陆地不同,这也为海上致密油气的开发带来了先天的有利条件。

目前,国内海上油田在污水深度处理方面已经有所实践,渤海某油田、南海某深水气田采用陶瓷膜超滤系统对其下所产采出水进行了深度处理,其出水可稳定满足油田最高的回注要求;渤海某注聚油田利用专性菌对其含聚污水在简单预处理后进行好氧法处理实验,处理后污水满足当地回注要求,降低了成本;辽宁某终端利用常规菌种,采用预处理+MBR+臭氧催化氧化法,其含聚污水处理后满足当地排放标准;由上可见,国内海上在污水深度处理方面已对各不同工艺有所实践,其效能可以满足目前海上污水回用要求。但是要真正达到满足海上平台压裂返排液处理的技术先进、经济合理、效果稳定的要求,压裂返排液的预处理是其关键,决定了深度处理工艺效果的稳定性及其吨水处理成本,直接关系到海上致密油气开发的可行性。

基于以上的分析、研究结果,本文从压裂返排液的水质出发,结合海上油田压裂返排液去向及相应要求,对海上油田压裂返排液回用预处理工艺进行了分析及研究,以期根据不同污水去向,得出优化的工艺流程。

二、压裂返排液的特点

根据目前的压裂工艺应用情况,压裂液体系应用得较多的主要有滑溜水体系、胍胶体系和滑溜水与胍胶的混合体系[4],其主要包括清水、胍胶、配套交联剂、破乳助排剂、杀菌剂、黏土稳定剂、pH 稳定剂[5]等各类药剂。这就使得压裂返排液在返出地面后,成为一个混有大量残存药剂、稳定悬浮固体及混合油液的难处理混合液。根据各文献统计,不同区域的压裂返排液原水性质如表 1 所示。

由表 1 可见,压裂返排液相较于油田采出水,其含油量相对较低,尤其是气田,含油量基本在 100 mg/L 以下,对于油田,其含油量一般也在 250 mg/L 以下,但根据其选用压裂液性质的不同,其悬浮物含量差别相对较大,同时也造成了其 COD_{Cr} 含量的区别。根据已有研究的分析,虽然压裂返排液含油量不高,但其中所含的交联剂等使得返排液中油与悬浮物稳定性很高[6],需要借助一定的预处理工艺方可达到后段用户的要求。

表 1　不同区域压裂返排液原水性质

区域	含油量/(mg/L)	悬浮物含量/(mg/L)	pH 值	COD_{Cr}含量/(mg/L)
某陆地油田	125.3	2925	7.2	—
仪陇 1 井	—	—	9.3	4305.8
德阳某气田	—	—	6.78	6667
北方某油田	44	335	7.5	8400
某石化污水站	—	8400	5~6	8470
浙江某页岩气示范区	25.9	102	7.81	1102.9
大港油田港深 11-8 井	104	80	7	10 873
鄂尔多斯页岩气	25	536	7.24	—
双城气井	13	3590	—	9749
普光气田	79.86	220.9	6.23	3559
大庆油田	48.39	628.57	6.69	4233.6
吉林油田	226.15	2.3	—	4837
某油田	—	3054	8.36	8263
安塞油田	732	365	7	—
河南油田	23.1	680	7.32	—
中原油田采油一厂	—	3050	—	8260

三、海上压裂返排液去向

海上油田相较于陆地油田，要求处理设施体积小、重量轻、流程简单，尽量减少水力停留时间；同时由于海上淡水用水成本极高，要求压裂液尽量采用处理后水配置。

因此，海上平台压裂返排液主要处置、主要去向为污水达标回注生产层，污水达标回注非目的层，污水达标配置压裂液，污水达标排海。根据目前已有的生产实例和收集的文献资料，不同去向污水要求水质如表 2 所示。

表 2　不同去向污水水质标准要求

污水去向	主要标准要求
污水达标回注非目的层	满足 SY/T 5329—2012 回注要求和非目的层水质要求,主要指标为含油量、悬浮物含量、粒径中值
污水达标回注生产层	满足 SY/T 5329—2012 回注要求,主要指标为含油量、悬浮物含量、粒径中值、细菌含量
污水达标配置压裂液[7]	含油量<30 mg/L;悬浮物<12 mg/L;铁离子<20 mg/L;成垢离子<200 mg/L;硫化物<10 mg/L
污水达标排海	满足 GB4914—2008 排海要求,主要指标为含油量

由以上要求可知,对于可以允许达标排海的油田,压裂返排液主要需满足含油量处理指标,要求较低;而对于污水回注的,根据污水回注目的地层的要求不同,压裂返排液处理需要进一步控制悬浮物指标,并视情况投加杀菌剂;而对于需要对污水回用于压裂液配置的,则不但需要对污水去除残余石油烃、悬浮物,还需要对水中残余药剂甚至二价离子进行进一步控制,因此要求最高。目前海上油田各污水处置去向暂时尚未对 COD 有具体的要求,但是 COD 作为一个污染控制指标,与水中含油量、悬浮物含量及可溶性有机物含量直接相关,仍对预处理工艺的效果有直接的表征作用。

四、预处理工艺分析

(一) 混凝工艺

由于压裂液返排液的污染物稳定性较高,而石油烃含量相对较低,传统油田水处理流程中的纯重力隔油流程效率相较于常规水处理流程较低,根据目前的实际研究与现场试验情况,往往采用混凝-絮凝工艺促进压裂返排液污染物的分离。

混凝-絮凝工艺的核心在于水中污染物带电基团电性的中和及双电层的压缩,从而为污染物与水中带电有机物的脱离创造有利条件,这取决于混凝剂自身的电性中和总量及其水解产物的相态;而后续混凝剂、絮凝剂絮体形成,则是将污染物与水分离的关键,这取决于合理的混合条件、搅拌条件及足够的水力停留时间。

根据目前已有的压裂返排液的混凝工艺实践经验,不同油气田混凝-絮凝工艺运行条件及运行效果如表 3 所示。

表 3　不同油气田混凝-絮凝工艺运行条件及运行效果

油田	混凝剂种类及投加量/（mg/L）	絮凝剂种类及投加量/（mg/L）	混合条件	pH 值	出水水质/（mg/L）	污染物去除率/%
某油田	PAC+PAM 复配药剂,2000	–	快搅 1 min 慢搅 20 min	6.0～7.0	COD_{Cr}:1149	COD_{Cr}:50
	PFS,1500	–		8.0	COD_{Cr}:1172	COD_{Cr}:49
	PFS+PHP+粉煤灰复配,1500	–		8.0～9.0	COD_{Cr}:597	COD_{Cr}:74
德阳某气田	氧化钙,5000 硫酸铝,5000 硫酸铁,5000	–	快搅 15 min	12.6	COD_{Cr}:4067	COD_{Cr}:39
大港油田港深 11-8 井	PAC,450	PAM,5	–	7.0	石油烃:15.5 SS:15 COD_{Cr}:1468	石油烃:85.1 SS:88.6% COD_{Cr}:86.5
	PAC,2500	PHP,7 粉煤灰,10 000	–	7.0	COD_{Cr}:3810	COD_{Cr}:43
大庆油田碱性压裂返排液	PAC,2000	–	–	12.0	COD_{Cr}:940	COD_{Cr}:53
	PAC,2000	硅酸钠,25	–	12.0	COD_{Cr}:780	COD_{Cr}:61
	PAC,2000	硅酸钠,25 PAM,3.0	–	12.0	COD_{Cr}:660	COD_{Cr}:67
大庆油田酸性压裂返排液	PAC,6000	硅酸钠,300	–	12.0	COD_{Cr}:2068.7	COD_{Cr}:41
	PAC,4000 说明2	硅酸钠,200 PAM,10	–	11.0	COD_{Cr}:362.5	COD_{Cr}:89.66
	PAC,4000	硅酸钠,200 PAM,10	–	11.0	COD_{Cr}:1142.8	COD_{Cr}:67.4

续表

油田	混凝剂种类及投加量/（mg/L）	絮凝剂种类及投加量/（mg/L）	混合条件	pH 值	出水水质/（mg/L）	污染物去除率/%
中原油田采油一厂	PFS,50	PAM,4	慢搅，30 min	—	COD_{Cr}:1334	COD_{Cr}:50.6
某油田	PAC,2500	—	—	9.0	石油烃:3.6 SS:24.3	石油烃:91.5 SS:97.5
某油田	PAC,1000	—	—	7.0	COD_{Cr}:178.3	COD_{Cr}:48

注:混凝处理前设置隔油池和缓冲池缓冲沉降;混凝前进行了预氧化;污水稀释 2 倍。

由表 3 可得到,总体来说,PAC、PFS 乃至传统的水处理混凝剂的阳离子基团在碱性条件下,其水解往往得到大中型聚合物,其单位金属离子电性不高[8],对压裂返排液的污染物压缩双电层、电性中和破胶效率不高,但是目标污染物脱稳后可以迅速被吸附并去除,以 PAC 为例,其用量与以 COD_{Cr} 含量为代表的污染物含量相关性可由表 4 表示,PAC 可能的水解理论总有效电荷密度/COD_{Cr} 密度与 COD_{Cr} 去除率的关系如图 1 所示。

表 4　PAC 用量与 COD_{Cr} 含量的相关性

		PAC 用量	COD 含量
PAC 用量	Pearson 相关性	1	0.537
	显著性（双侧）		0.351
	N	5	5
COD 含量	Pearson 相关性	0.537	1
	显著性（双侧）	0.351	
	N	5	5

由表 4 可知,PAC 用量与以 COD_{Cr} 含量为代表的污染物含量相关度较大,说明在直接采用 PAC 对原水处理的情况下,PAC 担负起了破胶、混凝的双重工作。而由图 1 可知,由于 PAC 在碱性条件下其单位金属离子电荷量较酸性条件下

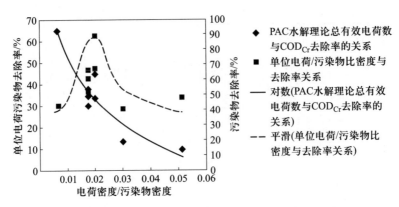

图1 PAC 水解理论总有效电荷数与 COD_{Cr} 去除率的关系

低,而 PAC 自身水解却需要足够的碱度,因此该矛盾导致其在水质高度稳定的污水中应用时往往需要的用量极大,另一方面,PAC 的过度使用反而会导致污水发生再稳情况,即过大的水解电荷密度与污染物密度比反而将使单位电荷污染物去除量及总污染物去除率降低,由此使得水处理效果不稳定,加大了 PAC 的应用难度。

由此,在压裂返排液上直接采用混凝剂进行破胶混凝处理于经济上并不划算,处理效果不易稳定,对操作要求较高。在实际工程中,大港油田[9]在场地面积允许的情况下,采用了增加隔油池、曝气池、调节池的前续纯重力分离工艺的方式,先期除去污水中的游离油和大颗粒悬浮物,从而有效降低后续工艺的成本,在一定程度上较低了后续药剂的投加量。不过考虑到海上平台面积有限,空间紧张的实际情况,该方案难以在海上取得足够的经济效益,必须采用更为适合海上、经济高效的混凝前处理方案。

(二)水质调节/化学破胶工艺

由于压裂返排液的出水 pH 值往往难以满足常用混凝剂的高效工作区间,因此对来水进行适当的 pH 值调整是必要的。同时,在 pH 值调节过程中必然将打破压裂返排液内部原有的 pH 调节缓冲体系,从而导致返排液体系在一定程度上的破胶。为了加速该进程,林海等[10]在处理返排液采用了投加氧化钙的化学破胶工艺,兼顾了水质调节的需求,配合后续的硫酸铁铝复合混凝剂,降低了混凝剂用量约 30%,COD_{Cr} 去除率达到 39%。

化学破胶工艺需要额外投加辅助药剂,虽然氧化钙价格低廉,但针对海上实际情况,其储存、投加均不便,而且易产生大量沉淀,海上处置不易,综合成本高昂。

（三）高级氧化工艺

高级氧化工艺作为最近全面兴起的水处理新工艺,备受难处理污水业界的关注,从含聚污水处理及油田一级 A 达标排放处理工艺在国内逐步铺开起,高级氧化工艺就成为油田污水深度处理的核心工艺。同样地,在致密油气田压裂返排液处理领域,高级氧化工艺也成为深度处理的核心工艺。

高级氧化工艺的核心在于利用氧、氯、铁等元素及其多个不稳定自由化合态所具备的高电极电位,将具备还原性的水中有机物断链、开环甚至氧化为水和二氧化碳。因此理论上其具备和高效性。但是在实际应用中,高级氧化工艺的反应常数及各不同自由化合态的比例受到 pH 值及催化元素的制约,对于不同的目标产物呈现出大相径庭的反应速率。

常温下,高级氧化常用工艺有臭氧催化氧化、芬顿类芬顿氧化、非氧型强氧化剂氧化等,结合不同的 pH 值和处理目标,形成了大量不同的工艺路线。针对压裂返排液的特点,高级氧化的应用按照处理目标不同可以分为预氧化和深度氧化。

预氧化破胶的机理是针对压裂返排液的稳定机理即对导致石油烃与悬浮物混合稳定的残余交联剂和稳定剂进行断链和破环,从而使得污水失稳,降低后续混凝剂用量,提高效果。其与深度处理的主要区别在于预处理主要采用混凝沉降手段降低污水 COD_{Cr} 值,对于溶解性 COD_{Cr} 的处理不过多深入涉及。目前已有多种不同的预氧化破胶剂分别在实验室及现场有所应用。

1. 高铁酸钾

高铁酸钾作为新兴的水处理药剂,其酸性条件下 $E = 2.2$ V,碱性条件下 $E = 0.77$ V,均具备很强的氧化性;与此同时,在碱性条件下,其氧化产物还具备絮凝能力,能够有效减少后续混凝剂及助凝剂的使用,是理想的水处理氧化剂,根据郭威[11]的研究,在 pH 值 = 13 条件下投加 3000 mg/L 的高铁酸钾,经搅拌反应 40 min 后,其出水石油烃、悬浮物及 COD_{Cr} 的去除率分别达到 95.2%、93.3%、59.1%,污水表观黏度也由 12.7 mPa·s 下降至 1.4 mPa·s,有效完成了破胶的絮凝的双重功能,预氧化出水可直接排海,经后续混凝沉淀及进一步深度处理后即可满足回注及回用要求。

但是高铁酸钾制备相对烦琐,市面产品纯度难以提高,容易产生出水色度问题,而且价格相对较高,需要等待药剂工艺进一步成熟。

2. 高锰酸钾

高锰酸钾作为常用氧化剂,一般在酸性及中性环境下氧化性能较好,其中在偏中性环境条件下高锰酸钾氧化后将生成二氧化锰沉淀,具备一定的吸附功能,有利于后续混凝工艺絮体的沉淀。根据目前的现场实践和实验室试验,不同油田高锰酸钾预氧化工艺运行情况可由表5表示。

表5　高锰酸钾预氧化破胶的工程与实验室试验、运行情况统计表

区域	投加量/(mg/L)	原水水质/(mg/L)	反应条件	预氧化出水水质/(mg/L)
某油田	2500	COD_{Cr}:2031.96 SS:377.2 石油烃:325.3	搅拌60 min pH值=10	COD_{Cr}:986.54 SS:20.8
某石化公司	3000	COD_{Cr}:8470 SS:4600	静置300 min pH值=6	COD_{Cr}:3049.2
某油田	3500	SS:2925 石油烃:125.3	搅拌120 min pH值=10	SS:261 石油烃:50.8
大庆油田酸性压裂返排液	600	COD_{Cr}:3506	pH值=7	COD_{Cr}:2735

由5表可见,高锰酸钾的氧化性主要与pH值与投加浓度有关,但对于海上石油较为关键的破胶以达到除油除悬的目的来看,碱性条件下高锰酸钾预氧化则是较为可行的手段,经预氧化后,后续预处理工艺无须调碱,可直接进入混凝-絮凝工艺段。但是大规模投加高锰酸钾的药剂费用较为高昂,且遇热容易分解,运输烦琐,也限制了高锰酸钾氧化剂在海上油田水处理的大规模应用。

3. 过氧化氢/芬顿

过氧化氢为强氧化剂,为充分提高其氧化性,往往将其与二价铁共同使用,以提高其高位态氧自由基的产生比例,从而提高其氧化性。按照合适比例配置的芬顿试剂可以最大化提高过氧化氢的氧化性,从而发挥其强氧化性。韩卓等[12]通过过氧化氢等强氧化剂在pH值=3、搅拌120 min的条件下对某油田压裂返排液进行了预氧化,取得了较好的效果,经过氧化氢预氧化处理后,悬浮物去除率可达83.4%,石油烃去除率达到59.8%;经后续2500 mg/L的PAC混凝处理后,出水石油烃含量为11.5 mg/L,悬浮物为38.9 mg/L,满足排海及后续过滤处理要求。

但是过氧化氢作为不稳定的强氧化剂,在平台上的使用存在一定的安全隐

患,而且作为危险药品进行海上运输手续烦琐、操作要求很高、运行成本很高,限制了其大规模使用。

4. 次氯酸钠

次氯酸钠的氧化性相对稍弱,由于其具备制备容易、价格低廉的特点,不少单位已对其作为预氧化剂进行了相关研究,具体如表6所示。

表6　次氯酸钠预氧化破胶的工程与实验室试验、运行情况统计表

区域	投加量 /(mg/L)	原水水质 /(mg/L)	反应条件	预氧化出水水质/(mg/L)
某油田	2500	COD_{Cr}: 2031.96 SS:377.2 石油烃:325.3	搅拌 60 min pH 值 = 3	COD_{Cr}: 1473.94 SS:113.4
某油田	3500	SS:2925 石油烃:125.3	搅拌 120 min pH 值 = 5	COD_{Cr}: 843
大庆油田 酸性压裂	4000	COD_{Cr}: 3506	pH 值 = 5~6	COD_{Cr}: 2279
返排液	3600		pH 值 = 7	COD_{Cr}:1928

由表6可知,要达到理想的效果,次氯酸钠投加浓度需要达到3000 mg/L以上,该浓度已超过了海上平台利用海水制取次氯酸钠的发生装置出水浓度上限,而次氯酸钠的运输、存储存在着风险较大、对人刺激较大的问题,因此这点也限制了次氯酸钠作为预氧化剂的使用。

5. 二氧化氯

二氧化氯在海上平台首次使用是作为杀菌剂,由于其制备相对容易,可在现场生产,同时具备优异的氧化性能,多个油田对其进行了实验研究,具体如表7所示。

由表7可知,在酸性条件下,二氧化氯与次氯酸钠的氧化性基本相当,而在中性环境下,二氧化氯氧化性远远超过次氯酸钠,优于高锰酸钾;具备优异的预氧化性能,药剂用量相较于次氯酸钠大大减少。此外,由于二氧化氯较易制备,可全自动化操作,因此其相较于其余的预氧化剂,在海上应用难度相对较小。

表 7　二氧化氯预氧化破胶的工程与实验室试验、运行情况统计表

区域	投加量 /(mg/L)	原水水质 /(mg/L)	反应条件	预氧化出 水水质/(mg/L)
某油田	2500	COD_{Cr}: 2031.96 SS:377.2 石油烃:325.3	搅拌 60 min pH = 3	COD_{Cr}: 1317.85 SS:104.5
大庆油田 酸性压裂 返排液	1000	COD_{Cr}: 3506	pH = 7	COD_{Cr}: 2384

(四) 电解/微波/超声工艺

电解、微波、超声工艺目前在陆上仍处于试验阶段,且该工艺可能存在一定的固体投料、储存以及高功率电磁辐射等的操作问题,目前仍不适于大规模应用于海上。

(五) 预处理工艺小结

根据以上的分析,作为预氧化剂性能较为优越且相对较为适用于海上的预氧化工艺为二氧化氯氧化工艺及高铁酸钠氧化工艺,但考虑到高铁酸钠目前应用较少,尚不成熟,目前对于海上致密油气开发压裂返排液处理相对合理的预处理工艺路线可以是二氧化氯预氧化+调碱+混凝-絮凝工艺,根据目前的研究和试验情况,该预处理工艺处理压裂返排液的水质可以达到石油烃含量小于 40 mg/L、悬浮物含量小于 60 mg/L 的水平,出水表观黏度大幅下降。

五、后续工艺选择

针对表 2 的海上压裂返排液的不同去向及相关要求,结合预处理工艺的分析研究成果和海上平台设施、操作的特点,不同去向污水的可行后续工艺如表 8 所示。

预处理工艺配合以上主工艺,可以满足不同去向污水处置要求。

表8 不同去向污水水质后续工艺选择

污水去向	主要标准要求
污水达标回注非目的层	推荐预处理流程+介质过滤
污水达标回注生产层	推荐预处理流程+介质过滤
污水达标配置压裂液	推荐预处理流程+介质过滤+深度氧化+超滤
污水达标排海	可直接排海

六、结论

通过各单位和油田的实验室及现场研究表明,压裂返排液在海上平台的高效经济合理的处理是可行的。然而压裂返排液高效处理的关键在于预处理工艺,在深度处理工艺相对研究成熟的情况下,在诸多已有工艺路线中寻找一条技术经济可行的预处理工艺路线,是海上致密油气能否经济合理开发的关键。而在目前已经投入试验及应用的诸多工艺中,采用二氧化氯预氧化+调碱+混凝-絮凝的预处理工艺,兼顾了设施投资、运行成本与技术的成熟度,根据目前的实际试验结果,该预处理工艺可以满足海上平台开发致密油气田压裂返排液在平台上完成全流程处理的需要。

参考文献

[1] 李浩.微电解联合工艺处理酸化压裂废水的研究[D].青岛:中国石油大学(华东),2010.

[2] 朱凌岳,吴红军,王鹏,等.两级氧化法处理油田压裂返排液[J].化工环保,2013,33(3):249-251.

[3] 钟显,赵立志,杨旭,等.生化处理压裂返排液的试验研究[J].石油与天然气化工,2006,35(1):70-72.

[4] 张小意,王松,胡三清,等.压裂返排液颗粒粒径与储层损害关系研究[J].长江大学学报(自科版),2015,12(19):31-34.

[5] 杜海军,曲世元,刘政帅,等.超低浓度瓜胶压裂液研究及在延长油田的应用[J].石油地质与工程,2015,29(4):139-143.

[6] 杜贵君.油田压裂返排液处理技术实验研究[J].油气田环境保护,2012,22(4):55-57.

[7] 卜有伟,郝以周,吴萌,等.红河油田压裂返排液回用技术研究[J].石油天然气学报(江汉石油学院学报),2014,36(6):139-142.

[8] 许保玖.给水处理理论[M].北京:中国建筑工业出版社,2000:179-181.

[9] 王志强,王新艳,郝华伟.混凝预处理油田压裂返排液试验研究[J]. 广东化工, 2014, 41(8):47-49.

[10] 林海,李笑晴,董颖博,等.破胶絮凝-预氧化-深度氧化处理压裂返排液[J].科学技术与工程, 2014, 14(19):155-158.

[11] 郭威.微电解联合工艺处理酸化压裂废水的研究[D].山东:中国石油大学(华东), 2010.

[12] 韩卓,郭威,张太亮,等.非常规压裂返排液回注处理实验研究[J].石油与天然气化工, 2014, 43(1):108-112.

来远 注册给排水工程师,已承担包括荔湾3-1等多个前期研究和基本设计项目的项目管理、专业负责人工作,针对现场反馈的问题,利用现有条件对海上平台生产水处理、注水系统、循环冷却水系统、纯水系统、公用水系统等多个系统的设计及计算方法进行了重大改进,提高了设计的水平。同时,对目前国内外先进技术进行了跟踪,在国内第一次完成了海上平台七氟丙烷灭火系统的设计计算,并积极利用仿真技术对工艺过程进行校核与监控,完成了陆丰13-2/荔湾3-1高温排水及高浓度乙二醇扩散分析、番禺34-1 CEP平台基于CAP437规范的直升机起降条件分析、直升机出力计算工作,为专家最终决策提供了重要参考依据。工作期间在国内会议上宣读论文两篇,获得多项行业或总院一等奖。

临兴先导试验区煤层气开发集输工艺技术研究

李鹏程,梁金莺,张子波

中海油研究总院,北京

一、引言

煤层气是一种优质、洁净的能源,不仅环境性能好,而且热效率高。我国的煤层气储量丰富,居世界第三位,全国煤层气的总资源量约为 $36.8×10^{12}\,m^3$,其中,1500 m 以浅的煤层气资源量约为 $27×10^{12}\,m^3$,占据全国常规天然气资源总量的三分之二[1-3]。煤层气的成功开发不仅可以缓解天然气供需紧张的矛盾,还可改善煤矿的安全生产条件,减少大气污染,带动相关产业的发展,同时是实现国家关于“开发新能源、实现能源利用与环境保护同步,保证可持续发展”和保障我国能源安全的重要措施之一,开发前景广阔[4]。

临兴先导性试验区块位于山西临县和兴县境内,经过对探井的试气,效果较好,区块内煤层气的开发将解决兴县居民用气难的问题,可为当地的企事业单位提供清洁燃料,同时将为全面开发本气田积累经验,具有很大的社会效益和经济效益。

二、集气系统类型

煤层气的地面集输工艺与目标市场密切相关,应根据煤层气的目标市场及用户需求,最终确定煤层气的处理工艺及外输方案。从目前的国内外开发情况看来,煤层气集气系统主要有 3 种基本类型[5-6]。

(1) 单井压缩系统。即在井口安装压缩机,通过小口径管、中压将煤层气集中到集气压缩中心站。

(2) 卫星压缩系统。将几口井产出的低压气通过采气管线集中到小型压缩机站,然后再通过小口径管、中压将煤层气输往集气压缩中心站。

(3) 中心压缩系统。利用井口压力,采用合适口径的管线,将煤层气集中到集气压缩中心站。中心压缩系统较单井压缩和卫星压缩系统节省建设和操作费用,且中心系统管理方便、操作灵活。在集气压缩中心站,几台压缩机并联布置,只需 1 个吸入汇管、1 套脱水装置、1 套计量装置(各井轮流计量)。当某压缩机计划维护或因故维修时,可通过调节其他压缩机的转速(燃气驱动较电机驱动更容易实现变速调节)或气缸余隙等来适应生产要求。

由上可见,卫星压缩系统的每台压缩机都需要 1 套辅助设施,因此,只要技术上可行,低压气田尽量采用中心压缩系统。美国整装开发的煤层气田大都采用中心压缩系统,国内大庆油田的伴生气集输系统也主要为中心系统。滚动开发的低压气田也可采用单井压缩或卫星压缩系统。实际的煤层气集输系统类型与开发方案、采气方法、地理环境等有关,它可能是上述 2 种或 3 种类型的组合[7]。

三、临兴区块集输工艺

临兴先导试验区块共完钻 25 口井,包括不压裂直/定向井、压裂直/定向井、水平井三种类型。25 口井分属 6 座井场,通过采气管线输送到临兴 1#集气站。由于水平井和压裂直/定向井压力衰减较快,不压裂直/定向井压力衰减较慢,因此确定合理的压力级制是确定集输工艺的关键,合理的压力级制不仅可以节省煤层气的地面建设投资,还可降低运行费用。在综合井口压力、外输压力及现场条件,结合整体技术经济综合比选[8-9]。最终确定采用中心压缩系统进行集输,在井场内设置高压、中压两种集气汇管,通过高中压采气管线分别进行集输的集输工艺,充分利用了井口能量。

(一) 总体工艺流程

根据井口压力的不同,在井场内设置高、中压 2 条集气管汇,1 条用于不压裂直/定向井,1 条用于水平井和压裂直/定向井,由 2 条管道分别集输。在每座井场设置 1 条计量管汇,并通过 1 条计量管线输送至集气站,对井场产出的煤层气和水进行计量。为防止水合物形成,井口设有注醇设施。

管输至集气站内的煤层气经中压生产/计量分离器进入三甘醇脱水装置,或者经高压生产/计量分离器进入节流制冷脱水装置,脱水后的天然气进入集输干线输送到康宁中心处理厂附近的交接计量处。各装置脱出液体汇入甲醇回收注入系统,回收甲醇后的污水进入污水处理装置,天然气凝液进入凝析油储罐。甲醇去各井场或站内注醇处。

由于气井压力的衰减,2017 年需要在中压生产/计量分离器后增设压缩机,2021 年高压生产/分离器来气也进入该压缩机增压,总工艺流程示意图如图 1 所示。

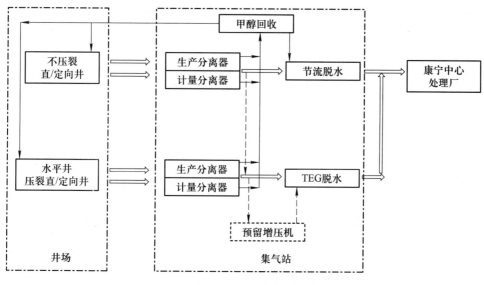

图 1　气田总工艺流程示意图

（二）井场工艺

1. 井场采气、计量方案

在采气初期,采气压力高、气量多,不压裂直/定向井井口压力为 8.3~11.9 MPa,需要节流调压至 7.2~8.2 MPa;水平井和压裂直/定向井井口压力为 6.0~11.9 MPa,需要节流调压至 5.6 MPa。在后期生产压力降低时,靠井口压力输送至集气站。

由于水平井和压裂直/定向井压力衰减较快,而不压裂直/定向井压力衰减较慢,因此井场内设置高压、中压两种集气汇管,分别进行集输。高压集气汇管汇集不压裂直/定向井来气,中压集气汇管汇集水平井和压裂直/定向井来气,并利用高、中压生产管线分别输送至集气站。

井场内设置计量汇管和计量管线,输送至集气站后在站内轮换单井计量。

2. 水合物抑制方案

该区块井口所产煤层气组分见表 1。

表 1　井口煤层气组分

组分	百分含量	组分	百分含量
CO_2	0.04	N_2	3.33
CH_4	95.6	C_2H_6	0.83

续表

组分	百分含量	组分	百分含量
C_3H_8	0.16	$i-C_4H_{10}$	0.02
$n-C_4H_{10}$	0.02	$i-C_5H_{12}$	0
$n-C_5H_{12}$	0	H_2S	0
$n-C_6H_{14}$	0	相对密度	0.5742
临界温度/K	189.91	临界压力/MPa	4.596

依据该组分进行 HYSYS 工艺模拟,在不同压力时生成水合物的温度见表2。

表 2 不同压力下水合物形成温度

压力/MPa	15	10	9	8	7	6	5.3	4
形成水合物温度/℃	19	15.6	14.7	13.7	12.4	11	9.8	7

由于井口的节流以及后期井口温度的降低,在高中压集气管线内都存在水合物生成的可能,因此必须采取有效的水合物抑制措施。

在水合物抑制剂的选择上通常有甲醇和乙二醇。乙二醇适于天然气处理量大的场合;甲醇沸点(64.5℃)较低,可溶于液态烃中,最大质量浓度为3%,宜用于较低温度且气量较小的井场节流设备或管道,但甲醇蒸气压高,温度高时损失大。综合经济比选,先导试验区块最终选择甲醇作为水合物抑制剂。

(三)集输站工艺

1. 生产、计量分离单元

站内设高、中压生产分离器和计量分离器,分别对上游来流体进行分离。各井煤层气轮换在站内进行计量。

2. 脱水单元

中压煤层气进站压力衰减迅速,没有剩余压力可节流制冷脱水。通过对不同脱水方式的比选,选择三甘醇脱水方案。高压煤层气压力衰减相对缓慢,在2020年以前利用自身压力能进行节流膨胀降温脱水,2020年冬季以后,共用中压煤层气三甘醇脱水装置进行脱水。

3. 站内增压单元

在采气初期,采气压力高、气量多,各井场来气无需压缩机增压。进入后期生产,由于气井压力的衰减,2017 年需要在中压生产/计量分离器后增设压缩机,2021 年高压生产/分离器来气也进入该压缩机增压。

　　增压机设在脱水装置前还是装置后必须进行对比分析和优选。不同压力下脱水后的含水量都应满足外输压力下的水露点要求。先脱水后增压工艺的脱水装置一次投资高,脱水再生负荷大,运行费用高;设备体积大,占地面积大,工艺管线管径大。而先增压后脱水工艺的一次投资低,脱水再生负荷较小;脱水装置的操作压力较高,设备体积小,占地面积小,工艺管线管径小,因此集输站采用先增压后脱水(三甘醇脱水)的工艺。

(四)　集输管网

1. 中压集气管网

用 Pipephase 对中压集气管网建模如图 2 所示。

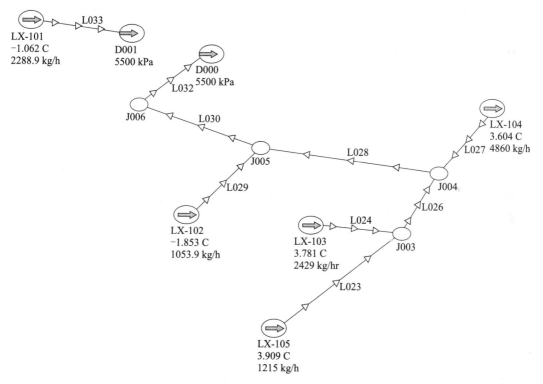

图 2　中压管网模型图

通过用软件对管线管径优化,各管段管径选择结果如表 3 所示。

表3 管径比选计算结果

线路名称	入口流速/(m/s)	出口流速/(m/s)	压力降/kPa	初选管道公称直径/mm
L023	1.31	1.42	-40.47	80
L024	0.72	0.72	-0.1	150
L026	1.14	1.16	-2.36	150
L027	1.47	1.59	-20.67	150
L028	2.76	2.77	-10.89	150
L029	1.07	1.07	-0.47	80
L030	3.1	3.15	-55.92	150
L032	3.16	3.16	-0.35	150
L033	1.53	1.72	-56.33	100

2. 高压集气管网

用 Pipephase 对高压集气管网建模如图3所示。

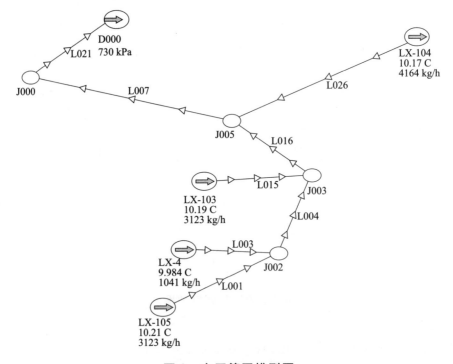

图3 中压管网模型图

通过用软件对管线管径优化,各管段管径选择结果如表4所示。

表4　管径比选计算结果

线路名称	入口流速/(m/s)	出口流速/(m/s)	压力降/kPa	初选管道公称直径/mm
L001	1.55	1.53	-28.62	100
L003	0.82	0.81	-0.52	80
L004	2.05	2.05	-60.41	100
L007	2.53	2.54	-65.2	150
L015	0.7	0.7	-0.13	150
L016	1.61	1.61	-4.95	150
L021	2.54	2.54	-0.33	150
L026	2.07	2.06	-96.74	100

3. 计量线集气管网

由于计量管线输气量小,参考国内相似气田的开发经验,所有管线管径取DN80。

四、结论

通过创新与优化,临兴区块煤层气田的开发形成了国内煤层气开发新的模式,总结出了"站外高中压集气、站内分体系处理、先增压后脱水"等适合于煤层气开发的地面集输工艺技术。整套地面集输工艺技术简单适用、安全可靠、适应性强,使集输系统地面建设投资大大降低,为有效开发多井型煤层气田提供了一种经济可靠适用的工艺模式,对我国今后开发煤层气资源具有重大意义。

参考文献

[1] 孙茂远,范志强.中国煤层气开发利用现状及产业化战略选择[J].天然气工业,2007,27(3):1-5.

[2] 中国石油学会石油地质专业委员会,中国煤炭学会煤层气专业委员会.煤层气勘探开发理论与实践[M].北京:石油工业出版社,2007.

[3] 石书灿,林晓英,李玉魁.沁水盆地南部煤层气藏特征[J].西南石油大学学报,2007,29(2):54-56.

[4] 谢传礼,涂乙,涂辉,等.我国煤层气开发对策及前景展望分析[J].天然气与石油,2011,12(6):40-45.

[5] 刘烨等.煤层气地面工程工艺技术及优化分析[J].石油规划设计,2008,19(4):34-37.

[6] 肖燕等.美国煤层气地面集输工艺技术[J].天然气工业,2008,28(3):111-113.

[7] 袁宗明.低堰气集输工稈的技术特点[J].天然气工业,1997,17(3):59-63.

[8] 王红徽,等.沁水盆地煤层气地面工艺技术[J].天然气工业,2008,28(3):109-110.

[9] 王红矗,等.沁永盆地煤层气田与苏里格气田的集输工艺对比[J].天然气工业,2009,29(11):104-108.

李鹏程 工程师,1988年生,2013年毕业于中国石油大学(华东)油气储运工程专业,获硕士学位。现在中海油研究总院陆上工程室从事油气处理工艺的研究设计及管道完整性管理工作。先后在天然气工业、低温与超导等期刊发表论文4篇。

专题领域四：

极地海洋生物资源开发

南极磷虾渔业管理与入渔审议机制

赵宪勇,左涛

中国水产科学研究院黄海水产研究所,山东青岛

一、引言

随着我国南极磷虾渔业的发展,南极磷虾的社会关注度明显提高,并逐步形成"磷虾资源恐被过度利用"和"磷虾渔业商机无限"两种模糊认识。本文概述了南极磷虾的资源和磷虾渔业发展状况,重点介绍了南极海洋生物资源养护委员会(CCAMLR)南极磷虾的渔业管理及入渔审议机制。CCAMLR 的渔业管理采用生态系统方式和预防性(谨慎性)方法,并配以严格的准入审议和渔业活动监管措施,既有效保护了磷虾资源及其生态环境,又确保了渔业的有序发展。

二、南极磷虾资源及其渔业发展概况

南极磷虾广泛分布于南极水域(Everson,2000),是全球海洋最大单种可捕生物资源,生物量达 6.5 亿~10 亿吨,是人类巨大的蛋白质储库;南极磷虾个体虽小,却浑身是宝,可以形成食品、养殖饲料以及磷虾油等高附加值产品,具有培育海洋生物新兴产业的发展前景。

南极磷虾资源商业化开发始于 20 世纪 70 年代(图 1),1982 年产量历史最高,为 52.8 万吨,主要由苏联捕获。1991 年苏联解体后,南极磷虾渔业规模骤减至 10 万吨左右,主要由日本捕获。2006 年,挪威以巨资打造的 5000~9000 t 级专业捕捞加工船进入南极磷虾渔业,船上配备了颠覆性的水下连续泵吸捕捞设备和船上虾粉、水解蛋白、虾油提取等精深加工设备。南极磷虾渔业在 10 万吨规模上徘徊了近 20 年后迅速回升,2010 即超 20 万吨,2014 年又达 30 万吨。南极磷虾渔业已进入一个全新的发展期。目前从事南极磷虾渔业的国家主要有挪威、韩国、中国、乌克兰、智利、波兰等。

我国于 2009 年末进入南极磷虾渔业。2009/2010 渔季至 2013/2014 渔季的 5 年间,我国的磷虾捕捞产量由 1956 t 增长为 54 305 t,单季渔船数量由 2 艘增加至 4 艘,作业渔场由 2 个扩大到 3 个,作业时间由 2 个月延长至 9 个月;渔船数量已居各国之首、捕捞产量已跻身第二梯队,呈现出较好的发展态势。

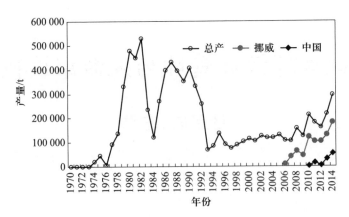

图1 南极磷虾渔业发展历史与现状(资料来源:CCAMLR,2015)

与此同时,我国磷虾渔业的发展已逐步引起国内外相关人士的关注。一方面,环保组织和注重生态保护的人士纷纷担心我国发展磷虾渔业会危及南极磷虾资源;另一方面,部分国内渔业企业甚至社会资金似乎看到其中的商机,对进入南极磷虾渔业表现出浓厚的、甚至有些盲目的兴趣。以下概要介绍南极磷虾的渔业管理及入渔审议机制,旨在消除读者对磷虾渔业负面影响的担心、促进磷虾渔业的有序发展。

二、南极海洋生物资源养护公约与养护委员会

南极渔业受南极海洋生物资源养护委员会(以下简称 CCAMLR 或 CAMLR 委员会)的辖制。CAMLR 委员会是集政治、法律、经济(渔业)和科学于一体的政府间国际组织,目前有 25 个成员。我国于 2006 年加入公约、2007 年成为其第 25 个正式成员,从而享有南极磷虾资源的开发利用权利。

南极磷虾是须鲸、海豹、企鹅以及鱼类等高营养级动物的重要饵料,是南极海洋生态系统食物网的关键种。正是出于对当时磷虾渔业快速扩张的担忧,20世纪 70 年代末部分南极条约协商国开始谈判缔结南极海洋生物资源养护公约(以下简称 CAMLR 公约或公约)。公约于 1980 年签署、1982 年生效。公约的宗旨是养护南极海洋生物资源,其中"养护"一词含有"合理开发利用"之意。1982年公约缔约方依据公约成立了 CAMLR 委员会和 CAMLR 科学委员会。其中CAMLR 科学委员会是委员会的科学咨询机构,但依据公约规定的职责独立运行,凸显科学对 CCAMLR 决策的重要性。

CCAMLR 的渔业管理通过养护措施来实施。CAMLR 委员会和科学委员会每年定期召开年会(10 月的后 2 周),进行工作磋商和养护措施的制修订。为有效履行其咨询和建议职责,CAMLR 科学委员会下设有若干工作组,在会间即开

展各自的研究工作,并在年会期间向科学会全体大会报告。目前科委会与磷虾渔业相关的科学工作组包括"声学调查与分析方法子工作组"(SG-ASAM)、"生态系统监测与管理工作组"(WG-EMM)、"渔业活动中(海鸟与海洋哺乳动物)意外死亡工作组"(WG-IMAF)以及"不定期海上作业技术工作组"(Ad Hoc WG-TASO)等四个工作组。

三、南极磷虾渔业管理

CAMLR 委员会根据公约的要求对公约区的生物资源进行养护,并对其中的渔业实施管理。CAMLR 委员会根据公约的要求采用生态系统方式和预防性(谨慎性)方法对其渔业进行管理,从而奠定了 CCAMLR 在此方面的先驱地位。生态系统方式要求在制定渔业捕捞限额时,除须考虑捕捞对象种群的健康存续外,还需充分考虑依赖捕捞对象为生的生物种群的需求和渔业活动对相关种群(如兼捕种类)的影响。预防性方法要求在没有足够科学依据支撑管理决策的情况下,须采取谨慎的措施,以免对生态系统和生物种群造成不可逆转的负面影响。

CCAMLR 预防性方式的一个实施典例是将南极渔业分为成熟渔业、探捕性渔业和新渔业。成熟渔业是指渔业具有较长的历史,具有充分的渔业资源科学调查数据和渔业统计数据支撑对渔业捕捞限额的设定;探捕性渔业是指具有一定的数据但相关数据积累尚不足以支撑捕捞限额的设定,因此允许的捕捞量一般设得较低,同时要求渔船按规定开展额外的科学数据采集;新渔业是指刚刚兴起的渔业,允许捕捞量的设定更为谨慎,并进一步明确要求渔船根据 CCAMLR 养护措施的规定开展科学调查。

南极磷虾渔业是南极海域历史最为悠久的渔业之一,并在部分海域开展过磷虾资源科学调查,属成熟渔业。以目前主要渔场、南大西洋西侧 FAO48 区的 48.1~48.4 四个亚区为列,其资源量评估值为 6030 万吨,CCAMLR 为其设定的谨慎性捕捞限额为 561 万吨,仅为资源量的 9.3%。48.1~48.4 四个亚区的面积很大,达 456.6 万平方公里;为避免局地过度捕捞,CCAMLR 将其划分为 18 个小尺度管理单元(SSMU),并拟将 561 万吨的限额分配至各 SSMU。由于该项工作尚未完成,目前 CCAMLR 仍以一个 62 万吨的所谓"触发限额"对磷虾渔业进行管理,并将 62 万吨触发限额在各亚区间进行了分配。近年南极磷虾产量虽有所增长,但也只有 30 万吨的水平,不足该区触发限额的 50% 和 561 万吨谨慎性捕捞限额的 0.5%。

为加强和完善南极磷虾渔业管理,近年 CCAMLR 正在建立一个新的机制,即"反馈式渔业管理机制",依据磷虾资源与磷虾捕食者的饵料需求等指标来确定捕捞限额。虽然该管理机制有望突破目前 62 万吨的"事实限额",但该机制将更为充分地采用生态系统方式。此外，为确保其捕捞限额和生态养护措施得以切实遵守，CCAMLR 还针对磷虾渔业采取了一系列监管措施（CCAMLR，2014；陈森等，2013）。磷虾资源远无过度捕捞之忧。

四、南极磷虾入渔审议机制

虽然南极磷虾渔业目前仍是基于总捕捞限额的奥林匹克式渔业，但 CCAMLR 采用了严格的入渔审议机制，确保入渔渔船及其装备符合安全和生态保护要求，并具备充分的履约能力（CCAMLR，2014；陈森等，2013）。

（1）拟入渔企业所在国家须是 CCAMLR 成员或 CAMLR 公约的缔约国，并获得所在国渔业管理当局的许可。

（2）CCAMLR 成员须于每年 5 月底之前将其入渔意向和拟入渔船只的详细信息通报至 CCAMLR 秘书处。

（3）WG-EMM 将于其工作会议期间（一般安排在 7 月份）从科学层面对各入渔通报进行初审，并向科委会年会报告。另外 EMM 工作组还将利用入渔通报中的信息对磷虾渔业的发展趋势进行预测，并在必要时提出针对性的管理建议。

（4）年会期间，CAMLR 科委会将以 WG-EMM 工作组的建议为基础进行磋商，并向委员会全体大会提出建议；同时 CAMLR 委员会的"执法与守约常设委员会（SCIC）"则从管理层面，依据但不限于以往守约情况对各入渔通报进行初审，并向委员会全体大会提出建议。

（5）CAMLR 委员会全体大会将以科委会和 SCIC 的建议为基础进行磋商，并做出是否准予入渔的最终决定。若入渔通报未获委员会批准，则来年不得入渔，否则将被列入 IUU 名单，并在撤出 IUU 名单之前不接受其入渔申请。

以上审议程序有效地促进了入渔船只的守约，并可在需要时控制入渔规模。因此无论是捕捞限额还是入渔审议机制都将起到对入渔船只的调控作用。新进渔船应充分考虑以上各种因素，确保我国磷虾渔业的有序发展。

参考文献

陈森,赵宪勇,左涛,等. 2013. 南极磷虾渔业监管体系浅析[J]. 中国渔业经济,31(3):75-83.

CCAMLR. 2015. CCAMLR Statistical Bulletin, Vol. 27.

CCAMLR. 2014. Schedule of conservation measures in force 2014/15 season[C]. Hobart, CCAMLR Secretariat.

Everson Inigo. 2000. Krill: Biology, ecology and fisheries[M]. Fish and aquatic resources series: 6. Oxford: Blackwell Science, 372.

赵宪勇　1965年5月出生,博士,博士生导师。中国水产科学研究院黄海水产研究所研究员、副所长;主要从事渔业声学、渔业资源评估技术、远洋与极地渔业资源开发利用等方面的研究。任中国水产科学研究院"渔业资源保护与利用"领域首席科学家,中国海洋研究委员会委员,中国海洋学会海洋遥感专业委员会委员,亚洲渔业声学学会理事。先后四次南极执行南极磷虾考察任务。自我国2007年加入南极海洋生物资源养护委员会(CCAMLR)起,参加了其历届年会及工作组会议;任南极海洋生物资源养护科学委员会(科委会)中国首席代表(2007—)、副主席(2011.11—2013.10),科委会"声学调查与分析方法"子工作组召集人(2014.04—)。

南极磷虾捕捞工程技术研究现状与趋势

黄洪亮

中国水产科学研究院东海水产研究所，上海

一、引言

南极磷虾生物量是世界海洋中唯一开发利用水平很低的远洋渔业资源之一，其资源蕴藏量巨大，约 6.5 亿~10 亿吨，年可捕量可达 1 亿吨，相当于全球海洋捕捞产量的年总产量，开发潜力巨大。目前南极磷虾渔业主要集中在南极半岛周边，捕捞限额为 561 万吨，实际年捕捞量不足 30 万吨，资源开发潜力巨大。随着全球变暖，南极生物资源宝库渐露真容，围绕南极极地主权权益之争遽然抬头，英国、阿根廷、智利、挪威、法国、新西兰和澳大利亚等国家率先掀起了南极的"圈地"运动，明确提出了对南极的领土主权要求。并高举科学大旗为争取极地资源和领土权益经略谋划，已演变成为各国以领土划分、主权归属和资源争夺为主导的复杂的区域性政治问题。这场争夺战有着巨大的政治、经济和军事利益，受到了世界各国的普遍关注。

在"蓝色圈地"和资源抢占日益激烈的国际大环境下，加快南极磷虾资源开发，对我国发展远洋渔业、培育海洋新兴产业、保障粮食安全和争取南极海洋开发权益具有重大战略意义。

二、南极磷虾捕捞工程技术发展历程

回顾世界各国对南极磷虾的捕捞，首先应该提到前苏联的情况。虽然前苏联已不复存在，但至今为止，世界南极磷虾累计的总产量中，前苏联仍然占比50%以上。1970 年开始，苏联拖网船队使用中层拖网在南大洋各海区对南极磷虾进行商业性捕捞，2 个渔季南极磷虾产量分别为 1300 t 和 2100 t。1972 年 2月，苏联公布了一项考察和开发南极生物资源计划"南极探测计划"，出动了几十艘渔船和加工母船，在南大洋进行调查和捕捞作业，产量由此迅速增加。1977—1982 年间，苏联捕捞南极磷虾的产量迅速增加，1977 年南极磷虾产量为105 049 t，到 1982 年已升到 491 656 t。从 1986 年开始，苏联的南极磷虾年产量回到近 380 000 t，以后 4 年的年产量保持在 300 000 t 左右。

日本紧跟前苏联之后,成为世界上第二个对南极磷虾进行商业性开发的国家。自 1976—1977 年起,日本海洋资源开发中心派出的渔业调查船开始调查。各大渔业公司,如大洋、日本水产、日鲁、极洋公司,分别派出 2500~3500 t 级的拖网船队到南大洋试捕南极磷虾。日本海洋资源开发中心采用母船式拖网船队作业,经费中的 2/3 由政府资助。1977—1978 年,母船式拖网船队在南大洋捕捞作业 67 天,共捕获南极磷虾 10 651 t,每天平均产量为 158.9 t。1981—1982 年,日本在南大洋除了捕获 35 256 t 南极磷虾外,还完成了环南极海的南极磷虾渔场调查。从 1986 年开始,日本南极磷虾年捕捞保持在 60 000 t 以上,其中,1988—1989 年创历史最高纪录,年捕捞量达 78 928 t。日本对南极磷虾的开发在 2001 年达到顶峰,产量在 60 000~75 000 t/a 波动。2002 年起,日本南极磷虾产量逐年下降,目前年产量仅为 20 000 t 左右 。

韩国对南极磷虾的开发相对稳定,近几年已经成为捕捞产量位居第二的捕捞国家。韩国对南极磷虾的开发过程一波三折。早在 1986 年就投入开发,1987 年具有商业性产量,1990 年产量达到当时最高,为 4040 t,以后迅速下降,1993 年退出商业开发。1998 年,在政府资助下,同时经过技术改进后,韩国重新回到南极捕捞磷虾,年捕捞产量迅速上升,目前稳定在 3~4 t/a。

挪威南极磷虾的捕捞开始于 2004/2005 年度,当年产量为 29 491 t;至 2007 年,其产量增加到了 40 122 t,占当年南极磷虾总产量的 38%;随后,挪威南极磷虾捕捞产量始终保持高位,约占当年南极磷虾总产量的 50%~60%。挪威从事南极磷虾捕捞主要就是一家名为 Aker BioMarine 的公司,该公司通过研究高效捕捞技术,大大降低传统捕捞过程中磷虾死亡的问题,并在捕捞技术层面上保证 Omega-3s、海洋磷脂和抗氧化剂虾青素等提取物的质量和活性,并已实现捕捞到最终产品销售一体化价值链。

三、中国南极磷虾捕捞工程技术发展现状

我国南极磷虾捕捞业与其他远洋渔业相比起步时间较晚。2009 年年底,在缺乏南极磷虾资源开发利用了解的基础上,由中国水产科学研究院东海水产研究所、黄海水产研究所、上海海洋大学作为技术支撑单位,携手上海开创远洋渔业有限公司"开利"轮和辽宁远洋渔业有限公司"安兴海"轮进入南极海域,从事南极磷虾资源商业性开发探捕,仅用 23 天时间,完成了大面积环境资源调查和商业性生产,且满载而归,实现了我国从单纯南极磷虾资源考察向实质性商业性开发的跨越。通过近 6 年南极磷虾捕捞业的培育与发展,我国先后有 4 家国有企业 10 艘船先后获得南极磷虾资源捕捞入渔许可,并已基本形成了 4~5 艘/年规模的南极磷虾生产船队,年南极磷虾捕捞产量也确立了稳三争二的世界水平。

虽然我国南极磷虾捕捞业现代化工程起步晚、研究基础薄弱、专业化程度低,主要以兼作方式从事南极磷虾商业性捕捞,但随着我国南极磷虾作业周期的变化,南极磷虾作业区域、作业时间和捕捞产量的不断突破,我国南极磷虾捕捞装备工程技术也得到了明显的改进和提高。自主专业南极磷虾拖网网具和网板的研发得到了广泛重视,我国学者在南极磷虾捕捞工程技术综合、系统性能研究的基础上,研发了国产捕捞工程装备,并逐步开展了推广应用,取得了预期的效果。相关专利也已分别获得了国家发明专利授权,随着研发技术的不断深入,捕捞工程技术的不断创新,对我国南极磷虾产业的规模化产业化发展打下了基础。

(一)船舶基本情况

2009/2010—2014/2015 年度我国共有 10 艘船通过南极磷虾捕捞入渔申请,所有渔船均为我国在南太平洋公海从事智利竹筴鱼生产的专业拖网加工船,其中,上海开创远洋渔业有限公司"开欣"轮、"开利"轮和辽宁远洋渔业有限公司"安兴海"轮、"连兴海"轮分别承担了探捕任务,具体船舶参数见表1。

表 1 我国主要南极磷虾生产船舶结构参数

船名	全长/m	型宽/m	主机功率/kW	辅机功率/kW	净吨/t	冷冻量/t
开欣	104.4	16.0	2576 kW×2	1200 kW×2	1322	126
安兴海	114.3	17.3	2573.5 kW×2	1440 kW×2	1918	220
开顺	120.7	19	2649 kW×2	1200 kW×2	2354	280
开利	120.7	19.0	2649 kW×2	1300 kW×2	2354	280
连兴海	102.6	17.0	3824 kW×1	688 kW×2	1389	170
开裕	105.0	20.0	2645 kW×2	900 kW×2	3900	200
开富	105.0	20.0	2645 kW×2	900 kW×2	3900	200
龙腾	105.0	20.0	2645 kW×2	900 kW×2	3900	200

综合我国南极磷虾捕捞船舶结构参数,船舶功率、总吨、总长、型宽和净吨,我国南极磷虾船并不比国外专业磷虾船差,但冷冻量普遍不足 200 t,与原日本专业磷虾船冷冻加工能力可达 400 t 相比,存在明显差距。

(二)拖网网具情况

我国南极磷虾产业发展之初,南极磷虾拖网渔具为达到较大的网口扩张、提高捕捞效率,沿用了竹荚鱼拖网大网目结构特点,采用了大网目,大网口作为我国南极磷虾拖网的网型,网目尺寸分别为 16 m 和 20 m,网口拉紧周长分别为832 m 和 960 m。由于受南极磷虾网具后部网目尺寸小、网具阻力大的限制,在实际使用过程中,网口扩张仅为网口周长的 3%～4%,扩张效果很不理想,网具选用不尽合理。我国学者在综合分析我国南极磷虾产业发展与世界先进国家装备技术差距的基础上,通过对国内外南极磷虾拖网作业方式和拖网渔具和属具信息资料收集整理的基础上,通过实物模型试验对拖网网具和网板结构性能进行了综合比较分析,自主研发了 DH256 南极磷虾拖网网具,该网具综合了国外专业南极磷虾拖网网具网身短的特点,采用高性能超高强网衣材料优化了传统南极磷虾拖网双层网衣结构为单层网衣结构,简化了网具加工制作工艺,经与原生产网具生产比较,起网速度提高 20%,单位时间捕捞产量与原网具基本持平,通过自主南极磷虾拖网网具的使用,可有效增加日拖网捕捞网次数量 3～4 次,提高日捕捞产量约 100 t。但也存在网口扩张小,网具综合性能不足等缺陷,有待进一步优化提高。

(三)拖网网板情况

根据南极磷虾栖息水层及其生物特征,南极磷虾拖网以浅表层、低速拖网为主,网具水平扩张需通过网板来实现。我国南极磷虾生产船配置的拖网网板以捕捞竹荚鱼使用的高速中层拖网为主,网板主要特征为大展弦比和开缝结构,网板自重量重,特别在低速拖网时,网板稳定性差,扩张效果并不理想,无法完全满足南极磷虾特殊的捕捞作业需要,已成为制约我国南极磷虾全天候生产的主要因素之一。我国学者在综合分析国内外中层拖网网板结构与性能的基础上,结合南极磷虾拖网速度低,浅,表中层拖网作业的特点,以及网具水平扩张受网板自重下沉的影响,无法充分实现水平扩张的问题,开发研制了具浮没力调控功能的双曲面大展弦比中空南极磷虾拖网网板,经水槽网板模型试验得出工作冲角范围为 10°～30°时,网板升力系数 CL>0.98 且升阻比 K>2.21。与常用的网板相比具有阻力系数较低、升阻比较高的优点。经过海上生产对比试验,该装备在浅表层拖网过程中,网位控制容易,扩张性能稳定,网具水平扩张性能得到明显改善,捕捞效率有效改善,已基本达到国外同类型拖网作业的捕捞效率。经过 2 年的海上试验和应用示范,得到用户的一致肯定。

四、中国南极磷虾捕捞工程技术发展主要问题

由于我国开展南极磷虾生产船主要以从事智利竹荚鱼生产的拖网加工船兼作为主,因两种捕捞对象在捕捞工程技术要求,如渔具结构、捕捞技术、渔货加工

和质量控制等方面均存在较大差异。捕捞工程技术主要以传统的网板拖网作业为主,与目前南极磷虾高效连续泵吸捕捞技术相比,劳动强度大,捕捞效率低,渔获质量差,造成我国在南极磷虾捕捞业专业化捕捞船队培育和发展缓慢,严重影响南极磷虾捕捞业产业化、规模化和现代化工程的进程,制约产业的发展。具体问题主要包括:

(一)船载冷藏加工能力不足,制约捕捞工程技术发展

通过南极磷虾捕捞工程技术渔具渔法的改进和完善,我国南极磷虾捕捞平均网次产量已达到 10 t/h,正常生产日捕捞产量可达 200~300 t,基本达到南极磷虾开发盈利平衡点(150~170 t/d)水平。但由于目前我国渔船的船载冻结能力有限,仅为 5 t/h,日最大加工能力约为 120 t,尚不能达到我国南极磷虾生产最基本的盈亏平衡产量水平,势必影响我国南极磷虾产业的综合生产效益,制约南极磷虾产业的可持续发展。

(二)渔具渔法研究基础薄弱,高效捕捞工程技术研究缺乏

我国从事南极磷虾资源捕捞的渔船,主要以原捕捞竹筴鱼等大型生物资源为主,拖网作业速度要求较快,网具水平扩张装置主要以高速扩张为主,在用于南极磷虾资源捕捞时,无法在低速状态下发挥扩张作用。在实际捕捞过程中表现为南极磷渔具规格、结构不合理,网具阻力大,网具扩张性能差,造成捕捞效率低、燃油消耗大。严重制约了拖网捕捞效率的提高,与国际同类船相比缺乏竞争力。

(三)船载磷虾加工品种单一,专业设备先天不足

我国南极磷虾拖网加工船主要以冻品加工为主,但由于受舱容不足的影响,也很难维持我国南极磷虾开发的可持续发展。为解决此难题,我国开展了船载虾粉生产加工试验,但鲜磷虾:虾粉转换系数高达 14:1,与国际上先进转换比 7:1 差距明显,严重制约我国磷虾粉生产产能和效益。南极磷虾油作为磷虾产业的高端产品,在我国尚未具备规模化生产技术与水平,制约我国磷虾产业链的延伸和发展。与挪威相比,我国在南极磷虾产品加工和研究方面存在较大差距。

(四)缺乏专业化捕捞装备,多种捕捞作业兼容性差

我国目前南极磷虾拖网船均为非南极磷虾专业船,主捕品种为大型鱼类如竹筴鱼、鳕鱼和鱿鱼等,主要以传统作业方式为主,尚未具备连续泵吸捕捞功能。目前我国海洋捕捞工程中虽部分采用泵吸捕捞技术,但主要用于秋刀鱼舷提和

灯光围网等,泵吸过程主要在船边进行,与南极磷虾主要通过软管在远离船舶100～200 m左右的150 m以浅水层作业存在明显差别,现有吸鱼泵的扬程、功率和渔获物传送很难适应南极磷虾的泵吸要求,必须通过优化和改进才能在磷虾生产中应用。

五、南极磷虾捕捞工程技术发展趋势

CCAMLR为合理利用和保护南极海洋生物资源,确保南极海洋生态系统的稳定,对南极海洋生物资源的养护管理具有严格要求:① 确保南极磷虾可捕资源量和年间资源补充量保持较稳定的状态;② 确保捕捞对象及其依存的生物资源量和生态环境的稳定,并使已衰竭的生物资源可以得到一定水准资源量的补充;③ 为防止海洋生态系统变化在20年甚至30年无法得到恢复,尽可能将出现这种危险的可能控制在最小的范围内,对南极磷虾捕捞业现代化工程发展提出了更高的要求,具体归纳为:

(一)具备南极磷虾高效捕捞能力

捕捞工程是南极磷虾捕捞的关键,是体现捕捞综合能力的载体,高效捕捞是产业发展的生命,只有通过渔具新材料的应用和捕捞作业方式的创新,研发具高扩张性能浅表层南极磷虾单一或组合式生态型渔具和属具,开发研制具深潜功能的南极磷虾专业泵吸系统及其装备,才能突破制约南极磷虾产业发展的关键问题,提高竞争力。

(二)增强适应渔业生态管理的功能

随着传感设备的发展,连续捕捞系统可以通过配备水下多角度摄像系统和监控设备,全程监视磷虾从网囊进入泵体。连续捕捞系统可根据磷虾进网密度实时监测数据,及时调整泵吸时间和控制泵吸流量,避免泵吸过程中造成高挤压率和死亡率。为防止非磷虾类生物被误捕,泵体入口处应设置一定角度的刚性栅栏,通过栅间距选择捕捞对象,并在其上方开设逃逸口,使兼捕渔获物如海豹、企鹅等能沿栅栏从逃逸口逃离,回归自然。

(三)适应全天候生产作业的要求

目前,国际上南极磷虾已运用了全天候泵吸取鱼的概念,就是不停地将磷虾泵吸至渔船加工车间,并结合水下吸鱼泵技术的基础上,在不增大泵体自身尺寸的前提下,泵吸能力可以从270 t/d提高至500 t/d。随着南极磷虾捕捞水层的变化,其最大捕捞作业范围可达600 m深度,此时需要很多定长软管部件互相连接。软管的体积、强度及最大可输送范围将是今后连续捕捞系统性能提高的关键。

（四）确保磷虾完整与品质要求

在泵吸磷虾过程中应增加质量自动控制保护措施，如当大量磷虾进入网囊在泵口互相挤压时，压力弹簧门使超重部分逃逸，避免被压碎的低品质磷虾进入泵体传送至加工车间。同时，通过提高连续捕捞系统的可靠性，可保持高传输率连续运转，最大限度避免相互挤压。例如，挪威在新型南极磷虾拖网专业船设计中加入4桁杆立体拖网的构想，可以十分方便地按需进行南极磷虾加工处理。

黄洪亮　中国水产科学研究院东海水产研究所捕捞与渔业工程实验室主任，研究员，长期从事极地与远洋渔业资源开发利用、渔具渔法等方面的技术研究。先后作为南极科学考察队大洋队队长和南极磷虾商业性开发首席专家、海上总指挥三次赴南极负责南极磷虾资源考察评估与资源实质性开发利用。面对我国南极磷虾相关基础研究薄弱、调查平台缺乏、捕捞效率低、综合竞争能力不足等问题，逐一攻克了制约我国南极磷虾科考与商业性开发不同环节的技术问题，取得了一定的阶段性成果，为我国南极磷虾商业性开发利用提供了技术保障。至今已授权南极磷虾相关技术专利17项，其中，发明专利10项，实用新型专利7项，公开发表论文30余篇。

南极磷虾专业化渔船捕捞与加工装备发展概况

谌志新，徐皓，沈建，欧阳杰

农业部渔业装备与工程技术重点实验室，
中国水产科学研究院渔业机械仪器研究所，上海

一、引言

当今世界，全球海洋生物资源开发竞争日趋激烈，国际社会对公海渔业资源的管理日趋严格，沿海国家入渔条件越来越苛刻。面对挑战，开发利用公海渔业新资源，特别是科技条件要求较高、竞争压力相对小、资源潜力比较大的南极磷虾渔业应作为我们发展远洋渔业的重点方向和壮大远洋渔业的战略需求。日本和前苏联是磷虾捕捞加工较早的国家，研发了专业化的磷虾捕捞加工船；挪威是目前南极磷虾捕捞与加工装备技术最发达国家[1]，也是商业化开发最成功的国家，自主研发了专业化的大型拖网渔船以及连续式高效捕捞、船载精深加工装备[2]；而我国磷虾产业开发起步较晚，远洋渔船捕捞与加工装备系统技术落后。面对磷虾捕捞加工装备技术国外垄断的局面，要实现磷虾产业技术升级，推进我国磷虾产业可持续发展，应加快科研支撑能力建设，研究突破制约磷虾渔业产业发展的关键技术和核心装备。

在南极极地环境下捕捞磷虾都为拖网渔船，磷虾捕捞作业渔船应具备高技术条件和专业化装备。南极磷虾捕捞渔船首先面临特殊恶劣冰区海洋环境，渔船船体应有破冰抗冰结构设计和不同作业工况冰区结构加强原则，关键系统装备具有低温环境适用性、材料耐低温性能以及甲板结冰稳性安全性；捕捞生产面临冰区作业和磷虾特殊渔法的要求，需要渔船具有良好的操纵性和低速拖网与快速航行匹配性；磷虾加工需要平稳船载平台和快速处理能力，应具有良好的适航性、防摇稳定性和适居性以及 2 h 内处理捕捞磷虾的加工能力。其次要重视海洋生态环境保护，极地海洋生态环境比较脆弱，各入渔国应重视环境与生态保

通讯作者：徐皓。

护问题,优选发展选择性渔法,积极配合 CCAMLR 管理[3]。同时,还需要适应各项国际公约,如 IMO 正在推进的国际极地航行安全规则草案(Polar Code)和极地水域船舶航行导则[A.1024(26)号决议]以及 2010 年海环会第 60 次会议通过了一项新的 MARPOL 保护南极地区免遭重油污染规则;应充分考虑极地水域的气候条件并满足海上安全和污染防治的相关标准。

二、国内外南极磷虾渔船捕捞与加工装备技术现状

据《中国海洋发展报告 2014》报道:中国海洋渔业资源利用质量、效率、效益"三低",存在三大问题,影响持续发展。其中一个主要问题是远洋渔业技术和装备落后,极地渔业差距最大;另一个主要问题就是,中国水产品的加工以传统初级加工为主,冷冻水产品占了 55%,高技术、高附加值的产品极少。中国远洋渔业发展模式比较粗放,船型性能差、装备技术落后,捕捞效率低,综合竞争实力不强,自主研发船舶工业技术、信息技术、新材料、新工艺和渔业声学探测数字化技术在的应用,利用电子信息技术的发展契机,促进海洋渔业装备工程技术实现与船舶工业的同步发展。目前我国关于南极磷虾渔业装备工程技术与发达国家相比差距明显。南极磷虾渔业装备工程技术的创新能力偏弱,无法有效支撑远洋渔业由近海向南极磷虾等极地渔业发展。而世界各国对南极磷虾等极地渔业资源开发利用日益关注,制定了相应的开发计划,欧美、日本、韩国等渔业强国为了提高竞争力,在加强南极磷虾等极地深远海渔业资源探测调查和开发利用的同时,积极推动船舶工业技术、信息技术、新材料、新工艺和渔业声学探测数字化技术在的应用,利用电子信息技术的发展契机,促进海洋渔业装备工程技术实现与船舶工业的同步发展。目前我国关于南极磷虾渔业装备工程技术与发达国际相比差距明显。

(一)我国磷虾渔船系统装备技术现状

1. 我国磷虾渔船技术现状

我国专业化南极磷虾渔船船型研发刚刚起步,相关研究难成体系。目前参与南极磷虾等深远海捕捞的大型渔船,都是进口国外二手大型拖网渔船简单改造而成,船龄老化,船舶专业化水平低。技术装备水平相对国外先进渔船差距明显,捕捞效率低,综合效益差。专业化南极磷虾捕捞加工船的自主研究"十二五"刚起步,主要开展磷虾船总体方案设计和甲板设备合理布局,船型经济与技术论证等层面的初步研究,相关研究处于初级阶段,还没有针对性对南极磷虾的环境适应性、装载能力和整体性能参数、磷虾加工生产线的总体布局、舱室合理化设计、海上扒载系统、捕捞技术与船型的优化匹配以及系统装备的集成研究。

专业化磷虾船的船型开发工作还没有实现有效突破。主要问题在于:大型渔船研发设计能力和技术手段弱,系统配套装备不完善,船舶工程设计人员对南极磷虾捕捞生产和加工的工艺不熟,可选型设计的专业化捕捞与船载加工装备目前仅少数渔业强国掌握,处于垄断地位,专业化的磷虾船型和系统装备的关键技术对中国保密,可借鉴的相关技术和资料缺乏,这给南极磷虾船的自主研发带来了较大的障碍。

2. 我国磷虾捕捞装备技术现状

中国远洋渔业发展迅速,但适应南极磷虾海洋环境、渔业管理、生物学特性、渔获快速处理及其品质保障要求的探测技术、连续式生态高效捕捞技术、船载加工技术及工艺的相关研究也是"十二五"才重新起步,除适应传统拖网作业的网具开发有所突破外,其他方面还没有形成可推广应用的完整的系统技术成果。目前,我国南极磷虾渔业,在支撑磷虾资源高效开发与利用关键技术环节,仅连续式吸虾泵开展了初步研究,而数字化声呐以及满足连续捕捞的吸虾泵、满足全天候变水层连续捕捞的吸虾软管与网具自动同步控制以及一船两网或多网联合捕捞作业和起放协调控制等技术的研究还没有实现有效突破,所以我国南极磷虾捕捞仍采用传统拖网捕捞方式,无法进行捕捞与加工量的有效匹配,既影响捕捞效能,也影响了磷虾加工的品质。捕捞装备与挪威等发达国家相比极为落后,存在捕捞产量与加工能力不匹配,装备自动化和专业化程度低,配套设备不齐全,可靠性差等问题,捕捞装备系统技术差距明显。

3. 我国磷虾船载加工装备技术现状

中国船载加工工程技术研发,在 2007 年,通过研发清洗机、蒸煮机等国产化配套设备,以及引进日本低温干燥生产线等加工关键技术与装备,打造了我国第一艘近海海上加工船——"渔加一号",将捕获的鲜活鱼虾,在海上直接加工成成品。至 2013 年,建造了"浙苍渔冷 00888 号"海上水产干制品加工船,配建三条全自动流水线加工设备,能在海上直接进行丁香鱼、虾皮加工,加工技术和装备水平也逐渐提高。但在南极磷虾船载加工装备技术的研究同样起步比较晚,目前仅磷虾脱壳采肉开发了原理样机及船载试验,磷虾国产化加工工艺及装备技术还比较落后,仅有的一条具有专业磷虾加工装备的船还是由船龄 40 余年的日本淘汰船改造而成,其余磷虾捕捞船配备的虾粉加工装备均为鱼粉加工装备略加改造而来,冷冻设备也仅仅适应常规鱼类保鲜而无法满足磷虾低温保鲜要求。加工技术及系统装备的落后,造成我国磷虾渔业生产效率和产品质量低下,缺乏竞争力;利用鱼粉生产设备改造的磷虾船载加工线的虾粉产出率仅为 1 kg 虾粉/13～14 kg 鲜虾,约为国际先进水平的二分之一,且虾粉质量低下。

(二) 世界磷虾渔船系统装备技术现状

世界各国对南极磷虾等极地渔业资源开发利用日益关注,制定了相应的开发计划。欧洲、日本、韩国等渔业强国在加强南极磷虾等极地深远海渔业资源探测调查和开发利用的同时[4-5],积极推动船舶工业技术、信息技术、新材料、新工艺、节能减排技术和渔业声学探测数字化技术在极地作业渔船上应用,利用电子信息技术的发展契机,其海洋渔业装备工程技术基本实现了与船舶工业的同步发展,以大型化远洋渔船为平台的鱼群探测与捕捞装备技术呈现自动化、信息化、数字化和专业化的特点,产品配套齐全,系统配套完善。面向南极磷虾等极地渔业资源开发,渔船装备工程技术水平不断得到提高,开发能力不断增强。前苏联是南极磷虾的捕捞强国,随着苏联解体,世界磷虾产量下滑,但挪威、中国、智利等新兴渔业国家的加入,磷虾捕捞产量逐年得到恢复。目前,挪威是磷虾开发利用最成功的国家,磷虾捕捞渔船船型与装备先进,采用了连续式捕捞与船载加工技术,专业化和自动化水平最高。连续式捕捞与虾粉虾油船载加工装备的先进技术,目前主要掌握在欧洲和日本等少数发达国家手中,其磷虾产业技术竞争优势明显。

1. 挪威磷虾渔船技术现状

挪威是南极磷虾开发的后起之秀,但凭借先进的渔业船舶工业和自动化控制技术以及强大的渔船装备研发能力,其磷虾捕捞渔船船型与装备最先进,商业开发最成功。挪威磷虾渔船作为国际先进代表,走的是专业化、大型化、自动化与信息化发展道路,以科技提升竞争力;目前挪威有三艘大型拖网渔船在南极捕捞磷虾,这三艘渔船虽然都是其他船舶改造而成,但进行了多次专业化的彻底改造,年捕捞加工磷虾超过 10 万吨,每船捕捞加工能力达到 600 t/d,船型参数如表 1 所示;装备了满足 CCAMLR 管理和高效探测的数字化声呐,以及连续式捕捞与船载虾粉加工线,全过程自动化连续作业[6-7]。挪威最新研发的磷虾渔船船型利用三维数字化设计,除具备以上先进技术,还采用了全封闭甲板结构以及电力推进和全船能耗管理系统、柴油机排放催化还原减排等先进技术,总造价1.7 亿美元,该船船型如图 1 所示,捕捞加工能力达到700 t/d[6]。

表 1　挪威三型磷虾捕捞渔船船型参数

船型参数	Thorshøvdi	JUVEL	SAGA SEA
总长/m	132.23	99.5	92
垂线长/m	123.84	90.4	86.05

续表

船型参数	Thorshøvdi	JUVEL	SAGA SEA
型宽/m	19.87	16.0	16.5
型深/m	9.65	9.55	8.5
吃水/m	7.05	6.0	7.05
GT/NT/DT	9623/4125 /6573	5500/1654 /2708	4848/1454 /2438
建改时间 /功率/kW	1973/1999 /3960	2003/2007 /6000	1974/2009 /4500
捕捞方式	臂架连续	传统拖网	尾拖连续
船载产品	虾粉、虾油	虾粉、虾油	虾粉、虾油

图1　挪威新型磷虾专业化渔船船型

2. 挪威磷虾捕捞装备技术现状

挪威是世界最发达的海洋渔业国家之一,渔船捕捞装备研发与制造能力也是全球之最。关于南极磷虾数字化声呐探测、连续式吸虾泵及收放系统、网具变水层同步控制技术等完全实现自主配套;磷虾捕捞技术先进,实现三维探测、网形与捕捞量监测与自动调整、船机网优化匹配以及捕捞机械电液集中控制。在采用连续式捕捞技术的同时,吸虾泵还集成了选择性释放装置,具有高效与生态的特点。先进的捕捞装备技术支撑了南极磷虾的生态管理需要,同时满足了磷虾高效优质的商业开发要求,自动化水平的提高既减少了船员数量,也减轻了恶劣环境下的劳动强度,提供了南极磷虾开发的综合效益。

3. 挪威磷虾船载加工装备技术现状

南极磷虾渔业应特殊环境和生产要求,磷虾渔船必须集捕捞与加工一体化,船载加工装备应实现磷虾专业化精深加工和自动化流水线工业生产。日本早在20世纪70年代初就研制成功了南极磷虾捕捞加工船,船上配备南极磷虾冷冻原虾、熟虾、整形虾肉、饲料级虾粉和食品级虾粉等多套加工生产设备;日本和波兰在船上用滚桶脱壳法对南极磷虾脱壳,效率较高,1 h能加工500 kg虾[9-10]。挪威作为磷虾产业新型国家是目前捕捞加工效率、效益最好的国家,配置了专业化的虾粉和虾油精深加工成套装备,配合磷虾连续捕捞方式,优化配置磷虾船载加工工艺和磷虾加工装备,实现捕捞磷虾的快速预冷和及时加工处理,完全实现了工业化自动流水线作业生产加工模式。挪威高效自动化船载加工装备,提高了磷虾捕捞船的处理能力,采用真空干燥技术提升了虾粉品质,配合陆基精深加工,实现磷虾高值化综合利用。挪威新型磷虾捕捞渔船日捕捞加工与处理能力达到700多吨,虾粉转化率1 kg虾粉/8~9 kg鲜虾,综合竞争力强。

二、我国南极磷虾渔船捕捞与加工装备技术发展存在的主要问题

中国远洋渔业虽然发展较快,但由于自主研发设计建造大型远洋渔船科研能力和工程经验不足,大型公海渔船多为进口二手船。我国远洋渔船装备与发达国家相比自动化、信息化与专业化水平偏低,系统配套不完善,具体体现在深远海捕捞效率远低于发达国家;其中,远洋鱿钓船平均产量比发达国家同类船低18%,金枪鱼钓单船平均产量仅为渔业发达国家和地区如日本、韩国和中国台湾省的50%~60%;作为开发渔业战略资源的南极磷虾船,挪威建设专业化133 m总长的大型专业化拖网加工船,捕捞效率高出中国70%~100%。我国南极磷虾等深远海渔业发展规模与经济效益远远落后于发达国家,急需提升南极磷虾渔船装备的技术水平。主要问题具体体现在以下几个方面:长期缺乏科研支持,大型渔船船型与装备研发设计能力不足,技术手段落后;我国南极磷虾渔船与配套装备研发的创新能力不足,系统配套不完善;南极磷虾产业长远规划缺乏,捕捞加工装备专业化自动化水平低,综合效益差。

三、我国南极磷虾产业化发展急需解决的渔船系统关键技术与核心装备

(一) 我国南极磷虾专业化渔船捕捞与加工装备研发基础

我国"十二五"以来,通过国家科技支撑计划课题"南极磷虾资源开发利用

关键技术集成与应用"（2013BAD13B03）以及 863 计划课题"南极磷虾快速分离与深加工关键技术"（2011AA090801）、"南极磷虾拖网加工船总体设计关键技术研究"（2012AA092304）等课题支持，开展了一些基础性研究，取得一些初步进展，但没有形成系统性突破。

1. 我国磷虾渔船船型研发基础

基于"863"课题研究，构建了 FRUN 三维数字化设计平台，开展了南极磷虾总体方案设计和甲板设备合理布局，船型经济与技术论证等层面的初步研究，形成了南极磷虾专业化渔船总体技术方案、甲板设备和磷虾船载加工系统布置以及极地环境适应性研究，相关成果推广应用还需要实践验证。

2. 我国磷虾捕捞装备研发基础

依托国家支撑计划支持，开展了磷虾潜水式吸虾泵的初步研究，以双通道离心泵为原型，对其结构进行分析，并分析其原理，建立三维数学模型（图 2），构建吸虾泵内部流场数值模拟（图 3），并通过 CFD 技术，分析了吸虾泵的流线、流速与压力（图 4）等特性，为磷虾连续式捕捞核心装备吸虾泵的研发提供了基础研发模型。

图 2　吸虾泵三维模型

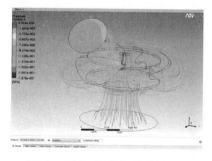

图 3　吸虾泵流场数值模拟

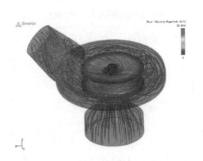

图 4　吸虾泵流场流速分析

3. 我国磷虾船载加工装备研发基础

利用"863"计划课题,开展了南极磷虾壳肉分离技术的研究与专业壳肉分离装备的研发,研制了多层往复式滚轴挤压脱壳机原理试验样机(图 5),配套设计了脱壳设备布料喷淋系统及均质设备,为磷虾虾肉生产线的配套建立提供设备基础;并开展了海试试验,所使用的磷虾脱壳设备能有效地将磷虾虾壳去除,得到的虾仁产品外形完整(图 6)。试验用设备单齿轮组处理量约为 51.56 kg/h,虾仁得率为 25.74%。项目设计的四层设备(每层 5 齿轮组)可实现每小时 1 t 的处理量。初步研制的国产化磷虾脱壳采肉样机经船载试验,脱壳效果良好,得率较高,但处理能力比较小,不能满足巨大捕捞产量的加工需要,工艺和装备还需要进一步完善[11-12]。

(a)　　　　　　　　　　　　　(b)

图 5　磷虾挤压脱壳原理样机

图 6　原理机试验采肉虾仁产品

4. 国际合作情况

为了加快推进我国南极磷虾产业化进程,积极开展国际合作,通过引进消化吸收再创新的战略思路,开展南极磷虾船和连续式捕捞及船载加工工艺和系统装备技术研发。上海崇和实业发展有限公司与挪威专业设计公司合作开展南极磷虾专业捕捞加工渔船,目前船型总体技术方案及捕捞与加工装备技术方案已形成。船型总长 114.45 m/型宽 22.0 m/型深 12.5 m/吃水 7.8 m/总吨? /主机功率 2×3480 kW(船型渔捞布置见图 7),采用了双网连续式尾拖网以及冷海水预冷和虾粉虾油船载加工技术,对虾粉虾油生产线进行合理化布置(图 8),船型及设备配置按照挪威最先进技术进行配置,并适合国情配置了冻虾产品和虾肉产品生产线。

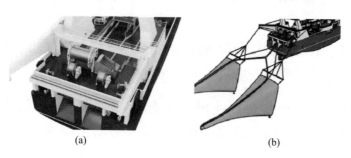

(a)　　　　　　　　　　　　(b)

图 7　磷虾专业化渔船渔捞布置图

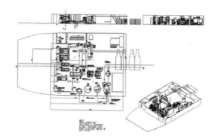

图 8　磷虾船载加工线布置图

(二) 急需解决的关键技术

我国南极磷虾产业化发展急需解决的渔船系统关键技术包括:专业化磷虾节能渔船开发的船型优化、磷虾数字化声呐探测、连续式捕捞与船载加工系统装备优化布局、吸虾泵连续式泵吸与配套输送软管自动收放控制、网形优化调整与适应全天候捕捞自动变水层控制、船载虾粉加工线自动化控制及真空干燥等关键技术。

（三）急需解决的核心装备

同时需要解决一系列核心装备，具体包括：利用数字化声呐与遥感信息和视觉监测技术，构建磷虾数字化三维探测系统；通过数值模拟优化离心吸虾泵结构设计，研发潜水长距离磷虾吸捕与输送捕捞设备，利用电液集成张力控制技术研发连续泵吸配套输送软管自动收放系统，构建磷虾连续式捕捞模式；采用网位仪与数字化声呐，研制网形综合监测系统，构建全天候磷虾变水层拖网控制系统；通过船载虾粉加工真空干燥系统，构建磷虾高品质虾粉生产模式；利用工业化自动控制技术以及现场总线控制技术，构建虾肉制取设备及船载加工成套装备全过程自动控制系统。系统解决南极磷虾专业化渔船捕捞与加工系统装备配套问题。

四、我国南极磷虾渔船装备工程科技发展建议

我国南极磷虾产业起步晚，技术与资金积累有限，需要从政府政策支持、科技金融投入支持、企业创新与产业模式培育、人才队伍建设、技术创新、国际合作、知识产权保护等方面保障我国南极磷虾渔船装备工程科技的发展。

（一）政策引导，鼓励科研机构及渔业装备制造企业自主创新

针对目前我国近海渔业捕捞压力以及过洋性渔业产业入渔条件越来越苛刻的问题，政府应鼓励渔业企业走出去，走向深远海，利用好"两种资源和两种市场"。通过政策引导改变长期以来渔业船舶与装备科研边缘化问题，重点领域重点方向持续科研支持，鼓励科研机构积极参与南极极地等深远海专业化渔船的研发和配套装备的研制。并强化"产学研用"合作模式，建立成果转化示范基地和成果产业化基地。

（二）实施人才强渔战略，加快渔业装备人才培养

南极极地等深远海渔业装备与工程的专业性强，涉及资源预报与鱼群探测、捕捞与加工装备、船型设计与建造等复杂系统工程。我国大型渔船研究起步较晚，到目前为止，还没有形成基础应用研究、设计、建造、检验的专业化队伍，南极极地等深远海渔业装备与工程对专业人才的需求呈现出复合型、外向型的发展趋势，现有渔业人才队伍远不能满足渔业发展需要。应设立专项资金强化专业人才队伍建设、加快培训渔业专业从业人员，提高渔业从业人员的科研水平和专业技能，为我国远洋渔业发展提供人才支撑。

（三）创新金融融资模式，多种金融优惠政策推进科研成果产业化

多渠道筹措资金加快极地等深远海渔船装备研发与工程示范。项目科研开发与基础实验支撑条件建设，通过加快科研立项获得国家科研计划或专项资金支持。南极磷虾等深远海大型渔船工程建造经费以企业自筹、船舶金融融资租赁、国家惠渔支渔政策补贴等多渠道筹措项目资金集中力量办大事的方式，加快科研成果产业化，推进南极磷线专业化渔船的设计、建造和推广。

（四）加强国际合作，通过引进消化吸收再创新加快南极磷虾专业化 渔船与装备国产化

我国南极磷虾等大型捕捞渔船整体技术落后渔业发达国家 30 年，为了加快南极极地等深远海大型渔船装备自主研发能力和装备国产化，应通过加强与国外相关科研机构的合作，提升我们在极地深远海大型渔业船舶领域的科研能力和设计水平。通过引进消化吸收再创新方法，加快南极磷虾等大型专业化渔船与装备的国产化。

参考文献

[1]　李励年,王茜. 南极磷虾产业发展最新动态[J]. 现代渔业信息,2011,26(12):6-9.

[2]　刘健,黄洪亮,李灵智,等. 南极磷虾连续捕捞技术发展状况[J]. 渔业现代化,2013, 40(3):51-54.

[3]　陈雪忠,徐兆礼,黄洪亮,等. 南极磷虾资源利用现状与中国的开发策略分析[J]. 中国水产科学,2009,16(3):451-457.

[4]　郑晓伟,欧阳杰,沈建. 南极磷虾离心脱壳工艺参数的研究[J]. 食品工业科技,2012, 33(3):183-185.

[5]　郑晓伟,沈建,蔡淑君,等. 南极磷虾等径滚轴挤压剥壳工艺优化[J]. 农业工程学报, 2013,29(S1):286-292.

[6]　CCAMLR. Licensed vessel [EB/OL]. [2013-05-07]. http://www.ccamlr.org/en/compliance/licensed-vessels.

[7]　A Descriptive review of the trawl systems used in the artarctic krill fishery [EB/OL]. [2009-06]. http://www.ccamlr.org/prm/cc/kri-notif/krill-notif-2009.pdf.

[8]　Whoever wants to be successful will need a long-term prspective it's not a question of just putting a vessel in the water and making money [EB/OL]. [2009-12]. http://www.intrafish.com/news.

[9]　郑晓伟,沈建,蔡淑君. 南极磷虾虾肉制取技术初步研究[J]. 海洋渔业,2013,35(1): 102-107.

[10]　刘勤,黄洪亮,李励年,等. 南极磷虾商业化开发的战略性思考[J]. 极地研究,2015,

27(1):31-37.

[11] 中国水产科学研究院渔业机械仪器研究所．一种虾类脱壳装置[P]．中国专利：ZL201210274007.3，2014-08-06.

[12] 中国水产科学研究院渔业机械仪器研究所．一种南极磷虾虾糜制取方法[P]．中国专利：ZL201210274002.0，2014-07-30.

**谌志新** 1969年生,2002年同济大学机械设计及理论硕士研究生毕业,长期从事海洋渔船与捕捞装备技术研究与开发,目前担任中国水产科学研究院渔业机械仪器研究所海洋渔船与捕捞装备研究室主任,研究员,硕士生导师,杭州市钱江特聘专家,上海市领军人才,并荣获上海市新长征突击手。主持和承担多项国家和省部级科研项目,获科技进步奖5项,其中主持的"飞船返回舱高海况打捞系统装备技术设计与应用"项目获得军队科技进步奖一等奖;依托主持的公益性(农业)行业科研专项"渔业节能关键技术研究与重大装备开发"的成果,带领团队为上海和江苏省海洋渔船标准化节能升级改造提供系统技术支撑,并荣获中国水产科学研究院科技进步奖一等奖。

南极磷虾资源商业化开发策略思考

苏学锋,冯迪娜,王元好,郭忠

辽宁省大连海洋渔业集团公司,辽宁大连

一、开发南极磷虾资源的必要性

远洋渔业的开发利用已经成为我国渔业产业发展的重要环节。随着《联合国海洋法公约》的生效,世界各国都加强了对 200 海里专属经济区的管理,因此可供开发利用的远洋渔业资源越来越少。

南极磷虾是一种产自南极海域的小型甲壳类动物,蕴藏量巨大。据研究,南大洋磷虾资源的蕴藏量保守估算有 6 亿~10 亿吨。人类每年可在南大洋捕捞 0.6 亿~1.0 亿吨的南极磷虾资源量而不会影响生物链的平衡,这一年度捕获量相当于目前全球海洋捕捞总产量。除此之外,南极磷虾含有丰富的蛋白质,是一种优质的蛋白质资源;并富含磷脂型 EPA、DHA,具有巨大的开发和利用价值。

在世界海洋渔业资源普遍衰退的背景下,世界各国越来越关注南极磷虾资源的开发利用。大力发展我国南极磷虾渔业,发展南极磷虾产业规模化开发工程对我国充分利用南极丰富磷虾资源,占领南极生物战略资源加工利用制高点,对我国争取南极磷虾资源开发利用长远权益具有重要的战略意义。

二、中国开发南极磷虾现状

(一)捕捞

1. 探捕

我国的南极磷虾捕捞业起步较晚。2009 年年底,我国远洋捕捞船队首次赴南极开展磷虾探捕工作,辽宁省大连海洋渔业集团公司"安心海"轮与上海开创远洋渔业有限公司"开利"轮共同承担此次探捕任务,在国内相关科研院所中国水产科学研究院黄海水产研究所、东海水产研究所、上海海洋大学等的技术支撑下,仅用 23 天时间,完成了大面积环境资源调查和商业性生产。

2. 捕捞产量

目前,我国已有三家大型国有企业、一家民营企业,9 艘船只先后获得南极磷虾资源捕捞入渔许可,并已基本形成了 4~5 艘/年规模的南极磷虾生产船队。无论是作业区域、作业时间和捕捞产量均取得了重大突破。

南极磷虾捕捞业经过近 5 年的培育和发展,捕捞产量大幅攀升。2009/2010 年,辽渔集团与上海开创公司首次完成南极磷虾的探捕任务,捕获磷虾仅为 1965 t。2011 年,我国共有 4 艘船参与了南极磷虾捕捞,捕捞磷虾 16 020 t。2012 年,共有 3 艘船投入生产,捕捞产量回落至 4265 t。2013 年,我国共有 3 艘渔轮投入生产,捕捞产量大幅攀升至 31 944 t,其中,辽渔集团的大型南极磷虾捕捞加工船"福荣海"轮实现了南极磷虾捕捞产量单船最高,达到 2.6 万吨。2014 年,我国南极磷虾的捕捞产量继续攀升至 54 303 t。

(二) 深加工

我国南极磷虾的深加工技术研究以及产业化与国外相比,起步较晚。2011 年,科技部首次启动了"863"项目"南极磷虾快速分离与深加工关键技术",该项目是由企业做牵头单位,系统的组织了国内科研单位与辽渔集团联合开展南极磷虾的深加工技术研究。

南极磷虾的深加工产品主要包括低附加值与高附加值部分两类,低附加值的产品主要为初级加工品,如饲料级南极磷虾粉、用于提取虾油的高品质南极磷虾粉、脱壳南极磷虾肉等,高附加值产品如南极磷虾油、南极磷虾肽粉、南极磷虾蛋白粉等。值得一提的是,高附加值产品与低附加值产品在南极磷虾商业化开发中都是不可或缺的。高附加值产品的开发可以拉长南极磷虾的产业链条,可以提升整个产业的利润回报率,而低附加值产品的市场需求、消费量较高,有些产品如饲料级脱脂磷虾粉又是高附加值产品加工的副产物,可以大量消化南极磷虾的整个捕捞资源。而二者之间的关系又是相互影响,相辅相成的。例如,高附加值产品南极磷虾油的市场销路好,这一部分所带来的经济价值就会抵消一部分低附加值产品的生产成本,尤其是对副产物加工品而言。因此,南极磷虾产业的商业化开发适合走多元化产品类型的道路。

1. 低附加值产品

1) 脱壳南极磷虾肉

南极磷虾死后,虾壳中的氟会很快渗透到虾肉中,使得磷虾蛋白中氟含量过高而失去食用的值。因此,南极磷虾被捕捞上船后,利用机械脱壳或生物脱壳技术,达到壳肉分离的目的,生产出氟含量极低的虾肉。目前,"福荣海"轮引进了日本的机械脱壳设备,得肉率在 10%~15% 之间。我国的壳肉分离设备正在研制阶段,目前已开发出了样机,若能够通过技术改进,使得壳肉分离设备的得肉率提高至 20%,将会带来极大的市场前景。目前,脱壳虾肉的市场售价为 3 万元/t,以捕捞5万吨原虾为例,就可得到1万吨脱壳南极磷虾肉,即可带来3亿元的收入,仅此一项即可解决海上捕捞的盈利问题,市场开发价值巨大。

2）饲料级南极磷虾粉

挪威 Aker Biomarine 公司虽然将目光瞄准在具有高附加值的产品南极磷虾油的研发上,但是饲料级虾粉的销售量仍然从2008年的5693 t,上升至2011年的1万多吨。饲料级磷虾粉的产品附加值虽然较低,但是伴随着全世界水产养殖饲料的产量逐年上升,鱼粉的紧缺,饲料级磷虾粉的市场潜力很大。目前,中国每年从国外进口鱼粉饲料在100万吨左右,每吨价格在1万元以上。饲料级南极磷虾粉的规模化开发生产可部分替代进口鱼粉。

2. 加工半成品

1）高品质南极磷虾粉

南极磷虾渔获物由于含有强大的自溶酶系统,捕捞上船后必须尽快进行处理。因此,船上加工磷虾粉是目前最佳的经济、规模化的加工利用模式。这里所说的高品质南极磷虾粉是指可用于提取南极磷虾油的食品级磷虾粉,不包含饲料级磷虾粉。

我国目前参与南极磷虾捕捞与南极磷虾粉加工的四家企业中,辽渔是引进的加工设备,另外三家自主安装的虾粉加工生产线主要是利用原有鱼粉加工线改造而成,出粉率低、经济效益较差,生产1 t磷虾粉需鲜磷虾10~14 t,而日本和挪威的技术则仅需7~8 t。同时由于生产线加工过程中需进行高温烘干脱水,造成磷虾粉中高不饱和脂肪酸氧化与虾青素的破坏,极大地影响了南极磷虾粉的品质,只能用于饲料级磷虾粉生产,无法用于更高附加值产品磷虾油的提取。

制约高品质南极磷虾粉生产的瓶颈在于,第一方面加工工艺落后,渔船多采用鱼粉加工工艺,与南极磷虾粉的生产工艺不相匹配,高品质南极磷虾粉的生产工艺核心技术、关键控制点并未掌握;第二方面加工设备陈旧,船上加工设备与国外先进设备相比存在较大差距。目前,可以生产高品质南极磷虾粉的"福荣海"轮也是引进日本先进的加工设备。正是由于以上两点原因,造成我国渔船生产的南极磷虾粉出粉率低、品质差、生产成本高。

2）Mega

Mega是指利用靶向可控酶解技术在船上将南极磷虾的蛋白与磷脂进行分离,最后得到富含高磷脂虾油的一种提取物,作为陆地工厂提取南极磷虾油的基料或可直接作为高端食品原料。船上进行Mega的制备可以大大降低生产成本,提高磷虾油品质。目前,挪威奥林匹克公司在南极磷虾捕捞加工船上率先使用Mega生产技术,将其应用于商业化生产开发中。辽渔集团经过长时间的实验摸索,已经掌握了Mega生产的核心技术,但是该技术是在陆上进行过试验应用,未应用到南极磷虾捕捞船上。

3. 高附加值产品

1）南极磷虾油

南极磷虾油是南极磷虾产业中最具开发价值的深加工产品。进入 21 世纪后，加拿大、挪威等国家对磷虾的深加工取得了突破性进展，以高品质南极磷虾粉或冻虾为原料成功开发出高附加值产品南极磷虾油，并发现了南极磷虾油中含有独特的磷脂型 EPA、DHA 以及一系列的保健功效，使南极磷虾由初级的食用及深加工养殖饲料进一步向高附加值产品转变，为南极磷虾产品在生物制药和保健品方面的快速发展提供了广阔的空间。也为参与南极磷虾资源开发的企业摆脱长期亏损的局面，实现盈利，带来了新的希望。

虽然，中国在南极磷虾油的深加工领域起步较晚，但是目前我国的加工技术与国外完全并轨，具体体现在南极磷虾油的具体理化指标上。从表 1 中可以看到，南极磷虾油各项理化指标均达到国际水平，甚至有些指标如磷脂含量还超过了国外公司。

表 1 南极磷虾油各项理化指标对比表

指标	辽渔集团（中国）	阿克公司（挪威）	奥林匹克公司（挪威）	海王星公司（加拿大）	日水公司（日本）	安塞克公司（以色列）
性状	暗红色油状液体	暗红色黏性液体	暗红色黏性油状物	红褐色油状液体	红褐色油状物	暗红色油状物
磷脂/%	≥45	≥40	≥40	≥38	≥38	≥40
EPA/%	≥12	≥12	≥10	≥6	≥6	≥10
DHA/%	≥8	≥5.5	≥5	≥3	≥14	≥5
总 Omega-3 脂肪酸/%	≥20	≥22	≥16	≥15	≥22	≥16
虾青素/ppm	≥50	≥50	≥50	≥150	≥100	≥50

目前，中国高血压人口有 1.6 亿~1.7 亿人，血脂异常的有 1.6 亿人，22% 的中年人死于心脑血管疾病。血脂异常是冠心病、心梗和缺血性脑卒中等心脑血管疾病的重要危险因素。中国一年用于心脑血管疾病的治疗经费达到 3000 亿元人民币（以发病人数的 30%，4800 万人计算）。因此，以保护心脑血管健康为主要功效的南极磷虾油将会成为重要的药品和保健食品原料。以每人每天服用

1 g 磷虾油计算,若满足 5000 万人的服用需求,所需南极磷虾油 1.8 万吨,需要大量的南极磷虾粉提取虾油,市场容量足够大。

若南极磷虾油在中国市场打开后,将会带动整个南极磷虾产业,南极磷虾捕捞产量也会持续攀升。所以,南极磷虾油在南极磷虾产业中占据着领头羊的地位。

2）南极磷虾活性肽/蛋白

高品质南极磷虾粉经提油后剩余的原料可以用于开发南极磷虾活性肽与南极磷虾蛋白粉。对于这两种产品,国外规模化的生产较少。国内目前仍处于研制试验阶段,未见规模化的生产及上市销售。这主要是因为,脱氟问题没有得到很好的解决,现有脱氟技术主要存在以下几个问题:①脱氟处理引起磷虾肽中的灰分含量升高;②脱氟处理引起磷虾肽中氨基酸、多肽等营养成分的损失;③钙盐的过量引起磷虾肽中苦涩味的增强。因此,开发高效简便、成本低、可工业化放大的磷虾肽脱氟技术是产业化及商品化的重要环节。

其次是成本高居不下,无法与目前成熟的植物蛋白市场相竞争。

4. 10 万吨南极磷虾产品开发策略

若以年捕捞南极磷虾 10 万吨计算,考虑各产品类型的市场需求量、经济价值、利润空间、生产技术等多方面因素,现将开发产品类型、各产品之间比例关系以及所产生的经济效益做简单的规划设计(图 1)。

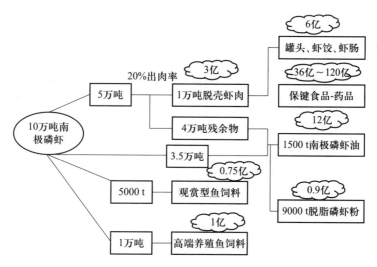

图 1　10 万吨南极磷虾产品开发规划设计

如图 1 所示,年捕捞 10 万吨南极磷虾,若仅开发成原料级产品可生产 1 万吨脱壳虾肉(以 20%出肉率计算)、1500 t 南极磷虾油、9000 t 脱脂磷虾粉、观赏鱼饲料以及高端养殖鱼饲料,可创造年产值约 18 亿。若进一步开发成终端产品,例如将脱壳磷虾肉开发成罐头、虾饺、虾肠,南极磷虾油进一步开发成保健食品和药品,可创造年产值约 45 亿~130 亿人民币。因此,南极磷虾高附加值的终端产品的开发、上市以及大规模销售可以说将带动整个南极磷虾产业走向繁荣。

三、总结

(一)已有基础

(1)经过连续 5 年的探捕证明了我国已经具备对南极磷虾规模化的捕捞能力,单船的捕捞能力最高已到达 3 万吨/年以上。

(2)南极磷虾高附加值产品的研发、生产以及产品品质已经与国际接轨,不亚于国外同类产品。

(3)以南极磷虾油为原料进行药品的开发已经开始进行基础性的研究工作。

(4)南极磷虾产品的市场开发工作已基本步入正轨,其良好的保健效果已赢得消费人群的正面反馈。

(5)在南极磷虾的商业化开发及产业化过程中,已经建立起了一支对南极磷虾进行全面开发的研究队伍,培养了大批专业人员,也赢得了国外同行的尊重。

经过这几年的研究与市场评估,南极磷虾在我国有着极其广阔的开发前景,市场容量足够,有望形成千亿级的产业链。

(二)存在问题

然而,中国企业在进行南极磷虾商业化开发的进程中也面临诸多捕捞、深加工、市场准入等方面的问题,这些问题的解决对南极磷虾产业可持续性、健康化的发展起着相当重要的作用。

1. 捕捞

1)专业化程度低

我国南极磷虾捕捞业起步较晚,尚无先进的专业南极磷虾捕捞加工船,多以兼作方式进行商业性捕捞,专业化程度低。

2)船龄老旧

目前,国内进行南极磷虾捕捞的船只普遍船龄较长。例如,单船捕捞产量最高的"福荣海"轮船龄也已经超过 40 年,船龄时间长。

3)泵吸技术

南极磷虾的捕捞基本上以拖网形式为主,捕捞效率较低,对国际上先进的泵吸技术还在开发研究阶段,目前还没有大规模应用到南极磷虾的商业化捕捞作业上。

2. 深加工

1）发展、技术路线不明确

目前,国内对南极磷虾的商业化开发还处于起步、探索阶段,没有成熟的商业模式作为参考。各企业对南极磷虾进行商业化捕捞、开发也是在摸着石头过河。因此,企业在大规模开发南极磷虾之前应首先明确发展路线、技术路线,降低投资风险,对路线中存在的问题进行攻关、验证,反复推敲,科学有序地开展商业性开发。

2）市场准入受限

南极磷虾产业的发展壮大,南极磷虾产品的市场流通环节占有决定性作用,只有实现南极磷虾产品的大规模上市销售,企业才会实现盈利,才会持续性的开发南极资源,南极磷虾的捕捞量才会不断攀升。在南极磷虾商业化开发的产业链条中捕捞-生产-深加工-终端产品-市场准入-产品销售这六个环节一环套一环,缺一不可。

而南极磷虾由于是极地生物,它的很多生物学特性、生理结构以及化学组成都与常规物种有很大差异,如南极磷虾中的氟含量,有机砷含量。因此,在南极磷虾产品像南极磷虾油相关产品的市场准入环节上政府有关部门应积极介入、优先支持,尽快出台与国外接轨的标准。解决了南极磷虾产品的市场准入问题,南极磷虾产品的市场就会不断地发展状大,从而带动整个南极磷虾产业向着更好、更大、更强的方向可持续性发展。

苏学锋 辽渔集团技术中心主任,水产品加工高级工程师。参与国家"863"计划——海洋技术领域重大项目"南极磷虾快速分离与深加工关键技术"。主持并负责多个省、市级科技项目,辽宁省引进海外研发团队项目"南极磷虾战略性新兴产业技术开发"、辽宁省经信委项目"从南极磷虾中制备高纯度磷脂型 EPA、DHA 的技术研究"、辽宁省企业技术创新项目"高品质南极磷虾油工业化生产技术研究"等。主持国内第一条南极磷虾油生产线的设计和建设,主持编写企业标准 3 项,拥有国家发明专利 10 余项,曾荣获省部级科技进步奖一等奖。

南极磷虾主要质量安全问题分析与应对策略

冷凯良,王松,刘小芳,苗钧魁,朱兰兰

中国水产科学研究院黄海水产研究所,山东青岛

一、引言

南极磷虾广泛分布于南极水域,是全球海洋最大单种可捕生物资源,是人类巨大的蛋白质储备库。近 10 年来,新技术的突破和新产品的上市极大地推动了南极磷虾产业的转型升级,南极磷虾产业已成为一种集捕捞与加工于一体、技术门槛高、产业链长、价值链随产业的延伸逐级大幅提升的新兴产业型态。2009年,我国正式立项开展南极磷虾探捕开发,目前年产量已达 5.4 万吨,居世界第三位。

南极磷虾个体虽小,却浑身是宝,其蛋白质含量丰富,是一种优质蛋白质资源,且富含磷脂型 EPA/DHA,是目前唯一一种实现商业化开发的优质磷脂型 EPA/DHA 天然资源。此外,南极磷虾还含有虾青素、丰富的矿质元素等。随着相关研究的深入,南极磷虾已成为人类食物资源的重要开发对象之一,具有巨大的开发和利用价值。

南极磷虾作为我国海洋生物新兴产业利用的大宗资源,其质量安全问题也必然受到关注,分析其可能存在的质量安全问题,主要在于可能存在的重金属及氟等其他有害元素污染、加工过程中添加剂、有机溶剂等的引入、储运过程中游离脂肪酸等危害因子的产生等方面。南极磷虾来自于环南极大洋这片地球上唯一没有受到人类工业活动直接污染的洁净海域,有效避免了人类工业化造成的重金属污染以及水产养殖中使用农兽药等造成的药物残留等危害因素,但由于南极磷虾的独特生理特性,存在氟、砷元素含量较高以及由于其自身酶系统导致的自溶腐败等质量安全问题。另外,在生产加工过程中,受生产需求和加工工艺影响,存在使用添加剂、有机溶剂残留等问题。因此,针对南极磷虾可能存在的各种质量安全问题及其隐患进行较为全面的分析探讨并提出相应的应对策略,对南极磷虾产业的健康快速发展显得尤为重要。

二、重金属元素对南极磷虾的质量安全影响与应对策略

重金属是水产品中比较常见的持久性危害元素,在以浮游生物为食物的水

生动物体内有明显的蓄积倾向。目前适用于南极磷虾的重金属限量标准主要参照我国食品安全国家标准 GB 2762—2012 的规定,其限量分别为:铅<0.5 mg/kg、镉<0.5 mg/kg、汞(甲基汞)<0.5 mg/kg、砷(无机砷)<0.5 mg/kg;《美国药典》规定南极磷虾油中有害重金属限量分别为:铅<0.1 mg/kg、镉<0.1 mg/kg、汞<0.1 mg/kg、砷(无机砷)<0.1 mg/kg。目前对南极磷虾重金属元素的研究检测结果显示,南极磷虾中铅、镉、汞等重金属元素的含量均符合 GB 2762—2012 食品安全国家限量标准的要求,南极磷虾油中的铅、镉、汞含量也完全达到《美国药典》规定的限量要求。

近期的研究结果显示,与大多数海产品相似,南极磷虾中砷元素的总含量水平较高,但其存在形态主要是以无毒的有机砷形态存在。砷元素虽然属于非金属,但作为自然界中重要的有毒元素,在食品安全领域通常将砷归入重金属检测范围,世界各国对水产品中的砷元素含量均有严格的限量要求。海产品中砷的存在有很多种化学形态,包括无机砷和有机砷,其中,无机砷包括三价的亚砷酸盐[As(III)]和五价的砷酸盐[As(V)];有机砷主要包括一甲基砷酸(MMA)、二甲基砷酸(DMA)、砷胆碱(AsC)、砷甜菜碱(AsB)、砷糖以及砷脂等。砷元素的毒性与其存在形态密切相关,无机砷具有致癌毒性,有机砷通常被认为是低毒或无毒的。以砷化合物的半致死量 LD50 计,其毒性从大到小依次为 As(III)、As(V)、一甲基砷酸(MMA)、二甲基砷酸(DMA)、砷胆碱(AsC)、砷甜菜碱(AsB)。

目前,世界上通行的对水产品中砷的安全限量均规定是以无机砷进行计量。《美国药典》对南极磷虾油中砷的限量规定为无机砷小于 0.1 mg/kg,我国 GB 2762—2012 食品安全国家限量标准中适用于南极磷虾的规定无机砷限量为 0.5 mg/kg。据 Marco Grotti 等的研究表明,南极磷虾中总砷含量约为 1.8 ~ 3.6 mg/kg,但主要是有机砷,有机砷含量超过 90%,其中超过 84% 的砷是以无毒的砷甜菜碱形态存在,无机砷总量小于 0.1 mg/kg,低于限量标准。因此,南极磷虾在砷含量方面实际是安全的,但对无机砷的控制以及总砷含量偏高的问题也必须重视。

目前国际上南极磷虾的商业化开发实践已经证实,南极磷虾油等保健品及医药生物制品是拉动南极磷虾产业发展的强大驱动力,国际上已形成多个知名的磷虾油品牌。我国在南极磷虾油的提取等高值利用方面也已取得突破,目前已建成或正在建设磷虾油生产线的企业已有多家,磷虾油也已获批为"新食品原料"。但我国对南极磷虾质量安全基础性研究不足,个别安全性指标(如氟、砷)科学阐述不明,产品标准体系尚未建立,受到保健品有关总砷标准的限制,纯粹以磷虾油为原料的保健品尚无法上市,阻碍了产品的市场推广。应加快建立完善能够契合南极磷虾产业特性的规范和标准体系,缩短产品上市周期,加快南极磷虾资源开发的产业化进程。

三、氟元素对南极磷虾的质量安全影响与应对策略

氟元素作为动物及人体的必需微量元素,主要以无机态和有机态的形式广泛分布于自然界。南极磷虾具有富集氟的特性,据孙雷等的研究显示,南极磷虾中总氟含量(以干基计),其整虾的氟含量 2400 mg/kg,头胸部 4260 mg/kg,甲壳 3300 mg/kg,肌肉 570 mg/kg,含量较高。氟是人类所需要的一种元素,是牙齿和骨骼不可缺少的矿物质,少量的氟有助于骨骼和牙齿的正常发育;人体摄入一定量的氟,能够促进骨骼发育、预防蛀牙,但摄入过量,则会使骨骼密度过高,骨质变脆。根据中国营养学会推荐,成年人每天应摄取氟 1.5~3.0 mg。目前我国没有针对南极磷虾中氟含量的限量要求,GB 2762—2012 版的食品安全国家限量标准中也取消了氟的限量规定,但如此高的总氟含量,使人们疑虑南极磷虾的摄入会导致氟的危害问题,应进一步开展氟的存在形态与氟的脱除技术研究。

南极磷虾的高氟问题是制约磷虾相关食品开发的重要因素之一,因此需要采取一定的措施进行脱氟处理。相关研究已经表明,南极磷虾中氟的分布并不均匀,其主要集中于虾壳中,而肌肉中分布较少。因此在对南极磷虾加工利用时,可以采取脱壳处理以减少产品的氟含量。此外,国内已经建立多种脱氟技术应用于南极磷虾加工过程,取得了较好的效果:吕传萍等通过添加生石灰来降低南极磷虾酶解液的氟含量,并对酶解液去氟条件进行了优化,通过膜过滤的方法来除去 $Ca(OH)_2$ 和 CaF_2,实现降氟材料的无残留,同时表明了此方法对酶解液营养影响较小。李红艳等为解决南极大磷虾酶解液氟含量过高的问题,以脱氟率为指标,在酶解液中添加 1.38% $CaCl_2$,在 pH9.0、温度 20℃ 条件下反应,脱氟率达到 89.43%。而且,$CaCl_2$ 法脱氟过程对酶解液氨基酸态氮、总氮的影响都不显著。通过添加钙盐对于降低南极磷虾酶解液中的氟含量有很好的效果。

四、自溶酶对南极磷虾的质量安全影响与应对策略

南极磷虾自身酶体系组成复杂,活性很强。磷虾死后由于体内酶抑制系统活性的减弱,自溶酶会立即将体内组织进行分解,导致虾体腐败变质。因此,南极磷虾被捕获后须尽快进行加工,或立即冷冻保存于-20℃以下的低温冷库中。以食品开发为目的捕获的南极磷虾,需要在捕获后的 2~3 h 内完成加工;而作为动物饵料利用的南极磷虾,则必须在 10 h 内加工完毕。

对加工过程的控制也具有更严格的要求。船上加工方面,南极磷虾需要在捕捞后立即加工,日本等国最早进行船上利用滚筒脱壳加工南极磷虾仁,之后进行快速冷冻处理,获得的去壳南极磷虾虾仁是目前较易被人们接受和最有价值的磷虾产品之一,国内南极磷虾脱壳设备也已开发成功。国内也发明了一种船上南极磷虾虾糜的生产工艺:南极磷虾采肉后,经过两次漂洗,脱水,添加抗冻剂后,经速冻后贮藏于-24℃,加工成为南极磷虾冷冻虾糜。陆基加工方面,则需要从解冻开始进行全程低温控制,并尽量缩短加工时间,以防止和减缓蛋白质自溶,如采用微波解冻或流动水解冻冷冻南极磷虾、在加工过程中控制水温及环境温度不超过 4℃ 等,能较好地控制自溶给加工带来的不利影响。目前如何较好地控制或利用自溶,减少给加工带来的不利影响,仍需要进行进一步的研究。

五、加工储运过程中南极磷虾质量安全隐患与应对策略

南极磷虾富含磷脂、多不饱和脂肪酸、虾青素等活性脂质成分,南极磷虾油是目前南极磷虾高值化利用的最主要产品形式。在加工及储藏运输过程中磷脂、多不饱和脂肪酸、虾青素等极易发生氧化分解反应,最终导致产品酸价升高,同时在脂质提取过程中采用的有机溶剂,可能带来的溶剂残留等问题,均有可能影响南极磷虾油的最终品质。具体分析如下。

(一)南极磷虾粉加工过程中的主要质量安全问题与应对策略

高品质南极磷虾粉是目前进行南极磷虾油提取的主要原料,其生产技术主要包括蒸煮、压榨或离心分离、干燥等工序,其采用的干燥模式主要包括蒸汽烘干、低温真空干燥等。由于在高温条件下,南极磷虾中含有的磷脂易发生分解、多不饱和脂肪酸及虾青素等成分易发生氧化,因此高温脱水过程极易导致南极磷虾脂质品质下降。研究显示,冷冻干燥获得的南极磷虾粉,其品质保持最好,低温真空干燥次之,热风烘干的方式对品质影响较大。干燥模式是影响虾粉品质的关键,应研究组合干燥技术,生产高品质虾粉并有效提高生产效率。

另外,在南极磷虾粉的加工过程中添加合适的抗氧化剂对保护虾粉避免氧化变质具有较好的效果,目前饲料级南极磷虾粉采用的抗氧化剂主要为乙氧基喹啉等。但乙氧基喹啉为饲料用抗氧化剂,在食品级南极磷虾粉加工中禁止使用,应开发适用于食品级南极磷虾粉使用的抗氧化剂。

南极磷虾粉的储藏过程中可以采用低温并结合脱氧剂的使用达到较好的防止氧化发生的效果。

(二) 南极磷虾油加工过程中的主要质量安全问题与应对策略

1. 溶剂残留

南极磷虾油的提取可以采用多种方法,主要有溶剂提取法、超临界-CO_2 萃取法、亚临界提取法等。目前大多数生产企业采用溶剂提取法,常用提取溶剂主要为丙酮、乙醇等,受加工工艺的影响,极易存在溶剂残留现象。丙酮是一种有效的南极虾油提取溶剂,但由于丙酮具有一定的生物毒性,并且在油脂中的残留往往高达 100 ppm 以上,因此国内未将其应用于南极磷虾油的提取。乙醇是国内外普遍采用的南极磷虾油提取溶剂,其毒性低、虾油提取率高,且残留较低。目前已有的生产工艺在最终南极磷虾油脱溶后,通入惰性气体可进一步降低南极磷虾油中的溶剂残留,取得了较好的效果。

2. 酸价

南极磷虾油中磷脂含量较高,而且富含 EPA 及 DHA 等多不饱和脂肪酸,在高温条件下,油脂会氧化分解产生游离脂肪酸及氧化产物,导致品质劣变。受原料品质等因素的影响,大多数南极磷虾油在提取后需要进一步精炼脱酸。

目前,国内开展了南极磷虾油脱酸的初步研究:由于南极磷虾油中磷脂含量很高,因此碱炼法和蒸馏脱酸法不适用于磷虾油的脱酸。超临界 CO_2 流体萃取工艺可以将南极磷虾油中游离脂肪酸降低 70% 以上,但是在将游离脂肪酸脱除的同时,会将大部分的甘油三酯脱除,使南极磷虾油的流动性大大降低,影响虾油的品质。大孔树脂可利用其空间结构的特性来吸附游离脂肪酸,可以降低 30% 以上的游离脂肪酸。但是,大孔树脂在吸附游离脂肪酸的同时还会吸附色素,造成南极磷虾油颜色变浅,影响虾油的品质。壳聚糖中的碱性氨基可以和游离脂肪酸发生缔合,从而降低游离脂肪酸含量,使游离脂肪酸含量得到一定的降低,且不会影响南极磷虾油的品质,可以尝试用做进一步脱酸研究的材料。总之,目前尚无十分完善成熟的适用于南极磷虾油的脱酸技术,针对游离脂肪酸的控制与脱除仍需要进行深入的研究探索。

3. 胆固醇

南极磷虾中胆固醇含量约为 150~200 mg/100 g(以干基计)。根据提取溶剂及提取工艺的不同,南极磷虾油产品中胆固醇的含量约为 3%~5%,过高的胆固醇含量对南极磷虾油产品的食用安全性提出了挑战。

目前,国内开展了关于南极磷虾油中胆固醇脱除技术的初步研究:超临界 CO_2 技术是已知的脱除总胆固醇较好的方法之一,可将南极磷虾油中胆固醇含量降低到 1% 以下,脱除率最高达 80% 以上。但超临界 CO_2 萃取在将胆固醇脱除的同时会将大部分的甘油三酯脱除,使南极磷虾油的流动性大大降低,影响虾油的品质,而且超临界设备一次性投资大,成本偏高。活性炭吸附工艺脱除胆固醇的效率较差,而且在吸附胆固醇的同时,也会吸附一定的虾青素、磷脂等功能性成分,影响虾油的最终品质。β-环状糊精具有特异的包埋胆固醇的结构,能容纳胆固醇分子形成稳定的、既不溶于水也不溶于油脂的胆固醇-β-CD 包合物,离心即可分离,操作简单易行,可以作为南极磷虾油工业化精制过程中胆固醇脱除剂的一种选择。针对南极磷虾油中胆固醇的控制与脱除仍需要进行深入的研究探讨。

(三)南极磷虾油流通过程中的主要质量安全问题与应对策略

油脂在生产、运输、销售及储存过程中,如果保存方法不当,会受光照、氧气、水分、金属离子等影响发生氧化酸败,进而影响油脂品质。南极磷虾油中磷脂、多不饱和脂肪酸含量较高,在加工和储藏过程中更容易发生氧化,产生危害因子,进而导致虾油品质下降。

添加抗氧化剂、有效控制流通过程中的储存温度,实施惰性气体保护等措施可有效保持南极磷虾油的品质,具体来讲:① 向南极磷虾油中添加抗氧化剂必须满足三个条件:互溶性,不影响虾油原来的色、香、味且自身以及氧化产物无毒性;② 南极磷虾油氧化的速度与储存温度呈正相关,因此,在生产及储藏过程中可以选择冷藏或冷冻作为储藏条件;③ 氧气的存在对油脂氧化发生具有重要影响,惰性气体可以有效减少因氧化反应导致的虾油品质劣变,增强产品稳定性。

六、结语

南极磷虾含有丰富蛋白质以及磷脂、不饱和脂肪酸、虾青素、低温酶等具有重要生理活性的成分,具有很高的食用及医疗保健价值,已经成为一种可以实现规模化、高值化综合利用的新型战略性海洋生物资源。但在食品安全受到高度重视的今天,南极磷虾产品的质量安全问题是产业能否顺利发展的重要基础。因此在进行产业化开发研究的同时,必须高度重视南极磷虾可能存在的质量安全危害因素,并研究探索应对策略,以期少走弯路,为南极磷虾产业蓬勃发展保驾护航。

参考文献

迟海,李学英,杭虞杰,等.2010.食品添加剂对南极大磷虾蛋白自溶的影响[J].海洋渔业,33(3):346-351.

迟海,李学英,杨宪时,等.2010.南极大磷虾 0、5 和 20 ℃贮藏中的品质变化[J].海洋渔业,2010,23(4):447-453.

迟海，李学英，杨宪时，等．2010.南极大磷虾 0、5 和 20°贮藏中的品质变化[J]．海洋渔业，32（4）：447-453．

迟海，李学英，杨宪时，等．2012.南极磷虾冻藏温度下的品质变化及其货架期分析[J]．水产学报，36（1）：153-159．

崔秀明，汪之和，施文正．2011.南极磷虾粗虾油提取工艺优化[J]．食品科学，32（24）：126-129．

李红艳，薛长湖，王灵昭，等．2011.南极磷虾酶解液氯化钙法脱氟工艺的研究[J]．食品工业科技，32（3）：330-333．

卢坤俊，吴继魁，汪之和，等.2013.南极磷虾中重金属含量的测定[J]．食品工业科技，2（2）：64-67．

吕传萍，李学英，杨宪时，等．2012.生石灰降低南极磷虾酶解液中氟含量的研究[J]．食品工业科技，33（6）：106-110．

马伟，吴志敏，程子洪，等．2011-11-03．一种南极磷虾中回收氟化物及制备低氟虾粉的方法：中国，201110033172[P]．

孙雷，周德庆，盛晓风．2008.南极磷虾营养评价与安全性研究[J]．海洋水产研究，29（2）：57-64．

田晓清，杨桥，邵盛男，等．2011.南极磷虾脂溶性成分的研究进展[J]．海洋渔业，33（4）：462-466．

王滨．2006.食品无机砷含量分析及其限量值研究的进展[J]．公共卫生与预防医学，17（2）：48-49．

王瑛，陈苗苗，谭婷婷，等．2014.海产品中的砷及其代谢机制的研究进展[J]．现代食品科技，30（11）：256-266．

卫生部．2012. GB 2762-2012 食品安全国家标准 食品中污染物限量[S]．

Marco G，Francesco S，Walter G，et al. 2010. Arsenic species in certified reference material MURST-ISS-A2（Antarctic krill）[J]．Talanta，80：1441-1444．

Moren M. 2006. Element concentrations in meals from krill andamphipods possible alternative protein sources in completediets for farmed fish[J]．Aquaculture，26（9）：174-181．

Sheih I C，Fang T J，Wu T K. 2009. Isolation and characterisation of a novel angiotensin I-converting enzyme（ACE）inhibitorypeptide from the algae protein waste[J]．Food Chemistry，115：279-284．

Sheih I C，Wu T K，Fang T J. 2009. Antioxidant properties of a newantioxidative peptide from algae protein waste hydrolysate indifferent oxidation systems[J]．Bioresource Technology，100：3419-3425．

冷凯良　中国水产科学研究院黄海水产研究所食品工程与营养研究室副主任,研究员,硕士生导师;全国水产标准化技术委员会及全国食品工业标准化技术委员会第四届水产品加工分技术委员会委员。主要从事水产品加工、质量安全与标准化研究工作。主持完成科研课题 21 项,包括国家科技支撑计划课题、"863"计划子课题、国家或行业标准制修订计划项目等。获得国家海洋局海洋创新成果奖二等奖 1 项(2),中国标准创新贡献奖二等奖 1 项(3),中国水产科学研究院科技进步奖二等奖 1 项(1)等;制定并已发布实施国家或行业标准 18 项,发表论文 47 篇,获得授权发明专利 6 项。

南极磷虾在水产饲料中的应用与展望

常青

中国水产科学研究院黄海水产研究所,山东青岛

一、南极磷虾在我国水产饲料中应用的战略需求

我国人口多、土地资源有限,资源相对短缺,粮食安全始终是维护国家稳定发展的一件大事。磷虾不仅可以成为人类的食品,而且也可以作为水产养殖的饲料,南极磷虾以其丰富的生物储量和特有的营养价值,在饲料业中的作用日益显现。我国拥有世界上最大的养殖业,2011年饲料产量超过美国,成为世界饲料的第一生产大国,2011年我国饲料工业产值即已达到6348亿元,在国民经济42个行业中排名已进入前20位;成为我国经济持续健康稳定发展的一个重要支柱产业。我国每年饲料鱼粉消费量约为150万吨,其中80%以上依赖进口,每年进口鱼粉100万吨左右,约占世界进口总量的30%。而由于捕捞过度,用于生产鱼粉的渔获物逐年下降,全球鱼粉总产量持续下行,亟须开发新的蛋白源,以满足我国不断增长的养殖业对蛋白源的大量需求。南极磷虾粉蛋白质含量高,以其作为鱼粉的替代物,可以填补我国优质饲料蛋白源的缺口,有效缓解国际鱼粉市场价格不断上涨对我国养殖业造成的压力。

可持续渔业伙伴组织(Sustainable Fisheries Partners,SFP)2015年7月发布的渔业可持续发展综述显示,在用作鱼粉鱼油生产的24种主要渔业资源中,仅有南极磷虾这一种资源处于A类(存量很好),超过1/3的资源目前处于C类(糟糕的管理)。

南极磷虾生长在无任何污染的南极冰冷海域,因此南极磷虾粉不会对水产品产生任何污染,也就不会间接的污染水质或威胁人类的健康。另外它所含有的ω-3脂肪酸和低聚糖,能增强动物的免疫力,减轻病菌伤害降低死亡率。在饲料中添加南极磷虾粉,可以减少抗生素的使用,确保水产品的安全性。因此,南极磷虾生物资源的开发利用能够促进我国养殖业持续稳定的发展,缓解我国人口增加与优质动物蛋白资源短缺的矛盾,保障水产品安全,有着巨大的战略需求和广泛的应用前景。

二、南极磷虾在国内外水产饲料中的应用现状

（一）国内现状

饲料用南极磷虾粉是以南极磷虾为原料,经脱水干燥制成的具有独特营养功能和质量属性的优质动物蛋白源,主要用于水产养殖动物饲料。南极磷虾粉保留了南极磷虾的营养成分以及色泽,作为高价值水产饲料主要体现在其具有优良的蛋白质、多不饱和脂肪酸、虾青素等,特别是其具有优异的诱食作用。

我国水产养殖产量居世界首位,而作为水产养殖基础的水产饲料需求量巨大。目前,我国水产饲料的产量(2014 年为 1800 万吨),超过世界其他各国,拥有世界最大的水产饲料生产企业,一些饲料品种质量达到世界领先水平。

由于我国的磷虾渔业刚刚起步,捕捞业规模尚小,尤其运回国内的原材料很少,磷虾粉与养殖饲料加工业目前尚未形成,但产品研发工作已逐渐铺开,且已取得一定的积累和阶段性成果。已对南极磷虾的营养价值进行了综合评定,为后期南极磷虾粉在饲料中的应用奠定了基础。作为饲料蛋白源,目前已研究了在配合饲料中添加南极磷虾粉对点带石斑鱼、半滑舌鳎、大菱鲆等名贵鱼种的生长、营养品质方面的影响。

此外,南极磷虾具有优良的诱食作用,其适口性来源于含有低分子量的水溶性物质如核苷酸、脯氨酸、甘氨酸、氨基葡萄糖以及高含量的氧化三甲胺。这些物质组合在一起形成优良的诱食剂和增味剂。添加 2%~6% 的南极磷虾粉,对于点带石斑鱼均有促进摄食和降低饲料系数的作用,其中 4% 的添加组摄食行为最积极,其生长性能最高而饲料系数最低,产生了最大的生产效应。

由于南极磷虾含有较高的氟含量,所以在饲料中使用磷虾粉的安全性得到关注。给西伯利亚鲟幼鱼投喂氟含量为 75.2~1478.3 mg/kg 的饲料(以 NaF 形式添加),经过 12 周养殖发现,氟含量低于 360.8 mg/kg 的饲料对于生长没有影响,随着时间和饲料氟含量增加,鳞甲、软骨、鳃和皮肤中氟含量增加,而对肌肉、肝脏和肠道无影响。饲料中南极磷虾粉的添加水平不影响大菱鲆和半滑舌鳎肌肉中氟的含量。

（二）国外现状

磷虾在水产饲料方面的应用似乎已经成为磷虾产品的一个最重要的市场,也是触发投资磷虾资源开发的一个主要诱因。水产养殖业特别是鲑鳟鱼类的养殖,需要耗费全球 88.5% 的鱼油和 68.2% 鱼粉。FAO 统计表明,2010 年养殖鲑鳟鱼类需要消耗 620 000 t 鱼油,随着需求的增加和价格上扬,鱼油将会成为"新

的蓝色黄金"。

挪威 Aker Biomarine 公司虽然将目光瞄准在具有高附加值的产品南极磷虾油的研发上,但是饲料级虾粉的销售量仍然从 2008 年的 5693 t,上升到 2011 年达到了 1 万多吨。未来磷虾产品将要呈现多元化,饲料级磷虾粉的产品附加值虽然较低,但是伴随着全世界水产养殖饲料的产量逐年上升,鱼粉鱼油的紧缺,饲料级磷虾粉的市场潜力很大。南极磷虾以其高含量的蛋白质和必需氨基酸,污染物含量低于鱼油和鱼粉,并且天然色素可以为养殖鱼虾进行着色,成为水产饲料中高附加值的饲料源。

挪威、西班牙和日本等国学者对南极磷虾在水产饲料中的应用研究较多,利用南极磷虾粉取代鱼粉,养殖大西洋鲑鱼、大西洋鳕鱼、虹鳟、罗非鱼和南美白对虾。结果表明,其营养价值与鱼粉相近,甚至超过鱼粉。然而,由于南极磷虾粉价格较高,其更多的是作为高价值的水产饲料添加剂来使用,而不是基本的饲料原料。在巴西的南美白对虾养殖试验中发现,使用磷虾粉和磷虾油可以完全取代鱼粉、胆固醇和大豆卵磷脂,能够获得很好的养殖效果,而且成本低于经典的虾料配方。尤其对于室外养成池塘,可能会遭受干旱或雨季,使用磷虾油的效果好于鱼油。磷虾粉具有良好的诱食性和丰富的营养,建议在应激和疾病暴发期使用,从而保证生长性能。

真鲷亲鱼饲料中加入 2.5% 的磷虾油极性脂或非极性脂,可以显著提高上浮卵的比例和孵化率,可能是极性脂中的磷脂酰胆碱和非极性脂中的虾青素是天然的自由基清除剂的缘故。

南极磷虾粉和磷虾油中含有丰富的天然色素,此特性被用于增加大麻哈鱼、鳟鱼、黄条鰤、真鲷、虾和其他养殖种类的鲜艳体色。

近几年关于南极磷虾水解物的研究发现,在饲料中添加南极磷虾水解物可以显著提高鱼的摄食、生长、饲料利用和非特异性免疫功能。在以豆粕作为蛋白源的美国龙虾饲料中添加磷虾水解物后显著改善了其生长和存活率,解决了死亡率高,基本停止生长,不能蜕皮的难题,可以达到与摄食 100% 鱼粉或摄食紫怡贝的龙虾相同的生长速度、较短的蜕皮周期和死亡率。

三、南极磷虾养殖饲料开发工程与科技发展的主要差距与问题

(一) 主要差距

由于我国南极磷虾渔业刚刚起步,捕捞业规模尚小,尤其运回国内的原材料较少,磷虾粉与养殖饲料加工业目前尚未形成,只有少量的磷虾粉用于观赏鱼、

宠物和游钓饲料。国外公司在养殖饲料开发方面已基本成型,产品呈现多元化,做得最好的是挪威 Aker BioMarine 公司,目前已形成专门针对南极磷虾养殖饲料的品牌——QRILL,下分两个板块:水产饲料和宠物饲料。每个版块又具有三大类产品,水产饲料包括鲑鳟类、虾类和海水类,宠物饲料包括马、狗和猫。

我国在养殖饲料产品研发工作已逐渐铺开,且已取得一定的积累和阶段性成果。目前主要研究添加磷虾粉对生长、摄食、体组成等影响,研究集中于磷虾粉对于养殖品种生长性能的影响,尚未形成南极磷虾饲料产品。而国外的科研工作从南极磷虾产品形式和应用对象,以及研究的深度,都远远领先。如挪威学者研究了南极磷虾水解物对大西洋鲑的摄食促进作用,并进一步探讨了神经肽在其中的作用。未来将要研究神经肽在中枢神经调节鱼类摄食和食欲中的动态变化。

(二) 主要问题

1. 南极磷虾捕捞和加工技术制约了养殖饲料的发展

我国的磷虾渔船主要由东南太平洋智利竹荚鱼拖网加工船略加改造而成,经过四年探捕经验的积累,捕捞能力已取得一定的进步。然而总体而言,拖网网具及网板等渔具装备与捕捞对象的适应性仍不够理想,捕捞效率仅为挪威渔船的三分之一到二分之一,差距明显。而且对于磷虾的完整性和新鲜度有影响。

由于缺乏一系列关键技术和设备,我国在捕获南极磷虾后,大多在船上冷冻后再运回陆地进行加工,在海上主要是利用原有鱼粉加工线生产磷虾粉,出粉率低、成品稳定性差,且加工产品多为低附加值的动物饲料。缺少稳定数量和质量的南极磷虾产品,阻碍了其在饲料方面的应用。

2. 南极磷虾用于饲料研究方面的基础薄弱,关键技术亟待完善与集成

与养殖业相比,水产饲料业的科研投入明显偏少。鱼虾等的基础营养研究滞后,多数营养参数尚未研究,即使重要代表种不同生长阶段的营养参数也未建立,饲料配方无法精准设计,饲料效率不高。南极磷虾替代鱼粉鱼油的关键科学问题和技术问题仍未解决。此外,对养殖产品安全的营养调控机理研究不足,氟的毒副作用形式和作用机制的研究仍是空白,尚未全面构建与实施饲料生产良好操作规范和可追溯技术体系。

四、展望

随着人类食品消费需求的增加和全球渔业资源的日益紧张,人们重新开始关注资源量巨大的南极磷虾。由于南极磷虾属于寒带海洋生物,具有较为特殊的营养学特征,形成高附加值产品的潜力较大。最近几年,磷虾产品的开发主要

集中于水产养殖、药物和保健食品。对于磷虾产品类型的变化,可以通过专利数量的变动看出。从1976年到2009年3月,共申报专利812项,尤其从2000年以后,专利数量有着显著提高。1976—1986年有关水产养殖方面的专利占总数的11%,而到1999—2008年则上升到39%。

由于南极磷虾资源开发面临困难较多,与其他渔业相比具有较大的成本压力,因此仅仅将磷虾作为普通饲料蛋白源来使用,其低廉的价格根本无法与巨大的投入相匹配。磷虾渔业的发展趋势就是对捕获的磷虾进行最大限度的综合利用,随着捕捞和加工技术的不断进步,南极磷虾的用途逐步扩大,人们先后开发出多种磷虾产品,使产品的附加值不断提高。研发适合我国大宗养殖对象的高效、安全磷虾饲料系列产品,以及休闲产业中功能性磷虾添加剂。系统开展主要养殖对象对南极磷虾适宜添加量的研究,增强以其为饲料资源的利用率。全面开发南极磷虾系列饲料产品,探明营养与抗应激、免疫、健康及产品品质和安全的关系,改变养殖饲料对鱼粉的依赖局面。

(一)在高植物蛋白饲料中的营养调控研究

植物蛋白替代鱼粉,一直是水产养殖动物营养与饲料学的研究重点和发展方向。但在水产动物,高植物蛋白饲料往往会带来生长性能、饲料利用下降等负面影响。主要原因之一是鱼粉减少造成适口性差,而磷虾粉、水解物以及水溶性部分含有游离氨基酸、多肽等诱食物质,使得磷虾将成为无鱼粉饲料中的调味剂。有研究表明在高植物蛋白饲料中添加适量海洋来源的蛋白饲料添加剂,可以提高饲料的蛋白利用率,改善生长性能。南极磷虾饲料添加剂产品在这一方面的应用值得深入研究,有助于饲料产品达到更好的营养平衡。

(二)养殖水产品品质的营养调控研究

随着人民生活水平的提高,对养殖水产品的品质要求也逐渐上升。南极磷虾富含虾青素,对养殖水产品具有增色作用。其丰富的不饱和脂肪酸可以提高养殖水产品的不饱和脂肪酸含量,提高水产品的食用价值。通过评价鱼肉的营养成分、物理感官指标和口感指标等,确定不同磷虾产品形式、添加量,提出有效改善水产养殖鱼类肉质性状的营养调控措施,满足市场对优质水产品的需求。

(三)开发水产动物亲体、幼体饲料,提高苗种生产能力

育苗是水产养殖业的基础,然而,目前我国育苗主要依靠天然饵料。南极磷虾粉富含多不饱和脂肪酸,n-3不饱和脂肪酸相对含量达到了42%,而其中的EPA和DHA,达到了总脂肪酸的40%。更为重要的是南极磷虾供应的EPA和

DHA 主要与磷脂结合形成磷脂酰胆碱,被称为海洋卵磷脂以及新一代的不饱和脂肪酸。与大豆磷脂相比,在仔稚鱼饲料中添加磷虾油,可以促进仔鱼生长、骨骼发育,提高肝脏对脂质的利用率,以及减少肠细胞受损的概率,从而对于改善鱼类的健康有潜在的影响。尽管磷虾油需要提纯,成本较高,在开口饲料中使用性价比好。具备含有抗炎症性能的海洋磷脂以及虾青素,南极磷虾成为亲体饲料原料中理想的选择。虾青素在亲体成熟过程中至关重要,能够影响卵巢和胚胎的发育。

(四)加强营养免疫学的研究,提高养殖动物的抗病能力

目前我国水产养殖环境恶化、病害孳生、滥用药物的情况严重,从而影响到食物的安全和民众的健康。磷虾中含有高含量的海洋磷脂,$\omega-3$ 系列多不饱和脂肪酸中的 EPA 能够提高水生动物耐盐性能。磷虾中的虾青素和几丁质均有增加养殖动物抗病力的能力。研究使动物发挥最好生产性能和最佳免疫力的营养需要量,为免疫功能饲料的开发和免疫增强剂的开发提供依据。

(五)关注氟在鱼虾体内代谢残留的研究,开发安全高效饲料产品

研究南极磷虾中氟的含量、存在形式对水产动物生长、不同组织中蓄积程度的影响,揭示氟的功能结构、作用形式及在动物体内代谢残留规律,为开发安全高效的南极磷虾饲料产品奠定基础。

常青 1971 年出生,博士,黄海水产研究所研究员。研究方向为水产动物营养与饲料学。主要从事水生动物营养生理学、营养与免疫学、海水仔稚鱼营养与个体发育等研究。先后主持或承担国家自然基金、"863"计划、国家科技支撑计划、山东省科技攻关等国家、地方科技计划课题 10 余项。在核心期刊发表论文 60 余篇,参编专著 3 部,获得授权发明专利 10 项(其中第一发明人 5 项),成功转让 2 项专利使用权。荣获了国家级、省市级各类科研奖励 17 项,其中国家科技进步二等奖 1 项(第 10 名)。

我国极地微生物及其基因资源研发的战略研究

陈波[1],廖丽[1],张元兴[2],刘惠荣[3],董跃[3],
张玉忠[4],李德海[5],徐萍[6]

1. 中国极地研究中心,上海;2. 华东理工大学生物工程学院,上海;
3. 中国海洋大学法政学院,山东青岛;4. 山东大学生命科学学院,
山东济南;5. 中国海洋大学医药学院,山东青岛;
6. 中国科学院上海生命科学信息中心,上海

一、引言

极地生物资源包括南北极海洋及陆域环境植物、动物和微生物资源。极地生物基因资源蕴藏在极地生物各类野生物种、品系和类型中,是南北极各类环境中各种生物原始基因唯一来源。极地生物基因资源本质上就是南极和北极地区(包括南大洋和北冰洋)的生物遗传资源。北冰洋、南极洲及其周围的南大洋蕴藏着丰富的生物物种资源、生物基因资源和产物资源。综合起来包括南极磷虾、鱼类等渔业品种,极地动植物和微生物及其生物基因组,及基于物种或基因产生的活性肽、低温酶和多糖等生物制剂、生物工程材料、活性先导化合物、基因工程药物等。第28届和第32届ATCM通过的两份决议案肯定了南极生物基因资源的勘探有利于人类进步。相关研究的深入将加深人类对生命和地球科学的认识,将在医药、绿色化工、生物技术和生物能源等行业催生出新的产业,带来巨大的经济效益和社会效益。

二、国际极地生物基因资源研发现状

过去20多年来,现代生物技术的快速发展促使极地生物基因资源得到了广泛的应用。包括南极磷虾、海绵动物和其他海洋无脊椎动物以及微生物等。其中56%的专利来自南极海洋,陆地环境中提供的来源生物体为34%,只有4%来自内陆水环境。

（一）开展极地生物基因资源勘探的主要国家

正在开展南极生物基因资源勘探研究的国家和机构包括日本、美国、西班牙、英国、韩国、加拿大、中国、瑞典、智利、新西兰、法国、比利时、波兰等。历史上处于经济发达水平的国家占据了技术优势,但近年来发展中国家也积极参与竞争。

（二）极地生物基因资源开发的主要应用行业

南极生物基因资源的应用行业是食品和饮料行业(25%)、制药/医疗技术产业(23%)、工业应用(13%)、分子生物学和生物技术(11%)、化妆品和个人护理(9%)、化学处理(7%)、水产养殖和农业(7%)、培养物保藏库(4%)和环境修复(1%)。

北极生物基因资源的生物技术研发主要集中在:DNA 研究中应用于生命科学研究的酶(34%)、医药(23%)、化妆品及护肤(10%)、保健食品/膳食补充剂和其他保健品(10%)、动物保健品(包括水产养殖,10%)、食品技术(10%)、工业应用酶(3%)。

（三）南极生物基因资源研发现状

（1）南极磷虾是南极海洋生物基因资源研发专利和商业应用最多的生物品种;

（2）海绵动物和其他海洋无脊椎动物通常被用作药品研发的生物来源对象;

（3）来自海水、海冰和深海软泥的海洋细菌展现了诱人的商业应用;

（4）鱼类(寒冷的海洋硬骨鱼)在南大洋中一直是一个抗冻蛋白专利的来源生物;

（5）化妆品和个人护理行业已经使用南极海洋藻类和其他生物及其衍生产品;

（6）陆地极端微生物是南极生物基因资源研发的重要目标生物。

（四）北极生物基因资源研发现状

北极生物基因资源的生物技术研发主要集中在以下 5 个主要领域:

（1）食品技术等工业工艺过程使用的酶;

（2）生物修复和其他污染控制;

（3）用于食品技术的抗冻蛋白;

（4）膳食补充剂,特别侧重于多不饱和脂肪酸;

（5）药品和其他医疗用途。

北极微生物基因和基因组研究检索分析可见,与南极生物基因和基因组研究情况类似,北极微生物的生物基因研究是所有北极生物基因研究的最主要、最活跃的研究对象。

联合国大学 2008 年报告指出,北半球已有至少 43 家公司参与北极生物基因资源及其衍生产品的研究、开发和销售。一个重要的发展趋势是强烈地集中于保健相关的研发和产品生产。

三、我国极地生物基因资源利用研究现状

我国极地科学考察 30 年来,在南极磷虾资源、鱼类基因组和微生物资源与技术领域开展了持续的研究工作,在南极磷虾捕捞技术与区域性资源量评估、鱼类基因组及其进化、微生物多样性与新型酶和活性次级代谢产物研究等重要方面形成了众多新的认识,为我国极地生物基因资源的研究和开发利用奠定了重要的资源和技术基础。除南极磷虾资源外,极地微生物资源研发是最活跃的领域。

(一)我国极地微生物菌株资源研究和储备现状

我国三个主要微生物菌株保藏管理中心(MCCC、CCTCC、CGMCC)已标准化保藏了一批极地微生物菌株,其中包括细菌、真菌及防线菌株。此外,中国极地研究中心、山东大学、武汉大学等研究机构也保藏一批标准化菌株及未整理的后台储备菌株。我国已经鉴定并在 IJSEM 等国际刊物上发表了新属 5 个、新种 30 多个,已申请专利保护的菌株共多株。之外,我国尚保藏部分极地藻种资源并开展了分类学和高油脂藻种的筛选研究。

(二)我国极地生物基因资源研究现状

1. 极地微生物培养技术和非培养技术的应用研究

目前,我国使用多种传统的培养技术,已分离培养极地多种样品中的细菌、放线菌和真菌。同时,一系列在传统的培养方法基础上进行的改进,形成针对极地特殊菌株的培养条件和方法,如延长培养条件、采用梯度低温、添加电子供体/受体等制备改良培养基。此外,一些新颖的高通量分离培养技术也在极地菌株纯培养中得到应用。中国海洋大学张晓华实验室采用微球包埋法,从极地底泥样品中分离获得 350 株菌株,其中有较高比例的新种属(冀世奇,2011)。该技术在一定程度上模拟了微生物生长的原位环境,提高了菌种资源的多样性以及可获得性。

非培养技术的发展速度远远超过培养技术。2012 年以前,我国关于极地环境中微生物多样性研究多采用第一代测序技术,对北极白令海多个沉积物样品(Zeng et al. , 2009, 2011)、南极的菲尔德斯半岛、普利兹湾、格罗夫山,北极海域的白令海北部、王湾、楚科奇海、加拿大海盆等海域以及冰川微生物群落结构及多样性组成进行了研究(Yu et al. , 2010; Li et al. , 2009; Zeng et al. , 2009)。上述研究对了解南北极多种生境中微生物种类及其多样性提供了丰富的信息。

最近几年,454 高通量测序、Illumina 系统的 HiSeq 和 MiSeq 测序等高通量测序技术普遍应用,开展了南极阿德雷湾(Ardley Cove)和长城湾表层海水样品、格罗夫山寒漠土壤样品的高通量测序分析,产生的数据量远远大于第一代测序,更能反映环境中微生物的种类和多样性信息。

2. 微生物基因组学与宏基因组学研究技术

挖掘基因组信息是发现新基因、新功能潜力的有力手段。我国在极地微生物基因组学研究方面技术成熟,进展快速。已经开展南极嗜冷杆菌 *Psychrobacter* sp. (Che et al. , 2013)、北极海洋放线菌 *Streptomyces* sp. 604F、北极海冰海单胞菌 *Marinomonas* sp. Bsi20584(liao et. al. , 2015)等多株菌株的基因组研究,发现大量的未知基因和基因簇。该技术大大提高了发现新基因资源的效率。

宏基因组学技术的应用也得到快速发展,利用基因组学的研究策略研究环境样品所包含的全部微生物的遗传组成及其群落功能。开展了南极中山站排污入海口及其近岸沉积物样品构建宏基因组文库,对宏基因组文库进行了蛋白酶、脂肪酶、纤维素酶、淀粉酶等酶活性的筛选以及对应基因的克隆,大大提高了对极地环境样品中微生物基因资源的了解(曾润颖等,2006);对北冰洋深海沉积物样品构建宏基因组文库,获得了金属肽酶、多糖脱乙酰酶、未知功能蛋白等多种编码基因,鉴定得到一种新的几丁质脱乙酰酶基因(贾志娟,2012)。北极沉积物样品的宏基因组文库构建和蛋白酶基因的筛选,获得蛋白酶 3C 的基因并通过 pET22b 载体转化 *E. coli* BL21 (DE3)菌株实现胞内异源表达,表达的蛋白酶 3C 对酪蛋白具有较高的活性(Zhou et al. , 2013)。因此,宏基因组学研究技术对于广泛开展极地微生物基因资源,获取新的基因和产物起到了极大的促进作用。

3. 微生物酶学研究

酶学研究是我国极地微生物学研究中非常活跃的领域,已经开展了大量技术研发。获得了脂肪酶、蛋白酶、淀粉酶、明胶酶、琼脂分解酶、壳多糖酶、纤维素酶等多种野生酶资源(曾胤新等,2004));低温几丁质酶高产菌株(曾润颖等,2006);低温脂肪酶菌株(王水琦等,2007;Cui et al. , 2011);南极冰藻 *Chlamydomonas* sp. ICE-L 不饱和脂肪酸合成途径中的 Δ9CiFAD,Δ12CiFAD,Δ6CiFAD,ω3CiFAD1 和 ω3CiFAD2 去饱和酶(An et al. , 2013);DMSP 裂解酶(Li et al. , 2014);β-半乳糖苷酶(曾倩等,2011;周莉莉等,2013;孙茜等,2015);卤化酶(陈瑞勤等,2014);去卤酶(liao et. al. , 2015)等。

4. 微生物次级代谢产物研究

极地微生物次级代谢产物的研究技术沿用经典药物化学的研究技术,发现了一批结构新颖且具有显著抗肿瘤、抗菌、抗虫害及抗病毒活性的次级代谢产物。南极真菌疣状金孢霉(*Chrysosporium verrucosum* Tubaki C3368)中发现了具有阻断核苷转移和增强抗癌药物活性作用的抗生素 C3368-A(程永庆等,1992)、用于治疗铁离子超负荷病的化合物 ferrichrome。Ferrichrome 类的 ferrioxamine(氧铁胺)(鲁敏等,2002);分离自南极真菌棘孢木霉(*Trichoderma asperellum*)的 6 个结构新颖的多肽类化合物 asperelines A-F(Ren et al.,2009);南极黄青霉(*Penicillium chrysogenum*)中的 5 个芳香酚醌类化合物,其结构分别鉴定为 secalonic acid D、secalonic acid F、chrysophanol、emodin 和 citreorosein,具有不同程度的细胞毒活性,ecalonic acid D 具有一定的抗 H1N1 病毒活性(马红艳等,2011);3 个具有抑菌真菌尖孢镰刀菌和枯草芽孢杆菌活性的环二肽类化合物(彭玉娇等,2013);南极单孢锈菌属真菌(*Geomyces* sp.)中分离得到包括抗生素 C3368-A 在内的 8 个 asterric acid 衍生物,其中包括 1 个具有较强抗烟曲霉菌的抗真菌活性化合物在内的 5 个新化合物(Li et al.,2008)。这些化合物的发现为药物研究提供了重要的先导化合物,显示了南北两极微生物产物具有重要的药用潜力。此外,极地微生物次级代谢产物的合成生物学和代谢工程研究也已起步。

(三) 我国极地生物基因资源管理的现状分析

国家海洋局极地考察办公室代表国家海洋局履行国家南北极科学考察和管理相关极地事务的职责,负责组织、协调、指导科学研究,但尚无极地生物基因资源的勘探及其惠益的分享等相应规定。其他国家的管理机构,包括在南极有较多生物基因资源勘探活动的英国、美国等国家的管理机构,也没有与生物基因资源勘探有关的职能,与我国的管理机构相同。因此,从管理机构的设置来看,我国的机构职能与其他发达国家基本相同。但是,从生物基因资源调查和勘探的主体和成果转换的角度来看,美国、日本、英国和新西兰等发达国家普遍以大公司为主导,这些国家的极地管理机构在生物基因资源勘探领域的管理职能较弱并不影响其他公司的开发活动。中国则恰恰相反,生物基因资源勘探活动以公益性科研机构为主导,公司等市场主体鲜有介入。在我国,负责领导、管理和审批相关公益性科研项目的极地考察办公室在极地生物基因资源的勘探、研发和成果转化领域具有极为重要的地位,而这个机构目前尚缺乏此领域具有可操作性相关行政法规。

四、我国极地生物基因资源研发的差距及对策建议

(一) 我国极地生物基因资源利用与世界的差距分析

1. 资源整理及保藏差距

我国极地微生物和基因资源整理和保藏工作成效显著,但是还存一些问题:

① 我国专业保藏机构比较分散,目前菌株资源分散在多个独立的菌株保藏中心及各个研究机构,不同菌种保藏机构之间缺乏协调链接。因此,一方面存在一定的重复保藏,另一方面缺乏统一规范的共享服务,不利于菌株资源的深入挖掘与发挥效益。② 目前储备的菌株资源地理分布不均,以围绕考察站和考察线路为主采集样品,多数来自常见的海洋沉积物、海水、海冰、土壤等,对极端低温、深海深部、寡营养生境、高硫环境等具有极端生境意义的特殊样品的获得手段尚不充分,储备的微生物资源多样性尚有局限,资源类别以细菌占最大比例,真菌较少,藻类更少。③ 对储备菌株资源的应用挖掘较少,专利保护也较少。

2. 研发技术差距

通过对国际极地生物研究文献计量分析发现,国际极地生物学研究比较多的国家依次为:美国、加拿大、英国、挪威、德国、俄罗斯、中国、澳大利亚、意大利、日本、西班牙、瑞典、波兰、法国、阿根廷、丹麦、新西兰、荷兰、韩国、印度、巴西等。其中,发文量居前10位的国家发表了66%的文献。美国在世界极地生物学研究中具有显著优势,中国位居第7,但近年我国相关文献产出涨势最为明显。

通过对极地生物及基因资源专利分析,可以发现有三个显著特点。

(1)中国专利数量增长显著。利用德温特世界专利索引(Derwent World Patent Index)数据库的专利检索分析,2007—2014年期间,中国在极地生物基因资源领域申请的专利最多,其次为美国、俄罗斯和韩国。中国以外各专利局的专利数量排名依次为:世界知识产权组织、美国、韩国、欧洲、加拿大、澳大利亚、日本等专利局。对专利公开的年份进行分析可以看到,2011—2012年该领域专利数量呈现大幅增长,从19件/年增加到46件/年,这其中大部分为中国专利的增长。

(2)中国专利以公益性科研机构为主导,公司等市场主体较低。对专利数量位居前10位专利权人的研发力比较表明,专利数量位居前列的专利权人以公益性科研机构为主,占本主题专利数的61.9%,企业仅占14.2%。可见,中国专利以公益性科研机构为主导,企业参与本领域研发的活跃度较低,缺少更广泛的市场参与主体。

(3)中国极地生物基因资源研发深度方面差距明显。利用IPC分类号(侧重技术角度)及德温特手工代码(侧重应用角度)两种分类方法,对专利的技术领域进行分析可以看到,极地生物资源在食品、药品、工业生产等领域的应用在专利角度均有体现,在技术角度则比较关注微生物的检测和探测技术以及化学成分的检测等技术。中国大部分专利集中在食品领域,其中南极磷虾相关的技术专利占绝大部分。中国该领域专利涉及较多的技术类型包括脂类生产、食品加工、发酵、动物获取和养殖、微生物等相关技术。这些专利主要涉及微生物、酶、脂类、多糖类、蛋白质等的制备、萃取、组合等,以及在医用或化妆品、烹调或营养品、动物饲料等具体技术领域的应用。

对专利技术内容的分析比较可以看到,我国的研究重点与国外有明显的差别。国外相关专利主要涉及微生物、酶、糖类、核苷酸、肽、杂环化合物等,用于医用或化妆品、烹调或营养品、化合物或药物制剂、动物饲料等。国外在核苷酸、肽、杂环化合物等方面的技术比较先进,化合物或药物制剂方面的应用更多。我国专利与国外比较,显著地集中在南极磷虾相关的保存、活性产物提取、分析、虾粉制备工艺等方面的技术和方法方面,具有专利数量的优势,显示了中国在极地生物基因资源领域开发深度和广度的差距明显。

国际极地酶主要优先权国分布表明,美国、瑞典、中国、澳大利亚、日本、挪威、韩国等国居前,中国在极地酶研究专利数量近年位居第 3 位,但被引频次最高的前 20 条专利主要分布在美国和日本,以及德国、英国、瑞典、法国等欧洲国家,中国极地酶专利被引明显偏低,显示中国极地酶专利的核心技术或技术领先程度和影响力方面的差距明显。

综合分析和比较,我国极地生物基因资源利用领域已经在菌株资源储备、分类与新种属发现、酶学研究等方面接近国际发展水平,但在基于极地生物基因资源开展的酶制剂、药物先导物、基因工程药物、生物农药、功能蛋白和功能材料等产物资源的深入研发尚处于起步阶段,与国际发展水平至少存在 10 年以上的差距(图 1)。

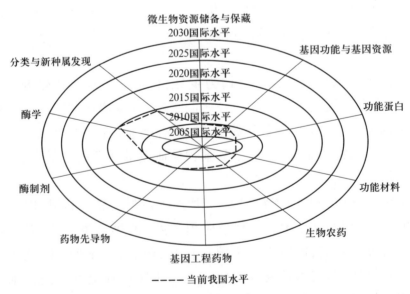

图 1 我国极地生物基因资源及其研发技术领域 2014 年发展水平与国际发展水平比较

（二）我国极地生物基因资源利用研发领域应采取的对策建议

1. 抓紧制定我国极地生物基因资源利用的发展规划

极地生物基因资源利用与保护是维护国家极地战略利益和经济权益的一项系统工程，需要在过去调查研究积累的基础上，进一步组织制定系统、科学的极地生物基因资源利用发展规划，来有目标、有重点地指导我国极地生物基因资源的获取、保藏、研发与利用。

2. 建设研发技术平台与创新研究基地

实施专利、标准、人才策略，集中优势力量，攻克我国极地生物基因资源获取和研发利用中带有普遍性和战略性的关键技术，构建该领域获取、保藏和研发利用的核心技术体系，扩大人才队伍，建立极地生物基因资源领域的技术平台和创新研究基地，提升研究开发和产业化能力。同时，加强极地海洋观测和探查技术和装备能力建设，了解极地海洋环境与生物群落的依存关系，提高极地生物基因资源的识别、获取、保藏和分析能力，寻找满足国家资源技术需要和为社会创造效益的新方案。

3. 建立持续稳定的投入机制

极地生物基因资源有效、持续的基础研发是国家长期的基础性和社会公益性事业，为社会发展与技术进步提供公共服务和公共产品。但我国极地生物基因资源研发工作缺乏稳定持续的科研投入，不能确保我国极地生物基因资源利用工作的系统性和延续性。应当将我国极地生物基因资源研究纳入国家科学和技术中长期发展规划，列入国家财政预算，为我国极地基因资源研究提供长期稳定的经费支持。同时，发挥政府投资的引导作用，建立企业资本的融合并引导技术企业中长期战略资金投资的鼓励性政策措施，使技术企业在极地生物基因资源研发投入、技术创新和成果转化与应用中发挥更大作用。

4. 构建我国极地生物基因资源勘探及利用法律机制

构建我国极地生物基因资源勘探及利用法律机制，以适应国际社会保护和管理极地生物基因资源的整体格局、促进我国极地生物基因资源可持续利用极其重要。建议我国从以下几个方面来完善相关的法律制度及配套机制：① 尽快建立极地生物基因资源勘探与利用活动的备案登记制度，扩大登记备案对象范围和涉及南极生物基因资源勘探事项的备案范围，在登记备案的过程中严格区分商业目的和科学研究目的生物资源的获取行为，并参照南极拟定和实施北极的生物基因资源勘探及利用制度；② 完善我国相关的考察制度和知识产权制度，授予极地生物基因资源适当的法律地位，鼓励开展相关的勘探和研发利用工作，提高为全人类服务的能力；③ 充分利用规范性文件等软法形式，在现有的制度框架内尽快出台相关规范,特别是极地生物基因资源勘探及应用的合法性问题、管理问题、知识产权保护问题和激励问题,拟定专门针对极地生物基因资源勘探和研发利用的规范性文件,包括登记备案制度,勘探行为规范制度,激励制度等。

五、我国极地生物基因资源研发的战略思考

(一) 战略方针和发展思路

1. 战略方针

落实习总书记"要更好地认识南极、保护南极、利用南极"的战略方针,坚持"保障权益、和平利用、引领发展",科学规划、合理布局、可持续利用极地生物基因资源,重点突破制约该资源领域发展的关键技术,增强科技创新能力,提高我国极地生物基因资源研发领域的核心竞争力和显示度。

2. 发展思路

贯彻掌控基因资源、形成知识产权、开发特色产品与技术的三位一体的发展思路,建立资源独特、相对集中、形成规模、来源多样的极地生物菌种资源库及其信息技术平台,强化共享服务的资源基础和技术能力,研发具有极地生物基因资源特色、拥有自主知识产权和良好应用前景的功能基因、活性产物及其功能产品,实现研发技术的创新与突破,促进该资源领域的可持续发展,提高为全人类服务的能力。

(二) 发展方向和战略目标

1. 发展方向

极地生物基因资源利用工程与科技的发展方向是提高我国极地生物基因资源的获取和保藏能力,大幅提高该领域资源的储备保有量和信息化水平;提升资源及其功能发现的认知水平;运用生物学和现代生物技术手段,大力发展基于极地生物物种、基因和产物资源的新物种新基因发现、酶学与酶制剂、药物先导物、基因工程药物、生物农药、功能蛋白和功能材料的研发,多层次开发利用极地生物基因资源。遵循极地生物基因资源可持续利用的原则,提高极地生态系统的了解和认知水平,加强极地生态系统管理与研究,保护极地生物基因资源多样性和自然环境。

2. 战略目标

通过大力发展极地生物基因资源利用工程与科技,提高我国极地生物基因资源储备及其研发利用水平,形成规模化极地生物资源利用产业,提升国际影响

力。从我国极地生物基因资源利用科技发展趋势与国际发展水平的比较(图2)中可以看出,到2020年,我国进入极地生物基因资源利用强国初级阶段,2030年建设成为中等强国,2050年成为世界强国。

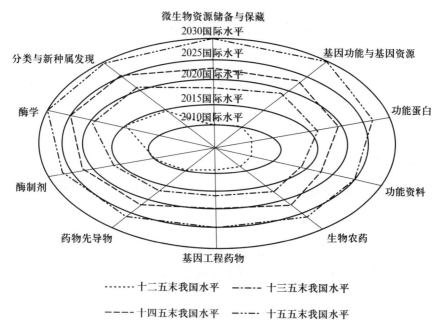

图2　我国极地生物基因资源利用发展趋势与国际发展水平的比较

陈波　中国极地研究中心/国家海洋局极地科学重点实验室研究员,极地生物与生态学研究室主任。长期从事极地特殊环境微生物学研究,多次参加南北极科学考察执行相关的微生物学调查与研究活动,致力于极地特殊环境微生物资源及其活性产物的性质与功能研究。近年来承担了国家"863"计划、海洋公益性行业科研专项、南北极环境综合考察与评估专项、科技资源平台条件等科学计划和专项的多个课题,在南北极环境综合考查与评估专项和中国工程院"中国海洋工程与科技发展战略研究(Ⅱ期)"项目中执行极地海洋生物基因资源开发利用战略研究。

南极生物基因资源国际管理机制及
我国的战略应对

刘惠荣,董跃

中国海洋大学法政学院,山东青岛

一、南极生物基因资源管理管理机制形成的背景分析

南极蕴藏着丰富的动植物、微生物资源,被称作世界上的"资源宝库"。取自南极动植物和微生物等生物资源体内的具有实际或潜在价值的含有遗传功能单位(基因、染色体、DNA 片段等)的材料,即南极生物遗传资源,具有其载体——生物资源相同的环境适应能力和独特的生存特性,具有巨大的经济利益、商业和医用价值、科研价值以及重大的战略意义,在全球经济和人类社会的可持续发展中起着举足轻重的作用。因此,许多国家不仅积极开展南极生物勘探和基因资源的开发利用活动及其相关科学研究;也逐渐将基因资源及其衍生产品、技术广泛应用于众多产业;同时南极生物勘探活动的开展和任何国家单方面规范南极遗传资源的获取和惠益分享的企图都将重新开启南极领土和海域主权要求之合法性的争论,也将引起世界各国对南极生物及其遗传资源的觊觎和争抢。

当南极及其生物勘探行为的国际纷争上升至法律层面时,也引发了一系列有关南极生物资源的勘探开发、商业化应用、获取和惠益分享、衍生产品和创新技术的使用、资源本身和生态环境的保护的现实和法律问题:如何界定南极生物勘探?南极生物勘探和基因资源利用行为的性质是什么?是属于"科研研究"的基础研究,还是属于"商业应用"的应用研究?南极的生物基因资源利用是否可以不受南极条约体系的限制?这种行为应当适用何种国际法制度?如何规制南极生物基因资源商业性开发所产生的惠益分享?利用资源时如何养护资源、保护环境?

来源于南极地区的动植物、微生物资源,在有关的国际法规范上存在着多样且交叉的适用范围,南极生物勘探应受一般国际法和南极条约体系的共同约束。首先,位于南纬 60°以南的地区是南极条约体系的适用范围;其次,作为南极重要组成部分的南大洋,也存在公海和"区域"部分,也应接受海洋法公约相关制度

和规定的约束,以管理和规制南极海域的海洋活动;第三,《生物多样性公约》及其波恩准则要求各国对其国家管辖范围内包括生物资源的生物多样性加以规制,而南极地区属于国家管辖范围外,但仍须参考与生物多样性和遗传资源相关的国际环境法规定,用以规制南极生物遗传资源的获取和惠益分享问题;第四,对于基因资源的衍生产品和技术的使用与保护问题还应适用知识产权国际公约的相关规定。

但是,现有的国际法规范在调整南极生物勘探方面均存在一定问题,主要表现为:一方面,在南极条约体系之外包括《联合国海洋法公约》(以下简称 UN-CLOS)、《生物多样性公约》(以下简称 CBD)在内的国际公约中缺乏直接调整南极生物勘探的法律制度,在解决遗传资源的利用与保护问题上也具有一定的局限性;另一方面,在南极条约体系内可供参考的规范南极矿产资源勘探开发活动的公约由于未生效,对生物遗传资源的利用不可以直接适用,南极条约体系中的其他保护南极生物资源的公约,在对南极生物及其遗传资源的利用行为上规定了捕杀和采集的限制措施和行为准则,虽然没有关于微生物资源及其遗传资源获取的具体规则,但对遗传资源的利用行为具有一定的约束力;《环境保护议定书》有关环境和生态保护的基本原则和具体规则对生物遗传资源的利用活动也具有一定适用性;南极条约协商会议对该议题也展开了广泛的讨论,虽然其协商机制仍不够完善且会议文件也不具有普遍的法律约束力,但对南极生物勘探行为的约束与规范也提供了一定的借鉴,并预示着南极条约体系在相关问题上的发展趋势。

二、南极条约协商(ATCM)会议机制下生物勘探性质的讨论

ATCM 会议运行机制对基因资源的利用与保护活动的开展是目前推动南极生物基因资源活动讨论的主要力量。近年来,ATCM 会议的报告及各缔约国和国际组织提交的工作文件中对南极生物勘探和基因资源的相关议题的实质性讨论主要涉及定义、性质、范围、获取和使用、商业化与专利保护、资源及其利益的分享,以及环境影响和环境资源的保护等具体内容。

(一)南极生物勘探的定义

南极条约体系并未明确规定"生物勘探""基因资源"。近年来 ATCM 对于"生物勘探"概念的界定,虽然没有正式的法律文件予以明确,但研究成果和趋势表明,生物勘探不再仅限于传统意义上的探测、搜寻、采样、收集的狭义的生物勘探过程,而是逐渐向包含产品的开发、研究和商业化过程的延伸和扩展,即广义的生物勘探。然而作为基因资源载体的生物资源,南极条约体系给予了明确

的界定,但未涉及微生物资源。

(二)南极生物基因资源勘探活动的性质

ATCM 对南极生物资源的勘探性质的讨论,已随着生物勘探概念由狭义向广义的发展而有所变化。南极生物勘探开发活动的性质应以活动追求的直接目标和活动开展时人类的意图为标准,即狭义上直接追求的目标是科学研究,应当适用科学研究自由原则;而广义上的生物勘探,科学研究只是其中一个目的,背后隐藏的商业利益追求才是最终目标,因此不应仅适用科学研究的原则。

(三)南极生物勘探的功能和地理范围

南极生物勘探的范围包括两个层面:功能范围(functional scope)和地理范围(geographical scope)。功能范围是指生物勘探的对象,是否仅指对基因资源的勘探,除此之外是否还包括其他有机成分。地理范围是指生物勘探活动开展的地域是南极,除了受南极条约体系的约束以外,是否还受"UNCLOS""CBD"等国际公约的约束。近年来历届协商会议认识到,对南极生物勘探功能范围,无论是否包含生化材料等其他有机体,生物勘探最基本的对象就是基因资源,是具有现实或者潜在价值的包含遗传功能单位的植物、动物、微生物或者其他物种的材料。对其地理范围,强调南极生物基因资源的勘探开发活动应当在南极条约体系的规制下进行。同时由于对生物勘探范围的讨论已经扩展到非原地资源,或者是生物勘探产品的开发、生产以及销售阶段,而后续的开发阶段不能合理的被南极条约体系所覆盖,所以应同时受到其他国际公约和国际组织的规定和政策的约束。

(四)南极生物基因资源的获取和使用

首先,关于管理和法律适用问题,不应仅仅局限于南极条约体系加以保护,还应该考虑联合国、相关国际组织以及各国的国内法来解决。理由是南极地区丰富的生物资源与南极地区稀缺的法律资源,二者是无法实现平衡的,因此从多个角度给予南极生物勘探予以保护是迫切需要的。其次,关于南极生物及其基因资源的勘探开发活动对商业利用与科学研究不同规则的适用与区分问题。再者,不应该仅仅局限于对现存资源的保护,而且还应该包括对期待的生物资源的保护,因为随着科学技术水平的不断提高,许多尚未被发现的生物资源也可能为人类所开发利用,从这个角度而言应该对生物保护范围做更加广泛的解释,如将微生物的勘探和保护纳入法律规制的范围。同时,适用现有南极条约体系中对生物及其基因资源获取和使用加以限制以及保护南极生物资源及其环境的规定,如环境影响评价、动植物保护、许可制度、特别保护区等。

（五）南极生物基因资源的商业化与专利保护

这一议题成为近年来广泛讨论的热点议题。基本认识是,南极条约规定的科学研究自由、以此进行的信息和成果的交流自由原则,与专利制度设立的保密期限存在暂时性的冲突。对商业化产品及其技术的专利保护是十分必要的,但对专利制度的排他性应当有一定的限制,即可借鉴某些国家所采用的"实验使用豁免"的做法,即允许科学家基于非商业目的使用那些被授予专利的微生物以及基因序列。但对南极生物基因资源及其衍生的产品和技术设置专利制度保护时,应出于全人类的共同利益,以供国际社会共同使用和分享。

（六）南极生物基因资源及其惠益分享

南极生物基因资源的惠益（利益）可分为科学研究成果和信息等的非货币利益以及商业化利益等的货币利益。南极生物基因资源的科学研究的成果、信息应为国际社会所共享和自由交流。然而这一原则的适用依赖于对南极生物勘探的定义和性质的确定。广义的生物勘探包含基因资源及其衍生产品、技术的商业化应用,融合了其科学研究和商业应用的性质,对于南极生物及其基因资源的商业化阶段,资源本身及其研究成果和信息不可再自由交换和使用,一定程度上受到专利制度的保护和约束,因此不能仅限于南极条约体系的规制,借鉴和参考国际公约及国际组织机构的相关规定也十分必要。现有的南极条约体系下大多涉及的是基于南极生物及其基因资源勘探开发所得的科研成果和信息等非货币利益的交换与分享,也有少部分涉及货币利益的分配,如环境保护议定书的附录六中提供的作为对环境紧急事件的回应的资源分配管理规则,但却没有详细的关于基因资源及其衍生产品和技术等产生的商业利益的分配规则,可以借鉴专利制度中发明技术公开的规则以及粮食与植物基因资源国际条约创立的便利获取及惠益分享多边体系。

（七）南极生物勘探的环境影响与保护

南极生物及其基因资源的采集、勘探、开发等行为不可避免对南极的生态环境造成一定的影响,ATCM 会议及各缔约国并未明确生物勘探活动会产生怎样的环境影响及其影响程度的大小,但他们均认可保护南极资源与环境对人类社会发展的重要性,其统一的观点是在生物勘探活动开展之前,应当采取预防性的措施,如环境影响评价程序的适用,以防止和避免生物及其基因资源的勘探和开采对资源和环境造成的不利影响和破坏后果。还建议参考现有的南极条约体系有关保护南极资源和环境的公约中的"预先通知""限制捕获量""特别保护区""许可证制度"等规定和措施，从而在可持续利用与保护等环境原则的基础上，指导和规制南极生物及其基因资源的勘探开发活动。

三、南极生物基因资源的国际管理机制

（一）南极生物基因资源国际管理机制现状

目前国际社会对南极生物基因资源的权属与管理、利益分配、环境与生态保护等问题尚未达成一致意见，其法律规制呈现多头管理及存在一定管理真空的状况。从宏观上，与南极生物基因资源的利用与保护有关的问题受一般国际法和南极条约体系的共同约束。《南极矿产资源活动管理公约》虽然并未生效，但其对矿产资源的勘探开发活动有明确的原则、规则以及程序性的规定，可以对南极生物基因资源相关活动的规制有一定参考价值；《南极动植物保护议定措施》《南极海豹保护公约》和《南极海洋生物资源养护公约》对南极动植物的捕杀和采集规定了限制措施和基本原则，获取基因资源时应坚持可持续利用和保护的理念，但目前尚没有关于微生物资源及其基因资源获取的具体规则。《南极环境保护议定书》有关环境和生态保护的基本原则和具体规则对生物基因资源的利用活动也具有约束力。除此之外，一般国际法规则间接适用于这一问题。例如，联合国大会的决议、联合国宪章以及非正式协商进程中（ICP）的相关规定对国家管辖范围的基因资源以及南极的环境保护等方面都有所涉及，虽然并无细致且具体的行为规范，但对于南极及其生物基因资源的相关活动具有一定的宏观指导意义。由于南极海域法律制度的独特地位，南极条约和联合国两大体系在其法律规制问题上存在一定的空白、重合或冲突。

（二）现行 ATCM 运行机制在管理决策上的局限性

南极条约体系建立的最高决议体制为协商会议制度。根据是否签署南极条约以及是否有表决权等权利和资格的不同，ATCM 区分了缔约国、协商国、非缔约国、非协商国、观察员等不同身份。缔约国有协商国和非协商国的区别。协商国与非协商国的区别主要体现为是否有权委派代表参加 ATCM 会议并参与表决，是否有权指派观察员开展南极条约所规定的任何视察，是否有权提议临时召开南极条约特别协商会议。第三国即条约的非缔约国。可见，南极条约体系事实上存在着成员之间的等级差别。控制 ATCM 的少数发达国家为发展中国家的准入给予较高的门槛限制，如要求资金技术水平有限的发展中国家只有进行了实质性的高资金技术要求的科考行为后才可成为具有表决权的协商国成员，南

极各项事务的讨论和磋商都是在协商会议的平台上由各协商国共同协商一致表决通过的,因此资金、技术等综合国力较弱的发展中国家或不发达国家,基于协商国标准的严格无法参与南极事务的磋商和表决,以至协商会议中仅有那些实力较强的发达国家,由这些国家集团管理南极,造成了共管和霸权。ATCM 的会议决定方式也对南极生物基因资源的议题通过有一定局限。"措施"须经过各协商国全体一致通过方能生效,而考虑到各协商国在南极生物基因资源问题上的不同利益和观点,"一票否决"的协商机制增加了相关议案通过的难度,为相关探讨和解决方案的达成设置了极大的障碍。这在一定程度上严重损害了全人类的共同利益,在 ATCM 机制下的管理无法顾及全人类的共同利益,尤其是发展中国家的利益,这与基因资源利用与保护活动的宗旨是相违背的。

四、南极生物基因资源国际法律制度的未来走向及我国的应对

南极的生物基因资源具有人类共同遗产的特殊内涵,如何在"保护的基础上得以利用、利用的基础上加以保护"是完善南极生物基因资源国际法律制度亟待解决的问题。鉴于中国在南极条约体系中的地位及我国开展南极生物基因资源利用的实际,我国应积极参与相关议题谈判,增强国际谈判的话语权,可以从以下几个方面提出完善建议。

(一)在风险预防原则下构建南极生物基因资源许可准入制度

借鉴 UNCLOS(《联合国海洋法公约》)国际海底区域勘探开发制度、CBD(《生物多样性公约》)对国家管辖范围内生物资源开发利用许可制度以及南极条约体系有关制度,构建适用于南极生物基因资源勘探开发的许可准入制度。

(二)坚持资源养护原则,构建南极生物基因资源勘探开发制度

可以借鉴国际海底区域矿产资源的平行开发制度,建立养护资源、维持生态系统平衡的科学的勘探开发制度。充分顾及南极条约体系一系列保护南极动植物公约为维护南极海洋生态系统的平衡而设置的对采集、捕获南极动植物的限制规则。

(三)坚持共同利益原则下构建南极生物基因资源惠益分享制度

南极生物基因资源及其衍生的产品技术等利益不得成为个别国家或者利益集团的囊中之物,应当坚持整个国际社会和全人类的共同利益而开发使用,资源及其衍生的产品和技术等利益也应为各国共同使用和公平分享,应当合理安排

南极生物基因资源惠益分享制度。

(四)坚持可持续发展原则下构建南极的生态环境保护制度

应以可持续发展为理念,通过事先的环境影响评价程序、划定南极特别保护区、设立基于环境损害责任设立的基金制度,以构建完善的南极生态环境保护制度。

在国内制度的安排上,2010年修改后的《专利法》涉及生物勘探的条文包括:第五条第二款,对违反法律、行政法规的规定获取或者利用遗传资源,并依赖该遗传资源完成的发明创造,不授予专利权。第二十六条第五款,依赖遗传资源完成的发明创造,申请人应当在专利申请文件中说明该遗传资源的直接来源和原始来源;申请人无法说明原始来源的,应当陈述理由。除此之外,我国没有制定直接规制生物勘探的法律,只有相关的规范性文件。国家海洋局制定的《中国极地科学考察样品和数据管理办法(试行)》对极地样品和极地数据等定义,管理机构,数据和样品的汇交、管理和利用等做出了规定,是规范我国相关科研机构开展极地科研活动,合理进行数据管理的重要法律文件。但是,该管理办法也存在适用范围有限(仅限于国家海洋局统一组织事实的项目)、管理对象有限(只限于"生物"等"实物资源",对于是否包含基因则不够明确)等局限性。南极生物技术发明获得专利授权将会是国际发展趋势。对此,我国应该给予肯定。但是应该给予南极生物技术发明以多大程度上的专利保护,应当从尊重南极属于人类共同继承遗产、保护人类最后一片净土的角度出发提出自己的立场,并通过构建和规范国内法律法规、政策等实现我国的立场。

首先,应该认清南极及其生物资源的法律属性。在国际法和南极现存的法律体系下,将南极定性为人类共同继承遗产并非不可能。人类共同继承遗产适用于南极将更有利于南极生物资源的保护和可持续利用。

其次,要使得南极生物技术发明专利保护顺利进行,应该坚持南极条约体系对南极的管理。目前南极条约体系和联合国对南极事务的管理权归属有较大分歧。南极条约体系提倡的南极中立化、科学研究自由、注重南极环境保护、非军事化、非核化等原则得到国际社会大部分国家的认可,目前成员国已达到47个,成员国的人口占世界人口的80%,这说明南极条约体系已经日益国际化,处理南极问题将有望避免"单极化""区域化"。因此我国应该呼吁南极条约体系的国际化,从而保障南极生物勘探达到全人类利益和惠益分享的目标。

第三,强调新的制度设计应当促进南极生物基因资源利用。目前我国是国际南极考察大国,南极生物勘探和开发的能力日益增强,在现阶段,各南极考察大国利用南极相关法律缺位的情况,正在不断加强自身勘探范围,并且积极申请专利的情况下,应当以激励我国的相关行动,减少束缚作为目前立法的主要倾向。应当加强南极生物基因资源利用的知识产权保护,及时建立和完善与南极生物基因资源利用相衔接的国内法律和政策,如将来源于极地的生物基因资源的知识产权化问题纳入《专利法》以及配套知识产权法之中,在《科技成果转化法》修订中充分考虑到南极生物基因资源勘探的科学研究的转化问题,从而使之与我国生物基因产业化相衔接。

参考文献

郭培清,石伟华. 2012. 南极政治问题的多角度探讨[M]. 北京:海洋出版社.

郭培清,等. 2010.《南极条约》50 周年//挑战与未来走向[J]. 中国海洋大学学报社会科学版,(1).

纪晓昕. 2012.国家管辖范围外深海生物多样性法律规制研究[M]. 北京:知识产权出版社.

金建才. 2005.深海底生物多样性与基因资源管理问题[J]. 地球科学进展,(1):16.

刘惠荣,刘秀. 2013. 南极生物遗传资源利用与保护的国际法研究[M]. 北京:中国政法大学出版社.

刘惠荣　山东济南人。中国海洋大学教授、博士生导师、法政学院院长,极地法律与政治研究所所长。1981 年考入北京大学法律系,先后获得法学学士学位和法律思想史专业法学硕士学位。2001 年攻读中国海洋大学环境科学专业环境资源保护法方向,2004 年获工学博士学位。1988 年起先后任教于南京大学、中国海洋大学。近年来的研究领域包括国际海洋法、立法学。主要研究方向:南北极法律、极地战略、国际海洋法。出版《海洋法视角下的北极法律问题研究》《北极生态保护法律问题研究》《南极生物遗传资源利用与保护的国际法研究》等多部著作。在 CSSCI、中文核心期刊发表学术论文 50 余篇。主持国家级社科项目 4 项、省部级项目 10 余项。策划创办《中国海洋大学学报社会科学版》"极地问题专栏",该栏目在国内外极地研究领域产生较大影响。

南极生物抗冻蛋白的挖掘利用以及抗寒机制的深化认识

陈良标

上海海洋大学水产种质资源挖掘和利用教育部重点实验室，上海

一、挖掘抗冻基因在农业生产上的意义

低温是影响农业生产最重要的因素之一。低温限制了农作物与水产物种的分布与产量，一些重要的农作物与热带亚热带的水产养殖物种都是低温敏感型的，极易受到低温的影响。每年因低温而导致的农作物与水产养殖业的损失达到了数十亿美元。寻找有用的低温耐性基因，改善温度敏感型动植物对于低温的耐受程度已迫在眉睫。

理论上，发掘重要耐寒基因的有效途径之一是利用已知的抗寒物种，从这些物种中获得基因的信息，利用有效和快速的鉴定手段，克隆具有耐寒效果的基因。地球的两极，特别是南极经历了地球上最寒冷和严酷的气候条件，生活在南极恒久低温下的生物在千百万年演化中进化出了许多对极端低温环境适应的基因，包括进化出了能够防止冰冻的抗冻蛋白。近年来，世界各国正在利用基因组学研究手段，分析这些物种的基因组，从中发掘抵抗低温与冰冻的基因，对这类耐寒基因的发掘和利用是极地生物学基础与应用研究的前沿和热点之一。

二、国内外的研究进展

第一个抗冻蛋白是由美国科学家在 20 世纪 70 年代发现的。目前已经在鱼类、昆虫和细菌等诸多生活在冰冻环境下的生物类群中发现了近 20 种抗冻蛋白。它们的起源不同，但是都能与冰晶结合，从而抑制冰晶的生长。

我国从 20 世纪 90 年代开始南极科考，迄今已达 30 次，获得了大量的南极环境采样数据与南极生物样本。与此同时，我国的科学工作者持续系统地对南、北极鱼类的多种抗冻蛋白的分子起源和进化机制进行研究，分别发现了"从头起源""趋同进化"和"避免适应性冲突"等新基因形成机制的第一个或最好的例证，大大推进了人们对鱼类抗冻性状形成和新基因起源机制的认识，并在世界顶

级杂志中发表了一系列的科研报道。通过南极鱼类和近缘非南极物种的转录组分析和比较基因组杂交揭示了100多个基因的倍增是南极鱼类适应长期低温和冰冻环境的主要进化机制,系统地阐明了鱼类基因组适应低温的进化机制,也为深入研究低温适应的分子机制指明了方向。

研究发现,在挖掘获得的耐寒相关基因中,有许多成员参与了基本的细胞生物学过程,如蛋白质的合成和降解、Fe^{2+} 和 Ca^{2+} 的代谢、超氧化物的消除等。这些基本的生物学过程在动植物细胞中都普遍存在。因此,通过在植物中瞬时表达南极鱼耐寒相关基因,在理论上是可以进行快速有效的功能上筛选。利用豌豆早褐病毒等载体、烟草的瞬时表达技术,毕赤酵母表达系统以及喂食添加抗低温物质的饲料等手段,已成功地实现了南极鱼优质耐寒基因的初步筛选,并获得了一系列抗寒农作物与水产养殖品系。我们已经获得了多个专利。

在我国的许多实验室,已经利用抗冻基因在一些模式植物如烟草获得了转基因的后代,并得到较好的抗冻效果。我们实验室已经从南极鱼中获得了一个具有很强抗冻效果的基因LD4,在烟草、拟南芥中验证了抗冻效果。同样,该基因已经在斑马鱼和罗非鱼中成功地进行了转移,已经显示出较好的抗冻效果。台湾的科学家已经把鱼类的抗冻蛋白用于对水产动物的冷冻保存,成功地提高了冷冻保鲜的水产品的食品质量。

在国外,韩国的科学家把几种抗冻蛋白基因转入小鼠中。转基因小鼠卵子冷冻保存后的存活力大大超过了非转基因小鼠的卵子,表明抗冻蛋白在医学组织的保存上可能具有重要的应用前景。

三、今后的研究方向

加强对已知抗冻蛋白基因赋予其他动植物抗冻能力的研究,发现能够对经济动植物具有应用前景的抗冻基因。

提高抗冻蛋白发酵的产量,使它们能有效地用于食品和水产品的保鲜。

在极地的生物中发现更多的更高效的抗冻蛋白基因或者新的抗冻机制,我们目前已经从卵壳蛋白中鉴定出一种可以促进冰晶融化的蛋白,具有与已知抗冻蛋白不一样的抗冻机制。

深入研究抗冻蛋白在细胞和器官保存上用途,为医学应用开创新的渠道。

需要指出的是,在极地冰冻的环境中,鱼类除了需要抵抗冰晶在细胞和体液中的形成,即抗冻,而且还需要在生理上抵抗低温,即耐寒。耐寒和抑制冰晶生长是动植物有机体抵抗低温的两个方面,前者主要是生理机制而后者主要是物理机制。在细胞不具备耐寒功能时,抗冻蛋白基因并不能提高受体细胞在低温下的存活率。因此,只有通过耐寒基因与抗冻基因的组合运用才有可能使转基因生物对低温胁迫具有更好的耐性。目前,我们发现,事实上与过去的观点相反,许多抗冻蛋白同时具有抗寒的生理学功能。有些抗冻蛋白可以与细胞中的其他分子结合,从而提高细胞抗寒的功能,这是后续抗寒抗冻机制应用研究的重要发展方向。

随着组学技术的发展与应用,以及更完备的实验动物验证体系的形成,我们有理由相信,南极生物耐寒和抗冻基因可以得到更深入的挖掘与利用,我国将拥有更多具有知识产权的抗寒抗冻基因在农业和医学上得到利用。

陈良标 1988 年从杭州大学获学士学位,1996 年从美国伊利诺伊大学获博士后学位,后在美国国立卫生研究院从事博士后研究。2001 年回国,任浙江大学教授,博士生导师,后在中国科学院遗传与发育生物学研究所任研究员。现为上海海洋大学水产与生命学院教授,水产种质资源开发和利用教育部重点实验室主任。于 2004 年获中国科学院百人计划,2006 年获国家杰出青年基金,2015 年入选百千万人才工程国家级人才,获有突出贡献的中青年专家称号。研究领域为鱼类的环境适应和进化。该团队以生活于极端环境的鱼类为研究对象,研究鱼类对温度和低氧适应的分子和进化机制。在抗冻蛋白的起源、鱼类基因组的进化等方面发表了一系列有国际影响力的论文,研究结果获得了 *PNAS*, *Nature*, *Science News*, *J. of Experimental Biology*, *Faculty 1000* 等的专文评论。十几年来,主持国家基金重点、"973""863"和转基因专项等项目共 10 余项。培养研究生和博士生 20 人。

专题领域五：

我国重要河口与三角洲生态环境保护

黄河口泥沙输送与沉积及其对黄河入海水沙变化的响应

杨作升,王厚杰,毕乃双

中国海洋大学,山东青岛

一、区域背景

黄河发源于青藏高原,流经黄土高原后进入华北大平原,于山东北部入渤海,全长 5464 km,流域面积为 792 000 km²,是中国第二大河。黄河以高输沙量和高泥沙含量著称于世,90%以上的泥沙来自黄土高原,经过黄土高原后黄河经潼关进入华北平原的多年年平均泥沙量达 16 亿吨,高居世界第一位;其入海泥沙量多年年均输沙量在 10 亿吨左右,在世界大河中高居第二位;多年年均泥沙含量达 25 kg/m³,居世界第一位。黄河的巨量泥沙既造就了广大肥沃的华北平原,也导致泥沙在下游河道中快速淤积、堵塞河道而发生决口,形成"善淤、善决、善徙"的特点。自有历史记录以来从公元前 602 年至 1938 年的 2541 年间,黄河发生 1024 次决口,发生 26 次重要的改道,给社会经济发展和人民生命财产造成重大损失。最近一次大改道发生在 1855 年,黄河由苏北入黄海改为北经山东利津流入渤海。新中国成立以后,自 1950 年以来的半个多世纪以来,黄河下游从未决口,河道保持稳定,目前黄河口在山东东营市境内流入莱州湾(图 1)。

黄河入河口的输沙量大、泥沙含量高,自 1855 年经利津入海后沉积在水浅的渤海,新增陆地面积 3000 多平方公里,形成了现代黄河三角洲。黄河在三角洲上的河道(尾闾河道)因为泥沙快速淤积,至 1976 年的 121 年间发生了 10 次改道,河口位置也随之不断改变。黄河尾闾河道最近一次改道发生在 1976 年,由入渤海湾的刁口流路改走入莱州湾清水沟流路,至今已维持了 39 年。

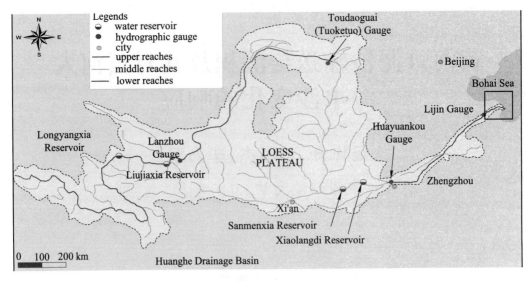

图 1 黄河流域、黄河主要水文站、水库及河口位置图（Wang et al., 2006）

二、黄河口泥沙输运基本过程及沉积作用

黄河口泥沙输运过程取决于河流来水来沙特点,也取决于河口海域海洋动力及地形地貌环境。

黄河入海水沙量多年来以利津水文站的记录为标准。黄河入海水沙的典型特征是水少沙多、洪枯悬殊、洪峰陡涨陡落。在自然情况下,黄河入海水沙季节性特点鲜明,水沙集中在 7~9 月的洪季入海。以三门峡水库建成之前的一年1959 年为例,8 月 10 日至 9 月 10 日一个月洪水期内经利津站入海泥沙量高达11.5 亿吨,其中 8 月 25~30 日的 6 天内达 4.2 亿吨(与长江年均入海输沙量相当),日均含沙量达 133 kg/m³,平均每天 7000 万吨泥沙入海。1977 年两次短期洪峰输沙 7.5 亿吨,入海含沙量日均最高达到 222 kg/m³ 以上(图 2)。

(一) 黄河口泥沙异重流输沙

高含沙的黄河水比重大,入海后在河口形成了泥沙异重流。泥沙以异重流的形式入海,是黄河口泥沙输运的世界性特色。在黄河洪水期间,泥沙含量高,粒度也比较细。如果含有较多细粒级的泥沙含量高于 25.5 kg/m³,在被淡水冲淡的黄河口海水(盐度 27‰)中其水体比重在理论上将大于河口海水比重,导致高含沙量的黄河水体潜没入海水之下,在水下沿河口水下斜坡输运(Wright et al., 1988),这就是黄河口泥沙异重流(图 3)。如以利津站泥沙含量大于35 kg/m³为产生入海泥沙异重流的阈值,在小浪底水库建成之前的 1950—1999 年的50 年

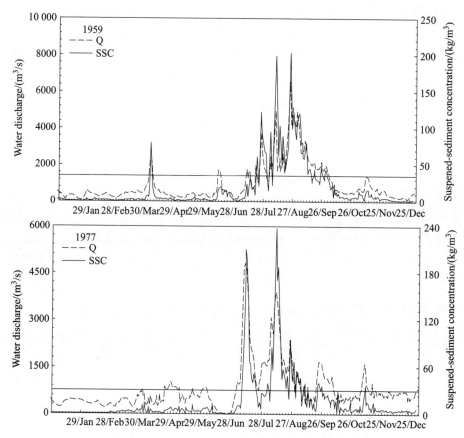

图 2   1959 年和 1977 年黄河利津水文站逐日流量和输沙量图

图中横线表示含沙量 35 kg/m³ 坐标。数据来自黄河水利委员会

中,通过异重流的形式入海的黄河泥沙超过 52% (Wang et al. , 2010)。

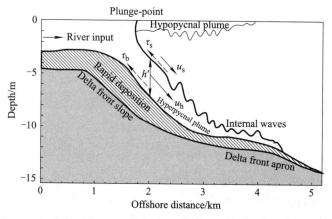

图 3   黄河口泥沙异重流水体剖面图(Wright et al. ,1988)

在中等流量情况下,黄河口泥沙异重流受潮流作用的控制,在落潮时大量黄河泥沙异重流的形式在水体下层向外海排放,在涨潮时留在河口口门区,具有与潮流一致的周期性(图 4)。同时,还有少量细颗粒泥沙以漂浮羽状流的形式向海输送。因此,黄河口泥沙向海输送大部分发生在落潮时段(Wang et al.,2010),多年来曾是黄河泥沙向海输送的主要形式。在洪峰较大同时含沙量很高的情况下形成的泥沙异重流可以在很大程度上突破潮流的限制,把在海底侵蚀出 V 形输沙通道(Prior et al.,1986),将泥沙输送到较远的外海。

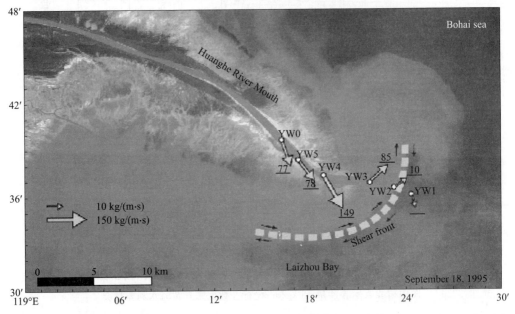

图 4 黄河口潮流切变锋及其对入海泥沙输送的阻隔和沉降作用(**Wang et al.**,2007)

(二)黄河口海域潮流切变锋对泥沙向海输送的控制性作用

现行黄河口海域潮流为不正规半日潮,潮周期约 13 h,流向基本上与海岸平行,落潮流向北流,涨潮流向南流,方向相反。在一个潮周期内落潮和涨潮会交替出现,落潮流转换为涨潮流或相反转换,称为转流。黄河口转流首先发生在近岸浅水区,逐渐向外海深水区推进,然后消失在深水区。近岸浅水区转流的时间比深水早约 2 h,在这两小时内,当近岸浅水区已由北向的落潮流(或南向涨潮流)转换为南向的涨潮流(或北落潮流)时,当近岸浅水区由向北的落潮流转为向南的涨潮流时,深水区的潮流仍然是向北的落潮流。因此,相邻深水区仍旧维持为北向落潮流(南向涨潮流),结果在潮流转换界面区形成了潮流方向相反的锋面带,即潮流切变锋,两股流向相反的潮流动能相互抵消,使锋面的流速达到极低,输送泥沙的能力大幅度下降,导致泥沙在锋面区大量沉积(图 4)。他黄河口潮流切变锋分为内落外涨型及内涨外落型,在潮周期内交替出现,数学模拟结果的印证了这一观测结果(Wang et al.,2007)。

黄河口潮流切变锋对黄河入海泥沙输送和沉积有两个重要的作用。一是在巨量黄河泥沙在向海的输送过程中,在 13 h 内有两个小时会遇到流速极低、动力很弱的潮流切变锋面,导致大量悬浮的黄河泥沙在向海输送距离有限的情况下在河口区快速沉积。这一作用解释了黄河泥沙在在河口近海大量淤积、黄河三角洲快速向海淤进的海洋动力机制。二是当近岸和深水区潮流方向一致即锋面消失的情况下,尚未沉积的部分悬浮泥沙会继续向外海转向输送。但是这一部分悬浮泥沙已经向外海传输了一段距离,因此将在距离海岸有一定距离的海域输送,而不会贴近海岸淤积,结果导致这一部分较细的泥沙离开黄河口两侧的三角洲沿岸输送,而黄河口两侧三角洲近岸海区也存在切变锋,将这部分黄河泥沙与三角洲陆地隔离(图 5)。因此黄河口两侧三角洲陆地多年来不见淤积增长,导致形成现行河口的黄河亚三角洲一直向海淤积延伸,突出莱州湾的形态(图 5)。这也是黄河口北侧的孤东大堤虽然离河口较近,但是大堤的水下部分一直处于冲刷状态,不见淤积,黄河海港多年也不淤积的沉积动力机制。

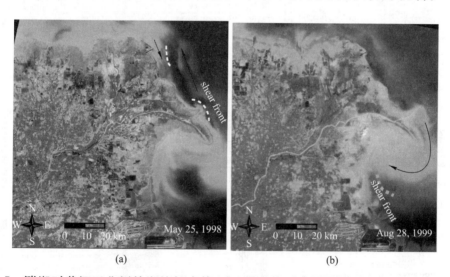

图 5　涨潮时黄河口北侧的潮流切变锋(左)及落潮时南侧的潮流切变锋(右)阻隔了泥沙在近岸沉积,导致形成向海突出的三角洲叶瓣 (Bi et al.,2010)

(三) 黄河口海域泥沙输送和沉积的季节性

控制泥沙在海域的输送和沉积主要因素是海洋动力的强弱,而海洋动力在很大程度上取决于风浪的强弱。在东亚季风影响下的中国东部海域,海洋动力冬强夏弱是普遍规律。渤海夏季盛行的东南风,强度弱、风区短,风浪也较弱。

冬季盛行北风,强度大、风区长,风浪也强,因此海洋动力显著强于夏季。

在黄河口和毗邻渤海区冬、夏两季不同海况下进行的多船同步观测结合大面站观测结果表明,虽然巨量黄河泥沙主要在夏季汛期被输送到河口海域,但在夏季海况下,即使在黄河调水调沙期间有大量水沙入海,黄河入海高浓度泥沙绝大部分都局限于在黄河三角洲沿岸海域,没有被输送到更远的海域,离岸20 km以外的海域悬浮泥沙含量很低,主要向东偏北方向输送。整个海域水体高度层化,堆积在近岸的泥沙基本上不发生再悬浮(Bi el al.,2011)。在冬季海况下,由于渤海水浅,平均仅18 m,冬季风暴导致整个黄河口和渤海水体高度混合,水体下层泥沙含量增加很大且显著高于上层,而在已废弃的刁口流路河口海域最高,与波浪导致的海底切应力增加对应,海底泥沙在风暴浪作用下发生强烈的再悬浮,整个海域冬季悬浮泥沙含量高出夏季数十倍职百倍以上(图6)。

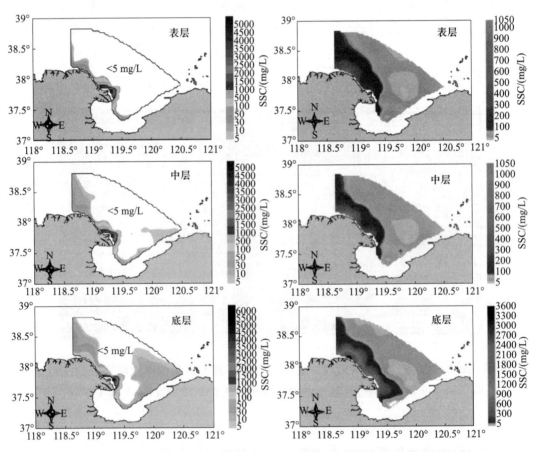

图6　黄河口及毗邻渤海区夏季(左)和冬季(右)水体泥沙含量的比较

泥沙通量的季节性对比显示,除现行河口局部区域以外,整个黄河三角洲近岸冬季泥沙输送通量高于夏季2~220倍,大量泥沙输送指向东南方向(表1)

（Yang, et al., 2011）。这一结果表明,冬季是黄河入海泥沙在渤海输送的主要季节,遥感卫片及数学模拟也证实了这一结果。

表1　黄河三角洲近岸8个观测站夏季及冬季泥沙通量、方向及通量比较

Stations	SSF in winter 2006		SSF in summer 2007		Ratio of winter/summer
	Magnitude /[kg/(m·s)]	Direction /(°)	Magnitude /[kg/(m·s)]	Direction /(°)	
SA2	7.5	165.6	14.0	43.0	0.54
A11	3.6	137.5	1.0	81.4	3.6
SB1	4.9	53.4	0.04	172.5	122.5
SB2	6.4	120.5	0.6	89.1	10.7
A10	3.0	105.7	0.5	69.1	6
SC1	12.9	72.3	0.4	78.6	32.3
SC2	22.7	160.0	2.4	60.8	9.5
A4	2.8	93.3	1.4	17.3	2.0

夏季大量黄河泥沙沉积在河口三角洲海域,成为泥沙的汇;这些泥沙在冬季发生再悬浮和输送,成为渤海泥沙的源,具有"夏汇冬源""夏储冬输"的特色。黄河泥沙在冬季向东南方向输送,在黄河口东南海域形成了沉积中心(图7)。

（四）水下黄河三角洲斜坡泥沙块体运动的近底层搬运

黄河泥沙在河口大量快速沉积的结果,形成的三角洲海底沉积物具有孔隙水含量高、弱固结、强度低的特点。在较强风浪周期性载荷的作用下,黄河水下三角洲沉积物土体会发生液化和破坏,形成塌陷和滑坡,沉积物以各种块体运动(sediment mass movement)的形式沿水下三角洲斜坡向下输送。观测结果表明,在水下三角洲水深5~15 m的斜坡上,广泛分布着坍塌、滑坡和重力流沟槽,构成黄河三角洲水下滑坡体系,与密西西比河水下三角洲滑坡体系类似,但范围和强度较小(Prior et al.,1988;杨作升等,1994)。水下黄河三角洲的沉积物液化和块体运动是黄河泥沙输送的重要形式,对三角洲海域海洋工程构筑物和管道、平台等构成威胁,发生过多次因水下地基失稳导致海上工程受到挫折的情况。

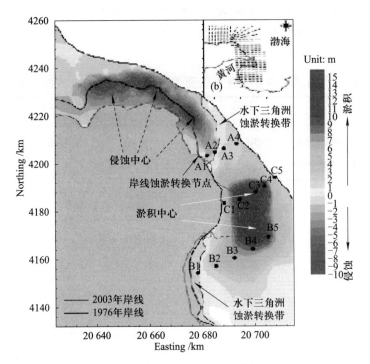

图7 黄河三角洲南部的沉积中心及北部侵蚀区(1976—2004年)

三、黄河口泥沙输送与沉积对近期黄河入海水沙变化的响应

(一)近期黄河入海水沙变化的特点

1950年来黄河年均入海流量和输沙量呈阶段性锐减,其阶段性上游水库建设时段对应。如以1968年刘家峡水库建成以前的年均入海流量(50.15 km³/a)和输沙量(1.25 bt/a)为100%,则刘家峡水库建成之后和龙羊峡水库建成之前的1969—1985年期间分别减到65%和68%,龙羊峡水库建成之后和小浪底水库建成之前的1986—1999年期间分别减到30%和32%,小浪底水库建成之后的2000—2012年流量基本不变,为30.6%,但输沙量锐减到11.4%,只有1.4亿吨左右(图8)。

为解决黄河下游河道严重淤积的问题,黄河水利委员会自2002年开始进行黄河调水调沙工程,自2003年以来,黄河下游由淤积变为冲刷(图8)。河道淤积的威胁基本解除,同时黄河入海水沙也发生了更大的变化。

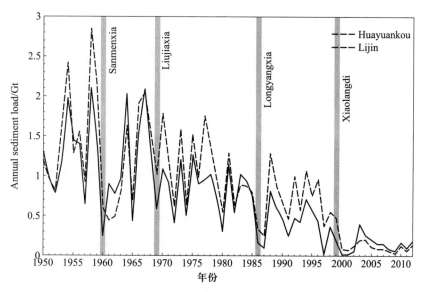

图 8　黄河花园口站及利津站多年输沙量锐减的比较及其对大型水库建成时间的对应。**2003 年后利津站输沙量大于上游的花园口站,显示了下游河道发生侵蚀,入海泥沙来源显著改变**

(二) 对黄河口泥沙输送与沉积对近期黄河入海水沙变化的响应

2002—2012 年间黄河入海泥沙异重流的输沙量由占比 52% 下降到 14.3%,泥沙入海的后输往外海的部分主要形式变为细颗粒泥沙的漂浮羽状流,可以输送到更远的海域。入海泥沙中约 58% 的泥沙是由河底冲刷产生的床沙,泥沙粒度显著粗化,粒度较原有较细的入海泥沙粗 1.6 倍,其沉积速率高出一倍,有更高比例的粗泥沙快速堆积在河口,导致河口快速淤积造陆,而输往外海的泥沙比例显著减少(Bi et al., 2014),从而减少了对整个三角洲海域和渤海的泥沙供应量。由于入海泥沙供应量锐减及泥沙性质的变化,维持黄河三角洲冲淤平衡的泥沙量为 2.65 亿吨左右,目前的入海泥沙量远不足此数,黄河三角洲的侵蚀趋势会继续下去。整个黄河三角洲自 1998 年以后由淤进逆转为全面侵蚀。无海堤保护的三角洲海岸侵蚀后退,三角洲国土资源显著减少。源有海堤保护的海岸的堤下海堤不断侵蚀刷深,对海堤安全构成明显威胁。

三、黄河口泥沙输送与沉积的未来趋势

黄河泥沙 90% 来自黄土高原。多年来,黄土高原成功地实施了大量水土保持工作,特别是营造大量梯田和林草植被等措施,收到了很好效果,由黄土高原侵蚀进入黄河的泥沙大量减少(刘晓燕等,2014),2000—2012 年潼关水文站记

录的通过黄土高原后的黄河年均输沙量减少到只有 3 亿吨左右,仅相当于 50 年代的五分之一,这一趋势还将继续下去。这一泥沙量在经过小浪底水库和下游河道到达河口,还会有相当程度的减少。同时,黄河调水调沙工程仍将继续进行。因此,目前黄河入海泥沙的输送和沉积状况及黄河三角洲的侵蚀趋势在未来相当长的时间内仍将继续保持下去。

参考文献

刘晓燕,杨胜天,李晓宇,等. 2005. 黄河主要来沙区林草植被变化及对产流产沙的影响机制[J]. 中国科学,45:1052-1059.

杨作升,陈卫民,陈彰榕,等. 1994. 黄河口水下滑坡体系[J]. 海洋与湖沼,25(6),573-581.

Bi N, Yang Z, Wang H, et al. 2010. Sediment dispersion pattern off the present Huanghe (Yellow River) subdelta and its dynamic mechanism during normal river discharge period [J]. Estuarine, Coastal and Shelf Science, 86(3):352-362.

Bi N, Yang Z, Wang H, et al. 2011. Seasonal variation of suspended sediment transport through the southern Bohai Strait[J]. Estuar Coast Shelf Sci, 93:239-247.

Liu X, Yang S, Dang S, et al. 2014. Response of sediment yield to vegetation restoration at a large spatial scale in the Loess Plateau[J]. Science China Technological Sciences, 57(8):1482-1489.

Prior D B, Yang Z S, Bornhold B D, et al. 1986. The subaqueous delta of the modern Huanghe (Yellow River) [J]. Geo-Marine Letters, 6:67-75.

Prior D B, Suhayda J N, Lu N Z, et al.1989. Storm wave reactivation of a submarine landslide [J]. Nature, 341(6247):47-50.

Wang H, Yang Z, Li Y, et al. 2007. Dispersal pattern of suspended sediment in the shear frontal zone off the Huanghe (Yellow River) mouth[J]. Continental Shelf Research, 27(6):854-871.

Wang H, Bi N, Wang Y, et al. 2010. Tide - modulated hyperpycnal flows off the Huanghe (Yellow River) mouth, China[J]. Earth Surface Processes and Landforms, 35(11):1315-1329.

Wright L D, Wiseman W J, Prior D B, et al.1988. Marine dispersal and deposition of Yellow River silts by gravity driven underflows[J]. Nature, 332:629-632.

Yang Z, Ji Y, Bi N, et al.2011. Sediment transport off the Huanghe (Yellow River) delta and in the adjacent Bohai Sea in winter and seasonal comparison[J]. Estuarine, Coastal and Shelf Science, 93(3):173-181.

杨作升　1938 年 1 月生,教授(二级)。1960 年毕业于苏联列宁格勒大学(现俄罗斯圣彼得堡大学)地球化学专业。历任中国海洋大学教授、博士生导师,河口海岸带研究所所长、海洋地球科学学院院长等职。美国伍兹霍尔海洋研究所(1979—1982)、路易斯安纳州立大学(1989)、日本地调局(1994、1996)等访问学者。现为中国海大河口海岸带研究所名誉所长,Texas A&M 大学兼职博导,国家/部级重点实验室学术委员。

　　主要从事海洋地质学、河口及陆架沉积学研究。曾担任多项国家级项目或课题负责人、国际合作项目中方首席科学家等。发表论文 300 余篇(包括两篇 *Nature* 论文作者之一)。国务院特殊津贴获得者,山东省专业技术拔尖人才,2014 入选《20 世纪中国知名科学家学术成就概览》。

长江冲淡水对长江口邻近海域营养盐结构与浮游植物生物量的影响

高会旺,贾守伟,史洁

中国海洋大学,山东青岛

一、引言

河流是近岸海域生物地球化学循环中极为重要的因子,大量淡水的注入不仅能够影响河口邻近海域温度、盐度、流速等水文要素的分布,而且河流入海带来的丰富营养盐,也导致近海初级生产力水平的普遍较高,并可能对整个食物网及生态系统产生重要影响。

长江是中国第一大河,年入海径流量为 $9.24 \times 10^{11} \mathrm{m}^3$,年平均输沙量为 $4.86 \times 10^8 \mathrm{t}$,其流量占我国渤海、黄海、东海总入海径流量的 80% 以上(俞志明等,2011)。长江冲淡水及其携带的巨量泥沙和丰富的营养盐入海对长江口邻近海域乃至整个东海的环流结构、水团组成、营养盐水平、海洋生产力等均产生了重要影响。因此,研究长江输入的营养盐通量及各主要营养盐比例的变化对长江口邻近海域营养盐结构与浮游植物生物量的影响,对深入理解长江入海及流域重大工程对近海生态系统的影响具有重要的科学意义和实践指导意义。

二、研究区域与研究方法

长江口邻近海域位于黄海和东海的交界处,该海域地底地形变化平缓,水深较浅,口门处水深多小于 10 m,在长江口的东面,有一个螺旋式扭转的陡坡,自长江口向外海延伸,长江口以北、陡坡以东的开阔海域的海底地形更为平缓,水深在 40 m 左右。该海域属亚热带季风气候区,气候温和、四季分明、雨水充沛、日照充足,受地理位置和季风影响,该地区的气候具有海洋学和季风性双重特征。长江口是中等强度的潮汐河口,其口外海域属正规半日潮,口内属非正规半日浅海潮,无论涨潮量还是落潮量,南支均大于北支,在枯水季,外海传来的潮波最远可以影响到安徽大通,是我国深入内陆最远的河口潮波。潮混合对长江口海域的水文要素的空间分布有重要的影响,大量的径流输入和显著的潮混合相互作用,使长江口海域盐度的垂直分布状态较不稳定。长江口海域南部有台湾暖流北上,最远可达到 32°N 以北海域,北面有苏北沿岸流、黄海沿岸流南下,在长江径流输入、潮汐、地形等因素的影响下,该海域具有独特的水文和环流特征。

本研究拟在分析已发表历史资料的基础上,以海洋生态系统动力学模型为主要手段,模拟丰水(1998)和枯水(2006)年份长江口附近海域流场、温盐场、营养盐、浮游植物生物量等的时空变化,并分析其差异。

三、东中国海生态动力学模型

本研究所用模型为三维生态系统动力学模型,主要包括水动力过程和生物地球化学过程(图 1)。模型模拟区域主要包括渤海、黄海、东海部分海域,在东部和南部边界存在开边界海域,水平空间分辨率为 1/18°,垂向采用 Sigma 坐标,共分 21 层。

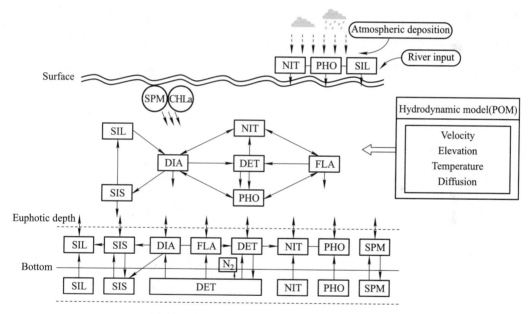

图 1　东中国海生态动力学概念模型

水动力模型是基于美国普林斯顿大学 Blumberg 和 Mellor 于 1977 年共同建立起来的一个三维斜压原始方程数值海洋模式,后经多次修改而广泛应用于国内外河口、近岸海域研究的 POM 模式。POM 模式从原始的 Navier-Stokes 方程出发,采用流体静力近似和 Boussinesq 近似,包含一个 2.5 阶湍流闭合模式来计算垂直湍混合系数,模式采取自由表面和内外模态分离的时间步长,外模态为二维,采用较短的时间步长,内模态为三维,采用较长的时间步长。本文所用水动力模型由 Guo 等(2003)开发,包含 M2、S2、K1、O1 四个分潮,考虑了 10 条河流,分别为长江、黄河、岷江、鸭绿江、辽河、淮河、海河、汉江、钱塘江、滦河。外模时间步长为 6 s,内模时间步长为 360 s。

生态模型是在 NORWECOM(Skogen and Moll, 2000)的基础上建立的(图1),属于 NPD(N:营养盐;P:浮游植物;D:碎屑)类型,包括 7 个状态变量,分别为硅藻(DIA:diatoms)、甲藻(FLA:flagellates)、无机硝酸盐(DIN:dissolved inorganic nitrogen)、活性磷酸盐(DIP:dissolved inorganic phosphorus)、无机硅酸盐(SIL:silicate)、生化硅(SIS:biogenic silica)、水底碎屑(DET:dead organic matter)。模型中的参数取值见表 1,主要来自于经验值及相关文献(Zhao et al., 2011;Skogen and Moll,2000;Wei et al. ,2004)。

表 1　模型中参数及取值

参数介绍	数值	单位
细胞内的磷氮比	0.138	mg P/mg N
细胞内的硅氮比	1.75	mg Si/mg N
细胞内的氮与浮游植物比值	8~11	mg N/ mg Chla
0℃下硅藻的最大生长率	1.33	1/d
硅藻的最大生产力随温度变化系数	0.063	1/℃
0℃下甲藻的最大生长率	1.05	1/d
甲藻的最大生产力随温度变化系数	0.064	1/℃
0℃下浮游植物的呼吸率	0.061	1/d
浮游植物呼吸率随温度变化系数	0.064	1/d
浮游植物死亡率	0.123	1/d
碎屑沉降速率	0.011	1/d
浮游植物的遮光系数	0.0138	m^2/mg Chla
纯水的遮光系数	0.04	1/m
甲藻的氮半饱和系数	1.2	mmol N/m^3
甲藻的磷半饱和系数	0.09	mmol P/m^3
硅藻的氮半饱和系数	1.8	mmol N/m^3
硅藻的磷半饱和系数	0.115	mmol P/m^3
硅藻的硅半饱和系数	1.0	mmol Si/m^3

续表

参数介绍	数值	单位
甲藻生长的最适宜光强	60	W/m²
硅藻生长的最适宜光强	90	W/m²
营养盐半饱和的参考温度	12	℃
硅藻壳的分解速率	0.0056	1/d
碎屑的沉降速率	2.0	m/d
甲藻的沉降速率	0.25	m/d
硅藻的沉降速率	0.3~2.0	m/d
生物硅的沉降速率	2.0	m/d

四、长江口邻近海域环境要素的季节变化

模型采用月平均强迫资料,在模型运算过程中,将月平均资料线性插值到每个时间步长进行计算。温盐初始场为 WOA2005(World Ocaen Atlas 2005)的气候态数据,三种营养盐初始浓度来自于已发表观测数据(Chen,2009),河流流量数据除长江、黄河分别是大通站和利津站的观测数据以外,其余河流数据均来自《中国河流泥沙公报》。2006年长江大通站的营养盐浓度数据由国家海洋局第二海洋研究所的金海燕研究员提供,其余河流的营养盐浓度以及大气沉降的营养盐数据来自于已发表的文献(Zhang,1996;Liu et al.,2009;Wan et al.,2002;Zhang et al.,2007);开边界处温度、盐度、水位、潮流的月均数据由三重嵌套的海洋模型(NSET3)提供(Guo et al.,2003);风、云、热通量、气压、蒸发、降水等大气强迫采用 NCEP 月平均数据;太阳辐射基于云数据通过块体公式(Dobson and Smith,1988)计算得到。

(一)营养盐浓度观测与模拟的对比

DIN 的观测值(Wang et al.,2008;王奎等,2011;李玲玲等,2009)与模拟值对比[图2(a)]可以看出,在 DIN 浓度值小于 20 μmol/L 的区域模拟较好,各点均分布在直线 $x=y$ 附近,这些数值对应的位置多在长江口门外(>123°E)。但在大于 40 μmol/L 的高值区,各点分布在直线 $x=y$ 以下,说明模拟值普遍小于观测值,而这些值集中在长江口门处区域(<122.5°E),这可能由于模式的气候态模拟中采用的强迫数据多为 2005 年以前的气候态平均数据,而验证所用数据为

2008 年以后的观测数据,近些年来长江的 DIN 浓度有升高的趋势(Jiang,2010),因此,长江口门处 DIN 浓度的观测值会略大于模拟值。

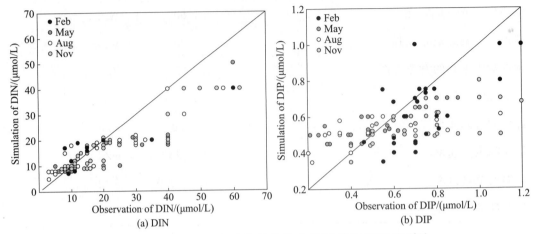

图 2　长江口邻近海域营养盐浓度模拟值与观测值对比

图 2(b)为模拟得到的 DIP 浓度与实测值对比,模拟结果与实测值吻合较好。但是,在高值区模拟值小于实测值,在夏季该差值较大,最大差值约为 1 μmol/L,这主要是由于 DIP 保守性较差,随着长江冲淡水与外海水混合不断有 DIP 溶出(李磊等,2010)。

(二)叶绿素浓度的季节变化

长江口邻近海域的叶绿素浓度夏季最大,春季和秋季次之,冬季最小,对比长江口外表层叶绿素 a 浓度的模拟值与观测值发现(表 2),模拟结果可以再现夏季高、冬季低的季节变化规律。除秋季外,其余季节的模拟值相对于观测值偏低,尤其是冬季,模型中由于冬季温度、光照等对浮游植物的限制作用较强,叶绿素 a 的浓度显著低于观测。

表 2　长江口附近海域表层叶绿素 a 浓度的季节变化

（单位:mg/m³）

	春季	夏季	秋季	冬季	来源
模拟值	0.63	2.03	1.03	0.03	本研究
观测值	0.71~1.09	2.13~3.94	0.78	0.54~0.55	周伟华等,2004;邵和宾等,2012;李云等,2007

　　图 3 为表层叶绿素 a 浓度分布的季节变化。冬季,长江口外附近海域由于水温和光照的限制了浮游植物生长,仅在外海黑潮附近海域有浮游植物的生长,最高浓度值约为 1 mg/m³。春季,长江口东部海域(122.5~124°E)存在叶绿素 a 浓度的高值区,中心浓度大于 3 mg/m³,黄海中部和南部浮游植物大量生长,最大值约为 5 mg/m³。夏季,叶绿素 a 浓度高值区集中在长江口东北部海域,浓度最大值大于 7 mg/m³,呈条带状分布,长江口东部海域仍在一个高值区,中心浓度约为 3 mg/m³,黄海沿岸海域叶绿素 a 浓度较高,黄海中南部海域叶绿素浓度

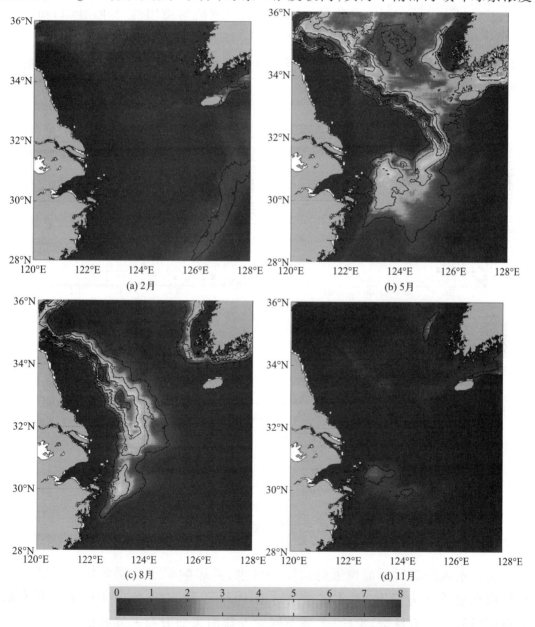

(a) 2月　　(b) 5月

(c) 8月　　(d) 11月

图 3　长江口邻近海域表层叶绿素 a 浓度的季节变化

相较春季显著降低。秋季,仅在长江口东部存在叶绿素 a 浓度的高值区,但其浓度值小于夏季,最大值约为 1.3 mg/m³。

五、长江口邻近海域丰水年(1998)和枯水年 (2006)环境要素的分布

(一) 营养盐

将 1998 年和 2006 年三种营养盐浓度的观测值与模拟值对比(图 4)可以发现,DIN 和 SIL 相对集中在直线 $x=y$ 附近,说明观测值与模拟值吻合较好。DIP 相对较为分散,但多均匀的散布在直线 $x=y$ 两侧,主要是由于模式没能很好地刻画 DIP 的非保守性造成的。

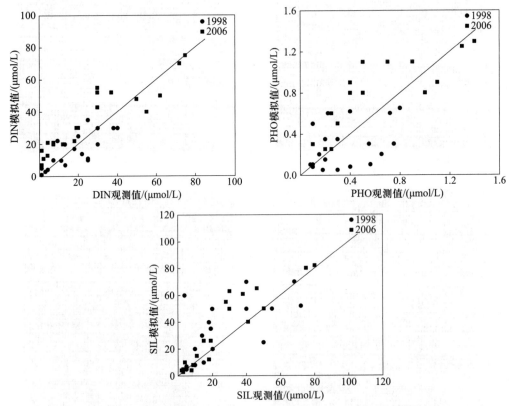

图 4 长江口邻近海域三种营养盐浓度的观测值与模拟值对比

长江水入海之后形成楔形的长江冲淡水,其影响限于表层水体(0~15 m),且作用在夏季尤为突出,因此这里仅讨论 1998 年和 2006 年海水中生源要素的分布差异时只分析夏季(8月)表层不同营养盐的大面分布差异特征。

1998 年夏季,表层 DIN 的分布与长江冲淡水的扩展特征一致,长江口门处

为 DIN 浓度的高值区,随着长江冲淡水在长江口外向东北方向的转向,在口门外存在一个舌状的 DIN 高浓度区,最大浓度大于 40 μmol/L(126°E),由口门向东 DIN 浓度值迅速减小,从观测结果可以看出浓度减小为 1 μmol/L,而模拟结果浓度减小趋势较观测结果缓慢,从口门处向东到 126°E 处,浓度仅减小为 10 μmol/L,DIN 浓度值的模拟结果大于观测结果。长江口东部外海海域(30°N,127°E),存在一个 DIN 浓度高于 1 μmol/L 的孤立水块。模拟结果能够重现 1998 年 DIN 浓度的分布特征,然而模拟结果向东的输运较观测更为显著,模拟得到的浓度值相对观测值偏大。DIP 的大面分布以向东扩展为主,没有形成与 DIN 类似的舌状的高浓度区,这可能与该海域 DIP 的非保守性有关,模拟得到的 DIP 大面分布与观测结果相似[图 5(b)、(d)],但 DIP 的高值区相较观测值偏北,这主要是由于受到长江冲淡水的转向和苏北沿岸流的影响。

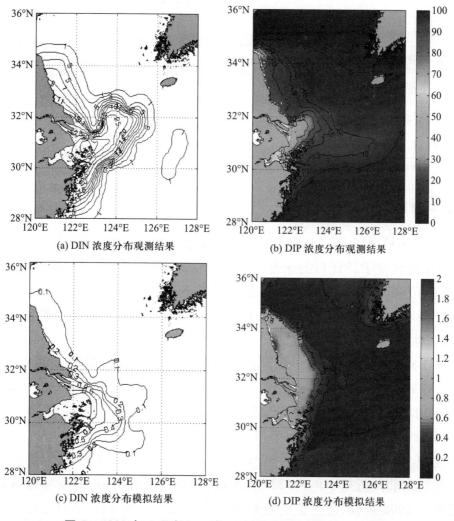

(a) DIN 浓度分布观测结果　　　　(b) DIP 浓度分布观测结果

(c) DIN 浓度分布模拟结果　　　　(d) DIP 浓度分布模拟结果

图 5　1998 年 8 月长江口邻近海域表层营养盐浓度分布

1998 年和 2006 年长江冲淡水扩展形态的不同,也会导致营养盐的输运在这两年间有所差异。将两年间三种营养盐表层浓度值做差值,可以发现,正值区主要集中在长江口东部海域,负值区位于长江口东北部海域,这说明 2006 年相较于 1998 年,长江口外海域营养盐向北的输运增强,但是东向的输运显著减弱,与长江冲淡水的分布差异一致。长江冲淡水中的营养盐向东扩展,营养盐高浓度锋面在 1998 年达到 128°E,而 2006 年营养盐向东仅扩展到 125°E。对比 1998 年与 2006 年的长江口附近海域营养盐浓度的平均值可以看出(表 3),2006 年 DIN 和 DIP 的浓度显著大于 1998 年的浓度,这与近年来人类活动导致长江输入的 DIN 和 DIP 通量大量增加有关。

表 3   1998 年与 2006 年长江口邻近海域夏季营养盐浓度值

年份	长江口营养盐浓度值/(μmol/L)		
	DIN	DIP	SIL
1998(观测值)	17.63	0.36	26.32
1998(模拟值)	16.00	0.28	34.63
2006(观测值)	25.57	0.56	24.67
2006(模拟值)	33.47	0.72	31.76

(二) 叶绿素

图 6(a)为模拟得到的 1998 年长江口邻近海域表层叶绿素 a 的分布,叶绿素 a 浓度的高值区位于长江口的东部和东北部,呈宽带状,集中在 122°~124°E,浓度最大值约为 9 mg/m³,1 mg/m³ 等值线向东达到 125.5°E,在长江口东南部存在一个叶绿素 a 浓度的高值区,中心浓度大于 3 mg/m³。朝鲜半岛沿岸叶绿素 a 浓度较高,浓度值约为 5 mg/m³。

图 6(b)为模拟得到的 2006 年长江口邻近海域表层叶绿素 a 的大面分布,在 32°N、123°E 处存在一个叶绿素 a 浓度高值区,中心浓度大于 9 mg/m³,呈弧形,等值线多与岸线平行,1 mg/m³ 等值线向东达到约 124.8°E。朝鲜半岛沿岸存在叶绿素 a 浓度的高值区,浓度值约为 1 mg/m³。

对比 1998 年和 2006 年表层叶绿素 a 浓度的分布[图 6(c)]。负值区区域位于长江口东北部近岸(小于 123°E)海域,这说明在该海域 2006 年叶绿素 a 浓度显著大于 1998 年,浓度差值的绝对值大于 5 mg/m³;而在长江口东部多为正值区(123°~125°E),说明 2006 年的叶绿素 a 浓度小于 1998 年,浓度差值的绝对值

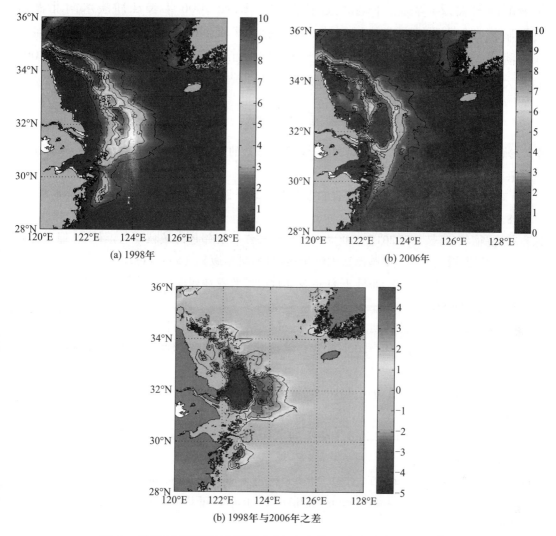

(a) 1998年

(b) 2006年

(b) 1998年与2006年之差

图6 长江口邻近海域夏季表层叶绿素 a 浓度分布(mg/m³)

大于 3 mg/m³。叶绿素 a 浓度差值的分布特征与营养盐较为吻合。

六、主要结论

长江冲淡水为长江口邻近海域带来了丰富的营养盐,所携带营养盐的输运方向与长江冲淡水的扩展路径一致。营养盐浓度整体呈现近岸高、外海低的分布趋势。叶绿素 a 浓度的空间分布与营养盐的分布相一致,其季节变化为夏季叶绿素浓度最高、冬季最低,夏季叶绿素 a 浓度高值区集中在长江口东北部海域。

对比典型的丰水年(1998)和枯水年(2006),长江径流量差异显著,长江口邻近海域营养盐浓度和叶绿素 a 浓度的分布明显不同。1998 年长江冲淡水向东扩展范围较大,26 等盐线向东最远达到 127°E,而 2006 年长江冲淡水向北输运更加显著,26 等盐线向北最远到达 33°N,除 DIP 外,其他两种营养盐的分布与长江冲淡水的扩展形态较为一致,受此影响,长江口东北部叶绿素 a 浓度在 2006显著大于 1998 年,而在长江口东部海域呈相反趋势。

参考文献

李玲玲,于志刚,姚庆祯,等. 2009.长江口海域营养盐的分布形态和分布特征[J]. 水生态学杂志, 2(2):15-20.

李云,李道季,唐静亮,等. 2007.长江口及毗邻海域浮游植物的分布与变化[J]. 环境科学,28(4): 719-729.

邵和宾,范德江,张晶,等. 2012.三峡大坝启用后长江口及邻近海域秋季悬浮体、叶绿素分布特征及影响因素[J]. 中国海洋大学学报(自然科学版),(5): 94-104.

王奎,陈建芳,金海燕,等. 2011.长江口及邻近海域营养盐四季分布特征[J]. 海洋学研究,29(3): 18-35.

俞志明,沈志良. 2011.长江口水域富营养化[M]. 北京:科学出版社.

周伟华,袁翔城,霍文毅,等. 2004.长江口邻域叶绿素 a 和初级生产力的分布[J]. 海洋学报,26(3): 143-150.

Chen C T A. 2009.Chemical and physical fronts in the Bohai, Yellow and East China seas[J]. Journal of Marine System, 78(3):394-410.

Dobson F W, Smith S D. 1988.Bulk models of solar radiation at sea[J]. Q J Roy Meteorol Soc,114:165-182.

Guo X, Hukuda H, Miyazawa Y, et al. 2003.A triply nested ocean model for simulating the kuroshio-roles of horizontal resolution on JEBAR[J].Journal of Physical Oceanography, 33:146-169.

Jiang T, Yu Z M, Song X X, et al. 2010. Long-term ecological interactions between nutrient and phytoplankton community in the Changjiang estuary[J]. Chinese Journal of Oceanology and Limnology, (4): 887-898.

Liu S M, Hong G H, Zhang J, et al. 2009.Nutrient budgets for large Chinese estuaries[J]. Biogeosciences, 6(10):2245-2263.

Skogen M D, Moll A. 2000. Interannual variability of the North Sea primary production: Comparison from two model studies[J]. Continental Shelf Research, 20(2):129-151.

Wan X F, Wu Z F, Chang Z Q, et al. 2002. Reanalysis of atmospheric flux of nutrients to the South Yellow Sea and the East China Sea[J]. Marine Environmental Science, 21(4):14-18.

Wang X L, Wang B D, Zhang C S, et al. 2008.Nutrient composition and distributions in coastal waters Impacted by the Changjiang plume[J]. Acta Oceanologica Sinica, 27(5): 111-125.

Wei H, Sun J, Moll A, et al. 2004. Phytoplankton dynamics in the Bohai Sea-observations and modeling[J]. Journal of Marine System, 44:233−251.

Zhang J. 1996.Nutrient elements in large Chinese estuaries[J]. Continental Shelf Research, 16
(8):1023−1045.

Zhang G S, Zhang J, Liu S M. 2007.Characterization of nutrients in the atmospheric wet and dry
deposition observed at the two monitoring sites over Yellow Sea and East China Sea[J]. Jour-
nal of Atmospheric Chemistry, 57:41−57.

Zhao L, Guo X Y. 2011. Influence of cross-shelf water transport on nutrients and phytoplankton in
the East China Sea: A model study[J]. Ocean Science, 7(1):27−43.

高会旺 1966 年生,中国海洋大学教授,博士生导师,973 首席科学家,享受国务院特殊津贴。现任海洋环境与生态教育部重点实验室主任,兼任国务院学位委员会环境科学与工程学科评议组成员,上层海洋-低层大气研究国际计划科学指导委员会委员。主要从事海洋与大气环境动力学研究,先后主持国家自然科学基金重大项目课题、重大国际合作项目、国家重点基础研究发展规划项目等多项国家级课题。率先在渤海开展了海洋生态动力学模拟研究,先后对黄海、南海和长江口海域生态动力学过程进行了研究。在大气物质沉降及其对海洋生态系统的影响研究方面,揭示了亚洲沙尘向中国近海及其邻近海域传输的路径及对不同海区的影响概率,给出了亚洲沙尘事件能够促进黄、东海初级生产力并可诱发水华事件的观测证据。

三峡工程对长江河口生态环境的影响

李道季,丁平兴

华东师范大学河口海岸学国家重点实验室,上海

一、引言

河口是海岸带最重要的组成部分,是流域陆源物质入海的主要通道,因而河口是全流域水系统物质的主汇,也是近海陆源物质的主源。河口区域陆海相互作用特别强烈,生态与环境尤为脆弱,受人类活动与全球气候变化影响最为显著。全世界河流携带的入海悬浮物质及化学元素/污染物的75%~90%归宿于河口-近海地区,全世界60%的人口和2/3的大中城市集中在河口海岸地区,河口环境与生态系统的变化直接关系到人类的生存空间、生存质量和社会的可持续发展。

由于全球变暖和人类活动影响不断加剧,河口生态系统的结构和功能已经发生显著的变化,其中大河流域大型水利工程对入河口物质通量的影响尤为显著。全球大河流域水利工程截留了40%的全球淡水径流和25%的河流泥沙,由此导致河口环境和生态自然演化进程被严重干扰。这些变化将对河口生态系统健康水平产生影响,直接威胁区域的生态安全。

我国河口海岸带城市化程度高,人口密集,经济发达。占陆域国土面积13%的沿海经济带,承载着全国42%的人口,创造全国60%以上的国民经济产值。长江、黄河、珠江三大流域约占陆域国土面积的1/3,聚居着全国1/2以上的人口。近30年来大河流域城市化和工业化的快速发展,化肥、农药施用量的持续增加,导致河口及邻近海域的营养盐、污染物含量剧增,以致我国近岸1/3的海域受到较严重的污染。入海水沙锐减以及节律的改变也对河口及其邻近海域的生态系统产生了重要影响,其中流域大型水利工程是不可忽视的因素之一,特别是近年来由于流域环境的巨大变化和系列重大水利工程的实施和运行,使我国最为典型长江河口物质通量及组成发生了重大的变化,导致了河口三角洲海岸的蚀退、河口湿地萎缩,服务功能退化,河口及其邻近海域的水质不断恶化,赤潮频发,生态系统衰退,生物资源再生能力和水产品安全受到严重影响,对长江河口-近海生态系统安全构成严重威胁。因此,迫切需要全面了解和评估流域重大水利工

程对我国大河河口长江河口环境和生态系统的影响,从而为流域-河口综合管理,为实现流域大型水利工程与河口、近海环境、生态系统健康和谐发展提供科学依据。

二、长江流域主要大型水利工程

到目前为止,我国在长江流域建设有近 48 000 座水库等水利工程设施,其中,主要的大型水利工程有三峡大坝、丹江口水库、嘉陵江水库群、金沙江下游梯级水库和南水北调工程等。

三峡大坝位于湖北宜昌市境内的三斗坪(图 1),2009 年工程全部完工,2013年蓄水完成。坝高 185 m,正常蓄水位初期 156 m,正常蓄水位 175 m,总库容 393 亿 m³,其中防洪库容 221.5 亿 m³,能够抵御百年一遇的特大洪水。水库总面积 1 084 km²,长 650 km,是世界第一大坝。

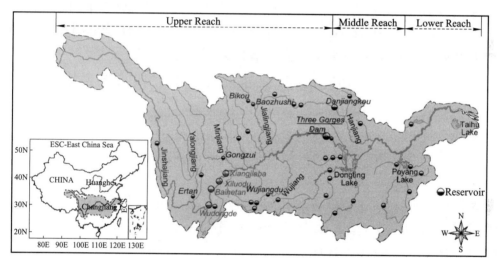

图 1　长江流域大坝分布图(水利部,2007)

长江上游有溪洛渡等 4 个梯级大坝、支流上有 2 个大坝在建(图 1),2020 年建成后的长江上游大坝库容调控能力将达 700 亿 m³ 左右。

长江上游多个水库建成后将实现多个大型水库联合水沙调控运行,人工调控入河口物质通量的能力将大大加强。因此,大型水利工程对河口及近海环境的影响在未来将显著增加。

南水北调工程东线一期工程建设 2013 年通水;中线一期工程 2014 年年底通水,西线工程正在进行中。到 2050 年调水总规模为 448 亿 m³,其中东线 148亿 m³,中线 130 亿 m³,西线 170 亿 m³。由于全部调水来自长江流域,入长江河口的水沙量逐渐减少,南水北调东线和中线工程的分阶段完成,势必加大对长江河口及近海的影响。

三、长江入河口营养盐浓度及通量变化

（一）长江口水域营养盐浓度的变化

根据最近在长江河口节点徐六泾每月密集观测的基础上，在月时间尺度上对长江入海营养盐的变化特征进行了精细的刻画，获得了在淡水端元营养盐浓度季节变化及其年际和年代际变化趋势。在流域筑坝、长江泥沙通量急剧降低的背景下，1960 年以来 NO_3^- 和 PO_4^{3-} 的浓度显著地增长（Gao et al.，2012）。

1. 长江口水域 N 营养盐浓度的变化

从 1996 年以来，长江口及近海的溶解态无机氮（DIN）浓度表现出一升一降的趋势，与流域的变化类似。1996 年至 2000 年 DIN 浓度呈现上升趋势，而自 2000 年后，DIN 浓度不断下降。10 年间出现的最大值为 2000 年的 1.78 mg/L，最小值为 2005 年的 0.76 mg/L，平均值为 1.17 mg/L。同时，2003 年长江三峡工程蓄水以来河口 DIN 的含量呈明显下降趋势。

1996 年以来长江口 DIN 的上升趋势，应该与化肥施用量的增加有着密切的关系。而 2000 年以后，长江口附近海域 DIN 含量下降，可能是由于污染源的治理力度加大以及长江流域水土流失、农业面源的控制有关。另外，2003 年三峡大坝对营养盐的拦截有可能也对长江口 DIN 含量下降起到了一定的促进作用。

2. 长江口水域 P 营养盐的变化

长江口及近海的溶解态磷酸盐（DIP）浓度的变化趋势与 DSi 基本相同，从 1996 年均值为 0.029 mg/L 上升到三峡水库蓄水的 2003 年的 0.041 mg/L，从 2004 年以来则又表现出比较明显的回落现象。

根据 2003 年和 2004 年的调查结果，长江口海域中的磷以溶解态为主，TDP 又以 DOP 为主。DIP 平均含量为 0.015 mg/L，但 TP 含量较高。从水平分布趋势看，长江口水体中各形态磷由长江口内向口外近海域浓度总体呈下降趋势。由长江口内到长江口外围，TPP 在 TP 中所占的比例逐渐下降，而 TDP 的比例逐渐加大。

3. 长江口水域 Si 营养盐的变化

长江口附近海域的溶解态硅酸盐（DSi）浓度从 1996 年到 2003 年大体呈现出一个平稳的趋势，约在 2.6 mg/L。

与氮类似，长江口海域的溶解态硅酸盐主要也是依赖长江径流输送。其分布也与 DIN 的分布类似，以长江口为最高，向外海方向递减。

60 年代以来长江的年输沙量就一直处于下降的趋势，2006 年年输沙量甚至降至 0.86 亿 t,主要与长江流域各种水利工程建设有关。2003 年三峡大坝开始蓄水以来,长江入河口 DSi 的通量有所下降,相比蓄水前长江口及近海的 DSi 含量下降趋势更加明显。

因此,长江流域越来越多的水利工程,尤其是三峡大坝的建成和蓄水,显著地降低了长江的泥沙含量,再加上长江中 N、P 含量偏高,刺激浮游植物大量生长,大量的 DSi 被吸收并沉降到水库底层,造成了长江对河口附近海域硅的输送量减少。

4. 近几十年来长江营养盐浓度的总体变化趋势

三峡大坝蓄水的 2003 年是长江及长江口营养盐变化的一个关键转折点。从 1963 年至 20 世纪末,长江大通站溶解态无机氮(DIN)和溶解态无机 PO_4^{3-}-P(DIP)含量不断上升,溶解态硅酸盐(DSi)的浓度呈现不断下降。N、P 含量的上升与流域化肥施用量变化趋势一致,Si 含量的下降则与流域水利工程建设有密切关系。

溶解态硅酸盐(DSi)的浓度至 20 世纪 60 年代以来一直呈下降趋势。在 1964 年和 1983 年分别为 8.79 mg/L 和 6.25 mg/L,至 2003 年下降为 2.89 mg/L,总体下降了约 67%。2004 年(蓄水后第一年)浓度下降为 0.32 mg/L,2004 至 2007 年平均浓度为 2.64 mg/L,仅比 2003 年下降了 9%。

三峡工程建设以来,流域溶解硅的含量下降不明显,仅在 5%~10% 之间。而 80 年代以前溶解硅的明显下降,主要是因为 80 年代前新中国成立以后,流域大量建坝已经导致了溶解硅被不断固定在众多库区,造成三峡大坝两侧水体溶解硅含量变化差异较小。

(二) 长江入河口营养盐及 POC 输送通量的变化

在长江下游总 N 和总 P 的输送形态上,N 以 NO_3-N 为主,约占 76%,其余主要为溶解有机氮和颗粒氮;P 以颗粒态为主,约占 95% 以上。长江枯、丰期干、流各种形式 N、P 通量和长江口各种形式 N 的输出通量主要受径流量所控制,与人类活动密切相关。

20 世纪 70 年代至 90 年代末,长江溶解态无机氮(DIN)和溶解态无机磷(DIP)的入河口通量(大通站)呈大幅增加的趋势,2003 年以来开始出现减少趋势(表 1)。溶解态硅酸盐(DSi)入河口通量至 20 世纪 60 年代以来一直呈下降趋势,其中以 70~80 年代下降趋势较快,近年来则呈缓慢下降趋势。

表1　长江入河口营养盐通量变化　　　　　（单位:万吨）

营养盐	DIN	DIP	DSi
80 年代以前	88.81	1.36	357
1998 年	481.76	2.30	-
2003 年	-	3.28	275
2004 年	147.9	4.5	224
2005 年	189.84	4.36	-
2006 年	143.59	4.1	196
2007 年	145.42	3.84	229

20 世纪 80 年代以前长江溶解态无机氮(DIN)的输送通量为 88.81 万 t,其中,NO_3-N 约占 72%,NH_3-N 约占 28%,NO_2-N 占 0.04%。而到 90 年代末的 1998 年溶解态无机氮(DIN)的通量大幅增加为 481.76 万 t,其中,NO_3-N 占了绝大部分,为 99.1%,NH_3-N 占的比例大幅下降到了 0.6%,NO_2-N 占的比例大幅升高到了 0.3%,显示出了 1998 年长江大洪水流量剧增对长江入河口物质通量的巨大控制作用(表1)。三峡水库蓄水后的 2004 年为 147.9 万 t,比 1998 年大洪水时期减少了约 333.856 万 t,下降显著。2004—2007 年 DIN 的年通量变化不大,由于 2005 年长江平均流量和 DIN 浓度均为近年来的高值,对通量有所影响,为 189.841 万 t,其余年份均在 143.591 万 ~147.9 万 t 范围内变化。三峡水库蓄水后,NO_3-N 占 DIN 通量的 89.8%~96.3%,NH_3-N 约占 3.0%~9.7%,NO_2-N 占 0.4%~0.7%。

长江溶解态 PO_4^{3-}(DIP)的入河口通量 20 世纪 80 年代以前约为 1.36 万 t,1998 年 DIP 的通量增加为 2.30 万 t,2003 年增加至 3.28 万 t,仅 1998 年至 2003 年就增加了 40% 以上。长江三峡水库蓄水后,2004—2007 年 DIP 年通量变化分别为 4.5 万 t、4.36 万 t、4.1 万 t 和 3.84 万 t,均高于蓄水前,且呈逐年下降趋势,平均每年减少 0.165 万 t,与其在蓄水后的浓度变化具有良好的相关性。

20 世纪 70 年代前溶解态硅酸盐(DSi)的年平均通量为 357 万 t,70 年代至 20 世纪末为 298 万 t,到了 2003 年下降至 275 万 t,呈缓缓下降趋势。2004 年 DSi 通量为 224 万 t,长江三峡水库蓄水后 1 年内通量减少了 51 万 t,且除了 2005 年,其余年份 DSi 通量均小于 230 万 t,2004—2007 年平均通量为 233 万 t,相比蓄水前减少了 15.3%。

尽管没有发现 POC 中 δ^{13}C、δ^{15}N 以及 POC/PN 比值等指标在最近几十年来的显著变化(图2),但与泥沙通量急剧降低的情况一致,90 年代以来长江 POC

的输送通量在三峡工程后也明显下降(图 3)。在长江河口区最近几十年的生源要素浓度及其结构和通量的改变已经对长江口及邻近东海生态系统中生源要素的供应产生影响(Gao et al. , 2012)。

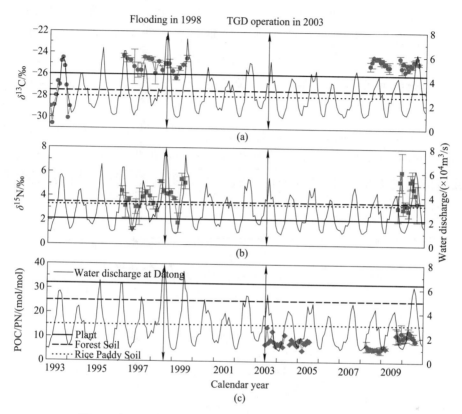

图 2　长江口输出的 POM 性质在近 20 年来的变化

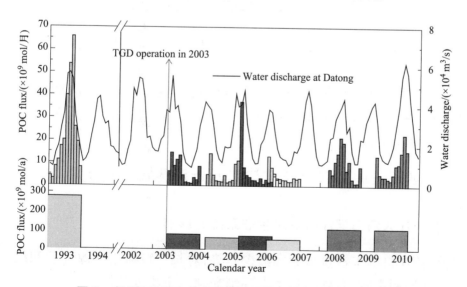

图 3　长江 POC 入海通量的月、年变化(1993—2010)

（三）长江口水域营养盐比值的变化

长江口无机氮的含量虽然在 2000 年以后出现下降趋势，但 10 年均值依然是非常高，而活性硅酸盐的含量一直是在下降，并且还在加剧。因此，长江口及近海的硅氮比在近十年处于下降趋势。这种趋势并不是最近才出现的，40 多年来，长江下游营养盐结构发生了显著的变化，硅氮的摩尔比趋于不平衡。长江口海域高浓度无机 N 含量以及低硅氮比值变化已经对该区域的浮游植物生长产生了影响。

40 多年来，长江下游营养盐结构发生了显著的变化，一方面 DIN 浓度不断增加，另一方面，DSi 浓度又在持续减少，因此硅氮的摩尔比趋于不平衡。长江口海域高浓度的无机 N 含量以及低硅氮比值的变化会对该区域的浮游植物生长产生了影响（图 4）。

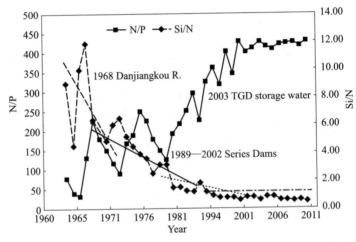

图 4　近 50 年来长江下游入河口段 N/P 和 Si/N 比的变化

Si/N 比已从 60 年代的 10 左右下降到目前已接近 1.0 的水平。40 年来减小近 10 倍。虽然，目前我们还不知道生态系统对此响应的程度，但影响在可预见的将来会持续的加强。

四、三峡工程对长江河口及近海生态系统的影响

（一）长江入河口泥沙减少对生态系统的影响

目前，长江口的来沙量呈大幅减少趋势，对长江口滩涂资源开发和维持湿地平衡会带来不利影响，长江河口生态环境受到一定程度的损害。

在长江口的最大浑浊带悬沙的消光作用强于营养盐释放作用，使口门区的

浮游植物生物量及密度显著低于附近水域。

　　三峡建坝之后,长江入海沙量,特别是细粒泥沙量的减少,使河口区水的自净能力有所降低。同时,三峡工程调蓄水,产生削峰削谷现象,所谓"洪季不洪,枯季不枯",都将导致影响河口鱼类的产卵场和索饵场卵,导致鱼类成活率降低,影响了河口渔业资源结构(图5)。

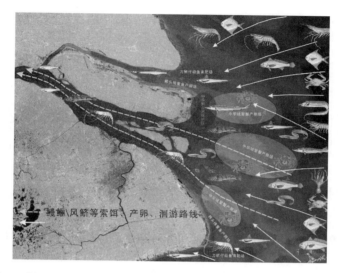

图5　长江河口主要经济鱼类索饵场、产卵场、洄游路线示意图

　　另外,由于河口输沙量减少,河口沉积速、沉积物组成与化学特性也发生相应变化,一些适应低沉积速率环境的底栖生物将向多样性发展,许多种产卵场、育幼场的位置将向河口推移。一些种将受到限制,另一些种将得到发展。

(二)浮游生物变化

　　长江口浮游植物种类组成与数量的季节变化同长江径流量有明显的关系。长江丰水期巨大径流不但把大量营养盐携带入海,也在河口近岸形成了大面积低盐水区,有利于近岸低盐的中肋骨条藻大量繁殖,并成为长江口区决定浮游植物数量变动的关键性种类(图6)。另外一些淡水种类如绿藻类的盘星藻(*Pediastrum* spp.)和栅藻(*Scenedesmus* spp.)亦常随径流进入近河口区。那些适盐较高的外海性种类主要分布在调查区外测及受台湾暖流明显影响的水域。浮游动物生物量的季节变化与径流量关系密切,长江口生物量高峰均出现于径流流量高值月份(7~8月份);在枯水期(冬季)生物量低;生物量波动原因除季节因素外,也与径流量周年变化呈正相关性,生物量在丰水期远远高于枯水期,生物量分布呈现自西北向东南部水域递增的趋势,高生物量区较小且分布不均匀(吴玉霖等,2004)。长江河口及近海作为我国许多经济动物的产卵场、育幼场和洄游场所,如风鲚、无针乌贼、带鱼、银鲳、大黄鱼、小黄鱼、银鱼、鲥鱼、中华鲟、安氏白虾、中华绒螯蟹和日本鳗鲡等,他们的繁殖周期以及洄游习性等受到入河口径流量及其节律的影响。因此,长江入海水量减少以及调水在时空上的选择,都难免与长江河口及近海生物分区、产卵场等的时空变化相冲突,其结果会难以提供足够适宜生物生存的空间和时间。

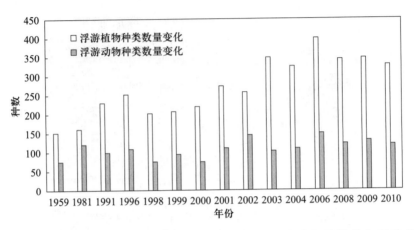

图6　1959年以来长江口及邻近海浮游植物和浮游动物种数的年际变化

(三) 浮游植物种群的变化

浮游植物种类增加、种群结构正在发生变化。长江口及近海浮游植物绝对优势种类中肋骨条藻平均丰度为 1.05×10^5 cells/L,在长江口水域比例高达87.6%,是支配调查海域浮游植物数量的关键种。

80年代,"三峡工程对长江河口区生态与环境的影响和对策"中所做的研究结果:浮游植物细胞夏季丰度均值为 2×10^5 cells/L,中肋骨条藻占95%以上。目前看来中肋骨条藻所占的比例有所下降。

长江口甲藻种类组成比例呈现明显上升趋势(图7),从1996年的7.9%,提高到2006年的16.4%,上升了2.1倍。浮游植物中的甲藻密度比例也发生相应的变化,在过去的10年间,长江口甲藻的密度组成比例上升了152倍。硅藻密度组成比例,平均下降了13个百分点。

长江口附近海域浮游植物种群结构的变化可能是由于该区域硅氮比值的减少对浮游植物物种产生选择作用的结果。海域高氮的长期输入,导致长期高氮的河口环境更能适应甲藻的生长。

"三峡工程对长江河口区生态与环境的影响和对策"报告(中国科学院三峡工程生态与环境科研项目领导小组,1987)中评估认为:三峡工程蓄水导致流量

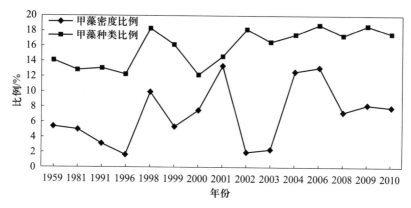

图 7　1959 年以来长江口及邻近海域甲藻种类和密度比例变化

减少,冲淡水面积缩小,中肋骨条藻数量会相应下降,必然对浮游植物总量和初级生产力带来不利影响;流量减少,外海高盐水西进,必然带来更多暖水性浮游生物,河口群落将发生变化。上述结论现在看来与 2003 年三峡蓄水以来浮游植物群落结构变化情况比较相符。

（四）浮游动物种群的变化

浮游动物种群结构正在发生变化。长江口海域 1996 年以来浮游动物的种类呈明显现增加趋势,种类分别从 1996 年有 50 种,上升至 2006 年的 110 种,其主要原因与中小型的浮游动物种类及水母种类的大量出现有关。这一现象也证实了海域浮游生物的群落结构正在发生变化。

近年来,东海北部、黄海南部的渔业资源调查结果也显示,水母数量明显呈上升趋势,这与长江口、舟山渔场的渔业资源变化有较大的关系,80 年代后长江口及舟山渔场渔场的渔业资源结构发生了变化(图 8)。

"三峡工程对长江河口区生态与环境的影响和对策"报告(尤联元,1988)中评估认为:三峡工程蓄水导致流量减少,必然对浮游植物总量和初级生产力带来不利影响,必然带来更多暖水性浮游生物,河口群落将发生变化。对浮游动物种类分布的影响评估认为:三峡工程蓄水按 150 m 方案,对淡水种、半咸水河口种、低盐近岸种的数量分布影响不大。与 2003 年三峡 135 m 蓄水以来实际比较,浮游动物种群结构有了一定的变化,上述评估有些过于保守。

（五）变化的趋势

长江口及近海近十年浮游植物种类数呈现增加趋势,尤其是长江口增加比较明显。近十年来调查结果显示浮游植物种群结构已发生明显变化,甲藻种类

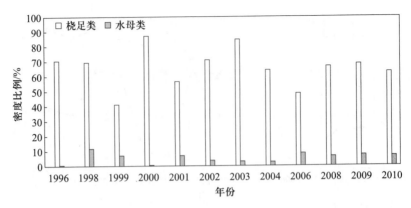

图 8　1996 年以来调查海域浮游动物桡足类、水母类密度比例变化

组成比例呈现明显上升趋势。主要与浮游植物的甲藻种类数量明显上升有关。

　　长江口附近海域浮游植物种群结构的变化正是由于该区域硅氮比值的减少对浮游植物物种产生选择作用的结果。因此,影响浮游植物群落结构发生变化的主要原因是海域高氮的长期输入,导致长期高氮的河口环境更能适应甲藻的生长。

　　甲藻逐渐繁盛是长江口附近海域浮游植物种群结构变化的鲜明体现。作为初级生产力,浮游植物的这种变化对该区域的生态系统产生了重要影响。其一即为对赤潮发生的影响。近几十年来,东海海域赤潮发生次数呈现出明显的增加趋势。

　　2003 年以来,赤潮发生时,一些有毒有害的赤潮生物种类也时有出现,如亚历山大藻及米氏凯伦藻,赤潮生物种类不但从硅藻转向甲藻,而且有毒赤潮种也呈现出增加的趋势(图 9)。

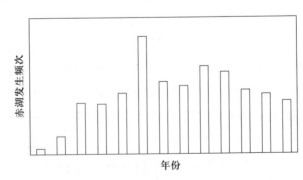

图 9　长江口和邻近东海历年来的赤潮发生频次(引自李道季)

　　长江口海域 20 世纪 90 年代中期以来浮游动物的种类呈明显现增加趋势,主要与中小型浮游动物种类及水母种类大量出现有关。甲藻群落正在快速发展,而浮游动物有向小型化、非饵料转变的趋势。浮游动物由于桡足类尤其是原来的主要优势种——中华哲水蚤的数量下降,加上中小型桡足类及水母的增加,相对的种类均匀程度提高,导致生物多样性呈上升趋势。

　　长江口生态系统有关的各类生态环境因子近几十年来发生了显著变化(图10)。如果河口生态系统接受结构调整,其演化过程是否会被破坏尚不得而知。目前已知长江河口及近海的生态系统变化与长江大型水利工程的影响密切相关,但由于气候变化与人类活动共同作用的影响,具体评价尚不清楚。

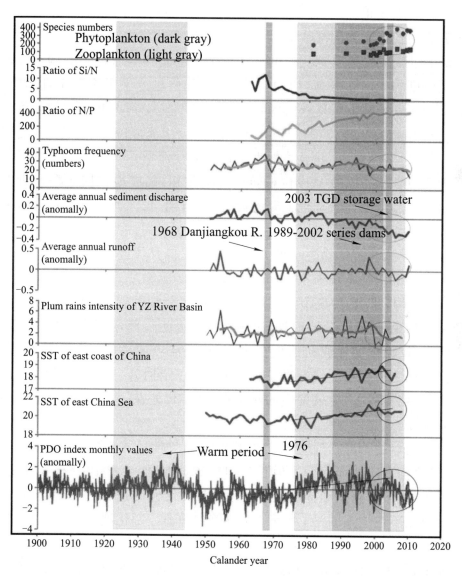

图 10　与长江口生态系统有关的各类生态环境因子近几十年来的变化过程(引自李道季)

（六）气候变化的影响

近几十年来,由于全球气候变化和长江流域人类活动双重影响的加剧,使得长江河口和近岸水域生态系统的结构和功能已经发生了重要的历史性变化。全球气候变暖使西太平洋水温升高,中国东海及近岸海洋升温趋势明显;长江流域人类活动的增加以及众多各类水利、水电工程设施的建设,长江入海物质结构发生了改变,使得长江河口及邻近海域营养盐结构发生改变,河口水域故有生物种群结构发生巨大变化。

研究表明长江流域的降水和长江径流量的变化主要受到气候状况的制约,而长江流域的气候作为全球气候的一部分无疑会受到全球气候的调节控制。太平洋表层温度的年代际振荡(PDO)对我国的气候也产生影响。而且,处于不同阶段的 ENSO 事件对中国夏季气候异常的影响明显受到 PDO 的调制,例如随着PDO 从冷位相转换为暖位相,ENSO 衰减阶段长江流域降水异常偏多变得更为显著,甚至发生洪涝灾害,并显著加大了长江的径流量。

从 1976 年以来,PDO 从冷位相转换为暖位相,相应地中国东海及近岸海域也处在海水表层温度开始呈现上升趋势,同一时期,长江河口及邻近海域海洋浮游种类数量增加(图10)。东海海水温度上升,受到来自西太平洋暖流向北加强的影响,也会导致浮游植物暖水种类北移至长江口及邻近海域。同时,温度升高也会有利于浮游植物生长。

从 2007 年以来,PDO 开始向冷相位转变,可能预示着至 1976 年以来的 PDO暖相位将要结束(图10)。同时期,表现在东海及近岸海域海水表层年平均温度不在持续上升,温度变化波动加大。相应地,长江流域梅雨量有所增加,长江年平均径流量比之前几年明显上升,输沙量也有一定回升。中国沿海的台风发生频率减少较多,实际上,台风发生的频率在 90 年代处在一个高峰期,随后进入了一个下降周期。

入长江河口的营养盐通量的变化基本上与长江径流量的变化一致,呈正相关关系,较之前几年明显回升。但长江口营养盐结构,N/P 比没有太大变化,基本维持稳定,表明营养盐结构的调整是一个较为缓慢的过程。同期,长江河口浮游生物种类数不在增多,特别是河口浮游植物种类数变化波动较大,总体略有减少(图10)。

总体来说,太平洋表层海水温度正在朝向冷相位转变,使得近几年不同季节海水温度变化有较大波动,一旦 PDO 完全处在冷相位,并延续下一个冷周期,相应地,拉尼娜的发生就会增多和增强,并对中国近海、长江河口和长江流域水温、气候、降雨量产生影响。长江河口生态系统将进入 PDO 冷周期影响时期,有可能浮游生物种类数量会有所减少,河口初级生产力有所降低,甲藻种类的兴盛将结束。

　　无论是厄尔尼诺还是 PDO 都属于全球气候的周期性变化。从上面的例子可以看出,全球气候变化对我国的气候状况有着重要调节作用,而长江流域则是我国对这种调节作用有显著响应的地区之一,其气候状况尤其是降水量受到全球气候周期性变化的调节。长江流域的气候状况会对长江的水文特征产生影响,并最终影响到其对河口海域营养盐的输送。因此,这种既有年际的(如厄尔尼诺)又有年代际的(如 PDO)的周期性全球气候变化非常有可能对长江营养盐的输送有着调节作用。但是我们可以看出,这种调节作用是经过了多次耦合衔接才对长江营养盐类的输送产生影响,相比人类活动的作用,其影响是间接的。

五、结语

　　近几十年来,由于全球气候变化和长江流域人类活动双重影响的加剧,使得长江河口和近岸水域生态系统的结构和功能已经发生了重要的历史性变化。这些变化的产生主要是基于:全球气温上升使西太平洋水温升高,进入东海的黑潮和台湾暖流有明显的升温趋势;长江流域人口的增加以及众多各类水利、水电工程设施的建设,长江入海物质结构发生了改变,使得长江河口及邻近海域营养盐结构发生改变,导致河口水域故有生物种群结构发生巨大变化。如:近岸水域渔场鱼类种群的不断减小甚至消亡,鱼卵和仔鱼数量锐减;同时,赤潮发生频繁。

　　长江三峡工程建成以来,长江流域上游梯级水库建设及其他可能的流域大型水利工程建设,以及其他人类活动导致水环境污染的加剧,使长江河口及邻近海域生态系统无论是现在还是将来都面临着越来越大的压力。所以,我们必须深刻了解长江流域大型水利工程设施建设、水环境污染和气候变化对长江河口及邻近水域生态系统产生的综合影响,特别是在 10~100 年的时间尺度上,全球环境变化及人类活动对河口近岸水域生态环境的影响,提高人们对未来几十年到百年尺度生态环境变化的预测能力,为长江流域未来社会经济和生态环境协调发展,保护长江河口及近海海洋环境提供科学依据。

参考文献

丁平兴.2013.近 50 年我国典型海岸带演变过程与原因分析.北京:科学出版社.

毛红梅,裴明胜.2002.近期人类活动对嘉陵江流域水沙量影响[J].水土保持学报,16(5):101-104.

水利部.2007.中国河流泥沙公报[R].

吴玉霖,傅月娜,张永山,等.2004.长江口海域浮游植物分布及其与径流的关系[J].海洋与湖沼, 35: 246-251.

尤联元.1988.长江三峡工程对生态与环境影响及其对策研究论文集[J]. 地理研究,33.

张晓鹤, 李九发, 朱文武, 等. 2015. 近期长江河口冲淤演变过程研究[J]. 海洋学报(中文版), 37(3): 134-143.

中国科学院三峡工程生态与环境科研项目领导小组.1987.长江三峡工程对生态与环境影响极其对策研究论文集[M]. 北京:科学出版社.

Adams. 2000. Downstream impacts of dams[J]. WCD Thematic Review I, (1).

Dai Z, Chu A, Stive M, et al. 2011. Is the Three Gorges Dam the cause behind the extremely low suspended sediment discharge into the Yangtze (Changjiang) Estuary of 2006? [J]. Hydrological Sciences Journal/Journal des Sciences Hydrologiques, 56(7): 1280-1288.

Dai Z, Liu J T, Wei W, Chen J. 2014. Detection of the Three Gorges Dam influence on the Changjiang (Yangtze River) submerged delta[J]. Scientific Reports, 4:6600.

égré D, Senécal P. 2003. Social impact assessments of large dams throughout the world: Lessons learned over two decades[J]. Impact Assessment and Project Appraisal, 21(3): 215-224.

Gao L, Li D, Zhang Y. 2012. Nutrients and particulate organic matter discharged by the Changjiang (Yangtze River): Seasonal variations and temporal trends[J]. Journal of Geophysical Research: Biogeosciences (2005-2012), 117(G4): 197-205

Mccartney M S C, Acreman M C, Mcallister D. 2000. Ecosystem impacts of large dams[J]. Thematic Review II, (1).

Sadler B, Verocai I, Vanclay F. 2000. Environmental and social impact assessment for large dams. Final version[J]. WCD Thematic Review, (2).

Yang S L, Shi Z, Zhao H Y, et al. 2004. Effects of human activities on the Yangtze River suspended sediment flux into the estuary in the last century[J]. Hydrology and Earth System Sciences, 8(6): 1210-1216.

Yang S L, Zhang J, Xu X J. 2007. Influence of the Three Gorges Dam on downstream delivery of sediment and its environmental implications, Yangtze River[J]. Geophysical Research Letters, 34:L10401.

Yang S L, Deng B, Milliman J D, et al. 2014. Downstream sedimentary and geomorphic impacts of the Three Gorges Dam on the Yangtze River[J]. Earth-Science Reviews, 469-486.

Yang Z, Wang H, Saito Y, et al. 2006. Dam impacts on the Changjiang (Yangtze) River sediment discharge to the sea: The past 55 years and after the Three Gorges Dam[J]. Water Resources Research, 42(4): 501-517.

李道季 博士,教授,博士生导师。1984 年 7 月中国海洋大学海洋生物系毕业,1998 年 7 月华东师范大学河口海岸研究所博士研究生毕业。主要从事河口及近岸海域生态与环境领域的研究工作。曾先后在荷兰国家海洋研究所、荷兰水生生物研究所、日本东京大学海洋研究所从事海洋科学研究工作。先后主持承担国家重点基础研究发展规划项目"973""中国典型河口-近海陆海相互作用及其环境效应"课题、全球变化研究国家重大科学研究计划项目"全球变化对海岸带的影响及其脆弱性评估研究"课题、国家自然科学基金等项目,以及省部级科研项目 20 余项。曾获上海市科学技术进步奖一等奖和上海市曙光学者。已在国内外学术刊物发表论文 90 余篇,其中 SCI 检索论文 30 余篇。

九龙江河口区生态安全问题与调控对策研究

余兴光,刘正华

国家海洋局第三海洋研究所,福建厦门

一、引言

我国大陆海岸线上分布着千余条大小河流,河流长度超过 100 km 的河口有 60 多个。这些重要的河口地区都是我国经济与文化较为发达的区域,是人口稠密且开发利用活动最为频繁的地带。受到流域与河口区社会经济发展的共同影响,我国河口普遍面临淡水资源日益匮乏、环境污染日趋严重、生物资源衰退明显的生态安全问题,河口区所具有的并为人类提供的环境净化与调节功能、生物多样性维持功能、淡水与食品供给功能、文化休闲娱乐功能以及港口航运功能已受到严峻的挑战,严重制约着海洋与海岸带社会经济的可持续发展。本文以福建省九龙江-厦门湾为例,从分析流域特别是河口海湾的生态环境问题出发,在识别上游流域对河口海湾环境影响的基础上,提出了必须将流域和河口海湾生态系统一并进行考虑、尽快建立科学的流域-海湾生态安全管理方法与途径、推进流域-河口补偿机制等方面的建议,以促进流域及河口海湾区域的社会经济发展与生态环境保护。

二、九龙江-厦门湾生态安全问题分析

(一) 九龙江-厦门湾概况

九龙江位于福建省西南部,是福建省第二大河流,全长 1923 km,其中干流长 285 km。九龙江流域范围的坐标为东经 $116°46'55'' \sim 118°02'17''$,北纬 $24°23'53'' \sim 25°53'38''$ 之间,流域汇水面积约 1.47 万 km²,约占福建省国土面积的 12%。其干流由北溪、西溪和南溪组成,北溪流域面积为 9803 km²,西溪流域面积为 3964 km²。北溪和西溪汇合于漳州,至浮宫处又有南溪汇入,经厦门西海域出海。厦门湾,即镇海角(位于漳州龙海市港尾镇镇海村附近)与围头角(位于泉州晋江金井镇围头角村附近)连线以西的河口-海湾海域,海域总面积约 2692

km²,海岸线总长约 860 km。九龙江主要干支流水系分布及厦门湾见图 1。2008 年,该区常住人口合计 597.63 万人,占福建省常住人口总数的 16.69%;国内生产总值(GDP)2284.45 亿元,占全省的 24.70%;人均国内生产总值为 38 225 元,比福建全省人均 GDP 高 47.55%。

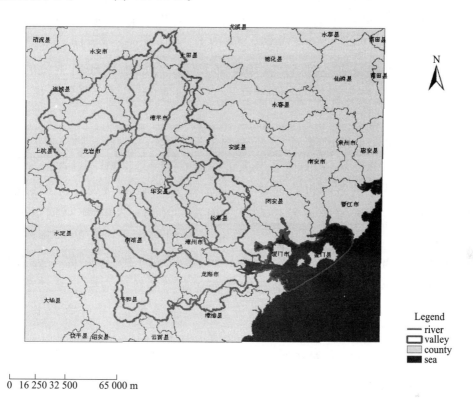

图 1　九龙江流域及厦门湾位置图

(二)九龙江-厦门湾主要生态安全问题

1. 九龙江局部河段污染依然严重,藻华威胁饮用水安全

九龙江流域水环境质量总体尚好,以 I～III 类水质为主,但是不同河段仍然存在不同程度的污染。2007 年北溪流域水功能达标率约 83.1%,西溪流域水功能达标率约 76.2%,全流域水功能达标率约 79.6%,远远低于流域综合管理预定的目标,近年来水质达标率虽有所提高,然而主要污染因子氨氮、总磷和 COD 的削减任务仍然极为艰巨,一些饮用水源地水质尚不能完全达标。2000 年以前,九龙江流域很少发生藻华,进入 21 世纪后,在库区开始有小规模藻华发生。近年来,藻华发生的频率、面积、持续时间不断增加。2009 年九龙江多数库区都发生了藻华,特别是在下游江东库区的藻华持续长达 1 个月之久。近年来藻华已经严重威胁到流域人民的饮用水安全。

2. 近岸海域氮磷营养盐含量增加,海湾水质环境变差

近年来,厦门近岸海域水环境中 COD_{Mn} 含量有一定程度的下降,但海域中氮磷含量仍居高不下,并有不断增长的趋势。从污染物平面分布趋势来看,距离九龙江口越近,DO 含量越低,而 COD_{Mn}、无机氮和活性磷酸盐等含量则越高,跨行政区域的九龙江流域带来的大量泥沙和陆源污染物是厦门海域环境质量变差的重要原因。九龙江流域平均年入海泥沙约 636 万吨,九龙江流域对厦门湾 COD、总氮、总磷的贡献率分别达到 53%、70% 和 73%。海湾水体环境质量的降低,不仅对海湾生物生态产生影响,此外还直接关系到厦门湾的景观环境质量与娱乐休闲价值。

3. 海湾赤潮发生频次增加,危害面积不断扩大

厦门海域在 2000 年以前发生赤潮记录较少,但是 2001 年后几乎每年都有赤潮发生,赤潮波及的范围也越来越广,从原来只有西海域发生赤潮,现在九龙江口、同安湾和东部海域都有发生赤潮的记录。2003—2008 年平均每年发生赤潮次数达到 6 次,累积影响面积达 230 km^2。厦门海域赤潮生物的种类,已经记录有 104 种,成为厦门湾赤潮事件的主导种(优势种)共有 16 种。从 2014 年 5月大规模赤潮发生跟踪结果看,潜在发生有害赤潮的风险应引起高度重视。

4. 河口海湾湿地生境丧失较快,海洋渔业资源退化,珍稀濒危物种保护形势严峻

河流上游水资源的过度开发,造成入海径流量大幅度减少,对河口地区的生态环境产生重大影响。此外,自 1955 年至 2001 年,厦门共进行了 47 处沿岸湿地围垦工程,围垦总面积达 90.13 km^2,大面积的滩涂围垦大大减少了厦门市海岸带的湿地面积,滨海湿地原有生态系统结构和功能受到重大影响。由于河口海湾生态环境的变化,主要经济鱼类呈现低龄化、小型化和性成熟提早的趋势,种群数量衰减。此外,中华白海豚、文昌鱼等海洋珍稀物种的保护形势不容乐观。中华白海豚的保护问题仍然是海洋生态保护应予以长期重视的问题。

三、河口海湾生态安全压力分析

根据九龙江流域-厦门湾生态安全问题的分析,结合河口海湾的生态环境特点,可以遴选识别出消除河口海湾生态安全压力的主要途径以及需要优先解决的问题。

(1)流域和海湾水环境污染问题依然突出,九龙江污染输入是造成厦门海域环境质量下降的重要原因。其中,流域非点源污染(农业面源污染/畜禽养殖污染)成为流域-海湾水体污染的突出问题,以近来的统计数据估算,农业面源污染中总氮、总磷的贡献分别达到 44%、22%;畜禽养殖污染中总氮、总磷的贡

献分别达到 21%、46%。九龙江流域梯级电站的建设过密造成河段流通不畅,加剧了流域水体污染和河口生态系统的破坏。此外,抗生素污染监测结果分析表明,检出的抗生素主要有氯霉素、甲砜霉素、氟甲砜霉素等。靠近九龙江中、下游,河水中存在抗生素的种类较多,浓度也较大。同样,在河口区农药监测结果也显示,污染具有越往上游污染浓度越高的特征,浓度梯度表明流域输入是河口区重要的农药污染来源,以上情况严重危及流域-海湾系统的饮用水安全。

（2）河口海岸工程建设与珍稀物种、自然岸线和滨海湿地的保护矛盾突出。河口海湾赤潮灾害、河口淤积等影响河口生态安全的因素,制约着河口区的社会经济可持续发展。

（3）流域管理与海湾管理协调共管机制有待落实和加强。目前,流域-海湾生态系统综合管理能力仍然比较薄弱,流域-海湾在线监测能力和数据共享的监测网络、统一协调管理机制、联合执法力度和突发环境事件处置的协同机制有待进一步加强。

四、流域-河口生态安全调控对策建议

随着流域-河口生态环境问题解决的急迫性,近期福建省政府出台了《关于进一步加强重要流域环境保护管理切实保障水安全的若干意见》《福建省河长制实施方案》,进一步加强了九龙江等重要流域的保护管理。2014 年形成了由各级各党政主要负责人担任河长并负责辖区内河流的污染治理的"河长制"管理模式。2012 年至 2015 年间,厦门、漳州、龙岩三市人大常委会形成了《关于加强九龙江流域水环境保护的共同决定》《关于共同推进九龙江流域水环境保护的漳州共识》以及《关于共同推进九龙江流域水环境保护的龙岩共识》。三地市政府加大了九龙江流域水环境保护力度,推进了流域综合治理的管理举措,流域水环境有了较好的改善。然而,由于流域-河口-海湾生态系统的复杂性,流域进入河口海湾的淡水输入、泥沙输入、营养盐输入的改变,继而引发的河口生物多样性下降、河口湿地生境的萎缩和退化、环境污染、水体富营养化等问题应受到高度关注,并在以下管理领域尚需给予重视。

1）将河口区纳入管理范畴,形成流域-海湾生态系统综合管理范围

实现陆海互动,海陆统筹,是解决流域-海湾生态安全的系统格局。建议现有的管理模式中,将河口海区纳入统一管理范畴。使厦门市海岸带综合管理与龙岩漳州的流域综合管理实现良好对接,从根本上解决重陆轻海的惯性思维,实现海岸带、上游流域范围内各部门各行政区的综合统筹管理的模式。

2）流域—海岸带综合管理的科技支撑力度还须进一步加强

流域-河口海湾生物多样性,流域-河口海湾生态系统服务变迁,流域-海湾

污染机制与自净能力，流域-海湾环境容量分配，流域-海湾污染控制与生态保护分区管理策略，流域-海湾生态系统评价体系以及生态灾害如赤潮突发机理与预报等需进一步加强研究与探索，加大流域-海岸带综合管理的科技支撑力度，为提高管理成效，尤其是急需构建有害赤潮风险应急响应与减灾管理技术平台。

3）建立流域-海湾生态监测网络及数据共享系统

虽然海洋、环保等多个部门组织开展了大量的海洋环境监测工作，但重点集中在近岸海水水质及污染物监测方面，影响食品安全及区域生态安全的农药等有毒有害物质的监测尚未常规化，且监测方案的统一制定和监测数据、信息的共享不足，流域淡水系统与河口海水系统监测缺乏联动，急需建立流域-海湾系统权威且能够实现数据共享的监测网络系统。

4）建立流域-海湾生态补偿机制

急需规范流域上游、下游、河口、海湾及近岸海域的生态补偿体系，尽快建立一套利益相关方认可的流域-海湾生态补偿机制，推动综合流域、河口与海湾的生态补偿机制的形成与实践，以便调整流域-海湾各利益相关方的生态及其经济利益的分配关系，促进流域-海湾生态系统服务的保护与可持续利用。

5）加强利益相关方的参与，提高流域-海湾社区公众意识，拓宽环境投资来源

加强宣传，在流域-海湾所有利益相关者中形成保护环境与生态系统的共识，使得利益相关方真正参与到政策、规划和计划的制定、执行和监督中来。在政策的制定方面尽量考虑到对象的接受和适应能力，保证政策的连续性和稳定性。流域-海湾社区的公众意识的提高，是流域-海湾生态补偿机制得以有效实施的保障，也是控制面源污染最为有效和长效的方法。同时，公众意识的提高，也有利于拓宽资金来源渠道，使得投入海洋环境保护的大量资金从主要依赖政府的财政投入，形成由国际借贷、民间投资和 PPP（Public Private Partnership，公私合作伙伴关系）等环境投资的模式，改变环境投资来源单一的现状，实现全民参与环境治理的协调管理机制。

6）积极推广九龙江流域城市间联动和陆海互动的经验

推广由三地市人大、政府以及社会各个层面共同推进流域污染治理的经验和做法，争取更多来自国家或省市地方的资金用于流域污染治理与河口海区生态修复，强化整治资金投入的生态效益评估。

余兴光　博士,研究员,中国海洋大学博士生导师,厦门大学兼职教授,享受国务院特殊津贴专家,现任国家海洋局第三海洋研究所所长、国家海洋局海岛研究中心临时党委书记,长期从事海洋环境科学方面的研究和管理工作。先后组织承担国家、省市重大海洋生态环保科研项目 10 多项,在国家一级核心期刊上发表论文 10 多篇,主持或参与主编著作 6 部,获国家海洋创新科技成果奖二等奖 2 项,福建省科技进步奖二等奖 1 项。1999 年获厦门市劳动模范称号,2007 年被评为厦门市拔尖人才,2011 年被评为全国十大海洋人物。1999 年任中国第十六次南极考察队副领队,开展南极海洋环境保护调查研究工作。2010 年任中国第四次北极科学考察首席科学家,带领我国科学家成功登上北极点,荣立国家海洋局二等功。

余兴光兼任中国生态学会海洋生态专业委员会主任委员;中国海洋工程咨询协会环境生态专业委员会主任委员;中国海洋学会常务理事;中国大洋协会常务理事;中国环境科学学会理事;福建海洋学会主任委员,厦门市科协主席等职。

未来黄东海营养盐浓度变化情景预测

魏皓[1]，赵一丁[2]，杨波[2]，赵亮[3]

1. 天津大学海洋科学与技术学院，天津；
2. 中国海洋大学海洋环境学院，山东青岛；
3. 天津科技大学海洋科学与工程学院，天津

一、引言

受气候和河流营养盐排放变化的影响，未来黄东海海水营养盐浓度发生怎样的变化？营养盐的分布与变化对生物生产力和生物资源量的变动有何影响？这是基于生态系统水平的海洋环境管理亟待解决的问题。针对未来黄、东海营养盐浓度变化趋势的预测可作为未来生态环境变化的重要组成部分，也可为国家制定海洋生态环境保护和可持续发展政策提供参考。为此，我们采用降尺度（downscaling）方法，从气候模式给出的气候预测来驱动区域海洋水动力模式，得到未来黄、东海流场、水温、湍流混合等水动力条件，结合千年评估计划预测的未来河流营养盐载荷，再耦合生态系统模型，对未来黄、东海生态环境状态进行预测，本文集中讨论营养盐变化的预测结果。

二、模式与方法

三维物理–生物耦合模型包括两个部分（Zhao et al.，2011），水动力模块基于 POM（Princeton Ocean Model），空间分辨率为 1/18°，垂向采用 21 层 σ 坐标，为生态模块提供水温、环流、湍流混合等条件。生态模块基于 NORWECOM，包括 3 类营养盐[溶解无机氮（DIN）、溶解无机磷（DIP）和硅酸盐（SIL）]、2 类浮游植物[硅藻（DIA）和鞭毛藻（FLA）]和 2 类生物有机物[碎屑（DET）和生物硅（SIS）]。包含了浮游植物对营养盐的吸收、呼吸释放、水体矿化再生过程，底边界考虑了碎屑的沉降和再悬浮过程。模型边界条件、初始条件、生态参数见 Zhao 等（2011）。营养盐、叶绿素 a 周年变化模拟与观测数据已做对比，表明此生态模型得到校验，可以重现黄、东海营养盐季节变化的规律。

本文针对 IPCC 报告中提出的四个未来情景，选择大气温室气体中量排放

的 RCP4. 5 情景(到2100年辐射强迫稳定在 4. 5 W/m² 左右)作为对未来气候变化的预估情景。我们从 IPCC 报告提出的海气耦合模式中选取 FGOALS_s2. 0 (the second spectral version of the Flexible Global Ocean-Atmosphere-Land System model),分别采用该模式输出的未来(2026—2075年)和现代(1951—2000年)平均的风场及热通量结果作为强迫场来驱动水动力模式 POM,并驱动生态模块。

海区营养盐初始条件、黑潮开边界条件和大气干湿沉降条件等均同 Zhao 等(2011),仅改变未来营养盐河流输入量。基于千年生态系统评估(Millennium Ecosystem Assessment,MEA)对未来社会经济发展规划的四个情景(Fekete et al.,2010),Qu 等(2010)、Strokal 等(2014)应用 GlobalNEWS 模式(Global Nutrient Export from Watersheds)预测并分析了未来中国河流营养盐排放,我们选取其中两个极端情景(GO 和 AM),根据2050年相对2000年河流排放无机氮、无机磷增加的比例,计算未来各河流营养盐的浓度作为未来河流输入边界条件,未来径流量变化很小,控制模式中10条河流流量不变(海洋图集编委会,1991)。由于硅酸盐的保守性,未来河流硅酸盐浓度变化不大,且主要受筑坝节流的影响,在此保持不变。2000年河流营养盐浓度来自 Zhou 等(2008)、Liu 等(2009),模式由初始状态计算两年之后基本稳定,采用第三年输出结果进行分析。

本文将黄、东海统计分区,浮游植物的环境因子主要为温度、盐度、营养盐、光照等,其中河流营养盐随淡水排放,与盐度有较好的相关性,利用模式现代(2000年)的年均表、底温盐数据,按水团分析方法中的聚类分析(图1)将其划分为黄海沿岸、黄海中部、长江口邻近海区和东海陆架区(图2)。黄海沿岸海区直接受河流排放影响,营养盐浓度较高,水深浅,属于黄海沿岸水系;黄海中部海

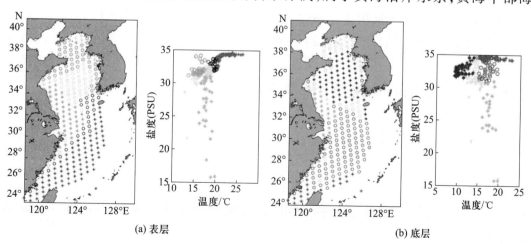

(a) 表层　　　　　　　　　　　　(b) 底层

图 1　黄、东海表、底层温盐聚类分析

区,夏季冷水团为一个突出特性,存在强温跃层,层结稳定,生态环境独特,营养盐来自邻近海区的输运;长江口邻近海区主要受长江冲淡水及苏北沿岸水影响,有充足的营养盐补充;东海陆架区高温、高盐,受台湾暖流及黑潮的影响。本文将针对未来气候变化和河流营养盐排放变化的影响,研究各海区未来营养盐的分布变化并探讨其原因。

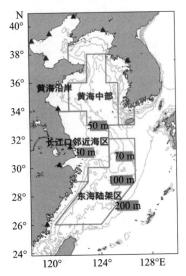

图 2　黄、东海地形及生态分区,三角表示模式中所含的 10 条河流

三、结果

(一) 未来水动力场的变化

张维娟等(2014)采用 FGOALS 未来(2026—2075 年)和现代(1951—2000 年)的风场及热通量结果作为强迫场来驱动水动力模式 POM,模拟的现代结果与《渤海黄海东海水文图集》(海洋图集编委会,1991)对比校验,表明 POM 模式对现代水文状态的模拟基本符合观测事实,她进行的未来水动力场情景预测为本研究提供了未来水动力条件。

对比未来与现代黄、东海的水动力环境,发现在 RCP4.5 情景下,2050 年黄、东海年均水温相比现代将升高 2.1℃,而黄海冷水团受冬季水温升高的影响,冷水团面积减少,中心冷水温度升温幅度为 1.9℃。在冬季风减弱的情况下,具有补偿性质的黄海暖流也相应减弱,同时表层流和沿岸流也减弱。分析详见张维娟论文。

（二）未来黄东海入海河流营养盐载荷

近 50 年来，中国河流无机氮、无机磷载荷迅速增加（Wang，2006；Li et al.，2007），未来增长趋势还将持续。利用 GlobalNEWS 模式（Qu et al.，2010；Strokal et al.，2014）的结果计算得到 2050 年 GO、AM 两个情景下中国河流营养盐浓度（表 1），由浓度与河流径流量的乘积得到营养盐入海通量即载荷。

表 1　2050 年黄、东海入海河流营养盐浓度、径流量及氮磷比预测

河流	DIN 浓度/（μmol/L）		DIP 浓度/（μmol/L）		N：P		年径流量 /（×10⁹m³）
	GO	AM	GO	AM	GO	AM	
长江	155.3	111.0	1.31	2.32	119	48	905.6
闽江	95.2	68.0	1.56	2.76	61	25	60.1
鸭绿江	280.5	199.4	0.31	0.55	905	363	28.7
黄河	345.9	273.7	1.29	1.57	268	174	19.9
淮河	149.5	106.6	6.43	11.38	23	9	30.3
汉江	274.6	195.2	5.60	9.9	49	20	15.9
辽河	168.8	133.5	3.93	4.79	43	28	8.9
滦河	99.6	78.9	1.38	1.68	72	47	3.3
海河	243.0	191.6	1.38	1.68	176	114	3.8
钱塘江	164.0	116.5	1.60	2.8	103	42	38.5

GO 情景下，入渤海海区河流（黄河、辽河、滦河、海河）无机氮、无机磷营养盐载荷为现代的 1.34 倍、2.71 倍，入黄、东海海区河流（长江、闽江、鸭绿江、淮河、汉江、钱塘江）无机氮、无机磷营养盐载荷为现代的 1.58 倍、1.60 倍。

AM 情景下，入渤海海区河流（黄河、辽河、滦河、海河）无机氮、无机磷营养盐载荷为现代的 1.06 倍、3.31 倍，入黄、东海海区河流（长江、闽江、鸭绿江、淮河、汉江、钱塘江）无机氮、无机磷营养盐载荷为现代的 1.13 倍、2.83 倍。相比 GO 情景无机氮增长缓慢，无机磷增长更为迅速，但是没有改变大部分河流无机氮的过剩。

营养盐入海通量与径流量密不可分，由于长江径流量巨大，因此其每年携带入海的物质通量也是最大的。两个情景下长江无机氮、无机磷输入约占河流输入总量的 80%。河流入海的营养盐比例差异也很大，GO 情景十条河流营养盐均为氮过剩,而在 AM 情景淮河表现为磷过剩。河流的独特营养盐结构会影响其邻近海域浮游植物的群落组成和生物过程,这会在今后的研究中给出结果,本文仅讨论该营养盐载荷下的未来黄、东海营养盐分布变化。

(三) 未来营养盐分布季节变化的情景预测

在以上水动力场和河流营养盐载荷基础上,模拟现代和预测未来无机氮、无机磷营养盐浓度水平分布及变化情况。

1. 无机氮浓度分布与变化

未来两个情景下无机氮浓度分布格局与现代情景相似,仅列出各情景与现代的差值。

现代情景下,表层无机氮浓度在河流邻近海域四季都保持高值(图 3),达到 40 μmol/L,仅其高值范围随着河流羽流有不同的扩展,高 DIN 浓度海水冬季随沿岸流达到台湾海峡西岸,夏季随冲淡水向东北扩展,东海中陆架四季 DIN < 2 μmol/L。相比现代,GO 情景下冬季 30 m 以浅近岸海区表层 DIN 浓度增长迅速,汉江口、鸭绿江口、淮河口、长江-钱塘江口增量达 10 μmol/L,比现代浓度增加约 20%,增量的高值亦随低盐水在近岸扩展;夏季随冲淡水扩展,黄海中部 DIN 浓度与现代相比升高 5 μmol/L。AM 情景下冬季 30 m 以浅近岸海区表层 DIN 浓度增长缓慢,约 2 μmol/L,黄海中部 DIN 浓度与现代相比有增加和减小的斑块分布;夏季比较明显的是黄海中部 DIN 浓度减小 2 μmol/L。东海中陆架 DIN 浓度与现代相比变化较小。

底层河流影响区域减小,仅在河口范围内和沿岸流区保持高 DIN,羽流区外底层 DIN 浓度大于表层。黄海中部 DIN 及济州岛以西浓度较高,与黄海暖流补充、九州岛西南黑潮向陆架入侵(Zhao et al., 2011)及夏季底层矿化再生有关。底层另一个突出现象是黑潮区域的高 DIN(>30 μmol/L),东海中陆架夏季底层 DIN 浓度(>5 μmol/L)高于台湾海峡(<2 μmol/L),这与高营养盐的黑潮次表层水入侵东海陆架有关,夏季黑潮次表层水分为内外分支时,内外分支之间、在长江口以东形成一个低 DIN 的孤立水块。相比现代,GO 情景底层 DIN 增长区域与表层基本一致,AM 情景表底 DIN 变化明显不同,夏季除河口近岸浓度增加外,黄海中部 DIN 浓度也有所增加(2~5 μmol/L),位置偏西,与表层 DIN 减少区域相一致,冬季这一增加区域依然存在。

从 31.5°N 断面来看长江口邻近海区及东海陆架区无机氮分布(图 4),内陆架(<50 m 水深)DIN 高于 20 μmol/L 的区域受长江羽流影响,冬季贴岸,夏季羽流北转,向东的扩展范围较小,长江浅滩上冬季的高 DIN 源于黄海沿岸流,夏季的低 DIN 与浮游植物消耗相关。陆架区清楚地显示了底层黑潮次表层水的涌升

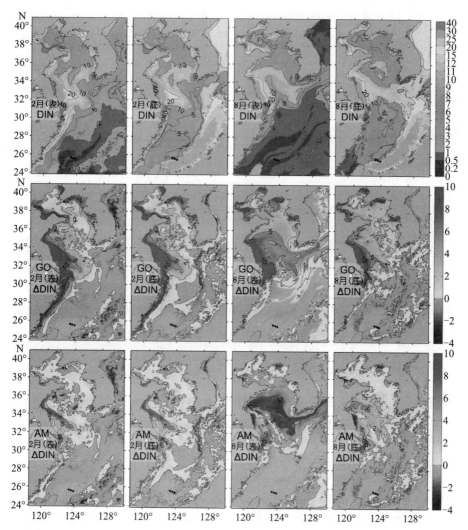

图 3　现代情景下表(2 m)、底(σ = 20)DIN 以及未来情景的相对变化
ΔDIN 的水平分布(单位:μmol/L)

从上到下依次为现代情景、GO 情景下的变化、AM 情景下的变化,下同

和跃层附近的低营养盐浓度。GO 情景下冬季 50 m 以浅 DIN 浓度上升幅度均大于 2 μmol/L,夏季 DIN 浓度的增加集中体现在羽流区,AM 情景 DIN 浓度变化小于 GO。

从 35°N 断面来看黄海无机氮分布,夏季黄海上层受西岸淮河、长江输入影响,DIN 浓度较高,黄海的次表层浮游植物生长消耗了营养盐,跃层以下 DIN 浓度低于上层;冬季垂向混合把沿岸河流输入增加的营养盐混合均匀。未来两个情景变化差异显著,GO 情景夏季黄海上层 DIN 上升约 5 μmol/L,而 AM 情景 DIN 下降 1~4 μmol/L;黄海底层 DIN 浓度均有所增加,AM 情景增幅大于 GO。

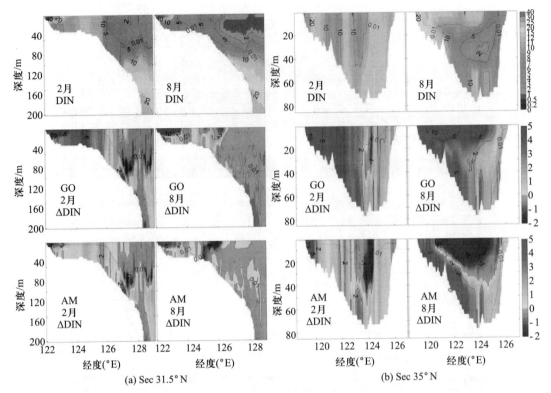

图4　现代情景下31.5°N断面(a)、35°N断面(b)DIN以及未来情景的相对变化 ΔDIN的垂向分布(单位：μmol/L)

2. 无机磷浓度分布与变化

现代黄、东海表层无机磷浓度分布(图5)显示，冬季淮河、长江-钱塘江影响区及黄海中部保持较高DIP浓度(>0.5 μmol/L)，东海中陆架DIP浓度范围为$0\sim0.2$ μmol/L，夏季黄海中部DIP消耗殆尽，仅在长江口外近岸区浓度较高。由于AM情景河流DIP载荷增加大于GO，AM情景高值区扩展范围大于GO。

底层无机磷浓度分布也是近岸河口区、黑潮区、黄海中部为高浓度(大于0.5 μmol/L)，非羽流区底层浓度大于表层，东海陆架黑潮次表层水的影响范围(大于0.5 μmol/L)更加清晰。相比现代，AM情景冬、夏季黄海中部底层DIP浓度同样有所增加(0.2 μmol/L)，位置与底层DIN升高区域相一致。断面分布(图6)显示了长江、黑潮次表层水携带的高磷水和黄海中部上层DIP的全部消耗，两个情景DIP浓度分布相似，AM情景黄海中部底层DIP增幅大于GO。

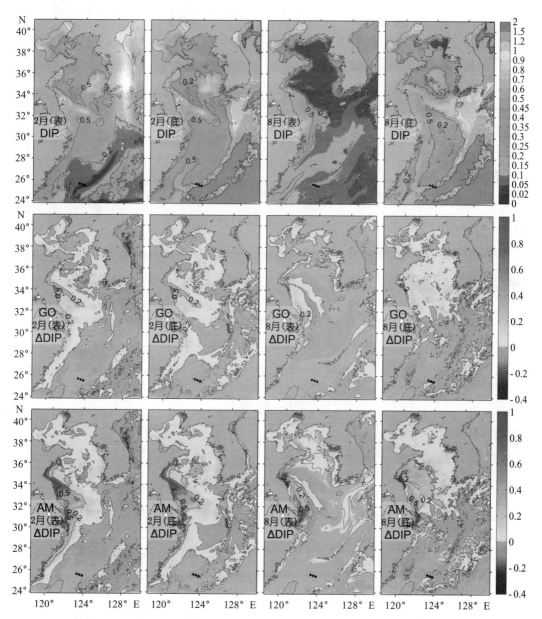

图5　现代情景下表（2 m）、底（$\sigma=20$）DIP 以及未来情景的相对变化 ΔDIP 的水平分布（单位：μmol/L）

从上到下依次为现代情景、GO 情景下的变化、AM 情景下的变化

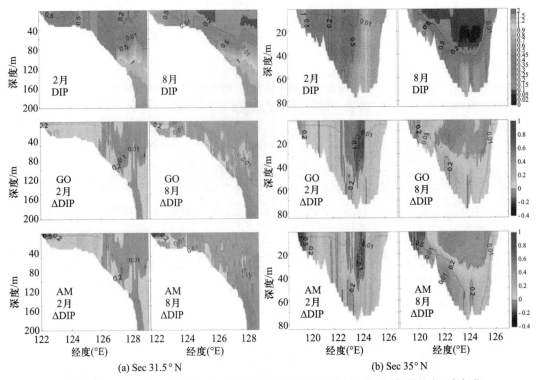

图 6　现代情景下 31.5°N 断面(a)、35°N 断面(b) DIP 以及未来情景的相对变化 ΔDIP 的垂向分布(单位:μmol/L)

四、讨论

(一)未来营养盐平均浓度与结构

本文将黄、东海分区(图 2),划分为黄海沿岸、黄海中部、长江口邻近海区和东海陆架区,统计两个情景下各海区未来氮、磷营养盐平均浓度预测值(表 2)。

表 2(a)　各海区冬、夏季无机氮浓度统计结果　(单位:μmol/L)

DIN	冬				夏			
	现代	GO	AM	实验	现代	GO	AM	实验
黄海沿岸	7.61	9.69	8.18	7.69	6.97	9.35	7.32	7.08
黄海中部	7.96	10.11	8.79	8.33	6.75	8.99	7.16	6.98
长江口邻近海区	13.45	19.00	14.93	13.63	10.35	14.13	11.09	10.53
东海陆架区	3.83	3.86	3.77	3.74	3.10	3.26	3.11	3.12

表 2（b）　各海区冬、夏季无机磷浓度统计结果　（单位：μmol/L）

DIN	冬				夏			
	现代	GO	AM	实验	现代	GO	AM	实验
黄海沿岸	0.33	0.35	0.39	0.33	0.24	0.26	0.30	0.25
黄海中部	0.38	0.42	0.46	0.40	0.27	0.30	0.34	0.28
长江口邻近海区	0.41	0.47	0.59	0.42	0.36	0.39	0.46	0.36
东海陆架区	0.30	0.29	0.30	0.29	0.24	0.24	0.25	0.24

GO 情景下，黄海沿岸 DIN、DIP 浓度分别增长 30.6%、7.0%，黄海中部 DIN、DIP 浓度分别增长 29.8%、10.8%，长江口邻近海区 DIN、DIP 浓度分别增长 39.2%、11.7%。由于本文未考虑未来开边界处黑潮和台湾暖流的变化，东海陆架区 DIN、DIP 浓度变化很小。虽然河流无机氮、无机磷载荷增长幅度大，但是海水的缓冲能力强，并通过生物过程消耗，三个海区的营养盐浓度平均增加仅 33%（DIN）、10%（DIP），无机氮浓度增幅大于无机磷，各海区磷限制更加显著，长江口邻近海区不断输入的大量营养盐未被充分消耗，增幅大于其他海域。

AM 情景下，黄海沿岸 DIN、DIP 浓度分别增长 6.3%、21.1%，黄海中部 DIN、DIP 浓度分别增长 8.4%、23.1%，长江口邻近海区 DIN、DIP 浓度分别增长 9.3%、36.4%。三个海区的营养盐浓度平均增加 8%（DIN）、27%（DIP），无机磷浓度增幅大于无机氮。由于 AM 情景河流无机磷载荷增长迅速，黄海沿岸 N∶P 由 25.6 下降为 22.5，黄海中部 N∶P 由 22.6 下降为 19.9，长江口邻近海区 N∶P 由 34.4 下降为 24.8，可见在该情景下，整个海区的营养盐结构得到调整，各海区氮过剩也有所减轻。然而由于总浓度的增加，海区富营养化程度进一步加强。

（二）水动力环境变化对未来营养盐变化的贡献

上述未来营养盐浓度改变中，水动力环境变化与河流营养盐输入在不同海区各起什么作用？下面我们设置一个敏感性实验来讨论。实验仅采用未来（2026—2075 年）水动力条件驱动生态模式，河流营养盐输入仍然采用现代（2000 年）浓度，其他开边界条件不变。

敏感性实验结果与现代模拟对比见表 2。敏感性实验中营养盐冬、夏季各海区的分布与现代类似，但营养盐浓度略有增加。敏感性实验中，黄海沿岸 DIN、DIP 浓度分别增长 1.3%、1.8%，黄海中部 DIN、DIP 浓度分别增长 4.1%、4.6%，长江口邻近海区 DIN、DIP 浓度分别增长 1.5%、1.3%。由此可见，相比

GO、AM 情景,在河流影响的沿岸区,仅水动力环境变化比未来情景同时考虑河流载荷增加的预测增幅小很多,黄海中部水动力条件变化对营养盐浓度增长有一定贡献。因此,未来河流营养盐排放的增长是未来沿岸海区营养盐浓度增加的主要原因,即使黄海中部没有河流的直接注入,但其营养盐变化仍然主要是河流带来周围环境浓度的变化造成。

五、结论

本文以 FGOALS 对未来气候情景的预测降尺度驱动了黄、东海水动力模型和生态模型,结合未来河流营养盐载荷特征,对未来 GO、AM 情景下黄、东海营养盐的分布特征进行情景预测,并通过敏感性实验和收支分析,对各海区水动力未来变化、不同情景河流载荷变化的相对贡献进行评估,分析了各海区未来两个情景营养盐浓度相对于现代改变的主要影响因素。主要结论如下:

(1) GO 情景下,无机氮增加较快,河口邻近海区、苏北浅滩及黄海中部无机氮浓度将显著增加,各海区磷限制更加显著;AM 情景下,无机磷增加较快,夏季黄海中部表层无机氮浓度随生物消耗明显下降,海区氮磷比有所下降,但营养盐浓度增加会使海区富营养化加剧,生物过程大幅增强。

(2) 水动力环境变化与河流营养盐排放增加两个因素中,后者是未来黄海沿岸、黄海中部和长江口邻近海区营养盐浓度增加的主要原因,东海陆架区营养盐浓度变化很小。

目前未来预测的大气强迫分辨率很低,将来需要在区域大气模式和大小区水动力-生态模式嵌套方面进一步考虑降尺度方法,预测才可能完善。

参考文献

张维娟, 杨波, 魏皓. 2014. 四个耦合模式在模拟和预测东亚季风系统方面的对比分析[J]. 海洋科学, 38(9): 96-108.

Fekete B M, Wisser D, Kroeze C, et al. 2010. Millennium ecosystem assessment scenario drivers (1970-2050): Climate and hydrological alterations[J]. Global Biogeochem Cycles, 24(4): GB0A12.

IPCC. 2007. Climate Change 2007: Synthesis Report[R].

Li M T, Xu K Q, Watanabe M, et al. 2007. Long-term variations in dissolved silicate, nitrogen, and phosphorus flux from the Yangtze River into the East China Sea and impacts on estuarine ecosystem[J]. Estuarine Coast Shelf Sci, 71(1-2): 3-12.

Liu S M, Hong G H, Zhang J, et al. 2009. Nutrient budgets for large Chinese estuaries[J]. Biogeosciences, 6(10): 2245-2263.

Qu H J, Kroeze C. 2010. Past and future trends in nutrients export by rivers to the coastal waters of China[J]. Sci Total Environ, 408(19)：2075-2086.

Strokal M, Yang H, Zhang Y C, et al. 2014. Increasing eutrophication in the coastal seas of China from 1970 to 2050[J]. Mar Pollut Bull, 85(1)：123-140.

Wang B D. 2006. Cultural eutrophication in the Changjiang (Yangtze River) plume：History and perspective[J]. Estuarine Coast Shelf Sci, 69(3-4)：471-477.

Zhao L, Guo X Y. 2011. Influence of cross-shelf water transport on nutrients and phytoplankton in the East China Sea：a model study[J]. Ocean Sci, 7(1)：27-43.

Zhou M J, Shen Z L. 2008. Responses of a coastal phytoplankton community to increased nutrient input from the Changjiang (Yangtze) River[J]. Cont Shelf Res, 28(12)：1483-1489.

魏皓　天津大学物理海洋学教授、博导。师从冯士筰院士获环境海洋学博士学位。1990 年起任教于青岛海洋大学，从事浅海环流动力学和生态系统动力学研究，曾任海洋环境学院院长。2008 年受聘天津科技大学，入选天津市特聘教授，任海洋科学与工程学院院长。2014 年调入天津大学海洋科学与技术学院执教。于 1997 年、2000 年两次赴德国汉堡大学海洋研究所生态模型合作研究。主持或作为骨干参与完成国家重点基础研究发展规划项目课题，国家自然科学重大、重点、面上基金、科技支撑、重点国际合作等 15 项，发表论文 120 余篇（SCI 59 篇，他引 570 余次）。海洋生态系统动力学-海洋生物地球化学与生态系统耦合（GLOBEC-IMBER）中国委员会委员；国际海洋物理科学协会（IAPSO）中国委员会委员；海岸带陆海相互作用工作组（LOICZ）中国委员会委员；《计算物理》《海洋学研究》《中国海洋大学学报》（自然版）编委。教育部海洋科学教学指导委员会委员；教育部海洋环境与生态重点实验室学术委员，中国环境科学研究院重点实验室学术委员。

黄河口及邻近海域生态环境现状与健康评估

王宗灵[1]**,罗先香**[2]**,张朝晖**[1]**,洪旭光**[1]**,曲方圆**[1]

1. 国家海洋局第一海洋研究所,山东青岛;
2. 中国海洋大学环境科学与工程学院,山东青岛

一、引言

黄河为我国第二大河,由东营注入渤海。由于黄河的泥沙淤积作用,使得这里成为世界上最广阔、最完整、最年轻、发育最快的河口湿地,也是世界著名的河口三角洲之一。由于其特殊的地理位置和大量的淡水注入,使得黄河口及近岸海域不仅拥有众多珍稀物种和丰富的渔业资源,也是许多海洋生物与鸟类的重要栖息地(付守强等,2010);鱼类、虾、蟹等主要海洋经济物种的产卵、育幼和索饵场所。在黄海大海洋生态系中占有重要位置,具有重要的生态学和渔业生产实践意义。基于黄河口及邻近海域的重要生态价值,该区域建设有 1 个国家级自然保护区和 5 个国家级海洋特别保护区,在生物多样性保护与生态系统功能维持中具有重要的现实意义与价值(李建文,2015)。

黄河三角洲沿岸海域的海洋生态环境面临着巨大压力(连煜等,2015)。2009 年的监测与评价结果表明,8 个重点排污口中 75%的排污口不能满足海洋功能区要求,87.5%的排污口邻近海域水质为四类或劣四类;75%的入海排污口邻近海域生态环境质量等级为差或极差状态。重点排污口邻近海域中主要污染物超标率分别为:悬浮物 51.8%;无机氮 28.4%;磷酸盐 26.5%;化学需氧量14.3%;石油类 12.1%;生化需氧量 11.6%。

建设生态文明是党的十八提出的战略任务。海洋生态文明是我国生态文明建设的重要组成部分,因此加强海洋生态环境保护具有十分重要的意义。2009年 11 月 23 日国务院正式批复了《黄河三角洲高效生态经济区发展规划》,标志着黄河三角洲地区的开发上升为国家发展战略,黄河三角洲地区将又迎来一次快速发展的重要机遇。由此,该海域生态环境和生态系统现状如何,能否为黄河三角洲高效生态经济区发展供支撑服务成为关注的焦点。基于此,课题组于2011 年至 2012 年在黄河口及邻近海域开展了生态环境调查研究,取得了一些有

意义的成果。

二、黄河口及邻近海域生态环境质量现状

课题组分别于 2011 年 5 月(春)、8 月(夏)、11 月(秋)和 2012 年 2 月(冬),在黄河口及邻近海域进行了 4 个航次的调查。研究的区域为黄河口及其邻近约 1000 km² 的半环形水域(119°02.054′~119°31.065′ E,37°20.032′~38°02.032′ N),共设置了 33 个监测站(图 1)。

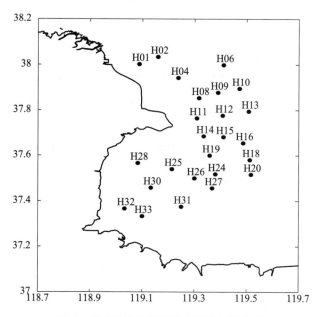

图 1　黄河口及邻近海域调查站位图

(1) 黄河口及邻近海域水深 2.2~18.8 m;盐度为 31.25~19.47,为典型河口缓冲海域(图 2);表层溶解氧含量为 7.51~14.88 mg/L,溶解氧含量充足。

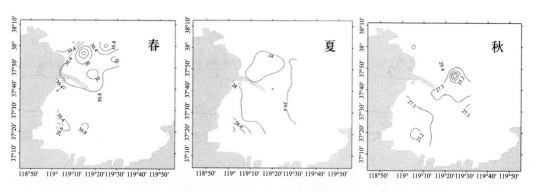

图 2　黄河口及邻近海域水体盐度时空分布

（2）溶解无机氮（NH_4^+-N、NO_2^--N 和 NO_3^--N 三态氮之和）均值为 0.32 mg/L，属海洋三类水质标准，在时间上呈现秋冬高、夏春低，空间分布为河口半环形区域浓度较高，距河口越远浓度越低，可能与黄河径流排放污染物有关。水体总磷含量为 0.095 mg/L，时空分布规律不明显（图 3）。

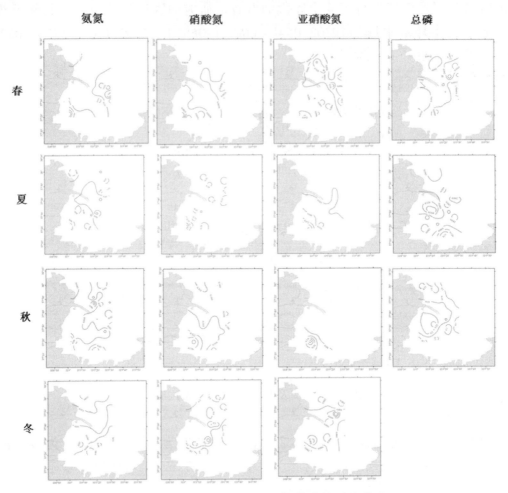

图 3　黄河口及邻近海域营养盐的时空分布

主要污染物包括铅、汞、铜、石油类等均有超标现象，其中冬季超标比较严重，夏季海水状况良好。

（3）黄河口邻近海域生物多样性。

水体叶绿素 a 平均含量为 2.4 μg/L，呈现洪水期高、枯水期低的特点，河口区稍低于两侧及远海区域（图 4）。

共检出浮游植物 118 种，其中硅藻门最多占全部的 80.51%，浮游植物群落 Shannon-Wiener 指数均值仅 1.72，表明研究区浮游植物群落生物多样性不高，生态系统相对较为脆弱。

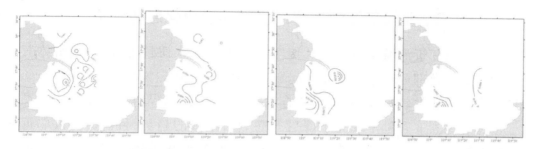

图 4　黄河口及邻近海域水体叶绿素的时空分布(自左至右分别为春、夏、秋、冬航次)

共检出浮游动物 88 种,其中多数由桡足类和浮游幼体等组成。浮游动物群落 Shannon-Wiener 指数偏低均值仅 1.18,表明研究区浮游动物群落生物多样性偏低,生态系统较为脆弱。

共鉴定出大型底栖生物 205 种,其中,多毛类 85 种、甲壳动物 60 种、软体动物 48 种,三者构成底栖生物的主要类群,共占总种数的 94.17%,其他动物 12 种。四季都出现的生物种类有 30 种(占总种数的 14.56%),其中,多毛类最多,为 13 种。四季种类数、生物量的低值区均位于黄河口附近(图 5)。

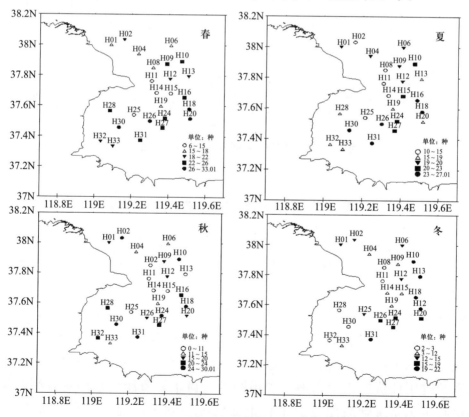

图 5　黄河口及邻近海域大型底栖生物种类数的时空分布

三、黄河口及邻近海域生态环境变化趋势分析

黄河口及邻近海域水质生态环境主要受汇入淡水质量影响,呈现水体营养盐含量较高以及部分重金属含超标问题。同时,年际比较发现,当前黄河口邻近海域生态环境质量较早期 20 世纪调查时的生态环境质量有显著下降。

水体叶绿素 a 含量呈现先下降后升高然后下降的趋势,目前黄河口邻近海域水体叶绿素 a 含量介于 1.5~3.5 mg/m³ 之间,其变化趋势与水体综合评价的变化趋势基本一致。

黄河口邻近海域浮游植物于 1960 年状况较好,而后 1982 年大幅度下降,然后整体呈平缓并稍有上升趋势(图 6);浮游动物多样性指数呈现波动下降趋势;底栖动物种类数和密度均较 80 年代明显下降。

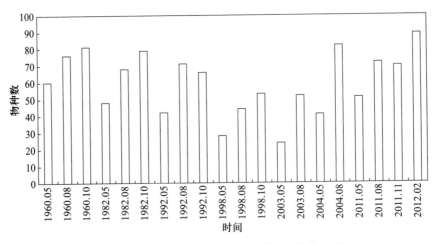

图 6 黄河口邻近海域浮游植物物种数变化

四、黄河口及邻近海域健康评估

"海洋生态系统健康"是海洋生态系统的综合特征,用以描述海洋的状态或状况。海洋生物指数(A Marine Biotic Index,AMBI)是目前国际上常用的评价方法,由西班牙渔业与食品技术研究所(AZTI-TECNALIA)的 Borja 等提出,是建立在 Glémarec 和 Hily 提出的生态模型 BI 的 5 个生态群落丰度比例(EG)基础上,利用软基底质大型底栖生物建立起来的生物指数(Broja et al.,2000)。

大型底栖生物分布具有相对稳定,受季节和水动力变化影响较小,一般作为生态系统健康评价的指示物种。利用底栖生物作为海洋生态环境监测的生物指标和进行生态系统健康度量的生物指数已经得到了广泛的认可(Clarke et al.,1998;DelValls et al.,1998;Dauvin,2007)。根据底栖生物群落和数量的时空变

化与环境扰动之间有可预测的响应关系,目前已经建立起了多种底栖生物指数,主要包括一些比较传统的生物指数,如指示生物、物种丰度、多样性指数等;还有一些最新发展起来的综合生物指数,如海洋生物指数 BI、AMBI 指数、融入了因子分析的 M-AMBI 指数以及底栖质量指数(BQI)等(Shannon et al.,1949;Pearson et al.,1978;Broja et al.,2000;Rosenberg et al.,2004)。本文采用目前应用较多的多样性指数和多变量综合性指数 AZTI's Marine Biotic Index(AMBI)。AMBI 指数建立在生态模型 BI 的 5 个生态群落丰度比例(EG)基础上,是利用软基底质大型底栖生物建立起来的生物指数,它通过划分底栖生物的生态等级判定环境受扰动情况(Borja et al.,2005)。

本文利用 2011 年 5 月和 8 月(分别代表枯水期和丰水期)黄河口及邻近海域现场调查资料进行生态系统健康评价,主要结果如下。

5 月和 8 月黄河口及邻近海域所有的站位底栖生境质量均处于高等及良好等级。其中,33%的样品 AMBI≤1.2,这表明底栖群落以 EGI 代表的对环境扰动敏感的物种为主,底栖群落处于常态的健康状态,底栖生境未受扰动,生境质量为高等;67%的样品 AMBI 值在 1.2-3.3 之间,当 AMBI 值在 1.2~2.5 之间时,表示底栖群落以 EGII 代表的对环境扰动惰性的物种为主,当 AMBI 值大于 2.5时,底栖群落中 EGIV 代表的亚机会种的比例超过了 EGII 代表的惰性物种的比例,但总体上底栖群落处于轻微失衡状态,底栖生境受到轻度扰动,生境质量为良好。

AMBI 的评价结果显示,2011 年 5 月份和 8 月份黄河口及邻近海域所有的站位底栖生境质量均处于高等及良好等级,底栖生境未受扰动或轻微扰动,基本处于健康状态(图 7)。

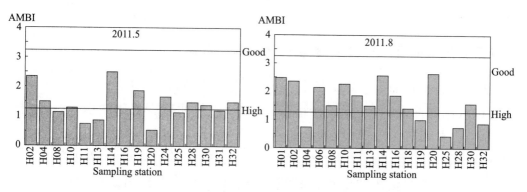

图 7　黄河口及邻近海域大型底栖动物 AMBI 指数

四、黄河口及邻近海域生态环境保护建议

（一）加强陆海统筹，科学规划黄河三角洲空间资源

黄河口三角洲区域是我国经济社会高度发达的区域，国家一直关注黄河三角洲地区的发展，党和国家领导人曾先后多次到黄河三角洲地区视察并做出重要批示。在此背景下，2008年山东省政府编制了《山东省黄河三角洲高效生态经济区发展规划》，并出台《关于支持黄河三角洲高效生态区又好又快发展的意见》，将黄河三角洲地区作为山东省重大发展战略的建设重点，进一步加大对黄河三角洲地区建设的支持力度。当前我国的海洋生态系统正面临巨大的环境压力，在这种背景下，维护海洋生态系统健康与安全，合理利用海洋承载力，实现海洋资源与环境的可持续利用就显得至关重要。建议加强陆海统筹，实施生态红线制度，科学规划集中集约用海，改变低、小、散等粗放式的用海方式，实现用海方式的绿色发展，为海洋强国建设提供保障。

（二）加强陆源污染控制，改善海洋生态环境质量

黄河口处于河流、海洋与陆地的交接带，是世界上典型的河口生态系统，沿岸海域则是多种物质和动力系统交汇交融的海区，陆地和淡水、淡水和咸水、天然和人工等多类生态系统交错分布，生态环境复杂多变，类型多样，生态系统稳定性较差。同时，黄河口及邻近海域部分污染物存在明显超标现象，威胁到海洋生态系统健康与安全。加强该海域生态系统健康与安全研究，研究水体净化能力，估算不同季节环境容量，实施陆源污染总量控制与分配方案，逐步实现该海域环境与生态质量的好转。

（三）优化黄河调水调沙，实现河流与海洋双赢

基于水利工程需要，2001年黄河开始调水调沙，即利用工程设施和调度手段，通过水流的冲击，将河床淤沙适时送入海洋，从而减少河床淤积，增大主槽的行洪能力。黄河口生态、环境和渔业资源调查表明，三门小水库修建运行截断了峡谷桃花汛入海，河口春季淡水生境的消失，造成海洋渔业资源的锐减。针对河口生态系统对淡水资源的依赖，课题组在研究的基础上提出了黄河调水调沙从水利需求向海洋生境修复目标扩展的水资源管理方略，建议了河流与海洋生态双赢的黄河调水调沙调控方案，获得黄河委员会（简称黄委）认可。黄委在2014年春季加大入海水量，从往年的900~1000流量增加到2014年的1500流量，春季黄河口鱼卵和仔稚鱼显著增加，生态效果明显，表明河海联动春季调控是有成

效的。建议根据黄河口及邻近海域生物资源保护与可持续利用需求,加强生物生长繁殖环境需要研究,进一步优化黄河调水调沙时间和水量,满足该海域主要生物的生态用水,实现陆海生态双赢。

参考文献

付守强,张承惠. 2010.黄河三角洲水鸟年度动态变化及其规律分析[J].山东林业科技, 40(4): 20-24.

李建文. 2015.黄河三角洲建立湿地生态补偿机制问题的探讨[J].林业科技, 40(3): 52-55.

连煜,张建军,王新功. 2015.黄河三角洲生态修复与栖息地保护[J].环境影响评价, 37(3):6-8,17.

Borja á, Franco J, Pérez V. 2000. A marine biotic index to establish theecological quality of soft-bottom benthos within European estuarineand coastal environments[J]. Marine Pollution Bulletin, 40 (2):1100-1114.

Borja á, Muxika I. 2005. Guidelines for the use of AMBI (AZTI's marinebiotic index) in the assessment of the benthic ecological quality[J].Marine Pollution Bulletin, 50(7): 787-789.

Clarke K R, Warwick R M. 1998. A taxonomic distinctnessindex and its statistical properties[J]. Journal of Applied Ecology, 35:523-531.

Dauvin J C. 2007. Paradox of estuarine quality: Benthic indicators and indices,consensus or debate for the future[J]. Marine Pollution Bulletin, 55:271-281.

DelValls T A, Conradi M, Garcia-Adiego E, et al. 1998.Analysis of macrobenthic community-structure in relation to different environmental sources of contamination in two littoralecosystems from the Gulf of Cádiz(SW Spain) [J]. Hydorbiologia, 385: 59-70.

Pearson T H, Rosenberg R. 1978. Macrobenthic succession in relation to organic enrichment and-pollution of the marine environment[J]. Oceanography and Marine Biology Annual Review, 16: 229-311.

Shannon C E, Weaver W.1949. The mathematical theory of communication[M]. Urbana:University of Illinois Press.

Rosenberg R, Blomqvist M, Nilsson H C, et al. 2004. Marinequality assessment by use of a benthic species abundance distributions: A proposed new protocol within the European Union Water Framework Directive[J]. Marine Pollution Bulletin,49(9-10):728-739.

王宗灵　博士,国家海洋局第一海洋研究所研究员,主要从事海洋生态学与环境科学研究,研究内容包括近海生物多样性调查研究、海洋生态系统演变受控机理、赤潮生物环境适应对策、种间竞争及其在赤潮发生中的作用、浒苔绿潮起源与发生过程及机理、海洋生态环境保护等。近年来主持"973"项目课题、"973"前期研究专项、国家自然科学基金、科技部国际合作重点项目、我国近海海洋综合调查与评价专项(908)任务、海洋行业公益性科研专项项目、青岛市海洋科技发展项目等多项课题,曾任 GEF/UNDP 黄海大海洋生态系专家组成员,中韩黄海冷水团合作研究中方协调人。

黄河三角洲综合治理战略

王万战[1,2],江恩惠[1],张俊华[1],李岩[2]

1. 黄河水利科学研究院,河南郑州; 2. 华北水利水电大学,河南郑州

一、黄河三角洲生态环境现状、主要问题

(一)黄河三角洲土地盐碱化严重,但至今还没有找到适宜的改良方法

1. 黄河三角洲土地盐碱化严重

黄河三角洲是指 1855 年黄河入渤海以来形成的、西至徒骇河河口段、南到支脉沟、顶点位于宁海、面积约 6000 km^2 的扇形区域(图 1)。

水沙是影响黄河三角洲湿地健康的主要因素,2002 年以来通过黄河刁口河流路生态补水措施,黄河三角洲自然保护区湿地恢复较好。但是,较之于自然保护区湿地的恢复,几十年来黄河三角洲土壤盐碱化严重的特点却基本未变:至今大部分仍然是中度、重度盐碱化土地(图 1)。

(1)地势较高且有黄河淡水补给的刁口河、清水沟(黄河现入海流路)、王庄一干渠和二干渠两侧数公里范围内盐度较小,属于无盐碱化区和轻度盐碱化区;

(2)海边区域,土壤盐度大:近海边 5~21 km 范围为重度盐碱化区。位于轻度和重度之间是中度盐碱化区。黄河三角洲大部分地区地下水埋深小于2 m。

(3)滨州至济南地区地下水埋深较大(2~4 m),土地基本无盐碱化(表 1)。

2. 曾经尝试改良盐碱地的方法

到目前为止,黄河三角洲地区先后尝试了多种改良盐碱地的方法:

(1)排水沟:修建了自流式排水沟,是较早的降低土壤盐度的方法。较之于荷兰三角洲排水沟水位自动化控制在厘米级,黄河三角洲排水沟管理相对落后,排水效率低、效果差。

(2)"上粮下鱼":挖塘用于养鱼,挖塘弃土用于抬高坑周围地面,增加地下水埋深。东营市试验结果发现,塘内盐度很快增加到不适宜养殖的程度,至今还没有找到适宜的养殖品种。再者,此种方法占地率较高。据调研,东营市基本放弃此种方法。但其他地区仍在探索研究中。

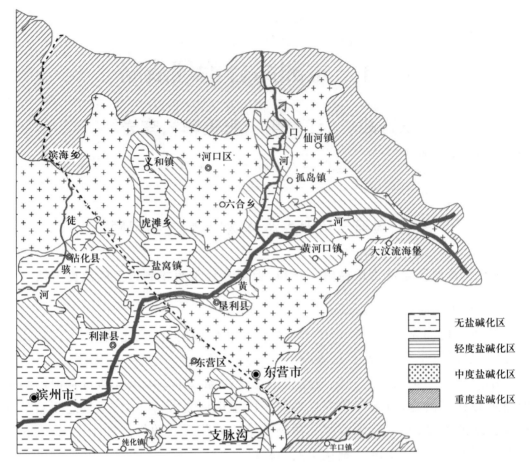

图1 黄河三角洲盐度分布图

表1 黄河三角洲盐碱化面积

分区	盐度/(g/kg)	面积/km²	面积/km²	比例/%
无盐碱化区	<2	584	584	10
轻度盐碱化区	2~4	943	943	16
中度盐碱化区	4~6	1995	1995	34
重度盐碱化区	>6	2387	2387	40
合计		5909	5909	100

（3）暗管排水:暗管排水与淡水洗盐结合使用,一般能降低地下水水位 0.3 m左右,但存在的问题是首次投资较大。该技术还处于探索、推广阶段。

（4）选择适宜的耐盐耐旱作物:先后尝试种植了苜蓿、甜菜、玉米和棉花等。比较而言,玉米和棉花是农民目前种植面积较大的植物,但是仍要一定的灌溉水量。

（5）改良土壤质地:黄河三角洲地区引黄入田、细沙累积过多后,毛细作用增强,把下层盐分吸到表层。本方法希冀通过增加适当的粗沙,做好粗细沙搭配,改良土壤质地,目前在小开河灌区试验中。

(6)目前主要方法:目前淡水洗盐(即淡水压碱)是黄河三角洲农业灌溉的主要方法。这与日益紧张的黄河水资源供给相矛盾。

考虑到:① 黄河三角洲大部分地区地下水埋深小于 2 m、土地盐碱化,而滨州至济南地区地下水埋深较大(2~4m),土地基本无盐碱化;② 近 20 几年来华北平原地下水水位大幅度下降、原来黄河下游著名的盐碱地区已经不再是盐碱地,因此,增加地下水埋深应是综合治理盐碱地的主要措施。

(二)河口淤积延伸、远离河口的海岸蚀退

1. 河口仍淤积延伸

由于人类活动和自然因素等原因,1986 年以来,尤其是 1999 年 10 月小浪底水库开始运用以来,黄河口水量、含沙量一直在减少。小浪底水库运用后,黄河下游主槽冲刷逐渐向河口段方向发展,但是由于受潮汐等因素的影响,清 7 断面以下的河道(即汊河河道)仍是淤积的。

小浪底水库运用以后,黄河现行清水沟流路口门沙嘴宽度减小,但仍是淤积延伸的,在 7 年内延伸了 6 km、单位沙量的延伸速率反而比以往大。

2. 海岸冲淤

1976 年 5 月黄河刁口河流路不再行河,改走清水沟流路。由于泥沙突然减少,三角洲北部海岸一直蚀退,蚀退范围逐渐向清水沟沙嘴方向扩展。到 1999 年 10 月小浪底水库开始运用前,清水沟沙嘴以南的莱州湾海域仍是淤积的;小浪底水库运用后,由于含沙量减小,蚀退范围扩大,清水沟沙嘴以南的莱州湾海域也转为蚀退。

3. 河口海岸冲淤影响

1)黄河口门淤积延伸会相对加快其上游河道的抬升速率

黄河口是多沙河口。过去几十年来黄科院及国内其他单位的专家学者对黄河河口淤积延伸对其上游河道河床的影响做了大量的研究。尽管在黄河口淤积延伸反馈影响的距离上存在不同的认识,但是取得的共识是,黄河口淤积延伸必然造成其上游一定范围内的河道河床抬升。因此,减缓黄河口淤积延伸速率仍是治黄的工作重点之一。

2)海岸蚀退影响防潮堤安全,未充分利用海洋动力输黄河泥沙入海

黄河三角洲防潮堤是抵御风暴潮袭击的屏障。1992 年风暴潮破孤东围堤,造成了人员伤亡和财产损失。堤前海滩能大大减缓风暴潮破坏力。然而,海岸蚀退已造成堤前海滩部分或完全失去,孤东围堤等多处局部海堤堤跟被淘刷,护

坡块石坍塌。

从另一角度讲,海岸蚀退也说明当地海洋动力有一定的输沙能力,我们应该加以利用,输送黄河泥沙入海。然而目前黄河单一入海流路的运行模式只能把泥沙集中输送到一个口门处,超过了当地的海洋动力输送能力,于是沙嘴淤积延伸,反馈影响其上游河道。因此,减缓黄河口淤积延伸速率、同时减缓海岸蚀退速率的战略对策应是把黄河泥沙分散到黄河三角洲沿岸。

目前,遍布黄河三角洲的灌溉渠道、支流、多数废弃的黄河历史流路等没有输送泥沙入海的功能,可以考虑加以改造,成为输送黄河水沙的通道。

(三)海水污染问题

依据 2003—2014 年度国家海洋环境质量公报,黄河三角洲海域水污染有如下特点。

1. 无机氮较多、盐度升高

三角洲海域的主要污染物是无机氮,活性磷酸盐较少且相对稳定,氮磷比失调;大多数年份富营养化程度低;近年来黄河口附近海域盐度明显升高。依据《2003 年中国海洋环境质量公报》,黄河口区表层海水最高盐度已经达到34.2‰,与 1959 年同期相比,增加了约 25%,黄河淡水输入量的逐渐减少,是导致海水盐度增加的主要原因。

2. 空间分布特征:目前三角洲中间海域污染较轻、两侧海域污染较重

2005—2012 年大多数年份刁口河–清水沟附近海域是轻度污染区(图 2),

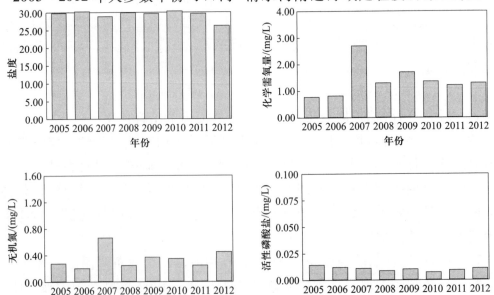

图 2 2005—2012 年黄河口水体中主要环境要素平均值的年际变化

适用于一般工业用水,但 2007 年刁口河-清水沟附近海域是严重污染海域,以劣四类海水水质为主(图3)。

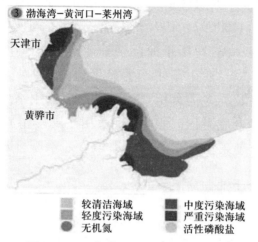

图3　2007年黄河三角洲海域水质

　　2004 年、2005 年、2006 年从渤海湾湾顶到清水沟,海域污染程度逐渐降低,比较而言,黄河三角洲清水沟以南的海域污染最轻,是较清洁海域,符合二类海水水质标准(图4)。2008 年以后,清水沟以南水域污染加重,致使黄河三角洲海域污染特征呈现中间(刁口河-清水沟附近海域)污染轻(以二、三、四类水质为主)、两侧污染较重(以四类和劣四类水质为主)的特点。

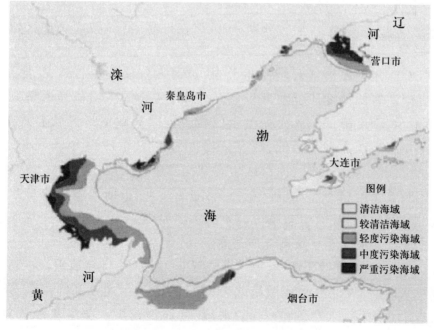

图4　2005年渤海水质分布示意图

3. 年内季节变化特征:夏秋季节污染严重

春季污染较轻,以二类水质为主,夏秋季污染较重,以二、三、四类水质为主。目前黄河三角洲水产养殖区多分布在三角洲 5 m 等深线以浅水域。

《海水水质标准》(GB3097—1997)按照海域的不同使用功能和保护目标,把海水水质分为四类:第一类:适用于海洋渔业水域、海上自然保护区和珍稀濒危海洋生物保护区。第二类:适用于水产养殖区、海水浴场、人体直接接触海水的海上运动或娱乐区,以及与人类食用直接有关的工业用水区。第三类:适用于一般工业用水区、滨海风景旅游区。第四类:适用于海洋港口水域、海洋开发作业区。显然,目前夏秋季节黄河三角洲较浅海域水质不符合水产养殖业要求。

(四) 生态系统处于亚健康

1. 渤海较深水域渔业产量大幅度下降、恢复过程缓慢

海洋生态系统健康状况分为健康、亚健康、不健康。其中,"亚健康"是指生态系统基本维持其自然属性,生物多样性及生态系统结构发生一定程度变化,但生态系统主要服务功能尚能发挥,环境污染、人为破坏、资源的不合理开发等生态压力超出生态系统的承载能力。

2006-2014 年黄河口 2600 km² 被监测海域生态系统处于"亚健康";2014 年渤海湾和莱州湾生态监控区也处于"亚健康"。

20 世纪 80 年代中期以后,黄河口附近海域渔业产量明显下降,从 1982 年平均 103 kg/(网·h)下降到 2007 年平均 12 kg/(网·h)。2007 年以后,莱州湾鱼卵仔鱼数量持续下降,渔业资源严重衰退,传统产卵场、索饵场、渔场的功能受到破坏。

依据 2003 年国家海洋环境质量公报,黄河入海径流量的减少,导致海水盐度增加,促使适宜低盐度环境发育和生长的海洋生物的生境范围逐渐减少,鱼卵种类显著减少,密度降低。入海径流量的减少同时导致河口区营养盐入海量的下降,海洋初级生产力水平降低,富有植物生物量仅为 1982 年的 50%。底栖动物的栖息密度和生物量降低,河口区生态结构发生较大改变。

依据 2005 年国家海洋环境质量公报:陆源污染、黄河入海径流量减少、过度捕捞是影响黄河口监控区生态系统健康的主要原因。

2. 三角洲浅水区养殖缺乏黄河淡水补给

黄河口平面二维数学模型模拟(图 5、图 6)也表明,目前清水沟沙嘴突出,水沙、营养物入海后,大部分水沙做南北方向的往复流动,但是以向南入莱州湾为主,输入近岸浅水区(水产养殖区)的水沙、营养物较少。黄河水沙营养物更不可能到达渤海湾区。

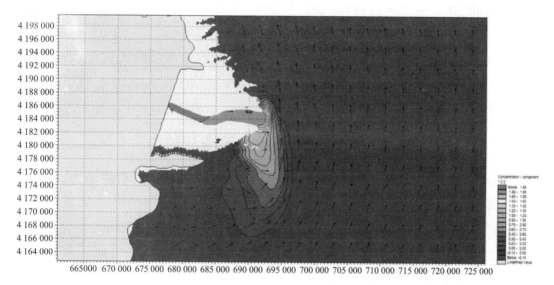

图 5　平面二维模型模拟的黄河口入海物对流扩散方向和范围

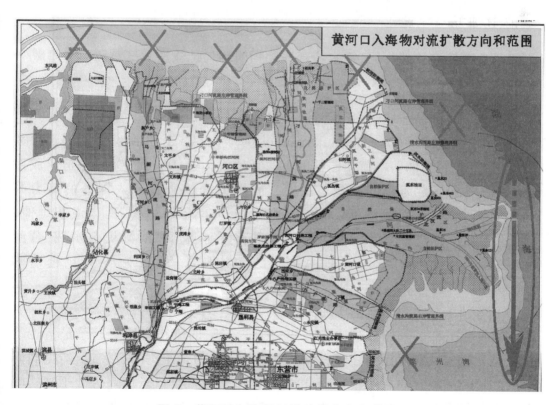

图 6　黄河口入海物对流扩散方向和范围

　　以上说明,黄河水营养物本来"少",如果单一流路行河,黄河三角洲海域大部分海域不能得到淡水和营养物的补给,同时,黄河泥沙较"多",如果集中在一个口门倾卸,却造成了河口延伸、同时原理河口的海岸蚀退,浪费了海洋动力输沙入海的能力。

考虑到黄河是黄河三角洲海域、甚至整个渤海西岸海域的大河流,黄河水沙营养物对附近海域盐度、生态影响重大,因此,黄河单一流路入海不利于渤海域生态环境的健康。

二、黄河三角洲综合治理战略

目前黄河口综合治理:黄河清水沟流路已经具备防御大洪水的能力,按照目前单一流路的运行方式,可运行30~50年;遍布黄河三角洲的灌溉渠道担负起在作物需水季节输送水流的功能;河口河道整治工程修到清7断面,等等。黄河口综合治理为黄河三角洲防御洪水灾害、发展传统农业和当地石化工业等提供了坚实的安全保障。

本文提出的黄河三角洲综合治理战略,把黄河三角洲当成一个河-陆-海体系的一部分,尽可能地统一解决黄河三角洲的多个问题。

简述如下。

(一)黄河多流路行河,把水沙营养物相对均匀地输送到三角洲沿岸海域

多流路输送水沙入海,一举数功。

1)减缓防潮堤前冲刷、减缓黄河口延伸速率

防潮堤前造海滩(beach nourishment)是荷兰总结前人海岸保护工程经验教训的基础上总结出的防治海岸侵蚀的方法。硬性海岸工程建造后,总是造成工程前及沿岸流下游海岸的蚀退。黄河三角洲海洋动力输沙入深海的能力约2亿~4亿t/a,目前黄河口单一流路集中输沙约2亿t/a,造成河口淤积延伸,如果这些泥沙通过多流路相对均匀地分布于黄河三角洲防潮堤前水域,黄河口向海延伸速率将减少、甚至蚀退,同时防潮堤前的海滩因为加沙、蚀退速率也将减缓。

2)有利于三角洲陆地生态健康发展

黄河三角洲沙质较粗,透水性较强,因此,行河的流路两侧附近总是植被较好,如清水沟流路汊3以下沙嘴,虽处于高盐度区,但是距离河道较近,能得到河流淡水补给,所以芦苇长势很好,而废弃的清水沟清八以下老沙嘴也处于高盐度区,但是植被很少,为光板地,原因是老沙嘴距离河道较远得不到淡水补给。因此,多流路有利于三角洲陆地生态健康发展(图7)。

3)有利于三角洲沿岸海域生态恢复

黄河多流路入海,既可以考虑重新启用历史流路,也可以考虑目前遍布黄河

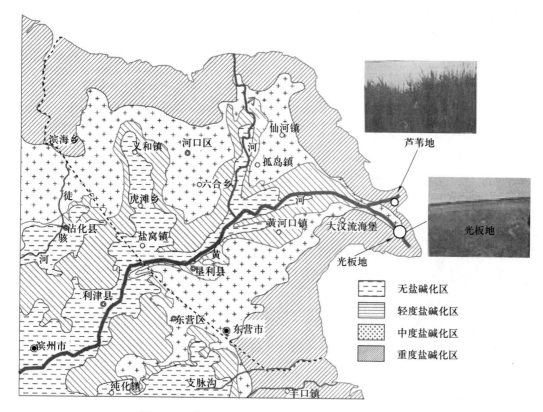

图7　距离现行河口河道远近造成不同的景观

三角洲的灌渠和三角洲支流。目前,这些河、渠没有输送黄河水沙营养物入海的功能,建议考虑重新评估黄河三角洲河渠网的功能,使之能把黄河水沙营养物相对均匀地输送到三角洲海岸各处。

黄河是黄河三角洲唯一的大河,如果多流路行河,渤海湾和莱州湾因得到淡水河营养物的补充,近岸海域生态环境会恢复到以往的盐淡水环境,有利于海洋生态的回复。

(二)利用黄河泥沙,淤高三角洲州面

排水、选择适宜作物、改良土壤质地、加大地下水埋深等是综合治理盐碱地的综合措施。考虑到三角洲土地下沉和水资源的日趋紧张,关键措施是加大地下水埋深。

成功解决盐碱地问题要因地制宜地利用当地的主要资源。荷兰三角洲地区因为三角洲河流泥沙资源较少,只好利用当地丰富的风力资源:用风车车水(现在用水泵抽水)降低地下水水位、进而相对加大地下水埋深,解决了三角洲土地盐碱化问题。黄河泥沙相对较多,利用得不好,是致灾因素(如造成河口淤积延

伸,进而反馈影响其上游河道抬升)。应利用其抬高三角洲洲面高程,改良盐碱地。

(三)强化三角洲河渠科学管理

强化河口河道治理、维持黄河目前入海流路具有加大的泄洪能力。

利用多流路输送水沙入海,人们担心的主要问题是,分流会不会造成河道的淤积?

世界上大多数河口河道两侧不受工程约束,呈喇叭口形态,河口河道受水沙和潮汐影响易淤积。例如,1980—1985 年黄河大水大沙年,黄河口清 4 以下河床抬升;1986—1995 年小水多沙,河口河道淤积抬升;小浪底水库拦沙初期,含沙量较小,但是清 7 以下汊河仍是淤积延伸的。

密西西比河口感潮段(长约 800 km)大部分也是淤积的,但是在口门以上150 km 是冲刷的,这是因为口门段被人为"罕见地"束窄、束水攻沙。密西西比河口治理的经验再次证明,水沙条件和河道整治同时作用可以消除河口河道泥沙淤积。

因此,只要有合适的断面形态、加以科学的水沙调度,多流路不会增加淤积。增加目前黄河三角洲河渠网输送黄河水沙入海的功能,提高排水效率,把黄河泥沙相对均匀地输送到黄河三角洲海岸,利用海洋动力输沙,既能避免集中输沙到单一口门造成口门延伸,又能减缓防潮堤前海滩蚀退速率,还能利用黄河三角洲各处的海洋动力输沙入深海、服务于沿岸海域生态的恢复。

排水是影响盐度的因素之一,荷兰三角洲盐碱地改良主要靠排水,目前排水自动控制到厘米级,今后黄河三角洲排水渠管理应抛弃目前的粗放模式,提高管理的科技含量。

(四)加强渤海西岸地区陆海污染统筹治理,争取水质常年达标

消除水体污染是保障黄河三角洲水质的根本。在治理污染工作中,要有系统观点:沿岸污染物与渤海湾湾顶、莱州湾湾顶水体物质相互交换:既有沿海岸向湾顶(渤海湾湾顶、莱州湾湾顶)的输移,也有反向的、由湾顶向三角洲顶点附近海域的输移,因此,治理污染不仅指黄河三角洲范围的污染源治理,也包括三角洲两侧地区(渤海湾和莱州湾地区)等治理,因此应加强渤海西岸地区陆海污染统筹治理,争取水质常年达标。

王万战　黄河水利科学研究院,教授级高工,兼职华北水利水电大学和郑州大学硕士导师。研究方向:河口海岸泥沙运动、地貌演变及治理,风暴潮模拟,波流作用下泥沙、水质数学模拟。获水利部科技进步奖一等奖。① 认识到在潮汐等因素作用下,河口河道易淤积,形成台阶状纵剖面,"台阶"的顶部段易漫滩、卡冰、出汊;② 认识到沿岸物质不仅向海湾湾顶输移,而且还有反方向的输移;③ 台风风场气压场建模、风暴潮,波流作用下的泥沙输移和水质变化数值模拟,利用河口海洋数学模型,认识到黄河三角洲附近海域地形测验资料传统整编方法存在较大的理论缺陷,是导致深水区地形存在较大测验的主要原因。

珠江河口及三角洲开发利用对水生态环境的影响与对策

王琳,邹华志,汪义杰,卢陈

珠江水利科学研究院,广东广州

一、珠江河口与三角洲水系特点

珠江河口与三角洲水系为"三江汇流,八口入海",具有如下特点。

(一) 河网密布,结构复杂

西江、北江和东江汇合,在思贤窖以下形成西北江三角洲,在石龙以下形成东江三角洲。其中,西北江三角洲主要水道近百条,总长约 1600 km,河网密度为 0.81 km/km²;东江三角洲主要水道 5 条,总长约 138 km,河网密度达 0.88 km/km²。此外,河道多级分叉,形成如织的河网体系,水系结构十分复杂。

除主干河流外,珠江三角洲分布有内河城市河涌约 12 259 条,总长度约 29 820 km(网河或非网河平原区的河涌调查范围一般为河道宽度大于 5 m,山丘河涌调查范围一般系指流域面积大于 1 km²),平均每条河涌的长度约为 2.43 km,河流密度为 0.715 km/km² 或 0.294 条/km²。这些河涌也是珠江河口水系的重要组成部分。

(二) 河道相互联通,水系动力过程复杂

珠江河口动力过程的影响因素众多,其复杂性主要表现在:① 受上游径流、海外潮流、风、浪、咸淡水混合等多因素影响,动力要素十分复杂;② 受全球气候变化及西、北、东三江上游工程建设及人类活动等影响,上游来水来沙变化复杂;③ 河口河网密布,水流相互贯通、相互影响,呈"牵一发而动全身"之势,河网间分流分沙情况极其复杂;④ 八大口门分属不同水系,动力条件差异较大,潮优型河口与河优型河口相互依存、耦合共生,致使河口演变过程复杂;⑤ 三江汇入三角洲后,径流组合变化多样,洪水相互遭遇复杂;⑥ 河口潮流受天文潮、气象等影响,经常出现天文大潮与上游大洪水"二碰头",甚至可能出现天文大潮、大洪

水与风暴潮"三碰头"现象,致使河口洪潮遭遇更加复杂;⑦ 珠江口外大洋海流、风成漂流、气压梯度流、水层温差流、盐度差引起的密度梯度流、波浪破碎形成的波浪流以及局部地区的补偿流等,使得近岸海流体系复杂。上述珠江河口动力过程的复杂性,使得其伴生的河口泥沙运动、咸潮运动、水环境与水生态演变过程亦十分复杂。

(三)河口资源开发、利用强度大

珠江三角洲和河口地区涵盖粤、港、澳三地,城镇化率高,是我国人口和产业最为集中的地区之一,社会、经济和政治地位都十分重要,河口资源开发利用强度十分突出。河口治理、港航工程建设、滩涂资源的利用、河口水沙资源利用等类活动,在国内外河口是十分典型的。

二、珠江河口与三角洲开发利用概况

近30多年来,珠江河口人类活动加剧,三角洲地区联围筑闸、河口滩涂围垦、航道整治开挖、港口码头建设、河道采砂、桥梁建设等对珠江河口动力过程影响巨大,极大地改变河网及河口区径、潮动力结构和网河各汊口水沙分配,引发河口径流、潮流、输沙、盐水楔运动等动力及伴生过程特性的调整。

(一)联围筑闸

20世纪50~60年代,为了提高防洪排涝能力,三角洲地区大范围、大规模的联围筑闸,改变了三角洲网河水系结构,将干支一体的三角洲水系人为分割为围内的内江体系和围外的外江体系。期间,较大的工程达30宗以上,如西北江滨海地区的联围、北江大堤建、佛山大围、南顺第二联围、中顺大围、番顺联围、古井大围、白蕉联围以及民众三角围等。大规模联围筑闸,理顺了珠江三角洲水沙分配,有利于网河区泥沙输移下泄,同时叠加了上游来沙的高峰期,大大促进了珠江河口滩涂的形成、发育,为改革开放时期的大规模开发利用储备了大量滩涂资源。

(二)滩涂围垦

改革开放以前,滩涂资源开发利用的规模较小,而且大都是农业围垦;20世纪70年代以后,逐步使用绞吸式吸泥船,用喷填方法筑堤造田,部分有条件的地方还采用劈山造地的方法。机械的逐步投入使用,加快了围垦的速度。20世纪80~90年代滩涂开发仍主要以农业围垦为主,如蕉门、横门、磨刀门和崖门崖南的围垦工程。随着社会经济的发展,近10年多来的滩涂开发已脱离原有农业围垦的模式,转为以工业和城镇建设、港口建设为主,如伶仃洋东滩宝安机场、赤湾港、伶仃洋西滩的南沙港和黄茅海东滩的高栏港等。珠江河口岸线向海快速推进,口门向海延伸,口门和岸线形态发生了较大的变化。据统计,1978—2014年,珠江河口滩涂开发面积为 91.84 万亩,其中伶仃洋滩涂开发面积 41.98 万亩、磨刀门滩涂开发面积 22.70 万亩、黄茅海滩涂开发面积 20.84 万亩、鸡啼门近岸开发面积 6.33 万亩(图 1、图 2)。

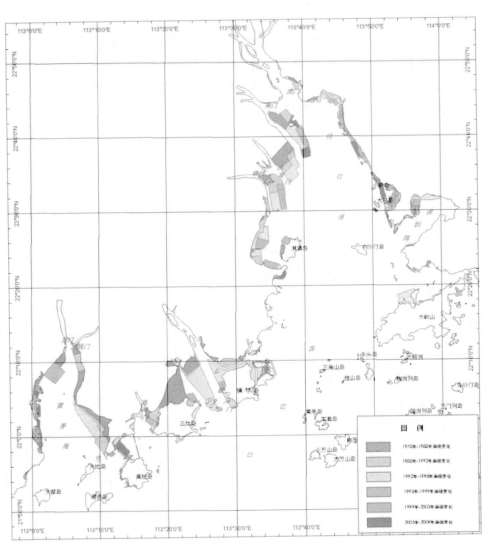

图 1 珠江河口 1978—2009 年岸线变化示意图

(三) 人为采砂

20 世纪 80 年代以来,珠江西、北、东三江网河区的采砂十分严重,据调查,

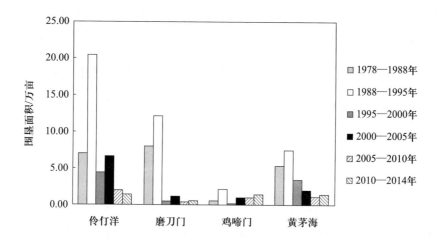

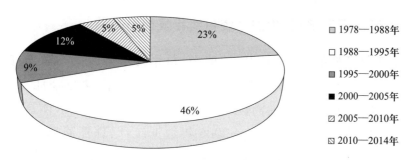

图 2　改革开放以来各口门区围垦情况

1984—1999 年,西、北、东三江网河区总采砂量约为 12 亿 m³,平均每年约为 0.8 亿 m³,即约相当于 2.12 亿 t。由于人为采砂,珠江三角洲主干河道下切深度约 1~2 m,部分河段下切深度达 3 m 以上。

(四) 航运交通

改革开放 30 多年来,已经形成了以广州港、深圳港、珠海港为主要港口,惠州港、虎门港、中山港、江门港为重要港口的分层次港口群发展格局;形成了广州中船龙穴造船基地、中船大岗船用柴油机制造与船舶配套产业基地、中船中山船舶制造基地、深圳孖洲岛友联修船基地等修造船基地。珠江河口沿岸现已建码头泊位数 1477 个,岸线利用达 371 km(含工业和城镇岸线利用),占河口现有岸线总长的 38%,优质岸线几乎全部变成人工岸线。据统计,目前珠江河口地区已建桥梁达 7900 余座,其中大桥和特大桥近千座,珠江三角洲地区公路通车里程约达 5.3 万 km,其中,高速公路 2100 km,公路密度为 98.34 km/100 km²,境内高铁里程达 1400 余公里左右,铁路密度为 3.0 km/100 km²;通过岸线利用和滩涂围垦的形式,形成了珠海机场、澳门机场、深圳机场、香港机场等大型空港枢纽。

三、珠江河口与三角洲面临的生态环境问题

高强度的人类对河道、滩涂开发利用等活动,改变了河口滩涂演变的自然进展,环境压力超出了其承载力,一些关键性的生态过渡带、廊道和节点退化严重甚至消失。生态保护和恢复工作滞后,使得河口海岸的生态景观变得单调乏味,堤内沿岸森林植被稀疏,缺乏系统的防风林带;堤外红树林消失殆尽,几乎没有生态型河岸。山体边缘过渡带没有得到应有的尊重,而被人为地破坏和截断,区域自然生态体系破碎化明显。特别是 20 世纪 80 年代以后,由于经济的迅猛发展,珠江三角洲及河口地区的水量、水质等水环境条件发生了前所未有的变化,破坏了原有的水生态平衡系统,带来了许多不利影响。表现在如下几方面。

(一)水环境不断恶化,生态系统自我修复能力减弱

随着珠三角经济的发展和人口的增多,每年废水排放量不断增加,部分工业废水和大量生活污水得不到有效处理。加之,三角洲内涌与外江水体交换不顺畅,污染物容易淤积。河口、港湾区污染日益加重,局部水域水体富营养化严重,成为赤潮多发敏感区。根据 1999—2006 年数据统计,珠江河口八大口门监测站水质呈下降趋势,各测站的高锰酸盐指数、氨氮、五日生化需氧量和氯化物 4 个分析项目(共 32 项次)中,表现上升趋势的有 20 项次,约占 62.5%。珠江三角洲及河口水质恶化,削弱了生态系统的自我修复能力。

(二)岸线占用、口门滩涂超速围垦,湿地资源大幅减少

珠江三角洲河涌人为占用河道与岸线,使得水域面积缩减,堤岸形态、结构严重地人工化。珠江河口的滩涂开发利用率已远远超出了滩涂天然的淤长速度,滩涂湿地面积大大减少。珠江河口滩涂原分布有较大数量的红树林。红树林有防浪护岸、缓流、促淤、净化水体等功能,而且是河口生物物种聚集地,为鸟类、鱼类提供觅食、繁衍场所,珠江河口滩涂的开发利用使红树林面积锐减了 75%。

(三)生物多样性减少、渔业资源衰退

随着环境污染日趋严重。河口海域生态群落结构发生较大变化,生物多样性降低,河口海域的鱼类产卵场受到威胁,河口生态系统的经济价值显著下降。据调查,广东原有的 70 多种珊瑚、30 多种名贵鱼类,以及江豚、海豚、海龟、鼋、儒艮、鲨等众多的品种,由于没有得到有效保护,资源量急剧下降,一些品种已多

年绝迹。在短短 25 年内,广东省列入国家、省和国际保护名录的珍稀濒危水生动植物从之前的文昌鱼、鹦鹉螺等若干种扩大到近 400 种,而且接近濒危边缘的物种数目还在逐年增加。目前,广东生态功能较好的海湾、河口、海岸带不足 20%,如珠江口附近已无原生性生态海域,而丧失生态功能的局部海域"荒漠化"有从珠江口扩展到全省近海的趋势,海岸带所特有的"水生物摇篮"、抵御风暴潮、净化环境的功能严重退化。

(四)咸潮上溯问题

近年来,珠江流域的水文情势发生了明显变化,珠江河口咸潮正朝着不利的方向发展,其上溯强度、影响范围、发生频率和持续时间有不断加剧的趋势,主要表现为:① 自然条件下,上游枯季来水总量偏少,关键节点径流量分配比降低,下游河道的径流量减少导致咸害的提早到来和咸界的整体上移;② 珠江三角洲网河区内河床下切,河口区航道疏浚频繁,相关研究显示,河床下切、河槽容积增大将增强咸潮的上溯动力,导致咸潮上溯时间延长、程度加剧。

2009 年,珠海平岗泵站于 9 月 15 日含氯度开始超标,提早将近 2 个月,咸界较往年上移约 10 km。2011 年,首次咸害发生于 7 月 28 日,是有记录以来最早的一次;8 月 27 日,珠澳供水系统的广昌泵站含氯度出现 24 h 连续超标;12 月份连续 22 天含氯度 24 h 超标,与往年相同径流条件下相比,取淡概率由 25%减少为 0。另外,加上区域内用水量增加、气候变化、海平面上升等不利因素的综合影响,咸潮上溯成为粤、港、澳地区供水安全的主要威胁之一。

四、珠江河口与三角洲水生态环境保护的制约因素与对策建议

(一)资源量与需求量矛盾突出,缺乏市场化的资源配置机制

新中国成立以来,珠江河口地区平均每 10 年开发利用滩涂为 20 万亩。但区域社会经济发展对滩涂需求量远超过资源量,若按照以往的滩涂开发速度,过度的滩涂开发利用需求将给珠江河口泄洪纳潮、河势稳定、供水安全和水生态带来沉重的负担。

目前,珠江河口地区的河道管理范围占用费由地方收取,其执行标准为广东省物价局关于收取河道管理范围占用费的复函(粤价函〔2000〕160 号)占用河滩地、堤防地的,每平方米不超过 25 元,临时占用时间在 3 年以内,每月每平方米不超过 1 元。滩涂资源的开发利用给项目筹建单位带来的效益却远远高于滩涂资源的使用费,这种"产品高价、资源基本无价"的现象,不仅使得滩涂这种不可

再生资源得不到最优化的配置，而且使整治河口、保障河口泄洪安全缺乏资金投入，不利于滩涂资源的节约使用和合理开发。

因此，可以引入市场机制，重点研究滩涂经营模式，提高现有开发利用工程的效益，从而最大限度地降低风险，实现滩涂经营的良性循环。

（二）岸线资源开发利用不合理，对岸线的防洪、生态功能重视不够

近年来，随着有关部门对珠江河口监管逐步到位，河口岸线资源开发利用有序进行，但岸线利用仍存在不合理的地方，具体表现在：

1. 岸线资源开发利用空间分布不均衡

珠江河口岸线资源开发利用存在明显的空间差异性，在河道区与口门区之间，不同规模城市之间，岸线利用率各不相同。在岸线资源比较紧缺的城市区，岸线利用率接近饱和，如澳门、深圳、东莞等城市岸线；而在岸线资源比较富余的地区，岸线开发利用率相对较低。

2. 岸线开发利用形式单一，缺乏生态岸线

目前，珠江河口岸线开发利用类型以港口码头、临海工业和城市住宅等保护要求低的生产岸线为主，占河口区已开发岸线的94%；景观岸线只有2%。对河口岸线的开发利用中严重缺乏对生态岸线的设定。由于岸线对于生态及河势安全的具有重要维护作用，从维护岸线资源可持续发展的角度出发，在珠江河口岸线开发利用中应重视生态岸线的建设，充分发挥岸线的生态调节功能。

3. 过分注重开发，轻视对河道、堤防安全的保护

在珠江河口区，有50%岸线为堤防岸线，在网河区有70%以上岸线为堤防岸线，而在堤防岸线中已开发岸线占30%以上。许多岸线开发利用项目均在堤防岸线管理范围内进行的，但由于过分重视岸线开发利用所带来的经济效益，许多项目并未就"项目实施对堤防安全是否产生不良影响"开展科学论证，也未咨询水利等部门获取专业意见，从而给河道堤防防护埋下隐患，给河道防洪安全带来威胁。

针对以上问题，河口及三角洲开发必须推进适度开发、兼顾保护的滩涂湿地管理策略，保障珠江河口地区经济社会可持续发展。

（三）多头管理的体制仍需理顺

改革开放以来，滩涂开发、岸线利用、采砂、海域使用等开发建设活动十分频繁，这使得对珠江河口治理、开发、保护和管理的要求不断提高。由于珠江河口管理涉及水利、海洋、交通、国土、环境等多个部门，目前存在管理权限交叉、行政审批项目重复设置等问题（主要是水行政主管部门与海洋行政主管部门之间），不仅导致部分岸线资源配置不合理，而且导致部分行业立足于局部利益，缺乏与

其他行业规划的协调。

因此,河口、滩涂生态保护应按照专业部门统一思想,推行多规合一,进一步调整现有管理策略,创新管理体制。探索建立有多部门和有关政府参加的珠江河口资源和环境管理委员会,负责综合协调河口资源和环境的问题,对珠江河口生态系统的可持续发展。

(四) 滩涂开发利用的监管力度和补救措施有待加强

滩涂开发利用工程建设监管力度不够,缺乏有效的监测手段,对违规项目的处罚手段和力度不够,后续的跟踪管理有待加强。珠江河口地区尚未建立滩涂开发治理动态数据库,河道地形测量等基础工作滞后,

难以及时作出科学有效的决策和协调意见,未能实现科学化动态管理。由于缺乏河口地形、泥沙及水流的系统完整的动态观测,对滩涂资源量的变化及开发利用后对河势的影响缺乏监测数据,不利于对滩涂的有效管理。因此,加快推行珠江流域滩涂依法管理,做到有法可依,有法必从;完善水污染物排放总量控制和监管制度,加强对排污口实施控制管理,加大工业和城市污水处理基础设施建设和运营管理意义重大。

王琳　教授级高级工程师,1982 年毕业于山东海洋学院(现名:中国海洋大学)物理海洋系海洋水文专业,获理学学士学位。主要从事河口治理及水环境治理研究工作,主持了国家重大水专项饮用水主题珠江下游项目子课题《多叉河口闸泵群联合调度抑咸技术与工程示范》、主持 80 余项科研项目,包括 948 项目、水利部科技创新项目、行业公益性项目等。成果获奖:《珠江河口复杂动力过程及复合模拟技术研究》获 2013 年度水利部大禹水利科技奖一等奖;《广西北部湾经济区水循环安全调控关键技术研究与应用》获 2014 年度广西科技进步奖一等奖;《珠江河口整体物理模型设计及验证试验研究》获 2004 年度水利部大禹科学技术奖二等奖;《伶仃洋治导线总体方案试验研究》获水利部 1999 年度科技进步奖三等奖以及珠江委科学技术进步奖特等奖 1 项、一等奖 1 项、二等奖 1 项和三等奖 2 项。

珠江口及毗邻海域生境退化态势 及保护策略

姜国强

环境保护部华南环境科学研究所近岸海域环境研究中心，广东广州

一、引言

海洋是 21 世纪人类赖以持续发展的重要资源载体，我国《海洋环境保护法》对我国的海洋环境保护提出了很高的要求，海洋环保也是国际履约的重要组成部分。河口及近岸海域是海洋与陆地相接的地带，区域内不仅人口密度大、工业发达集中，而且大量河流、排污渠及直排口在此汇集入海，是遭受人类过度活动、各类污染物排放、气候变化和生态环境退化综合影响的区域，这些影响主要体现在来自陆源的污染和海岸开发对近岸海域的生境破坏。

珠江河口是我国仅次于长江口的第二大河口海区（图 1），也是华南沿海地区最重要的水域。珠江河口生态环境独特，在 2200 km² 河口与海洋交汇区，生物多样性十分丰富，包括有 600 多种鱼类和数十种虾类等，育有宝贵的动植物资源。珠江口内陆腹地是中国乃至东南亚人口数量密度最大、地区城市化水平最高、经济增长和工业发展水平最快的沿海城市群和工业带地区。近二十多年来广东沿海地区经济高速发展和人口快速增长，沿海地区大规模开发建设以及海洋资源开发利用不断扩大，沿海和海洋环境压力持续加大，污染物排放不断增加，导致珠江口及毗邻海域生态环境问题突出。如大多数沿岸水体都受到氮、磷和石油类等的污染，珠江口大面积水质已是四类或劣四类，伶仃洋、大鹏湾、大亚湾等海域已成为我国和东南亚地区的赤潮高发区；许多重要的海洋生物栖息地已受到破坏或正面临极大威胁，如红树林、湿地与海草的丧失，国家珍稀动物中华白海豚逐渐减少，等等。珠江口的生态环境状况直接关系到粤、港、澳三地，以致华南沿海地区的可持续发展，当前的环境问题已经成为制约粤港澳地区发展的重要因素，迫切需要进行珠江河口及其近岸海域的保护、修复和加强综合管理。

本报告主要包括三个方面的内容：① 珠江口及毗邻海域生境退化状况分

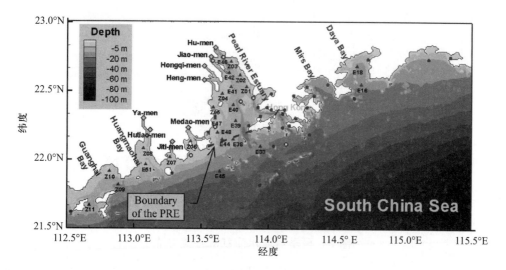

图1　珠江口及毗邻海域区域示意图

析；② 珠江口及毗邻海域生态动力学关键过程研究；③ 珠江口及毗邻海域容量总量控制研究。以期为解决珠江口近海海洋经济可持续发展过程中出现的资源和环境问题，建立珠江河口及其近岸海域可持续发展的生态系统、合理的环境管理体系提供科学依据。

二、珠江口及毗邻海域生境退化状况分析

（一）海域水质评价

珠江口及毗邻海域在现状调查中显示出的水质状况总体较差，三个调查季度合计，以劣四类海水为主，占 74.7%，一、二、三和四类海水分别占 2.7%、14.7%、5.3% 和 2.7%，主要超标指标为无机氮、活性磷酸盐、DO、Pb 和 Cu，其中，无机氮为最主要超标指标，最大超过一类海水标准限值的倍数达 11.2。全海域夏季 84% 为劣四类海水，二类和四类海水各占 8%；秋季 68.0% 为劣四类海水，一、二和三类海水分别占 4%、24% 和 4%；春季 72.0% 为劣四类海水，一、二和三类海水分别占 4%、12% 和 12%；夏季水质劣于秋季及春季（图 2 至图 4）。

调查结果表明，珠江口及毗邻海域水质较劣，影响水质并决定类别的主要超标因子为无机氮。水质分布由北向南逐渐好转趋势显著，劣四类海水区域几乎覆盖了整个珠江口海域。

按富营养化指数评价，调查海域水体处于重富营养状态，富营养指数达 12.37（不少站位指数高达 50 以上造成整体富营养指数较高）。按站位统计，

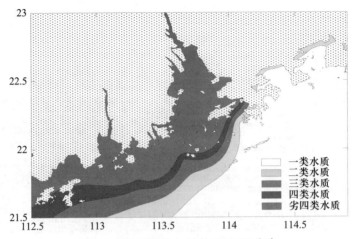

图 2　夏季海域水质状况平面分布

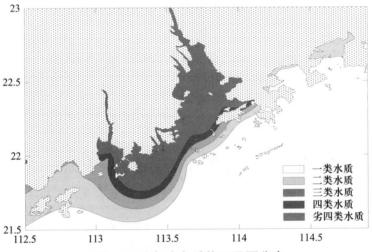

图 3　秋季海域水质状况平面分布

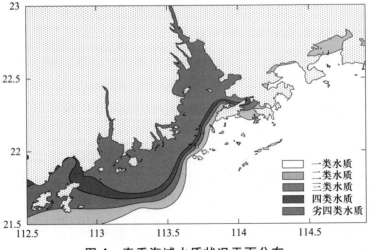

图 4　春季海域水质状况平面分布

29.3%为贫营养,6.7%为轻度富营养,9.3%为中度富营养,25.3%为重富营养,29.3%为严重富营养(图5)。按海区分析,大亚湾海域富营养化程度最轻,三季度平均仅为0.02,属于贫营养状态;广海湾海域次之,为3.02,属于中度富营养;珠江口海域富营养化程度最重,处于重富营养状态。按季节分析,春季整个海域富营养化水平较高,秋季较低,呈现春季>夏季>秋季的现象。

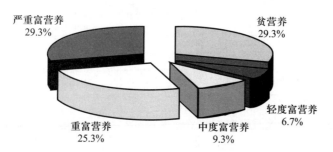

图5　珠江口及毗邻海域三季合计富营养化状况

(二)沉积物环境质量评价

珠江口及毗邻海域沉积物中除深圳湾外和珠海近岸海域的 Cr 超第一类标准以及 Z01、Z05 和 Z07 站点的 Pb 超第一类标准外,其他各站点的总汞、铜、锌、铅、镉和铬含量均处于第一类海洋沉积物质量标准。总体上,调查海域表层沉积物质量良好,基本满足第一类沉积物质量(图6至图8)。

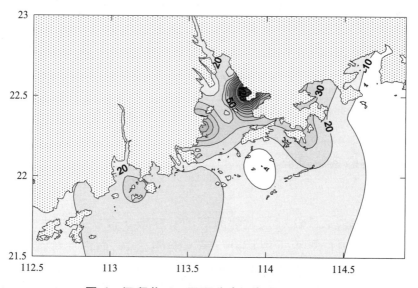

图6　沉积物 Cu 平面分布(单位:mg/kg)

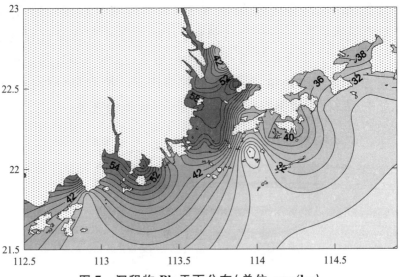

图 7　沉积物 Pb 平面分布(单位:mg/kg)

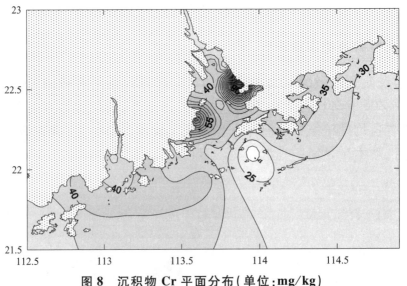

图 8　沉积物 Cr 平面分布(单位:mg/kg)

(三) 浮游生态系统评价

1. 叶绿素 a

夏季调查结果显示,珠江口及毗邻海域的叶绿素 a 含量为 0.74~22.49 mg/m³。从空间分布上看,万山群岛附近海域叶绿素 a 含量最高,而内伶仃洋海域最低(图 9)。在春季,珠江口及毗邻海域的叶绿素 a 含量为 0.25~8.44 mg/m³。从空间分布上看,上川岛、下川岛、黄茅海附近海域和大亚湾海域叶绿素 a 含量较高,而珠江口海域最低(图 10)。从时间分布上讲,珠江口及毗邻海域的叶绿素 a 含量在春季要比夏季时低,这可能跟浮游植物生长的季节性变化有关。

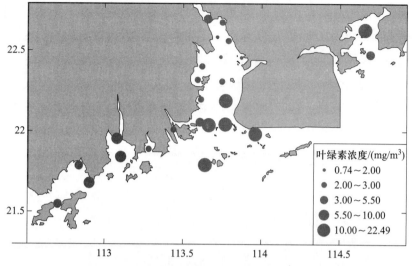

图9　叶绿素 a 浓度分布(2006 年 7 月)

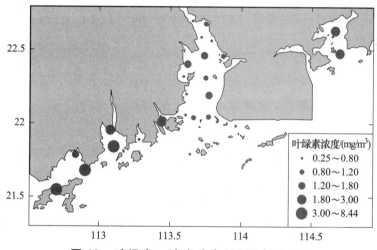

图10　叶绿素 a 浓度分布(2007 年 3 月)

2. 浮游植物

珠江口及毗邻海域的浮游植物种类共有 127 种(变种·变型),其中,硅藻门 35 个属 90 种(变种·变型),占 70.9%;甲藻门 10 个属 24 种(变种),占 18.9%;绿藻门 3 个属 8 种,占 6.3%;蓝藻门 3 个属 4 种,占 3.1%;金藻门 1 属 1 种,占 0.8%。2007 年 3 月,浮游植物种类共有 52 个属 120 种(变种·变型),其中,硅藻门 40 个属 95 种(变种·变型);甲藻门 9 个属 22 种(变种);金藻门 2 属 2 种;蓝藻门 1 个属 1 种。

夏季,珠江口及毗邻海域浮游植物数量较高,而变化范围较大,在 $1.38×10^5$ ~$1.75×10^9$ cells/m³ 之间,平均为 $2.86×10^8$ cells/m³(图 11、图 12)。调查发现,浮游植物细胞密度的高值区出现频率较大,出现这种分布特征是各种环境因素综合作用的结果。出现的几个超高值区位于香港至澳门之间海域(桂山岛附近海域),可能是因为桂山岛附近的养殖场的污水排放带来丰富的营养物质,不断补充浮游植物光合作用所消耗的营养盐,从而使浮游植物的生长不存在营养盐的限制,故会出现密集区。而总体上珠江口及毗邻海域浮游植物数量较高,主要还是因为夏季浮游植物生长繁殖比较旺盛。与夏季的调查结果比较,总体上讲,春季浮游植物数量较少。这与叶绿素 a 浓度分布类似,同样可能是跟浮游植物生长的季节性变化有关。

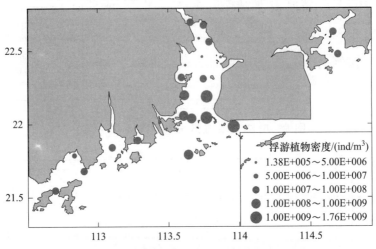

图 11　浮游植物密度分布(2006 年 7 月)

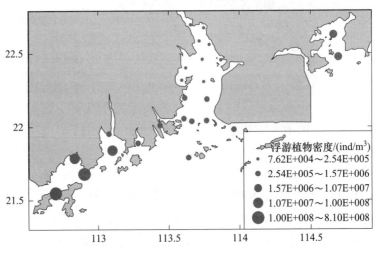

图 12　浮游植物密度分布(2007 年 3 月)

浮游植物多样性变化幅度较大,指数值在 0.03~4.05 之间,平均为 1.78,各海区多样性指数值差别不大,评价结果为中污染。

3. 浮游动物

珠江口及毗邻海域的浮游动物经鉴定共有 69 种。其中,桡足类 27 种,水母类 12 种,浮游幼虫 10 个类群,枝角类 7 种,十足类 6 种,毛颚类 3 种,被囊类 2 种,端足类 1 种,介形类 1 种;桡足类的种类占首位。2007 年 3 月,珠江口及毗邻海域的浮游动物经鉴定共有 58 种,其中,桡足类 23 种,浮游幼虫 10 个类群,十足类 7 种,水母类 5 种,毛颚类 4 种,被囊类 3 种,端足类 2 种,枝角类 1 种,原生动物 1 种,浮游软体动物 1 种,介形类 1 种,桡足类的种类仍然占据首位。

夏季,珠江口及毗邻海域浮游动物数量较高,而变化范围较大,在 5.4~6395.8 ind/m³ 之间,平均为 463.6 ind/m³(图 13)。珠江口及毗邻海域浮游动物数量分布结果显示,远离珠江口海域的浮游动物数量相对较多,而靠近珠江入海口的近岸海域相对较少。春季,浮游动物数量部分相对均匀,变化范围为 22.7~2035.2 ind/m³,平均为 281.0 ind/m³(图 14),与 2006 年 7 月比较,数量变化范围较小。

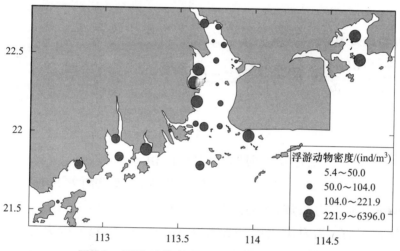

图 13　浮游动物数量分布(2006 年 7 月)

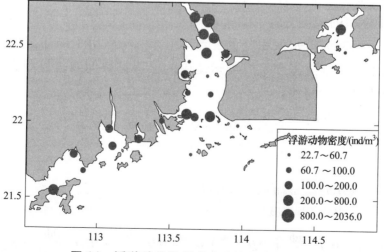

图 14　浮游动物数量分布(2007 年 3 月)

三、珠江口及毗邻海域生态动力学关键过程研究

（一）珠江口及毗邻海域水动力与水质数学模型建立

1）连续性方程

$$\frac{\partial \zeta}{\partial t} + \frac{\partial p}{\partial x} + \frac{\partial q}{\partial y} = S_m \tag{1}$$

x 方向动量方程

$$\frac{\partial p}{\partial t} + \frac{\partial (\beta p U)}{\partial x} + \frac{\partial (\beta p V)}{\partial y} = fq - \frac{H}{\rho}\frac{\partial P_\zeta}{\partial x} - gH\frac{\partial \zeta}{\partial x} + \frac{\tau_{sx}}{\rho} - \frac{\tau_{bx}}{\rho}$$
$$+ \varepsilon\left(\frac{\partial^2 p}{\partial x^2} + \frac{\partial^2 p}{\partial y^2}\right) + U_m S_m \tag{2a}$$

y 方向动量方程

$$\frac{\partial q}{\partial t} + \frac{\partial (\beta q U)}{\partial x} + \frac{\partial (\beta q V)}{\partial y} = -fp - \frac{H}{\rho}\frac{\partial P_\zeta}{\partial y} - gH\frac{\partial \zeta}{\partial y} + \frac{\tau_{sy}}{\rho} - \frac{\tau_{by}}{\rho}$$
$$+ \varepsilon\left(\frac{\partial^2 q}{\partial x^2} + \frac{\partial^2 q}{\partial y^2}\right) + V_m S_m \tag{2b}$$

其中，x、y 为水平方向坐标；t 为时间；ζ 为水位；p、q 分别为 x 和 y 方向的单宽量；U、V 分别为流速在 x 和 y 方向的分量；H 为总水深；h 为静水深；β 为动量修正系数；$f = 2\omega \sin\theta$ 为柯氏力系数，ω 为地球自转角频率，θ 为纬度；g 为重力加速度；ρ 为海水水体密度；P_ζ 为自由水面处大气压强；τ_{sx}、τ_{sy} 分别风应力在 x、y 方向的分量；τ_{bx}、τ_{by} 分别表示水体底部摩擦应力在 x、y 方向的分量；ε 为涡黏系数；S_m、U_m、V_m 分别为源项。

2）水质模型的控制方程

二维水质模型为沿水深积分的二维水质模型，适用于描述溶质浓度分层现象不明显的水平二维或准水平二维运动中的输移扩散问题。控制方程的矢量形式和分量形式可分别写作：

$$\frac{\partial (H\phi)}{\partial t} + \nabla_h \cdot (\bar{p}\phi) = \nabla_h \cdot (H[\boldsymbol{D}] \cdot \nabla_h \phi) + S_\phi \tag{3}$$

和

$$\frac{\partial (H\phi)}{\partial t} + \frac{\partial (p\phi)}{\partial x} + \frac{\partial (q\phi)}{\partial y}$$
$$= \frac{\partial}{\partial x}\left(HD_{xx}\frac{\partial \phi}{\partial x} + HD_{xy}\frac{\partial \phi}{\partial y}\right) + \frac{\partial}{\partial y}\left(HD_{yx}\frac{\partial \phi}{\partial x} + HD_{yy}\frac{\partial \phi}{\partial y}\right) + S_\phi \tag{4}$$

其中，ϕ 为沿水深平均的溶质浓度；$\nabla_h = \left(\dfrac{\partial}{\partial x}, \dfrac{\partial}{\partial y}\right)$ 为水平方向哈密顿算子；x、y 为水平方向坐标，t 表示时间；H 为水深；$\bar{p} = (p, q)$，$p = HU$、$q = HV$ 分别为流体在 x、y 方向的单宽通量，U、V 分别为沿水深平均的流度在 x、y 方向的分量，可由水动力学模型求得；$[\boldsymbol{D}] = \begin{bmatrix} D_{xx} & D_{yx} \\ D_{xy} & D_{yy} \end{bmatrix}$，$D_{xx}, D_{xy}, D_{yx}, D_{yy}$ 为 x, y 方向水深平均的综合扩散系数，包括了湍动扩散作用和由于流速、浓度沿深度分布不均匀引起的离散作用，如果不忽略分子扩散，那么还有分子扩散作用，在进行实际海域的水质数值模拟中，综合扩散系数可根据经验加以确定或根据经验公式计算而得；S_ϕ 为在单位水平面积上溶质的源项强度。

S_ϕ 可用以表示河流输入、污染物降解以及大气沉降等作用，可表示为

$$S_\phi = \underbrace{-K_\phi H \phi}_{\text{降解项}} + \underbrace{S_m \phi_m}_{\text{河流输入项}} + \underbrace{S_{\text{air}}}_{\text{大气沉降项}} \tag{5}$$

其中，K_ϕ 为污染物的（一级）降解系数；S_m 为河流输入在单位水平面积上的源项强度；ϕ_m 为河流输入的源项（溶质）浓度；S_{air} 为大气干湿沉降强度。

（二）珠江口及毗邻海域水动力与水质数学模型校验

图 15 为水动力模型对珠江口及毗邻海域四个主要分潮潮 M2、S2、K1、O1 的验证结果，说明所建立的珠江口水动力学模型可以准确地模拟研究海域的水力学特征。图 16 至图 18 为主要水质因子的验证结果，图中可以看出，在丰水期、平水期和枯水期，无机氮等主要污染物浓度模拟结果与实测结果总体上吻合较好，说明所建立的珠江口水动力学模型可以较好模拟出在不同水期实际无机氮等主要污染物的浓度分布状况。

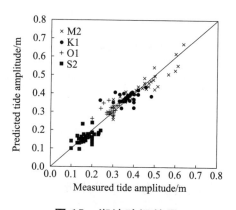

图 15　潮波验证结果

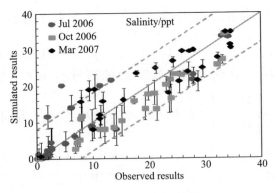

图 16　盐度验证结果

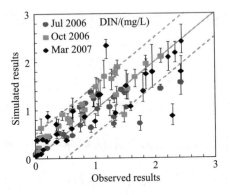

图 17　无机氮验证结果

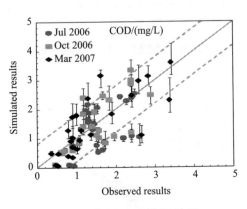

图 18　高锰酸盐验证结果

(三) 珠江口及毗邻海域关键物理过程分析

1. 欧拉余流场

图 19 至图 21 给出了珠江口及毗邻海域不同水期和年平均的欧拉余流场。

可以看出,在虎门及内伶仃海域、磨刀门水道、鸡蹄门水道和崖门及黄茅海海域,潮汐余流基本沿着等深线运动;在香港大濠岛附近海域,存在较为复杂的涡状余流;对于珠江口东西两翼的大亚湾、大鹏湾和广海湾,湾内同样存在涡状余流,大亚湾与大鹏湾为双涡结构,广海湾为顺时针单涡结构,这三个海湾的涡状余流的强度要小于香港大濠岛附近的涡环。

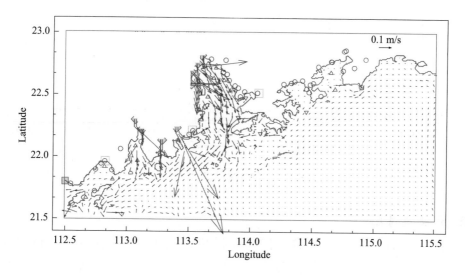

图 19　丰水期欧拉余流场图

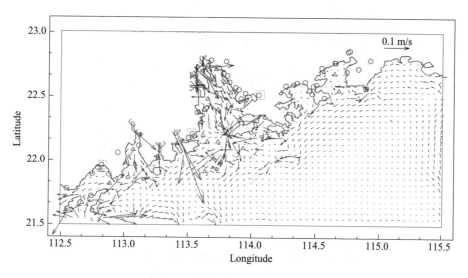

图 20　枯水期欧拉余流场图

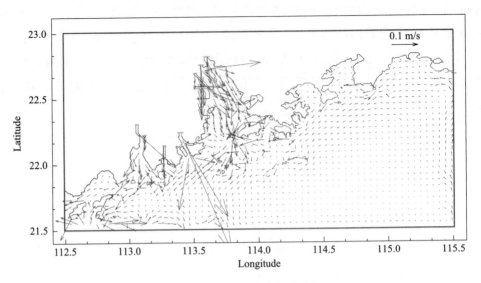

图 21　年均欧拉余流场图

2. 水交换特征

图 22 为在珠江口区域设置示踪粒子的模拟结果,可以看出珠江口水流在口门处受径流影响较大,由口门向外海,潮流作用逐渐增强。低潮时释放的粒子具有较长的驻留时间。

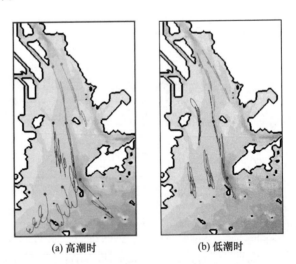

(a) 高潮时　　　　　　(b) 低潮时

图 22　示踪粒子方法跟踪珠江口水体流动

图 23 显示,珠江口水体驻留时间(Tr)和停留时间(Te)逐月变化情况。由此可以看出,停留时间比驻留时间大一倍,这表明随落潮水离开珠江口的水体中,有很大一部分在下次涨潮时又回到了河口内。两种特征时间都显示出了明显的季节变化,这与季节性淡水流量的变化有直接关系。在旱季,平均停留时间

长达 12 天左右,而在雨季将减小到 6 天。驻留时间最长为 5,发生在旱季,最短约为 3 天,发生在雨季。

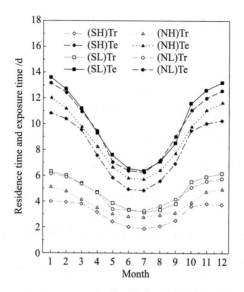

图 23　驻留时间和停留时间逐月变化

从图 23 还可以看出。这两个时间尺度都受潮差和初始条件影响较大。在一般情况下,驻留时间和停留时间都随初始水位高度的增加而减少,即具有 SL> NL> NH> SH 的顺序。也就是说,如果有污染物在低潮时被释,随后的涨潮流会将其向陆地方向推送,进而增加了污染物在河口区域内的停留时间。因此,若有环境污染事故发生,如漏油,如果在低潮发生会比在高潮发生,潮流作用下的自净将需要更多的时间。

图 24 为时间尺度和流量关系的回归分析结果。从图中可以看出,驻留时

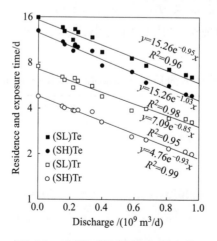

图 24　驻留时间随径流量变化

间和停留时间均随径流量的增加而减少。相关系数均在 0.95 以上,因此可知水交换特征时间尺度和径流量间具有良好的指数相关性。

(四)珠江口无机氮来源解析

1. 无机氮入海通量

表 1 为珠江口河流入海、陆域直排入海、海上直排入海及大气干湿沉降的氮营养盐入海通量结果,以及不同途径入海通量贡献率。其中,河流入海通量占总入海通量的绝大部分,无机氮入海通量为 58.72 万吨;陆域直排入海的无机氮 3.97 万吨;海上污染源造成的无机氮入海通量为 0.26 万吨;无机氮的大气干湿沉降入海通量为 9.11 万吨。

表 1 珠江口无机氮不同途径入海通量汇总

入海类型	无机氮	
	吨/年	贡献/%
河流入海	587 163	81.49
陆域直排入海	39 695	5.51
海上直排入海	2582.8	0.36
大气干湿沉降	91 085.2	12.64
合计	720 526	100

表 2 为珠江入海口区域水体中氨氮、亚硝酸盐氮和硝酸盐氮在无机氮中的成分占比。其中,硝酸盐氮成分占比均值达到 74.8%,氨氮成分占比均值为 21.3%,而亚硝酸盐氮的成分占比均值最小,仅为 3.9%。

表 2 珠江入海口区域三氮在无机氮中的成分占比

口门	氨氮占比/%	硝氮占比/%	亚硝氮占比/%
虎门	24.5	64.6	10.8
蕉门	17.3	79.6	3.2
洪奇门	20.3	76.4	3.3
横门	25.9	72.0	2.1
磨刀门	15.6	82.3	2.0

续表

口门	氨氮占比/%	硝氮占比/%	亚硝氮占比/%
鸡蹄门	32.9	64.4	2.7
虎跳门	16.7	81.1	2.1
崖门	17.1	78.3	4.7
均值	21.3	74.8	3.9

2. 无机氮水质影响分析

图 25 为根据无机氮各陆源和大气沉降实际入海结果计算的水质响应情况，图 25 显示指定的污染源对水体无机氮浓度的贡献。从图 25 中可以看出大气沉降造成的水质贡献占比与其入海量占比相当，引起的无机氮浓度增值约为二类海水水质标准的 10%左右。而虎门、蕉门和横门是珠江口内伶仃海域的无机氮主要贡献源，而外伶仃海域水质主要受磨刀门控制。

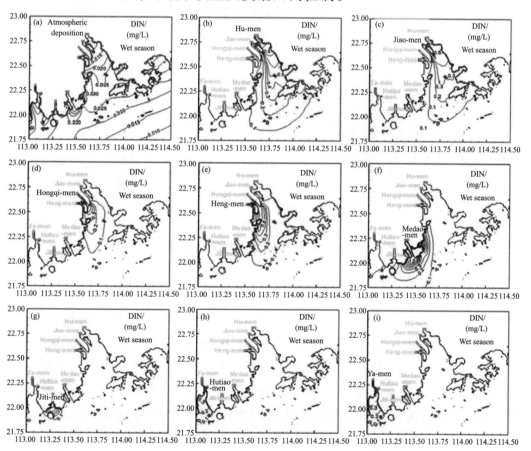

图 25　大气沉降与河流入海无机氮的水质响应

(五)珠江口锋面特征及其生态环境影响分析

河口区域各种物理过程对化学场和生物场均起着不可忽视的作用,但与低食物网循环动力学和种群动力学密切相关的主要物理过程包括为低盐锋面、潮汐混合锋面和陆架斜坡锋面,图26为珠江口枯水期和丰水期沿纵向的盐度等值线图。从图上可清楚辨识出珠江口从虎门经过内伶仃岛左侧,穿过万山群岛至外海的纵轴线上依次出现的低盐锋面、潮汐混合锋面和陆架斜坡锋面。

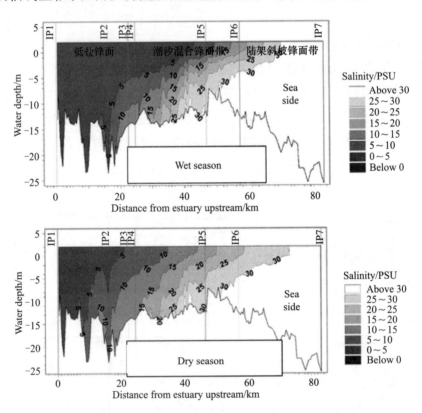

图 26 珠江口不同水期盐度锋面特征

1. 低盐锋面

低盐锋面指的是由于河口冲淡水在河口近岸产生的低盐水与高盐海水之间的急剧过渡带。河口径流中的淡水与海水相遇,在垂向上产生混合,形成口门外 0~30 km 处出现低盐锋面,盐度范围在 1PSU 至 10PSU 之间。从图上可以看出,在夏季 6 月至 8 月期间,珠江口径流作用强时,入海径流作用大于潮汐作用,在该区域的低盐锋面在大小潮周期变化过程中一直处于相对稳定状态。

其中,低盐水主要集中在表层附近,外海上溯的高盐水从底层进入,产生由低盐度向高盐度水体急剧变化的过渡带。同时由于虎门口门向河口延伸的地形不是从浅到深的简单变化,而是高低起伏较大的地形,因此,在地形突然下陷较深的地方水体受外海入侵盐水影响不大,垂向混合较好,盐度变化不大,于是出现一个近表层盐度分层的现象。

2. 潮汐混合锋面

珠江口外海潮汐强流在流入河口时,由于水深变浅,在底摩擦的作用下水流的流速垂向上形成切变,潮汐能量大大地耗损。但稳定的垂直层结产生的位能被紊流的动能抵消掉后,潮汐带动的海水与淡水将进行混合。而在紊流动能不够大的区域,海水保持层化。在层化水与混合水之间的过渡带,将是潮汐混合锋面的存在区域。

从图 26 上可知,夏季珠江口潮汐混合锋面范围从 40 km 一直延伸至 70 km,盐度在 15PSU 到 30PSU 之间。由于珠江口潮汐类型为不规则半日潮型,在大潮、小潮的交替变化过程中,潮汐混合锋面也会出现向河口前进与向外海退去的位移现象。具体表现为:当潮汐现象为涨潮过程时,锋面向河口处移动;当潮汐现象为退潮时,锋面又向外海退回。其变化幅度可达 4 km 左右。

3. 斜坡锋面

珠江口的斜坡锋面存在于外海陆架处,从 70 km 延伸到 120 km,盐度范围在 13PSU 到 30PSU 之间,无论是盐度的尺度或者空间的尺度,相对于低盐锋面和潮汐混合锋面,都是比较大的。由于河口淡水向外海下泄的过程中,到达海洋陆架的斜坡处,相对较低盐度的河流淡水水体与外海潮波作用传进来的相对高盐度的海水相互混合,形成陆架斜坡上盐度变化较为剧烈的过渡带,即斜坡锋面。

4. 锋面对营养物质、浮游生态系统分布的影响

珠江口物质、生物的分布特点是河流动力作用、潮汐动力作用、生态系统因素、温度、盐度、密度等因素综合作用影响的。其中,中尺度锋面的存在,使得珠江口营养物质的分布和输移扩散有其自身的特点,总的来说,营养物质在锋面附近的量会比其他水域的量要多。下面就实测营养物质以及浮游动植物的分布状况与河口锋面结合分析其对物质、生物分布的影响。

溶解氧:大潮期间(图 27),溶解氧从河口向外海的浓度变化范围在 4.44 ~ 8.04 mg/L 之间,平均为 6.13 mg/L。总体趋势为表层浓度大于底层浓度,其中,在 E41 号站的表层、底层均出现溶解氧含量高值区,E40 号站底层出现低值区。E40 到 E41 号站的范围正式盐度锋面中低盐锋面到潮汐混合锋面的过渡区域。E41 号站上由于受到低盐锋面的阻隔,表层区域和底层区域物质交换受到阻碍,因此,两侧均出现高值区;而 E40 号站是位于潮汐混合锋面的区域,在大潮期间,涨潮和落潮作用明显,因此虽然本身存在着锋面阻碍,但由于锋面在涨潮

落潮过程中移动,反而使得物质能够在该区域进行交换,因此出现低值区。

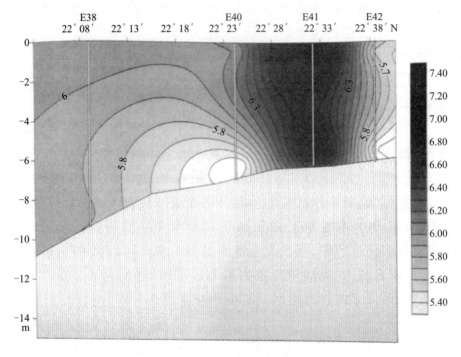

图 27　大潮溶解氧平均值剖面图

活性磷酸盐:活性磷酸盐从河口向外海的浓度变化范围在 0.007~0.043 mg/L 之间,平均为 0.028 mg/L。其中,除了在 E40 号站位表层区域和底层区域上出现了活性磷酸盐的较高值区外,珠江口垂向剖面活性磷酸盐分布呈现由湾内向湾外递减的趋势。该高值区域正式潮汐混合锋面至低盐锋面的过渡区域,同样证明了盐度锋面附近存在部分物质含量较高的带域。而由于河口地区的低盐锋面层化现象较为明显,使得河口附近的活性磷酸盐在垂向上也出现了局部层化现象。总体上看,活性磷酸盐随着盐度的增加而减小(图28)。

无机氮:无机氮从河口向外海的浓度变化范围在 0.18~2.18 mg/L 之间,平均为 1.37 mg/L。珠江口海域无机氮垂向剖面分布呈现由湾内向湾外递减的趋势,除了近河口处 E42 好站位附近海域,其他海域的无机氮含量有表层大于底层的规律性。盐度锋面对其含量的分布影响不大(图29)。

浮游植物:浮游植物细胞密度的高值区出现频率较大,同样集中在斜坡锋面范围以及部分岸线上(图9)。

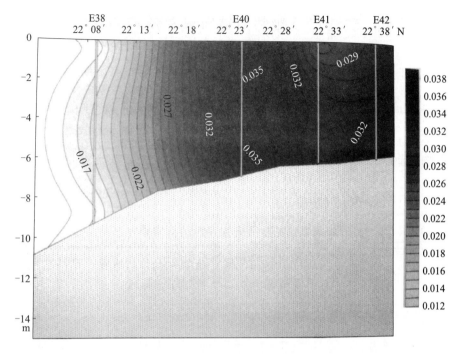

图 28　连续站大潮活性磷酸盐剖面图

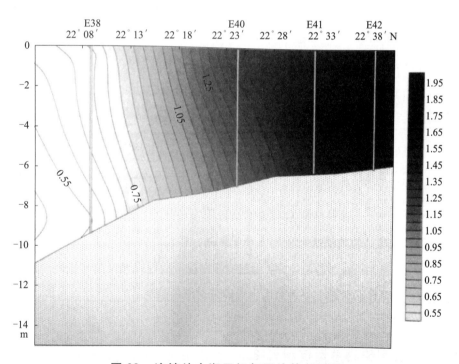

图 29　连续站大潮无机氮平均值剖面图

四、珠江口及毗邻海域容量总量控制策略

(一) 主要污染物容量测算结果

在进行海域水环境容量测算时,入海河流水文条件选择如下:对于营养盐的控制水文条件,采用 1~12 月份分月进行,设计频率采用多年平均;对于耗氧或毒性污染物,选择 90%保证率最枯月径流量。主要污染物的容量测算结果见表3。

表 3 主要污染物容量测算结果

入海位置		COD_{Mn}允许排放量 /(万吨/a)	无机氮允许排放量 /(万吨/a)	磷酸盐允许排放量 /(t/a)
八大口门	虎门	15.43	2.64	2081.11
	蕉门	7.97	2.41	1861.13
	洪奇门	3.62	1.92	666.74
	横门	6.34	0.07	1331.06
	磨刀门	11.66	2.97	3107.00
	鸡蹄门	4.78	0.74	793.53
	虎跳门	6.12	1.43	1170.35
	崖门	2.96	0.00	392.58
	合计	58.88	12.19	11 403.50
入海溪闸	大隆洞	1.12	0.08	70.65
	前山河	0.32	0.01	11.94
	深圳河	1.73	0.09	91.97
	合计	3.17	0.18	174.56
总计		62.04	12.37	11 578.06

(二) 主要污染物总量控制策略

从珠江口及毗邻海域的水环境现状和容量测算结果看,目前,珠江口及毗邻海域无机氮超标严重。为此,对其入海量的控制是制定总量控制计划的重点,但

鉴于技术、经济等因素的考虑,在"十三五"期间完全实现容量总量控制是不现实的,制定污染物削减计划时,可采取目标总量和容量总量控制相结合的方式进行。磷酸盐在"十三五"可采取容量总量控制策略。高锰酸盐指数执行流域现行总量控制计划即可满足海域容量总量控制要求。

姜国强　1974 年 11 月生,博士,研究员。主要从事河口、海岸带及近岸海域污染控制和风险预警预测等方面的研究工作。现为环境保护部华南环境科学研究所研究员、广东省民盟科技委员、广东省突发公共事件应急专家、《中国环境管理》编委。先后主持或为主参与青年"863"计划、国家"十五"科技攻关、国家科技支撑计划、国家环保公益、国家环保专项、省市级环保专项等各类科研和咨询项目 30 余项。获省部级科技进步奖一等奖 1 项,二等奖 1 项,三等奖 2 项。出版专著 1 部,发表学术论文近 30 篇,SCI 收录 2 篇,EI 收录 2 篇,1 篇获英国 *Water Management* 期刊 2015 年度优秀论文奖(Robert Alfred Carr Prize)。

入海河口水环境质量评价体系框架探讨

刘录三[1,2]*,刘静[1,2],林岿璇[1,2]

1. 中国环境科学研究院环境基准与风险评估国家重点实验室,北京;
2. 国家环境保护河口与海岸带环境重点实验室,北京

一、引言

作为连接流域和海洋的枢纽,入海河口既是流域物质的归宿,又是海洋的开始,陆海相互作用特别强烈。我国入海河口(简称"河口")众多,在长达 32 000 km 的大陆与岛屿海岸线上,分布着大小河口 1800 多个,仅河流长度在 100 km 以上的河口就有 60 多个。我国现行水环境标准中与河口水环境管理有关的主要有《地表水环境质量标准(GB3838—2002)》与《海水环境质量标准(GB3097—1997)》。经过多年的实践,在河口实施中发现主要存在以下不足:从河海界限来看,我国河口区主要采用河海划线的方式进行管理,实际管理中往往随意性较大,陆域一侧执行《地表水环境质量标准》(GB3838—2002),海域一侧直接执行《海水水质标准》(GB3097—1997),造成了各相关行政管理权责推诿扯皮,审批权限不清晰的问题;从区域差异来看,我国陆域幅员辽阔,主要河流的气候、水文等自然条件差异巨大,各河口区的水动力、化学和生物特征各不相同,许多评价指标在不同河口的环境背景值相去甚远,不同区域的特征污染物各异,现行的同一指标体系、单一评价标准在理论上难以适用于所有河口环境;从评价指标构成来看,现有评价指标大都集中于水体化学指标,没有将物理生境、生物群落等考虑在内,无法全面反映河口的总体环境状况;从评价标准来看,现行海水水质标准基本上是基于水体的使用用途而制定的,而对海洋生态系统保护考虑较少;从评价方法来看,目前的水质评价方法过于简单,主要是单因素评价,难以反映复合污染的协同或拮抗效应,导致评价结果过松或过严。本文在分析了我国地表水及海水水环境质量评价管理现状的基础上,结合国际经验,提出了基于"生物-物理-化学生态完整性"的我国入海河口水环境质量评价体系框架,以期为河口区水环境管理提供科技支撑。

二、国际入海河口水环境质量评价进展

（一）关于评价指标

美国、欧盟、澳大利亚等发达国家涉及了物理、化学、生物等多方面内容,体现了水生态保护和生态完整性的理念。在基于一些传统的水质指标的基础上,开始转向有机污染物研究上,尤其是新型有毒有害有机物。所谓"新型有机污染物",是相对于传统的污染物(如农药)而言的,包括内分泌干扰物、药物及个人护理用品、含溴阻燃剂、消毒副产物、藻毒素、全氟辛烷磺酸等物质成分。如一些环境污染物质会干扰生物内分泌系统,对生物的生长、发育和繁殖等各种生理过程产生不利影响及潜在风险。据报道,单个环境内分泌干扰物对生物系统的影响很小,当生物体暴露于两种或两种以上雌激素活性很弱的环境物质时,其作用会明显加强,产生协同激活作用。鉴于严重性,很多美国、日本等发达国家开始对环境内分泌干扰物进行研究并视为优先领域,丹麦等欧盟国家已在 20 世纪末将内分泌干扰物及其复合效应作为重要议题,已经积极着手国家基准和立法。

（二）关于评价阈值

国际上入海河口区的水质评价标准值的合理性日益受到重视,在国家层面发布了一系列指导文件进行管理。关于营养盐指标,美国各州开展了营养盐基准研究,如《佛罗里达河口海岸水质标准》(2012)、《加利福尼亚数值化终点的技术方法》(2006)、《路易斯安那州的营养盐基准》(2006)等;欧盟发布了《欧盟过渡及海岸水体分类系统的方法及参照条件指导》,而澳大利亚制定了针对如 Brisbane River Estuary 单个河口的水质管理目标值,发布了《环境保护水体政策-2009-Brisbane River Estuary 环境值和水质量目标》。对于有毒物质指标,尤其是新型污染物,各国在直接沿用海水水质基准的同时,也在开展河口区自身水质基准的研究,如美国《EPA 国家推荐水质基准 2002》中指出淡水和海水推荐的基准应用范围如下:① 对于水体在 95% 情况或更多情况下盐度等于或少于千分之一时应用淡水基准;② 对于在 95% 情况或更多情况下盐度等于或大于千分之十应用海水基准;③ 对于盐度在千分之一至十情况下应用淡水或海水基准更加严格,然而,如果能有充分的证据表明淡水生物占主导,则采用淡水基准,反之,则采用海水基准。一般来说,目前国际上河口区有毒物质评价标准值包括下面三种做法:直接沿用海水水质基准值法、直接沿用海水水质标准法加外推系数法、取咸淡水水质基准最严值法。

(二) 关于评价方法

1. 基于营养盐负荷-响应因果关系概念模型的营养状态水质评价方法

针对全球近岸海域富营养化问题,营养盐负荷-响应关系概念模型有助于界定因果关系期望和营养盐引起的损害程度,并能证实一些假定,成为水质管理者的一个标准工具(图1)。研究表明,富营养化与一系列沿海的环境问题密切相关,其中包括赤潮、鱼类死亡、海洋哺乳动物死亡、贝类暴发性中毒、海草与底栖生物栖息地丧失、珊瑚礁毁坏等。此外,富营养化能够加剧人类健康效应。基于此理论,压力-状态-响应评价法目前是国际上河口富营养化水质评价的主流方法,如美国的"河口富营养化评价法"(ASSETS)、欧盟的奥斯陆-巴塞纳综合评价法(OSPAR-COMPP)和澳大利亚"距离评价法"(Distance Measure),通过营养盐输入建立与响应变量之间的关系,广泛应用于国家水质富营养评价中(表1)。

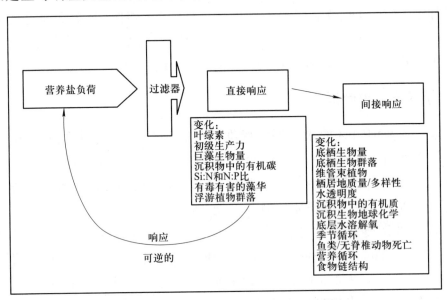

图1　营养盐负荷-响应因果关系概念模型

来源:Clone, 2001

表1　国际上河口区富营养化不同评价方法中的指标参数

方法名称	生物指标	物理化学指标	是否营养盐负荷相关
TRIX	Chla	DO\DIN\DIP	无
EPA-NCA Water Quality Index	Chla	水体透明度\DO\DIN\DIP	无

续表

方法名称	生物指标	物理化学指标	是否营养盐负荷相关
ASSET	Chla\大型藻类\海草\HAB	DO\DIN\DIP	是
TWQI\LWQI	Chla\大型藻类\海草	DO\DIN\DIP	无
OSPAR COMPP	Chla\大型藻类\海草\浮游植物指示物种	DO\DIN\DIP\TP\TN	是
WFD	浮游植物\Cha\大型藻类\底栖动物\海草	DO\TP\TN\DIN\DIP\水体透明度	无
HEAT	Chla\初级生产力\海草\底栖动物\HAB	DIN\DIP\TN\TP\DO\水体透明度	无
IFREMER	Chla\海草\大型底栖动物\HAB	DO\水体透明度\SRP\TN\TP\DIN\沉积物有机质\沉积物TP\TN	无
TSI	Chla\初级生产力	DIN\DIP	无
中国地表水湖库-综合营养状态指数法	Chla	TP\TN\\SD\COD	有
中国海水-单因子评价	无	DIN\DIP	无

（三）基于复合污染物-群落水平因果关系的生物评价

传统的环境质量化学评价方法能直接迅速地响应水体(沉积物)污染物的类别和浓度,花费较少,可行性高,但却无法反映污染的危害程度与作用机理,尤其是复合污染物对生态系统的综合影响;生物评价则能够响应污染物的复合效应并反映这种效应的长期变化。这类指标与物理性和化学性指标是相辅相成的。海洋水体和沉积物中的污染物会直接或间接地影响栖居于此的生物,产生一系列生物效应,在生物的个体、种群、群落等方面均有响应。其中,群落水平因具有深厚的研究基础、世界通用的响应指标以及能够响应污染的实际效应和环境污染的长期变化而常被人们用来指示海洋环境质量状况。为便于政府部门和环境管理者清晰地了解某一给定海域的生境质量变化状况,世界各国政府及海洋生物学家们一直致力于开发更加简单、务实、科学性强的生物指数。美国、澳大利亚、加拿大的清洁水法案（Clean Water Act）或海洋法案（Oceans Act），欧洲的水框架指令（WFD）或海洋战略框架指令（MSFD），南非的国家水法案（National Water Act）等的颁布实施，极大地促进了生物指数研究的蓬勃发展。在评价方法方面，可用于生物完整性评价的方法很多，大致可以分为指示生物法、多样性指数法、生物指数法、多变量方法等。如河流生态系统中的生物完整性评价（Index of Biological Integrity，IBI），再如 Glémareche 等（1981）提出的海洋生物指数（BI），Borja 等（2000）在 BI 模型基础上建立的海洋生物指数（AMBI），Nilsson 等（1997）的底栖生物栖息地质量指数（BHQ），以及 Simboura 等（2002）提出的 Bentix 生物指数等。

（四）基于生态系统健康的河口海湾综合水质评价方法

目前国际上的水环境管理越来越注重生态系统功能的保护和维持，生物评价项目已成为水环境质量评价体系中的一个重要组成部分。如切萨皮克湾（Chesapeake Bay）的生态健康评价中，水质指标包括叶绿素 a、溶解氧、透明度，生物指数包括底栖群落指数、水草指数、浮游植物群落指数；莫顿湾（Morton Bay）中采用了生态健康监测项目"EHMP"的通用指标，河口水质指标包括总磷、总氮、溶解氧、叶绿素 a、浊度，生物指标包括海草床深度范围、珊瑚盖度、营养盐迁移转化过程及污水扩散（δ^{15}N）；塔玛河口（Tamar Estuary）水质指标包括总磷、总氮、浊度、叶绿素、溶解氧、pH、重金属（Al/As/Cd/Cu/Hg/Pb/Zn）、大肠杆菌（娱乐功能）。《水框架指令》（WFD）是近几十年来欧盟在水资源领域颁布的最重要的指令。其中，河口区在水框架指令中被划分为过渡水体，主要依据"过渡水体和近岸海域水体类型、参照条件和分类系统导则"进行指导管理。水体的生态状态是由生物和物理化学质量元素较低的状态决定，此外，特殊相关的化学物质的浓度也需考虑（绝不能超标），遵循"one out，all out"（一票否决）原则。欧盟的水环境质量标准是为国家水体评价服务的。环境质量标准指令（EC 2008a）建立了 33 种优先物质和 8 种其他污染物的最大接受浓度（maximum acceptable concentration，MAC）和年平均浓度（annual average concentration，AA），如果这些指标的浓度都达标，那么在水质评价中水体化学指标中可以评价为"良好"。针对特殊污染物（有机物和重金属），欧盟统一划分为内陆水体（Inland Surface Water）以及其他水体进行管理，其中过渡水体河口在其他水体类型规定限制范围内要求，值得一提的是，未纳入内陆水体（Inland Surface Water）范畴。

三、我国入海河口水环境质量评价管理现状

根据我国现已发布的条文来看,2011 年发布的《地表水质量评价办法》(试行)是较为综合的评价规范,其中,基本项目采用单因子评价法,湖库富营养化评价采用综合营养状态指数法,主要是对单项指标计算营养指数 TLI;而国家海洋局于 2002 年发布的《海洋生态环境监测技术规程》中针对富营养状况提出了采用 NQI 法,这两种规范中富营养评价方法显然与国际上基于压力响应关系理论的主流方法不一致。2005 年发布了《近岸海洋生态健康评价指南》(HY/T 087—2005),借鉴了欧盟、美国经验,以保护珊瑚礁、海草床、红树林、河口海湾等生态系统对象,采用赋分权重的方法对水环境、沉积环境、生物残毒、栖息地、水生生物进行综合评价,与国际相比,侧重了对相关评价指标和权重进行调整。营养指数法(E)和有机污染评价指数法(A 值法)同样用在《滨海湿地生态监测技术规程》中,有机污染评价指数法(A 值法)和 NQI 法被应用在《海湾生态监测技术规程》中,仅单因子评价法应用在《河口生态监测技术规程》中。

四、国内外经验对我国的相关借鉴

(一)生态学评价方法

无论是基于营养盐负荷−响应因果关系概念模型的营养状态水质评价方法、基于复合污染物−群落水平因果关系的生物评价还是基于生态系统健康的综合水质评价方法,均是基于生态学水平上提出的评价方法。每种方法不同之处在于:

(1)基于营养盐负荷−响应因果关系概念模型的营养状态水质评价方法强化了营养盐输入造成的水生态效应,同时也就弱化了其他污染物指标对水生态系统的影响,对于以营养盐为主要污染物的河口海湾来讲,的确是解决营养盐问题的有效方法。这些富营养评价模式大致相同,即均基于自身气候地理等异质性的特点,采用单独的水质评价标准进行评价;均考虑了压力要素,即将营养盐入海通量或负荷作为压力指标,以反映受人类扰动的程度;均考虑了单个站位和区域评价;主要依据参照状态法采用不同百分数(澳大利亚、美国)或逐级递增法(欧盟)确定评价标准值。其区别有:压力要素纳入方式不同,美国采用了矩阵判定法将压力−状态−响应指标综合在一起,而澳大利亚将压力指标单独拿出,是河口受人类扰动程度分类的依据,也是河口水质评价的前提,但不做整体进行评价;压力指标主体表现形式不同,美国在"河口富营养化评价法"中不仅考虑了人类扰动的程度,而且还考虑了河口自身对压力响应的敏感性;澳大利亚

和欧盟仅考虑了人类扰动的程度;数据处理方式不同,美国在"河口富营养化评价法"中采用了组合矩阵的方式将压力-状态-响应指标各种可能的指标状态进行整合评价;而澳大利亚"距离评价法"则考虑了几何均值和算术平均值的方式将数据整合评价。

(2)基于复合污染物-群落水平因果关系的生物完整性评价方法强化了营养盐、有机物、重金属等复合污染物造成的水生态效应,是解决复合污染问题的河口海湾需考虑的方法之一。将多个类型的参数整合为一个单一的评价参数,明显无法说明其具有的生态学意义,虽然使用了"完整性"这个词一样无法回避这一问题;其次,就自然扰动和人为扰动之间的差异研究还不多,尽管少数学者利用参数的残差分析已经能够区别出自然扰动和人为扰动之间的差异,但目前这一研究还不多见;再次,不同参数间对于扰动的变化率的差异,如硅藻和大型底栖动物能够很好地区别出土地利用和有机物富集的影响,而鱼类和大型水生生物则能够很好地区别出物理生境的影响。

(3)目前国际上基于生态系统健康的综合水质评价方法中强化了响应指标在水质评价中的应用,尤其以美国切萨皮克湾(Chesapeake Bay)的生态健康评价法为代表,虽评价效果较为显著,考虑到实际管理中与总量控制需求相衔接,没有明确的氮磷要求,在管理实施中较难操作;而澳大利亚摩顿湾生态健康EHMP方法,根据河口海湾不同的特点,分别制定了相应的评价指标;最后,可能是所有发展中国家地区使用生态指标评价所遇到的类似的问题,即无法找到适合的参照点,长期的历史开发过程导致的河口海湾整体退化,这些样点构建的评价参数不可避免地会出现偏差。

(二)将河口营养状态评价方法纳入我国水质评价体系的必要性

作为几十年来困扰近岸海域水质的首要问题——氮磷营养过剩,《中国环境状况公报》和《中国海洋环境质量公报》中长江口、杭州湾、珠江口等重要海湾河口长期处于超标现象,半数比例为劣四类,且并未发生有效改善,需要单独考虑营养状态的评价问题,有利于筛选出重点优先管理区域,同时也将有利于采取相应的总量控制措施。因此,本文营养状况评价方法不再采用营养状态质量指数(NQI)、营养指数法(E)等,而是借鉴能够反映区域内最好状态(或背景值)和最差状况的评价方法,对总氮、总磷、叶绿素、溶解氧等营养状态指标进行整合进行评价。

(三)将水生生物类群评价方法纳入我国水质评价体系的必要性

综合美国、欧盟、加拿大、澳大利亚先进管理经验,提出将水生生物类群评价方法纳入我国水环境质量评价指标体系,原因有三:① 生物评价是评估水生态系统的重要部分,是评估环境保护绩效和评估有关水质指标达标率的工具,只有将化学、物理和生物有机结合才能真正实现"水生态系统的生态整体性";② 评价的最终目的在于找出水生生态系统的受损原因,仅生物或物理化学要素都无法确定导致生态系统的受损原因,但在生物评价之上加入水环境化学和物理的指标,就可以起到定性和定量分析水生生态系统的受损原因,以此来确定是那种环境污染物在起主导作用;③ 如同毒理学水质基准一样,是水质标准中不可或缺的一部分,用于描述满足指定水生生物用途,为保护或恢复水生生态系统生物完整性而设定的可执行管理目标,即是群落水平上的一类生物基准。

五、入海河口水环境质量评价框架

(一)入海河口水环境质量评价目标

以保护河口区人体和水生态系统健康、满足不同使用功能对水质的基本要求为指导,构建充分体现"生物-物理-化学生态完整性"的高生态质量的我国入海河口水质评价体系。

(二)入海河口水环境质量评价思路

在河口划界的基础上,将我国水环境质量指标体系划分为生态类指标和毒理类指标两类,综合国际先进经验,根据指标类型建立河口水环境质量评价体系。生态类指标主要反映区域产业结构、气候环境、地理地质异质性及河口本身特征,如河口 pH、温度、悬浮颗粒物等水环境质量基本项目、河口营养状态项目及水生态群落结构项目等,在河口区域建立生态类评价指标体系和方法;而毒理类指标主要涉及重金属项目和有机污染物项目,直接按照现行《地表水环境质量标准》与《海水水质标准》进行单因子评价。

(三)入海河口水环境质量评价方法及步骤

1. 第一步:确定河口生态分区及河海界限

1)河海边界确定方法

在 95% 的时间下盐度在 0.5‰~5‰ 河口区域范围内,结合实际功能区划、监测断面及地貌特征(如桥、沙洲、岬或岛屿等)等明显地理特征最终确定,向河的一侧应用《地表水环境质量标准》,向海的一侧应用《海水水质标准》。

2)生态分区确定方法

首先综合考虑河口盐度梯度分布、水文特征变化、底质类型、生物类群的空间分布特点、岸线以及周边自然景观变化等,得到初步分区方案;针对河口物理、化学、生物响应关系,进行分区结果差异性检验;根据验证结果,确定最终的生态分区方案。差异性检验内容包括:

(1)压力响应指标包括营养盐-叶绿素(DO、透明度等)相关性等;

(2)理化指标包括营养盐背景值、水体滞留时间、沉积物底质类型、盐度、悬浮物、pH等;

(3)生物类群指标包括咸淡水生物物种类群、生物密度、指数等。

2. 第二步:根据不同的指标类型依据不同的方法进行评价

1)水生生物类群指标评价方法

生物完整性指数法(IBI)在浮游植物、浮游动物、底栖生物、鱼类等类群中都能较好地运用,又可同时适用于淡、海水水域,在世界上也广泛应用于河流及近海的生物评价。因此,以生物完整性指数法(IBI指数)为主要推荐的评价方法,在河海界限(原则上生态分区中都会有所重合)向海一侧添加M-AMBI生物指数法作为辅助手段使用。

Step 1:生态分区(同时参考河海界限结果)

生物完整性指数和AZTI指数中的M-AMBI指数的计算都需要以河口分区为前提。

Step 2:参考点的确定

生物完整性指数法(IBI指数)参照点:可借鉴其他生物评价方法得出生物状态较好的点,再结合该样点的水质和沉积物质量状况,确定参考点。

M-AMBI参照状态设定常用的方法如下:

——M-AMBI默认值

该方法选择调查站位中最低的AMBI值,最高的香农-威纳指数H'和物种丰富度S值作为参照状态。

——Precaution方法

采用调查站位中最高H'和S值,按专家意见增加10%~15%,以及最低的AMBI值作为参照状态,计算M-AMBI值。该方法适用于调查区域全部受到人类活动影响的情况。

Step 3:生物指标的筛选

针对生物完整性指数,候选生物指数的筛选主要参照Barbour等的方法。具体步骤如下:

(1)候选指标分布范围检验:频率分布(如果指标在样点中分布范围过窄或存在零值过多的情况≥95%,将在指标筛选中对其进行剔除);

(2)敏感性分析:Manny-Whitney U 和 Kolmogorov-Smirnov Z 检验比较各参

数在参考点和受损点间的中位数和分布差异是否达到显著水平,选择能显著响应人类活动的指标作为评价指标;

（3）相关性分析:检验候选指标独立性的方法;利用 Pearson 相关性分析（指标符合正态分布）或 Spearman 相关性分析（参数不符合正态分布）剔除相关性较高的指标（r 绝对值大于 0.75）。

生物候选指标包括:

（1）浮游植物包括种类数,密度,蓝藻密度,蓝藻 *Microcystis*, *Anabaena*, *Aphanizomenon* 属丰度,蓝藻比例,绿藻比例,硅藻比例,硅藻中心纲/羽文纲,硅藻属指标［丰度（*Achnanthes*, *Cocconeis* 和 *Cymbella*）/（*Cyclotella*, *Melosira* 和 *Nitszchia*）］,甲藻比例,香农-威纳指数,丰富度指数,均匀度指数,chla 浓度,赤潮藻密度比等。

（2）浮游动物包括种类数、丰度、原生动物比例、轮虫比例、枝角类比例、桡足类比例、水母类比例、哲水蚤目丰度、枝角类+剑水蚤目丰度、浮游动物生物量、生物量/chla 浓度、均匀度指数、丰富度指数、多样性指数等。

（3）底栖动物包括物种数、丰度、生物量、马格列夫指数、辛普森指数、香农-威纳指数、均匀度指数、耐污种丰度百分比、耐污种生物量百分比、敏感种丰度百分比、敏感种生物量百分比、滤食种生物量百分比、肉食及杂食种丰度百分比、端足目+软体动物物种数、端足目+软体动物丰度百分比等。

Step 4:生物完整性指数的计算

筛选出的指标即为核心指标,对它们进行记分以统一评价量纲,使用 0~10 赋分法,其赋分原则是:正向参数,$V_i' = 10\ V_i/V95\%R$;反向参数,$V_i' = 10(1 - V_i/V95\%I)$。其中,$V_i'$ 为标准化后的指标参数,V_i 为参数值,$V\ 95\%\ R$ 为参照点的 95%分位数,$V\ 95\%I$ 为受损点的 95%分位数。各个核心指标记分值的总和,即为生物完整性指数值。根据生物完整性指数对环境压力的响应进行敏感型检测,计算指数区分参照点位和受损点位的效率,也就是被正确区分的点位的百分比。如果区分效率在 60%以上,则可认为该生物完整性指数有效。

Step 5:区域评分及分级

生物完整性指数的评价标准采用所有点位指数值分布的 95%分位数法,即以 95%分位数为最佳值,低于该值的分布范围进行 5 等分,分别计算的底栖动物、浮游植物和浮游动物的生物完整性指数,综合生物完整性指数值取三者的算术平均值,进行区域评分及分级。

而 M-AMBI 指数的计算在 AMBI V5.0 软件上实现。它是建立在 AMBI 值计算的基础上,加入 Shannon-Wiener 多样性指数及物种丰富度两个指标,按 Step 1 设立合适的参考状态,采用因子分析法和差异分析法计算得出,进行生态环境质量分级。

2）营养状态指标评价方法（包括总氮、总磷、叶绿素、溶解氧等）

Step 1：如前生态分区结果

Step 2：计算超标分值

即为在最好状态（或背景值）之外相关指标的监测值的比例。计算最差期望值：选择一个 WEV 值作为临界点，如果值过高，距离分就会偏低，区域差异就很难体现，且难以比较；如果值过低，距离分就会偏高，较差的点位就很难被识别。

Step 3：计算与最好状态（或背景值）的距离

定义为数据超过最好状态（或背景值）且接近最差期望值的程度。距离分值（DSi）为 0 时，轻微超过最好状态（或背景值），而距离分值（DSi）为 1 时，指标数据接近于 WEV 值。

DSi＝[监测值−最好状态（或背景值）]/[最差期望值−最好状态（或背景值）]

Step 4：计算每个区域的指标分值（ISi）

一旦每个指标的 NCi 和 DSi 被确定，需要整合两个分值进行评价，通常选择指标的几何平均值作为整体指标的分值。

Step 5：计算所有指标的区域分值（ZS）

整个区域总体分值表达为相关指标的算术平均值。

Step 6：区域评分及分级

3）基本项目评价方法（指 pH、SS、温度、COD 等理化参数）

Step 1：如前生态分区或河海划界结果（两种方案皆可）

Step 2：确定评价阈值

以参照状态四分法为主要方法，相应阈值作为评价四类水体标准值。或者采用河海划界方案，向河一侧执行《地表水环境质量标准》（GB3838—2002），向海一侧执行《海水水质标准》（GB3097—1997）进行单因子评价。

Step 3：区域评分及分级

4）重金属、有机物指标评价方法

Step 1：如前河海划界结果

Step 2：向河一侧执行《地表水环境质量标准》（GB3838—2002），进行单因子评价，向海一侧执行《海水水质标准》（GB3097—1997），进行单因子评价

Step 3：区域评分及分级

3. 第三步：将各单元指标进行整合，最低级别决定河口水环境质量等级

六、应用建议

河海划界的混乱,需要加强部门(海洋、环保、水利等)协调才能解决,对河口水质评价;研究制订以不同保护对象为目的的环境污染物监测、优先污染物筛查及其排序技术、我国代表性土著种生物模式化技术、活体生物测试和毒性评估、污染物生物有效性和生物累积性评估、毒性预测和暴露评估等方面的技术规范与标准,开展河口水质基准研究;将流域–河口–海洋统筹考虑,做好咸淡水水质标准和评价方法的衔接。

参考文献

蔡立哲. 2003. 河口港湾沉积环境质量的底栖生物评价[D]. 厦门:厦门大学.

蔡文倩. 2013.我国典型河口海湾大型底栖动物群落环境指示作用研究[D]. 北京:北京师范大学.

周晓蔚,王丽萍,郑丙辉,等. 2009.基于底栖动物完整性指数的河口健康评价[J]. 环境科学,30(1):242-247.

Baumard P, Budzinski H, Garrigues P. 1999. Polycyclic aromatic hydrocarbons (PAHs) burden of mussels (*Mytilus* sp.) in different marine environments in relation with sediment PAHs contamination, and bioavailability[J]. Mar Environ Res, 47 (5):415-439.

Borja A, Franco J, Pérez V. 2000. A marine biotic index to establish the ecological quality of soft-bottom benthos within European estuarine and coastal environments[J]. Marine Pollution Bulletin, 40 (2):1100-1114.

Borja A, Franco J, Valencia V, et al. 2004. Implementation of the European Water Framework Directive from the Basque country (north Spain): A methodological approach[J]. Marine Pollution Bulletin, 48 (3-4):209-218.

Borja A, Tunberg B G. 2011. Assessing benthic health in stressed subtropical estuaries, eastern Florida, USA using AMBI and M-AMBI [J]. Ecological Indicators, 11:295-303.

Bricker, S B, Longstaff B, Dennison W A. et al. 2007. Effects of nutrient enrichment in the nation's estuaries: A decade of change[M]. National Oceanic and Atmospheric Administration, Coastal Ocean Program Decision Analysis Series No. 26. National Center for Coastal Ocean Science, Silver Spring, M D.

Burgess R, Chancy C, Campbell D, et al. 2004.Classification framework for coastal systems[C]. Office of Research and Development, US EPA 600/R-04/061.

Coastal and Marine Ecological Classification Standard. 2012.Marine and Coastal Spatial Data Subcommittee Federal Geographic Data Committee,Nutrient Criteria Technical Guidance Manual Estuarine and Coastal Marine Waters.

Conley D J, Kaas H, Møhlenberg F, et al. 2000.Characteristics of danish estuaries[J]. Estuaries,

23: 820-837.

Dalrymple R W. 1992.Tidal depositional systems//Walker R G, James N P. Facies models; response to sea level change. Geological Association of Canada, 195-218.

Detenbeck N E, Batterman S L, Brady V J, et al. 2000.A test of watershed classification systems for ecological risk assessment[J]. Environmental Toxicology and Chemistry, US EPA, Mid-Continent Ecology Division, 19: 1174-1181.

Diaz R J, Cutter Jr G R, Dauer A M. 2003.A comparison of two methods for estimating the status of benthic habitat quality in the Virginia Chesapeake Bay [J]. Journal of Experimental Marine Biology and Ecology, 285-286: 371-381.

Fischer H P. 1976.Mixing and dispersion in estuarines[J]. Annual Review of Fluid Mechanics, 8: 107-133.

Glibert P M, Madden C J, Boynton W, et al. 2010. Nutrients in estuaries, a summary report of the National Estuarine Experts Workgroup 2005-2007[R].

Glémarec M, Hily C. 1981.Perturbations apportées à la macrofaunebenthique de la baie de Concarneau par les effuentsurbains et portuaires[J]. Acta Oecol Appl, 2: 139-150.

Guidance on typology, reference conditions and classification systems for transitional and coastal water[C]. 2002.

Hale J, Butcher R. 2008.Summary and review of approaches to the bioregionalisation and classification of aquatic ecosystems within Australia and internationally[R]. Report prepared for the Department of Environment, Water, Heritage and the Arts.

Heap A, Bryce S, Ryan D, et al. 2001.Australian estuaries & coastal waterways: A geoscience perspective for improved and integrated resource management, Australian Geological Survey Organisation[R].Report to the National Land and Water Resources Audit, Theme 7: Ecosystem health.

Jacobsen J A, Asmund G. 2000. TBT in marine sediments and blue mussels (Mytilus edulis) from central-west Greenland [J]. Sci Total Environ, 245 (1-3): 131-136.

Jay D A, Simth J D. 1988. Circulation in and classification of shallow, stratified estuaries[C]. Physical processes in estuaries.

Karr J R. 1999.Defining and measuring river health[J]. Journal of Freshwater Biology, 41(2): 221-234.

Ketchum B H. 1951.The flushing of tidal estuaries[J]. Sewage Ind Wastes, 23: 198-209.

Khlebovich V V. 1986. On biological typology of the estuaries of the USSR[J]. Proceedings of the Zoological Institute Academy of Sciences USSR, 141: 5-16.

Lavesque N, Blanchet H, de Montaudouin X. 2009. Development of a multimetric approach to assess perturbation of benthicmacrofauna in Zosteranoltii beds [J]. J Exp Mar Bio Ecol, 368: 101-112.

Liu Lusan, Li Baoquan, Lin Kuixuan, et al. 2014. Assessing benthic ecological status in the adjacent coast to the stressed Changjiang Estuary of eastern China, using AMBI and M-AMBI[J]. Chinese Journal of Oceanology and Limnology, 32:290-305.

Llansó R J, Dauer D M. 2002.Methods for calculating the Chesapeake Bay benthic index of biotic integrity (EB). http://www.baybenthos.versar.com.

Madden C J, Grossman D H, Goodin K. 2005.CMECS: A framework for a coastal/marine ecological classification standard[R]. Version II.Nature Serve.

Moss A, Cox M, Scheltinga D, et al. 2006.Integrated estuary assessment framework[C]. Cooperative Research Centre for Coastal Zone, Estuary & Waterway Management.

Muxika I,Borja A, Bald J. 2007.Using historical data, expert judgement and multivariate analysis in assessing reference conditions and benthic ecological status,according to the European Water Framework Directive[J]. Mar Pollut Bull, 55:16-29.

Nilsson H C, Rosenberg R. 1997. Benthic habitat quality assessment of an oxygen stressed fjord by surface and sediment profile images[J]. J Mar Syst, 11: 249-264.

Oey L Y. 1984.On the steady salinity distribution and circulation in partially mixed and well mixed estuaries[J]. Journal of Physical Oceanography, 14: 629-645.

Offer C B. 1976.Physical oceanography of estuarines (and associated coastal waters) [M]. New York: Wiley.

Prandle D. 1986. Generalized theory of estuarine dynamics[C].

Queensland Water Quality Guideline[C]. 2009.

Rattray M, Uncles R J. 1983. On the predictability of the 37Cs distribution in the seven estuary [J]. Estuarine, Coastal and Shelf Science, 16: 475-487.

Roper T, Creese B, Scanes P, et al. 2010.Assessing the condition of estuaries and coastal lake ecosystems in NSW[R]. Estuaries and Coastal Lakes, technical report series.

Rosenberg R, Blomqvist M, Nillsson H C, et al. 2004. Marine quality assessment by sue of benthic species-abundance distributions:A proposed new protocol within the European Union Water Framework Directive[J]. Mar Pollut Bull, 49: 728-739.

Roy P S, Williams R J, Jones A R, et al. 2001. Structure and function of south-east Australian estuaries[J].Estuarine, Coastal and Shelf Science, 53: 351-384.

Saintilan N. 2004.Relationships between estuarine geomorphology, wetland extent and fish landings in New South Wales estuaries[J].Estuarine, Coastal and Shelf Science, 61: 591-601.

Simboura N, Reizopoulou S. A comparative approach of assessing ecological status in two coastal areas of Eastern Mediterranean[J]. Ecol Indic, 2007, 7: 455-468.

Simboura N, Zenetos A. 2002. Benthic indicators to use in ecological quality classification of Mediterranean soft bottom marine ecosystems, including a new biotic index[J]. Mediter Mar Scie, (3/2): 77-111.

Stommel H, Farmer H G. 1952.On the nature of estuarine circulation[C].Woods Hole Oceanographic Institution Reference Notes, 52-63.

Van Dolah R F, Hyland J L, Holland A F, et al. 1999. A benthic index of biological integrity forassessing habitat quality in estuaries of thesoutheastern USA [J]. Mar Environ Res, 48: 269-283.

Weisberg S B, Ranasinghe J A, Dauer D M, et al. 1997. An estuarine benthic index of biotic integrity (B-IBI) for Chesapeake Bay[J]. Estuaries, 20(1): 149-158.

Wright J F. 2000. An introduction to RIVPACS[J]. See Ref, 149: 1-24.

刘录三 1975 年生,博士,中国环境科学研究院,研究员,硕士导师,国家节能减排评估师,中国环境科学学会水环境分会理事。1999 年毕业于南开大学,获生物学学士学位,2002 年毕业于中国科学院海洋研究所,获海洋生物学硕士学位,2005 年毕业于中国科学院地理科学与资源研究所,获自然地理学博士学位。承担或参加了"长江河口区营养盐基准确定方法研究""入海河口区水质标准与水环境质量评价方法研究""松花江水生态完整性评价及水生态修复技术示范""汶川特大地震灾后环境安全评估与应对措施""三沙市发展战略研究""重庆大足区生态文明建设规划"等科研项目。现主要从事水生生物多样性、生态监测与评价、生态修复等方面研究。获 2010 年度环境保护科学技术奖二等奖,发表论文近百篇,出版著作 4 部、译著 2 部,申请发明专利 2 项。

专题领域六：

21 世纪海上丝绸之路

21世纪海上丝绸之路海洋环境观测体系建设思考

夏登文，王祎，王斌，高艳波

国家海洋技术中心，天津

一、引言

海上丝绸之路是亚非欧海道交通的大动脉，也是推动中国与世界交流合作的重要通道。建设"21世纪海上丝绸之路"是我国在新时期构建全方位对外开放新格局的国家重大战略。海洋环境观测体系是"21世纪海上丝绸之路"建设的重要抓手之一，在"21世纪海上丝绸之路"战略实施中具有基础性和保障性服务作用。能够集中体现国家综合国力和更加长远的国家软实力，能够广泛带动海洋技术融合发展和对海洋事业、海洋产业的服务辐射能力，能够更加深入地共享、检验我国海洋技术发展所取得的成果，服务于国家外交战略。加强"21世纪海上丝绸之路"海洋环境观测体系建设，对满足中国与沿线及周边国家海洋经济发展、海洋防灾减灾、保障海上运输通道安全，应对气候变化需求等方面都有着极为重要的意义和作用。

二、需求分析

（一）中国与沿线及周边国家海洋经济发展的需要

"21世纪海上丝绸之路"沿线及周边国家多数为发展中国家，区域发展潜力大。目前都在大力发展海洋经济，海洋经济已成为这些国家乃至世界经济持续增长的希望所在。海洋产业是海洋经济发展的重要支撑，海洋产业活动与海洋环境密切相关。为推动"21世纪海上丝绸之路"沿线及周边国家海洋经济健康有序快速发展，为海洋产业发展提供基础保障，迫切需要提升海洋环境观测水平，提供高质量的海洋观测及环境预警报产品服务，建设"21世纪海上丝绸之路"海洋环境观测体系。

（二）中国与沿线及周边国家海洋防灾减灾、提高海上突发事件应急响应能力的需求

"21世纪海上丝绸之路"沿线及周边国家大多是世界上海洋灾害最频发、灾害程度最严重的国家。海啸、台风和风暴潮等海洋灾害时有发生，各种海上突发事件也日益增加，严重制约经济社会可持续发展和人民享受和谐安宁生活。2004年印度尼西亚苏门答腊岛附近海域发生8.9级强烈地震引发的海啸波及东南亚和南亚数个国家，造成15万多人死亡。随着海洋灾害造成的经济损失加大，受灾人口增多，海洋防灾减灾工作显得尤为重要。提高21世纪海上丝绸之路沿线及周边国家应对海洋灾害的监测、预报预警能力，减少海洋灾害造成的经济损失和人员伤亡，提高海上突发事件应急响应能力，建设体系完善的海洋环境观测体系已成为一项刻不容缓的大事。

（三）中国与沿线及周边国家保障海上运输通道安全的需求

"21世纪海上丝绸之路"主要有两个重点方向，一是从中国沿海港口过南海到印度洋，延伸至欧洲/北非；二是从中国沿海港口过南海到南太平洋。这两个方向是中国及沿线及周边国家重要的海上交通及海洋运输通道。对外贸易及石油的运输绝大部分也由海上运输此完成。保障"21世纪海上丝绸之路"建设的海上运输通道安全，及时、准确地获取和利用海洋观测信息，提升海洋环境保障能力，是海洋环境观测体系的新任务。

（四）"21世纪海上丝绸之路"沿线及周边国家应对气候变化的需求

气候变化是国际社会普遍关心的重大全球性问题，应对气候变化已成为各国外交的重要议题，也是影响"21世纪海上丝绸之路"沿线及周边国家经济社会发展的潜在制约因素。海洋作为全球水汽、热量、碳循环的巨大源或汇，对气候变化具有一定的记忆功能，是影响和预测气候变化的最重要因素。同时，气候变化又导致了海水变暖、海平面上升、海洋灾害加剧、海洋极端事件增多、海洋生态环境遭破坏等诸多问题。目前海上丝绸之路沿线及周边国家的观测数据稀少，对应对气候变化还没发挥足够的作用，需要大力加强海洋环境观测，提高气候变化的预测和应急适应能力，加深对气候变化的认识，提高海上丝绸之路沿线及周边国家应对气候变化的能力。

三、技术现状和优势

海洋环境观测技术体系的主体一般由各类定点和移动等现场观测技术，以

及遥测技术构成。根据海上丝绸之路范围广、路线长等特点,在"21 世纪海上丝绸之路"海洋观测系统中,应主要包括海洋台站、浮(潜)标、ARGO、水下移动平台、志愿船观测和卫星等观测技术。我国在多年的科研和业务观测下,积累了大批成果,具备"21 世纪海上丝绸之路"海洋观测体系建设的技术基础和优势。

(一)海洋台站技术

我国自 20 世纪 80 年代开始海洋站水文气象自动观测技术研究。2000 年前后国家海洋局在我国沿海和岛屿初步建成了第一代业务化海洋站水文气象自动观测网,为海洋预报、海洋防灾减灾和海洋科学研究提供我国沿海的波浪、潮汐、水温、盐度、风速、风向、气温、相对湿度、气压和降水等水文气象观测数据。海洋站水文气象自动观测系统也发展到第二代,实现了低功耗、无人值守和友好人机交互等功能,整体性能与国外基本相当。其中,国家海洋技术中心研制的 XZY3 型海洋站水文气象自动观测系统和 SCA11-3A 型浮子式潮位计,以及山东省科学院仪器仪表研究所(山仪所)研制的压力式测波仪和测波浮标得到广泛应用。我国已具备在海洋建站的能力,2011 年,我国与印度尼西亚联合建立的巴东海洋观测站的部分观测设备开始试运行,这是我国在海外建立的首个海洋观测站。

(二)浮(潜)标技术

我国的浮潜标技术比较成熟,基本解决了长期可靠运行问题,整体技术水平已相当接近世界先进水平,尤其是在新技术应用方面初步建立起了浮标技术研究、管理使用、技术保障体系。我国目前已经拥有多种型号和不同功能(水文气象监测、海洋动力环境监测、生态水质监测、应急核辐射监测等)的浮标。在位运行的浮标以金属架结构为主,其中山仪所和国家海洋技术中心研制的多种浮标已经在国内海洋环境监测和海洋科学研究中发挥了巨大的作用。另外,中国科学院海洋研究所在"863"计划支持下研发了海浪驱动自持式海洋要素垂直剖面测量系统。

在潜标方面,我国从 20 世纪 80 年代初开始海洋潜标技术的研究,技术基本成熟。国家海洋技术中心先后完成了深海测流潜标系统、400 m 以浅和 4000 m 以浅的海洋潜标系统、爬绳式海洋潜标系统、深海海洋声学潜标系统、6000 m 以内核监测潜标的研制。中船重工 710 所在国家"863"计划的支持下,开展了基于卫星通信的实时传输潜标系统的研制工作,还研制了基于水下绞车的新型实时传输潜标,其探测目标系统、水下绞车等功能和性能已达到世界领先水平。此外,中国海洋大学研制了实时传输海洋监测潜标系统和自容式海洋监测潜标系统,中国科学院海洋研究所研制了海床基自治式海洋要素垂直剖面实时测量平台装置。

我国 Argo 浮标已开始业务化应用。国家海洋技术中心在多年 863 计划和海洋公益性专项经费资助下,Argo 浮标技术逐步成熟,已在开展了成果转化和400 m、1000 m、2000 m 三型 Argo 浮标的产品化生产。中船重工 710 所也研发了海马 500、海马 2000 型 Argo 剖面浮标。

(三) 水下移动观测技术

利用在海上丝绸之路沿线的水下移动观测设备主要应为自治式水下潜器(AUV)和水下滑翔器(Glider)。我国目前的 AUV 技术已具备了产业化基础。沈阳自动化所研发的"潜龙一号"水下航行器可完成海底微地形地貌精细探测、底质判断、海底水文参数测量和海底多金属结核丰度测定等任务,并已在东太平洋水下 5080 m 深度进行了海试。哈尔滨工程大学联合华中科技大学、中船重工702 所和 709 所等单位研制了多型 AUV 样机,实现了 110 km 自主航行、完成了海底沉船和海底地形地貌探测试验。中船重工 710 所研制了多型潜深几百米范围的 AUV、多功能远程自主运载 AUV、搭载合成孔径声呐的 AUV 等。

国内 Glider 技术正处于百花齐放的状态。中船重工 702 所开展了水下滑翔器的产品化工作。中船重工 710 所、浙江大学、国家海洋技术中心等单位也开展了 Glider 研究。此外,天津大学、上海交通大学等单位还开展了温差能驱动的Glider 研发。目前,沈阳自动化所的 Sea-Wing 和天津大学的"海燕"在国内居于领先水平,Sea-Wing 工作水深 1000 m,续航时间 40 天,航程约 1000 km,"海燕"工作深度 1500 m,续航时间 1 个月。此外,国家海洋技术中心正在开展波浪能Glider 的研发。

(四) 船基观测技术

海上丝绸之路沿线的船基观测主要利用志愿船、科考船和军事船只进行观测。涉及的主要观测设备有船舶气象仪、投弃式仪器等。目前,我国的船舶气象仪工作稳定可靠,效果较好,可连续测量风、温、湿、压等多项气象参数,为船舶航行提供实时、连续的气象服务。近年来还开发了集成度高、体积小、功能强、可靠性高的船舶气象仪,特别适用于船舱狭窄、空间有限、但对气象参数又有较高要求的中小型舰船。在大洋水文资料实时获取方面,投弃式仪器属于一次性使用的仪器,我国已开展了相应众多研究,具备产业化基础条件。从 20 世纪 90 年代开始,国内许多单位从最基本的 XBT 着手,开始了投弃式测量技术的研究。国家海洋技术中心先后研制了 XBT、XCTD、XCP 等投弃式仪器,XBT 装备目前正在进行产品化工作,同时国家海洋技术中心已研制出 XCTD 工程样机和 XCP 原理样机,并且正在向多平台投放方面发展。山仪所也开展了 XBT 和 XCTD 等投弃式测量技术的相关研究。中国科学院声学研究所东海研究站研制的 XBT 也已经多次海上试验。此外,AXBT 系统研究也取得了湖上试验结果。

(五)卫星观测与通信技术

卫星观测具有大范围、准实时、全天候、长时间序列的特点,是应对全球大洋观测的重要技术,卫星通信也是海洋观测设备信息实时传输的有力保障。在卫星遥感观测方面,我国海洋系列卫星包括海洋水色卫星(HY-1)、海洋动力环境卫星(HY-2)和多模式合成孔径雷达卫星(HY-3)三个序列。国家海洋局利用海洋系列遥感卫星在海洋生物资源调查、海洋环境监测等领域开展了广泛的应用,取得了可喜的成果。在卫星通信方面,北斗卫星系统是我国独立自主建立的全球卫星定位与通信系统,具备较高的安全性和可靠性。北斗卫星系统拥有定位和短信息数据传输等功能,是继美国全球卫星定位系统(GPS)和俄罗斯全球卫星导航系统(GLONASS)之后第三个成熟的卫星导航系统,它的研制成功标志着我国打破了美、俄在此领域的垄断地位,实现了中国自主卫星导航系统从无到有的重大跨越。北斗卫星系统由空间端、地面端和用户端组成,可在全球范围内全天候、全天时为各类用户提供高精度、高可靠定位、导航、授时服务,并具有短报文通信能力,定位精度优于 20 m,授时精度优于 100 ns。其覆盖范围为 70°~140°E、5°~55°N,已能覆盖"21 世纪海上丝绸之路"的部分主要区域。目前,该系统已经开始应用于海洋防灾减灾、海洋浮标通信等方面。

四、发展建议

(一)强化顶层设计,提高观测能力

落实《全国海洋观测网规划(2014—2020)》,针对"21 世纪海上丝绸之路"沿线的综合状况,强化海洋观测顶层设计,着力发展剖面、志愿船和卫星等多元化大洋观测,建设三维立体、大范围、多要素且数据(准)实时传输的"21 世纪海上丝绸之路"海洋观测体系。

1. 发展剖面观测,拓展三维海洋资料

海洋层化结构使得海洋内部结构异常丰富且有别于海表面海洋现象,可严重影响海上平台及水下航行安全,常规海表面观测不能完全满足水上及水下航行安全的保障工作,"21 世纪海上丝绸之路"海洋环境观测需由海面观测向水下观测延伸,建设三维海洋观测体系。在"21 世纪海上丝绸之路"沿线及周边海域,一方面利用各型浮标、潜标等常规海洋观测设备构建浮(潜)标观测阵列,实

现海洋气象和海洋剖面的定点、长时间序列和网格化观测；另一方面，利用 Glider、AUV、Argo 浮标等水下移动平台实现大范围移动海洋剖面观测，作为浮（潜）标观测阵列的有效补充，扩大海洋剖面观测的覆盖范围。以此建设"21 世纪海上丝绸之路"沿线海域浮（潜）标观测网，通过海洋剖面观测数据的（准）实时传输，动态掌握大范围海洋剖面资料场，为三维海洋结构的精细化反演、预报及科学研究提供足够的数据支撑，服务于"21 世纪海上丝绸之路"海上及水下航行安全的同时，亦可满足沿线合作国家防灾减灾需求。

2. 发展志愿观测，扩充常态海洋资料

作为人类认识海洋的主要工具，海洋调查、科考船依旧是海洋环境科考与保障的重要组成部分，但其较高昂的造价，有限的数量以及调查任务的多样性难以维持其在"21 世纪海上丝绸之路"海洋环境保障体系中的高密度使用。"21 世纪海上丝绸之路"航线商贸船只众多且分布广泛，因此，应大力发展无偿或有偿海洋志愿观测船，安装船用自动气象观测站，自动获取航线风、温、湿、压等气象数据，积累局地高密度气象观测数据，加大 XBT、XCTD、XCP 等投弃式设备、拖曳式 CTD、ADCP 等观测设备的使用，快速、隐蔽的获取海洋温、盐、流等剖面数据，作为"21 世纪海上丝绸之路"沿线海域浮（潜）标观测网的有效补充，延展三维海洋观测覆盖范围，加密三维海洋观测密度。并将观测数据实时回传，开发气象、海洋数据应用软件及设备，应用于商贸船只自身海洋环境保障，在获取海洋环境资料的同时保障船只航行安全，以此建立庞大但成本相对低廉的海洋志愿观测体系，获取航路沿线高密度气象、海洋观测资料，扩充三维海洋观测资料库，保障"21 世纪海上丝绸之路"海上航行安全。

3. 发展卫星观测，获取广域海洋资料

"21 世纪海上丝绸之路"从东到西依次穿过南海、印度洋、红海（波斯湾）、地中海等海域，覆盖范围广，观测难度大，常规海洋观测装备难以支撑其高精度、大范围的观测需求。卫星观测覆盖范围广，具备全天候、（准）实时、长时间序列的特点，可获取海表面气象、波浪、温度、高度等海表多要素海洋资料数据。为满足"21 世纪海上丝绸之路"大范围的海洋环境保障需求，应发射更多海洋动力环境观测卫星，组网运行，实现大范围、高精度、网格化的海洋动力环境观测，结合剖面观测与志愿观测建设从水上到水下的综合三维海洋观测系统，为三维实况气象和海洋预报业务化运行及产品化提供全面的数据支撑；同时，利用气象、海洋等极轨卫星搭载的数据收集模块，建设卫星数据收集系统（DCS），在进行卫星观测的同时收集大洋浮（潜）标、Argo 浮标、Glider 等搭载数据发射模块海洋观测设备的观测数据，观测数据的传输的（准）实时、安全性，以及海洋环境保障的时效性提供保障。

（二）加强国际合作，实施共建共享

"21 世纪海上丝绸之路"远离我国大陆，其海洋环境观测体系中涉及的多种观测技术，建设投入大、技术要求高，各类观测设备在综合运行的成本和维护效率等方面都面临着巨大挑战。国家海洋局已先后与印度尼西亚、泰国、马来西亚等东盟国家签署了双边、多边海洋合作协议，或达成合作意向，在此基础上，继续加强同海上丝绸之路沿线国家在海洋环境观测领域的双边或多边国际合作，共享海洋观测设施及其观测信息，有利于共同发展。在海洋台站建设方面，应由沿线国家提出观测站拟选建的地点，然后由我方组织开展对拟建站的供电、通信、基建情况的实地考察，并就拟选站位置的观测环境的代表性进行评估；在共建时，可由我方派技术人员进行安装、调试、培训、排解故障和业务指导，并建议外方完成观测站日常运行值班、区域数据中心运行维护及后勤保障等工作。在浮（潜）标观测方面，利用政府间海洋科技合作协定，共同合作发起海上丝绸之路沿线海洋浮（潜）标观测计划。同时，加强与海上丝绸之路沿线国家合作，建设综合卫星地面站，实现卫星数据的（准）实时接收；建设海上丝绸之路定标检验场，保障卫星观测数据的校准精度。利用海上丝绸之路沿线国家的气象或海洋部门办公场地，建设区域级海洋观测数据中心，海外共建设施的观测数据可由共建双方共享使用，在我国海洋业务单位设立总数据中心。

在合作共建共享模式下，按照统一平台、统一标准、统一管理、合作建设、协同维护和持续发展的原则，发挥各自优势，合理配置资源，打造全方位的海上丝绸之路海洋环境观测体系。

（三）突破核心技术，提升观测质量

"21 世纪海上丝绸之路"海洋观测体系主要由大洋观测组成，对海洋观测系统装备的可靠性、稳定性和使用寿命要求更高。虽然近年来我国海洋观测技术得到了快速发展，在科技研发方面达到世界先进水平，但技术成果的产业化应用程度仍然较低、产品的精度、稳定性、长期可靠性同国外产品相比仍有很大的差距，除台站主要设备和锚系浮标外，高端海洋仪器设备主要依赖进口。因此，更应重视对海洋观测新型装备核心技术的创新研发。首先，应针对大洋观测的特殊需求，进行装备研发的顶层设计，从原理上说，大多数传感器和通用装备并不仅仅适用于海洋观测，适用于多个领域，在资金和政策的扶持下，应不断吸纳多领域研究力量，提升海洋观测技术装备的创新研发水平，开展海洋观测装备从需求到研发，再到定性产业化的全过程设计和协调，避免力量分散和资源浪费。其次，应加强我国海洋观测仪器装备自主研发基础和创新能力，提高企业研发的参

与度,间接提高产品化程度。最后,应建立适用于我国的海洋观测仪器设备通用规范、产业化定型机构和海洋观测仪器海上试验场。

参考文献

韩鹏,钱洪宝. 2015.海洋科技在 21 世纪海上丝绸之路建设中的作用[J].海洋技术,34(3):122-124.

范一大. 2015.“一带一路”战略减灾合作研究[J].中国减灾,5:44-49.

尹仑. 2015.21 世纪海上丝绸之路与“环印度洋战略研究”[J].学术探索,5:31-35.

张勇. 2014.略论 21 世纪海上丝绸之路的国家发展战略意义[J].中国海洋大学学报社会科学版,5:13-18.

国家海洋局. 全国海洋观测网规划(2014—2020 年)[S].

夏登文 博士,二级研究员,国家海洋技术中心副主任。主要研究方向为海洋技术战略研究、海洋信息工程建设和海洋能综合利用等。近年来,主持国家级重大科研项目 20 多项,包括海洋公益性科研专项、“908”专项、“863”计划、国家科技支撑项目等。获国家海洋工程科学技术奖二等奖两次。合作出版专著 5 部,发表论文 30 多篇。中国海洋湖沼学会理事,中国太平洋学会海洋管理专业委员会常委,多个国内和国际学术组织成员。

北极航线的价值和意义:"一带一路"战略下的解读

刘惠荣,李浩梅

中国海洋大学法政学院,山东青岛

一、"一带一路"通道建设与北极航线前景

改革开放 30 多年来,中国经济已发展成高度依赖国际贸易的外向型经济,对外贸易稳步增长。2009—2013 年,我国货物进出口额持续增长,其中,进口额从 10 059 亿美元增加到 19 504 亿美元,出口额从 12 016 亿美元增加到 22 096 亿美元,2013 年货物进出口总额比上年增长 7.6%。作为全球第二大经济体,中国经济已经融入世界,成为全球经济链条中不可缺少的组成部分,同样,中国经济依赖与其他国家的经贸合作,中国经济的可持续发展离不开国际市场。面对复苏乏力的全球经济形势、纷繁复杂的国际和地区局面,2013 年 9 月和 10 月,习近平主席在出访中亚和东南亚国家期间,先后提出共建"丝绸之路经济带"和"21 世纪海上丝绸之路"的重大倡议,经过前期酝酿和准备,国家发展和改革委员会、外交部、商务部 2015 年 3 月份联合发布《推动共建丝绸之路经济带和 21 世纪海上丝绸之路的愿景与行动》,为"一带一路"建设指明了方向。

"一带一路"依托通道建设,无论是丝绸之路经济带还是 21 世纪海上丝绸之路均以其主要运输通道来命名,基础设施互联互通是"一带一路"建设的优先领域,通过建设完善的基础设施、安全高效的陆海空通道网络,提升投资贸易便利化,形成高标准自由贸易区网络,从而深化经济联系、政治互信、人文交流。整个"一带一路"贯穿亚欧非大陆,两侧是活跃的东亚经济圈和发达的欧洲经济圈,中间是经济发展潜力巨大的广大腹地国家。其中,丝绸之路经济带包含三个方向:中国经中亚、俄罗斯至欧洲(波罗的海);中国经中亚、西亚至波斯湾、地中海;中国至东南亚、南亚、印度洋。它立足于我国中西部地区的对外开放、经济发展,优先部署铁路、公路项目,实现与中亚、欧亚大陆的陆上经济贯通,依托陆上通道的建设和完善推动经济带的构建。与丝绸之路经济带不同,21 世纪海上丝绸之路主要依托海上航线联通沿线国家的经济,它有两个方向:从中国沿海港口

过南海到印度洋,延伸至欧洲;从中国沿海港口过南海到南太平洋。

与此同时,受全球气候变化影响,北极航线未来有可能成为连接太平洋和大西洋的新航道。北极理事会发布的《北极海上航运评估报告 2009》(AMSA)指出,自 20 世纪下半叶以来,北极海冰的范围和厚度都在减少,全球气候模型预测海冰未来仍会持续退缩,北冰洋可能在 21 世纪中叶之前出现夏季无冰。北极海冰消融催化北极航运,近年来东北航道通行量有大幅提升,夏季穿行中央航道也被成功实践,北极航线通航前景明朗。东北航道商业运营已经开始,2009 年 7月,在没有俄罗斯破冰船开道情况下德国布鲁格航运公司两艘货船"布鲁格友爱"号和"布鲁格远见"号(均非破冰船)从韩国装货出发,向北经东北航道抵达荷兰鹿特丹港。2010 年 8 月 25 日,俄罗斯油船在破冰船引导下穿越东北航道抵达宁波港,"揭开了北极航道商业化航行的序幕"。航行时间跨度已从两三个月延长到 5 个月(7 月中旬到 12 月上旬),2012 年当年最晚的一艘货船 12 月 6 日从挪威的哈默菲斯特港出发到日本横滨港。可以说,北极航道作为连接亚欧交通新干线的雏形已经显现。

我国当前着力推进旨在加强亚欧非等沿线国家互联互通的"一带一路"建设,北极航线能否有所作为? 能够发挥何种作用? 对新时期我国对外贸易发展和海洋强国建设有何意义? 下文将分析北极航线的成本优势和战略价值,开发利用的法律环境,进而探讨"一带一路"背景下北极航线的重大意义。

二、北极航线的成本优势和战略价值

北极航线包含三条线路,从大致走向上看,西北航道东起戴维斯海峡、巴芬湾,西至白令海峡,途径加拿大北极群岛水域的数个海峡。东北航道西起冰岛,经亚欧大陆北方沿海,穿过白令海峡,连接东北亚,其中,西起卡拉海峡东到白令海峡的航行区域被俄罗斯称为北方海航道,是东北航道的重要组成部分。中央航道穿越北冰洋中央公海海域,连接太平洋和大西洋。

(一)经济成本优势

对于我国北方港口而言,北极航线相比传统南部航线的最大优势是航程短,能够节省时间和运费。以中国商船完成的首次试航为例,2013 年 9 月 10 日,中远集团"永盛"号货轮总载重量超过 1.9 万吨,从太仓出发通过东北航道到达鹿特丹,成为第一艘经北极东北航线完成亚欧航线的中国商船。整个航程 7800 多海里,航行 27 天,比经马六甲海峡-苏伊士运河传统航线短 2800 多海里,航行时间缩短 9 天,能节省巨额运费。据估算,相比传统航线,中国沿海港口到俄罗斯摩尔曼斯克港平均缩短 4000~7000 海里,节省航程约 36%~55%;到冰岛雷克雅未克、德国汉堡及波罗的海沿岸港口缩短 1370~4600 海里；北美方向，我国沿海港口到加拿大圣约翰斯缩短航程约 3500 海里，到波士顿和纽约缩短约 2000 海里。与传统海上通道相比，我国位置越北的港口利用东北航线到达欧洲的距离优势越明显，正是这种航程缩短的优势可能带来的巨大商业、经济及战略利益激发大连港制定打造以大连港为起点的北冰洋航线和国际枢纽港的规划。

显然，航程长短不是决定航运成本的唯一要素，北极航行使用特殊标准建造的船舶，造船租船费用比通航其他海域昂贵，此外还有破冰服务费等花费，综合估算，使用北极航线经济成本上是否合算？ 有研究显示，从上海到汉堡、从上海到纽约，在综合考虑冰级船舶建造和租赁费、冰区引航管理和服务费以及航次费时，东北航线目前运输成本高于传统航线，西北航线低于巴拿马航线。为灵活地反映东北航线航运成本中的不确定因素，更加准确地评估其作为连接欧亚地区替代性航线的潜力，有研究分析了 3 种通行时间、北方海航道服务费及燃油价格不同的模型，得出破冰费的高低是决定北方海航线在经济成本上与苏伊士运河航线竞争的关键因素的结论。因此可以推测，北极航线得益于航程短的优势，在未来服务费降低、冰级船舶租赁费减少、通航期间扩展的情况下，比传统航线更能节省航运成本。

事实上北极航线的通航条件的确在提升。自然条件方面，气候变化在加速，北冰洋海冰持续消融；政策环境方面，俄罗斯在大力推动北方海航道的国际通行，修改了破冰船强制引航及僵化的高额服务费规定，北极国家还建立了北冰洋海域的搜救合作和油污预防与反应机制，适用于极地海域的国际航行准则也即将出台，这些措施都将为北极航线的通航提供保障。照此趋势发展下去，北极航线利用的成本优势会逐渐显现，成为我国与欧洲、北美经济贸易的海上新通道。

（二）安全稳定的能源通道

伴随经济快速发展，我国能源需求居高不下，对外依存度高，中东局势不稳，加之南部航线存在安全风险，加快建立稳定多元的能源供应渠道对保障我国能源安全、经济安全具有重要意义。刚刚起步的北极大陆架资源开发为我国开辟新的海外能源基地提供了机遇。2008 年美国地质勘探局评估，北极可能储藏900 亿桶未开发原油，1669 万亿立方英尺未开发天然气，440 亿桶未开发液态天然气。世界未开发天然气的 30% 以及未开发石油的 13% 可能蕴藏在北极圈以北区域，且大部分在不足 500 m 水深的近岸。其中，天然气的储量是原油的三倍多，并主要集中在俄罗斯。广阔的北极大陆架可能是地球上未开采天然气储量最大的地理区域。此外，在挪威、加拿大、俄罗斯、美国的北极地区蕴藏有丰富的煤、铁、钻石、镍等矿藏，加拿大产出的铁矿石纯度高达 70%，现在已经制定了向欧洲出口的计划。北极地区的水产品也非常丰富,寒水区的鱼类具有较高的经济价值。潜在的资源储量和资源开发利用的前景进一步提升了北极地区在各国能源政治中的战略地位。

随着北极冰融速度加快以及能源开采技术的提升,北极大陆架油气资源的开发条件得到改善,北冰洋沿岸国家纷纷加快北极资源的开发。俄罗斯将北极地区作为保障国家社会经济发展的战略资源基地,并将开发北极资源列入《2020年前俄联邦北极地区发展和国家安全保障战略》的优先任务之一。挪威通过税收优惠及鼓励及时开采的政策加快北极油气资源开发,美国也在积极推进阿拉斯加液化天然气出口项目,北极油气资源正步入实质性开发阶段。而我国已经与冰岛、俄罗斯开展了在北极地区的合作,共同开发油气资源。北极航线可以在管道运输方式之外为北极地区油气资源的运输提供安全的海上通道,为北极地区资源开发利用提供基本条件的同时,为我国扩大海外资源和能源采购开辟新的渠道。当前中国经济严重依赖于能源的全球性供应以及能源的海上运输,高速发展的中国无疑是北极能源资源最重要的进口国,因此伴随北极大陆架资源的开发,北极有望成为我国的新能源资源基地,进而影响中国的能源供应和能源战略布局。依托北极资源的大规模开发,北极航线可能成为我国新的能源供应通道,与原有航线并存,有助于分散能源安全风险,更好地保障我国的能源安全和经济安全。

(三)带动我国沿海地区产业和经济发展

北极航道的开通不仅会降低国际贸易的海运成本,而且将直接导致国际分工和产业布局的变化,从而影响国际经济格局的变化;我国沿海地区同样会受惠于此种变化,从沿海到内陆产业分工和布局都会逐步调整。东南沿海城市曾是推动中国的经济发展和改革开放的先锋,北极航道的开通以及北极航运商业化运营的发展,将进一步加强中国东部沿海地区的经济优势地位,促进中国港口经济和国际贸易的发展,从国际航运布局来看,这种影响对上海以北的沿海城市影响最为明显。青岛港、天津港、大连港等港口能充分利用北极航道通航所带来的航行时间和航运成本优势,大力发展对北美以及俄罗斯欧洲方向的对外贸易,进而带动腹地产业和经济发展,在扩大贸易进出口的同时深化产业分工,优化产业布局,与"一带一路"战略相配合,为内陆经济的发展带来机遇。以东北地区为例,长期以来老工业基地经济结构单一,经济增长主要依赖投资,增长动力不足。北极航线的开通将会带动其重要港口大连港发展为重要的国际贸易口岸,进而将东北地区广大腹地与航线途径的日本、韩国、俄罗斯、欧洲、北美洲等国际市场联系起来,参与全球市场资源配置和产业分工协作,扩大东北地区产品出口,形成新的物流集散地,以贸易促产业结构调整升级,发挥东北各地区的优势和特色,推动东北老工业基地的新发展。

(四)促进北极合作的有效途径

在气候变化视野下,北极生态环境保护、生物资源开发和养护、油气矿产资源的开发利用以及北极航道通航等问题已不仅仅是北极国家的问题,而且关系到北极圈外国家的共同利益。然而政治上,北极国家并不希望圈外国家介入北极事务,2008 年 5 月北冰洋五国通过《伊卢利萨特宣言》排斥针对北极的新的法律框架,2011 年 5 月北极理事会发布《努克宣言》对北极理事会观察员提出严苛的条件。相比之下,经济合作是中国等非北极国家加强与北极国家合作、参与北极事务的有效途径。

促进北极地区经济社会发展是多个北极国家北极政策的战略目标和重要内容,而北极资源开发和与之相关的北极航线建设是实现该目标的主要手段,为更好地利用资金、技术和人员,俄罗斯、加拿大、挪威、冰岛等国希望加强与利益相关方的合作,实现北极地区的可持续发展。我国作为能源消费大国和北极航线潜在使用方,与北极国家有广泛的利益汇合点,参与航线开发建设和北极油气资源开发,一方面能促进我国与欧洲、北美的经贸合作,扩大我国的能源供应市场,另一方面也能带动沿岸地区的经济社会发展,扩大和深化与沿线国家的经济合作,进一步参与北极治理。通航后的北极航道将提升中国对欧洲、北美航线的海上运输需求,带动中国相关地区航运业,特别是北方地区航运业的发展。另外,北极航道的开通使北极地区作为新的能源和资源产地成为现实,中国作为北极资源的出口目标国将进一步融入北极地区的"经济一体化"进程中,为中国加强与俄罗斯、加拿大、美国等北极国家关系增添新的纽带,进一步增加中国同北极地区的"相互依存"。

三、中国利用北极航线面临的挑战

国际海事组织作为目前世界海运业最具影响力的政府间组织,近年来在现有海事公约框架下制定了一些专门适用于极地航行船舶的相关要求、规则和建议,具有强制拘束力的"极地规则"(Polar Code)也已进入审议程序,将会成为针对极地海域航行的最重要的国际规则。此外,北极航道沿岸国家就北极地区海域航行的相关法律和政策也会约束通航北极航道的船舶。

中国作为北极航运治理中的重要"利益相关方",已在多个层面参与到北极航运治理进程中。中国是联合国安理会常任理事国,是《联合国海洋法公约》的缔约国,是国际海事组织的 A 级理事国,是北极理事会的观察员国,这些国际制度为中国参与北极航运治理提供了重要的平台。例如，北极理事会近年来在北极地区的治理方面日趋"硬法化"，其中不乏影响航运和商业活动的《北极航空和海事搜救合作协定》以及《北极海洋油污预防与反应合作协定》，中国作为观察员也积极参与到相关议程的设立之中。但总体上看，中国利用北极航道仍将面临以下三个方面的挑战。

（一）北极航道的法律地位问题

开发利用北极航道在国际法上，其中主要是国际海洋法上的核心的问题是航行权问题，即哪些船舶在何种海域享有何种程度航行权的问题。《联合国海洋法公约》将海域划分为不同性质的区域，从一国领海基线向海一侧依次建立领海、专属经济区和公海制度，向内为内水制度，加之用于国际通行的海峡这一特殊通行制度，多种航行制度并存。北极海域有其特殊性，北极航线利用需要面对北极航道的法律地位问题。

（二）部分沿岸国国内法的阻滞

俄罗斯和加拿大两个国家分别把守东北航道和西北航道，都将北极航道视为国内交通线，对外国船只通航提出了较为严苛的国内法规则。两国依据《联合国海洋法公约》第234条"冰封区域条款"（又称为"北极例外条款"）制定了一系列管控船舶污染和航行的国内法规。该条款赋予冰封区域沿海国不经相关国际组织干涉、单方制定和执行超越国际标准的环境规则和标准的权利，但这项特殊环境管辖权的实施有严格的条件限制，相关法律和规章应适当顾及航行，并以现有最可靠的科学证据为基础，以保护和保全海洋环境、避免因海洋环境污染造成生态平衡的重大损害和无可挽救的扰乱为目的。具体来说，两国都设立了各类冰级船舶进入其管辖海域的时间表，即海域准入规则；加拿大实施北极海域废物零排放制度，俄罗斯的排放标准也高于国际公约的一般要求；交通管理上，加拿大和俄罗斯都建立了强制性的全程航行报告规则，并要求某些船舶或某些情形下必须配备冰区导航员，俄罗斯还规定了破冰船领航的情形。这些规则是否属于冰封区域条款的合理使用值得讨论。

冰封区域条款的法律解释存在争议，如适用的地理范围、冰封区域的界定以及适当顾及航行的要求等，加之其作为一般原则例外的特殊地位，容易造成实践中的扩张适用。笔者认为，北极海冰在面积和厚度上逐渐消融，该条款制定当时适用于北极地区航行的专门性国际规则缺失的历史背景也已经改变，使用作为一般原则例外的冰封区域条款需要自我限制，援引国家有责任依据最新的科学成果，重新评估哪海域能满足冰封区域的要求，在这些海域内哪些规则和标准是必要的，从而真正适当顾及航行，平衡沿海国管辖权与其他国家的航行权，做到合理使用。

（三）中国国内参与北极航运的能力相对薄弱

为保障北极航行安全以及应对航行活动给北极海洋环境带来的风险，国际海事组织先后制定了《北极冰覆水域船舶操作指南》（2002 年）、《极地水域船舶操作指南》（2009 年），以实现对北极地区的航运活动的有效管制，近年来继续推动具有强制约束力的国际极地水域航行规则的制定，经过多年的磋商和谈判，"极地准则"（Polar Code）有望 2017 年初正式出台。极地准则草案内容涵盖了与极地水域操作相关的船舶设计、建造、装备、操作、船员培训、搜救及环境保护事项，比如要求船舶事前申请、并经过评估取得标明船舶级别的极地船舶证书，要求船上配有极地水域操作手册，准则对船舶结构、稳定性与分舱、船机设备、通信、船员配备和专业培训、防止油污污染等方面也提出了较高的要求。这一系列极地航行规则制定的推动者和主导者是加拿大、俄罗斯等北极沿岸国家，中国在国际海事组织技术工作组及法律工作组中的参与度并不高，限于极地航行经验的不足和造船技术的落后，多数情况下难以提出建设性的意见和方案。"极地准则"出台以后将确立北极海域航行的国际标准，适用于进入北极水域的绝大部分船舶，它一方面为北极航行活动提供清晰规则，另一方面也客观上给我国商船利用北极航道提出了技术上的挑战。

2014 年 9 月，我国交通运输部海事局组织专家编撰《北极东北航道航行指南》，为计划航行北极东北航道的中国籍船舶提供海图、航线、海冰、气象等全方位航海保障服务。尽管如此，我国商船通行北极航道依然面临水文、冰情状况复杂，航行经验不足，缺乏有关北极海域及航道情况的一手资料，沿岸基础设施建设不足等现实问题。近年来中国国内部分企业对北极航道通航及其所带来的机遇和挑战进行了一定程度的关注，体现为参与北极地区的能源资源的开发、北极地区商业性活动的拓展、北极旅游业的发展以及北极航道商业性运营的试航等，2013 年中国远洋总公司"永盛"号顺利完成北极航道航行更是成为标志性事件。但是总体而言，较之其他北极国家，当前中国适合于北极冰区航行的船只并不多，所进行的商业性活动以及试航也处于探索阶段，极地船舶造船技术远远落后于极地航行经验丰富的北极国家，在船员方面，中国的船员也很少进行冰区航行方面的培训，缺少冰区航行船员的培训标准，未对冰区航行船舶的人员配备进行系统研究，中国的船舶公司尚未掌握最先进的造船和物流技术等，这些都是制约我国船舶参与北极航运的瓶颈和挑战。针对这些挑战，我国在规划、开发和利用北极航线时应当谨慎做好应对和准备。

四、"一带一路"背景下北极航线的意义

从长远考虑，北极航线作为潜在发展中的一条新的国际航线，会对国际贸易产业格局产生重要影响，一旦北极航线开通，我国将成为重要的航道使用国。"一带一路"建设打造亚欧大陆经济发展与合作新格局，在这一战略背景下北极航线将与这个新格局发生互动，带来积极贡献。

（一）提供丝绸之路经济带的海上通道

丝绸之路经济带立足于我国中西部地区的对外开放、经济发展，优先部署铁路、公路项目，通过构建新的亚欧大陆桥实现我国与中亚、欧亚大陆的经济贯通。通航前景明朗的东北航线可以为丝绸之路经济带提供一条新的海上通道，与陆上交通布局形成配合，丰富丝绸之路经济带的互联互通网络，为丝绸之路经济带的建设增添新的内容。我国利用东北航道不仅有利于开辟新的油气资源供应基地，而且可以依托航道开发利用带来的沿线基础设施建设激发亚欧大陆北部的经济潜力，将亚欧大陆北部纳入到丝绸之路经济带建设中，在地域范围、合作领域及合作深度上扩充丝绸之路经济带欧亚方向的合作。

（二）增加海上丝绸之路的拓展航线

现有海上丝绸之路的布局主要依托传统国际航线，从中国沿海各港口到达印度洋、欧洲和南太平洋，逐步通航的两条北极航线可以成为海上丝绸之路潜在的拓展航线，带动东北地区打造"东北新丝路"战略支点[①]，形成我国完整的对外经贸网络。

对于传统南部航线，北极航线可以发挥两个重要作用，一方面可以分担苏伊士运河航线面向欧洲的运输任务，另一方面可以起到客观制衡南部航线的作用。重要的战略价值和复杂的地缘政治给传统航线通航带来一定风险和挑战，海盗威胁，中东局势动荡，埃及政局不稳，苏伊士运河本身运力有限，商船排队时间长，且面临通行费提高等压力。相比之下，开通以后的东北航线沿线国家政局相对稳定、矛盾冲突较少，能够为联络我国与东亚、俄罗斯、北欧、西欧国家提供一条新的安全稳定便捷的海上通道，充当海上丝绸之路的拓展航线，分担苏伊士运河航线的部分运输。另一方面，从战略制衡和安全角度看，开发利用北极航线会

① 东北航道通行量的变化参见 Willy Ostreng, et al. Shipping in Arctic waters, a comparison of the Northeast, Northwest and Trans-Polar Passages, 2013:185. 西北航道通航条件较东北航道差，波弗特海沿岸的目的地运输增量较为明显，参见 Holthus P, Clarkin C, Lorentzen J. Emerging Arctic opportunities: Dramatic increases expected in Arctic shipping, oil and gas exploration, fisheries and tourism. Coast Guard Journal of Safety & Security at Sea, Proceedings of the Marine Safety & Security Council, 2013, 70(2):10-13.

对南部航线沿岸国包括海峡、运河管理国产生竞争压力,刺激他们加强航线建设、提升航线通航条件和服务质量。同样,南部航线通航条件的提升也会促进北极航线的优化,二者相互补充,对保障我国航线安全、提升我国航道使用方话语权有益。

（三）我国对外经贸网络不可或缺的组成部分

2014 年湖南地图出版社出版了《竖版世界地图》,比较直观地展现了北冰洋在全球军事和交通方面的战略地位,为我国在安全、经贸等战略布局的完善提供了便利①。由于北冰洋被亚欧大陆和北美大陆环绕的特殊地理位置,北极航线在连接北美洲、亚洲和欧洲上具有天然的距离优势。然而我国对外经贸长期依赖南部航线,在北冰洋方向是缺失的,伴随北极海冰的消融,我国对外经贸战略布局纳入北极航线不仅可行而且具有重要意义。大规模开发利用北极航线能够便利和促进我国同欧洲、美国、加拿大发达经济体以及新兴经济体俄罗斯的经贸合作,北极航线与我国享有的贸易航线的关系是配合和补充而不是相互竞争。二者服务的主要地区不同,在我国海上通道、对外贸易网络中担当不同角色,都将为我国开放性经济的发展注入新的动力。如果北极航线全面开通,将会同我国规划的 21 世纪海上丝绸之路并驾齐驱,一个北线一个南线,共同组成我国新时期全方位的对外经贸网络,使中国的对外贸易通道四通八达,更加圆满,这无疑也是实现海洋强国战略的重要举措。

总之,北极航线的开发利用,机遇与挑战并存。北极航线通航可以丰富和扩展"一带一路"建设的区域性目标,完善我国对外经贸网络,对我国发展全面的对外经贸关系具有不可或缺的作用。

参考文献

刘惠荣,陈奕彤.2010.北极法律问题的气候变化视野[J].中国海洋大学学报:社会科学版,(3):5.

刘惠荣,刘秀.2009.西北航道的法律地位研究[J].中国海洋大学学报:社会科学版,(5):4.

张侠,寿建敏,周豪杰.2013.北极航道海运货流类型及其规模研究[J].极地研究,(2):167-175.

张侠等.2009.北极航线的海运经济潜力评估及其对我国经济发展的战略意义[J].中国软科学,(S2):88-89.

---

① 西北航道的起点和终点有多种观点,但主要可归为广义和狭义两类,文中表述选用的是广义的说法,取自加拿大北极航行指南(Sailing Directions of Arctic Canada),狭义的观点只关注位于加拿大北极群岛水域的那部分航道范围。二者是包含关系并不矛盾,选取哪种观点取决于研究视角的选择。关于七条航线的具体路径及地理特征,参见 Donat Pharand, Leonard H Legault. The Northwest Passage:Arctic Straits. Martinus Nijhoff, 1984:1-21.

张侠等.2014.从破冰船强制领航到许可证制度——俄罗斯北方海航道法律新变化分析[J].
　　极地研究,(2):273-274.

Bing Bing Jia. 2013. The Northwest Passage: An artificial waterway subject to a bilateral treaty re-
　　gime? [J]. Ocean Development and International Law, 44:123-144.

James Kraska. 2007. The law of the sea convention and the Northwest Passage [J]. The Interna-
　　tional Journal of Marine and Coastal Law,22:257-281.

Liu Miaojia, Kronbak Jacob. 2010. The potential economic viability of using the Northern Sea
　　Route (NSR) as an alternative route between Asia and Europe [J]. Journal of Transport Ge-
　　ography,(3):434-444.

Ostreng W, et al. 2013. Shipping in Arctic waters: A comparison of the Northeast, Northwest and
　　Trans-Polar Passages[M]. Springer Praxis Books, 101-102.

刘惠荣　山东济南人。中国海洋大学教授、博士生导师、法政学院院长,极地法律与政治研究所所长。1981年考入北京大学法律系,先后获得法学学士学位和法律思想史专业法学硕士学位。2001年攻读中国海洋大学环境科学专业环境资源保护法方向,2004年获工学博士学位。1988年起先后任教于南京大学、中国海洋大学。近年来的研究领域包括国际海洋法、立法学。主要研究方向:南北极法律、极地战略、国际海洋法。出版《海洋法视角下的北极法律问题研究》《北极生态保护法律问题研究》《南极生物遗传资源利用与保护的国际法研究》等多部著作。在 CSSCI、中文核心期刊发表学术论文50余篇。主持国家级社科项目4项、省部级项目10余项。策划创办《中国海洋大学学报社会科学版》"极地问题专栏",该栏目在国内外极地研究领域产生较大影响。

山东融入"一带一路"建设的着力点与对策

李广杰

山东社会科学院,山东济南

一、引言

共建"一带一路"是我国深化对外开放的重大战略部署,是我国重要的经济和外交战略。山东作为我国重要的经济大省、对外经贸大省、海洋经济大省,应抓住机遇,积极融入"一带一路"建设,着力扩大与沿线国家之间的双向贸易、双向投资、次区域合作以及人文交流合作,以提升经济国际化水平、促进经济转型升级、推进经济文化强省建设。

二、山东融入"一带一路"建设的优势条件

我国发布的《推动共建丝绸之路经济带和 21 世纪海上丝绸之路的愿景与行动》中提出:沿海地区要"以扩大开放倒逼深层次改革,创新开放型经济体制机制,加大科技创新力度,形成参与和引领国际合作竞争新优势,成为'一带一路'特别是 21 世纪海上丝绸之路建设的排头兵和主力军。"

山东融入"一带一路"建设具有明显优势,有条件在共建"一带一路"、促进全国东中西部联动开放发展过程中发挥主力军作用。山东的优势主要体现在以下方面。

(一) 区位和地缘优势

山东地处"丝绸之路经济带"和"21 世纪海上丝绸之路"交汇区域。作为新亚欧大陆桥经济走廊沿线重要地区和海上丝绸之路重要支点区域,山东在"一带一路"建设中对外扩大开放、对内加强合作的区位优势得天独厚。

(二) 交通物流优势

山东交通基础设施完备,港口优势突出,铁路和高速公路发达,各种运输方式衔接良好,四通八达、方便快捷的交通物流体系为参与"一带一路"建设提供了便利条件。山东沿海城市众多,沿海港口航路密布,远洋航线通达全球 180 多

个国家和地区。青岛、日照、烟台、威海四大临港物流中心基本建成,东北亚国际物流枢纽和航运中心地位日益显现。2014 年,沿海港口货物吞吐量达到 12.86 亿吨,居全国第二位。另外,以济南、青岛、烟台、威海四个国际空港为主的客货机场,已开通国际国内航线 300 多条。

(三) 产业和产能优势

山东经济总量(GDP)位居全国第三位,农业、工业、海洋经济发达,产业体系完备,为开展与"一带一路"沿线国家的经贸合作提供了良好基础。

(1) 农业产业优势。山东农业在全国占有重要地位,粮棉油、瓜果菜、畜产品、水产品等主要农产品产量一直位居全国前列,农产品出口连续多年保持全国第一。2014 年,山东农产品出口额为 168.33 亿美元,占全国农产品出口额的 23.4%。

(2) 工业产业优势。山东是全国重要的工业大省,能源、化工、冶金、建材、机械、电子、纺织、食品等行业在全国占有重要地位,新材料、新能源、生物技术和新医药、新信息等新兴产业发展近年来取得显著进展;规模以上工业企业数量近 4 万家,规模以上工业实现增加值、利润和利税位居全国前列。

(3) 海洋经济优势。山东海洋资源丰富,海洋经济拥有良好发展基础。海洋科技综合实力较强,拥有中国科学院海洋研究所、中国海洋大学、国家海洋局第一海洋研究所等一批国内一流的科研、教学机构,海洋科技人员占到全国的 1/3 以上。山东海洋资源开发利用和海洋经济发展取得显著成效,形成了以海洋渔业、海洋交通运输业、海洋油气业、海洋船舶工业、海盐业、沿海旅游业为主体的海洋经济支柱产业,同时,海洋电力和海水利用、海洋化工、海洋药物、海洋工程建筑业等相关产业也已初具规模。2014 年山东海洋生产总值达到 1.04 万亿元,占全省生产总值的比重达到 17.5%,占全国海洋生产总值的比重达到 17.4%。

(四) 对外经贸合作基础优势

多年来,山东积极参与国际产业分工合作,开放型经济发展取得显著成效,对外贸易、利用外资、对外投资、对外经济合作(对外承包工程和对外劳务合作)均位居全国各省市前列。

(1) 对外贸易持续增长,出口产品结构不断优化。2014 年,山东货物贸易进出口额达到 2771.2 亿美元,位居全国第六位;出口的大类商品中,机电产品、高新技术产品出口 561.7 亿、205.9 亿美元,占全省出口比重分别达到 38.8%、14.2%。

（2）利用外资的产业结构已发生明显变化。2014 年,山东实际利用外资 152 亿美元,位居全国第 7 位。近年来,服务业利用外资快速增长,2014 年山东省服务业利用外资 54.3 亿美元,占全部外商投资的比重达到 35.7%。同时,制造业利用外资结构不断优化,过去以劳动密集型产业为主,现在主要集中在电子信息、汽车、造船、工程机械、造纸、化工等行业。

（3）境外投资近年来增长迅速。山东省境外投资额 2003 年只有 3.14 亿美元,2014 年达到 50.5 亿美元,位居全国第三位。到 2014 年年底,山东省已有 2600 多家企业开展了跨国经营,累计境外投资额超过 200 亿美元。山东省境外投资主要集中在亚洲、北美洲和欧洲,涉及产能转移、批发零售业、农业和采矿业等领域。

（4）对外承包工程能力较强。目前,山东省对外承包工程经营企业有 200 多家,主要来自电力、石油、化工、机械、建筑、矿产、路桥、运输等行业领域,对外承包工程项目主要以交通运输建设、电力工业、石油化工、房屋建设等技术含量较高的行业为主。2014 年对外承包工程新签合同额 106.03 亿美元,完成营业额 92.55 亿美元,位居全国第二位。

（五）对外合作平台与载体优势

山东在推进对外开放的过程中,重视对外合作平台和载体建设。拥有省级以上经济开发区 161 家,数量居全国第一,其中,国家级经济开发区 15 家,保税港区、综合保税区、出口加工区等海关特殊监管区域 9 个。拥有省级以上高新技术产业开发区 20 家,其中国家级高新技术产业开发区 10 家。数量众多的经济开发区和高新技术产业开发区,为山东参与"一带一路"建设提供了重要平台和载体支撑。同时,山东与"一带一路"沿线国家一些城市之间建立了友好城市关系,为与沿线国家开展经济、文化、科技等领域合作交流提供了重要依托。

此外,山东是古海上丝绸之路的重要发祥地,对外经贸文化交流历史久远;以儒家文化为代表的齐鲁文化源远流长,在全球有着广泛而深远的影响,是山东的独特优势。

三、山东与"一带一路"沿线国家经贸合作现状

山东与"一带一路"沿线国家和地区的经贸合作已有较好基础。

2014 年,山东与"一带一路"沿线国家和地区实现外贸进出口 676.4 亿美元,占全省的 24.4%;引进"一带一路"沿线国家投资项目 113 个,实际到账外资 14 亿美元,占全省的 9.21%;在"一带一路"沿线国家设立境外企业（机构）124 家,中方投资 28.1 亿美元,占全省对外投资的 44.7%;在"一带一路"沿线国家和

地区承包工程新签合同额 68.7 亿美元,完成营业额 49 亿美元,分别占全省的 64.8% 和 52.9%。

截至 2015 年上半年,山东省累计批准"一带一路"沿线国家投资项目 3570 个,合同外资 139 亿美元,实际到账外资 105.6 亿美元;备案核准到"一带一路"沿线国家投资的企业(机构)1252 家,中方投资 102 亿美元;累计对外承包工程合同额 523 亿美元,完成营业额 342 亿美元。

四、山东融入"一带一路"建设的基本思路和着力点

山东融入"一带一路"建设,应充分发挥自身优势,以提升开放型经济发展水平、促进产业转型升级、增强在全国区域经济发展大格局中的地位为目标,以"一带一路"沿线国家的合作需求为导向,强化青岛、烟台、日照、威海等沿海港口城市和济南、淄博等内陆中心城市的支点、节点作用,深化与"一带一路"沿线国家之间的基础设施互联互通合作、贸易合作、产业投资合作、能源资源合作、海洋领域合作、人文交流合作,加强与国内其他省区合作,培育山东参与国际合作竞争的新优势,把山东打造成为东北亚综合交通物流枢纽、"一带一路"区域性国际商贸中心、国际产业投资合作高地、国家海洋经济对外合作示范区、全国东中西部联动开放发展重要引擎。

具体来说,山东融入"一带一路"建设的着力点应包括以下几个方面。

(一) 加强与沿线国家基础设施互联互通合作

基础设施互联互通是"一带一路"建设的优先领域。一方面,山东应进一步加强港口、机场以及陆路交通基础设施建设,推动山东港口、机场与"一带一路"沿线国家港口、机场的合作与互联互通,构建连通内外、便捷高效的海陆空综合运输体系;另一方面,山东应发挥对外承包工程能力较强的优势,积极参与我国与沿线国家基础设施互联互通合作,促进山东企业到沿线国家扩大对外工程承包业务,参与沿线国家基础设施建设。

(二) 深化与沿线国家的贸易投资合作

贸易投资合作是共建"一带一路"的重点内容。共建"一带一路"为山东深化与沿线国家贸易投资合作带来前所未有的机遇。

(1) 深化与沿线国家的贸易合作。我国与"一带一路"沿线国家贸易合作潜力巨大,据统计,过去 10 年我国与"一带一路"沿线国家的货物贸易年均增长 19%,高出同期我国对外贸易平均增速 4 个百分点。山东应通过提升对外贸易便利化水平、积极开展面向"一带一路"沿线国家的贸易促进活动,实现与沿线

国家贸易合作规模的持续扩大。

（2）扩大对沿线国家的直接投资。"一带一路"沿线大多属于发展中国家和地区，处于工业化、城市化快速发展阶段，开展投资合作的意愿强烈。我国对"一带一路"沿线国家的投资大于引进投资，已成为一个重要现实背景。山东应抓住"一带一路"建设带来的扩大对外投资机遇，以提升山东产业在全球价值链分工中的地位为目标，引导轻工、纺织、建材、钢铁、电子设备、化工材料、工程机械等传统优势产业和装备制造业到"一带一路"沿线国家投资设厂，促进优势企业在全球布局产业链条；促进山东企业到矿产资源富集的沿线国家投资，实现矿产资源开采、冶炼、加工一体化发展；发挥山东农业发达优势，深化与农业资源丰富的沿线国家开展农业种植、畜牧养殖、林木种植加工合作。

（3）积极引进"一带一路"沿线国家跨国企业的高技术含量、高附加值投资项目。坚持利用外资与对外投资并重，继续优化营商环境，吸引"一带一路"沿线国家企业到山东省投资发展，在现代服务业、装备制造、节能环保、食品加工等领域开展投资合作。

（三）加强与沿线国家海洋领域合作

发挥山东海洋经济和海洋科技综合实力强的优势，以山东半岛蓝色经济区为依托，推进与"一带一路"沿线国家在港口建设与海洋航运、海洋渔业、临港产业、海洋生态保护、海洋防灾减灾、海洋科技与人才教育等方面的合作，将山东建设成为中国与沿线国家海洋经济合作示范区和海陆统筹发展试验区。

（四）加强与沿线国家的人文交流合作

"一带一路"既是"经贸合作之路"，也是"人文合作之路"。山东融入"一带一路"建设，应坚持以扩大人文交流促进经贸合作，以旅游、教育、科技、文化、社会事业等领域交流合作为切入点，加强与沿线国家的人文交流与合作，为提升经贸合作关系奠定坚实基础。

推进与沿线国家的旅游合作，合作吸引跨境客源，合作开发旅游精品路线和旅游产品，把山东建设成为具有国际竞争力和较高知名度的国际旅游目的地。加强与沿线国家文化教育方面的交流合作，在山东建设一批面向沿线国家的教育培训中心和留学生基地，扩大相互间留学和培训规模。以儒家文化为主题，通过与沿线国家互设文化馆、旅游节等活动，打造一批文化交流项目，增强山东在"一带一路"沿线国家的文化影响力和亲和力。推动山东重点智库与沿线国家智库建立联系交流合作机制，共同开展学术科研交流和人才培养。

（五）强化支点城市、节点城市建设

支点城市、节点城市是推进"一带一路"建设的重要载体和依托。《推动共建丝绸之路经济带和 21 世纪海上丝绸之路的愿景与行动》和相关规划中，从国家层面把青岛、烟台列为海上合作战略支点城市，把青岛、日照列为新亚欧大陆桥经济走廊的主要节点城市。山东应从省级层面明确一些沿海港口城市和内陆中心城市在"一带一路"建设中的支点城市、节点城市地位，立足其自身优势，提升其核心功能，把这些支点城市、节点城市打造成为对外开放高地、开放型经济发展高地，使其在山东融入"一带一路"建设中发挥引领带动作用。

（六）加强与国内其他省份的合作

国内其他省份在对外开放、产业发展、商贸物流等方面各有独特优势，加强与国内其他省份的合作对于山东更好地参与"一带一路"建设至关重要。山东应突出加强与周边省份和黄河流域中西部省份在产业发展、国际物流通道建设、区域通关一体化等领域的合作，与各省份之间形成相互促进、互利共赢的开放发展格局。

五、山东融入"一带一路"建设的推进对策

（一）完善山东推进"一带一路"建设实施方案

进一步完善山东推进"一带一路"建设实施方案，明确战略定位、重点合作领域、推进措施，并主动与国家有关部门沟通、对接，做好与国家规划和政策的衔接。

（二）明确与"一带一路"沿线的重点合作领域和重点合作区域

"一带一路"涉及东北亚、东南亚、南亚、澳洲、非洲、中亚、西亚、中东欧、欧盟等区域的 60 多个国家和地区，这些国家和地区资源禀赋各异、历史文化千差万别、经济发展水平不一，与山东省合作的基础与潜力也各不相同。山东应根据"一带一路"沿线不同国家和地区的具体特点，明确与沿线不同国家和地区合作的重点领域。同时，把与山东具有良好经贸合作基础、合作潜力大的区域和国家作为重点合作对象。特别是应抓住中韩自贸区、中澳自贸区以及打造中国-东盟自贸区升级版机遇，深化与韩国、澳大利亚和东盟国家的合作。

（三）完善与沿线国家之间的合作交流机制

进一步完善与沿线国家地方政府间合作机制，加强与沿线国家之间的友好城市建设，促进与沿线国家地方政府层面的合作交流；拓宽民间交流渠道，充分发挥商会、行业协会等民间组织作用，建立完善与沿线国家的民间交流机制。通过政府互访、青年交往、学术往来、文化交流、经贸活动等多种渠道和形式，加强与沿线国家地方政府间和民间的友好交往。

（四）加强对外经贸合作平台和载体建设

打造跨境电子商务和外贸综合服务平台。高水平建设运营山东国际电子商务平台，加快与沿线国家有影响力的电子商务平台对接，支持企业利用网络平台开拓国际市场。培育和引入外贸服务企业，打造具备电子交易、公共信息、口岸通关、金融配套、航运物流、出口退税等全流程服务功能的外贸综合服务平台。

积极建设境外经贸合作区。目前，中国已批准设立19家国家级境外经贸合作区，已通过确认考核的13家，一些省份还设立了若干省级境外经贸合作区。山东在已通过确认考核的13家国家级境外经贸合作区中占据3席，数量位居全国前列。山东应在继续抓好国家级境外经贸合作区建设的同时，鼓励、支持省内大型企业和国家级开发区到"一带一路"沿线国家投资建设境外经贸合作区，为山东企业到沿线国家投资提供重要载体和平台。发挥大型骨干企业和国家级开发区的引领作用，带动省内一批中小配套企业"走出去"，实现"以大带小、抱团出海"，促进山东对外投资企业在境外聚集发展，打造全产业链战略联盟，形成综合竞争优势。

积极申报设立自由贸易试验区。以青岛、烟台、威海等沿海城市的海关特殊监管区域为依托，继续积极申报自由贸易试验区，争取在开放型经济体制机制创新方面先行先试。

（五）抓好重大项目的筛选与落实

重大项目是推进"一带一路"建设的重要抓手，无论国家层面还是省级层面，都需要筛选、落实一批重大项目。山东应围绕基础设施互联互通、国际产能合作、能源资源合作、海洋领域合作、文化交流合作等方面，积极筛选一批推进"一带一路"建设的重大项目，争取纳入国家相关规划，并抓好重大项目的实施与落实。

(六) 完善对外经贸合作公共服务体系

目前,山东多数企业对境外投资环境缺乏足够了解、不熟悉国际投资规则及运作方式、缺乏跨国经营专业人才、风险管控能力不足,驾驭国际化经营的能力较弱。而"一带一路"贯穿六十多个国家,每个国家市场成熟度不同,不同国家在文化、经济、法律、政治和监管体系上存在明显差异,甚至一些国家还存在政治不稳定或是政府管治低效的情况。山东企业在融入"一带一路"建设过程中,面临着政治风险、商业环境风险、法律风险、财产安全风险、文化冲突风险等一系列风险考验。同时,融资难、风险保障机制不健全、信息与咨询服务缺乏、境外纠纷法律援助体系不完善等问题,明显制约着山东企业对外经贸合作的开展。山东省应进一步完善对外经贸合作公共服务体系,为企业开展对外经贸合作提供必要的服务和支持。

一是加大对企业境外投资的政策支持力度。完善促进企业境外投资的财税、金融、保险、人才等方面的支持政策,促进企业开展境外投资。二是组织相关机构加强"一带一路"沿线国家的国别研究。对"一带一路"沿线国家的投资环境、法律环境、产业发展和政策、市场需求、投资风险等方面进行分析研究,为企业开展对外贸易、境外投资提供信息、咨询服务。三是强化行业协会和中介机构作用,为企业境外投资提供法律、会计、税务、投资、咨询、知识产权、风险评估和认证等服务。

(七) 加快对外经贸体制机制创新

一是推进贸易便利化。深化通关作业改革,加快检验检疫信息化建设,积极探索、推广区域通关管理模式,简化手续,减少环节,降低费用,提高效率。二是加快外商投资管理体制改革。落实国家涉外投资审批体制改革措施,争取试点外商投资准入前国民待遇加负面清单管理模式。三是创新对外投资管理体制。积极推进对外投资管理体制改革,在项目审批、外汇管理、金融服务、货物进出口、人员出入境等方面进一步放宽限制。

参考文献

蒋希蘅,程国强. 2014-8-21. 国内外专家关于"一带一路"建设的看法和建议综述[N]. 中国经济时报.

卢进勇,陈静,王光. 2015.加快构建中国跨国公司主导的跨境产业链[J]. 国际贸易,(4).

马霞,李荣林. 2015.中国与发展中国家双向投资:趋势及战略选择[J]. 国际经济合作,(4).

郑贵斌,李广杰. 2015.山东融入"一带一路"建设战略研究[M]. 北京:人民出版社.

李广杰　研究员,山东社会科学院国际经济研究所所长。1987 年毕业于中国科学院长春地理研究所,获硕士学位。省级科研基地"山东省经济形势分析与预测软科学研究基地"副主任,《山东蓝皮书:山东经济形势分析与预测》主编,山东省政府研究室特邀研究员。主要从事对外经济、区域经济、宏观经济研究。多项研究成果获得山东省社会科学优秀成果奖励,独立撰写和作为主要执笔人的 10 多项研究报告得到山东省委省政府主要领导批示。

山东参与海上丝绸之路建设的目标与措施

顾春太

山东社会科学院，山东济南

一、引言

建设"21世纪海上丝绸之路"是习近平总书记2013年访问东南亚期间提出的重大倡议，是我国经略海洋、塑造周边的重大构想。该战略构想提出后，各省市高度重视，深入研究，利用自身优势纷纷提出自己的发展目标。广西凭借自身在中国－东盟自贸区的独特地位争当新门户和新枢纽，福建利用海洋渔业优势建设先行区，上海以长三角为依托建设海上丝绸之路"中枢"。作为经济大省、对外开放大省，山东优势突出，区位独特，应该在海上丝绸之路建设中发挥重要积极作用。

二、山东是 21 世纪海上丝绸之路不可或缺的参与者

作为国家"一带一路"战略的重要组成部分，21世纪海上丝绸之路不仅传承古代海上丝绸之路的和平友好、互利共赢的价值理念，而且被注入了新的时代内涵"以'五通'（政策沟通、道路连通、贸易畅通、货币流通、民心相通）为主要内容，创新对外合作模式，强化国内政策支撑，全方位推动与沿线国家合作，推动形成利益共同体和命运共同体。山东有条件、有能力为21世纪海上丝绸之路建设做出贡献。"

（一）山东半岛是"东方海上丝绸之路"的首航地

海上丝绸之路是古代中国与外国交通贸易和文化交往的海上通道，形成于秦汉时期，发展于三国隋朝时期，繁荣于唐宋时期，转变于明清时期，是已知的最为古老的海上航线。主要分为东海起航线和南海起航线，也被称为东海丝路和南海丝路。西周时期，箕子移朝曾率领数千人由山东半岛辗转迁往朝鲜，并在朝鲜建立了第一个王朝。其后，随着山东半岛和朝鲜贸易往来的增多，鲁韩之间的海上交通更加频繁。山东半岛的齐国首先开辟东方"海上丝绸之路"，开创了以国家形式（诸侯国）倡导和组织的主动对外贸易的先河。秦朝末年，齐人徐福东

渡日本,说明此时山东半岛与日本之间的航线已经成熟。近年来,在韩国庆尚南道多次出土中国秦汉时期的货币及青铜礼器,说明山东在对日韩海上往来方面已经相当频繁。到隋唐时期,山东进一步发展成为我国内地与日韩海上往来的主要通道和口岸基地,山东半岛成为中原地区通往辽东半岛、朝鲜半岛、日本列岛的主要门户,整个北方海域的海上交通航线都汇集在胶东沿海地区。以山东为源头的"海上丝绸之路"成为当时中国对海外交往主要通道。唐代地理学家贾耽(公元730—850年)记录了唐朝七条陆海交通线,有一条北方"登州海行入高丽渤海道",即指从胶东半岛登州港北上辽东去朝鲜和日本。唐以后,中国政治中心、经济中心开始南移,贸易重心也随之南迁。广州港、泉州港、明州港、杭州港迅速发展,与山东半岛的密州港并称其时中国五大外贸港口。公元1088年,北宋政府在密州设立市舶司,密州港作为海上交通枢纽,成了北方航海南下,经江浙沿海,过福建泉州,抵广州去南洋各国的启始点和集散地。明清时期,政府采取了海禁政策,但"渔采贸易"并没有中断,成为沿海地区与主要贸易伙伴民间交往的重要途径。自古以来,山东就是海上贸易和经济往来的重要参与者,对我国古代和近代对外交往的发展做出了巨大贡献。改革开放以来,山东作为东部沿海地区,更加注重对外开放,进出口贸易名列全国前列,境外投资成绩斐然,仍将是21世纪海上丝绸之路不可或缺的参与者。

(二) 山东与沿线国家形成了特别紧密的经贸合作关系

近年来,山东一直把深化与海上丝绸之路沿线主要国家的经贸合作作为扩大对外开放的战略重点之一,在一些重要地区和重要领域形成了具有重要意义的合作关系。

从地域上讲,山东是我国对日韩合作和对澳大利亚合作重点省份。山东与日韩隔海相望,鸡犬相闻。得天独厚的地缘和相近的文化优势,促进了山东与韩国之间的交流与合作。山东吸引韩国投资占韩国对华投资的半壁江上,山东对韩贸易额占中韩两国贸易总额的七分之一。目前日本和韩国分别是山东的第四和第一大外资来源地、第五和第三大贸易伙伴国。特别是中日韩地方经济示范区建设已经取得了一定进展,三国之间金融和资本循环也随之加快。一旦中日韩自贸区取得进展,山东将成为我国对日韩合作的重要阵地。此外,山东还是我国对澳大利亚合作的最重要的省份之一。近年来,鲁澳经贸关系发展迅猛。2013年,我省对澳大利亚贸易额196.3亿美元,同比增长40.3%。其中,对澳出口32.7亿美元,同比增长15.7%;从澳进口163.5亿美元,同比增长46.5%。双向投资日趋活跃,发展势头总体良好。2013年,我省新批澳外商投资中,实际到账澳大利亚外资1.2亿美元,同比增长50.1%;山东成为我国吸收澳大利亚投资最多的省份。

从产业上讲，山东境外资源开发是我国对沿线国家经贸合作的重要亮点。进入新世纪以来，山东省积极贯彻"积极稳妥，发挥优势，重点突破，注重实效"的指导方针和"平等合作、互惠互利"的原则，制定了"贸易先行、投资跟进、由小到大、滚动发展"的发展策略，积极开拓境外资源能源，在21世纪海上丝绸之路国家建立海外资源补充基地，推动了山东"走出去"的步伐。如在非洲和拉丁美洲的黄金、有色金属开发，拉丁美洲、大洋洲的铁矿开发，北非的磷矿，拉丁美洲、非洲和南太平洋的木材等重要资源；在东南亚、南亚的国际海洋资源开发。目前山东境外资源开发已经成为我国境外资源开发的重要省份。山东在进行境外资源开发的同时，还积极推动相关资源加工项目和配套设备制造业的转移。境外资源开发项目对于我国加强与沿线国家的经贸合作的意义重大，不仅有利于我国获取经济发展所需的资源能源，还有利于帮助沿线国家找到塑造自身竞争力、融入国际经济的突破口，有利于与沿线国家"编织更加紧密的共同利益网络，将各方利益融合提升到更高水平，让周边国家得益于中国的发展，也使中国从周边国家的共同发展中获得裨益和助力。"

（三）山东具有参与海上丝绸之力的独特文化优势和文化号召力

文化、观念的认同是不同地区互信的基础，是实现"民心相通"的前提。山东是中华文明的发祥地之一，儒家文化是中华传统文化皇冠上的明珠。习近平总书记说，山东是齐鲁文化发祥地，要加强对中华传统文化的挖掘和阐发。要因势利导、深化研究，使我国在东亚儒家文化圈中居于主动，在世界儒学传播和研究中始终保持充分的话语权。山东虽然不是我国拥有海外侨胞最多的地区，但根据文化发展的一般规律，随着离开故土的时间延长，侨胞对故土特定区域的"小爱"将逐步扩展，最后发展成为对伟大祖国和传统文明的"大爱"。近年来，越来越多国家的侨胞通过"孔子学院"，来发展、传播中国文化。东南亚国家、日本、韩国的侨胞举办了几千所华文学校、上百家华文媒体，以及各种中华文化传播机构，有数万名华文教师、成百万在校学生，培养了一代又一代华裔和当地通晓中外语言文化的人才。在过去的十年中，仅我省向这些国家外派的华文教师达数百人，进一步密切了彼此间的文化联系。

三、山东参与21世纪海上丝绸之路建设的目标

山东参与海上丝绸之路的总体战略定位是，把握当前经济结构调整、发展方式转变、对外经济合作面临深刻变革的总体态势，结合自身区位、资源和市场等综合优势，秉持发展的总体思路和策略原则，将山东打造成为21世纪海上丝绸

之路的"北线之堡",全国乃至东亚、东南亚海洋经济合作的"蓝色之核"。

(一) 打造辐射东北亚的北方桥头堡

山东是丝绸之路经济带与海上丝绸之路的重要交汇点,向西通过欧亚大陆桥可连接我国中西部地区及中亚五国,向南与经济最发达的长三角及我国东南沿海发达城市毗邻,东面临海与日韩相近,通过海陆可以直接通达整个环太平洋地区,具有深化国际国内合作、沟通境内境外、吸引各方投资、辐射华北及内地经济发展的良好区位条件。因此,应突出山东在海上丝绸之路建设中的"十字"结点优势,强化在海上丝绸之路北段的综合枢纽和主导地位,推进海上丝绸之路的西延北扩,加快海陆通道、港口功能、航空航线等方面的建设,完善和提升通联东北、华北和日韩等区域的综合交通网络,打造东北亚地区与东盟等海丝沿线国家互联互通的通道体系,把山东建设成为面向日韩、辐射东南亚、通联环渤海的21世纪海上丝绸之路重要的北方战略枢纽。山东还应该成为国家东南双向开放的门户和交流合作平台。海上丝绸之路建设的当前重点是打通向南开放的通道,而从长远来看,海上丝绸之路必将向东延伸至日本、韩国等东亚国家,把范围扩大到东北亚形成全方位的开放新格局。山东南起海上丝绸之路北端,东与日韩一衣带水,处在海上丝绸之路与东北亚经济圈的交汇节点,是连接古代东方海上丝绸之路与21世纪海上丝绸之路的枢纽,是国家向东开放和环渤海地区向南开放的重要门户。因此,要强化山东服务环渤海,沟通东北亚,面向整个海上丝绸之路地区的战略地位,全面推动东南双向开放,在开放功能、合作领域、载体平台等方面不断突破,全面构建起东北亚地区向南拓展的战略平台。

(二) 打造蓝色经济发展的"核心区"

山东具有发展海洋经济的巨大优势。山东是我国重要的海洋大省,海岸线3024 km,占全国的1/6,港口密度居全国之首且均为不冻港,现已形成以青岛港为龙头,烟台、日照港为两翼,其他地区性港口为补充的沿海港口布局。海洋科研实力居全国首位,科技进步对海洋经济的贡献率超过60%。国家和省属涉海科研、教学事业单位及省部级海洋重点实验室百余家。海洋科研人才优势突出。目前青岛拥有海洋专业技术人员5000多人,占全国同类人员的40%左右,其中高级职称1700余人,涉海两院院士20余位,占全国的70%左右,国家海洋创新成果奖数量全国的50%,在海洋科学研究与高层次人才培养方面均居全国一流水平。山东省海洋生产总值居全国第二位,海洋渔业、海洋盐业、海洋工程建筑业、海洋电力业增加值均居全国首位,海洋生物医药、海洋新能源等新兴产业和滨海旅游等服务业发展迅速,海洋产业体系较为完备。较为发达的海洋科技与人才优势是山东参与海上丝绸之路建设的重要支撑。2011 年经国家批准设立山东半岛蓝色经济区。经过三年的建设，获得了很大发展，正在逐步发展成为具有较强国际竞争力的现代海洋产业集聚区、海洋科技教育核心区和全国重要的海洋生态文明示范区。在未来的发展中，山东充分发挥山东参与海洋合作的国家战略、国家级平台、国家级科研院所等综合优势，以山东半岛蓝色经济区为依托，以东亚海洋合作平台建设为重要载体，加快建设东亚海洋合作交流中心，设立东亚海洋经济合作示范区、东亚海洋人才教育中心，立足东亚、辐射亚太，在海洋科技、环境保护、灾害应对、海洋经贸等领域，与东亚、东南亚国家开展多层次务实合作，加快完善国际海洋事物沟通协商机制和组织体系，努力将山东建成全国乃至东亚、东南亚地区海洋开发合作核心区。

四、山东参与 21 世纪海上丝绸之路建设的主要对策

（一）构筑互联互通合作交流体系

1. 以构建东北亚航运枢纽为目标推动交通体系的互联互通

积极争取国家的支持，进一步提升我省在海上丝绸之路交通网络建设中的地位，以山东半岛蓝色经济区港口群主体，建设以山东半岛蓝色经济区为线，以山东全境为面，实现以北京、天津、河北、河南、山西为辐射范围，集商品、资本、信息、技术于一身，海港、空港、陆地港为一体、海陆空资源统筹发展、结构合理、功能完善的东北亚国际航运枢纽，使之成为海上丝绸之路北端的重要节点。

2. 以强化互动协作为重点推动产业园区的互动发展

一是进一步加大在沿线国家的境外园区的建设。加强在沿线国家经贸园区资金支持力度。对上述国家设立境外园区的企业，特别是积极吸纳其他企业进入自己创办的园的企业按照建设园区的面积、带动其他企业进园区的成效给予货币奖励或设立配套资金。借鉴先进省市的经验，大力优化境外园区建设行政服务。在资源能源丰富、品种齐全、劳动力紧缺的国家，通过强化政府间的协调和引导，推动山东企业建立天然气开发、煤炭采集、木材采伐、金属开采园区。在农业生产条件较好的地区，设立农业生产园区。在沿海的国家加快渔业生产园区建设。

3. 以推动城市友好合作网络为抓手推动人文互联互通

尽快尽力健全对沿线各国交流合作的组织协调机制。完善各工作部门的对沿线各国交流合作促进机构。在外办系统内设立专门的对沿线各国交流合作促进中心或者在商务系统现有的山东省国际投资促进中心内部设立对沿线各国交流合作促进部，具体负责开展对沿线各国交流合作促进宣传推介活动。充分发

挥商会在对沿线各国交流合作中的作用。强化山东与沿线各国地方政府的合作,争取同具有较大国际合作潜力的城市建立友好城市,完善对话协调机制,通过召开定期会议、项目多边协商会议等形式,协调双方宏观经济政策和区域经济发展战略,共同制定区域发展规划,协调山东企业与沿线各国合作伙伴、山东企业与当地政府间的关系,帮助企业解决在对沿线各国交流合作中出现的问题。

4. 以强化对话沟通为重点推动学术界新闻界的互联互通

建议从长期从事对外关系,特别是对沿线各国交流与合作研究的科研院所中,如山东社会科学院、山东大学等,选取具有较好理论功底、时间精力较为充沛的专家学者组建对沿线各国合作研究院。加强体制机制创新,将对沿线各国课题研究纳入制度化的发展轨道。充分利用广播、电视、报刊、网络等媒体。广泛宣传实施对沿线各国交流合作战略的重要意义和相关法律政策,提高各级政府、各有关部门和企业对加快对沿线各国交流合作重要性的认识强化与沿线各国媒体之间的联系合作,利用沿线各国媒体宣传山东投资企业,对我境外经贸合作区、跨境经济合作区及重大项目进行整体打包宣传,树立形象,扩大影响,促进合作。

(二)构建具有山东影响力的产业链条

构建跨国产业链条是当今世界国际产业合作最重要的方式之一。跨国产业合作发端于第一次产业革命,在第二次世界大战后达到高潮,迄今为止已历经三次大规模的产业转移浪潮。从其发展进程看,传统意义的国际产业转移主要表现为"由发达国家向次发达国家再到发展中国家的梯度式、全产业转移"的演变过程:即技术领先国家将本国不具备竞争优势的成熟或待淘汰产业向外转移;产业转移完成后,技术领先国一般不再保留或较少的保留原有产业。这就在一定程度上形成了全球产业格局中的"中心—外围"结构。发达国家居于世界产业的"中心",生产高附加值的产品,而广大发展中国家仅仅从事附加值较低的低端产业的加工和生产。国际产业转移的这一模式固化和加深了发达国家和发展中国家之间的产业落差,造成了不同国家间的经济失衡。我国与"海上丝绸之路"沿线国家原有的产业合作模式也带有相同的特点,主要表现为:我国"走出去"以石油、矿产、渔业、农业等境外资源能源开发为主,并将竞争优势不强的富余产能向外转移,"引进来"仍然集中于传统制造业的投资合作。2013年9月中国国家主席习近平在哈萨克斯坦演讲中指出共建丝绸之路经济带倡议的目标在于促进沿线国家之间建立相互融合、经济联系更加紧密的发展空间,即把中国与有关周边国家之间的政治关系优势、地缘毗邻优势、经济互补优势转化为务实合作优势、持续增长优势,打造互利共赢的利益共同体和命运共同体。基于此,探索新型的产业合作模式成为"海上丝绸之路"建设的重要任务。进入新世纪以来,在新科技革命的推动下,产品生产可分性日益增强,模块化生产被越来越多的跨国公司采用。受此影响,产品内分工合作正在成为当前国际生产体系发展的新现象。山东在"海上丝绸之路"建设过程中应当顺应国际经济发展的最新趋势,将利用外资和对外投资结合起来,统筹规划,共同推动山东生产链条向"海上丝绸之路"沿线国家延伸。一方面,制定和实施差异化的利用外资政策,鼓励跨国公司在山东设立地区总部、研发中心、财务中心等功能性机构,大力发展"千亿级"产业集群,加快山东制造业产业链条与发达国家产业链的对接;另一方面,积极引导山东对外投资企业在东道国延伸生产链条,推动原有的能源资源开发项目向深加工方向发展,促进制造业生产网络的行程,并在此基础上以资本为纽带推动资源整合和产业融合,以价值链拓展为抓手,促进山东跨国公司发展。只有尽快建立起能够覆盖"海上丝绸之路"大部分国家、我方具有重要影响和带动的价值链,才能真正形成"一荣俱荣、一损俱损"的利益共同体和命运共同体。

(三) 加强与沿线国家合作的载体建设

在"21世纪海上丝绸之路"建设的过程中,应该重点突出以下三类平台的建设。一是积极推进对外交流平台建设。在继续发挥中国-东盟博览会、中国-南亚博览会、中国-亚欧博览会等平台作用的基础上,对国内各类不同层次的博览会、展销会进行统一的梳理,加以整合,打造特色突出、主题鲜明、功能完善的对外经贸交流平台。积极推动国际旅游中心、国家文化交流中心、海外孔子学院发展,推动我国与沿线国家人文交流合作的发展。二是大力推动国际合作平台建设。进一步加快实施自贸区战略,在充分借鉴和吸收上海自贸区现有经验的基础上,引导各地区明晰本地区特殊优势,合理定位各地自贸区发展的目标,尽快在全国形成分工合理、相互呼应的自贸区体系。加快山东各类经济园区发展,建立园区间产业联动发展机制,形成国际经济合作合力。在沿线国家加快远洋渔业基地建设和境外经贸合作区建设,引导我国境外投资企业集群化、集聚化发展。三是高度重视跨境服务平台建设。紧紧围绕通关便利化的功能和需求,推动山东口岸综合服务平台建设、检验检疫服务平台建设和行政服务中心网络化建设。积极发展离岸金融服务平台,为山东企业海外经营提供跨境金融服务。做好跨境电子商务平台建设和区域性国际商贸中心建设,推动贸易流通便利化。

参考文献

刘凤鸣. 2011. 山东半岛与古代中韩关系[M]. 北京:中华书局.
山东参与海上丝绸之路建设研究[C]. 山东社会科学院重大课题.

张华. 2013. 中日韩地方经济合作示范区建设研究［M］. 济南：山东人民出版社.

郑贵斌，李广杰. 2015. 山东融入"一带一路"建设战略研究［M］. 北京：人民出版社.

顾春太　山东社会科学院国际经济研究所副所长、研究员，世界经济专业博士，山东省理论人才百人工程骨干成员，中国亚太学会常务理事，中国国际经济学会常务理事，山东省对外经济学会副秘书长，主要从事国际经济合作及山东对外开放研究，多次主持国家、山东省重要课题，目前正主持研究国家社科基金课题《跨国公司垂直分离化新趋势对国际资本流动的影响与对策》。

广东与 21 世纪海上丝绸之路主要国家经贸合作的新内涵与新模式研究

向晓梅

广东省社会科学院产业经济研究所,广东广州

一、引言

21 世纪新的海上丝绸之路与古海上丝绸之路相比,具有新内容、新特点、新空间,广东在其中也发挥着新的作用。当前,广东正处于加快转型升级、提升产业国际竞争力的新常态发展阶段,海上丝绸之路沿线主要国家也同样面临经济转型的压力,深化与海上丝路各国的经贸合作将是突破广东发展瓶颈、攀升全球产业价值链高端、提高开放型经济水平的重要战略选择。广东要抓住国家推进"一带一路"的战略契机,结合广东经济发展的新常态特征,以"共促转型、共育产业、共拓市场、共赢发展"为战略取向,构建与海上丝路重要国家之间的全新经贸协作关系和合作机制,重构面向东南亚乃至国际市场的产业国际竞争优势。

二、新时期广东与海上丝路各国经贸合作面临的问题与挑战

21 世纪海上丝绸之路是推动我国与东盟以及中东、北非国家经贸深度合作的新型纽带。广东作为我国海上丝绸之路的发祥地和改革开放的先行省,有着同海上丝路国家开展经贸活动的历史渊源、产业基础和无可比拟的通道优势。2013 年广东与海上丝路沿线国家的贸易额达 1550 亿美元,占全省贸易总额近15%。广东在"21 世纪海上丝绸之路"建设中的桥头堡作用日益凸显。

广东作为全球制造业基地,当前面临要素成本上升、外需不足、产能过剩等困境,而海上丝路沿线诸国自然资源丰富、劳动力成本低廉、工业化水平普遍不高,同时作为新兴经济体拥有巨大消费潜力,这为双方产业合作带来广阔空间。然而,当前广东与海上丝路各国的经贸合作仍然存在不少问题与挑战。

(一) 产业链条配套不完善,经贸合作多限于产业垂直分工及一般贸易

目前广东走出去的产业仍主要以加工制造业为主,但最大的弱点是产业链

条在当地没有配套,且多采用基于生产环节梯度转移的垂直分工模式,缺乏生产环节的扩大延伸及相应的高端技术环节对接。同时,广东与沿线各国仍多以一般贸易为主,进一步的发展必须依靠相互投资引领下的产业链分工与合作。尤其从北非东非经济的现实情况看,广东需要在区域投资合作中发挥主导作用。但广东目前对东北非国家的投资相对较少,这与广东大型企业跨国经营的规模不大直接相关,广东跨国经营企业的母公司主要是广东前 100 强企业,但其中跨国经营销售额部分占企业总销售额的比重仍比较低。广东亟待与海上丝路各国构建新的产业分工合作格局。

(二)促进企业"走出去"开拓海上丝路市场的政策准备及服务支持严重不足

广东现行对外投资管理体制与金融体系尚不能适应企业海外经营需求。政府对外投资审批环节多,跨国经营企业人员仍面临出境难等问题,口岸管理、通关便利化仍有待改善。金融服务方面,除国家开发银行和进出口银行等政策性银行外,省内商业银行针对企业特别是民企"走出去"开拓海上丝路市场的金融产品非常少,企业跨国经营融资困难。同时,广东缺乏通晓国际商业规则的跨国经营人才,"走出去"的企业制度建设滞后,亟须市场推广、人才培训、法律援助等支持服务。沿线经贸信息公共数据库缺失,特别是南亚、中东、北非区段的市场、产业信息匮乏,加大了企业拓展市场的难度。

(三)多层面的跨区域经贸合作协调机制缺失

调研发现,广东与沿线国家间、区域间、城市间深层合作机制建设相对滞后。政府层面看,广东与东盟国家建立了较为多样化的交流合作机制和平台,但与南亚、中东、北非国家建立的规范化经贸合作机制比较欠缺。民间层面看,广东与东南亚特别是与中东、北非国家之间建立的民间经贸联盟、境外行业商协会、企业联盟较为薄弱,华商网络资源未能充分利用,以致不少具体的项目合作、产业合作难以落地,严重影响合作效率及质量。

(四)东道国投资风险及南海争端等政治隐患带来巨大挑战

沿线各国内部政经形势复杂,社会制度、宗教信仰、文化习俗不尽相同,既有商机,也有陷阱。不少国家缺乏规范的市场机制,投资限制较多;部分国家政局不稳,腐败严重;有的国家仍存在恐华反华情绪,越、菲等国在南海不断挑衅,以及美国等大国干涉等,这些因素的交织对经贸合作产生极大负面影响。如何规避与东道国合作的政治风险、投资风险以及难以融入当地文化的风险,成为广东企业进入沿线市场的巨大隐忧。

在这样的背景下，创新经贸合作的内涵与模式显得尤为重要。广东深化与海上丝路国家的经贸合作，应加速与沿线新兴市场形成产业链重构，在更大范围优化布局产业环节。这也将有助于广东破解传统制造业的资源和市场瓶颈，获得产业发展的国际空间。

三、广东与 21 世纪海上丝绸之路主要国家经贸合作的新内涵

（一）战略取向：共促转型、共育产业、共拓市场、共赢发展

将广东的转型升级与海上丝路沿线国家经济的转型升级相融合，主动参与新一轮发展周期的国际产业链重构，共同加强垂直分工与水平分工的产业链链际合作，共同培育新兴产业，双向对接，全面整合，共同以核心价值环节嵌入全球产业价值链，联手开拓亚太乃至整个国际市场，重构产业国际竞争优势，打造互利共赢的经济命运共同体，开创广东与沿线国家经贸合作新局面，争当"21 世纪海上丝绸之路"建设排头兵。

（二）拓展经贸合作新内涵：四大创新

1. 转型升级与产业链全面融合创新

广东与海上丝路国家经贸合作应从之前的一般贸易转变为从产业链协调机制切入，从整体产业链角度合理布局产业环节，充分利用海外资源推动产业升级。

以加工制造业转型升级为重点，重构制造产业链国际优势。鼓励制造企业采取"核心零部件+出口组装厂"模式，将关键技术研发与零部件生产留在广东，而将下游组装与营销布局在海上丝路国家，并以投资带动零配件、成套设备的出口，拓展制造业的国际空间。鼓励广东企业重点在中南半岛国家进行"下游产品－上游产品"捆绑投资，与当地企业形成生产配套网络，展开链际合作。借力 400 亿"丝路基金"，扩大对外工程承包业务，带动轨道交通等装备制造业走出去。

拓展服务业发展空间。携手香港、新加坡等地共同拓展服务业，推动旅游业、物流业、金融业、商贸等建立覆盖沿线国家的市场网络，提升服务贸易水平。

在更高层次上"引进来"。利用新马泰等国在机电设备、汽车、石化等行业相对富余的资金、先进的制造技术和园区发展经验，吸引其来粤投资，提升产业竞争力。

2. 协同研发与新业态共育创新

广东与沿线国家应改变过去基于生产环节配套的垂直分工模式，推动面向

产业对接的研发合作及新兴业态的共同培育。

面向产业对接的协同研发。主动纳入中国-东盟科技伙伴计划体系,在先进制造、电子信息、农业、生物科技等重点领域,搭建公共研发服务平台,深化与新加坡、马来西亚、泰国等的研发合作。

打造海上丝路创新创业中心。凝聚新加坡等先进国家的创新资源,规划创新链节点,依托中新(广州)知识城、东莞中以国际科技合作园区等平台,吸引沿线国家的跨国企业来粤设立研发中心,吸聚科技领军人才到粤工作与创业。

共同培育战略性新兴产业。加强广东高科技企业与新加坡、印度等国企业在新一代信息技术、节能环保、新材料、生物与健康等新兴产业的互补合作,利用"中国-东盟信息港"建设契机推进互联网产业发展,联手切入全球产业链高端。

3. 环南海经济圈与海洋现代产业体系构建创新

突破资源争采的传统思路,以环南海经济合作圈为突破口,形成全新的海洋经济合作开发格局。

共建海陆基对接和跨区域合作的海洋现代产业体系。在东盟"10+1"框架下,围绕南海推动产业转移和跨区域合作,推动广东与南海周边国家(地区)共同打造"南海海洋产业国际集聚区"。通过长期贸易协议与参股开发相结合等方式,深化与印度尼西亚等国在油气开发、远洋渔业等领域的合作。与新加坡等国共同发展深海技术,培育深海能源产业。

联手打造港口物流大通道和自由贸易园(港)区。建设以广州港为核心、以大通关为支撑、以珠三角水网港点和东盟港口为节点、覆盖海上丝路各国的海运大通道,与新加坡港、巴生港、雅加达港和迪拜港等共同构建区域港口服务网。争取在中国-东盟自贸区升级版中先行先试,推动粤港澳自贸区与升级版中国-东盟自贸区的政策对接。

4. 国际国内市场双向拓展创新

广东与海上丝路国家应突破以往通过贸易互通有无的局限,充分利用产业优势互补,携手开拓国际国内市场,共同提升国际竞争力。

在扩大内需背景下共拓中国国内市场。广东与海上丝路国家应充分利用我国产业西进、扩大内需的优惠政策,依托沿线国家的优势产业如农、海产品生产加工等,联手建立内销市场网络,向我国内地特别是中南和西南地区辐射,打开新的市场空间。

合作双赢中共同开发亚太市场,建设区域产业资源的配置中心。与沿线国家联手打造先进制造业和现代服务业国际竞争力,力争在家电、信息制造等行业形成产业整合优势;同时携手香港、新加坡等建立覆盖亚太乃至全球的现代服务业市场网络,成为亚太地区优质产业资源的配置者。

四、广东与 21 世纪海上丝绸之路主要国家
经贸合作六大新模式

广东要加快构建与海上丝路主要国家全新的六大经贸合作模式,打造广东版的现代海上丝绸之路。

(一) 非均衡节点式梯级合作模式

从资源投资→市场投资→技术与资本战略性投资三个阶段看,广东和东盟、南亚、中东、北非在国际价值链上的位置梯度较为明显,因此应根据沿线国家不平衡的经济发展阶段特征,以某些节点国家为重点,采取非均衡、节点式的梯级合作模式,最终通过节点连接形成广东与海上丝路各国经贸合作多样化网络。

以东盟为核心区,以境外经贸合作区(园)为载体,产业集群式"走出去"。推动广东优势企业到东盟进行集群投资,形成产业链条。引导企业优先进驻越南中国(深圳-海防)经贸合作区、中国-印度尼西亚经贸合作区等国家级境外经贸合作区,依托其相对成熟的配套服务,降低海外经营成本。积极参与新加坡"智慧国"平台、马来西亚"六大发展走廊"、印度尼西亚"六大经济走廊"等项目,促进产业对接升级。

以南亚 4 国为重点投资工业园区,推动 IT、轻工、工程承包合作。在印度、巴基斯坦、孟加拉、斯里兰卡等国探索建立"广东投资工业园区",推动纺织、家电等优势产业向南亚转移,加强与印度 IT 业软硬件互补合作,开拓南亚工程承包市场。

与中东国家合作打造"多边贸易与投资拓展区"。发挥广东商贸优势,以迪拜、多哈、利雅得为中心,布局国际商品贸易平台,带动分销、物流企业走出去,构建进入中东、辐射非洲欧洲市场的商贸通道。以高附加值精细化工为重点,参与波斯湾地区石化项目。培育广东本土工程总承包企业,以波斯湾国家为据点开拓中东基础建设市场。

与非洲国家合作打造"广东产业转移承接区",以国际商贸中心为先导,跟进建设境外合作工业园。主动出击,以红海湾及印度洋西岸航线沿岸国家为重点,布局"广东商品贸易中心";同步建立境外合作工业园,以企业集群"走出去"方式向非洲转移服装、鞋帽、电子等劳动密集型加工业。

(二) 近地经贸合作模式

加强粤港澳、"两广"的近地产业合作,拓展产业发展腹地。以粤港澳大湾区作为建设"21 世纪海上丝绸之路"的核心枢纽,打造港穗深澳海洋都会带,围

绕海洋核心点配置区域资源,引导海洋产业效应的内化和外溢。以广州南沙、深圳前海、珠海横琴为重要节点,加强粤港澳在港口物流、海岛开发、海洋旅游、海洋新兴产业的合作。拓展珠三角城市群区域腹地辐射大通道,重点打造珠江-西江经济带,通过打通内外部通道及珠三角的功能辐射和产业转移,把珠三角、港澳、"海上丝绸之路"、东盟等连接在一起,提升广东在亚太区域的经济中心地位。

(三)跨境飞地型园区点对点合作模式

探索广东与海上丝路的主要节点国家和港口城市互设"广东产业园"或"海丝产业园"等"两国两园"模式,创新合作机制,搭建产业经济合作平台。着力引进东盟资源促进广东经济发展,除广州的中新知识城项目外,还可在东西两翼的湛江、潮州、汕头、茂名等地建立与东盟对接的产业协作园区。重点推进湛江的广东(奋勇)东盟产业园建设,发展新海洋、新能源、新电子、新材料、新医药产业,打造"中国-东盟产业合作示范区"。

(四)"网上自由贸易区"创新合作模式

以建立"网上自由贸易区"为新亮点,利用新兴大数据与云计算技术构建与海上丝路沿线国家联通的跨境国际经贸大平台。利用广东的现有产业平台与资源优势,探索制定跨境电子商务综合服务体系以及跨境电子商务进出口所涉及的在线通关、检验检疫、退税、结汇等基础信息标准和接口规范,实现海关、国检、国税、外管等部门与电子商务企业、物流配套企业之间的标准化信息流通,率先形成海上丝路沿线区域跨境贸易电子商务产业集聚区,通过电子结算方式促进商品、生产要素等自由流动。

(五)沿线港口与城市联盟合作模式

以海上丝路沿线国家(城市)的经贸和港口合作需求为出发点,以国际海运航线为纽带,以在广州设有总领馆的沿海国家、广州友好城市中的港口城市以及广州港航线到达的国家和港口为起步,整合沿线港口资源,发起建立"21 世纪海上丝绸之路港口(城市)联盟"。以广州、香港、新加坡港、迪拜港、亚力山大港等龙头港口为关键节点,串接起沿线国家港口(城市)、物流园区、加工贸易区,主要港口互签航运合作协议,共同打造海上经济大通道和商贸物流大通道,深化广东与沿线国家的相互贸易与投资。

（六）新侨区合作平台模式

广东是全国第一侨乡，应充分发挥华商"融通中外"的独特优势，搭建21世纪海上丝绸之路"广东-华商经济合作平台"。抓住汕头"华侨经济文化合作试验区"上升为国家级试验区的契机，突出中国华侨门户和吸纳华侨资本的桥头堡作用，加大力度引进华商龙头企业和项目，支持鼓励华商跨国公司、企业以合资、合作、独资等方式设立公司，在推动华侨经济与文化发展、海峡两岸与港澳合作、营商环境与商事规则等方面先行先试。充分利用广东省23个华侨农场的土地资源优势，选择其中基础条件较好的农场改造建设"广东-东盟华商工业园"。

五、促进广东与海上丝路各国经贸合作的政策措施

（一）搭建政府、市场、中介组织"三位一体"合作新机制

发挥政府宏观引导作用。在广东-东盟合作联席会议机制、广东-新加坡合作理事会会议等现有政府合作框架基础上，围绕"海"的主题，扩大与南亚、中东、北非国家建立多边经贸合作新机制。整合提升"广东21世纪海上丝绸之路国际博览会"等合作机制功能，争取"21世纪海上丝绸之路"的重要合作机制落户广东。

以非正式、跨边界的民间协作渠道促进经贸合作。鼓励广东的重点城市、港口、产业组织与沿线国家建立城市、港口、产业等专业联盟，定期举办"中国（广东）21世纪海上丝绸之路"港口城市论坛、产业发展论坛、市长论坛等。发挥行业协会、中介组织作用，推动与沿线各国或有关商协会建立双边企业家理事会、广东商会等民间团体。

（二）力争国家先行先试政策，强化经贸合作试点示范建设

（1）建立与国家部委间的部省联动机制，结合广东自贸区方案，以南沙、前海、横琴为试点，力争在中国-东盟自贸区升级版、跨境贸易结算、国际物流通道建设、海上丝路跨境邮轮等方面取得先行先试政策。

（2）支持民企探索试点设立海上丝绸之路民营银行或华商银行，为企业"走出去"提供多样化金融产品；争取设立海上丝绸之路海洋资源股权交易所。

（3）推动"城市-城市"对接建立跨境产业合作园区。鼓励广东尤其是珠三角主要城市展开"城市外交"，建立跨境点对点对口合作机制，与沿线重要交通节点及港口城市共建经贸合作园区并赋予优惠政策。

（4）争取国家支持湛江、雷州半岛等粤西地区纳入北部湾经济区发展规划，

享受国家统一的优惠政策；比照广西对北部湾经济区做法，设立"对接东盟产业引导基金"，支持建设广东-东盟产业合作园区。

（三）支持企业对沿线国家"集群式"投资，建立投资服务大数据平台

实施"政府铺路+大企业拉动+民企开拓+集群网络"策略。完善企业"走出去"配套政策，提供口岸通关、人员出境便利化服务，发挥有实力大型企业的带动作用，引导中小民企通过参与大型企业产业链合作开拓市场，并为集群投资优先提供信贷支持。鼓励广东企业实施本地化战略，在当地形成集群生产网络，双向促进产业升级。

成立"海上丝绸之路投资咨询服务大数据平台"。将广东建成海上丝路沿线经贸信息集散中心，为企业提供各国市场与产品需求、贸易投资环境、风险规避、法律法规等咨询服务及深度投资数据分析服务，编制"21 海上丝绸之路沿线经贸发展地图"。

（四）多渠道利用华商的跨国经贸网络资源

广东应积极参与组建"华商投资基金"，通过盘活华商基金以及华商的人脉关系和商业渠道，避开非商业壁垒，实现对一些海外战略资源的掌握。鼓励广东企业与沿线国家华商设立合作公司，嵌入当地产业链，进军当地市场。积极引导华商到广东投资，以汕头"华侨经济文化合作试验区"建设为契机大胆改革创新，支持侨资设立银行、证券、保险等金融服务机构，扩大对侨资开放领域，允许侨资进入电力、电信等行业，吸引侨资参与设立医疗、新闻广电和数据服务等机构。

参考文献

胡新天，王曦，万丹香，等. 2010. 广东-东盟优势产业的竞争性与互补性研究[J]. 南方经济，(11)：70-80.

雷小华. 2013.中国沿海沿边内陆地区构建对东盟开放型经济分析[J]. 东南亚纵横，(3)：49-54.

李永明. 2009.浅议广东参与东盟次区域合作[J]. 东南亚纵横，(12)：89-92.

吴昌盛. 2010.CAFTA 背景下深化广东与东盟经贸合作的策略研究[J]. 南方金融，(12)：89-92.

姚立. 2011.创建广东稳固的东盟贸易市场新战略[J]. 新经济，(12)：84-87.

张振江. 2009. 广东-东盟贸易：成就、挑战与对策[J].东南亚研究，(2)：4-10.

向晓梅　广东省社会科学院产业经济研究所所长、二级研究员、博士；第十二届全国人大代表、广东省第十一次党代会代表、广东省委宣传系统"十、百、千"工程第一层次专家；广东省政府决策咨询专家；广东省产业转移园区基金评审专家；广州市政府决策咨询专家；东莞市委市政府决策咨询专家；清远市政府顾问；江门市政府顾问；广东经济学会常务理事、副秘书长；广东资本论研究会副会长；广东企业社会责任研究会副会长；广东区域与产业经济研究会副会长；广东第三产业研究会副会长；广东省体制改革研究会副会长；广东省南方民营企业研究院执行院长。主要从事产业经济与区域经济、产业结构、产业竞争力、新兴产业、产业转移、产业政策、产业规划、海洋经济、城市定位和发展、中小企业等研究。主持完成了大量由省委、省政府领导委托以及各地方政府委托的重大课题，并有多项成果得到省委、省政府主要领导的重要批示，在直接推动地方政府重大实践工作中发挥了重要作用，对广东经济社会发展作出了突出理论贡献。

贸易统计的中国海上物流空间格局实证研究

李大海

中国海洋大学,山东青岛

一、引言

　　本文主要利用我国对外贸易统计数据,对我国海上贸易的地理分布进行分析,计算各海区和水道的贸易通过量,以此为基础判断海上丝绸之路对我国对外贸易的重要性,以及在经济方面的综合性影响。

二、主要研究方法

　　我国尚未对海上贸易进行专门统计。利用我国发布的对外贸易数据,按照贸易对象国、贸易货物种类逐一进行甄别和推算,筛选出通过海洋运输方式进行的贸易数量和贸易额。再根据贸易对象国地理位置特点,推算出通过各海域、各水道的货物数量。以此为基础,对我国对外贸易海上运输地理分布状况进行量化研究,筛选识别重要区域与关键通道。

　　本研究遵循以下原则和假设:第一,由于运输成本的原因,海上运输是当前国际贸易货物运输的最主要方式,除少数种类商品外,绝大多数商品主要以海上运输方式到达交易目标国;第二,无陆地边界的非内陆国之间的绝大部分商品运输通过海运方式完成,有陆地边界的非内陆国之间的大宗商品运输多以海运方式完成;第三,除特殊情况外,货物海上运输遵循成本最小化原则,即交易双方选择成本最低的海上交通线进行运输,影响因素主要是航程,也有其他费用、风险方面的考虑。

　　本研究数据来源于《中国贸易外经统计年鉴》(2013),引用数据为 2012 年年度数据。纳入研究范围的国家包括与中国发生双边贸易往来的全部国家,货物按照海关(HS)分类标准分为 22 大类 98 小类。研究中仅考虑我国与世界各国海上贸易往来,未考虑其他国家之间的海上贸易。由于我国对外贸易货物种类众多,为便于统一计算和分析,研究中以贸易额作为主要指标,即将通过各海域与水道的货物的总价值作为衡量与识别海上通道重要性标准。对于具有特殊用途的、不可替代的战略性物资,将在面上研究基础上予以特别说明与强调。

三、我国对外贸易的地理分布

2012 年,中国对外贸易总额为 3.86 万亿美元,其中,出口 2.05 万亿美元,进口 1.81 万亿美元。中国的主要贸易伙伴有:欧盟、美国、日本、东盟等。中国对外贸易的地理分布如表 1 所示。

表 1　中国对外贸易的地理分布

贸易对象区域	出口总额 /万亿美元	进口总额 /万亿美元	贸易总额 /万亿美元	所占 比例/%
亚洲	1.00	1.04	2.04	53
其中:东盟	0.20	0.20	0.4	10
非洲	0.09	0.13	0.22	6
欧洲	0.40	0.29	0.69	18
其中:欧盟	0.33	0.21	0.54	14
拉丁美洲	0.14	0.13	0.27	7
北美洲	0.38	0.16	0.54	13
大洋洲	0.04	0.09	0.13	3
合计	2.05	1.81	3.86	100

数据来源:国家统计局贸易外经统计司.2013.中国贸易外经统计年鉴(2013).北京:中国统计出版社.

根据研究目标要求,研究中需针对不同地理单元特点做更加细致的分析:① 由于亚洲的重要性以及贸易和运输方式的特殊性,需要对贸易数据做进一步分析;② 由于中国到欧洲、非洲的主要海上运输线有两条,故需要对通过非洲北部苏伊士运河的运输线和绕过非洲南部的运输线的货物量做进一步甄别;③ 由于中国与北美洲、南美洲、大洋洲的海上运输线分布相对集中,且该方向不是本研究的重点,因此不必针对亚地理单元逐一分析。

(一) 我国与亚洲海上贸易的地理分布

研究发现,中国与周边经济体的贸易占海上货物运输的比重较高,与东亚、东南亚各经济体的海上贸易额即占中国对外贸易总额的 1/3 以上。这部分海上运输线大部分处于我国管辖海域和传统海疆范围,以及贸易对象经济体管辖海域范围内。西亚是我国最重要的石油进口地,贸易额虽仅占贸易总额比重的

6%,但重要性较高。

（二）我国与非洲、欧洲海上贸易的地理分布

中国与非洲、欧洲贸易绝大部分通过海运方式完成。主要交通线有两条:一条经南海—马六甲海峡—印度洋—红海—苏伊士运河—地中海到达欧洲和非洲北部,这是最为便捷的东西方海上通道;另一条经南海—巽他海峡—南印度洋—大西洋到达非洲和欧洲,该路线主要通航大型油轮、集装箱轮,是大宗商品运输通道。我国与欧洲海上贸易占海上丝绸之路西段海上货物运输的绝大部分,我国与非洲海上贸易量较小,以石油、矿石、木材等大宗原料货物为主。我国与欧洲海上货物运输大部分经由苏伊士运河,而与非洲海上货物运输大部分经南印度洋。

（三）我国与北美洲、拉丁美洲、大洋洲海上贸易的地理分布

中国与北美洲、拉丁美洲海上贸易绝大部分通过海运完成。对于以北美洲、南美洲西海岸为目的地的船舶,主要通过横跨太平洋的航线抵达目的港。对于以北美洲、南美洲东海岸为目的地的船舶,大部分通过巴拿马运河进入大西洋,再驶往目的港;少量不能通过运河的大型船舶(如大型矿石船),大多通过印度洋航线经非洲南端,再跨越大西洋抵达目的港。中国与大洋洲的海上贸易主要经南海-西太平洋航线完成,少量以澳大利亚西海岸港口为目的地的船舶沿南海-东印度洋航线通行。太平洋航线在我国海上贸易运输中占据非常重要的地位。运输货物价值接近我国对外贸易总额的1/4。

四、海上贸易通道的物流评估

（一）概述

我国海上运输线主要取决于贸易伙伴的地理分布,同时深受海洋自然地理因素影响。以我国东南沿海为起点,海上运输线主要可分为向东、向南两个方向。东向通道从我国向东跨越太平洋,抵达北美洲和南美洲;南向通道在穿越南海后分为两支,一支向西穿越印度洋抵达非洲、欧洲,另一支继续向南抵达大洋洲。这种地理分布与航路走向基本上与古代海上丝绸之路的东海航线和南海航线一致,并在各自方向上进一步向外延伸,形成了四通八达的全球海上交通网络。图1显示了我国海上交通运输线的地理分布状况。

以货物价值计,2012年我国对外贸易海上运输货物总价值约3.62万亿美元,占对外贸易货物运输总量的约93%。主要海上物流通道可分为东向通道和南向通道。

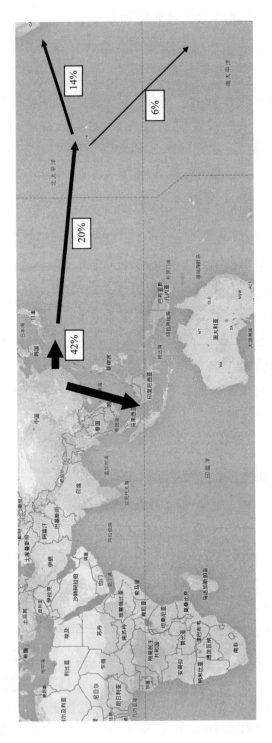

图 1　我国海上交通运输线的地理分布

东向通道:从我国东南沿海港口出发,向东抵东亚各经济体,并进一步横跨太平洋到北美洲、南美洲的东向通道运输货物价值1.63万亿美元,约占我国对外贸易货物总价值的42%。其中,价值0.85万亿美元的货物在我国与日本、韩国、我国台湾省之间运输,占外贸货物总价值的22%。其他0.78万亿美元货物经跨越太平洋的多条航线在我国与美国、加拿大和拉丁美洲各国沿海港口之间运输,占外贸货物总价值的20%。往来于我国与北美、南美之间的货物价值分别为0.55万亿美元和0.23万亿美元,约占外贸货物总值的14%和6%。

南向通道:从我国东南沿海港口出发,向南、向西抵东南亚、南亚、西亚,并进一步延伸到欧洲、非洲、大洋洲的南向通道运输货物价值约1.99万亿美元。占我国对外贸易货物总价值的51%。该物流通道在通过南海后,价值约0.45万亿美元的货物往来于我国与东盟各国港口之间,占外贸货物总值的12%;约0.15万亿美元货物继续向南往来于我国与澳大利亚和新西兰,占外贸货物总值的4%。另外1.39万亿美元货物向西经印度洋,往来于我国与南亚、西亚、东非各国港口之间的货物价值分别为0.09万亿美元、0.24万亿美元和0.01万亿美元。分别占贸易总值的2%、6%和0.3%。其余货物分为两支,一支向北经红海-苏伊士运河通道进入地中海,分别往返于中国与欧洲、北(西)非之间,货物价值分别为0.64万亿美元、0.05万亿美元,分别占外贸总值的17%和1%;另一支向南绕过非洲南端进入大西洋,分别往返于中国与西南部非洲、欧洲、拉丁美洲和北美洲,货物价值分别为0.16万亿美元、0.09万亿美元、0.05万亿美元和0.06万亿美元,分别占外贸总值的4%、2%、1%和2%。

(二)各海洋区域的重要性评估

按照我国海上物流通道的分布特点,划分经过海域,并对各海域对于我国海上物流重要性进行评估。研究表明,在我国海上贸易物流通道周边的各海域中,承载物流价值存在较大差别。总体上来看,距离我国越近的海域,承载物流价值越高;越是靠近国际航运干线的海域,承载物流价值越高。南向通道承载物流价值高于东向通道。

以承载物流价值为标准,评估各海域重要性结果如下:承载物流价值超过贸易总值40%的有南海、黄海-东海海域;超过20%的有孟加拉湾、阿拉伯海、北太平洋;超过10%的有红海-亚丁湾、地中海、爪哇海-巴厘海。

(三)各关键水道的重要性评估

一些海湾、海峡在我国海上物流通道中发挥着关键性作用。这些水道往往具有空间狭小、物流集中、出口易被控制等特点,因此较开阔水域具有更加重要的战略价值。对我国海上物流通道经过的海峡、海湾进行筛选、比较，确定了关键水道，并对其承载物流价值进行了量化研究。

在众多水道中，承载物流价值超过我国外贸总值15%的水道有三条，分别是马六甲海峡、格雷特海峡和曼德海峡，均位于我国与西亚、非洲和欧洲物流干线上；承载物流价值超过5%的有巽他海峡、霍尔木兹海峡、八度海峡和巴士海峡，分别位于我国绕行非洲南部至大西洋、我国通往西亚和我国南部沿海通往美洲的主航线上。

五、对海上丝绸之路重要性的总体评估

通过对我国海上物流地理分布进行量化研究，可以对海上丝绸之路在我国海上物流中的作用做出客观评价。研究显示，21世纪海上丝绸之路范围内的海上通道，其起始端南海承载的物流价值高达我国外贸总值的1/2以上；如果将苏伊士运河作为其终止端，其尾段承载的物流价值仍占我国外贸总值的近1/5，马六甲海峡到斯里兰卡的中端承载的物流价值约占我国外贸总值的1/4左右。按照承载物流价值计，重要性最高的8个海域（占贸易总额大于10%）中，有6个位于21世纪海上丝绸之路范围内；重要性最高的7个水道（占贸易总额大于5%）中，有6个位于21世纪海上丝绸之路范围内。因此，不论是从整体还是从关键通道来看，21世纪海上丝绸之路在我国海上物流通道中的重要性都是最高的。

六、21世纪海上丝绸之路建设的对策建议

（一）立足当前，放眼长远

要针对短期、中期和长期需求，既要设定5年、10年的阶段性目标，更要做长远规划，与2030年、2050年的国家发展目标做好衔接，使"21世纪海上丝绸之路"在国家长期发展中发挥重要作用。

（二）因地制宜，逐步拓展

"21世纪海上丝绸之路"沿线各国的经济、政治、文化发展很不均衡，与我国的双边合作关系发展也处在不同水平。对于具备良好条件的地区，应当积极推动合作，启动战略支点建设；对于暂时不具备条件的地区，应因地制宜开展文化交流、基础设施援建、志愿服务等活动，为深化合作奠定良好基础。

（三）经济优先，综合开发

经济贸易合作是基础，应在积极推动政策沟通的基础上，大力促进设施联

通、贸易畅通、资金融通,最终实现民心相通。在经济贸易合作基础上,还要大力发展文化、科技、教育、环境等多方面的合作。通过综合措施运用,避免和消除单纯运用经济手段容易引起的负面影响。

(四)群策群力,多层对接

调动中央与地方、政府与企业、经济与社会各方面力量,共同参与"21世纪海上丝绸之路"战略支点建设。中央主要负责规划、外交和政策层面的指导,其他多方力量主要负责在各自层面上积极推动战略实施。除加强国家与国家之间的双边合作外,还要动员地方政府与沿线各国地方政府加强合作关系,建立稳定联系。鼓励企业、大学与科研机构、社会组织在当地建立广泛经济文化联系,形成群策群力,有组织、分层次的建设组织格局。

参考文献

国家统计局贸易外经统计司. 2013.中国贸易外经统计年鉴(2013)[M].北京:中国统计出版社.

孙光圻. 2005.中国古代航海史[M]. 北京:海洋出版社.

周敏. 2013.世界港口交通地图集[M]. 北京:中国地图出版社.

李大海　博士,中国海洋大学管理学院博士后,中共青岛西海岸经济新区委政策研究室副主任。2007年毕业于中国海洋大学渔业经济与管理专业,获博士学位。曾参与国家社会科学基金重大项目1项、重点项目1项,中国工程院重大咨询项目3项,国家自然科学基金面上项目1项,国家海洋局委托项目2项,国家开发银行委托项目1项,山东省委托项目2项。

21 世纪海上丝绸之路建设潜在投资法律风险及其应对

董跃

中国海洋大学,山东青岛

一、引言

"21 世纪海上丝绸之路建设"是"一带一路"大战略的重要组成部分,目前也日益成为相关学术界和实务界关注的焦点。之所以要将其单独列为研究对象,并非是基于简单的"路""带"之分或者说是"陆""海"差异,而是因为较之"丝绸之路经济带","海上丝绸之路"面临着更多的挑战与问题。目前学术界对于 21 世纪海上丝绸之路的相关研究,多数是基于各自学科的大视野出发,进行宏观的观察与蓝图的描绘,缺乏对于某一具体问题的深入分析。基于这一现状,本文希望选择对于海上丝绸之路建设最为重要的一种经济手段——国际投资的相关法律风险进行梳理,并且提出相应的对策。

二、国际投资对于海上丝绸之路建设的特殊性

选择与建设 21 世纪海上丝绸之路有关的国际投资问题作为本文的主题,是基于两个方面的原因,第一是海上丝绸之路建设的特殊性;第二是国际投资在"一带一路"建设中的特殊作用。

(一) 海上丝绸之路建设的特殊性

海上丝绸之路从历史渊源和地理位置来看,与丝绸之路经济带都有较大不同。海上丝绸之路的建成时间较短,在中国古代和近代发挥实效的时间不长,而且基本是由海路所组成,就中国古代重陆轻海的总体国家战略来看,一直都是陆路经济带的附庸。但是在现在"一带一路"大战略背景下,它不仅上升到与陆地丝绸之路经济带并驾齐驱的位置上,而且由于海洋运输乃至海洋事务的特殊性,其地位隐然还要高于陆地经济带。除了上述三个因素之外,海上丝绸之路建设还有以下几个方面的特殊性。

1. 海上丝绸之路的政治局面极其复杂

就海上丝绸之路而言,经过了世界上目前最为热点的几大区域——南海、中东、南亚,这些地区不仅是地缘政治极为复杂,斗争非常尖锐的地区,也是为世界各国所高度关注的地区;相比之下,丝绸之路经济带虽然也经过中亚这样比较复杂的地区,但是俄罗斯和欧洲相对而言比较稳定。

2. 海上丝绸之路历经的发展中国家众多,其中在东非地区,还有很多世界上的最不发达国家

这些国家的经济落后,基础设施薄弱,从一方面来看,亟须外部的经济助力,有利于我国海上丝绸之路战略的展开;但是另一方面,这些国家的经济环境堪忧,在贸易、投资、金融、税赋、法律救济等方面都不同于西方发达国家甚至新兴国家,一些国家战乱、政斗不休,与其的经济交往存在巨大的政治风险。

3. 一些国家与中国存在重大分歧,很难开展坦诚深入的全方位合作

一方面,我国目前与周边国家的陆地领土纠纷大部分都已经得到妥善解决,尤其是就丝绸之路经济带而言,同俄国、蒙古、中亚国家都签署了相关的条约;但是海上是截然相反的局面,海上丝绸之路从起点开始所经过的我国沿海的海域,基本都是我国同周边国家的争议海域,特别是南海,我国同东盟主要国家——也是海上丝绸之路经济带建设的重要潜在合作伙伴国家——基本上都有重叠的主张与划界、权利界定方面的分歧;另一方面,我国海上丝绸之路经济带所规划经过的国家和地区,很多被一些其他国家视为自己的势力范围,有一些国家在政治上与我国对立严重,最典型的例子就是印度,此外,美国的干预也不容小觑。在国际关系中,经济与政治往往是相辅相成的,很难做到独善一端,因此在我国海上丝绸之路的建设中,经济的推进首先要解决政治上的一些分歧。

(二) 国际投资之于海上丝绸之路建设的重要性与特殊性

本文所言"国际投资",包括以掌握国外相关企业、项目的经营权和管理权为目的的国际直接投资,也包括能够达到相似目的的以购买股权等金融手段为途径的部分国际间接投资;包括私人投资,也包括政府投资。作为国际经济交往的重要形式,国际投资对于海上丝绸之路的意义特殊而重大。

1. 国际投资是推动海上丝绸之路建设最适宜的手段

在"一带一路"战略颁布之后,很多相关省市地区都拟订了实施的相关计划,很多学者也都提出了自己的见解与建议。但是总体来看,这些建议大多可以划分为几种类型,即"随声附和"——只是表达热烈的响应,将国家的战略构想复述一遍;"锦上添花"——在现有策略上做一些小的增补,缺乏战略眼光,"换汤不换药"——虽然有所计划,但是都是已经是早已有之的措施或积累,只是在

新的概念下再次进行整合而已;实际上,真正的开展海上丝绸之路建设,关键在于要走出去,而国际贸易可以拓展的空间不大,且无法实现双向经济往来上跨越式的发展;国际金融受制于国际金融秩序,对于东道国的金融能力也要求较高。只有国际投资可以有效地进行开展。

2. 国际投资是推动海上丝绸之路建设最有效的手段

较之国际贸易和国际金融,国际投资最大的特点之一即可以有效地创造竞争优势,利用当地的优势经济条件。例如,我国在东盟投资设厂,只要是在当地进行注册,即成为当地法人,可以享受到东盟内部的种种优惠,有效地打破该国的贸易壁垒和其他壁垒。此外,国际投资可以有效地在其他国家创建经济实体,真正地实现与当地经济相交汇的作用,这也是国际贸易、国际金融所不具备的。最后,就一带一路战略的宗旨来看,中国的产能过剩、外汇资产过剩,可以通过国际投资,将产能向比较优势更大的国家和地区转移,并且让过剩的外汇资产有用武之地,还有中国油气资源、矿产资源对国外的依存度高的问题,可以通过国际投资中的项目开发投资有效的加以解决。

因此,基于海上丝绸之路和国际投资各自的特质,国际投资是目前还是海上丝绸之路建设最应重视的途径。

三、海上丝绸之路建设潜在的投资法律风险

无论是中国政府还是企业抑或由政府主导的投资基金,在走出去对海上丝绸之路沿途国家进行投资的过程中,都必须直面投资法律风险,其成因如前文所述,既包括法律层面的因素,也包括政治因素、文化因素等。通过对于海上丝绸之路相关国家的总体投资法律环境的梳理可以发现,虽然各个国家的情况各有不同,但是仍然可以总结出一些具有共性的问题。

(一) 法律冲突问题

首先是国内法层面,海上丝绸之路横跨几大洲,除了我国是社会主义法系外,还经过了典型的英美法系和大陆法系国家,此外还有大量的伊斯兰法系国家,如沙特、伊朗等中东国家都是典型的伊斯兰法系国家。这些国家与投资有关的法律体系各有不同,我国在近年来的实践之中,对于英美法系和大陆法系国家的法律体系已经比较适应,但是对于伊斯兰法系,还需要有进一步的了解、研究和磨合。例如,在投资领域,投资者应当特别注意禁止赌博,包括全凭运气而非凭技巧选择和输钱;需注意禁止生产和销售烟草相关产品;禁止提供诸如迪斯科舞厅、夜总会等娱乐服务;禁止生产和销售非清真商品,如酒精饮料(酒)、猪肉及其相关行业。这些都是伊斯兰教法的明确禁令。

除了法域不同可能造成的障碍外,未来涉及沿路国家的各种双边协议、多边协议也有可能会造成不同程度上的法律冲突。包括最惠国待遇和国民待遇的适用问题等。

(二) 投资准入问题

从中国既往的国家对外投资实践来看,其主体基本都是国有企业,其内容也大多是集中在基础建设。加之我国社会主义经济制度,很容易被相关国家解读为是一种国家行为,相关投资带有强烈的国际关系或者国际政治背景。中国在一带一路战略出台前,已经有很多海外收购的国际投资实践,但是因为"国有"背景,往往遭到过度解读,被相关国家在投资准入问题上个设立门槛,从而得其门而难入,在投资上折戟沉沙。例如,中海油在美国收购相关的能源开采企业,中坤集团第一次在冰岛购买土地并计划投资建设相关产业都是典型的例证。

如前文所述,在海上丝绸之路国家中,很多国家和中国在政治上有对立之处,还有着领土与海域权益的巨大争议。"在历史上,丝绸之路并不仅是经济交流之路、文化传播之路,也曾是战争之路、征服之路。今天'一路一带'上一些小的国家,在古代曾经是我们的藩属,并非我们现在讲的平等伙伴。丝路时代的回忆对于他们来说,可能引起他们的抵触情绪,至少可能没有我们想象的那样美好。"因此这些国家很有可能利用行政管制措施来限制中国政府、企业及主导的资金对其进行投资。就投资法律而言,这些国家对于中国的投资特别死或坏国有企业的投资,传统上即设有专门的审查制度。今后在海上丝绸之路的建设过程中,不排除有个别国家会针对中国背景的投资设立特别制度,以安全原因及其他原因,排斥中国的资本进入当地。

(三) 政府违约风险

政府违约风险是国际投资领域内常见的法律风险之一。但是就海上丝绸之路国家而言,因为其沿路国家的特点,需要格外加以重视,一方面,其中很多国家对于中国在政治上有一定的敌意,除了限制进入外,还可能会对中国的资本、企业和人员施加以特殊的管制,如菲律宾、越南和印度尼西亚,在历史上一直都有着强烈的排华、反华情绪。不排除有其执政者利用民众情绪,展开反华行动或者打击中国企业的可能性;另一方面,沿路国家中一些国家政局有变数,如缅甸、新加坡,都有可能会发生政权更替的情况,今后新政府对于前任政府所引进项目的态度,可能有较大的变数,再如泰国军事政变层出不穷,政权更替频繁且矛盾突出,也会增加相应的政府违约风险。

此外,一些国家如越南,其对外开放刚刚开始,涉外投资法制属于是"摸着石头过河",每前进一步都是新的尝试,相关法律根本谈不上长治久安,而是根据现实情况会不断进行调整,很有可能是朝令夕改,其对外资的政策也是如此,缺乏一贯性和坚实信用,极有可能引发政府违约的产生。

(四) 资金转移风险

货币能否自由汇兑,一直是国际投资法高度关注的关乎投资自由化的重要领域之一。纵观海上丝绸之路沿路国家,多数国家都或多或少采取一定的货币管制措施,尤其是曾饱受亚洲金融风暴之苦的东南亚国家。以新加坡为例,新加坡是资本流动高度自由的一个国家,没有设定外汇管制,外国投资企业的资金汇兑没有特殊限制,也不需要交特殊费用。但是新加坡对于新加坡元并没有实行国际化。对于非居民持有新元的规模及个人携带现金出入境存在一定的限制,一定程度上给中国对新投资带来了不便甚至是外汇兑换、资金转移等风险。

(五) 劳动者限制问题

海上丝绸之路国家多数都采取了严格的劳动者保护措施,保障其劳动条件、劳动时间以及待遇等方面的权益,有一些国家如斯里兰卡还拥有强大的工会力量。而这一点恰是中国多数企业的弱项,很多国家都有很严苛的劳动法,对于外资企业也有诸多限制,如不得随意解雇工人、最低工资保证、工作时间限制等。而且在劳资发生纠纷或者是劳动者受损的情况下,一般都是大力支持当地的劳动者。此时就会对中资企业带来运营以及其他方面的很多问题。

除了对于本国国民的保护以外,还有很多国家对于外籍员工的雇佣采取了严格的限制措施,从而使中国企业想对于在东道国设立的企业进行直接掌控变得极为困难。

四、对海上丝绸之路建设投资法律风险的应对之策

海上丝绸之路的愿景虽然美好,但是其实施,特别是通过国际投资达到其目的,面临着巨大的风险和挑战。因此必须内外兼修,完善、改造国内外投资环境,促进相关投资法制的发展,才能有效地解决这一问题。

(一) 广泛建立与海上丝绸之路国家的双边投资协定以及参与和构建沿路多边投资体制

在海上丝绸之路国家中,已经有很多国家同中国签订了互惠的双边投资协定,但是仍然有一些国家没有同中国签署双边协定或者正在协商之中。这样一来,与这些国家的相关权利义务就处于一种待定状态之中,会使前述投资法律风

险进一步的扩大。另外,一些双边协议无法解决多边体制下的问题。这就需要我国还要尽可能地参与或者亲自为主导来构建沿路的多边投资规则体制。

(二) 建立健全国内相关法律体系

一方面通过强化国内的相关制度建设,为我国对外投资提供保障,如建立起更为完备的海外投资保险制度,以双边协议中的保证条款、追偿条款、代位条款为基础,加强对我国外资的海外保护;另一方面,健全本国法制,加强对于海外投资的监管,可以有效增加沿路国家对于我国"法治国家"的认同感,降低其对于我国的疑虑和担忧,也可以帮助一些企业加强劳动者权益保护标准,降低在海外运营可能遭遇的法律风险。

(三) 设立有效的多边投资平台并充分发挥其效应

总体来看,海上丝绸之路缺乏一个强有力的核心机构对其事务加以协调乃至管理,我国已经着手建立了"亚洲基础设施投资银行"和丝路基金,其功用就是建立起配合一路一带建设的多边机构以及融资平台。亚洲基础设施投资银行亚无疑是一个非常重要的多边的投融资、协作和协调机构,从最近的实践来看,得到了很多国家的认可和加入,其运行是十分成功的,前景也被广泛看好。那么除了亚洲基础设施投资银行之外,我国有必要进一步的构建相关多边投资平台,用以促进沿路国家合作,降低投资的交易成本,降低相关法律风险。

(四) 建立海上丝绸之路相关多边投资争端解决机制

目前在国际上有专门的 ICSID 即解决外国投资者与东道国投资争端机制,设在美国的华盛顿。但是这一机制只是为仲裁提供便利,且其设计主要还是倾向于发达国家的投资者的。对于海上丝绸之路建设而言,无论是基于中国与沿路国家之间的双边机制,还是基于亚投行或其他多边机构的多边机制,都有可能产生国家之间、国家与投资者之间的争端,如何来配合海上丝绸之路战略的特别目的来有效地解决这些争端,就需要我国来建构一个新的从宗旨和形式上都有别于 ICSID 的面向海上丝绸之路建设的多边投资争端解决机制。这一机制并不单纯只是沿用法律认可的仲裁、司法等解决方式,也可以考虑更多地采取调解等其他形式。

参考文献

陈学斌. 2015. "一带一路"潜在投资风险应对策略[J]. 威科先行法律信息库,(8).

王一琳. 2015. 21 世纪海上丝绸之路经济金融法律合作前瞻[J]. 重庆与世界,(2).

杨培举. 2015. 海上丝绸之路沿岸主要国投资风险图谱[J]. 中国船检,（5）.

董跃　山东文登人，1978 年生，法学博士，中国海洋大学法政学院副教授，法律系副主任，兼任青岛市崂山区人民检察院副检察长，美国印第安纳大学访问学者。主要从事国际法和立法学研究，科研专长为极地法律与政治问题。近年来主持有关极地和海岸带管理的国家社科基金，教育部、国家海洋局项目 20 余项，发表论文 40 多篇，合著出版我国第一部全面论述北极法律问题的科研专著，参与我国南极系列立法工作。

21 世纪海上丝绸之路建设的经济效应分析
——国内国外双重视角

陈明宝

中山大学，广东广州

一、引言

21 世纪海上丝绸之路是中国新形势下推动开放经济发展、构建对外开放格局和建设海洋强国的重大战略，是以海洋为载体，以跨国综合交通通道为基础，以沿线国家中心城市为发展节点，以区域内商品、服务、资本、人员自由流动为发展动力，以区域内各国政府协调制度安排为发展手段，整合现存的各种国际公共产品，特别是 TPP、TISA，APEC 和 RCEP 等经济合作机制，推动 FTAAP 的进程，打通亚太经济合作的海上通道，构建新时期经济外交的重要平台和更广阔领域的互利共赢关系，实现区域经济一体化。因此，21 世纪海上丝绸的顺利推进，无论对中国还是沿线国家都将产生强大的激励相应，推动中国与沿线国家的合作共赢发展。

二、对我国国内改革与开放效应

（一）改革效应

当今亚太地区，经济合作机制错综复杂，TPP、RCEP、10+6、10+3、FTAAP 和中日韩自贸区等机制纵横交错，其中以美国主导的 TPP 与东盟主导的 RCEP 最为重要。美国主导的 TPP 与 TISA 虽然把中国排斥在外，但作为贸易规则的发展趋势，对中国影响深远，TPP 与 TISA 在政策协调、劳工标准、环境标准、高水平的原产地规则和知识产权保护等条款制定的比以往更高标准的贸易规则，要求"取消补贴、取消国有企业特惠融资措施、撤销政府采购的优惠偏好、国有企业的投资及贸易地位"等条款，都将会对中国的国有企业和海外投资行为提出挑战，对国内重点产业和现行经济运行机制形成巨大潜在的系统性效应[1]。中国 21 世纪海上丝绸之路连同"一号路"意在构建亚洲区域价值链和区域经济一体化，其提供的公共产品与 TPP、TISA 等所代表的国际贸易与投资新规则并不相悖。因此,"一带一路"在对接 TPP、TISA 等机制的同时,会推动以 TPP、TISA 等制定的新规则倒逼国内相关领域的改革。

1. 贸易投资领域

将以国内自贸区建设为契机,按照 TPP、TIPP 等的贸易投资规则,在货物和服务贸易自由化、外资业务管制放开和服务技术的引进等投资便利化措施以及负面清单管理等方面做出改革。

2. 国有经济领域

将在国有企业平等使用生产要素、平等参与市场竞争、平等受法律保护等方面做出改革。

3. 金融领域

推动利率市场化进程,推动汇率形成机制市场化和人民币项目可兑换,倒逼外汇市场、跨境投资、债券市场、金融机构本币综合经营等领域改革。

4. 财税体制改革

"一带一路"的建设将在很大程度上推动国家的财政税收与国际并轨,或者调整现行不合理的财税体制,特别是以国内自贸区为试点的要素自由流动的情势下,减少财税体制中的不合理因素。

5. 要素市场改革

在劳动力培训、国际流动,技术创新、对外技术合作、知识产权保护与转让等领域推动改革。

(二)开放效应

1. 储蓄释放

21 世纪海上丝绸之路首推海上基础设施互联互通,通过基础设施建设推动续的商品贸易、产业合作、人才国际化等的发展。基础设施是典型的公共产品,其建设需要政府提供大量的资金投入。据估算,中国所推 21 世纪海上丝绸之路基础设施建设需要连接亚非欧国家的 97 个城市和港口[2],前期融资至少 10 万亿元。而沿线国家多数属于中低收入水平,经济发展水平落后,资金相对短缺。相反,中国金融资产则较为充足,国家统计局数据显示,中国外汇储备 2013 年达到 38 213 亿美元,其中,美元和欧元占 91%,除了部分流动性需求外,还有大量沉积的外汇存款可加以利用;储蓄方面,现行储蓄率为 50% 左右,政府、企业的储蓄占 80%。这一状况给国内经济带来不利影响,导致总储蓄大于总投资,引致经济结构失衡,多出的储蓄只能靠出口消化,形成了目前出口导向型的经济及模式;同时高储蓄也抑制消费,不能有效地扩大内需。此外,2013 年中国对外直接投资 1078 亿美元,对外投资存量 6136 亿美元,和中国近 4 万亿美元外汇储备、对外金融资产 5 万多亿美元相比还有很大的提升空间,至少有 3 万亿美元需要由储备资产转化成非储备资产,进行合理多元化的管理和运用。这恰能够满足 21 世纪海上丝绸之路建设的资金需求,通过海上基础设施建设扩大投资渠道,释放更多储蓄。同时加快资本输出还有利于加速人民币国际化,动国际金融秩序的重构。

2. 产能消化

"海上修路"是 21 世纪海上丝绸之路建设的重要内容。在 21 世纪海上丝绸之路的互联互通中,交通设施建设包括港口和码头建设、信息网络骨干通道等海上公共服务设施、产业园区基础设施,海上通道安全保障设施建设,海洋产业基础设施建设等,需要消耗大量的电力设备、工程机械、铁路设备、通信设备、物流设施等,市场缺口巨大,这与目前国内为过剩的产能寻找出路不谋而合。长期以来中国依靠投资拉动经济增长,造成了产能利用率偏低、部分行业产能过剩。国家统计局数据显示,近年中国产能利用率一直低于 80%,产能过剩的主要行业有:石油炼化、化学原料、化学纤维、橡胶、有色、建材、钢铁、通用设备制造、仪器仪表制造等[3],其中以钢铁、水泥、电解铝、平板玻璃、船舶五大行业最为严重(图1)。

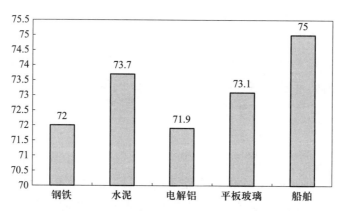

图1　中国五大主要行业产能过剩(数据来源:Wind)

产能过剩给经济发展和经济结构转型升级带来不利影响,产能过剩形成巨大的"沉淀成本",造成失业增加、恶性竞争,增加了产生金融危机的可能性。21 世纪海上丝绸之路带来的港口等基础设施建设给国内行业消化过剩产能带来了契机。俞平康通过利用投入产出模型对与基建相关行业(电力、热力的生产和供应业,燃气生产和供应业,水的生产和供应业,交通运输及仓储业,邮政业,水利、环境和公共设施管理业)进行测算,得出基建的劳动效应为 1 单位的基建产出将拉动上游相关产业 1.89 单位的生产扩张,而推动效应为 1 单位的基建产出将总体推动 3.05 个单位的供给的扩张[4]。因此,产能输出能够有效化解中国产能过剩,盘活金融资产的流动性,促进产业的良性发展。

3. 资源安全

资源安全是制约中国经济社会发展的主要问题之一,其主要包括能源安全、资源运输安全和海洋资源安全。① 能源安全。当前,中国正处于以重化工业为主的经济增长周期中,以汽车、交通运输、房地产、加工制造业等主导产业加大了对能源的消耗与需求。中国自 1993 年成为石油净进口国以来,石油进口量连年攀升,已经成为仅次于美国和日本的第三大石油进口国;原油对外依存度屡创新高,2009 年原油对外依存度超过 50% 的国际警戒线,2013 年已达 57%。在当今能源战的国际环境中,极不安全,如果国际油价上涨较大,会增加支付风险和贸易成本,甚至出现贸易逆差。② 能源运输方面。油气资源、矿产资源主要通过海路进入中国,中国石油进口前 8 位的国家(占中国石油进口的 70%)有 6 个(沙特阿拉伯、安哥拉、伊朗、阿曼、苏丹、伊拉克)的石油运输要经过南海。此外,中国工业所用大量的初级产品的进口、加工产品的出口、工程承包劳务输出、国际旅游等都依赖于马六甲海峡的通畅。③ 海洋资源安全方面,周国周边海洋海洋资源安全不容乐观,钓鱼岛问题和南海问题成为中国开发周边海洋资源进而进军深海资源开发的最大障碍。

由此,保障资源安全、提供稳定的国际发展环境是中国经济社会发展的迫切任务。而 21 世纪海上丝绸之路的建设能够有效串联沿线国家的港口、保护资源运输航道安全、拓展能源来源和运输渠道,为中国国内外发展提供良好的安全环境。

4. 市场扩大

21 世纪海上丝绸之路覆盖东南亚、南亚、北非等 20 多个国家,多数为新兴经济体和发展中国家,总人口和经济总量分别约占全球的 18% 和 7%。据世界银行统计,2013 年,沿线国家人均国民总收入尚不到世界平均水平的一半,多数属于低收入国家,还有 10 个最不发达国家。这些国家基础设施落后、产业发展滞后、对外开放程度不高、社会发展水平较低,加快经济社会发展、实现国家现代化的愿望十分迫切。

21 世纪海上丝绸之路将把中国和沿线国家的港口与城市联结起来,通过与沿线国家在基础设施建设、经贸合作、产业投资、金融合作、人文交流以及海上合作等方面互动发展,形成广阔的市场空间,推动中国企业"走出去",推进中国经济结构的调整,同时对沿线国家经济社会的有力带动,有利于中国与相关国家形成良性互动、合作共赢的发展态势,产生地区性乃至全球性的"溢出"效应。

三、对沿线国家的经济激励效应

（一）经济发展效应

1. 经贸合作提升

当前,中国是 GDP 全球排名第二的经济体,对外贸易额占世界总对外贸易额的 12%,对外投资排名世界第三,中国已经成为世界经济中最重要的力量之一。中国发展受益于经济全球化的良好外部环境,同时也为推动世界经济发展做出了贡献。在今后一个相当长时期内,中国将通过持续发展解决自身存在的问题和不足,跨越所谓的中等收入陷阱,促进自身经济的更好发展。同时,随着中国经济大国地位的逐步上升,中国需要在世界经济发展和全球治理中承担更多与自身发展水平相适应的责任,通过对外经济贸易和投资实现与沿线国家的共同发展。当前,中国与沿线国家之间贸易领域逐步拓展、贸易规模不断扩大,但也面临通关、运输、物流"通而不畅"、壁垒较多等诸多的问题,贸易合作有待深化、投资范围和深度有待拓展和挖掘。中国 21 世纪海上丝绸之路建设重在以互惠互利、共赢发展的理念推动中国与沿线国家的共同发展,提升和提高经济合作的内容和层次,推动区域经济一体化的早日实现。因此,21 世纪海上丝绸之路经济合作将重点通过推动经济贸易和对外投资,与沿线国家一道,加强海关、检验检疫、认证认可、标准计量等方面的合作和政策交流,改善口岸通关设施条件,深化区域通关一体化合作,增强技术性贸易措施透明度,降低关税和非关税壁垒,提高贸易便利化水平,实现各国间更高水平的经贸合作。

2. 产业水平提升

经过 30 多年的改革开放,中国不仅成为生产能力较强的国家,而且在开拓国际市场的能力也不断增强。鉴于国内部分行业产能过剩、资产储备丰盈以及国际合作能力也不断增强,中国需要通过国际化的合作战略将中国国内产能、资产转移出去。通过 21 世纪海上丝绸之路的建设,各国在贸易通道建设的影响下,能够形成各具特色的沿路各国之间的产业分工体系,不同产业之间的跨国分工和同一产业内部上下游生产部门之间的分工会不断深化。21 世纪海上丝绸之路各国的地理区位、经济发展基础、禀赋条件、社会文化环境存在着较大差异,各国在产业发展和同一产业的不同流程方面的比较优势各不相同。21 世纪海上丝绸之路建设能够打破一些国家或者经济体内部的封闭式产业发展和低水平产业发展循环,推动各国之间的产业分工,促进沿路各国之间的产业分工体系的形成,同时也促进各国在同一产业链条中的产业内分工[5]。21 世纪海上丝绸之路各国之间产业分工体系的形成与产业内分工程度的提高,为沿路各国之间的区域内贸易与产业内贸易的提升提供了条件，必将进一步推动以要素流动为为基础的对外投资的快速发展。

3. 技术创新

在全球化经济时代，技术作为内生性的经济生产要素，因其较强的流动性和"外溢"效应，成为国际经济合作的主要部分。Keisuke Hattori 研究了技术进步（创新）能够显著地提高相关国家的福利水平[6]。当前，21 世纪海上丝绸之路沿线国家整体经济发展水平落后，技术不发达，处于全球价值链的末端，多数国家需要引进国际先进的科技推动当地经济社会发展。而中国在全球技术创新的若干领域，如农业与食品生产、汽车与机动车、商用航空与高铁技术、军事航天与国防安全、复合材料、能源生产、信息与通信等[7]，具有国际先进或领先水平，比较优势明显。未来随着中国经济的持续增长、消费结构和产业结构的升级、生产模式的转变，对全球特别是发达市场的资本设备和商业服务的需求将会继续大幅增长，中国在全球价值链中的定位会逐步向产品链中上游转移。预计今后十年，中国高科技市场年增长率将达到 20% ~ 40%，这将释放出更大的全球价值链中下游环节的转移容量[8]，有利于中国将已经成熟的高新技术转移出去，推动对接直接投资的发展和国内高新技术产业的升级。

（二）经济治理能力提升

在当前 WTO 谈判进展困难，各种形式的贸易保护主义和排他性区域经济安排再度兴起，美国推出跨太平洋战略经济伙伴关系（TPP）、跨大西洋贸易和投资伙伴关系（TTIP），而俄罗斯大力推动欧亚经济同盟建设的情况下，中国政府提出"一带一路"计划，显示了中国希望在市场经济驱动下，各国政府秉持自由贸易原则，继续推动全球市场开放和生产要素的合作性流动，而不谋求建立排他性区域经济集团的基本立场，是中国站在全球经济繁荣的战略高度推进中国与周边及全球跨区域合作的新举措。这一举措将会对沿线国家经济治理能力的提升起到积极的作用。

1. 将有助于提升新兴市场国家在国际金融组织中治理能力

中国"一带一路"建设的一个重要任务是推动现行国际经济治理体系的改革，改变目前美日等国主导的国际经济治理体系，维护广发发展中国家的权益。而以中国为主创新的多边经济治理组织将大力支持新兴国家在国际经济治理中的作用，提高广大发展中国家在多边经济治理中的影响力。

2. 有助于为基础设施投资提供新的融资渠道

沿线国家国家普遍面临由于基础设施缺失而对经济增长构成瓶颈的问题。而基础设施缺乏的主要原因是投资不足。金砖开发银行和亚洲基础设施投资银行的成立,将为沿线国家基础设施投资提供重要的资金来源,也将为提高资金输出国的投资回报率提供机会。

四、促进中国发挥 21 世纪海上丝绸之路建设经济效应的政策建议

由上述分析可知,国际贸易、对外投资和资源合作是 21 世纪海上丝绸之路沿线国家合作的主要内容。而从其内在特征而言,产品市场、要素市场和资源市场的合作是内在逻辑,经贸合作、产业投资、金融合作、海洋经济等领域的合作是外在表现。

(一)商品贸易领域

作为传统经济联系最主要方式,商品贸易对推动国家间经济关系的作用巨大。中国推动 21 世纪海上丝绸之路建设是首先要促进和推动商品市场一体化的发展。为此,要在巩固传统贸易的基础上,与沿线各国共同培养新的贸易增长点,在机械设备、机电产品、高科技产品能源资源产品农产品等方面,与各国开展投资和贸易领域的广泛合作,实现优势互补,进一步创新贸易方式,提高贸易便利化水平,深化与沿线国家在海关、标准、检验检疫等方面的多双边合作和政策交流,改善边境口岸通关设施条件。

(二)要素投资领域

贸易与投资密不可分,贸易是丝绸之路的原动力,而产业则是支撑贸易发展的前提和基础。当前我国已进入“走出去”的快速发展阶段,与 21 世纪海上丝绸之路沿线很多国家欢迎外来投资、加快工业化进程、推动产业转型升级的需求高度契合,并已经具备良好的产业合作基础。因此,在推进 21 世纪海上丝绸之路经济合作方面,需要进一步加强相互之间的产业合作。

需要指出的是:沿线国家区域广阔、国家众多、要素禀赋不同、产业基础和水平发展不一、国家经济政策差异较大等,决定了中国与沿线国家的合作不可能采取统一模式、机制,也不可能实施统一经济合作内容,需要遵循一定的原则:① 强调依托现有基础,目的是要充分利用现有设施资源,避免大量新建和新增投资,尤其是通道建设、港口和口岸建设。② 因地制宜。鼓励中国企业积极主动利用沿线国家的要素比较优势,因地制宜地开展对东盟各国的投资,将有利于中国转方式、调结构、促发展,也有利于中国转移过剩优势产能、走上协调可持续发展的轨道。③ 分层分类。明确国家、地方、城市不同层次的分工,确定不同类型地区的重点任务(如西南地区对东盟和南亚合作,东南地区对港澳台和东盟合

作、东北华北地区对俄罗斯蒙古日韩合作）。④ 先重后轻。对关系全局的重大项目优先部署，比如干线通道、基础网络、互联互通关键环节。⑤ 先易后难。对国家间关系相对稳定、合作意愿强烈、容易达成共识的项目优先考虑，对那些尽管有合作意愿、但达成共识难、前景不明朗的项目，要缓期开展，严控风险。

1. 海上物流产业领域

以构建中国与沿线国家的港口合作联盟为目标，充分整合中国沿海港口—南海—东南亚—印度洋航线和中国沿海港口—南海—南太平洋航线港口，突出比较优势，强化运力建设和港口腹地能力建设，以服务于国际贸发展为准，实现港口之间的战略合作，构建起全区域或次区域的港口合作联盟或港口合作网络，推动贸易便利化发展。

一是加快港口基础设施改造与现代化建设，推进港口资源的优化配置。重点选择对中国国际经济贸易和海洋战略发展有重大影响的港口进行投资建设，强化双边合作，增强政治互信，推动建设一批深水航道、大能力泊位、专用泊位和集装箱泊位，进一步提高港口吞吐能力和服务水平，同时加强海陆联通建设，完善沿海港口与铁路、公路的联合集运功能。

二是构建港口物流体系，提高通关效率。通过收购、兼并、联盟等手段，推动沿线国家的港口资源整合，推动港口物流网络、运输和仓储能力建设，增强港口的区域或国际竞争力，形成高效的区域港口运输网。

2. 蓝色经济与产业领域

以推动海洋资源的综合利用和可持续发展为原则，推进与21世纪海上丝绸之路海洋或沿海国家的蓝色经济合作，合作的重点包括海洋旅游、海洋渔业等产业。

海洋旅游方面，合作建设的重点包括岛屿上的道路、供水、供气、排水、排污、垃圾处理、公共文化娱乐以及相关的航线开发等。合作过程中，需以重大项目为依托进行合作，重点建设包括临界岛屿的基础设施建设、旅游景观建设、配套设施建设以及航线的开发等。

海洋渔业方面。有针对性地实施渔业合作，对已经有合作基础的国家和地区，需进一步增进合作的力度，重点在主要作业海域的沿岸国建设码头、冷库及渔船修建造厂，设立加工基地或销售中心。特别需要指出的是，要突出在西非海域的合作，提升我国在西非国家海洋渔业合作的份额。而对于合作较少或未合作的海域，国家应积极建立与该海域相关国家的合作关系，共同推动海洋渔业资源的开发和海洋渔业的发展。

3. 油气等战略能源资源领域

上游领域是合作的重点，在合作模式方面，坚持互利共赢的原则，深化我国与沿线国家的合作。积极采取贷款换石油、产量分成、联合经营、技术服务等形式,推动上游油气领域的合作,重点推动与相关国家在油气勘探、游离气的开采、油气加工、伴生气有效利用、炼化、石油化工工业、基础设施建设等领域开展合作,在资源勘探、开发、加工、运输等环节向当地企业提供技术服务。在中游运输领域,以构建海陆通畅与联动的运输通道为主要目标,高度关注油气资源的运输安全,推动与各重要海峡、航道国家的合作,确保运输安全。下游领域,重点借助西亚国家现代化炼化设施,共同推动南亚与中亚输油管道和相关配到设施建设的合作。

4. 电子商务产业领域

21 世纪海上丝绸之路电子商务的发展,应在理清与实体经济的关系的基础上,立足于整个经济带,打造"市场主导、政府参与",组建由跨境电子商务平台、专业化云物流系统、互联网金融等构件组成的电子商务新模式,推动构建"数字丝绸之路"的快速发展。国家应提供优惠的股利政策,支持有条件的电子商务企业面向"二号路"沿线国家研发多语种、高效能的电子商务平台网络系统,为经贸合作搭建信息平台;联合实体的大型工商企业一同到沿线国家投资创建电商平台,立足当地实情的同时,采取包括建立运营网点,采取反向营销、培育人才、实体投资等在内的促进措施,促进沿线国家电子商务的发展;强化与沿线国家政府部门的合作,建立沿线国家间的税收优惠、关税优惠、数据安全和计算机犯罪等的谈判和协调机制。

5. 现代金融服务业领域

21 世纪海上丝绸之路是推动人民币国际化的重要历史机遇。因此,首先要在战略方向上明确人民币国际化的方向和重点,按照先易后难、先近后远、统筹兼顾、循序渐进的原则,加强与沿线国家的人民币合作。在具体合作方面,以构建"金融丝绸之路"为目标,推动"丝绸之路银行""亚洲基础设施建设银行"等,为 21 世纪海上丝绸之路沿线国家基础设施和重大项目提供融资方便;推动经贸等领域得人民币国际化,加强与沿线国家在贸易往来中使用人民币结算、计价以及跨境人民币投融资,拓宽人民币跨境资本流动通道;支持 21 世纪海上丝绸之路沿线国家人民币离岸中心建设,加快推进人民币跨境支付系统建设,实现我国与沿线更多国家建立跨境人民币清算安排。

（三）能源合作领域

能源合作是国家关系之中的重中之重。加快推进 21 世纪海上丝绸之路能源一体化进程符合中国与沿线各国的长远国家利益,是区域经济一体化战略的实施重点。然而,当前南亚、西亚等地区形势复杂,大国地缘政治压力和地缘经济压力普遍存在,民族宗教问题、边界问题等多重矛盾交织,地缘安全形势较差,严重影响能源合作。另外,能源合作的一些具体问题,如技术问题、投资问题、规范问题及协调问题都亟待解决。

(四)合作机制完善与构建

21 世纪海上丝绸之路包括数十个国家,这些国家资源禀赋丰歉迥异,经济发展水平也相差悬殊,我国与沿线各国的经济合作水平也存在很大的差异,选择统一的合作机制不能体现地区或国家的比较优势,也不能真正促进区域一体化的实现。因此,需要根据中国与相关国家已有的合作机制,并不同的区域或国家的发展水平和合作水平选择差异化的合作机制。总体来说,这些合作机制是碎片化的,只有当整个区域合作达到一定的水平和层次之后,才能够采取一体化的合作机制。具体来讲,① 结合 TPP、TISA 等最近趋势,可考虑在商品贸易、投资便利化、金融风险防范、经济发展互助、货币与汇率协调等方面提供具有俱乐部公共产品性质、符合各方发展需求与利益的合作机制,增强中国在亚太区域经济的规则制定能力,提高中国在全球经济治理和亚太区域经济合作框架重构中的话语权。② 强化海陆结合以形成互为支撑和彼此呼应的新兴经济合作区。从更为宏观的视野来看,21 世纪海上丝绸之路不仅包括海上通道的打通,还应包括相关国家陆上通道的打通。除了注重港口间的互联互通外,还要加强泛北部湾经济合作、大湄公河次区域合作、中越"两廊一圈"合作、南宁—新加坡经济走廊合作、孟中印缅经济走廊、中巴经济走廊等重要区域及通道的双边和多边合作,逐步形成区域及次区域大合作。

参考文献

[1] 王金波. 国际贸易投资规则发展趋势与中国的应对[J]. 国际问题研究,2014(2):118 –128.

[2] 谋求共建串起全球 97 个城市与港口的海上丝绸之路[N]. 都市快报,2014-09-17.

[3] 中国 9 大产能过剩行业发展情况分析[N]. 中国有色金属网,2014-08-13.

[4] 俞平康."一带一路"对中国经济帮助有多大[N]? 华尔街见闻,2014-11-12.

[5] 保建云,论"一带一路"建设给人民币国际化创造的投融资机遇、市场条件及风险分布[J].天府新论,2015(1):112–116.

[6] Keisuke Hattori. Is technological progress pareto-improving for a world with global public goods[J]? Journal of Economics, 2005, 84(2):135–156.

[7] 王忠宏. 全球技术创新现状、趋势及对中国的影响[N]. 国研视点,2013-12-23.

[8] 张杰. 亚洲在形成"中国秩序"[N]? 环球时报,2014-12-05.

陈明宝　副研究员,任职于中山大学海洋经济研究中心,主要从事海洋经济理论与政策,蓝色海洋经济(BME)理论研究。已主持完成教育部人文社会科学青年基金项目、中国海洋发展研究中心项目、国家旅游局规划基金、中国博士后基金等省部级项目5项,承担完成广东省普通高校人文社科重大攻关项目"南海开发与广东省海洋经济建设研究"(10ZGXM84002),参与完成国家社科基金重点课题、国家社科基金重大项目等课题10多项,发表论文近20篇。

21世纪海上丝绸之路建设中的海洋安全问题研究

李明杰,裘婉飞,刘岩

国家海洋局海洋发展战略研究所,北京

一、引言

2013年,习近平主席提出共同建设丝绸之路经济带和21世纪海上丝绸之路的合作倡议。共建"一带一路"战略为沿线各国共谋发展、共同繁荣提供了新的重大契机,得到了国际社会特别是沿线各国的高度关注和积极响应。作为"一带一路"战略重要组成部分的21世纪海上丝绸之路建设,将面临传统海洋安全和非传统海洋安全两个方面的考验。对此,必须在"一带一路"战略规划的顶层设计时引起足够的重视。

二、21世纪海上丝绸之路涉及的国家和主要方向

2015年3月28日,国家发展和改革委员会、外交部、商务部联合发布了《推动共建丝绸之路经济带和21世纪海上丝绸之路的愿景与行动》(下称《愿景与行动》),标志着海上丝绸之路建设已从战略构想进入到实施阶段。《愿景与行动》是未来推进21世纪海上丝绸之路建设的重要指导性文件。

(一)《愿景与行动》公布的建设方向

根据《愿景与行动》,21世纪海上丝绸之路建设重点方向有两个,一是从中国沿海港口过南海到印度洋,延伸至欧洲/北非;二是从中国沿海港口过南海到南太平洋。

1. 中国—南海—印度洋—欧洲/北非方向

21世纪海上丝绸之路的"中国—南海—印度洋—欧洲/北非方向"大致可分为两个次区域。

1) 中国—东盟及次区域

东南亚地区自古以来就是海上丝绸之路的重要枢纽。中国—东盟及次区域

是中国—东盟自贸易区、区域全面经济伙伴关系协定（RCEP）以及孟中印缅经济走廊等合作机制的覆盖区域,涉及南海周边的越南、菲律宾、马来西亚、文莱、印度尼西亚、老挝、柬埔寨、泰国、缅甸、印度等国家。区域发展潜力大,海港、海运、海洋经济发展基础好,是 21 世纪海上丝绸之路建设的核心区域。

2）中国—西亚—欧洲/北非地区

该区域涉及西亚地区、北非国家至欧洲的希腊、土耳其等国家。西亚地区是中巴经济走廊的重要出海口,同时也是中国能源的重要进口地,对于中国的经济发展至关重要。北非的埃及扼苏伊士运河,是中国通往欧洲的重要海上通道。土耳其是新亚欧大陆桥经济走廊、中伊土经济走廊的重要出海口,是陆上丝绸之路经济带的关键节点。希腊是陆上丝绸之路经济带和海上丝绸之路进入欧洲的重要桥头堡,2014 年 6 月,李克强总理访问希腊时,希方表示,愿与中方全面深化各领域友好互利合作和人文交流,将支持并积极参与中方提出的 21 世纪海上丝绸之路建设,与中方合作建设好比雷埃夫斯港（Piraeus）,搭建东西方交流合作的桥梁[1]。2014 年 12 月,李克强总理出席第三次中国—中东欧国家领导人会议,达成了建设从希腊比雷埃夫斯港至匈牙利布达佩斯的中欧陆海快线铁路协议,"吹响一带一路外交全面推进的号角"[2]这一方向的海上丝绸之路涉及贸易、能源、安全等多个领域,是 21 世纪海上丝绸之路建设的关键区域。

2. 中国—南海—南太平洋国家

太平洋岛国是亚太大家庭成员,海洋资源丰富,区位优势明显,是建设 21 世纪海上丝绸之路的自然延伸和亚太区域一体化的重要组成部分。2014 年 11 月 14 日至 23 日,国家主席习近平应邀赴澳大利亚布里斯班（Brisbane）出席二十国集团领导人第九次峰会,对澳大利亚、新西兰、斐济进行国事访问并同太平洋建交岛国领导人举行集体会晤。与会岛国领导人高度评价中方提出的加强双方合作、帮助岛国发展的政策,认为中方同岛国的合作举措实实在在、雪中送炭,契合岛国需要。岛国希望搭乘中国发展的快车,积极参与 21 世纪海上丝绸之路和亚洲基础设施投资银行建设[3]。目前,斐济、密克罗尼西亚联邦、萨摩亚、巴布亚新几内亚、瓦努阿图、库克群岛、汤加、纽埃已明确表示支持 21 世纪海上丝绸之路建设,澳大利亚和新西兰两国表示愿意参与中国提出的亚洲基础设施开发银行。

3. 21 世纪海上丝绸之路潜在海区—北极航线

这条航线由中国沿海经朝鲜海峡—日本海—津轻海峡—白令海峡—北极东北航道（俄罗斯沿岸）—欧洲。近年来,北极部分水域夏季"无冰期"已超过 30 天,使得北极东北航道的商业通航成为可能。自 1997 年一艘芬兰船首次试水北极东北航道以来,穿越这条航道的商船逐渐增多,北极东北航道作为连接亚欧交通新干线的雏形已经显现。

"永盛"轮于 2013 年 8 月 15 日从中国太仓出发,通过北极东北航道到达鹿特丹,成功试航北极航线。

1)试航概况

此次自太仓经北极航线至鹿特丹港约 7800 海里,途径白令海峡、楚科奇海、德朗海峡、东西伯利亚海、新西伯利亚群岛北部、拉普捷夫海、北地群岛南维科基茨基海峡、喀拉海、新地岛北端、巴伦支海;与常规航线约 10 607 海里(经新加坡海峡、印度洋、苏伊士运河、地中海、直布罗陀海峡)相比较,航程减少 2807 海里。按船速 12.5 节计算,节约船期约 9.4 天。永盛轮航行每天耗油量约 25 t,可节约燃油 235 t,按每吨 600 美元计算,仅燃油一项就可降低成本 14.1 万美元。

2)发现问题

① 电子海图资料更新不及时。在纸版海图上,该海峡的俄罗斯一侧标有 IMO 批准的"通航分道",但在电子海图上没有显示,说明该电子海图资料存在更新不及时的问题。② 冰区预报与实际有偏差。由于风力、风向原因,冰区边缘比预报的信息稍偏南,对冰区航行带来影响,但船舶也完全可以根据当时的气象情况和冰况预报随时修改航行计划,尽可能避免船舶进入密集浮冰水域。俄罗斯冰区引航员掌握每天最新的冰况信息。因此,只要雇用了冰区引航员,对海区内冰的实际信息就比较清楚,决不会误入浮冰密集区。

北极"黄金水道"一旦开通,世界海上运输格局将有较大改变,大大拉近中国与欧洲、北美等市场的距离,国际分工和产业布局随之将发生变化,进而影响中国沿海地区的产业分工和经济发展布局,促进中国东北地区海运和经济的发展。因此,北极航线也是未来 21 世纪海上丝绸之路的潜在方向。

(二) 21 世纪海上丝绸之路涉及的重要海区及海上通道

综上,21 世纪海上丝绸之路涉及的海区包括:黄海、东海、日本海、西北太平洋、北冰洋、南海、南太平洋、安达曼海、孟加拉湾、波斯湾、红海、亚丁湾、地中海等。

涉及的海峡通道包括:

(1)海上能源运输生命线。一是委内瑞拉等—西非—好望角—马六甲海峡—南海—台湾海峡—东海的运输线;二是波斯湾(霍尔木兹海峡)—马六甲海峡—南海—台湾海峡—东海的运输线。

(2)海上贸易运输线。包括中国—欧洲贸易运输航线和中日韩贸易运输线。中欧贸易线有两条,一是欧洲—直布罗陀海峡—地中海—苏伊士运河—红海—斯里兰卡—马六甲海峡—南海—台湾海峡—东海的航线;二是欧洲—西非海岸—好望角—莫桑比克海峡(毛里求斯)—斯里兰卡—马六甲海峡—南海—

台湾海峡—东海。

（3）陆上丝绸之路的海上运输大通道。由于海上运输的经济性和便捷性，未来陆上丝绸之路的货物运输必须采用海上运输大通道予以配合以构成一个闭合的回路。一是经过中东欧—黑海—土耳其海峡—地中海—苏伊士运河—红海—斯里兰卡—马六甲海峡—南海—台湾海峡—南海—东海的航线，与陆上中国经中亚至西亚/波斯湾、北非的战略通道相连通；二是波罗的海—大贝尔海峡/基尔运河—北海—英吉利海峡—直布罗陀海峡—地中海—苏伊士运河—红海—斯里兰卡—马六甲海峡—南海—台湾海峡—东海的航线，与陆上的中国经中亚至俄罗斯、中东欧抵达波罗的海的战略通道联通；三是货物从陆路经伊朗或巴基斯坦—斯里兰卡—马六甲海峡—南海—台湾海峡—东海。

（4）未来北冰洋航线运输通道。这条航线经朝鲜海峡—日本列岛诸水道—白令海峡—北冰洋至北欧。

三、未来 21 世纪海上丝绸之路建设中面临的海洋安全问题

2010 年以后，美国从伊拉克/阿富汗撤军，并将战略重心转向亚太。但传统的国家间军事行动引发的传统安全威胁依然存在。在非传统安全领域，海盗和海上恐怖主义、海洋环境和生态保护、海洋自然灾害等、海洋溢油与航行安全等依然是造成非传统安全问题的重要因素，并且在 21 世纪海上丝绸之路建设的过程中随时可能发生。

1. 传统海洋安全问题对 21 世纪海上丝绸建设的影响依然存在

通过多年的经营，美国在西太平洋区域已基本形成对我的战略围堵态势，但在印度洋区域，由于部分发展中国家与我保持了稳固的传统友谊，使得美国的围堵在该区域存在明显的薄弱环节。随着美国全球部署调整的基本完成和对世界主要反对力量成功打压的结束，美国必然会加强在印度洋方向的军事存在，使其封锁链条最终完成。

从 20 世纪 80 年代开始，印度已经着手在印度洋区域拓展势力范围。通过外交支持、经济互惠、军事援助和干预，将其势力范围拓展至包括毛里求斯、马尔代夫、塞舌尔、马达加斯加、南非、坦桑尼亚和莫桑比克在内的广大区域[4]。近年来，印度更是加大了对该区域相关国家经济和军事援助的力度，通过多重手段利诱或迫使这些国家不与中国合作。另外，印度还是"中国威胁论"的积极"宣传者"。在多种国际场合宣传中国对印度洋的"入侵"，中国在非洲的"殖民"及对中国力量发展的"担忧"，企图以此破坏中国形象，遏制中国影响力的扩大，塑造其"印度洋和平守卫者"的形象。

中东地区历来有"火药桶"之称,历年战乱不断,包括阿以战争、两伊战争、海湾战争等等,期间少有和平发展时期。在传统安全领域,自美国从伊拉克和阿富汗撤军后,中东/海湾/西亚地区部分国家爆发军事冲突的可能性已经大为降低。但是,由于也门国内反政府的胡塞武装发动也门内战,海合会成员国公开介入也门冲突,对胡塞武装进行打击。由于也门位于中国经红海通往欧洲的关键海域,也门内战引发的海洋安全问题对于未来 21 世纪海上丝绸之路也将产生一定的影响。

2. 海盗问题仍是未来 21 世纪海上丝绸之路区域的首要安全问题

在非传统安全领域,海盗仍是 21 世纪海上丝绸之路沿线国家和相关海域最为突出的海洋安全问题。国际海事组织(IMO)2014 年 1 月 14 日发布年度报告称,2014 年全球海盗袭击事件共发生 245 起,与 2011 年索马里海盗活动高峰期相比降低了 44%,也低于 2013 年的 264 起。

在索马里,得益于各国海军护航行动的有效开展、过往船只防海盗意识和措施的加强等,2014 年索马里地区只发生 11 起海盗袭击事件,其中有两起船只被枪击,但截至 2014 年年底,仍有 33 名船员被索马里海盗劫持。

在西非,2014 年共发生 41 起海盗袭击事件,5 艘船只被劫持。在孟加拉国,2014 年共发生 21 起海盗袭击事件,高于 2013 年的 12 起[5]。东南亚海域 2014 年共发生 183 起海盗袭击和抢劫案件,比 2013 年增加了 22%,海盗得逞的比率也比 2013 年增加 20%,创下 10 年来新高。此外,东南亚海域的案件也占了全球海盗袭击和抢劫案件的 75%[6]。

对此,IMO 秘书长波顿戈尔·穆昆丹表示:"2014 年全球海盗劫持案件数量的上升,这主要是由于东南亚海域袭击抢劫案件的增多。在该地区,武装海盗船只通常会袭击集装箱船,通过转卖装载的柴油和汽油来牟取利益。"[7]

此外,由于国际社会打击海盗和恐怖主义,索马里海盗的"恐怖主义化"有发展成为区域性安全核心问题的趋势,严重干扰着国际海上运输秩序的稳定与各国的海上安全利益,并有加剧中东地区局势动荡的可能[8]。

3. 海洋环保与防灾减灾是 21 世纪海上丝绸之路建设重要支持和保障

21 世纪海上丝绸之路沿线,存在着许多海洋生态系统脆弱海区,如南海、印尼、马尔代夫、红海、大堡礁是世界上珊瑚礁分布最为广泛的地区。众所周知,珊瑚礁生态系统对于维持全球海洋生态系统具有重要的意义。南太平洋小岛屿国家、马尔代夫等还面临着海平面上升等海洋灾害的威胁。此外,西太平洋海区是台风多发区,每年 5~11 月经常发生由于台风引发的自然灾害,如 2013 年超强台风"海燕"袭击菲律宾后经南海并影响中国、越南,造成沿线国家重大损失和灾难(表 1)。

表 1　21 世纪海上丝绸之路涉及的重要海区、海上通道及可能引发的海洋安全风险

重要海区	重要海上通道	传统海洋安全因素风险	非传统海洋安全因素风险		
			生态敏感区	自然灾害类型	海盗和海上恐怖主义
黄海/东海/南海	台湾海峡、日本西南诸水道、马六甲海峡	朝韩对立、中日东海争议、两岸关系、南海岛礁争议	珊瑚礁:南海四沙群岛、台湾岛沿岸、南海周边	台风多发	纳土纳群岛、越南沿岸、菲律宾沿海海盗高发区
印度尼西亚	巽他海峡/龙目海峡/望加西海峡	低	珊瑚礁	地震/海啸	低
日本海/西北太平洋/北冰洋	朝鲜海峡、津轻海峡、白令海峡、北极东北航道	韩日岛屿争议、俄日北方四岛争议、中俄/美日军事安全	北极海域/白令海峡	冬季极地/温带季风	低
南太平洋	托雷斯海峡	低	太平洋岛国海洋生态脆弱性/海平面上升	地震/海啸	低
安达曼海/孟加拉湾	格雷特海峡/十度海峡	低	恒河口三角洲/湿地生态脆弱区	孟加拉湾海啸/风暴潮	海盗高发区
斯里兰卡/马尔代夫	八度海峡/九度海峡	低	马尔代夫群岛/拉科沙群岛	海平面上升威胁	低
波斯湾	霍尔木兹海峡	军事冲突高风险区	珊瑚礁生态系统	地震/海啸	低

续表

重要海区	重要海上通道	传统海洋安全因素风险	非传统海洋安全因素风险		
			生态敏感区	自然灾害类型	海盗和海上恐怖主义
红海/亚丁湾	曼德海峡/苏伊士运河	军事冲突高风险区	红海珊瑚礁生态系统	少发	海盗和海上恐怖主义高发区
地中海	直布罗陀海峡/土耳其海峡	总体风险低,但存在美/俄战略冲突、打击恐怖主义、巴以冲突等因素	封闭性海域、过度海洋资源开发、海洋污染使得生态系统极为脆弱	地震	总体风险低,但存在非法偷渡事件

四、构建 21 世纪海上丝绸之路沿线国家的海洋安全合作机制

《愿景与行动》指出:"积极利用现有双多边合作机制,推动'一带一路'建设,促进区域合作蓬勃发展。"海洋安全合作是"一带一路"区域合作的重要内容之一,其主要任务是构建 21 世纪海上丝绸之路沿线国家的海洋安全合作机制,促进中国与沿线国家在海洋领域的合作。具体的合作领域包括:海洋军事合作、打击海盗和海上恐怖主义、海洋生态环境保护、海洋预报和防灾减灾、应对气候变化对沿线国家的影响等。中国与沿线国家的海洋安全合作,对于维护贸易航道安全、促进中国与沿线国家蓝色经济发展、提高沿线国家海洋管理和防灾减灾水平具有重要的意义。

1. 充分利用现有多边机制及国际海洋安全合作机制

《愿景与行动》指出:"强化多边合作机制作用,发挥上海合作组织(SCO)、中国-东盟'10+1'、亚太经合组织(APEC)、亚欧会议(ASEM)、亚洲合作对话(ACD)、亚信会议(CICA)、中阿合作论坛、中国-海合会战略对话、大湄公河次区域(GMS)经济合作、中亚区域经济合作(CAREC)等现有多边合作机制作用,相关国家加强沟通,让更多国家和地区参与"一带一路"建设。"

未来的 21 世纪海上丝绸之路海洋安全合作机制,应在目前已有诸多的多边合作机制的基础上,以影响海洋安全的主要因素和突发海洋安全事件为契机,与

沿线国家共同构建 21 世纪海上丝绸之路的海洋安全合作机制。

2. 创建海洋安全合作新的多边合作机制

在目前已有的多边合作基础上,找出我关注的利益海区和主要影响海上丝绸之路建设的海洋安全问题,与区域国家联合创建新的海洋安全多边合作机制。目前,在南海纳土纳群岛附近、孟加拉湾、西非等海域海盗问题呈多发态势,海上丝绸之路沿线也缺乏有效应对重大海洋石油污染事件的机制。因此,未来可考虑与沿线国家共同打击海盗问题、共同应对重大海洋石油污染事件为突破口,构建新的海洋安全多边合作机制。

3. 结合支点建设构建具有战略意义的双边合作机制

21 世纪海上丝绸之路沿线国家众多,其海洋管理水平和海洋防灾减灾能力较低。我应在总体周边外交和现有海洋合作的基础上,加强对未来 21 世纪海上丝绸之路建设具有战略意义和关键地缘位置国家的双边海洋合作,如印度尼西亚、巴基斯坦、斯里兰卡、吉布提、埃及、希腊以及南太平洋岛国等,以目前已有的双边海洋合作内容为基础,不断拓展新的海洋合作领域,提高海洋合作的广度和深度,为 21 世纪海上丝绸之路建设提供海洋安全方面的支撑和保障。

参考文献

［1］http://www.fmprc.gov.cn/mfa_chn/gjhdq_603914/gj_603916/oz_606480/1206_607544/xgxw_607550/t1167184.shtml.

［2］香港星岛日报,2014-12-18.

［3］外交部长王毅谈习近平主席出席 G20 峰会并访问澳大利亚等三国.http://www.fmprc.gov.cn/mfa_chn/gjhdq_603914/gj_603916/dyz_608952/1206_608954/xgxw_608960/t1213832.shtml.

［4］Ranjit B Rai.目标印度洋:中国的'珍珠链'战略与印度的'铁幕'政策[J].现代军事,2010(5):78.

［5］中国海洋报,2015-1-20.

［6］ReCAAP ISC Annual Report,2014.

［7］中国海洋报,2015-1-20,A4 版.

［8］肖洋,等.索马里海盗的恐怖主义化及对策[J].当代世界,2010(1):57.

李明杰 国家海洋局海洋发展战略研究所研究员，海峡两岸关系法研究会理事、中国海洋发展研究会理事。目前主要从事海洋政策研究工作，参加多个国家、部委和地方研究课题，如社科基金重大项目"推进21世纪海上丝绸之路建设研究"，韩国海洋水产开发院委托项目"韩国参与一带一路研究"，中国法学会项目"两岸海洋领域合作的法制化和机制化研究""海上执法法律问题研究"等。近年来，跟踪和关注两岸海洋问题，如两岸海洋领域合作、台日渔业关系等，发表多篇相关研究报告和文章，著有《台湾地区海洋问题研究》。

关于共建 21 世纪海上丝绸之路的若干思考

郑苗壮,刘岩,李明杰

国家海洋局海洋发展战略研究所,北京

一、引言

2013 年 9 月和 10 月,习近平主席在出访哈萨克斯坦和印度尼西亚期间,先后提出共建"丝绸之路经济带"和"21 世纪海上丝绸之路"的重大倡议,引发沿线各国的广泛关注和热烈响应。"丝绸之路"发端于中国,经陆路连通中亚、西亚至欧洲,或由中国沿海经南海到印度洋、地中海沿岸所有来往通道的统称,是具有历史意义的文明交流之路,它开拓于陆上,又发展于海上。古代丝绸之路是在特定政治经济背景下发展起来的,其兴起是东西方先民互为推动、双向努力的结果。中国提出建设"21 世纪海上丝绸之路"的合作倡议植根于中国同海上丝绸之路沿途国家悠久的历史联系,顺应和平、发展、合作、共赢的时代潮流,挖掘古代海上丝绸之路特有的价值和理念,并为其注入新的时代内涵,积极主动的建立和深化政治互信、加强人文合作、推动经济合作和共同发展。

二、海上丝绸之路的时代特征

海上丝绸之路沿线地区是全球经济最富活力的地区,但受全球金融危机的影响,为继续保持高速发展,沿线经济体需要秉承开放、包容、均衡、普惠的"海上丝绸之路"的理念和精神,共同推动包括中国在内的沿线各国实现经济政策协调,开展深层次、多领域的合作,共同打造政治互信、经济融合、文化包容、互联互通的利益共同体和命运共同体,实现地区各国的共同发展、共同繁荣。

(一)海上丝绸之路有利于开创对外开放的新格局

对外开放的三十多年以来,中国对外开放的领域和现模不断扩大,取得了举世瞩目的成就。经济总量世界第二,进出口贸易总额世界第一,外汇储备世界第一,外商投资额世界第一,对外投资跃居世界第三,预计不久将成为资本净输出国。中国是周边国家的最大贸易伙伴、最大出口市场、重要投资来源地。中国同亚洲和世界的利益融合达到前所未有的广度和深度。据测算,今后 5 年,中国将进口 10 万亿美元左右的商品，对外投资规模将达到 5000 亿美元，出境旅游有可能超过 4 亿人次。中国越发展，越能给亚洲和世界带来发展机遇。

与此同时，2008 年金融危机后世界经济增长明显减速，世界经济结构格局发生深刻复杂变化，新矛盾、新风险、新挑战不断出现，中国与外部的经济关系发生深刻变化。中国的经济发展面临与世界同步转型，整体改革已经进入攻坚期和深水区，深度改革需要从战略全局关注海洋。党的十八届三中全会决议提出，"加快沿边开放步伐，加快同周边国家和区域基础设施互联互通建设，形成全方位开放新格局"。在后金融危机时代，作为世界经济增长火车头的中国，在重塑全球经济治理结构中有了更大的话语权，也将向世界提供的互利共赢"公共产品"。

海上丝绸之路沿线国家普遍处于经济发展的上升期，与中国经济互补性较强，彼此合作潜力和空间广阔。亚洲很多国家正处在工业化、城市化的起步或加速阶段，对能源、通信、交通等基础设施需求很大，但供给严重不足，面临建设资金短缺、技术和经验缺乏的困境。据预计，2010—2020 年亚洲国家基础设施投资总需求为 8.28 万亿美元，融资缺口巨大。中国企业在基础设施建设等方面拥有成熟的技术和经验，海上丝绸之路建设有助于带动区域内资源的有效配置，区域内资本、材料、技术等生产要素的重新布局。深挖中国与沿线国家合作潜力，推动东部沿海地区开放型经济率先转型升级，进而形成海陆统筹、面向全球的对外开放新格局。

（二）海上丝绸之路有利于不同文明的包容互鉴

不同文明的接触、互赏与借鉴，往往成为人类进步的里程碑。海上丝绸之路是横跨西太平洋和北印度洋、连接东南亚、南亚、西亚、东非和欧洲的贸易交通线，在历史上对促进欧亚非各国和中国的友好往来起过重要作用。郑和下西洋的伟大创举，彰显出来自不同文化背景的人们对于异域文明的发自内心的好奇、尊重与求索。以佛教和伊斯兰教等为代表的异域文明对中国本土文明产生了深刻而久远的影响，而中国本土特有的谦和、顺势而为的精神又为各种异域文明发扬光大提供了包容的土壤。外交是内政的延续，中国一直坚持与邻为善、以邻为伴的周边外交政策，赢得周边国家的广泛赞誉。

21 世纪海上丝绸之路将多个国家和地区连接起来，具有空间范围、地域和国别范围上的多元性和包容性，需要区域内各种文明相互交融借鉴、共同进步。海上丝绸之路沿途 20 多个国家，这些国家在加强相互交往、增进友谊和促进发展等方面有着广泛的共识，对共建"海上丝绸之路"反响大多呈积极态度。但同时，沿线国家的规模、发达程度、历史传统、民族宗教、语言文化等诸多方面差别巨大，国家间利益诉求不一。海上丝绸之路建设必须建立在这些差别之上，要尊重差异以达共存共荣,尊重世界文明多样性、发展道路多样化,尊重和维护各国人民自主选择社会制度和发展道路的权利,创新合作模式,发展与沿线国家之间海洋合作伙伴关系,包容不同国家的不同需求,找准和夯实合作的基础。

(三)海上丝绸之路有利于深化区域合作

当今世界正发生复杂而深刻的变化,国际金融危机深层次影响继续显现,世界经济复苏缓慢,国际贸易格局和规则进入深度调整期,各种形式的保护主义上升,各国面临的发展问题依然严峻。海上丝绸之路是开放包容的合作倡议和理念,不限国别范围,不搞封闭机制,有意愿的国家和经济体均可参与进来,成为海上丝绸之路的支持者、建设者和受益者。中国也是参与者和建设者,不是领导者,但在海上丝绸之路建设中发出更多中国声音、注入中国元素,发挥与中国综合国力相称的国际影响力。构建海上丝绸之路目的是建设内通外联、开放包容的利益共同体,内在的机理是共商、共建、共享、共赢,共同应对国际经济危机与发展进程中面临的挑战,而不是谋求地区事务或地缘政治的主导权。

海上丝绸之路以重点海洋经济产业园区为合作平台,以重点港口为节点,共同建设通畅安全高效的运输大通道。将把中国和沿线国家的临海港口城市串起来,深化与沿线国家的务实合作,加强政治互信和经济融合,共同打造面向海洋的利益共同体和命运共同体。2002 年中国与东盟的进出口额为 547.8 亿美元,之后 10 年间双方贸易规模扩大 7 倍多,年均同比增长率超过 25%。特别是 2010 年中国-东盟自贸区建成后,双边贸易额达 2927.8 亿美元,比 2009 年增长 37.5%;2014 年中国与东盟双边贸易额已达 4800 亿美元,向投资累计达 1231 亿美元,其中东盟国家对华投资超过 900 亿美元;预计到 2020 年双方贸易额将达到 1 万亿美元。中国与印度贸易额超过 700 亿美元,是印度的最大贸易伙伴,是沙特、科威特、伊拉克和伊朗等国家重要的石油进口国,以及澳大利因的最大铁矿进口国。中国经济已经与全球经济,尤其是海上丝绸之路沿线国家紧密相连、高度融合。推进海上丝绸之路建设有利于加强区域经济一体化合作进程,特别是东盟主导的区域全面经济伙伴关系(RCEP),消除贸易壁垒,创造和完善自由的投资环境、扩大服务贸易。此外,中国还先后设立中国-印度尼西亚海上合作基金、中国-东盟海上合作基金、推进多层次、多领域的海洋合作。

三、海上丝绸之路建设的面临的挑战

(一)国际社会的疑虑和误读

21 世纪海上丝绸之路是依靠中国与有关国家既有的双多边机制,借助既有的、行之有效的区域合作平台,旨在借用古代"海上丝绸之路"的历史符号,高举和平发展的旗帜,主动地发展与沿线国家的经济合作伙伴关系,共同打造政治互信、经济融合、文化包容的利益共同体、命运共同体和责任共同体。

首先,海上丝绸之路不是中国版的马歇尔计划。第二次世界大战结束后美国提出的马歇尔计划是基于地缘政治考虑的经济援助计划,建立在比较优势与全球产业分工体系基础上的,带有强烈的冷战色彩。21世纪海上丝绸之路建设是打造规模空前的亚洲和非洲等发展中国家市场,促进沿线国家经济发展和生活水平提高,进一步发挥中国与沿线国家自身优势和特点,实现优势互补和互利共赢,体现的是沿线国家共商共建的合作模式,军事冲突和政治争端不是海上丝绸之路的组成部分。

其次,海上丝绸之路不是中国过剩产能的对外转移。海上丝绸之路建设是中国与沿线各国可以就经济发展战略和对策进行充分交流对接,协商解决发展与合作中的问题,共同为各类合作项目实施提供支持和服务,而基础设施项目仅仅为其中的一部分。更多合作项目是按照有关国家的实际需求,将中国的优势资源与有关国家的优势互补互用。将兼顾各方利益和关切,寻求利益契合点和合作最大公约数,各施所长,各尽所能,把各方优势和潜力充分发挥出来。

再者,海上丝绸之路不是与跨太平洋伙伴关系协议(TPP)和跨大西洋伙伴协议(TTIP)对抗。海上丝绸之路仅仅是合作倡议,不是一个实体。海上丝绸之路建设与RCEP是互为促进的,RECP是东盟主导设计的,中国也只是参与者之一,但RECP更符合亚洲产业结构、经济模式和社会传统实际,采取循序渐进方式的谈判方式,兼顾成员国不同发展水平,不排斥其他区域贸易安排。中国一贯坚持维护世界贸易组织多边贸易体制在全球贸易发展中的主导地位,RCEP与TPP和TTIP应成为多边贸易体制的重要补充,二者可以并行不悖、互相促进。对TPP和TTIP也一直采取包容和积极加入的态度。

(二) 美国全球战略调整的影响

2008年以来,美国遭受第二次世界大战以来最严重的金融危机,并深陷伊拉克和阿富汗反恐战争泥潭。以金砖国家为代表的新兴国家群体性崛起,以及利比亚、叙利亚和乌克兰等全球性或地区性危机不断爆发,美国在全球的控制力有所减弱。为此,美国陆续从伊拉克和阿富汗撤军,全球战略力量逐步从中东等地区收缩,并进一步向亚太等地区聚集,发挥盟友在地区性事务的协调作用,鼓励盟友承担更多的"美国责任",推动以战略收缩为主的全球战略。

环印度洋地区存在着各种民族分裂势力、宗教极端势力和恐怖主义威胁;一些国家政局不稳,社会动荡、内部冲突。美国全球战略收缩导致在印度洋地区出现"战略真空",这对海上丝绸之路沿线国家带来了严峻挑战。印度洋沿岸国家是海上丝绸之路建设重要的贸易和投资伙伴,印度洋是建设 21 世纪海上丝绸之路绕不开的区域,是海上丝绸之路的必经之道。以中国为例,中国货物进出口量的约一半必须通过印度洋进入中东、非洲及欧洲,进口石油主要来自中东和非洲必须途经印度洋。未来数十年,印度洋区域仍将是包括中国在内的全球能源和自然资源的主要供应地,以及投资和商品市场的主要地区。

海上丝绸之路建设不涉及军事和安全合作,但是海上丝绸之路建设依赖于海上通道畅通和安全。中国作为非传统意义上的典型印度洋国家,有责任维护海上丝绸之路沿线国家共同发展的所依赖的贸易线和能源线。为应对海盗等传统和非传统安全的威胁,确保印度洋通道安全,需要包括中国在内的沿线国家与相关国家在双多边平台上携手努力、共同维护,重塑印度洋安全新格局。

(三)沿线国家内外部条件的局限性

海上丝绸之路倡导的互联互通,不仅是修路架桥,更是基础设施、制度规章、人员交流三位一体,实现政策沟通、设施联通、贸易畅通、资金融通、民心相通的全方位、立体化、网络状的大联通。海上丝绸之路建设不刻意追求一致性,可高度灵活,富有弹性,是多元开放的合作进程。海上丝绸之路作为地区功在当代、利在千秋的可持续性发展战略,并面临着区域及国家间两个层面的挑战与考验。

一是沿线部分沿线国家存在"治理之难"或者"转型之困",部分沿线国家政党交替频繁政局不稳,种族和宗教分化严重关系复杂,受极端恐怖主义威胁安全形势堪忧,中央和地方政策缺乏连续性,在互联互通的政治风险不容忽视,需要综合考虑谨慎从事。如缅甸和泰国等政局前景不明,巴基斯坦长期存在民族矛盾,以及斯里兰卡政权的更迭,这对海上丝绸之路建设带来不确定性。

二是中国与沿线部分国家存在领土或海洋权益争端,损坏了彼此政治互信基础,降低了相互深化合作的意愿,对海上丝绸之路建设产生了戒备、防范和排斥的心理。如与菲律宾、越南、文莱和马来西亚等东盟国家长期存在海洋权益争端,与印度存在领土争端,这些负面影响可能外溢影响中国与东盟国家、与印度的关系,进而影响海上丝绸之路建设的顺利推进。

三是沿线国家或区域已有相关战略规划,有海洋经济发展的重点领域和优先方向,合作的切合点及相关领域难以衔接。沿线各国制度、法律和发展规划不易,需要一国一策对接战略和规划。如缅甸和泰国等国背陆向海,需要统筹陆海两大方向,斯里兰卡和印度尼西亚等群岛国则更重视海洋经济发展和港口规划建设。

四是中国企业缺少地区领先的国际竞争力,在资金、技术和管理创新等领域的国际市场综合竞争能力仍落后于美国、日本等发达国家大型跨国企业，与部分沿线国家或地区在产业机构方面存在高程度重合，特别是都以劳动力密集型产业为主，由此造成的非良性分工和竞争导致地区各国的"内耗"，压缩和限制了相互合作空间。

四、中国参与共建海上丝绸之路的思考

（一）稳妥推进海上丝绸之路建设

海上丝绸之路建设是一项复杂、长期和动态发展的系统工程，需要内外统筹、海陆统筹。海上丝绸之路的构建，需要更好地统筹国内国外两个大局，以双多边务实合作为基础，必须长远规划，总体布局，稳妥推进。

海上丝绸之路的构建，需要做好顶层设计。基于国家利益的综合考虑，以及沿线国家政治、经济、安全和地缘环境复杂性，制定 10～20 年长远规划，加强与丝绸之路经济带的衔接，尤其是兼具海路和陆路丝绸之路特征的孟中印缅经济走廊和中巴经济走廊。在鼓励国内各地区积极参与海上丝绸之路建设的同时，防止落实冲动，一哄而上、恶性竞争，形成统一的认识，避免各行其是。加强海上丝绸之路建设的宣传工作，使国内和国际社会形成正确的认识，避免产生误解，以发挥解惑释疑和舆论引导的作用，减少非经济因素对沿线国家经贸合作的干扰，增进共识，增强互信，造就有利的国际舆论环境。

通过市场手段带动海上丝绸之路建设，正确处理政府和市场的关系，发挥好市场在资源配置中的基础性作用。鼓励国有企业、民营企业等各类企业参与，把合作共赢理念运用到双方合作的具体计划制定、项目运作中去，并充分利用中国－东盟自贸区等地区一体化安排所提供的条件和优惠，占据产业链的有利位置，在同沿线国家产业对接中获取商机和优势。通过区域、次区域对话和协调机制，全面梳理影响双方经贸关系的因素和问题，可考虑把减少和破除非关税贸易壁垒作为主攻方向，促进贸易和投资便利化，并解决经贸合作"瓶颈"问题，为互联互通建设和产业对接工作创造有利条件。

根据各国国情不同区别对待，不必划一，争取做到成熟一项就解决一项，谈成一国就签署一国。从战略角度考虑，应优先考虑与中国周边国家的建设进程，循序渐进，由易到难，以点带面，从线到片，发挥节点国家或地区的标志性工程示范带动效应，逐步形成区域的大合作，筑牢"利益共同体"和"命运共同体"。

（二）与美印构建新型大国关系

海上丝绸之路对相关区域的国际秩序产生重大影响，作为区域性的合作战

略,它必须服务于本区域协调与合作。必须注意的是,海上丝绸之路上不是唯一的区域发展倡议,还包括美国的新丝绸之路计划和亚太再平衡,印度的香料之路和季风计划等,这与"一带一路"在地理范围、项目内容上均有很大重叠。中国如何协调与印度和美国的大国关系,争取理解与认同,将直接决定海上丝绸之路的成败得失。

中国在印度洋区域的港口基础设施建设,包括斯里兰卡科伦坡港、缅甸皎漂港、孟加拉国吉大港和巴基斯坦瓜达尔港,被西方国家鼓吹为中国的"珍珠链"战略。中巴经济走廊途径巴基斯坦控制的印巴争议的克什米尔地区,孟中印缅经济走廊有利于印度东北部地区经济和基础设施发展,但同时也担忧中国对南亚国家的控制和影响。巴基斯坦、斯里兰卡和马尔代夫以及东盟国家均表示乐于参与海上丝绸之路建设。这些问题引起印度和美国的战略猜忌。

印度是海上丝绸之路以及中巴经济走廊和孟中印缅经济走廊上的重要节点国家,尽管对"一带一路"表达了合作的兴趣,但仍然顾虑重重。随后,印度推出的香料之路和"季风"计划有与"一带一路"竞争对抗意图。香料之路是印度曾经在历史上和亚洲欧洲等 31 个国家和地区进行的贸易路线;"季风"计划旨在恢复旧航线,以环印度洋区域深远的印度文化影响力以及环印度洋国家和地区间悠久的贸易往来史为依托,以印度为主力,推进环印度洋地区各国加强合作,共同开发海洋资源,促进经贸往来等。"季风计划"与"海上丝绸之路"构想有着异曲同工之妙。无论从何种角度来看,"海上丝绸之路"都可与"季风计划"实现对接,两大构想存在着巨大的合作及共建共享的空间。在尊重印度在印度洋的独特地位的基础上,加强与印度政策沟通,确定其发展战略的契合点,确保对海上丝绸之路建设的支持与协作。积极参与印度洋的地区合作与对话机制,探索互利合作以及该地区、国家和人民共同利益的有效途径。

美国经济实力虽然有所衰退,但仍是全球唯一的超级大国,对海上丝绸之路建设具有重要影响力。"新丝绸之路"计划旨在推动以阿富汗为核心的、连接南亚与中亚的经济一体化和跨地区贸易,对丝绸之路经济带建设有干扰。"亚太再平衡"战略是对新兴经济体发展战略空间的挤压和遏制,整体上看是对海上丝绸之路建设的负面效应突出。"亚太再平衡"战略主要是将全球范围内的政治、安全、外交和经济上力量全面转移到亚太地区,应对新兴经济体的快速崛起对地区乃至全球政治格局所带来的震动效应,尤其是对美国全球优势地位所带来的冲击。由此可见,美国海上丝绸之路倡议认知不清,对其意图存在较大疑虑,中国应积极对美国增信释疑、增强双方良性互动和沟通。一是海上丝绸之路是经济合作倡议,而非战略构想,也不具有排他性和对抗性,正在筹建的亚洲基础设施投资银行面向全球所有国家。在具体事务上探索和加强中美务实合作,挖掘中美在海上丝绸之路建设的合作潜力。

中国作为新兴大国，海上丝绸之路建设应从具体国情出发，充分发挥自身优势，坚持对外开放、加紧国内结构调整。对外政策上，以稳定周边、稳定亚太为基本目标，坚持与邻为善、以邻为伴，巩固睦邻友好，深化互利合作，使自身发展更好惠及周边国家。立足于东亚，面向亚太稳步妥善推进区域一体化，积极推进中国东盟互联互通，夯实中国东盟自贸区，努力打造中国-东盟自贸区升级版，推进区域全面经济伙伴关系。行事原则上，以国家利益为导向，坚持"不干涉内政"与"干涉内政"两大原则并存，防范与化解海外投资风险等诸多潜在危机，反对外部势力强行干涉沿线相关国家事务对中国进行政治"讹诈"，如缅甸密松水电站事件和斯里兰卡科伦坡港口城事件等。

（三）优先推进海洋领域的国际合作

海洋合作是海上丝绸之路建设的优先领域和重点任务，具有基础性和示范性效应。发展好海洋伙伴关系既是 21 世纪"海上丝绸之路"建设的题中要义，更是实现共同战略目标的"先手棋"和"突破口"。要用好中国-东盟、中国-印度尼西亚海上合作基金，积极开展务实的海洋合作，优先推进海上交通便利化、海洋产业园区建设和低敏感领域的海洋合作，提升沿线国家民众的海洋福祉，分享共建海上丝绸之路惠益。

加强互联互通，支持相关国家海上基础设施建设，促进交通便利化。沿线国家港口发展机会，参与港口修建乃至运营，推进国内港口与沿线重要港口的"友好港口"建设。进一步加强多边和双边磋商，促进和鼓励相关行业、企业开展多层次交流与合作。推动便利化运输，推进"一站式"通关。加强航行安全、海上搜救和应急处置、船舶防污染、海事技术交流与人员培训等领域的合作，共同打造区域海上交通安全保障体系。

推进海洋产业园区建设，瞄准沿线国家市场，结合国内产业结构调整，优先开展海洋渔业、海洋旅游、海水淡化、海洋可再生能源开发等领域合作，推动我相关企业走出去。依托我与海上丝绸之路沿岸国家建设的经贸合作园区，引导钢铁、造船、渔业、养殖等技术相对成熟行业企业，到资源负密集、市场需求大的沿线国家建设生产基地。鼓励和引导企业到沿线主要资源出口国投资建厂，延伸产业链。积极推进我与沿线国家产业合作园区建设，加强海洋产业投资合作，合作建立一批海洋经济示范区、海洋科技合作园、境外经贸合作区和海洋人才培训基地等，辐射带动区域合作进一步深化。

推进海洋公益服务领域的全面合作。为沿线国家提供海上公共服务和产品，共同应对非传统安全，是海上丝绸之路建设另一重要目标。要务实推进与沿线国家的海洋科技、海洋环境保护、海洋预报与救助服务、海洋防灾减灾与应对气候变化等低敏感领域的交流与合作。开展联合区域海洋调查,建设海洋灾害预警报合作网络,提供海洋预报产品,发布海洋灾害预警信息,全面提升海洋对区域及次区域民众的福祉。

　　拓展海洋人文领域的合作,推动沿线国家人民之间在海洋文化、旅游、教育等方面的交流,使之成为中国与东南亚及其沿线各国人民友好交往的纽带。积极开展海洋人文领域对外交流与合作,通过海洋文化艺术交流、海水丝绸之路文物考古与学术交流、海洋旅游合作和教育培训等,引导和动员民间力量开展丰富多样的文化交流打造具有丝绸之路特色的国际精品旅游线路和旅游产品,推动海上丝绸之路走向新世纪,提供海上丝绸之路文化的影响力,促进海洋文化和人文多样性发展。

郑苗壮　副研究员,博士,主要从事海洋政策与管理研究,曾承担或参与国家社科基金重大项目等国家及省部级项目十余项。

中国与东盟多式联运经营人责任制度比较研究——以《东盟多式联运框架协议》和中国多式联运立法为中心

马炎秋

中国海洋大学,山东青岛

一、引言

习近平主席提出的 21 世纪海上丝绸之路战略构想是有别于历史上的海上丝绸之路、其他国家主张的丝绸之路和区域性组织的一种新理念[1]。中国与东盟国家的经济贸易的发展是海上丝绸之路建设的非常重要的一部分。而多式联运因其速度快、损失少、费用低等优势在中国-东盟间国际贸易运输中的作用不可小视。因《国际货物多式联运公约》和《鹿特丹规则》未生效,至今尚无规制多式联运的国际公约。东盟借鉴《国际商会多式联运单证规则》于 2005 年制定了《东盟多式联运框架协议》(以下简称《协议》)。《协议》第 41 条第 1 款赋予成员国在履行该协议方面的灵活性,即在其他成员国尚未准备好的情况下,两个或更多成员国可先行实施。据此,《协议》2012 年先在泰国、柬埔寨、越南、老挝、缅甸五个国家共同执行[2]。我国《海商法》和《合同法》就涉海多式联运和非涉海多式联运经营人的法律责任分别加以规定。但我国立法与《协议》所采用的多式联运经营人责任形式完全不同,导致所适用的法律不同,由此得出的法律后果也不同。

本文从《协议》的法律效力入手,从多式联运经营人责任形式、免责事由、赔偿限额、索赔通知和诉讼时效、非合同之索赔和多式联运经营人的受雇人或者代理人等的权利义务方面对《协议》和我国立法进行比较分析,并对未来中国与东盟建立多式联运合作机制提供己见,以期为决策者和管理者提供智库参考,为立法者提供借鉴。

二、《协议》的法律效力

东盟成员国采取的是平等合作式的机制,并未有超国家的因素,在这一点上其与欧共体完全不同。《协议》第 33 条第 2 款和第 3 款规定,本协议规定,任何情况下,都不包含对各成员国通过双方或多方协议或者条约相互赋予的便利的限制。《协议》第 36 条进一步规定,本协议以及对其采取的任何行动不得影响成员国根据现行的或未来的调整多式联运合同或者其中任何部分的双边、区域或多边协定以及实施该协定的相关国内立法所确定的权利和义务。也就是说,在东盟自由贸易区法律体系下,东盟成员所签订的宣言和协议等法律文件,只具有间接约束力。东盟法律文件只有在各成员国将其转化或纳入国内法后才能得到具体实施[3]。

三、多式联运经营人的责任形式

《协议》对多式联运经营人实行的是经修正的统一责任制。多式联运经营人应当对责任期间内货物的灭失或损坏以及延迟交付造成的损失承担赔偿责任(第 10 条),其赔偿责任和责任限额原则上适用《协议》的有关规定,但如货物的灭失或损坏发生于多式联运的某一特定区段,且适用于该区段的其他国际公约或者强制性国内法规定了高于本协议规定的赔偿责任限额,则应以该国际公约或者国内法规定为准(第 17 条)。

而我国对多式联运经营人实行的则是经修正的网状责任制。尽管多式联运经营人也对全程运输负责,但如货物的灭失或者损坏发生于多式联运的某一运输区段的,多式联运经营人的赔偿责任和责任限额,适用调整该区段运输方式的有关法律规定。货物的灭失或者损坏发生的运输区段不能确定的,多式联运包含海运的,依照《海商法》海上货物运输承运人责任规定来确定多式联运经营人的赔偿责任(《海商法》第 105 条和第 106 条);不包含海运的,则适用《合同法》有关货物运输承运人责任的规定(《合同法》第 321 条)。

四、多式联运经营人的免责

根据《协议》规定,如引起货物灭失、损坏或迟延交付的事故发生在多式联运经营人掌管货物的期间,则除非多式联运经营人证明其本人及其受雇人、代理人和为其履行合同提供服务的人已为避免事故的发生及其后果而采取了一切所能合理要求的措施,否则应对由于货物灭失、损坏以及迟延交付所造成的损失承担损害赔偿责任(第 10 条第 1 款)。但对于非海上或内河货物运输,多式联运经营人享有以下六项免责:① 不可抗力;② 发货人、收货人或者其代表人或代理人的疏忽;③ 货物包装不良或者标志欠缺、不清;④ 发货人、收货人或者其代理人搬运、装卸或配载货物的行为;⑤ 货物的自然特性或者固有缺陷;⑥ 罢工、停工或者劳动受到限制的任何原因,不论是局部或综合的。而对于海上或内河货物运输区段，多式联运经营人除了享有上述 6 项免责抗辩外，还享有驾驶船舶或者管理船舶过失和火灾两项免责抗辩事由，即当货物灭失、损坏或者迟延交付是由于载货船舶的船长、船员、引航员或者承运人的其他受雇人在驾驶船舶或者管理船舶中的过失，或者，火灾，除非由于承运人的过失或私谋所造成。但是，多式联运经营人享有这两项免责事由的先决条件是，货物的灭失或损坏由于船舶不适航造成的，多式联运经营人应证明在航次开始时已谨慎处理使船舶适航（第 12 条）。

我国采用的经修正的网状责任制是按照损害发生的区段所适用的法律确定多式联运经营人的免责：陆上运输和航空运输下，只有货损是由法定免责事由造成的，多式联运经营人才能免除损害赔偿责任（《合同法》第 311 条和《民用航空法》第 125 条）。而在海上运输的情况下，多式联运经营人则可享有与《海牙规则》类似的 12 项免责抗辩（《海商法》第 51 条），其中包括驾船与管船过失免责和火灾免责。

五、多式联运经营人的赔偿限额

根据《协议》的规定，除非托运人在货物装运前已申报其性质和价值，并在多式联运经营人签发的多式联运单据中载明，多式联运经营人的赔偿限额为：当多式联运涉及海上或者内河运输时，按照货物件数或者其他货运单位数计算，每件或者每一其他货运单位为 666.67 特别提款权，或者按照货物毛重计算，每公斤 2 特别提款权，以两者中赔偿限额较高的为准（第 14 条）；当多式联运不涉及海上或者内河运输时，以所灭失或者损坏的货物毛重每公斤 8.3 特别提款权为限（第 16 条）。如货物的灭失或损坏发生区段强制适用的国际公约或者国内法规定了更高的责任限额，则适用该限额（第 17 条）。需要注意的是，《协议》除为货物的灭失或损坏规定了赔偿责任限额，而且也为货物的迟延交付和间接损失规定了限额，该限额以不超过多式联运合同约定的运费为限（第 18 条）。但是，多式联运经营人责任总额不得超过货物全部损失的赔偿责任限额（第 19 条）。

我国《海商法》有关海运承运人的赔偿限额（第 56 条和第 57 条）与《协议》规定的涉及海上或者内河运输的赔偿限额完全相同。但我国陆上运输承运人承担的是无限额赔偿责任，但合同双方可以另行约定（《合同法》第 311 条和第 312 条）。而《民用航空法》规定的空运承运人的赔偿限额为每公斤为 17 计算单位（第 129 条）。

六、索赔通知和诉讼时效

在货损索赔通知时限方面，对于货损明显的，《协议》和我国《海商法》均规定书面通知应在货物交付给收货人时提交。而对于货损不明显的,《协议》第22条统一规定为收货人应在收货后连续6日内向多式联运经营人提交货损的书面通知,否则便视为多式联运经营人已交付多式联运单证所载明的货物的初步证据。因我国采用的是网状责任制,索赔通知时限因运输区段的不同而不同:陆上运输为约定的期限或者合理期限内(《合同法》第310条);海上运输情况下,集装箱货物为15天,而非集装箱货物为7天;而航空运输下货物损害的索赔通知时限为14天。

根据《协议》第23条的规定,索赔人提起的任何诉讼或仲裁的时效为9个月,自货物交付之日或者本应交付之日起算。如果货物未能交付连续超过90日则视为货物灭失,自该90日届满之日起算。但《协议》允许合同作出不同于该协议规定时效期间的约定。我国并未对多式联运规定一个统一的诉讼时效,而是根据所适用区段的法律来确定不同运输区段的诉讼时效:海上运输的诉讼时效为1年,自承运人交付或者应当交付货物之日起计算(《海商法》第257条);陆上运输的诉讼时效为2年,自索赔方知道或者应当知道权利被侵害时起计算(《合同法》第135条和第137条);航空运输的诉讼时效期间也为2年,自民用航空器到达目的地点、应当到达目的地点或者运输终止之日起计算(《民用航空法》第135条)。

七、非合同之索赔、多式联运经营人的受雇人或者代理人等的权利义务

根据《协议》第24条的规定,该协议的规定适用于所有对多式联运合同下的多式联运经营人的索赔,不论是根据合同或者是根据侵权行为提起的,均适用多式联运经营人的抗辩理由和责任限制。而且,该抗辩理由和责任限制也适用于多式联运合同下对多式联运经营人的受雇人、代理人以及为多式联运经营人履行多式联运合同提供服务的人的索赔,不论是根据合同或者是根据侵权行为提起。换句话说,“喜马拉雅条款”的受益者不仅包括多式联运经营人的受雇人和代理人,也包括为多式联运经营人履行多式联运合同提供服务的人,比如接受多式联运经营人或区段承运人的委托从事港口装卸作业和货物保管的港口经营人。

在我国法下,陆上运输情况下并不存在非合同之索赔的规定,只有航空运输和海上运输承运人的受雇人和代理人可以享有承运人的抗辩和责任限制(《民用航空法》第131条和第133条、《海商法》第58条),而且,为多式联运经营人履行合同提供服务的港口经营人等并不享有这些特权。

八、东盟立法与我国立法的差异及对策建议

总体看来,《协议》与我国立法对于多式联运经营人责任的最关键的差异是责任形式的不同:《协议》采纳的经修正的统一责任制,即在统一的前提下就特定区段予以修正;而我国法则是在适用不同区段法律的前提下对某一区段适用法律的修正。正是因为责任形式的差异导致赔偿责任限额、索赔通知时限和诉讼时效、非合同之索赔等方面的不同,具体体现在:① 在赔偿限额方面,《协议》规定的涉海运输的赔偿限额与我国《海商法》规定一致,而对于陆上运输和航空运输,《协议》统一为每公斤8.3特别提款权。而我国陆上运输无限额,航空运输为每公斤17特别提款权。②《协议》规定的索赔通知时限和诉讼时效都比我国规定的短,但允许双方另行约定。我国则根据不同的运输方式有不同的时限和时效规定。③《协议》规定的抗辩理由和责任限制适用于多式联运经营人的受雇人、代理人以及为多式联运经营人履行多式联运合同提供服务的人,而我国仅限于前者。相比之下,《协议》的规定更为合理和具可操作性。《协议》采用的经修正的统一责任制很好地解决了网状责任制下货物的隐藏损失、逐渐发生的损失和货物迟延交付以及可能出现的法律真空问题[4]。而我国对网状责任制予以修正的结果是,适用海运承运人享有的抗辩和责任限制权利使得多式联运经营人的责任较低,对货方极为不利。

从以上分析可以看出,中国与东盟间多式联运经营人责任制度存在诸多差异,会影响中国与东盟之间的贸易,进而影响海上丝绸之路建设的顺利进行。为消除或减少制度差异对海上丝绸之路建设带来的影响,我国可与东盟达成多式联运发展的一个总体性框架协议,并在此法律框架下,针对东盟一些成员国法律渊源的差异导致的法律制度的纷繁复杂和内容差异以及经济发展水平上的差异,与东盟成员国签署不同层次的国别合作协议。合作之前对东盟法律的系统性、基础性、前瞻性的比较研究有助于我国有针对性地与东盟及其成员国的法律合作。就我国立法而言,则应顺应国际立法发展趋势,借鉴《协议》的做法,直接赋予"为多式联运经营人履行合同提供服务"的港口经营人等抗辩和责任限制的权利,并就迟延交付下多式联运经营人的赔偿责任作出明确具体的规定。

参考文献

[1]张虎.论21世纪海上丝绸之路构建中航运的先导作用[J].中国海商法年刊,2015(3):4
　 -5.

[2]王威.《鹿特丹规则》下海运履约方法律制度研究——简论对中国和东盟海运立法之影响
　 [D].大连:大连海事大学,2011:27.

[3]邓崇专.东盟自由贸易区的特点及我国涉东盟民商事关系法律的价值取向[J].河北法学,2007(1):156.

[4]司玉琢.海商法(第三版)[M].北京:法律出版社,2012:214.

马炎秋　中国海洋大学法政学院副教授,主要从事海商海事和海上保险方面的研究。受聘担任中韩海洋发展研究中心高级研究员、山东法学会保险法研究会秘书长、青岛市仲裁委员会仲裁员。近年来主持科研项目五项,在国内外学术期刊发表论文30多篇。

附录

参会代表名单

（一）中国工程院

序号	姓名	性别	工作单位	职务/职称
1	潘云鹤	男	中国工程院	原常务副院长、院士
2	刘 旭	男	中国工程院	副院长、院士
3	阮宝君	男	中国工程院二局	副局长
4	梁晓捷	男	中国工程院二局	副局长
5	王元晶	女	中国工程院二局	副局长
6	张 松	男	中国工程院办公厅院长办公室	副主任
7	张 健	男	中国工程院环境与轻纺学部	主任
8	张文韬	男	中国工程院农业学部办公室	副主任
9	王 庆	男	中国工程院农业学部办公室	主任科员

（二）论坛特邀主题报告人

序号	姓名	性别	工作单位	职务/职称
1	汪品先	男	同济大学	中国科学院院士
2	吴有生	男	中国船舶重工集团公司第七〇二研究所	中国工程院院士
3	唐启升	男	中国水产科学研究院黄海水产研究所	中国科学副主席/中国工程院院士

（三）无锡市有关领导和代表

序号	姓名	性别	工作单位	职务/职称
1	曹佳中	男	无锡市人民政府	副市长

（四）海洋观测与信息技术课题（第一分会场）

序号	姓名	性别	工作单位	职务/职称
1	金翔龙	男	国家海洋局第二海洋研究所	院士
2	封锡盛	男	中国科学院沈阳自动化研究所	院士
3	雷波	男	国家海洋局	司长
4	王元晶	女	中国工程院二局	副局长
5	张健	男	中国工程院环境与轻纺学部	主任
6	刘峰	男	中国大洋协会办公室	主任
7	罗续业	男	国家海洋技术中心	主任
8	李家彪	男	国家海洋局第二海洋研究所	所长
9	石绥祥	男	国家海洋信息中心	书记
10	李立新	男	国家海洋局南海分局	原局长
11	赵磊	男	61195 部队某研究所	副所长/总工
12	方爱毅	男	61195 部队某项目办	主任
13	张天义	男	61195 部队某项目办	副主任
14	王晓辉	男	中国科学院沈阳自动化研究所	处长
16	俞建成	男	中国科学院沈阳自动化研究所	研究员
17	卢奂采	女	浙江工业大学	教授
18	崔晓健	男	国家海洋信息中心	处长
19	王芳	女	国家海洋局海洋战略研究所	研究员
20	方银霞	女	国家海洋局第二海洋研究所	研究员
21	陶春辉	男	国家海洋局第二海洋研究所	研究员
22	李占斌	男	国家海洋信息中心	研究员
23	齐赛	男	61195 部队某项目办	副研究员
24	林景高	男	中国大洋协会办公室	工程师
25	李彦	女	国家海洋技术中心	高级工程师
26	高艳波	女	国家海洋技术	研究员
27	冯伟	男	61195 部队某项目办	工程师
28	李雪	女	国家海洋局南海分局	副研究员

续表

序号	姓名	性别	工作单位	职务/职称
29	周建平	男	国家海洋局第二海洋研究所	副研究员
30	朱心科	男	国家海洋局第二海洋研究所	高级工程师
31	蔡巍	男	国家海洋局第二海洋研究所	助理研究员
32	郎成	男	浙江工业大学	研究生
33	陈升	女	国家海洋局第二海洋研究所	工程师
34	顾斌	男	国家海洋局第二海洋研究所	司机
35	陈洲	男	国家海洋局第二海洋研究所	司机

（五）绿色船舶与深海装备技术课题（第二分会场）

序号	姓名	性别	工作单位	职务/职称
1	吴有生	男	中国船舶重工集团公司第七〇二研究所	院士
2	曾恒一	男	中国海洋石油总公司	院士
3	丁荣军	男	株洲电力机车研究所有限公司	院士
4	徐芑南	男	中国船舶重工集团公司第七〇二研究所	院士
5	徐洵	女	国家海洋局第三海洋研究所	院士
6	陈明义	男	中共福建省委	原省委书记
7	陈戈	男	中共福建省委	主任
8	贺孟韬	男	株洲电力机车研究所有限公司	主任
9	罗季燕	男	中国船舶重工集团公司	主任
10	王玮	男	中国船舶重工集团公司	处长
11	王自力	男	江苏科技大学	校长/教授
12	稽春艳	女	江苏科技大学	院长
13	蒋志勇	男	江苏科技大学	院长
14	陶春辉	男	国家海洋局第二海洋研究所	副主任
15	陈建明	男	国家海洋局第三海洋研究所	研究员
16	葛彤	男	上海交通大学	教授
17	王卫安	男	SMD 公司	董事长

续表

序号	姓名	性别	工作单位	职务/职称
18	Mike Jones	男	SMD 公司	副首席执行官
19	Chris Wilkinson	男	SMD 公司	首席技术官
20	朱冬葵	男	SMD 公司	执行董事
21	严允	男	SMD 公司	副总工程师
22	张定华	男	SMD 公司	副总工程师
23	江龙	男	中车时代电气新产业事业部	部长
24	王坚	男	中车时代电气新产业事业部	副总经理
25	肖娟	女	中车时代电气新产业事业部	副总经理
26	彭世东	男	中车时代电气新产业事业部	副总经理
27	程兵	男	中海油研究总院	高级工程师
28	李宁	男	中海油研究总院	高级工程师
29	杨葆和	男	中国船舶及海洋工程设计研究院	设计大师
30	尚保国	男	中国船舶及海洋工程设计研究院	高级工程师
31	吴登林	男	南京中船绿洲机器有限公司	总经理
32	胡发国	男	武汉船用机械有限责任公司	副总设计师/高级工程师
33	陈琛	男	武汉船用机械有限责任公司	标准情报研究员
34	王硕丰	男	中国船舶重工集团公司第七〇四研究所	主任/研究员
35	阎涛	男	中国船舶重工集团公司第七〇四研究所	科技主管/高级工程师
36	李志远	男	中国船级社	处长
37	范建新	男	中国船舶重工集团公司第七一一研究所	副总工程师
38	朱石坚	男	海军工程大学	教授
39	张立川	男	西北工业大学航海学院	副教授
40	李小平	男	中国船舶及海洋工程设计研究院	副所长
41	李彦庆	男	中国船舶重工集团公司第七一四研究所	所长

续表

序号	姓名	性别	工作单位	职务/职称
42	王传荣	女	中国船舶重工集团公司第七一四研究所	副主任
43	曾晓光	男	中国船舶重工集团公司第七一四研究所	高级工程师
44	赵俊杰	男	中国船舶重工集团公司第七一四研究所	高级工程师
45	杨清轩	男	中国船舶重工集团公司第七一四研究所	工程师
46	翁震平	男	中国船舶重工集团公司第七〇二研究所	所长
47	颜 开	男	中国船舶重工集团公司第七〇二研究所	总工程师
48	周伟新	男	中国船舶重工集团公司第七〇二研究所	副所长
49	司马灿	男	中国船舶重工集团公司第七〇二研究所	所长助理
50	赵 峰	男	中国船舶重工集团公司第七〇二研究所	副总工程师
51	张爱峰	男	中国船舶重工集团公司第七〇二研究所	副主任
52	杨立华	女	中国船舶重工集团公司第七〇二研究所	副主任
53	朱 忠	男	中国船舶重工集团公司第七〇二研究所	高级工程师
54	李胜忠	男	中国船舶重工集团公司第七〇二研究所	高级工程师
55	郁 荣	男	中国船舶重工集团公司第七〇二研究所	工程师
56	余 越	男	中国船舶重工集团公司第七〇二研究所	工程师

（六）极地海洋生物资源开发课题（第三分会场）

序号	姓名	性别	工作单位	职务/职称
1	唐启升	男	中国水产科学研究院黄海水产研究所	中国科学副主席/院士
2	麦康森	男	中国海洋大学	院士
3	姜清春	男	山东省海洋与渔业厅	副厅长
4	赵宪勇	男	中国水产科学研究院黄海水产研究所	研究员/副所长
5	张元兴	男	华东理工大学	教授/院长
6	徐 青	男	中国船舶重工集团公司第七〇一研究所	研究员/副所长
7	苏学锋	男	辽渔集团研发中心	主任
8	黄洪亮	男	中国水产科学研究院东海水产研究所	研究员/室主任

续表

序号	姓名	性别	工作单位	职务/职称
9	冷凯良	男	中国水产科学研究院黄海水产研究所	研究员/副主任
10	常青	女	中国水产科学研究院黄海水产研究所	研究员/主任
11	刘惠荣	女	中国海洋大学法政学院	教授/副院长
12	谌志新	男	中国水产科学研究院渔业机械仪器研究所	研究员
13	祝海勇	男	中国船舶重工集团公司第七〇一研究所	研究员/处长
14	唐建业	男	上海海洋大学	教授/副院长
15	张玉忠	男	山东大学	教授
16	许柳雄	男	上海海洋大学	教授/院长
17	沈建	男	中国水产科学研究院渔业机械仪器研究所	研究员
18	曾胤新	男	中国极地研究中心	研究员
19	张福民	男	中国船舶工业集团公司第七〇八研究所	研究员
20	陈勇	男	上海开创远洋渔业有限公司	副总裁
21	张天舒	男	中国水产有限公司极地资源事业部	总经理
22	谢峰	男	上海开创远洋渔业有限公司	总裁
23	钱友林	男	上海开创远洋渔业有限公司	总船长
24	李桥	男	辽渔集团远洋渔业有限公司	副总经理
25	贺波	男	捷胜海洋装备股份有限公司	董事长
26	王志	男	江苏深蓝远洋渔业有限公司	董事长
27	王朋	男	江苏深蓝远洋渔业有限公司	总经理
28	朱兰兰	女	中国水产科学研究院黄海水产研究所	副研究员
29	刘鹏	男	中国船舶重工集团公司第七〇一研究所	工程师
30	廖丽	女	中国极地研究中心	助理研究员
31	丁海涛	男	中国极地研究中心	助理研究员
32	孙龙启	男	中国水产科学研究院黄海水产研究所	研习
33	马继坤	男	中国水产科学研究院黄海水产研究所	助理工程师
34	胡鹏	男	上海海洋大学	博士

（七）我国重要河口与三角洲生态环境保护工程课题（第四分会场）

序号	姓名	性别	工作单位	职务/职称
1	焦念志	男	厦门大学	院士
2	李 义	男	环保部污染防治司	调研员
3	孙 松	男	中科院海洋研究所	所长/研究员
4	丁平兴	男	华东师范大学	教授
5	余兴光	男	国家海洋局第三海洋研究所	所长/研究员
6	郑丙辉	男	中国环境科学研究院	副院长/研究员
7	王 琳	女	珠江水利科学研究院	副院长/教高
8	江恩惠	女	黄河水利科学研究院	副院长/教高
9	杨作升	男	中国海洋大学	教授
10	魏 皓	女	天津大学	教授
11	高会旺	男	中国海洋大学	教授
12	李道季	男	华东师范大学	教授
13	王宗灵	男	国家海洋局第一海洋研究所	处长/研究员
14	雷 坤	女	中国环境科学研究院	研究员
15	秦延文	女	中国环境科学研究院	研究员
16	刘录三	男	中国环境科学研究院	研究员
17	孟庆佳	男	中国环境科学研究院	副研究员
18	刘瑞志	男	中国环境科学研究院	副研究员
19	林岿璇	男	中国环境科学研究院	助理研究员
20	刘 静	女	中国环境科学研究院	助理研究员
21	韩雪梅	女	中国环境科学研究院	工程师
22	韩雪娇	女	中国环境科学研究院	助理工程师
23	姜国强	男	环境保护部华南环境科学研究所	副处长/研究员
24	赵 肖	男	环境保护部华南环境科学研究所	副主任/高工
25	余 江	男	上海市环境科学研究院	高工/博士
26	陈义中	男	上海市环境科学研究院	工程师/博士
27	矫吉珍	女	上海市环境科学研究院	高工

序号	姓名	性别	工作单位	职务/职称
28	蓝文陆	男	广西海洋环境监测中心站	副总工/高工
29	李天深	男	广西海洋环境监测中心站	室主任/高工
30	彭小燕	女	广西海洋环境监测中心站	副主任/高工
31	王万战	男	黄河水利科学研究院	教高
32	董国涛	男	黄河水利科学研究院	工程师
33	李强坤	男	黄河水利科学研究院	研究室主任
34	汪义杰	男	珠江水利科学研究院	室主任
35	邹华志	男	珠江水利科学研究院	室副主任
36	赵林林	男	国家海洋局第一海洋研究所	博士
37	谌莉	女	黄河水利出版社	

（八）21 世纪海上丝绸之路发展战略课题（第五分会场）

序号	姓名	性别	工作单位	职务/职称
1	管华诗	男	中国海洋大学	院士
2	高艳	女	中国海洋大学海洋发展研究中心	书记/教授
3	孙杨	男	中国海洋大学医药学院	副教授
4	杨文哲	男	中国海洋大学医药学院	副教授
5	刘康	男	山东社科院海洋经济文化研究院	研究员
6	文艳	女	中国海洋大学海洋发展研究院	副教授
7	倪国江	男	中国海洋大学海洋发展研究院	副教授
8	陈明宝	男	中山大学海洋经济研究中心	副教授
9	刘惠荣	女	中国海洋大学法政学院	副院长/教授
10	郭培清	男	中国海洋大学法政学院	教授
11	傅崐成	男	厦门大学南海研究院	院长/教授
12	杨剑	男	上海国际问题研究院	副院长/研究员
13	马炎秋	女	中国海洋大学法政学院	副教授
14	刘岩	女	国家海洋局战略所	主任/研究员

续表

序号	姓名	性别	工作单位	职务/职称
15	李明杰	男	国家海洋局战略所	研究员
16	郑苗壮	男	国家海洋局战略所	副研究员
17	夏登文	男	国家海洋技术中心	副主任/研究员
18	高艳波	女	国家海洋技术中心	研究员
19	王祎	男	国家海洋技术中心	副研究员
20	王斌	男	国家海洋技术中心	副研究员
21	李大海	男	中国海洋大学	副研究员
22	李小涵	女	中国海洋大学法政学院	副教授
23	赵明旿	女	中国海洋大学法政学院	副教授

（九）海洋能源工程技术课题（上海分会场、参加无锡论坛活动）

序号	姓名	性别	工作单位	职务/职称
1	周守为	男	中国海洋石油总公司	院士
2	李清平	女	中国海洋石油总公司研究总院	首席工程师
3	付强	男	中国海洋石油总公司	高级工程师
4	陈兵	男	中海油研究总院	高级工程师

（十）综合课题

序号	姓名	性别	工作单位	职务/职称
1	唐启升	男	中国水产科学研究院黄海水产研究所	院士
2	张元兴	男	华东理工大学	教授/院长
3	刘世禄	男	中国水产科学研究院黄海水产研究所	研究员
4	杨宁生	男	中国水产科学研究院	研究员
5	王建坤	男	中国水产科学研究院黄海水产研究所	副研究员
6	孙龙启	男	中国水产科学研究院黄海水产研究所	研习

后　　记

科学技术是第一生产力。纵观历史,人类文明的每一次进步都是由重大科学发现和技术革命所引领和支撑的。进入 21 世纪,科学技术日益成为经济社会发展的主要驱动力。我们国家的发展必须以科学发展为主题,以加快转变经济发展方式为主线。而实现科学发展、加快转变经济发展方式,最根本的是要依靠科技的力量,最关键的是要大幅提高自主创新能力。党的十八大报告特别强调,科技创新是提高社会生产力和综合国力的重要支撑,必须摆在国家发展全局的核心位置,提出了实施"创新驱动发展战略"。

面对未来发展之重任,中国工程院将进一步加强国家工程科技思想库的建设,充分发挥院士和优秀专家的集体智慧,以前瞻性、战略性、宏观性思维开展学术交流与研讨,为国家战略决策提供科学思想和系统方案,以科学咨询支持科学决策,以科学决策引领科学发展。

工程院历来重视对前沿热点问题的研究及其与工程实践应用的结合。自2000 年元月,中国工程院创办了中国工程科技论坛,旨在搭建学术性交流平台,组织院士专家就工程科技领域的热点、难点、重点问题聚而论道。十年来,中国工程科技论坛以灵活多样的组织形式、和谐宽松的学术氛围,打造了一个百花齐放、百家争鸣的学术交流平台,在活跃学术思想、引领学科发展、服务科学决策等方面发挥着积极作用。

中国工程科技论坛已成为中国工程院乃至中国工程科技界的品牌学术活动。中国工程院学术与出版委员会将论坛有关报告汇编成书陆续出版,愿以此为实现美丽中国的永续发展贡献出自己的力量。

中国工程院